U0238070

皂市水利枢纽设计与技术创新

杨启贵　汪庆元　王超　雷长海　颜慧明　等　编著

·北京·

内 容 提 要

本书旨在全面、客观、准确地阐述皂市水利枢纽工程前期论证、科研试验、规划决策、勘测设计、施工建设和运行管理等各方面的关键技术与创新实践。全书共分9章，主要内容包括绪论、工程规划、工程地质、工程布置与主体建筑物、机电及金属结构、施工技术、征地移民、主要技术问题与科学试验研究、工程运行管理与安全监测。

本书可供从事水利水电等工程勘测、规划、设计、研究、施工、运行工作的人员参考阅读。

图书在版编目（CIP）数据

皂市水利枢纽设计与技术创新 / 杨启贵等编著. --北京 : 中国水利水电出版社, 2022.10
ISBN 978-7-5226-0417-6

Ⅰ. ①皂… Ⅱ. ①杨… Ⅲ. ①水利枢纽－水利工程－设计－石门县②水利枢纽－技术革新－石门县 Ⅳ. ①TV632.644

中国版本图书馆CIP数据核字(2021)第277867号

审图号：GS京（2022）0971号

书 名	皂市水利枢纽设计与技术创新 ZAOSHI SHUILI SHUNIU SHEJI YU JISHU CHUANGXIN
作 者	杨启贵 汪庆元 王超 雷长海 颜慧明 等 编著
出版发行	中国水利水电出版社 (北京市海淀区玉渊潭南路1号D座 100038) 网址：www.waterpub.com.cn E-mail：sales@mwr.gov.cn 电话：(010) 68545888（营销中心）
经 售	北京科水图书销售有限公司 电话：(010) 68545874、63202643 全国各地新华书店和相关出版物销售网点
排 版	中国水利水电出版社微机排版中心
印 刷	北京印匠彩色印刷有限公司
规 格	184mm×260mm 16开本 25.5印张 621千字
版 次	2022年10月第1版 2022年10月第1次印刷
印 数	0001—1000册
定 价	**180.00**元

《皂市水利枢纽设计与技术创新》

主　　编： 杨启贵　汪庆元

副 主 编： 王　超　雷长海　颜慧明

编　　委： 游万敏　夏叶青　李勤军　段　波　柳林云　袁　远　熊绍钧　许志宏　吴宏钧

编　　辑： 黄鹤鸣

编写人员：

第一章： 王　超　柳林云　雷长海　夏叶青　游万敏　孔　建　岳　健　刘小飞　苏　娜　王瑶瑶

第二章： 柳林云　肖　华　喻　杉　何小聪　傅巧萍　鲁　军　王瑶瑶　程　超　张淑梅

第三章： 颜慧明　吴宏钧　罗仁辉　刘世斌　何　涛　张淑梅　王　力

第四章： 雷长海　夏叶青　游万敏　潘　江　柳雅敏　上官江　李洪斌　刘瑞懿　施华堂　刘　惟　孙海清　谢良涛　陈　舞　郭　炜

第五章： 段　波　金德山　桂绍波　高军华　陈希英　张重农　曹　阳　刘朝华　高云鹏　汪鲁明　熊绍钧　曾晓辉　石　泽　方　杨　郜元勇

第六章： 李勤军　饶志文　梁仁强　吴　俊　姚勇强　张尚燚　王　玮　孙　宇

第七章： 袁　远　汤卫宇　徐战新　白呈富　邓越胜　武卫星　陈长胜　尹文锋　闫海青　秦清波　李　芬　孙　宇

第八章： 游万敏　雷长海　牟春来　刘　惟　张治国　刘嫦娥　李洪斌　刘瑞懿　施华堂

第九章： 许志宏　段国学　武方洁　饶延平　刘志辉　巢建平　刘　平　靳伟锋　陈维维　文　丹　陈　兵

附　录： 刘志辉　巢建平　刘　平　靳伟峰　陈维维

序

皂市水利枢纽是澧水流域防洪库容最大、作用最直接、效益最大的防洪工程，枢纽由混凝土重力坝、泄水消能建筑物、坝后式电站厂房、灌溉渠首、斜面升船机（预留）等组成，属Ⅰ等大（1）型工程。枢纽工程于2004年2月正式开工，2007年9月下闸蓄水，2009年12月全部完工，2016年7月通过竣工验收，已发挥重大社会、经济与生态效益。

皂市水利枢纽工程采用了三库联合防洪调度、坝基“硬、脆、碎”岩体质量评价及建基岩体选择、“直线＋圆弧”碾压混凝土重力坝布局、表孔底流＋底孔射流联合消能工、水能发电机组优化等诸多创新设计与科技成果，体现了我国水利水电工程建设科学技术新水平，于2014年度获得湖北省优秀设计一等奖和优秀勘察一等奖，于2015年度获得全国水利工程设计金奖和勘察银奖。为及时总结经验，提高水利工程建设技术水平，推动水利事业创新发展，长江勘测规划设计研究院经过两年的筹备和准备，决定成立编撰组编写《皂市水利枢纽设计与技术创新》一书，经过三年的编写，本书终于和广大读者见面了，可喜可贺。

本书旨在全面、客观、准确地阐述皂市水利枢纽工程前期论证、科研试验、规划决策、勘测设计、施工建设和运行管理等各方面的关键技术、“四新”成果与创新实践。编写前，收集了自20世纪50年代以来的大量工程论证和相关志、史资料；在编写过程中，广泛征求了相关单位和专家学者的意见，反复会商会审了各稿成果。根据工程规模和体量，主编、编写人和审稿人几易其稿并经专家审定，为确保质量，最后决定将六个分册作浓缩提炼，合并为一册，共分9章。

本书对工程论证历史的脉络梳理清晰，内容既全面客观又系统精炼，设计及技术创新阐述透彻，便于广大读者查阅引用，对水利水电建设同行具有较大启发和较高实用价值。

由于工程论证与建设跨越两个世纪、历经多地多部门几代人，相关资料散轶各地，本书编撰者克服了种种困难，完成了编写任务，作出了极大贡献。

在此，谨向他们致以衷心的感谢。

本书编写工作浩繁，一定存在缺点与不足，欢迎读者不吝批评指正。

杨启贵

2021年12月于武汉

编者的话

根据长江勘测规划设计研究院关于编撰系列工程技术丛书的工作安排，鉴于皂市水利枢纽查新鉴定评定工程有多达15项技术创新成果，并相继获得若干省部级高等级奖项，为及时总结皂市工程建设中的关键技术与创新实践成果，编撰《皂市水利枢纽设计与技术创新》一书。

本书开篇之初计划分六个分册编写，但编撰过程中，主编、编写和审稿人认为工程规模与体量有限，分册后各分册共性阐述较多，篇章结构欠合理，故决定合并为一册，分绪论、工程规划、工程地质、工程布置与主体建筑物、机电及金属结构、施工技术、征地移民、主要技术问题与科学试验研究、工程运行管理与安全监测等九个章节。

合并成一册后，第1章为绪论，分3节叙述，第1.1节为工程概况，简述各专业章节的主要设计内容，把共性的内容编排一起叙述；第1.2节为工程论证及建设过程，主要叙述工程论证历史大事记及工程重大建设进度节点与决定；第1.3节为工程关键技术与创新，主要根据科技查新鉴定结论简述工程技术创新点。其他专题章节重点论述各专业设计的特点难点、技术分析、方案选择与创新实践。

本书由长江勘测规划设计研究院组织编写，杨启贵、汪庆元担任主编，王超、雷长海、颜慧明担任副主编，各章节由工程主要设计与运行管理人员撰写，长江委网信中心协助编辑整理。各专业单位分别开展了多次书稿校审工作，统稿完成后，院技术委员会组织了徐麟祥、陈德基、徐宇明、徐福兴、刘丹雅、欧阳崇云、沙文彬、管浩清等专家进行了审查，最后由杨启贵审查定稿。

限于编者水平，本书疏漏和不妥之处在所难免，敬请广大读者批评指正。

汪庆元

2021年12月于武汉

目录

1 绪论

1.1 工程概况

皂市水利枢纽（以下简称工程）位于湖南省石门县境内澧水一级支流渫水上，控制流域面积 3000km^2，占渫水流域面积的 93.7%。工程属Ⅰ等大（1）型工程。枢纽由碾压混凝土重力坝、泄水消能建筑物、坝后式电站厂房、灌溉渠首、斜面升船机（预留）等组成；大坝、泄洪建筑物等为 1 级建筑物，电站厂房、消能建筑物等为 3 级建筑物。

工程主要任务以防洪为主，兼顾发电、灌溉、航运等其他综合利用，是澧水流域骨干防洪工程之一。水库总库容 14.39 亿 m^3，防洪库容 7.83 亿 m^3，正常蓄水位 140m（黄海高程，下同）。电站装机容量 120MW，灌溉农田 5.4 万亩，通航建筑物规模 50t 级（预留），建设工期 5 年 10 个月。

1.1.1 自然条件

工程位于湖南省石门县境内长江中游澧水流域一级支流渫水上，地理上处于武陵山脉东北段，坝址区为低山丘陵区。坝址与下游皂市镇、河口和石门县城的距离分别为 2km、16.5km 和 19km；库区涉石门县 8 个、慈利县 1 个，共 9 个乡镇的 96 个村。

工程区域地处中亚热带向北亚热带过渡的季风湿润气候区内，四季分明，光照充足，雨水充沛，温暖湿润，但光、热、水的时空分布不均，灾害天气较多，洪涝干旱出现概率大。多年平均年降水量 1565mm，年内分布差异大，一般 4—9 月降水量约占全年总量的 78.2%；多年平均气温 16.7℃；多年平均水温 17.2℃，高于多年平均气温；多年平均日照 1614.4h。坝址处多年平均流量为 99.3m^3/s，多年平均年输沙量为 185.8 万 t。

工程区域位于武陵山地向洞庭湖平原的过渡带上，地形地貌上群山起伏，地势西北高、东南低，自西北向东南倾斜。库区由渫水干流和位于渫水左岸的支流仙阳河组成，面积 53.99km^2；干流回水长 58.6km，支流回水长 15.2km（距河口里程）。水库河段多呈 U 形槽谷和 V 形峡谷，库周山岭海拔一般在 400～800m 之间，谷底高程在 70～140m 之间。河谷两岸一级阶地发育，宽 100～500m，二级阶地零星分布，阶地后缘一般为陡峻山体。

工程区域位于扬子准地台的上扬子台褶带、武陵陷断褶束与江汉—洞庭凹陷区相连接的过渡区，地质上无区域性断裂通过，现代地壳运动相对平稳，地震活动较轻微，工程区地震基本烈度为Ⅵ度，水库无临谷渗漏问题。土壤类型有红壤、山地黄壤、山地黄棕壤、山地草垫土、石灰土、紫色土和水稻土等。坝址为横向U形谷，基岩主要为D_{2y}层石英砂岩，两岸山体雄厚。

工程区域属中亚热带常绿阔叶林北部亚地带·三峡、武陵山地栲类、润南林区，有植物1704种，陆生脊椎动物171种，水生生物224种，生物多样性良好。农业上主要种植柑橘、柚子、油茶、茶叶、水稻、玉米、棉花、油菜、红薯、大豆、花生、芝麻等农作物与药材，主要养殖猪、牛、羊、鸡、鸭及四大家鱼等畜禽水产。

工程所在地石门县总人口约70万，少数民族与汉族基本各占50%，水库区少数民族比重过半，以土家族为主。工程区域有皂市商代文化遗址、龙王洞、仙女洞、热水溪等文物古迹、自然景观及自然资源。

工程坝区至石门县城有山岭重丘三级公路，工程物资借此可由枝柳、长石铁路于七松铁路中转站运抵，亦可由省道、国道公路经石门运达，还可由长江水路、洞庭湖经澧水津市港转公路运抵，交通便利。

1.1.2 工程地质

工程勘察工作始于20世纪50年代后期，不同时期勘察单位提交了相应的勘察研究成果。

工程水库区处于东山峰复式背斜和桑植复式向斜间，正常蓄水位140m时，库区干流回水长度约60km，工程地质条件较好，无重大工程地质问题。水库构造封闭，无渗漏问题；水库灰岩分布区，地下分水岭的地下水位高程150m以上，高于库水位，不会产生向邻谷渗漏问题；库岸主要为岩石边坡，稳定或基本稳定，仅少部分库岸稳定性差。浸没主要可能出现在库尾，面积小，且零星分布；水库不淹没具有开采价值的矿产；水库不具备诱发构造型地震的条件，在P、T_1地层出露的库段（含库缘）有可能诱发岩溶型水库地震，对大坝和主要建筑物的影响低于地震基本烈度的影响。

工程坝址位于皂市镇上游2km，渫水以SE165°流经坝址。枯水期水面高程74.4m，河床基岩面高程一般为66.5～72.2m。坝址区为U形河谷，两岸山体雄厚，左右岸地形不完全对称。坝址下游近坝地段分布有水阳坪—邓家嘴滑坡和金家等崩坡积体。除第四系覆盖层外，出露志留系下统至二叠系下统的大部分地层，其间缺失志留系上统、泥盆系下统和石炭系地层。坝址位于磺厂背斜东段北翼，为单斜岩层，倾向上游，倾角40°～60°。

坝址区共揭露断层40多条，一般规模较小，以中陡倾角为主，未见缓倾角断层，以近NNE向为主，在河床有分布。裂隙较发育，以陡倾角为主；缓倾裂隙大部分不切层，规模小，连续性差。坝址区主要有第四系孔隙水与基岩裂隙水，均受大气降雨补给，向渫水排泄。卸荷带主要分布于两岸由云台观组石英砂岩构成的岸坡。岩体分为强风化、弱风化、微风化三个带，在坝基范围内，根据岩体风化特征及工程地质性质的差异，又将弱风化岩体分为弱上和弱下两个亚带，其中，泥盆系石英砂岩具有单轴抗压强度很高、而变形模量低的特点，为典型的“硬、脆、碎”岩体。

坝址区附近天然砂砾石料的储量不够，需要开采人工骨料。

工程勘察特点与难点表现在：坝基“硬、脆、碎”岩体质量评价及建基岩体选择；岩溶发育薄-中厚层碳酸岩人工骨料勘测与利用；近坝大型滑坡勘察与稳定性研究；右坝肩高边坡稳定性评价及处理；河床覆盖条件下断裂构造的勘察与分析等。

1.1.3 工程任务与规模

皂市水利枢纽是综合利用水利工程，其主要任务是防洪，兼顾发电、灌溉、航运等。

1. 防洪

工程首要任务是防洪，防洪规划服从澧水流域整体防洪安排。为有效地控制澧水洪水，澧水流域规划在石门以上干流和支流渫水、溇水分别修建宜冲桥、皂市、江垭水库拦蓄洪水；3 水库共设置防洪库容 17.7 亿 m^3，洪水期间 3 水库控制下泄流量，以保证三江口安全泄量 12000m^3/s，据此，工程需承担一定的防洪库容。工程设置的防洪库容既是澧水尾闾地区的防洪需要，同时也是解决渫水本身沿干流洪灾的需要，设计充分利用其靠近三江口，处在对下游防洪有利位置的特点，设置较大的防洪库容，发挥其在规划防洪系统中主要的防洪补偿调节作用。

工程防洪标准也以总体防洪目标及要求作为任务设计。按照澧水流域规划，石门以上的防洪标准为 50 年一遇，石门以下的松澧地区，洪水来源有两重性，一是澧水，二是松滋，长江松滋来水更具有控制作用，工程远景配合三峡建库和松滋建闸之后，可使松澧地区防洪标准提高到 50 年一遇。故工程防洪任务是配合澧水流域整体防洪规划，使松澧地区防洪标准近期为 20 年一遇（三江口防洪标准达到 50 年一遇），远景松澧地区达到 50 年一遇。据此，当三江口按安全泄量 12000m^3/s 下泄时，工程分摊 7.83 亿 m^3 防洪库容，并与流域内其他防洪工程一起承担流域整体防洪任务。

规划阶段（1991 年），选取 1954 年、1964 年、1980 年不同典型年洪水，江垭、皂市、宜冲桥采用各自固定泄量的防洪调度，在解决三江口 20 年一遇洪水时，皂市水库分担的防洪库容为 5.86 亿 m^3。可行性研究阶段，对水文分析拟定的典型年实测洪水，典型年对应 20 年一遇、50 年一遇、100 年一遇等不同频率洪水，采取初步拟定的两库或三库联合调度方式（皂市补偿），最大蓄水量为 5.53 亿 m^3，未超过防洪规划阶段的三江口 20 年一遇频率洪水时皂市需承担的防洪库容 5.86 亿 m^3。初步设计阶段，在正常蓄水位 140m 以下安排防洪库容 6.02 亿 m^3 可保证工程遇到 20 年一遇洪水不超蓄且遇其他较大标准洪水时仍有盈余，其余 1.81 亿 m^3 防洪库容按超蓄方式留在正常蓄水位以上，防洪高水位为 143.5m。

由于松澧地区洪水组成与遭遇多变，松澧洪道不断淤积，防洪调度十分复杂，坝顶高程和泄水建筑物等方面的设计为今后必要时适当抬高蓄水位运行留有余地。同时为使防洪设备做到安全可靠，运行灵活方便，能适应整体防洪调度提出的各种防洪运行方式，在枢纽建筑物大坝防洪部分设计时，为水库防洪非常运用，坝顶留有 2m 超高的余地。

2. 发电

皂市枢纽工程任务以防洪为主，发电服从防洪。

工程所在地湖南省属能源短缺省份之一，工程的兴建对缓解湖南省网湘西北地区张家界市和常德市供电严重不足、促进工农业生产和旅游事业的发展具有重要意义，对提高电网运行的经济性和安全性以及电能质量有一定作用，可促进地区经济发展。

工程规模研究充分考虑了地区经济发展对开发水电的要求，合理开发利用水能资源，且留有一定的调节库容，以提高发电效益并满足电站在系统中的运行调度要求，但其特征水位设置和水库运行调度方式拟定均考虑了满足防洪要求。工程水库库容系数达到0.30，具有年调节能力。电站保证出力18.4MW。装机容量为2×60MW，设计保证率$P=90\%$，多年平均发电量约为3.33亿kW·h，全年大部分时间可参与湖南电网调峰。

3. 灌溉

工程灌区位于石门县境内，干旱仍是造成该县农业减产的主要原因之一。本区用于灌溉的骨干工程少，水源工程不足，加之雨量分配不均匀，大片农田稍遇干旱则严重缺水，而且部分乡村连饮用水也得不到保障，洪涝、干旱灾害频繁，给农业生产带来很大影响。

澧水中游地区，气候温和，雨量丰沛，土地肥沃，光热资源充足，极适合农业的发展。主要农作物有粮食、油料、棉花、烤烟和柑橘等，是湖南省生产粮、棉、油的基地之一。兴建皂市水利枢纽，引库水自流灌溉和电力提灌，加上灌区渠系配套工程，可增加石门地区有效灌溉面积，对发展地方农业生产、促进国民经济有积极作用。

根据流域综合规划任务安排，工程灌溉规划中灌区分布在水库下游两岸，主要为石门县皂市、新关、白云、楚江镇、易家渡等5个乡镇，灌区面积5.4万亩，其中水田1.7万亩，旱地3.7万亩。灌溉工程于左、右岸非溢流坝各布置一个灌溉渠首，设计流量分别为$3.10m^3/s$和$1.05m^3/s$，灌区需水库供水量为1876万m^3/年，灌溉设计保证率为75%。

4. 航运

渫水为澧水的第二大支流，全长175km，为山区性河流，两岸多为丘陵山谷，河床坡降陡，水流湍急，年内水量分配极不均匀。工程建成前的渫水河道通航状况为：从上游磨市到三江口63km的航道上有滩险68处，河道平均坡降1.13‰；航运条件很差，仅能季节性的局部通航，河道年水运量仅9000t。

按照渫水流域规划，渫水航道为七级航道，随着梯级开发方案的实现，从渫水上游泥市到下游三江口改善航道137km，船只顺流直下进入洞庭湖，可形成与长江干流相连的水运网。

工程下游18km处为渫水与澧水交汇后的已建三江口水利枢纽，其通航建筑物以预留形式布置在左岸。工程通航建筑物主要为连接渫水和澧水形成与长江干流相连的水运网，通航建筑物的兴建时间，可视澧水航运发展需要和下游枢纽通航设施建设情况加以考虑，工程建设时，通航建筑物以预留形式布置在右岸坝肩处，通航过坝船只吨位按50t级设计，通航建筑物采用斜面升船机型式。

1.1.4 枢纽总布置与建筑物

皂市水利枢纽工程为Ⅰ等大（1）型工程，枢纽由碾压混凝土重力坝、泄水消能建筑物、坝后式电站厂房、灌溉渠首、斜面升船机（预留）等组成。

1. 坝址、坝型及枢纽布置

工程比较了林家屋场、皂市、大寺湾3处坝址，经综合分析地形地质条件、枢纽布置、施工条件、移民征地及工程投资等因素后选择皂市坝址。

大坝坝型比较了碾压混凝土重力坝和混凝土重力拱坝两方案：重力坝方案对基础条件

要求较低，泄洪消能布置简单、适应性强，采用碾压混凝土施工快捷、方便，但工程量相对略大；重力拱坝方案泄洪消能布置与重力坝类似，但其对拱座地质条件要求相对较高，由于坝址左右岸坝肩基岩左硬右软，对拱坝应力、稳定不利，需增加拱座基础处理工程量，重力拱坝方案工程量节省优势不明显，同时双层泄洪孔布置削弱了拱效应，对拱坝坝体应力也不利。综合比较后，工程采用碾压混凝土重力坝方案。

枢纽布置方案对主要建筑物进行了河床集中泄洪方式、泄洪洞结合导流洞泄洪方式比较；电站厂房布置进行了坝后式、坝式及岸塔式引水明厂房方案、地下厂房方案比较；通航建筑物进行了桥机式及衡重式垂直升船机、斜面升船机型式比较，根据不同建筑物的型式在不同设计阶段组合了多个枢纽布置方案，经综合比较，最终完建的枢纽布置总格局为：挡水建筑物为碾压混凝土重力坝、河床中间布置泄洪消能建筑物、右岸布置坝后式电站厂房、斜面升船机（全部预留）以及左、右岸非溢流坝各布置一个灌溉渠首。皂市水利枢纽布置见图 1.1 及枢纽下游实景照片见图 1.2。

2. 主要建筑物设计

碾压混凝土重力坝坝顶高程 148m，河床坝段建基面高程 60m，最大坝高 88m，坝轴线长 351m。挡水建筑物包括溢流坝段、厂房坝段和左、右岸非溢流坝段，共计 18 个坝段。溢流坝段长 112.5m，分 6 个坝段；厂房坝段长 39.5m，分 2 个坝段；左岸非溢流坝段长 119m，为弧形坝段，分 6 个坝段；右岸非溢流坝段长 80m，为直线坝段，分 4 个坝段。

泄水建筑物采用 5 表孔、4 底孔，表、底孔相间布置，表孔堰顶高程 124m，孔口宽 11m；底孔堰顶高程 103m，孔口尺寸 4.5m×7.2m（宽×高）。泄水建筑物下游设底流消力池，池长 116m，池底宽 89m，护坦顶高程 58m，垂直流向断面型式为复式梯形断面。

电站采用右岸坝后式厂房，布置 2 台机组，装机容量为 2×60MW。由坝式进水口、坝后背管、主厂房、尾水渠等组成。引水压力钢管内径为 5.6m，设置上平段、下平段和坝内背管段。坝后式厂房平面尺寸为 72.4m×42.85m。电站装机高程 71.2m，发电机层高程 83.26m，尾水管底板高程 57.52m。

斜面升船机采取全部预留方式，布置在厂房右侧，升船机中心线与坝轴线成 82°交角，升船机由上游引航道、上游斜坡道、坝顶错船池、调度控制楼、机室、下游斜坡道、下游引航道组成，全长 1300m。

左非 4 号坝段和右非 17 号坝段 115m 高程各设置一个 ϕ160cm 的灌溉取水口。

工程导截流采用河床一次断流、右岸隧洞导流的方案，上、下游各布置一道土石过水围堰，右岸布置一条 10m×12m 城门洞型导流洞，在水库蓄水后封堵。

1.1.5 机电与金属结构

1. 水力机械

工程电站装设 2 台单机额定容量 60MW 的混流式水轮发电机组，水轮机水头变化范围为 36.4～68.6m，额定水头 50m，额定流量 136.86m^3/s，采用包角为 345°的金属蜗壳。发电机为三相、立轴、半伞式密闭自循环空冷同步发电机，额定功率 60MW，最大容量 75MVA，额定功率因数 0.875（滞后），额定电压 10.5kV。

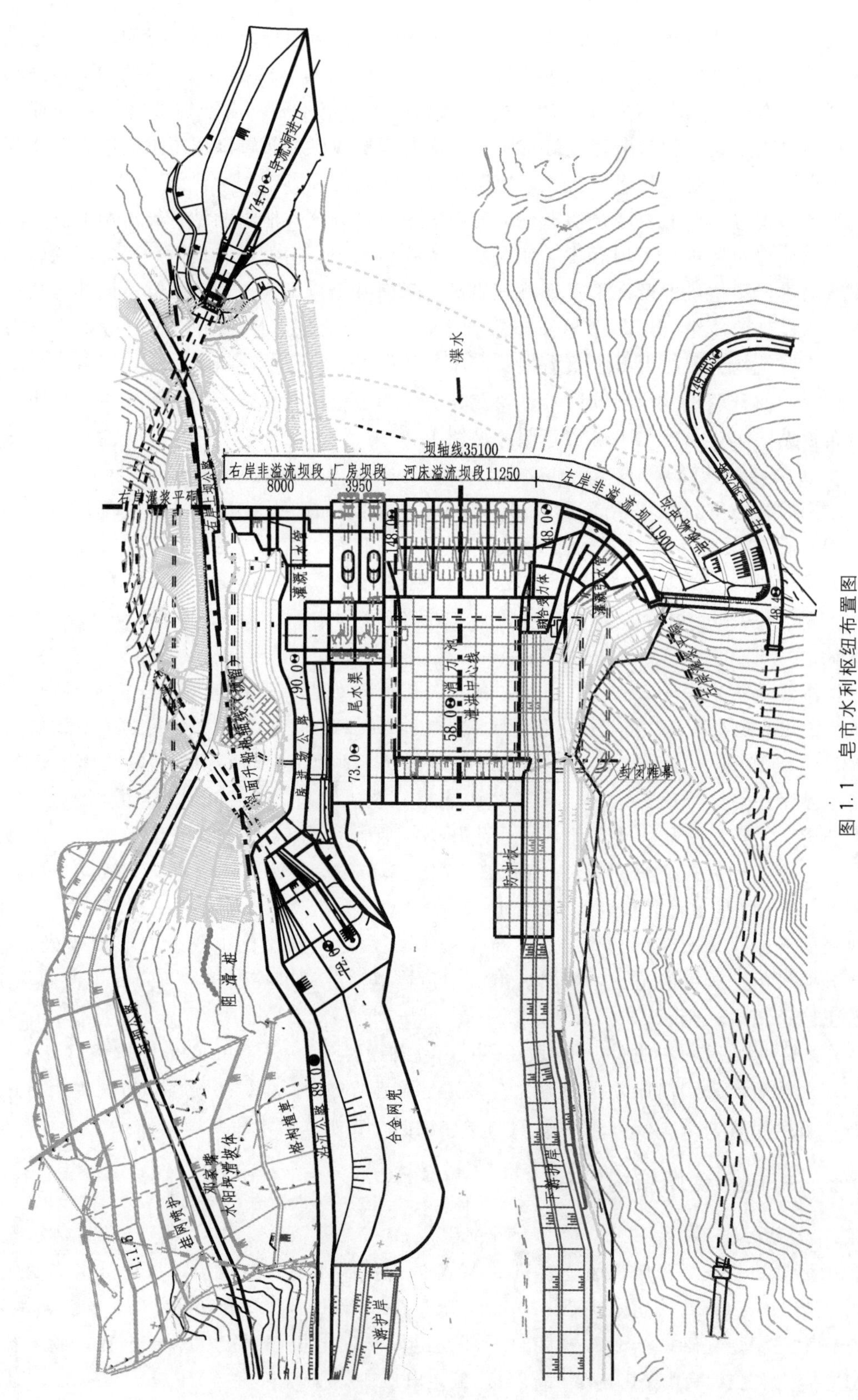

图 1.1 皂市水利枢纽布置图

电站主厂房装设一台 150t＋150t/25t＋25t 双小车桥式起重机，桥机跨度 18.5m。

2. 电气

电站送电湖南省电网，采用 220kV 电压等级接入系统，以 1 回线路接入盘山 220kV 变电站，线路长度约 22km。发电机与主变压器为单元接线。

3. 控制保护及通信

电站计算机监控系统采用全开放式分布式结构，分为电站主控级和现地控制级两层。电站主控级采用按功能分布结构，现地控制级采用按监控对象的分布方式设置现地控制单元。电站主控级与现地控制级之间的通信联系采用 100Mbit/s 交换式以太网。

图 1.2　皂市水利枢纽下游实景照片

4. 金属结构

金属结构设备主要布置于泄水、灌溉、引水发电及导流等系统，设有各类闸门（包括拦污栅）11 种，共 27 扇；各类启闭机械 6 种，共 14 台（套）；另有其他类型如压力钢管、伸缩节、钢网架、闸阀及出线构架等，总工程量约 4380t。

泄水建筑物溢流坝段表孔、底孔均设置平面事故检修门和弧形工作门，事故检修门均由坝顶门机操作，弧形工作门由液压启闭机操作。灌溉取水口设置一扇平面检修门和一扇活动式拦污栅，均由临时启闭设备操作。

电站进水口为单机单孔布置，前沿设有垂直格栅式拦污栅，进水口布置一道检修门和一道快速门。拦污栅与检修门由坝顶门机操作，快速门由液压启闭机操作；电站引水管全长设置钢衬砌，直径为 5.6m；尾水管出口设尾水检修门，由单向门机操作。

1.1.6　施工组织设计

施工导截流采用河床一次断流、上下游过水围堰＋右岸隧洞导流的方案。主要导流建筑物包括上、下游土石过水围堰及一条底宽 10m、高 12m 的城门洞形导流隧洞。为降低过水围堰防护难度，同时避免枯水时段基坑淹没，在上、下游围堰过水断面顶部设置子堰挡水。上游围堰过水断面保护顶高程为 92m，相应挡水标准为 11 月至次年 3 月 10 年一遇洪峰流量 1230m^3/s（也可挡 10 月 5 年一遇洪水）。过水保护标准为全年 10 年一遇洪峰流量 6120m^3/s。

坝区内布置左、右岸沿江公路和左、右岸上坝公路 4 条主干道。左岸料场路从左岸上坝公路接至易家坡人工砂石料场，作为施工期人工砂石骨料运输和移民交通等通道。场内施工道路总长 11.8km，右岸 4.7km，左岸 7.1km，其中隧洞 2 处，共长约 1km。

枢纽工程混凝土总量 123.4 万 m^3，主体工程采用易家坡料场人工砂石骨料，前期导流工程、消力池等采用天然砂石骨料。在右岸上游女仙桥、左岸上游王儿峪、左岸下游十家坪、上游库区阳泉布置 4 个弃渣场，总容量 300 万 m^3。枢纽建筑物和导流工程土石方开挖总量为301.04万m^3，土石方填筑总量52.52万m^3。填筑料除少量直接利用开挖料外，大部分填筑料自堆渣场二次转运开挖料填筑，剩余开挖料弃于4个弃渣场。主体工程施工控制性项目主要是溢流坝、厂房。主体工程施工控制性进度为：2003年9月开始施工准备；2004年10月河床截流，12月河床溢流坝基础开挖；2005年2月河床大坝基础开挖基本完成，2月开始大坝碾压混凝土施工，5月坝体上升至高程86m；2006年3月河床溢流坝段坝体上升至高程110m，11月底大坝全线上升至坝顶高程148m；2007年1月导流洞下闸封堵，4月底电站厂房封顶，第一台机组开始安装，10月底水库蓄水至发电水位，第一台机组投产发电；2008年4月第二台机组投产发电，工程竣工。

1.1.7 移民安置规划设计

工程坝区位于常德市石门县皂市镇，库区主要涉及常德市石门县，同时涉及张家界市慈利县少量实物指标。水库面积53.99km^2，其中淹没陆地面积45.77km^2（其中耕地和园地38269亩），河流水域面积8.22km^2；坝区征地1.18km^2（其中耕地和园地650亩）。库区及坝区搬迁人口4.3万人，房屋238万m^2；淹没涉及5个集镇，涉及企业19个，淹没涉及公路、输变电、电信、广播、有线电视、水利设施等专业项目和文物古迹等。

移民规划设计工作过程：1997年年底至1998年年初进行了库区正常蓄水位140m方案初步设计深度实物指标的全面调查复核。1998年11月，编制完成了《湖南省澧水皂市水利枢纽工程项目建议书》，11月中旬，水利部水利水电规划设计总院对项目建议书进行了审查并通过。

1999年9月，编制完成了《湖南省澧水皂市水利枢纽可行性研究水库淹没处理及移民安置规划报告》，12月下旬，水利部水利水电规划设计总院对此报告进行审查并通过。2001年4月中国国际工程咨询公司对可研报告进行评估并通过。

2000年10月，开始编制初步设计报告。2002年10月下旬，初步设计报告通过了水利部水利水电规划设计总院的审查，并于2003年8月完成了审定稿。为满足工程施工进度要求，2000年12月，即已完成《澧水皂市水利枢纽初步设计阶段坝区占地移民安置规划报告》，后因坝区占地范围的变更，又先后于2002年3月、2002年8月编制了补充报告。

2002年年底，开始编制库区移民安置实施规划。2004年1月，完成了《湖南澧水皂市水利枢纽工程库区104m水位农村移民安置实施规划报告》，湖南省人民政府于2004年3月批准了该报告并付诸实施。2006年8月，完成《湖南澧水皂市水利枢纽工程库区移民安置实施规划总报告》及分县（区）报告等附件，获湖南省移民开发局审查批准。2007年8月，为使移民补偿投资概算调整有一个坚实的基础，对移民安置实施规划根据当时已大部分实施的情况进行了修订；2007年11月，完成了《湖南澧水皂市水利枢纽工程建设征地移民安置实施规划报告》（修订本）。

2003年9月，国家发展和改革委员会召开了初步设计阶段投资概算审查会。2003年12月18日，水利部发文，将《国家发展改革委关于核定湖南省皂市水利枢纽工程初步设计概算的通知》一同下发，核定了工程各项投资。根据国家发展和改革委员会审查意见，于2004年完成了初步设计阶段库区、坝区移民安置规划报告最终审定稿。

皂市库区移民从2003年开始实施，至2007年已大部分完成。移民实施时间跨度较大，期间物价上涨幅度较大，因此，实施中根据发现的问题进行了部分方案调整及设计变更。为落实国家移民政策，保障移民合法权益，保障工程建设顺利进行及移民安置任务的全面完成，2007年8月，启动工程建设征地移民补偿投资概算调整工作；同年9月底，编制完成《湖南澧水皂市水利枢纽工程建设征地移民补偿投资概算调整报告》，后经多次审查修改，于2011年，国家发改委下文明确了增补移民资金量。

移民安置及库底清理验收分阶段进行。2007年1月下旬，水利部水库移民开发局进行了120m高程以下移民安置及库底清理验收；9月下旬，进行了下闸蓄水移民安置及库底清理验收。2015年11月下旬，水利部水库移民开发局会同湖南省移民开发管理局对工程移民安置进行了竣工验收。

1.1.8 环境效益、环境影响与保护

工程区域主要环境问题有洪水与干旱灾害、水土流失、局部环境污染等，社会经济水平低下。

1. 工程环境效益

工程在流域防洪中处于十分重要的地位，配合流域整体规划可使石门以下松澧地区的防洪标准近期提高到20年一遇，远景提高到50年一遇，将减轻洪水对下游松澧地区百万人生命和百万亩农田造成的威胁，改善这一地区的生产、生活环境，免除洪水泛滥带来的疾病流行和血吸虫病蔓延，还有利于减少下游河道淤塞和洞庭湖泥沙淤积。

电站每年约可发电3.3亿kW·h，相对同规模火力发电年减少约18万t的原煤消耗，有利于减少大气污染；水库增加灌溉面积5.4万亩，可使灌区灌溉保证率达到75%；枢纽通航建筑物设计年货运能力为15.1万t，将改善库区的交通条件。此外，水库还为水产养殖和发展旅游提供了十分有利的条件。

工程建成至今，已发挥出巨大防洪、发电及生态补水等综合效益。

2. 工程环境影响、环境保护措施与效果

工程环境影响包括水质、水库淹没与移民对环境的影响、施工对环境的影响、陆生生物、水生生物、环境地质、人群健康、文物古迹与景观8个方面。

（1）**水质**：澧水流域是砷富集地区，水土流失和支流雄黄矿污染物排放物是库区主要污染源。

建库后，工业废水中污染物增量不大，控制库区水土流失，结合水库调节作用，库区水质不会出现显著恶化。由于水库年内库水交换快，总体上未出现富营养化，水质没有明显改变，但局部水质问题应予重视，并开展水库污染防治研究与治理补偿工作。

（2）**水库淹没与移民对环境的影响**：受水库淹没影响，库区土地资源大量淹没，以耕园地淹没最大。但通过调整改造土地、发展二、三产业和水产养殖，本县移民安置容量基本满足移民安置的需要，加之考虑适量外迁，扩大安置容量，均实现大农业安置，依靠移民补偿费和优惠政策发展生产，移民生活质量将逐步提高。

移民生产安置的垦植活动、集镇迁建和专业设施复建等活动，未大幅扰动土层、破坏植被、增加水土流失，二、三产业发展和移民迁建活动增加的“三废”排放有限，同时因

实施了田间生物工程、修建了沼气池、三格化粪池、垃圾处理场、恢复了库区森林植被等环保措施，不利影响较小。

(3) **施工对环境的影响**：工程施工期间，砂石料加工等生产废水和生活污水在高峰期的排放量约为 288.4 万 t/a，与该河流年径流量相比，污径比很小，同时对生产废水与生活污水采取了工程处理措施，对河水水质影响不大。对施工开挖、燃油使用、混凝土拌和材料运输等造成的小范围空气质量和声环境污染，采取了除尘降尘、减排降噪等措施，环境影响较小。

料场土石开采和弃渣堆放等施工活动，造成了一定的植被破坏和水土流失，对自然景观产生一定影响，但通过边坡支护、渣场防护与迹地绿化，生态已得到修复。工程施工过程中的生活垃圾、污水、有害气体等处置措施得当，未恶化生态环境。

(4) **陆生生物**：受淹没影响较大的主要是经济林，灌丛、草丛和农田植被损失较小，工程占地、施工、移民安置等也破坏了部分现有植被，但由于采取了抢救性保护措施，珍稀动植物未受影响，生物多样性状态良好。

工程对陆生生物的影响区域主要是沿河水域和河谷带，这一区域的动物数量将可能上升。此外，库区少量珍稀动物如大鲵会因水库蓄水而向上迁移，不会造成灭失，但应依法打击人为捕杀行为。

(5) **水生生物**：水库蓄水后，原河道相生态环境将逐渐向湖泊相生态环境演变，有利于浮游生物滞留、生存和繁衍；但不利于底栖动物的栖息和繁衍。与此同时，建库后，喜流水生的鱼类将会增加，适应性广的鱼类又会在库区形成优势类群；库区现有的几个产卵场地，会因水位上升而消失。泄流量相对稳定又有利于产黏着卵鱼类的繁殖和发育，下游以产黏着卵的鱼类将占优势。

总体上，水库蓄水运行后，河道相生态环境向湖泊相生态环境的演变，逐步趋稳向好。

(6) **环境地质**：水库蓄水而诱发较强地震的可能性不大，即使少数断裂的微弱活动，诱震烈度不会超过Ⅵ度，不会出现破坏性诱震。

水库的南北两侧，以及干流库尾和支流仙阳河、峡阳河段，因有可靠的隔水岩系封闭，无库水外渗；漴水与相邻涔水、澹水、人朝溪水系构成的河间地段，虽在地质构造上无隔水岩系封闭，但从水文地质情况看，库水在这些河间地段亦未出现库水渗漏。

大坝下游右岸水阳坪古滑坡不存在深层滑移的条件，仅邓家嘴一带曾在 1954 年暴雨后发生活动，现已采取工程措施给予治理。

(7) **人群健康**：建库后，人口密度增大，一些生活性污染物、细菌、病毒、寄生虫进入水中，存在肠道传染病流行的可能性。水位升高，鼠类向高处迁移，局部地区鼠密度相对增加；水面增大，水流相对变缓，可能形成新的蚊虫孳生地，造成自然疫源性疾病的发病率升高。工程建设期间，采取了清表、移除、杀灭、消毒等针对性的预防措施，有效规避了上述不利影响，效果良好。

(8) **文物古迹与景观**：水库淹没各类型的文物古迹共 30 处，对部分有价值的保护对象采取了补救性措施；建库对库区自然景观无明显不利影响。

总之，工程对环境的影响利大于弊，在采取系列环境保护措施后，不利影响得到最大限度的规避。建议进一步加强环境监测与管理，设置工程环境管理机构，实时有效保护生态环境。

1.2 工程论证及建设过程

1.2.1 工程论证过程

工程的规划和建设历经了50余年。第一次规划设计始于1950年，止于1966年；第一次建设始于1959年，止于1961年。于1964年开始第二次建设，后因要移走库区5万人而未能实现。第二次规划设计始于1984年，成于1991—1995年，完善于1998—2008年；第三次建设始于2004年，成于2009年。

1. 第一次规划设计建设过程

1950年2月，长江水利委员会成立，长江流域江河治理工作拉开序幕，主要支流水库的规划及设计工作先后启动。同年，湖南省人民政府组织力量对澧水流域进行了勘察和规划，提出了澧水流域以防洪为主的治理方针，皂市水利枢纽工程始见端倪。

1956年7月，苏联航测队分南北两线航测长江流域。

1957年，武汉水力发电设计院完成皂市梯级规划各项任务，湖南省水电院提出了《澧水流域规划简要报告》。

1958年3月，长江水利委员会（原长江流域规划办公室）承接国家下达的澧水支流渫水皂市水利枢纽的勘测设计任务，4月成立澧水皂市枢纽小组，开始进行皂市枢纽的设计工作。

1958年6月，皂市水库选定皂市镇上游峡谷出口女仙桥作为坝址。9月，苏联专家和长江水利委员会的工程技术人员共同提出“皂市水利枢纽初步设计方案”，设计坝高100m，蓄水20亿m^3，装机150MW，年发电量6亿kW·h，总投资5300万元，枢纽的主要任务是防洪、发电和改善航运。

1959年，湖南省启动皂市水库动工兴建的筹备工作。

1960年年初，皂市水利枢纽工程建设正式开工，7—8月，中央在北戴河召开会议研究国际问题和国内经济调整问题，确定压缩基本建设，保证工业和农业生产，湖南省委、常德地委决定，皂市水利枢纽工程建设暂缓进行。

1960年9月5日，因宜昌清江水库和资江柘溪水库在建，国家资金紧张，经李先念副总理批示，湖南省决定，皂市水库水利枢纽工程建设停工。

1961年年初，皂市水库建设全部停工。工程停工后，湖南省相关部门从1961—1966年，对皂市水利枢纽工程的有关资料进行了归档和继续研究。

2. 第二次规划设计建设过程

为了加强洞庭湖的治理，1984年10月，湖南省水利水电勘测设计院和湖南省洞庭湖工程局在1979年、1980年、1982年洞庭湖防洪规划的基础上，联合编制提出了《湖南省洞庭湖区近期防洪蓄洪工程初步设计书》，附有包括皂市水利枢纽工程在内的单项工程初步设计书334件。

1986—1990年，湖南省水利水电勘测设计院重新开展并完成《澧水流域规划报告》。规划安排宜冲桥、江垭、皂市3座骨干水库共同承担澧水防洪任务，江垭、皂市水库同期同时开发。规划拟定了溇水五级开发方案：第一级黄虎港、第二级所市、第三级中军渡、第四级磨市、第五级皂市。1990年12月，水利部审查通过《澧水流域规划报告》。1991年，国家计委批准《澧水流域规划报告》，批复指出，优先安排并建设江垭、皂市水利枢纽工程。

1988年9月，水利部在函复湖南省《洞庭湖区防御特大洪水有关问题的报告》中指出，江垭、皂市工程为综合开发的水利枢纽工程，可以统筹安排。1990—1991年，水利部、湖南省人民政府、湖南省水利厅、长江水利委员会共同协商，确定由长江水利委员会承担皂市水利枢纽的设计工作。

1990年11月，长江水利委员会部署皂市水利枢纽初步设计工作。1991年12月，长江水利委员会规划局、设计局、水保局、计财局、勘测总队、长江科学院、湖南省水利水电勘测设计院、地震办公室、常德市水电局、石门县人民政府等单位60余人，对皂市水利枢纽进行了综合查勘，至1995年基本完成皂市水利枢纽初步设计。

1996—1997年，工程再度搁置。1997年年底和1998年年初，经湖南省水利厅重点办、常德市人民政府积极争取，工程再次列入议事日程。

1998年11月和1999年12月，水利部水利水电规划设计总院分别审查并通过了长江勘测规划设计研究院提交的《皂市水利枢纽工程项目建议书》和《皂市水利枢纽工程可行性研究报告》。2000年8月和2002年10月，国务院批准了《国家计委关于审批湖南皂市水利枢纽工程项目建议书的请示》和《国家计委关于审批湖南省皂市水利枢纽工程可行性研究报告的请示》；皂市水利枢纽工程正式立项。

2003年12月，水利部批准了《皂市水利枢纽工程初步设计报告》，经国家发展和改革委员会核定的工程总投资为32.5179亿元；2004年1月，国家发展和改革委员会下达《2004年第一批新开工固定资产投资大中型项目计划的通知》，批准皂市水利枢纽工程开工，确定主体工程总工期为5年10个月。

1.2.2 工程建设过程

工程建设包括施工准备、主体工程施工和完工竣工验收等过程。

施工准备自1998年11月至2004年1月。

2004年2月8日，水利部、湖南省人民政府联合宣布皂市水利枢纽工程正式动工；2007年10月25日，皂市水利枢纽下闸蓄水；2008年4月，电站2台机组相继完成安装调试，正式并网发电；2009年12月，枢纽工程全部完工。

2010年，工程进入各专项验收、检验与竣工验收阶段。2016年7月9日，通过了水利部会同湖南省人民政府共同主持的竣工验收，工程竣工。

工程建设大事记见附录。

1.3 工程关键技术与创新

1.3.1 工程关键技术与创新成果

1. 三库联合防洪调度方案

创新性提出基于整体设计洪水的“两库联合固定泄量控泄＋单库补偿”的三库联合防

洪调度方案。突破了三库固定泄量的简化调度方式，建立了多库防洪库容之间互相补偿的调度；发挥重要节点水库灵活、准确、及时和易于操作的调度优势；通过该方式在满足澧水流域重点防洪区域防洪规划目标的同时，论证了三库各自合理的防洪库容。该调度方案已在工程实际运行调度中运用，有效发挥了皂市水库的防洪减灾效益。

2. 坝轴线布置型式

坝址两岸山体陡峻，右岸地形较平顺，左岸鹰嘴岩上、下游均有冲沟切割，地形变化较大。坝址出露岩层从上游到下游依次为二叠系薄层灰岩、泥盆系石英砂岩、志留系页岩。泥盆系石英砂岩出露厚度大、强度较高、构造相对简单，是本工程较好的筑坝基础。

坝基岩层倾向上游偏左岸，走向与河流交角约 75°。坝基利用地层从左岸到右岸依次为 D_{2y}^{2-2}、D_{2y}^{2-1}、D_{2y}^{1-2}、D_{2y}^{1-1} 石英砂岩，设计充分利用泥盆系石英砂岩作为大坝基础，坝轴线为避开上游冲沟，采用圆弧线与鹰嘴岩山嘴相接，右岸地形较完整的坝轴线设计为直线。本枢纽设计的这种直线＋圆弧线复合新颖的大坝布置型式，合理、有效、最大限度地利用了地形、地质条件，缩短了大坝长度。

3. 大坝抗滑处理措施

大坝建基岩体为泥盆系石英砂岩，该地层岩体具有单轴抗压强度很高，而变形模量低的特点。岩体在未扰动情况下，整体强度较高，但一经扰动，岩体的完整性即大幅度下降，是典型的“硬、脆、碎”岩体。尤其在左岸 F_1 断层、河床 F_2 等断层的扰动下，建基面力学参数偏低。

为解决大坝抗滑稳定问题，设计对大坝断面进行了优化，适当增加了坝基面积，部分坝段上游面设 1∶0.1 坡，利用大坝上游水重，同时大坝基础廊道布置适当向上游侧移动，对挡水高度较大的 5～12 号坝段坝基及消力池采用封闭帷幕抽排方案，并采用固结、帷幕灌浆和基础排水等综合处理措施，降低坝基扬压力。采用了这些处理措施后，除 5 号、6 号坝段外，其余坝段抗滑稳定均满足规范要求。

由于左岸 5 号、6 号坝段是弧形坝段，坝体上游面宽下游面窄，加之受 F_1 断层的影响，坝基力学参数较低，大坝稳定条件差，其抗滑稳定安全系数在采取其他坝段常规措施后仍然较规范要求值略小。设计在研究多种方案后，最终确定采用 5 号、6 号两个坝段与其下游消力池左导墙联合受力方案：坝体下游与左导墙接触面预留灌浆系统并在大坝挡水前适宜的时间进行接缝灌浆，达到坝体与导墙联合受力的目的，经分析计算，采取上述措施后，大坝 5 号、6 号两个坝段稳定满足规范要求。工程运行至今，各项监测结果表明，大坝运行是安全的，本工程坝基综合处理措施尤其是“联合受力方案”可为类似工程设计提供参考。

4. 联合消能技术

大坝泄洪表孔、底孔为相间布置，对多种消能方案进行比选后决定表孔采用底流消能、底孔采用射流加水垫消能。

由于消力池左岸为陡峻山坡，右侧为坝后式厂房，其下游河床岩体为页岩，大坝下游右岸约 200m 为邓家嘴、水阳坪滑坡。为节省工程量，防止泄洪对厂房、左岸山体及右岸下游滑坡产生影响，减轻下游河床冲刷。设计采用了表孔宽尾墩、梯形断面消力池、差动式尾坎等多种消能措施。

首先在表孔出口设置宽尾墩，防止泄洪影响厂房及左岸山体，中间表孔采用对称宽尾墩，两侧边孔采用不对称宽尾墩，使表孔水流纵向拉开，同时两边表孔水流向消力池中心偏移，防止水流从池侧边出池。底孔明流段出口横向扩散，将水流横向拉开，使水流在空中充分掺气，扩大水舌入水面积，减小水流对消力池底板的冲击，达到消能充分，缩短消力池长度的目的。

底流消力池横断面一般为矩形，本工程消力池如按矩形断面设计，消力池边墙采用重力式，则左岸山体开挖量很大，开挖边坡高度达150m以上，工程量浩大，对左岸山体稳定也不利。为此本工程采用了梯形断面设计，消力池左边墙采用贴坡型式，减少了左岸山体开挖工程量，经工程实际运用，消力池水流平顺、流态较好，出池水流与下游水位衔接平顺。

消力池下游河床为页岩，抗冲能力弱，消力池尾坎采用差动坎，消除了二级跌水，均化了出池水流，减轻了下游河床及岸坡冲刷，简化了左岸岸坡及河床防冲刷措施。

本工程采用的多种联合消能措施实际运行效果良好。

5. 高边坡支护技术

针对皂市厂房右岸高边坡“上硬下软”岩层视顺向的地质特征，对下部软岩提出贴坡混凝土面板与深层预应力锚索相结合的组合支护措施，有效改善了坡脚软岩的应力状态，减小了坡脚破坏区范围，同时结合边坡上部硬岩部位布置的预应力锚索，有效控制了下部软岩受压变形过大造成上部岩体开裂破坏。采用该组合支护措施，在国内成功开挖了具有“上硬下软”岩层视顺向地质特征的高边坡，对类似边坡处理工程的实践具有借鉴意义。

6. 水阳坪—邓家嘴滑坡治理

水阳坪—邓家嘴滑坡位于大坝下游右岸480m处，是由水阳坪滑坡及邓家嘴滑坡组成的滑坡群体，其上为水阳坪，下为邓家嘴，水阳坪后缘为胡家台平地，整体上成三平两陡的地势地貌。根据枢纽布置，导流洞出口明渠从滑坡前缘上游侧通过，右岸上坝公路及沿江公路分别从水阳坪前缘及邓家嘴前缘通过。滑坡一旦失稳将影响工程的建设及运行，是关系皂市水利枢纽能否实施的关键。

治理措施首先提出了地灾治理与工程建设相结合的设计新理念并付诸实施，满足了右岸导流隧洞、交通公路等建筑物的布置要求，同时又确保了滑坡自身安全，为坝区地灾治理提供了新思路。系统提出“地表防护、地上拦截、地下排水”的设计思路，解决了大气降水对滑坡不利影响的关键问题。提出滑坡治理生态设计及动态设计新理念，采取植生带喷混凝土对开挖边坡和斜坡平台进行绿化保护，并根据实际揭露的地质情况进行了现场设计优化和完善，节约了投资。

7. 改善中低水头段水头变幅大的水轮机稳定性设计

国内外40多座大型混流式水轮机参数的统计结果表明，大多数电站的极限最大水头H_{max}与最小水头H_{min}的比值均小于1.65，当时已建的三峡和岩滩电站H_{max}/H_{min}均为1.85（表1.1），皂市水电站运行水头范围为36.4～68.6m（属中低水头范围），最大水头与最小水头的比值达1.88，是国内当时该水头段混流式水轮机运行水头变幅最大的电站。

表 1.1　　与皂市水电站运行水头类似的国内已建部分电站表

电站名称	运行水头/m	最大水头与最小水头的比值	设置最大出力/MW
三峡	61～113	1.85	额定出力 700 最大出力 756
岩滩	37～68.5	1.85	额定出力 302.5
五强溪	36.2～60.1	1.66	额定出力 240

为适应电站过大的运行水头变幅，同时在该水头段可供选用的基础优秀转轮少的限制条件下，合理地确定水轮机设计水头（水轮机最优工况对应的水头）；通过对水轮机模型资料的分析研究，合理选择水轮机参数水平；优化选择水轮机单位参数，成功地实现了水轮机高效、安全稳定的运行目标。在限定的机组尺寸和厂房布置条件下，以改善水轮机稳定运行为目标，通过采用具有国际领先水平的机组设置最大出力技术措施，实现了水轮机在高水头段运行时，随着导叶相对开度的增大，水轮机运行在高效率区域，减小了压力脉动值并远离特殊压力脉动带；同时也达到了机组调节负荷范围增大的目标，增加了电站的调峰效益，增大了电站的调峰容量。

8. 导流隧洞出口消能型式

工程采用围堰一次拦断河床，枯水期隧洞导流，汛期基坑过水、围堰和导流隧洞联合泄流的导流方式。导流隧洞按单洞单线布置在右岸，出口明渠段设置消力池。由于导流隧洞消力池段右侧即为金家沟崩坡积体、出口右岸下游为邓家嘴滑坡体前缘，隧洞泄流时水流贴右岸下行，高速水流对滑坡体稳定和下游护岸的影响始终是设计重点关注的问题。

通过对导流隧洞轴线布置、出口消能方式等方面的研究，采用调整隧洞水流方向的设计措施，即在不改变导流隧洞轴线和消力池深度的基础上，通过在消力池出口明渠内设置4个差动式消力墩，形成右高左低的过流断面，提高水流在消力池内的消能率，将主流方向调整至靠左侧，增大主流与右岸滑坡体坡脚的距离，同时对右岸坡脚和岸坡采用合金钢网石兜和石笼进行保护。

1.3.2　鉴定意见

2013 年 11 月 22 日，由湖北省科学技术厅组织以郑守仁、温续余等 9 位专家组成的专家组，对“澧水皂市水利枢纽工程设计关键技术”进行了技术鉴定，并于 2013 年 12 月 12 日对上述成果出具了“科学技术成果鉴定证书”。鉴定意见包括以下几个方面：

（1）项目组提供的技术资料齐全，内容翔实，数据可信，符合科技成果鉴定要求。

（2）项目基于工程调研、理论分析、数值模拟、1/51.25 水工断面模型试验、1/100 水工整体模型试验及原型监测等手段，对皂市水利枢纽工程防洪调度、抗滑处理、工程布置、消能措施、高边坡设计、滑坡治理、水轮机优化及导流出口布置优化技术等工程建设面临的关键技术难题进行了系统研究和工程实践，取得了丰硕成果。

（3）成果主要创新点如下：

1）提出基于整体设计洪水的“两库联合固定泄量控泄，结合单库补偿调度”的三库联合调度方式，突破了仅单库运用的固泄、固泄加补偿、两库或多库固定泄量的调度方法，建立了多库防洪库容之间互相补偿的调度方式，发挥重要节点水库灵活、准确、及时的补偿调度，满足了流域整体防洪规划目标，达到较好的防洪效果。

2）提出坝轴线“直线+圆弧线”复合新颖的布置型式，合理、有效、最大限度地利用了地形、地质条件，缩短了大坝长度，较大地节省了混凝土、土石方等工程量；提出大坝与消力池导墙联合受力技术，解决了复杂地基弧形坝段抗滑稳定问题；提出大坝上游防渗层直接采用富胶二级配碾压混凝土，不再另设其他辅助防渗措施，简化了施工工序，缩短了工期；提出“表孔底流底孔附加射流、对称与不对称宽尾墩布置、结合梯形消力池差动式尾坎”的联合消能技术，适应了水头及流量变幅大和低佛氏数的水力特点，提高了消能率，有效地解决了坝后式厂房布置问题和减少对水阳坪—邓家嘴滑坡的扰动和河床冲刷问题。

3）提出针对皂市水电站右岸130m高边坡下部软岩采用表层混凝土面板与深层预应力锚索相结合技术，针对上部硬岩布置预应力锚索，解决了“上硬下软”地质结构视顺向高边坡的施工开挖和运行期稳定问题。

针对具有“上硬下软”岩层视顺向地质特征的高边坡，首次提出表层混凝土面板与深层预应力锚索相结合的边坡加固新型组合支护措施，确保了厂房右岸高边坡的稳定。

4）提出水利工程滑坡治理与工程建设结合的生态和动态设计新理念，解决滑坡自身稳定及右岸施工导流隧洞、交通公路等建筑物布置的要求，使工程建设与环境美化相和谐，并节省投资。为其他同类工程积累了可供借鉴的宝贵经验，值得进一步推广应用。

5）针对具有中、低水头段、水头变幅巨大，运行水头范围很宽等特点的混流式水轮机关键技术进行研究，以改善水轮机运行稳定性为目标，通过水轮发电机组的优化设计和机组设置最大出力的专题研究的设计措施，实现具有更加宽广的高效稳定运行范围，极大地改善机组的安全、稳定运行性能，延长了机组的使用寿命，并增加了电站的调峰效益和容量，具有借鉴推广价值。

6）通过对导流隧洞轴线布置、出口消能方式等方面的研究，提出调整隧洞水流方向的技术，减少了导流隧洞开挖量及泄水时防护难度，节约工程投资。

研究成果成功解决了皂市水利枢纽工程建设面临的关键技术难题，并在工程中得以成功推广，取得了显著的经济效益和社会效益，具有良好的推广应用前景，对推动水利水电工程设计的发展和进步具有重要意义。

鉴定委员会一致认为研究成果具有国际领先水平。

2 工程规划

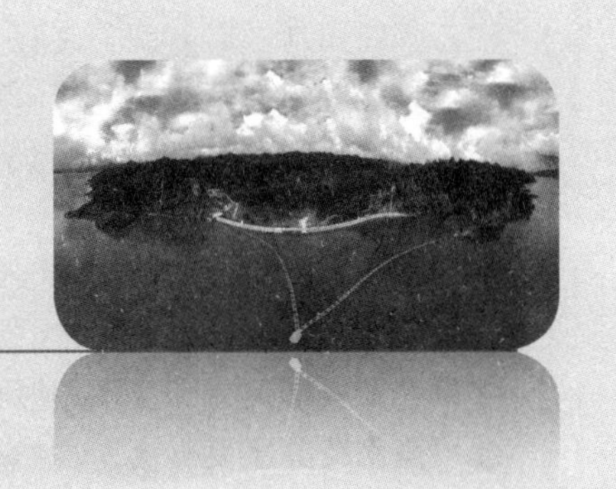

皂市水利枢纽位于澧水的一级支流渫水下游，是澧水流域规划中的防洪控制骨干工程。

2.1 流域概况及工程规划地位

2.1.1 流域概况

2.1.1.1 水系

1. 澧水

澧水流域位于湖南省西北部。南以武陵山与沅水为界，西北以湘鄂丛山与清水江分流，东临洞庭湖，南北窄而东西长，地势则西北高东南低。澧水有南、中、北三源，以北源为主，发源于桑植县杉木界，流经桑植、武陵源、永定、慈利、石门、临澧、澧县、津市 8 个县（市、区），在小渡口进入尾闾，向南流经七里湖，于南咀注入洞庭湖。

澧水小渡口以上干流长 390km，落差 1439m，流域面积 18583km^2，其中湖南省境内 15505km^2，占 83.4%，其余在湖北省境内。

河源至桑植县城段为上游，流域面积 3139km^2，河长 94.2km，两岸高山峻岭，河谷深切，山峰多在 1000～2000m 之间，河槽两岸陡岩壁立，崩石嶙峋、滩险毗连，水流湍急，河床比降 2.67‰。

桑植县城至石门城关段为中游，面积 11974km^2，河长 226.8km。石门三江口站集水面积 15053km^2，占澧水流域面积的 81%。澧水干流中游河段有苦竹河、仙街河、自生河、大庙头等 4 个峡谷和桑植、永定、溪口、慈利 4 个盆地，低山峡谷相间、河道深潭与急滩交互出现，河床比降 0.754‰。中游河段有溇水和渫水两大支流汇入。溇水和渫水中上游为山地，其高程 1000～2000m，两支流下游和澧水干流的南岸多为低山和丘陵盆地，高程 400～1400m。溇水和渫水干流河长分别为 248km、171km，落差分别为 1972m、1848m，平均坡降分别为 1.9‰、2.4‰。

石门城关至小渡口段为下游，面积 3470km²，河长 69km，阶地发育，地势平缓开阔，丘陵岗地散布其间，高程 30～50m，河床比降 0.204‰。河段内有较大支流——涔水和道水从左右岸汇入。

小渡口以下属尾闾，河谷宽阔，湖泊、洪道、洲滩、港溪交错，堤防阡陌，良田万顷。

流域内集水面积大于 10km²，河长 5km 以上的各级支流 326 条，其中大于 100km² 的 39 条，大于 1000km² 的较大支流有溇水、渫水、道水和涔水，分别于慈利县城、石门三江口、澧县道河口和津市小渡口汇入澧水。

澧水及其主要支流基本情况见表 2.1，澧水流域规划示意图见图 2.1。

表 2.1　　澧水及其主要支流基本情况表

干支流	河流名称	发源地	河口地	流域面积/km²	河长/km	落差/m	平均坡降/‰	多年平均流量/(m³/s)
干流	北源	桑植杉木界	津市小渡口	18583	390	1439	1.13	523
干流河段	上游	河源	桑植县城	3139	94.2		2.67	
	中游	桑植县城	石门城关	11974	226.8		0.754	
	下游	石门城关	小渡口	3470	69		0.204	
主要支流	溇水	鹤峰七垭	慈利县城对岸	5048	248	1972	1.90	178
	渫水	石门泉坪	石门三江口	3201	171	1848	2.40	83
	道水	慈利五雷山	澧县道河口	1378	101	98	0.97	24
	涔水	石门黑天坑	津市小渡口	1190	114	88	0.77	21

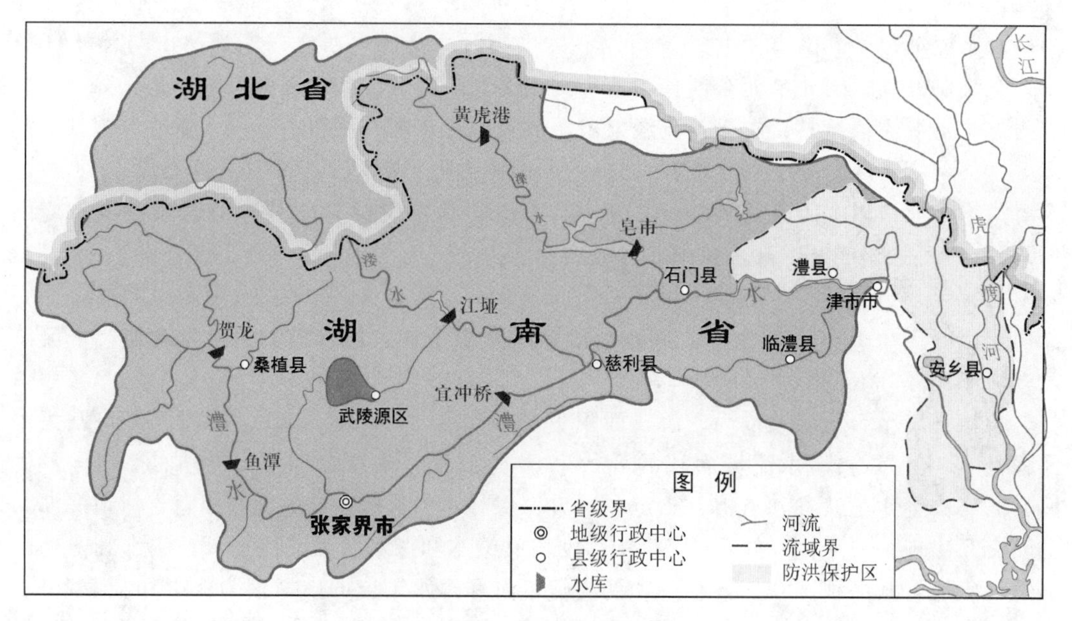

图 2.1　澧水流域规划示意图

2. 渫水

渫水为澧水第二大支流，发源于湖北省五峰县境内东南部边陲，呈西北至东南走向，于湖南省石门县三江口汇入澧水。流域跨湖北、湖南两省，绝大部分面积为湖南省石门县所辖，仅上游源地少量面积在湖北省五峰县境内。流域北以壶瓶山、芦黄山与清江流域为界；东北以庚子山与㳇水为界；东以封隘山、燕子山、尖峰山为界，并与涔、澹二水毗邻，西南同溇水相依，南面俯瞰澧水。

流域地势西北高东南低，西北面壶瓶山海拔2098.7m，逐渐向东南降低，至下游高程为150～250m，流域平均高程为600～700m。干流河道出入峡谷，蜿蜒曲折，其间有小型河谷盆地。河道中滩多流急，坡降由上游的12.4‰减至下游的1.3‰。两岸支流呈树枝状分布，最大支流为下游左岸的仙阳河，集水面积552km²。由于山高坡陡，暴雨强度大及受人类活动影响，致使渫水含沙量和侵蚀模数为澧水干支流之冠。

渫水流域集水面积3201km²，占澧水流域面积（小渡口以上）的17.2%。皂市水利枢纽位于渫水下游，距河口16.5km，集水面积3000km²，控制渫水流域面积的93.7%。

2.1.1.2 降水、暴雨与洪水特性

1. 降水

澧水流域属中亚热带季风湿润气候区，流域雨量丰沛，是长江流域多雨区之一。多年平均降水量由下游向上游增加。由于流域是西北—东南走向，西北高、东南低，地形对偏东入侵的暖湿气流有抬升作用，故使流域降水量的分布由下游向上游递增。多年平均降水量等值线与干支流河道走向正交，多年平均降水量中心在干流上游正源的大平站。中心多年平均降水量2161mm，降雨中心呈椭圆形笼罩干流上游，中心呈东南向分布，横跨支流溇水和渫水上游的左岸。另在溇水上游与清江分界山岭附近的中营有一个次降雨中心，多年平均降水量为1953mm。干流上游流域多年平均降水量为1760mm，溇水流域为1610mm，渫水流域为1565mm，澧水三江口以上流域为1600mm，三江口以下地区仅为1300mm。流域内三江口上下游地区降水量相差较大。

渫水流域内多年平均降水量最大与最小的比值约为2.3倍。

澧水流域降水年内分配与季风活动密切相关，夏季风活跃的5—8月为主雨期，其降水量700～1200mm，占全年总降水量的55%～60%；6—7月降水量更为集中，为400～700mm，占全年降水量的30%～40%。澧水流域的单位面积产水量为洞庭湖区湘、资、沅、澧四水之最。

渫水流域年降水量变差系数C_v值在0.12～0.18之间，小于长江流域其他暴雨区（为0.20～0.25），降水年际变化不大。

2. 暴雨与洪水特性

澧水洪水由暴雨形成，年最大洪峰出现在4—10月，但大多出现在6月、7月两月，中小水年份，天气情况异常时年最大洪峰流量可提前到4月或推迟到9月、10月发生，但量级较小。澧水干支流坡度大、汇流迅速、洪水涨落快，再加上流域形状和水系分布对造峰较为有利，洪峰持续时间短，峰型尖瘦，一次洪水历时上游为2～3d、中下游3～5d。暴雨时空分布上的差异和干支流洪水的各种组合，常出现连续相持的复式洪水过程，5～7d内可出现3～4次洪峰。澧水流域各年洪水过程差异大，时段洪量分配也有较大差别，如三江口1980年洪水W_{24h}、W_{72h}分别占W_{7d}洪量的25.5%和56.2%，而1998年洪水W_{24h}、W_{72h}分别占W_{7d}洪量的38.9%和86.7%。澧水流域中下游大洪水多是上游干流洪水和溇水洪水遭遇，传播至三江口后再与渫水洪水遭遇，形成三江口以下澧水大洪水，如1980年大水，渫水皂市洪峰流量、W_{24h}、W_{72h}分别占三江口相应洪量的36.8%、32.1%、31.0%，大大超过所占面积比20%，历史上"35.7"特大洪水就是由这种恶劣遭遇和组合造成的。自1952—1998年的大洪水年中，1998年、1953年，宜冲桥W_{24h}占三江口W_{24h}洪量的58.4%和66.5%，大于所占面积比38.7%，其他年接近或小于面积比。

根据每年各次暴雨天气形势或暴雨系统影响的差异和地形的特殊配合，澧水流域暴雨分布和中心有两种基本情况：一是暴雨中心呈东西向的椭圆形，横贯澧水干流及支流溇水、渫水的中上游地区，暴雨区广、强度较大、历时较长，易形成澧水流域性的大洪水。如1980年8月初的暴雨洪水，渫水皂市和溇水江垭站实测最大流量分别为7130m³/s、6630m³/s，干流宜冲桥也出现4610m³/s的洪峰流量，三江口洪峰流量17600m³/s，为实测的第二大洪水，7d洪峰流量为实测最大值。当在特定的环流条件和天气系统影响下，再加上有利地形配合，可导致如1935年历时长、强度大的全流域大暴雨，该年主雨中心在溇水和渫水上游，形成干流、渫水、溇水中下游地区数百年所罕见的特大洪水。二是暴雨中心偏于干流上、中游地区，溇水、渫水降水和洪水不大。如1998年洪水，干流柳林铺洪峰流量达12700m³/s，大于"35.7"洪峰流量11900m³/s，三江口洪峰流量达20600m³/s，为实测最大值。实测系列中的1953年洪水也属于这种类型。

根据统计，澧水流域主要控制站——石门水文站（原三江口水文站因修建三江口水电站下迁后更名）历年实测最大洪峰流量为19900m³/s（1998年7月23日），最大72h洪量33.29亿m³。澧水流域洪水发生频繁，石门洪峰超过12000m³/s的洪水，平均3年出现一次，其中1980年达5次之多。

1949年年前，澧水流域历史洪水发生的年份有：1369年、1428年、1788年、1848年、1849年、1862年、1873年、1880年、1908年、1909年、1912年、1931年、1933年、1935年、1948年，其中1935年洪水重现期在三江口、皂市、长潭河均约为280年一遇，在大庸（张家界）为22年一遇，四站洪峰流量分别为30300m³/s、11200m³/s、12000m³/s、9120m³/s。1949年年后，澧水实测大洪水年份主要有1954年、1957年、1964年、1966年、1980年、1983年、1991年、1993年、1995年、1998年、2003年，三江口实测洪峰流量分别为14500m³/s、14500m³/s、14200m³/s、13000m³/s、17600m³/s、15100m³/s、16100m³/s、14900m³/s、13100m³/s、19900m³/s、18700m³/s。

2.1.1.3 自然资源

1. 能源资源

澧水流域在常规能源中已探明并具有工业开发价值的只有水力和煤炭两类，石油、天然气尚无勘探结果。

澧水穿行于湘鄂两省，中、上游多年平均径流深900～1500mm，河川径流丰沛，落差大、蕴藏着巨大的水力资源，是全国十二大水电基地湘西水电基地的重要组成部分。

据中华人民共和国水力资源复查成果（2003年），澧水水系理论蕴藏量1816.6MW，技术可开发量 91 座、装机容量 2386.5MW、年均发电量 72.10 亿 kW·h；经济可开发量 62 座、装机容量 2278.6MW、年均发电量 67.58 亿 kW·h，其中湖南省内的技术和经济可开发量约占 70%，其余在湖北省境内。

干流水力资源小于支流，支流又主要集中在溇水和渫水。干流技术和经济可开发量的装机容量均为 577.4MW，仅占流域技术可开发量的 24.2%，全部位于湖南省境内。

2. 自然及经济资源简况

澧水流域矿产资源丰富，品种较多，分布面广。较著名的有磷、雄黄、煤、盐、石膏及铁等，其他如金、汞、铜、镍、钾、铝、钒、铀、白钨、重晶石、龟纹石都有一定储量，石灰石、石煤更是大面积的分布在流域之内。流域内森林资源也十分丰富，历史上就是松、杉、竹、油桐、生漆、茶叶、板栗、木梓油、五倍子等传统商品基地。

澧水流域包括湖南省的桑植、永定、武陵源、慈利、石门、临澧、澧县和津市等县（市）的全部或大部分，以及永顺、龙山、常德和湖北省的鹤峰、五峰等县的一部分。流域中下游，特别是下游以澧阳平原为洞庭湖商品粮基地的组成部分。

流域内有众多的文化古迹和革命纪念地，与位于张家界市的武陵源区所辖天子山、张家界、索溪峪旅游资源构成了湖南“西片”旅游格局的核心，有着巨大的开发潜力。

2.1.2 流域灾害特征

澧水流域是洞庭湖水系四水之一，其流域面积最小，但洪涝灾害最多，水土流失最为严重。澧水干流和主要支流渫水、溇水之源流同属长江中游鹤峰、五峰暴雨区，洪水组成复杂。澧水下游流经七里湖，同长江向洞庭湖分流分沙的松滋河水系交汇，形成水沙情势极为严峻的松澧地区；该区河湖淤浅，洪道阻塞，苇柳丛生，行洪河道的宣泄能力锐减，圩垸内堤高田低，面临外洪内涝，防修任务极为艰巨。澧水洪水经常与长江洪水遭遇，使澧水下游及尾闾松澧地区，河湖洪水相互干扰顶托，加之泥沙淤积，致使河湖洪水水位不断抬高。1998 年江垭、皂市工程建成前，区域内堤防防洪标准均很低，仅能防御4～7 年一遇洪水，洪灾较严重。由于澧水防洪与洞庭湖区紧密相关，涉及长江中游的江湖关系，因此澧水的防洪治理是一个与长江防洪有关的大问题，是长江整体防洪中不可忽视的一部分。

澧水流域年年亦有不同程度的旱灾，解放初期至 20 世纪 90 年代初，旱灾面积超过 100 万亩的就有 4 年，频繁的旱灾使武陵山区群众的生产、生活更加困难；澧水下游津市以东、松滋河水系经常断流，松澧地区圩垸春灌水源严重不足。

澧水流域内水土流失面积 5904km^2，占流域面积的 31.8%，天然河道内险滩 287 处，严重碍航，水运萎缩；按 1980 年水力资源普查统计，河道内水资源利用很不充分，丰富的水力资源只开发了 3%～5%；而河道外的水资源利用程度也只有 10%～16%（$P=50\%\sim90\%$），远低于临近流域的利用水平。

2.1.3 综合规划

为有计划地对澧水流域进行全面开发治理，综合解决澧水的防洪问题和综合利用干、支流水资源，在 20 世纪 50 年代末期《澧水流域规划简要报告》的基础上，湖南省水利水电勘测设计院于1986年重新开展澧水流域规划工作，并于1991年完成。1992年原国家计划委员会批准了《澧水流域规划简要报告》。

2.1.3.1 规划任务

依据《澧水流域规划简要报告》，澧水流域的开发任务为：以防洪为主，兼顾灌溉、发电、航运、水土保持及旅游等。

1. 防洪

澧水流域的广大面积上几乎长年都有突发性的山洪冲毁农田与房舍的事件发生；沿河桑植、大庸、慈利、石门等县城多依山临水，城郊的山间平原多位于河流的Ⅰ级台地，一遇洪水，极易酿成漫滩性灾害；石门以下，澧水进入人烟稠密、经济繁荣的富庶地区；仅松澧地区，总面积361万亩，其中耕地面积183万亩，总人口144万，堤防的抗洪能力不足10年一遇。松澧地区西部常遭受陡涨陡落、洪峰尖瘦的澧水山溪性洪水袭击，北有历时长、洪量大、泥沙含量高的长江洪水入侵，其挟带的大量泥沙淤塞河湖，促使行洪河道芦、柳丛生，严重阻碍了水流宣泄，以致本区圩堤外洪内涝，洪灾频繁，生命财产多次遭到严重损失。1935年，曾发生过具有毁灭性的洪灾，沿河死亡人数达33145人，淹没耕地98万亩，受灾民众88万人，类似1935年的洪水如果重现，仍可能造成更大的经济损失，迫切要求治理和寻找减灾对策；故澧水流域规划的首要任务应是防洪。

2. 灌溉

澧水流域部分农田靠天然降雨维持，加之中上游耕地零散，喀斯特发育，不易集中成片解决旱灾，即使已有水利设施能进行灌溉，但抗旱能力低，同样不能保收，旱灾的威胁依然存在。尾闾及松澧地区，由于外河泥沙淤积，冬春断流，内湖、沟港枯竭，一遇春旱，部分耕地的灌溉水源无法解决。可见旱灾是威胁澧水流域仅次于洪灾的第二大灾害。围绕武陵山区的脱贫致富，补充灌溉水源，应成为澧水流域规划的第二任务。

3. 发电

澧水流域的水力资源是湘西水电基地的重要组成部分，技术可开发量2386.5MW。由于整个流域地理位置处于我国西电东送总格局的中转部位，兼之拥有新街、凉水口、淋溪河、江垭、黄虎港等5座地形、地质、库区均甚优良的龙头水库，可改善电网的供电结构，全面繁荣澧水流域的地方经济，并直接为脱贫致富、旅游、“以电代柴”、促进水土保持和生态平衡服务。同时还可“以电养水”，并进一步为澧水滚动开发积累资金。

4. 航运

昔日澧水曾是湘西北物资交流的通道，但由于天然河道滩险多、流速大、通航标准低，整个水运事业处于暂时萎缩状况。但是随着澧水流域水旱灾害的治理，结合梯级开发，渠化澧水航道，复苏澧水的水运事业，应是澧水流域规划的任务之一。

5. 水土保持及旅游

此外，澧水流域水土流失居洞庭四水之冠。大力开展水土保持综合治理，合理利用水土资源，既有利于生态平衡，又利于山区人民脱贫致富；澧水流域有以“武陵源”为核心的丰富旅游资源，是支撑流域经济全面发展的重要行业，又是促进流域规划实施的巨大动力。因此，水土保持、旅游也是其开发任务。

2.1.3.2 规划目标

按照《澧水流域规划报告》，澧水流域规划 26 个梯级总指标，总库容 118.35 亿 m³；总兴利库容 67.17 亿 m³。

1. 防洪规划目标

松澧地区：三峡建库前，本地区防洪标准为 20 年一遇；三峡建库、松滋建闸之后，防洪标准提高到 50 年一遇。

城市防洪：近期（2000 年之前）普遍达到 20 年一遇；远景（2015 年之前）大庸、津市、澧县、桑植、慈利、石门达到 50 年一遇。

对类似 1935 年特大洪水要作出安排，防止发生毁灭性灾害。

其中：为解决松澧地区洪水预留的防洪库容为 17.7 亿 m³；为中、上游城市防洪和对 1935 年特大洪水而做的减灾安排预留的防洪库容为 7.96 亿 m³。总计为 25.66 亿 m³。

澧水流域防洪水库库容安排见表 2.2。

表 2.2　澧水流域防洪水库库容安排情况表

澧水	坝址名称	安全泄量/(m³/s)	防洪库容/亿 m³
干流	新街	1000	0.85
	凉水口	1000	1.32
	鱼潭口	2500	0.88
	鱼潭	3000	0.35
	花岩	3000	0.56
	宜冲桥	7200	2.5
	干流防洪库容小计		6.46
支流溇水	淋溪河	1700	2.0
	江垭		7.4
	溇水防洪库容小计		9.4
支流渫水	黄虎港	1000	2.0
	皂市	1300	7.8
	渫水防洪总库容		9.8
流域防洪总库容/亿 m³		25.66	
干流占比/%		25.2	
支流溇水占比/%		36.6	
支流渫水占比/%		38.2	

2. 灌溉规划目标

2000 年之前，增加灌溉面积 30 万亩，使有效灌溉面积比重从现有的 67%增至 75%；增加旱涝保收面积 45 万亩，使之从占有现在耕地的 47%增至 60%；解决松澧地区的春灌用水和山区 90%以上的人畜饮水问题。

2015 年之前，有效灌溉面积超过 77%以上，旱涝保收面积超过 64%以上，解决流域内干旱死角和人畜饮水困难。

规划26个梯级灌溉面积93.08万亩，其中，夏秋灌61.82万亩（青山、花岩两级已实现37.67万亩），春灌（艳洲）31.26万亩。考虑重复灌溉之后，全流域新增灌溉面积37.5万亩，新增旱涝保收面积64.2万亩。解决松澧地区的春灌面积71.2万亩，以及40.9万人和8.8万头牲畜的饮水困难。

3. 发电规划目标

2000年之前，在控制澧水洪水而兴建江垭、皂市、宜冲桥3座防洪水库的同时，及时装机发电，“以电养水”积累澧水流域滚动开发的建设资金，使水能资源的利用率达到30%以上；2015年，重点建成干支流的源头水库，凉水口、新街、黄虎港、淋溪河（现江坪河）基本完成澧水的开发任务，水能资源的利用率超过80%。

中、小水电规划目标：到2000年，澧水中上游各县桑植、永顺、大庸、石门、澧县建成农村初级电气化县；慈利、鹤峰建成基本电气化重点县；2015年，澧水中上游各县全部建成基本电气化重点县。

规划26个梯级总装机容量2212.7MW，多年平均总发电量68.02亿kW·h；规划新增装机容量2092.7MW，新增年电量61.21亿kW·h。

2.1.4 皂市工程的地位

渫水位于湘鄂崇山，西北与清江流域分界，流域边缘距湖北五峰、鹤峰仅12km，受长江中游暴雨区控制，是澧水洪水的主要组成来源，且最靠近松澧地区，洪水从皂市水文站传至三江口约2h。渫水下游设置防洪水库，与澧水干流宜冲桥及支流江垭等防洪水库联合运用，将对澧水下游防洪起到重要作用，在历次澧水流域规划中都为重点研究对象。而渫水下游最靠近尾闾地区的皂市水库则从20世纪50年代就开始研究设计，且为国家计委批准的《澧水流域规划报告》所肯定。

渫水泥市以上为高山峡谷，皂市以下为丘陵平原。历次研究的控制性坝址有皂市及黄虎港二处。黄虎港至皂市河段属丘陵，为石门粮食生产区，也是人口密度较大的地区，流域规划对渫水干流梯级拟定5级开发方案，从上游至下游5个枢纽依次为黄虎港、所市、中军渡、磨市、皂市，总计库容26.84亿m^3。

渫水干流开发的主要目标是为松澧地区防洪，并充分利用水力资源发电。整个梯级开发还可促进渫水的航运发展，可解决石门等县农田灌溉用水问题。所选坝址如所市、中军渡、磨市均为低坝径流式，仅有梯级衔接和利用水头发电的作用，故梯级开发任务主要靠皂市和黄虎港来完成。黄虎港是渫水的龙头水库，皂市枢纽为渫水最下游的一个梯级，它能有效地控制渫水的洪水，且具备一定的综合开发利用水资源的能力，在《澧水流域综合规划》中被推荐为近期开发工程。

2.1.4.1 防洪

澧水干支流洪水直接威胁慈利、石门、澧县、临澧、津市、常德、安乡直至石龟山等市县，区域内有大量常住人口及耕地，洪水灾害频繁。新中国成立以来约3年就发生一次不同程度的溃垸灾害，以1954年损失最为严重，全区大部分堤垸溃决。区域内堤防标准都很低，下游堤防防洪能力目前仅有4～7年一遇；行洪道未彻底整治，泥沙不断淤积，洪水位逐年抬高；洪水宣泄困难，分蓄洪区无闸控制，仅依靠临时扒口分洪，很难适时适量。

1995年以前，澧水流域内尚无建设一座防洪控制水库工程，对付洪水没有主动措施。1998年大洪水，三江口洪峰流量高达19900m^3/s，是新中国成立以来出现的最大洪峰流量，据不完全统计，澧水流域松澧地区共计溃垸17个，其中万亩以上的堤垸有4个，包括洞庭湖区重点堤垸——安造垸，是继1954年大水后受灾最严重的一次。

根据洪水来源，只有在干支流分别修建水库，才能有效控制澧水洪水，所以澧水流域规划确定防洪是首要任务，也是根本任务。在澧水流域防洪规划中，采用慈利以上干流和支流溇水、渫水分别拦蓄洪水以达到防洪的目的。对防洪工程统一规划，在干流建宜冲桥，支流溇水建江垭、渫水建皂市三水库联合防洪，三库总防洪库容17.7亿m^3，三库在一定频率洪水下控制下泄量，可保证下游防洪控制断面三江口安全泄量不超过12000m^3/s。

渫水占澧水三江口以上流域面积的五分之一，皂市水库又处在下游防洪的有利位置，在防洪规划中，皂市水库承担了澧水防洪的重要任务，它的防洪库容应符合澧水尾闾的防洪需要，并解决渫水本身沿干流的洪灾问题，其防洪规划应服从澧水流域总体防洪规划，防洪标准也以总体防洪要求为准。按照这一要求，当三江口按安全控制泄量12000m^3/s过流时，皂市水库分摊7.8亿m^3防洪库容，即7.8亿m^3防洪库容需服从整体防洪调度。

2.1.4.2 发电

皂市水利枢纽工程位于湖南省石门县境内，靠近湘西地区。皂市水利枢纽供电以地方电网为主，主要送电怀化、湘西自治州、大庸等地区。

怀化、湘西自治州、大庸三地区，紧靠四川、贵州，三地区总面积超过5万km^2，该地区由于地处边远，又受人才、资源、技术、电力等因素的制约，经济发展速度一直较慢，在1990年，三地区人均工农业总产值为1158元，仅为湖南省全省人均工农业总产值的63%。近几年来，随着改革、开放的不断深入，国家和地方对湘西地区特别是“老、少、边、山、穷”县的建设极为重视，各方面都有较大投入，按当时国家“九五”规划，三地区24个县（市、区）在“九五”末期均应达到农村初级电气化县的标准，地方工业结构要逐步调整，并较快提高工农业生产的发展，因此预计“八五”到“九五”期间，三地区电力负荷将有较大发展。

20世纪90年代初期，三地区境内的主要工农业生产用电都是由地方中、小水电和与之配套的小火电供电，区内无骨干电源，大部分都是调节性能较差的中、小水电，三地区有不同规模的地方电网，但地区统一电网尚未形成。据当时有关方面的研究预测，湘西电网预计到2005年需电量58.36亿kW·h，负荷1172.2MW；2010年需电量74.38亿kW·h，负荷1461MW。而三地区在1990年时水、火电装机容量仅535MW，总发电量13.16亿kW·h，地区电力供需矛盾较突出，考虑江垭电站并入电网，到2005年该区装机容量仍有缺口340MW。

湘西地区内煤炭资源比较贫乏，皂市水电站建成后如并入湘西电网，可缓解用电紧张和调度困难的局面，与江垭电站等补偿调节调度，既可以促进湘西地区的工农业发展，又可有效补充湘西电网。因此，在研究皂市水利枢纽建设时，应充分考虑地区经济发展对开发水电的要求，合理开发利用水能资源，且需要考虑一定的调节库容，以提高发电效益和满足电站在系统中的运行调度要求。同时，明确流域综合规划的总体布局中，皂市水利枢纽工程是以防洪为主的地位，发电设计应服从防洪，在考虑其特征水位设置和水库运行调度方式时都应在满足防洪要求的前提下合理拟定。

2.1.4.3　灌溉

澧水中游地区，气候温和，雨量充沛，土地肥沃，光热资源充足，极适合于农业的发展。主要农作物有粮食、油料、棉花、烤烟和柑橘等，是湖南生产粮、棉、油的基地之一。兴建皂市水利枢纽，引水自流灌溉或采用电力提灌，增加有效灌溉面积，对发展地方农业生产，促进国民经济增长，将有积极作用。

皂市水利枢纽灌区主要位于石门县境内，干旱仍是造成本县农业减产的主要原因之一，本区用于灌溉的骨干工程少，已有工程因渠系不配套等未发挥设计灌溉效益，加之雨量分配不均匀，洪涝、干旱灾害频繁，给农业生产带来很大影响。皂市水库具备设置一定调蓄能力的有效库容，其建设给大片农田带来一定可靠的水源，可缓解当地干旱问题。

皂市水利枢纽灌区具体分布在坝下游左右两岸，主要为石门县皂市、新关、城关、白云桥、易家渡良种场5个乡镇场，灌溉面积5.4万亩（其中水田1.7万亩，旱地3.7万亩），初步设计阶段灌区设计流量4.15m^3/s，设计灌溉渠首高程115m，分左右岸两干渠引水自流灌溉，灌溉保证率75%。

2.1.4.4　航运

渫水为澧水的第二大支流，全长175km，为山溪性河流，两岸多为丘陵山谷，河床坡降陡，水流湍急，渫水年内水量分配极不均匀，皂市水电站实测1953—1991年水文系列中，洪水最大流量6380m^3/s，枯水最小流量4.26m^3/s，皂市洪枯水位变幅近10m。

据调查统计，20世纪90年代渫水河道通航状况，从上游磨市到三江口63km的航道上就有滩险68处，河道平均坡降1.13‰，航运条件很差，河道水运量较低，年仅0.9万t。流域内农业以水稻、玉米为主，经济作物有桐油、棉花、药材、茶叶等，主要出口物资有桐油、药材、茶叶土特产品，矿藏主要有煤、铁、雄黄等，其中具有经济价值的有清官渡磷矿、磺厂雄黄矿，特别是位于慈利、石门交界处界牌峪的雄黄矿，品位适中、储量较大，达55万t。此前农产品及矿产品主要靠陆路外运，皂市水利枢纽的建成，可渠化航段发展水运，承担雄黄矿等物资外运的重担，将大大有利于该区工农业发展。

在澧水流域综合规划中，规划渫水将先后建成皂市、磨市、中军渡、所市、黄虎港5个梯级，随着梯级开发方案的实现，从渫水上游泥市到下游三江口将改善航道137km，船只、木排可顺流直下进入洞庭湖，形成与长江干流黄金水道相联的水运网。

渫水属于七级航道，设计水平年若按通航建筑物建成后5～10年考虑，皂市水利枢纽工程设计的通航过坝量按相应设计水平年考虑，则建成后5年通航货运量预计达7.6万t，建成后10年达15.1万t，通航过坝船只吨位按50t级设计，通航建筑物预计采用桥机式垂直升船机形式。

2.2　规划设计历程

皂市工程规划设计过程较曲折，在2013年11月水利部颁布项目建议书、可行性研究和初步设计3阶段报告编制规程之前，项目历经多次反复规划、项目建议书（1995年）、可研设计（1995年）等过程。1998年长江大洪水之后，皂市设计实施过程加快，其中1998年完成了项目建议书（修订），1999—2001年完成了可行性研究及相关专题，2001—2002年完成了初步设计、补充初步设计、相关专题等。

20世纪50年代末期，湖南省水利水电勘测设计院就曾提出过《澧水流域规划简要报告》；1957年，武汉水力发电设计院完成了《皂市梯级规划》阶段各项设计任务；1958年，为解决汉江、清江、澧水防洪问题，经周恩来总理批示，长江流域规划办公室（现长江水利委员会，简称长江委）做了大量勘测设计工作，在澧水选择皂市工程，并编制完成了《澧水皂市水库工程初设要点报告》，1959年曾一度动工兴建，1961年停建；1964年，湖南省水利水电勘测设计院重新修订完成《修编的皂市水利枢纽初步设计》，并争取复工，后因要移走库区5万人而未能实现；1978—1980年，全国开展水力资源普查工作，湖南省水利水电勘测设计院受当时水利部水利水电规划设计总院的指派，分工负责洞庭湖水系的水力资源汇总。在此期间，澧水流域规划工作得以进一步的研究，支流溇水的规划与江垭水库枢纽工程的初步设计工作同时深入开展，于1985年由水电部审查后批准，并计划“七五”期间开工。上述报告均以皂市坝址正常蓄水位153.2m（吴淞高程155m）为代表进行设计。

1991年，湖南省水利水电勘测设计院编制了《澧水流域规划报告》，并于1992年获得国家计划委员会批复。同年10月，水利部指示长江水利委员会开展皂市水利枢纽的设计工作，要求设计一步到位，直接开展初步设计，中间提出部分专题报告，以解决可行性研究阶段的主要问题。

按照水利部指示，长江水利委员会对皂市水利枢纽开展初步设计工作，经研究确定分两阶段进行。第一阶段完成气象水文、正常蓄水位比较、环境影响评价、枢纽布置和水工建筑物设计四个专题报告；第二阶段完成初步设计。

根据澧水流域规划和审查意见，在搜集、整理、分析、吸收利用以往取得的基本资料、工作成果和经验的基础上，1992年11月，提出《渫水皂市水利枢纽气象水文报告》，1992年12月，能源部、水利部水利水电规划设计总院主持召开了中间成果讨论会，基本同意该报告，确定了设计洪水；1993年2月，提出了《工程地质勘察简要报告》等相关地质专题报告，《水库区矿产资源淹没和淹没评价报告及补充报告》，4月，召开了工程地质专题讨论会，同意对推荐的皂市坝址开展初步设计工作，库坝区地震基本烈度经国家地震局审定为Ⅵ度；1993年8月，提出了《正常蓄水位比较专题报告》，1994年3月，能源部、水利部水利水电规划设计总院主持召开了专题讨论会，4月，以水规水〔1994〕0022号文通知，基本同意该专题报告和讨论会议纪要，推荐正常蓄水位140.0m方案；1994年9月，提出了《环境影响报告书》；1994年12月，提出了《枢纽布置及水工建筑物设计专题报告》，1998年7月，水利部水利水电规划设计总院主持召开了专题报告讨论会；1995年6月，提出了《皂市水利枢纽可行性研究报告》，同年提出《皂市水利枢纽灌溉规划报告》《皂市水利枢纽项目建议书》。

1998年长江发生全流域大洪水后，根据水利部指示，同年9月，进一步修订了《皂市水利枢纽工程项目建议书》，11月，水利部水利水电规划设计总院组织了审查；1999年

8月，国家计划委员会委托中国国际工程咨询公司组织对项目建议书进行了评估，建议工程立项；2000年，国家计划委员会以计农经〔2000〕1497号文印发《国家计委关于审批湖南皂市水利枢纽工程项目建议书的请示的通知》，明确项目建议书已经国务院批准；1999年9月，在上述项目建议书基础上完成修编的《皂市水利枢纽可行性研究报告》，同年12月，水利水电规划设计总院主持召开审查会；2000年12月，水利部以水规计〔2000〕656号文向国家计划委员会报送了“基本同意”的审查意见。2001年4月上旬，中国国际工程咨询公司对报告进行了预评估，根据预评估意见，长江水利委员会于2001年5月提交了《湖南澧水皂市水利枢纽可行性研究补充报告》和《湖南澧水皂市水利枢纽利用外资可行性研究报告》；5月下旬，中国国际工程咨询公司组织专家进行了评估，评估意见为“可研报告满足本阶段深度要求，建议尽早批复”，并以咨农水〔2001〕514号文向国家计划委员会报送了“评估报告”。

2002年10月，根据水利水电规划设计总院对《皂市水利枢纽可行性研究报告》的审查意见和中国国际工程咨询公司对该报告的评估意见，长江水利委员会长江勘测规划设计研究院开展初步设计工作，编制完成了《湖南澧水皂市水利枢纽初步设计报告》；2002年12月，长江勘测规划设计研究院根据《湖南澧水皂市水利枢纽初步设计报告》审查意见，即计农经〔2002〕2508号文的批复内容，补充了以下工作：复核比选装机容量方案，补充论证施工进度安排及工期的合理性，补充和修改水库防洪调度运用方式的内容，补充说明因前阶段洪水、径流等基本资料变化对规划设计成果的影响，补充枢纽电站远程监控通信方案，调整修改设计概算，并完成了《湖南澧水皂市水利枢纽初步设计报告（补充）》。

皂市水利枢纽工程规划专业各阶段设计报告和科研报告见表2.3。

表2.3　皂市水利枢纽工程规划专业各阶段设计报告和科研报告汇总表

编号	文件题名	编制单位	编制时间	审批情况
一	规划阶段			
1	澧水流域规划简要报告	湖南省水利水电勘测设计院	20世纪50年代末	
2	皂市梯级规划	武汉水力发电设计院	1957年	
3	澧水皂市水库工程初设要点报告	长江水利委员会	1958年	
4	皂市水利枢纽初步设计	湖南省水利水电勘测设计院	1959年	
5	修编的皂市水利枢纽初步设计	湖南省水利水电勘测设计院	1964年	
6	澧水流域规划报告	湖南省水利水电勘测设计院	1991年	国家计委计国地〔1992〕440号文
7	湖南省皂市水利枢纽正常蓄水位比较专题报告	长江水利委员会	1993年8月	水利水电规划设计总院水规水〔1994〕0022号文
8	皂市水利枢纽灌溉规划报告	长江水利委员会	1995年7月	
9	湖南省澧水皂市水利枢纽可行性研究报告	长江水利委员会	1995年6月	
10	湖南省澧水皂市水利枢纽工程项目建议书	长江水利委员会	1995年6月	

续表

编号	文件题名	编制单位	编制时间	审批情况
11	湖南省澧水皂市水利枢纽工程项目建议书（修订）	长江水利委员会	1998年9月	水利部水利水电规划设计总院组织审查，1999年8月国家发展计划委员会和中国国际工程咨询公司
二	可研阶段			
12	湖南澧水皂市水利枢纽可行性研究报告	长江水利委员会	1999年9月30日	
13	湖南澧水皂市水利枢纽三库联调专题研究报告（可行性研究报告附件五）	长江勘测规划设计研究院	1999年9月30日	
14	湖南澧水皂市水利枢纽可行性研究报告经济评价补充部分	长江勘测规划设计研究院	2000年11月30日	
15	湖南澧水皂市水利枢纽利用外资方案报告	长江设计院	2000年12月31日	
16	湖南澧水皂市水利枢纽可行性研究报告规划补充部分	长江水利委员会	2000年1月31日	
17	湖南澧水皂市水利枢纽可行性研究补充报告	长江设计院	2000年5月31日	
18	湖南澧水皂市水利枢纽利用外资可行性研究报告	长江设计院	2001年5月31日	
三	初步设计阶段			
19	湖南澧水皂市水利枢纽初步设计报告（上册）	长江水利委员会	2001年9月1日	
20	湖南澧水皂市水利枢纽初步设计报告（中册）	长江水利委员会	2001年9月1日	
21	湖南澧水皂市水利枢纽初步设计报告（下册）	长江水利委员会	2001年9月1日	
22	湖南澧水皂市水利枢纽初步设计报告（上册）	长江设计院	2002年10月31日	
23	湖南澧水皂市水利枢纽初步设计报告（中册）	长江设计院	2002年10月31日	
24	湖南澧水皂市水利枢纽初步设计报告（下册）	长江设计院	2002年10月31日	
25	湖南省澧水皂市水利枢纽初步设计报告（补充）	长江设计院	2002年12月31日	
四	施工设计阶段			
26	湖南澧水皂市水利枢纽蓄水前阶段验收补充报告汇编（设计篇）	长江设计院	2007年9月1日	

续表

编号	文件题名	编制单位	编制时间	审批情况
五	竣工验收阶段			
27	皂市水利枢纽工程下闸蓄水计划报告	长江设计院	2006年12月1日	
28	湖南省澧水皂市水利枢纽竣工验收设计工作总结报告	长江设计院	2016年7月1日	

2.3 皂市枢纽在流域防洪中的作用

2.3.1 澧水流域防洪形势

2.3.1.1 洪水灾害

澧水是一条典型的雨洪河流，1935年特大洪水为流域历史罕见洪水，造成的损失极为惨重。1949—1998年，发生较大溃垸灾害的年份有1949年、1950年、1951年、1952年、1954年、1955年、1957年、1963年、1964年、1976年、1980年、1983年、1989年、1991年、1998年共15年，约3年一遇。澧水流域历年洪灾损失统计参见表2.4。

表2.4 澧水流域历年洪灾损失统计表

年份	松澧地区		山丘区		合计	
	受灾耕地/万亩	受灾人口/万人	受灾耕地/万亩	受灾人口/万人	受灾耕地/万亩	受灾人口/万人
1935	97.98	88.32	19.44	55.16	117.42	143.48
1949	3.03	1.08			3.03	1.08
1950	22.2	22.4	0.6	0.63	22.8	23.03
1951	5.29	1.7	1.5	1.58	6.79	3.28
1952	4.13	3	1	1.05	5.13	4.05
1954	70.16	64.64	13.02	13.7	83.18	78.34
1955	4.94	1.9	0.5	0.53	5.44	2.43
1957	6.35	0.3	4.3	4.53	10.65	4.83
1963	4.4	4.6	0.3	0.32	4.7	4.92
1964	7.41	4.33	7.34	7.75	14.75	12.08
1976	0.4		0.5	0.57	0.9	0.57
1980	16.89	11.06	9.27	10.3	26.16	21.36
1983	4.58	2.47	10.2	11.33	14.78	13.8
1989	0.09				0.09	0
1991	8.12	5.36	10.8	12	18.92	17.36
1998					37.63	24.46
1949—1998合计	157.99	122.84	59.33	64.29	254.95	211.59

1. 1935 年洪水

1935 年洪水为澧水流域特大洪水。据历史洪水调查成果，1935 年 7 月上旬，三江口洪峰流量达 30300m³/s，同期枝城合成流量达 67800m³/s，松澧洪水发生严重遭遇。当年澧水沿河房屋田地全被冲毁，共计溃垸 863 个，死亡 3.31 万人，受灾耕地 97.98 万亩，受灾人口共达 88.32 万。松澧地区全境被淹，安乡站调查洪水位 38.30m（吴淞基面）。此外，临澧新合以上山丘区还冲毁耕地 19.44 万亩，55.16 万人受灾。

2. 1998 年洪水

1998 年 7 月 21—30 日，澧水中上游普降暴雨、特大暴雨，造成山洪暴发，江河水位陡涨，再加上长江水位自 6 月下旬以来居高不下，导致澧水、长江的松滋河水系相继出现新中国成立以来第一高洪水位。澧水石门站从 7 月 21 日 13 时起涨，至 23 日 18 时洪峰流量达 19900m³/s，水位达 62.65m，其水位涨幅达 10.9m，超历史最高水位 0.65m，超 1954 年水位 1.2m；津市站 7 月 24 日 8 时水位达 45.01m，超历史最高水位 1m，超 1954 年水位 3.93m；安乡站 7 月 24 日 12 时水位达 40.46m，超历史最高水位 0.74m，超 1954 年水位 2.36m。这次洪水不仅水位高，而且持续时间长，溃决大小堤垸 24 个，其中万亩以上堤垸 4 个，溃淹耕地 37.63 万亩，受灾人口 24.46 万人，死亡 118 人。洪灾造成直接经济损失 66.2 亿元。

2.3.1.2 流域防洪形势

澧水流域洪水灾害频繁而严重，主要集中在澧水尾间及松澧地区。新中国成立以来至皂市水库兴建之前，国家及湖南省对洞庭湖进行了大规模堤防、河道整治等水利工程建设，洞庭湖区围垸防洪排涝体系初步形成；澧水干流上修建了渔潭（低坝方案），支流溇水上兴建了江垭大型防洪水库工程。澧水尾间及松澧地区大部分经历了 1996 年、1998 年最高洪水位的考验，防洪标准有所提高。

但下游防洪标准很低，尾间地区仅为 4～7 年一遇，与规划的 20 年一遇防洪标准相差很大。

2.3.2 防洪任务

(1)《澧水流域规划报告》(1958 年)。经资料分析和实地查勘调查，该报告提出的澧水流域坝址可能在干流，且自下而上有三江口、大沙溪、沙刀湾、大庸、大庸所、仙街河、八斗溪等 7 处，支流渫水皂市、溇水长沄河各一处。三江口坝址位于各坝址的下游，若在此建坝控制洪水效果最好，但因其坝址地质为巴东系砂页岩，经苏联专家鉴定不能兴建高坝，因此只能依靠三江口以上干支流水库群共同解决澧水流域的防洪问题。

根据 1956 年松澧尾间洪道工程计划的计算结果，澧水尾间石龟山至南咀洪道的安全泄量为 9000m³/s，相应石龟山水位为 38.2m。在 100 年一遇洪水条件下，若干支流防洪水库总下泄量为 5950m³/s，加上三江口以下区间洪水，经河床槽蓄演进到石龟山，最大流量为 9000m³/s。按照三江口设计洪水，根据水库安全泄量 5950m³/s 平切，求出流域总的防洪库容，按照面积比分配到各水库，计算得皂市水库防洪库容为 5.8 亿 m³；各水库安全泄量也按照面积比乘以水库安全泄量 5950m³/s 进行计算。根据各水库的实际建库条件，修正安全泄量和防洪库容，得出皂市的防洪库容为 6.1 亿 m³（5—7 月）、2.03 亿

m^3（8—9 月），安全泄量为 930m^3/s。

（2）《澧水流域规划报告》（1991 年）。1991 年，湖南省水利水电勘测设计院编制了《澧水流域规划报告》，并于 1992 年获得国家计划委员会批复。该规划确定的澧水流域防洪对象有沿河城市、干支流沿河低岸农田、松澧地区，其中松澧地区是防洪规划的重点。

松澧地区防洪范围：包括澧水临澧新安以下至小渡口的下游部分，以及澧水尾闾洪道和松滋洪道的水网交汇地带。

松澧地区防洪标准：近期为三峡工程建成前，防洪标准为 20 年一遇；远期为三峡建库、松滋建闸之后，防洪标准提高到 50 年一遇。

防洪规划方案研究：近期按照石龟山站水位 40.43m、安乡站水位 39.38m（冻结吴淞基面）确定两站允许泄量为 9940m^3/s 和 6400m^3/s；远期石龟山站、安乡站允许泄量为 9000m^3/s 和 6000m^3/s。按照以上允许泄量和 1980 年、1964 年洪水典型，计算的 20 年一遇洪水松澧地区超额洪量为 2.26 亿～4.45 亿 m^3，50 年一遇洪水超额洪量为 9.11 亿～12.01 亿 m^3；1935 年型超额洪量为 28.36 亿 m^3；1954 年型超额洪量为 6.37 亿 m^3。

规划阶段选取 1954 年、1964 年、1980 年 3 个不同典型年洪水进行 2%、5%频率洪水的防洪库容计算，江垭、皂市、宜冲桥下泄流量分别为 1700m^3/s、1300m^3/s、7200m^3/s 时，3 座水库分担的防洪库容：2%时，1954 年江垭、皂市、宜冲桥分别承担的防洪库容为 6.21 亿 m^3、6.21 亿 m^3、2.50 亿 m^3，1964 年分别为 7.40 亿 m^3、7.80 亿 m^3、1.47 亿 m^3，1980 年分别为 6.35 亿 m^3、6.83 亿 m^3、0 亿 m^3；5%时，1954 年江垭、皂市、宜冲桥分别承担的防洪库容为 4.36 亿 m^3、4.55 亿 m^3、1.24 亿 m^3，1964 年分别为 5.63 亿 m^3、5.86 亿 m^3、0.45 亿 m^3，1980 年分别为 4.26 亿 m^3、4.70 亿 m^3、0 亿 m^3。上述调算成果作为规划报告拟定 3 座水库防洪库容规模的依据。

松澧地区防洪规划方案：近期方案为全线加高加固堤防（1983 年水位），在完成洞庭湖近期防洪蓄洪工程的基础上，同时兴建江垭（防洪库容 7.4 亿 m^3）、皂市（防洪库容 7.8 亿 m^3）、宜冲桥（防洪库容 2.5 亿 m^3）3 座水库；远期方案在近期防洪规划方案的基础上，配合三峡建库和松滋口建闸控制，完建澧水流域规划中的凉水口、新街、黄虎港、淋溪河等源头水库，使流域防洪总库容达到 25.66 亿 m^3，为 1935 年型特大洪水重现做出减灾的积极安排。

（3）《湖南省渫水皂市水利枢纽工程项目建议书》（1998 年）。根据澧水流域规划研究，澧水支流渫水上的皂市枢纽工程因靠近澧水干流、渫水支流汇口的防洪控制点三江口，调度灵活、可靠，与干流宜冲桥水库、支流溇水江垭水库联合调度防洪效益十分显著，故皂市水利枢纽工程建设主要任务是防洪为主，并综合利用水力资源，兼顾发电、灌溉和航运等方面。

防洪任务与标准：根据澧水流域规划的部署，皂市水库的防洪任务是与江垭水库（在建）、宜冲桥水库（拟建）、河道堤防、分蓄洪区等工程组成防洪工程系统，共同保护下游及松澧地区城镇、人口和耕地的安全，通过流域整体防洪调度，达到石门以上 50 年一遇的防洪标准；石门以下松澧地区及澧水沿岸主要城镇，近期按 20 年一遇防洪标准治理，远期随着干支流梯级开发和长江三峡等工程的兴建，逐步提高到防御 50 年一遇洪水的标准。

防洪库容：皂市水库承担防洪库容 7.8 亿 m^3，占流域近期工程预留防洪库容（17.7

亿 m^3）的 44.1%。7.8 亿 m^3 防洪库容在正常蓄水位 140m 以下安排 5.86 亿 m^3，其余 1.94 亿 m^3 留在正常蓄水位以上。

（4）《湖南溇水皂市水利枢纽可行性研究报告》（1999 年）。根据澧水流域规划的部署，皂市水库的防洪任务是与江垭水库（在建）、宜冲桥水库（拟建）、河道堤防、分蓄洪区等工程组成防洪工程系统，共同保护下游及松澧地区城镇、人口和耕地的安全，通过流域整体防洪调度，达到石门以上 50 年一遇的防洪标准；石门以下松澧地区及澧水沿岸主要城镇，近期按 20 年一遇防洪标准治理，远景逐步提高到防御 50 年一遇洪水的标准。

（5）《湖南溇水皂市水利枢纽初步设计报告》（2001 年）。皂市水库的防洪任务是与江垭水库（已建）、宜冲桥水库（拟建）联合防洪调度，以配合澧水流域整体防洪，使石门以下松澧地区防洪标准近期为 20 年一遇，远景达到 50 年一遇，石门以上地区防洪标准达到 50 年一遇，皂市水利枢纽承担防洪系统分配的 7.83 亿 m^3 防洪库容（7.83 亿 m^3 防洪库容在正常蓄水位 140m 以下安排 6.02 亿 m^3，其余 1.81 亿 m^3 留在正常蓄水位以上），既满足了澧水尾闾的防洪需要，同时溇水本身沿干流的洪灾也得到解决。皂市防洪库容较大，又靠近防洪控制点，处在对下游防洪的有利位置，因此皂市水库在防洪系统中应作为主要的补偿调节水库。

2.3.3 防洪作用

溇水是澧水的一级支流，流域内山高坡陡，洪水来势凶猛异常，流域面积虽仅占澧水干流三江口以上流域面积的 20%，但洪峰流量占的比重达 30% 以上，1935 年高达 36.96%，所以控制溇水洪水，对解决澧水中下游的防洪问题有显著的作用。

皂市水利枢纽位于溇水的下游，是溇水梯级开发中的最下一级，坝址下距石门县皂市镇 2km，距石门县城 19km，控制集雨面积 3000km^2，占溇水流域总面积的 93.7%。皂市与三江口之间的洪水传播时间约为 2h，从防洪角度来说，其地理位置十分优越，在澧水 3 个以防洪为主的控制性水库中（宜冲桥、江垭、皂市），皂市距防洪对象石门及澧水下游尾闾地区最近，调度易做到灵活、及时、准确，可有效地利用防洪库容，减少洪水灾害。

江垭和皂市水库联合调度，可使三江口洪峰流量得到有效的控制，可基本使三江口实测洪水年和 5%设计洪水（1998 年典型除外）的洪峰流量控制在 12000m^3/s 以内；江垭、皂市、宜冲桥 3 个水库联合调度，可基本使三江口 2%设计洪水（1998 年典型除外）的洪峰流量控制在 12000m^3/s 以内；三库联合调度，可基本使三江口 1%设计洪水的洪峰流量有不同程度的削减，最大削减值为 14100m^3/s；三库联合调度，可使 1935 年三江口洪峰流量由 30300m^3/s（约 280 年一遇）削减至 15100m^3/s，可避免发生毁灭性灾害。同时，澧水尾闾的洪峰水位得到不同程度的降低，防洪作用十分显著。

2.4 发电、灌溉及航运

2.4.1 发电

澧水流域的水能资源是我国十大水电基地之一，湘西水电基地的重要组成部分。由于整个流域北邻华中，南依湘衡，既有焦柳铁路斜穿而过，又有葛—常—株 500kV 高压线临空飞越，地理位置处于我国西电东送总格局的中转地位，兼之拥有多座地形、地质、库区均甚优良的龙头水库，又具有年及多年调节径流的功能，无疑将给以水电为主的湖南电网或华中电网输出1480MW以上的容量和34.1亿kW·h的蓄能电量。

皂市水利枢纽工程位于湖南省石门县境内，靠近湘西地区，皂市水电站供电以地方电网为主。主要送电湘西的自治州、大庸、怀化等地区，共计24个县（市、区）。

2.4.1.1 澧水流域发电规划

1. 能源资源情况

湖南省水力资源丰富，湘、资、沅、澧四水流经全省，澧水流域是湘西水电的重要组成部分，流域大部分流经湖南（仅溇水淋溪河以上流经湖北鹤峰），流域的经济重心和开发重点多在湖南境内，故发电规划以湖南为主，湖北部分侧重小水电的开发。

煤炭资源有郴耒、涟邵、邵阳等煤田。1988年湖南省全省煤炭资源调查拥有储量为32.7亿t，其中宜于乡镇矿开采为5.77亿t，经济可采储量11.3亿t。此外，还有丰富的石炭资源，储量为187亿t，主要分布在常德、益阳、岳阳、怀化、自治州等缺煤地区，而石油资源则在勘测中，前景不明。湖南省有工业开发价值的常规能源主要是煤炭和水力，总能源资源约37.01亿t标准煤，其中水力资源占59.9%，煤炭资源占40.1%。

澧水流域规划新街、凉水口、淋溪河、江垭、黄虎港、皂市等6座地形、地质、库区条件均较优良的水库，且具有年及多年调节径流的功能，故流域及湘西北的用电，主要靠开发澧水的水力资源来解决。

2. 发电规划

(1) 电源点概况。澧水流域共规划26个梯级，其中江垭、皂市、宜冲桥、黄虎港、新街、凉水口、三江口、关门岩、长潭河、所街、中军渡共11个电站，因其位置适中，或因其规模较大，或在流域内有控制性的作用计划纳入湖南网内统一调度；规划中的淋溪河是坝高超过250m以上，总库容达31.9亿m^3的大型水库，具有多年调节能力，装机容量800MW，且距葛洲坝较近（150km），建议纳入华中电网内运行。除上述12个电站之外，鱼潭、贺龙、艳洲、花岩等电站宜由大庸市、桑植县、澧县等作为农村电气化的电源点自行开发，参加相对独立的区域小电网内工作。

(2) 电力系统规划。据1987年年底数据统计，湖南省拥有发电装机容量4174.1MW，年发电量161.4亿kW·h，其中水电装机容量2384.1MW，占57%；火电装机容量1790MW，占43%。可见湖南省水电比重超过50%，但水库容积小，调节性能差，致使丰、枯季水电出力悬殊，电网运行较为困难，急需增加有调节性能的电站，系统的保证电量和保证出力，以缓解电力供需状况。

湖南全省水电装机开发利用程度为22%，而澧水流域仅开发小水电78MW，资源利用程度尚不足4%，澧水流域水电有很大的开发潜力。按澧水流域规划共26个梯级，其中规划的5座高坝大库，总库容87.8亿m^3，装机容量1480MW，年电量34.14亿kW·h，它们的陆续投入，能较好地进行电网内补偿调节，改善供电质量。澧水流域规划中的大中型骨干电站将分期分批并入湖南电网（不包括湖南小电网）运行。

(3) 水电梯级在电网中的作用。对湖南电网初步平衡分析，2000年，湖南电力系统水电站总装机容量为4465.6MW（包括已建、在建和待建），水电总工作容量为

3970.7MW，其中江垭等 4 座水电站的工作容量为 466.5MW，占总数的 11.8%。冬季水电站承担的总工作容量为 3001.6MW，其中江垭等 4 座水电站的工作容量为 238MW，约占系统水电的 8%，皂市、宜冲桥、三江口等电站的容量和电量均可被电网利用吸收。

2015 年，新进入湖南网中的澧水梯级有新街、凉水口、黄虎港、关门岩、长潭河、所街、中军渡 7 座，总装机容量 567MW，年发电量 15.86 亿 kW·h。由于新街、凉水口是澧水干流的龙头水库，黄虎港是溇水的龙头水库，加之已建成的江垭电站，考虑华中电网的及时开发，则澧水干支流的开发任务可基本完成。澧水 11 座进入湖南电网的电站总装机容量 1033.5MW，总电量 33.8 亿 kW·h。冬季可承担工作容量 550～600MW，届时将大大提高全系统的保证电量和保证出力，改善电网的供电结构。由于 2015 年系统需电量大，故澧水投入的容量和电量既是系统所需的，也是系统可以吸收的。

2.4.1.2 皂市水电站

1. 供电范围分析

皂市水利枢纽工程位于湖南省石门县境内，靠近湘西地区，主要包含湘西片的自治州、大庸、怀化等 3 个地区，共计 24 个县（市、区）。

湘西地区内煤炭资源比较贫乏，2000 年前区内无骨干电源，大部分工农业生产的用电都由调节性能较差的中小水电提供，3 个地区形成的是不同规模的地方电网，地区统一电网尚未形成。

湖南电力系统分为湖南电网和湘西电网两个电网。湘西电网位于湖南省的西北部，覆盖怀化、湘西自治州和大庸 3 个地区及石门、桃源两个县。由于湘西电网的运行很困难，发展还不成熟，且地方小网将逐步并入大网。因此，皂市水电站投产后将并入湖南电网。

湖南电网负荷水平和发电量的增长率低于华中电网和全国的平均水平，根据相关研究预测，湖南省电网按 4.2%负荷增长率预计到 2015 年需电量 727.4 亿 kW·h，年最大负荷 13538MW；2020 年需电量 893.54 亿 kW·h，最大负荷 16630MW，系统最大负荷出现在 8 月，夏季最小负荷率为 0.57，冬季为 0.52。

湖南省属能源短缺省份之一，人均能源占有量约 60t 标准煤，约相当于全国人均能源占有量的 20%，电力短缺严重制约了湖南经济发展。随着产业结构的变化，人们生活用电水平的提高，工业用电比重下降，湖南电网日负荷变化大，用电峰谷差增大，调峰能力不足，系统调峰问题日益突出，最大负荷利用小时数 T_{max} 呈下降趋势。皂市水库为年调节性能水库，库容系数达 0.30，全年大部分时间可参与湖南电网的调峰，其并入湖南电网对改善电网的运行条件，提高电能质量有一定的作用。

项目建议书阶段与可行性研究阶段、初步设计阶段根据水利部有关“以电养水”的指示精神和省水电厅等主管部门的意见，皂市水利枢纽电站供电范围为向湖南电网供电。

2. 装机容量选择

（1）可行性研究阶段。皂市水利枢纽电站在项目建议书阶段与可行性研究阶段的装机容量选择成果为“电站拟选总装机容量 150MW，单机容量 50MW，其中预留一台机组”。可行性研究阶段对装机容量的审查意见是：“初步设计阶段应根据湖南省电力系统现状及电力发展规划，进一步复核设计水平年系统电力电量平衡计算成果及电站装机容量为 100MW 的经济合理性”。

根据上述审查意见，对皂市可行性研究的装机容量方案进行补充分析论证，装机容量由150MW降为100MW，取消原预留机组方案，并编制了《湖南澧水皂市水利枢纽工程可行性研究补充报告》。中国国际工程咨询公司组织专家组，于2001年4月对《湖南澧水皂市水利枢纽可行性研究报告》及《湖南澧水皂市水利枢纽可行性研究补充报告》进行了评估，意见是："在发电服从防洪，并考虑皂市水电站在电网中能起到的作用，经多方案技术经济比较，项目建议书时的总装机容量为150MW（3台×50MW），其中预留一台所增加的电量小，调峰作用也不大，可行性研究阶段减为100MW（2台×50MW），是合适的。"

（2）初步设计阶段。依据上述专家审查、评估意见，2002年10月，长江勘测规划设计研究院编制提出了《湖南澧水皂市水利枢纽初步设计报告》，对皂市水电站装机容量选择进行研究论证，拟定了80MW、100MW、120MW 3个装机容量方案进行比较，不同装机容量方案保证出力为18.4MW，年发电量为2.99亿～3.33亿kW·h。从不同装机动能指标看（表2.5），电站随装机容量增加，年发电量增大，增幅为6.4%～4.7%；年利用小时数减少，减幅为15%～13%；单位万千瓦补充电量减少，补充装机年利用小时减小。

表2.5　皂市水电站不同装机容量动能指标表

项　目	指　标		
装机容量/MW	80	100	120
保证出力/MW		18.4	
年发电量/(亿kW·h)	2.99	3.18	3.33
水量利用率/%	77.6	82.9	86.6
年利用小时数/h	3737	3178	2771
补充年电量/(亿kW·h)	0.19		0.15
单位万千瓦补充电量/(亿kW·h)	0.095		0.075
补充装机年利用小时/h	950		750

皂市水电站装机容量一定程度上受到防洪限制，从长系列水库调度运行水位可见，因汛期腾空库容防洪，秋季来水又少，水库多年平均蓄满概率仅45.7%，影响电站发电效益。

对装机容量80MW、100MW、120MW分别进行有无设计电站枯水年2015—2020年逐年电力电量平衡计算，到2020年前后，因电力系统已无调节性能较好的电源接入，随电力系统负荷增加，皂市不同装机方案均可完全发挥作用，替代系统容量效益随装机增加而增加。

此外，对不同装机容量方案进行经济比较分析，电站替代容量效益以2018年水平有无设计电站逐年电力电量平衡替代火电装机容量差值为依据，皂市水电站装机容量从80MW增加到100MW时，增加固定资产投资为5803万元，差额投资经济内部收益率为16%，经济净现值为2632.31万元。皂市水电站装机容量从100MW增加到120MW时，增加固定资产投资为6176万元，差额投资经济内部收益率为12%，经济净现值1278.15万元。各方案经济比较表明，随装机容量增加，电量增加值呈下降趋势，差额内部收益率也呈下降趋势，初步拟定100MW装机容量方案。

2002年11月，水利部水利水电规划设计总院对该初步设计报告进行了审查，要求进一步复核不同装机容量方案的工程量和投资，经综合分析比较选定装机容量。长江勘测规划设计研究院根据初步设计审查意见，对提出的问题进行了深入研究，提出了《湖南渫水皂市水利枢纽初步设计报告（补充）》，重点对120MW装机容量方案进行补充论证，与100MW装机方案进行比较，并按2002年上半年的价格水平，调整修改设计概算。

经分析，由于皂市水库是以防洪为主的工程，水库发电运用受到防洪要求的限制，120MW较100MW仍可增加发电量0.15亿kW·h，但主要发生在汛期，其补充利用小时数为750h。从容量效益方面看，虽然湖南省网是水电比重较大的电网，但120MW较100MW对湖南省电网来说，都是可以吸纳的容量，扩大装机容量可增加电站参与调峰运用的灵活性。

从工程建设方面看，120MW较100MW方案，不改变枢纽布置总格局及泄洪建筑物的布置，其主要变化为机组尺寸增加，从而修改电站厂房及引水系统、右岸边坡的设计，120MW方案在工程建设上是可行的。

从经济分析方面看，主要比较120MW与100MW的差值，即增加20MW装机容量为可替代火电的必需容量，其经济比较指标表明，若增加的20MW装机容量效益发挥得越快，增加装机容量越合理，经济上越可行。从增加20MW的财务能力分析来看，若按江垭当时的现行电价0.327元/(kW·h)，销售增加的1500万kW·h电量，28年可还清因增加装机而投入的贷款本息；若销售电价能提高到0.347元/(kW·h)，则25年可还清贷款本息；若要15年还清贷款本息，则电价需提高到0.548元/(kW·h)。

综合工程建设条件和装机容量的经济比较，皂市水利枢纽电站装机容量最终推荐120MW方案。

2.4.2 灌溉

2.4.2.1 澧水流域灌溉规划

1. 灌溉简况

1991年，澧水流域规划报告时，澧水流域耕地面积392万亩，其中水田252万亩，旱地140万亩，人均占有水田0.75亩，140万亩旱地仅极小部分有水利设施，约30.6万亩水田靠天然降雨维持。自新中国成立以来，大力兴修水利，有效灌溉面积已达240万亩，旱涝保收面积170万亩，分别占耕地面积的67%和47%。

澧水上、中游山丘区耕地分散，水低田高，修建工程的自然条件较差，有效灌溉面积只占耕地的48%，保收面积只占耕地的33%，存在多处干旱死角和人畜饮水困难。下游环湖丘陵区、澧县白衣区和常德的太阳山地区，受自然条件制约，缺少修建骨干蓄水工程的坝址，而当地径流又不能解决农业用水要求；尾闾的松澧地区，入冬以后松滋河断流，春耕生产所需水源不能解决，有违农时影响生产。

2. 区域灌溉规划目标

（1）区划。“松澧地区”所指范围为澧水流域和松滋水系的湖南部分，其中小渡口以上属澧水流域，面积 15505km^2。松澧地区大体划分 3 个规划区：

1）石门县以上澧水流域中上游为山丘区（下称山区），包括石门、慈利、永定、武陵源、桑植、永顺和龙山共 7 区县的部分。

2）石门县以下至小渡口为环湖丘陵区（下称丘陵区），含临澧、澧县、津市和武陵共 4 区县的部分范围。

3）小渡口以下的松澧洪道部分为松澧湖区（下称湖区），辖澧县、安乡和武陵的 5 个防洪大垸。

（2）地形。山区，地形起伏在海拔 60～1800m 之间，耕地小块分散，分布在海拔 60～800m 高程的河谷盆地与山坡，是水力资源开发基地。

丘陵区，地面高程在海拔 30～600m 之间，丘岗间杂，有澧阳平原和道水下游河口平原，大量耕地分布在海拔 30～150m 丘岗及平原，是流域粮棉产区。

湖区，包括松滋河的东、中、西三支及松澧合流地段全属冲积平原，地形平坦，垸区地面及耕地在海拔 28～36m 之间。

（3）皂市水利枢纽所属灌溉区域。皂市水利枢纽所属区域为山区，辖桑植、大庸、永顺、龙山、慈利、石门等 6 个县的 169 个乡，20 世纪 80 年代初期，仅有中型水库 13 座，小（1）型、小（2）型水库计 317 座，水轮泵 140 处，电灌站 243 处，其余为山塘、河坝、泉井等小水利设施，蓄、引、提总水量 9.68 亿 m^3，抗旱能力不高，有效灌溉面积 98.9 万亩，占耕地面积的 48.2%，保收面积 67.38 万亩，占耕地面积的 32.9%。

（4）区域灌溉规划目标。规划工程以小型分散为主，先配套，后新建，切实做好澧水干、支流的凉水口、贺龙、江垭、皂市等 8 个梯级水库的灌区规划。

宜于引水灌溉沿岸农田的枢纽有干流的三江口、宜冲桥、花岩、贺龙、凉水口（部分为规划梯级）；支流溇水的江垭和渫水皂市、所街等，可灌溉 35 个乡的 25.83 万亩耕地。

2.4.2.2 皂市枢纽工程灌溉

澧水中游地区，气候温和，雨量充沛，土地肥沃，光热资源充足，极适合于农业的发展。主要农作物有粮食、油料、棉花、烤烟和柑橘等，是湖南生产粮、棉、油的基地之一。皂市水库下游石门县皂市、新关、城关等 6 个乡，干旱仍是造成农业减产的主要原因之一。本区用于灌溉的骨干工程少，已有工程因渠系不配套等未发挥设计灌溉效益。加之雨量分配不均匀，洪涝、干旱灾害频繁，给农业生产带来很大影响。兴建皂市水利枢纽，引库水自流灌溉，加上灌区渠系配套工程，可增加石门地区有效灌溉面积，缓解以上 6 个乡的干旱问题，对发展地方农业生产，促进国民经济增长，将有积极作用。

根据石门县水利部门提出皂市灌溉规划，皂市枢纽灌区分布在坝下游左右两岸，主要为石门县皂市、新关、城关、白云桥、易家渡良种场等 5 个乡场提供水源，灌溉面积 5.4 万亩（其中水田 1.7 万亩，旱地 3.7 万亩），可行性研究阶段灌区设计流量 5.72m^3/s，初步设计阶段灌溉设计引用流量 4.15m^3/s。灌区需水库供水时间在 6—10 月，可行性研究阶段灌溉保证率 81.8%，初步设计阶段灌溉保证率 75%。皂市水利枢纽工程建设时，灌溉取水口以预留形式分左右两岸预留接两干渠引水自流灌溉，取水口分别设于 4 号坝段和 16 号坝段，设计灌溉渠首高程 115m，左右岸引水管直径均为 1.5m。

2.4.3 航运

2.4.3.1 澧水流域航运规划

1. 航运概况

20世纪80年代，澧水干流及主要支流溇水、渫水可季节性通航的河段总长486km，其中干流上起五道水，下至小渡口航道长370km（终年可通航的实际里程仅为316km），溇水从江垭至慈利，航道长53km，渫水磨市至三江口航道长63km。其中干流中上游及溇水、渫水只能通行30t级以下船只，干流三江口以下能通行100t以下的客货船。

20世纪60年代以前，澧水航运曾是湘西北地区内外物资交流的主要运输通道，水上运输占流域内总运量的98%，进入20世纪70年代，公路发展，枝柳铁路通车，人货运输转而弃水走陆，运量锐减，进而导致航道失修，航程萎缩。据当时地、县航道部门资料统计，流域内的水运量，年仅55.3万t，其中澧水干流52万t，支流溇水2.4万t，渫水0.9万t。货运流向以下行为主占总运输量的95%，下行物资主要有煤、天然建材、水泥，上行物资主要有食盐、化肥、农药、粮食等，此外，每年约有2.5万m^3竹木向下流放。

澧水系山溪性河流，涨落迅速，天然河道坡陡水急、险滩多、航道水深变化大等原始特征较为突出。据普查，河中碍航险滩287处，其中干流192处，溇水27处，渫水68处。

2. 澧水干支流梯级开发后对航道改善情况

澧水流域水运事业的复苏，有赖于干支流梯级开发方案的完成。上下梯级的衔接带来了河道的渠化，龙头水库对径流的调节，使河道的枯水流量增加。据统计，规划梯级在正常蓄水位时的回水长度为532.9km，实际通航里程为661km，比现在季节性的通航里程486km增长了175km；累计淹没浅滩186处，其中干流96处、溇水27处、渫水63处；枯水期，当有调节能力的水库消落至死水位时，渠化河段的总里程虽降为596km，但仍比现状里程486km增长了110km。因此航深增加，礁滩消失，急流变缓，都给水运事业带来方便。特别是规划中的梯级已按通航等级布置有包括船闸在内的，能适应货运量发展的过坝措施。

此外，规划的梯级布置因受淹没所限，局部河段尚需辅以疏挖整治措施，方能达到符合规划等级的通航水深，这包括永定、茶庵、慈利、茶林河、青山、皂市等坝址下游附近河段。

2.4.3.2 皂市枢纽工程航运

渫水为山溪性河流，两岸多为丘陵山谷。河床坡降陡，水流湍急，河道平均坡降1.13‰。渫水年内水量分配极不均匀，皂市站实测1953—1991年水文系列中，洪水最大流量6380m^3/s，枯水最小流量仅4.26m^3/s，皂市洪枯水位变幅近10m。

根据渫水流域规划，渫水将先后建成皂市、磨市、中军渡、所市、黄虎港5个梯级，随着梯级开发方案的实现，渫水航运条件将发生根本变化，按航运规划，渫水要求达到七级航道，皂市水库建成后可使上游至覃家坪约50km河道成为深水航道，下游旬平均最枯流量由5m^3/s加大到35m^3/s（保证率90%），工程航运设施的建成可改善库区通航条件，可使该河段年货运量从目前的0.9万t上升到7.6万t，使渫水上游泥市到下游三江口改善航道 137km。船只和木排可顺流直下进入洞庭湖，形成与长江干流黄金水道相连的水运网。

皂市枢纽下游 18km 为渫水与澧水干流的交汇点——三江口，三江口处建有三江口水利枢纽工程，工程于 20 世纪 90 年代初建成，通航建筑物先期以预留形式在大坝左端（目前通航建筑物位置已扩机建设厂房）。考虑到皂市通航建筑物主要为连接渫水和澧水形成与长江干流相连的水运网，皂市水利枢纽建成后，改善了库内通航条件，但运量预计不大，且岸上交通方便，同步建设通航建筑物的必要性不大。故皂市通航建筑物兴建时间可视澧水航运发展需要加以考虑。皂市枢纽建设时，通航建筑物以预留形式放在右岸坝肩处，通航过坝船只吨位按 50t 级设计；通航建筑物采用斜面升船机形式。

2.5 特征水位选择

2.5.1 正常蓄水位选择

20 世纪 50 年代后期，长江委研究了皂市正常蓄水位 153.2m（155m，吴淞基面）等水位方案，因淹没大，地方难以承受，在 20 世纪 60 年代以后的研究中予以否定。

20 世纪 80 年代后期，湖南省水利水电勘测设计院在编制澧水流域规划中，推荐正常蓄水位 125m 方案。为减少农田常年淹没，又保证防洪所需库容，在正常蓄水位 125m 方案以上以超蓄形式留 3 亿 m^3 防洪库容。水利部在审查流域规划意见中提出：基本同意皂市枢纽正常蓄水位为 125m。为减少超蓄，并使枢纽具有较大的综合利用效益，可行性研究阶段应研究进一步提高正常蓄水位的方案。

20 世纪 90 年代初，水利部指示长江委开展皂市水利枢纽的初步设计工作。长江委对皂市正常蓄水位进行了专题论证，1993 年 8 月，提出《皂市水利枢纽工程正常蓄水位比较专题报告》。1994 年 3 月，由水利水电规划设计总院主持对该专题报告进行讨论，讨论会基本同意长江委推荐的正常蓄水位 140m 方案，水利水电规划总院以水规水〔1994〕0022 号文批准了该会议纪要。讨论会主要意见为：从有利于发挥皂市水利枢纽工程的防洪作用及其他综合利用效益出发，在地方对淹没损失能承受及不影响雄黄矿安全的前提下，正常蓄水位高一些是合适的；会议基本同意长江委推荐的正常蓄水位 140m 方案。

1998 年 11 月，水利水电规划设计总院组织审查了长江勘测规划设计研究院编制的《湖南省渫水皂市水利枢纽工程项目建议书》（1998 年），其中对正常蓄水位审查意见为：原则同意本阶段暂定正常蓄水位 140m，预留防洪库容 7.8 亿 m^3。可行性研究阶段应根据澧水防洪体系对皂市枢纽的要求，研究防洪与发电、灌溉等综合利用效益的关系，结合水库淹没及工程投资，研究论证抬高正常蓄水位的合理性和可能性。1999 年 9 月，中国国际工程咨询公司组成专家组对皂市项目建议书进行了评估，对正常蓄水位评估主要结论是推荐正常蓄水位 140m 方案。由于松澧地区洪水组成与洪水遭遇的情况多变，防洪调度任务十分复杂，建议研究适当提高蓄水位，以增加皂市水库的调蓄能力，同时应根据江垭、皂市、宜冲桥三座防洪水库工程的特点，对联合调洪方式作全面深入的研究。

1999 年，长江勘测规划设计研究院对皂市水利枢纽开展可行性研究，根据此前所做工作和前述审查意见，重点比较了140m和145m两方案。1999年12月，水利水电规划设计总院对《湖南省溇水皂市水利枢纽工程可行性研究报告》进行了审查，其对正常蓄水位的审查意见为：近期澧水下游防洪控制断面三江口的泄量应控制在12000m³/s，为此皂市水库需承担澧水流域7.8亿m³的防洪库容。在满足上述流域整体防洪要求的基础上，考虑工程综合利用效益，基本同意推荐的水库正常蓄水位140m。2001年，中国国际工程咨询公司对该报告进行了评估，对正常蓄水位的评估意见认为“皂市水库正常蓄水位140m是合适的”。

2001年9月和2002年10月，长江委设计院又分别对皂市水利枢纽进行了初步设计研究，将正常蓄水位的比较范围重点集中在140m和142m方案。2003年，在水利部下发《关于湖南溇水皂市水利枢纽初步设计报告的批复》（水规计〔2003〕626号）中确定皂市水库正常蓄水位为140m。

正常蓄水位具体研究比较的主要内容和结论，在设计各阶段又有所侧重，见以下各节。

2.5.1.1 澧水流域规划阶段

《澧水流域规划报告》中，在满足防洪的条件下，拟定了皂市正常蓄水位125m和130m，并考虑对磨市、中军渡梯级与原设计的正常蓄水位153.2m方案进行研究，方案如下：

方案1：黄虎港(360m)＋所市(205m)＋中军渡(168m)＋磨市(135m)＋皂市(125m)；

方案2：黄虎港(360m)＋所市(205m)＋中军渡(168m)＋皂市(130m)；

方案3：黄虎港(360m)＋所市(205m)＋皂市(153.2m)。

3个拟订方案的共同点是龙头水库黄虎港及所市两级完全一致，皂市为下游松澧地区承担的防洪任务完全一致，规划河段的水位也能衔接。而比选的主要内容为综合利用效益、淹没损失、投资3个方面。经比较，由于皂市不处于龙头位置，又是以防洪为主的水库，抬高正常蓄水位，动能指标增加微小而淹没却急剧增加，从而导致整个方案不利，故最终以黄虎港为龙头水库、皂市低水位（125m）的5级开发方案（即方案1）是溇水梯级开发中相对优越的方案，即溇水梯级开发的推荐方案中皂市水利枢纽的正常蓄水位为125m。

2.5.1.2 专题及项目建议书研究阶段

1. 方案拟定

20世纪90年代初，为加速澧水开发，尽快解决澧水尾闾的防洪问题，对皂市正常蓄水位进行了专题论证，1993年8月提出《湖南省皂市水利枢纽正常蓄水位比较专题报告》，对皂市水利枢纽的正常蓄水位进行了比选。

按照总体防洪要求，皂市水库需留有7.8亿m³防洪库容，若正常蓄水位过低，发电效益偏小且较不稳定。从工程综合利用效益来看，正常蓄水位抬高一些是有利的。随着皂市库区的经济发展和枢纽所在石门县对皂市工程防洪重要性及综合利用效益的逐步认识，地方政府表示能承受一定的淹没损失，皂市水位可考虑适当抬高。水利部在《澧水流域规划报告》审查意见中也指出：“皂市枢纽应在正常蓄水位125m基础上，研究进一步提高正常蓄水位的方案。”

根据各方面的意见和要求，专题研究阶段拟定了正常蓄水位125m、130m、135m、140m、145m等5个方案，皂市正常蓄水位方案原则上应以满足防洪要求为前提，尽可能获得较大的综合效益来选定。根据澧水整体防洪规划，皂市水库应分摊 7.8 亿 m^3 防洪库容，遇 20 年一遇洪水，皂市水库蓄水量为 5.86 亿 m^3，则正常蓄水位 130～145m 方案均以正常蓄水位下设置 5.86 亿 m^3 库容来确定防洪限制水位，防洪限制水位以上设超蓄库容 1.94 亿 m^3 确定防洪高水位。而正常蓄水位 125m 以下库容较小，仅 6.10 亿 m^3，若按上述原则安排防洪限制水位，对兴利效益不利，综合考虑正常蓄水位以下安排 5.15 亿 m^3，超蓄部分库容 2.65 亿 m^3，对应防洪限制水位为 100m，防洪高水位 132.7m。

2. 方案比较

根据上述正常蓄水位及相应防洪限制水位的安排，综合比较了皂市枢纽防洪、发电、灌溉、航运、梯级衔接等综合任务和效益，对工程布置、地质条件、淹没损失与移民安置、水库泥沙淤积、环境影响分析、方案间经济指标等方面进行了比较，主要分析包括以下几个方面：

（1）防洪。皂市枢纽各正常蓄水位方案均留有 7.8 亿 m^3 的防洪库容。各方案均满足总体防洪要求，防洪效益基本达到一致。正常蓄水位 130～145m 均可按规划要求在正常蓄水位以下安排 20 年一遇防洪库容 5.86 亿 m^3，而 125m 方案只能在正常蓄水位以下安排 5.15 亿 m^3，若再降低防洪限制水位，则对兴利影响更大，甚至难以安排。故考虑预留防洪与兴利效益的综合发挥，130～145m 方案相对较优。

各正常蓄水位方案的超蓄库容，130～145m 间方案均为 1.94 亿 m^3，但对库区的影响有差别，主要原因在于：随正常蓄水位升高，超蓄水深相应减少，有利于水库防洪调度的实施，对库区的经济建设和人们生活安定影响较小。因此，从防洪方面考虑，正常蓄水位高一些是有利的。

（2）发电。随着正常蓄水位方案升高，发电效益增大，水位每上升 5m，保证出力增加 4.5～7.1MW，年发电量增加 0.45 亿～0.61 亿 kW·h，装机容量增加约 20MW，单位千瓦投资相应有所降低。

正常蓄水位 125m 方案，防洪限制水位与死水位相同，受水文特性影响，无可靠的调节库容。因此，皂市工程正常蓄水位越高，水库调节库容越大，且防洪限制水位高于死水位，调节期可相应加长，使发电调度方面灵活性增大，能较好地在电力系统中发挥作用。从发电方面来看，皂市枢纽正常蓄水位高一些有利。

（3）灌溉。皂市水库各正常蓄水位方案间灌溉面积差别不大，但随库水位抬高有利于扩大自流灌区。

（4）航运。各正常蓄水位方案均能满足渫水航运发展要求，但随着水位抬高，枯期河道渠化长度增加。

（5）梯级衔接。澧水流域规划推荐以皂市正常蓄水位 125m 为代表的渫水干流梯级 5 级开发方案，其中所市、中军渡、磨市均为径流式开发，主要作用是利用水头发电和梯级衔接。

皂市枢纽拟定的 5 个正常蓄水位方案与上游梯级衔接的情况是：125m 方案与上一级磨市衔接；130～145m 方案皂市与磨市由两级变为一级开发，上游与中军渡衔接；从 140m 方案起，水库水位与中军渡梯级有所重叠；145m 方案与中军渡梯级重叠深度加大，对中军渡发电效益影响较大，需研究调整中军渡梯级布局的位置。

关于140m方案与上游衔接梯级中军渡的重叠问题，经研究分析，由于皂市枢纽承担的防洪任务，汛期水库若维持在防洪限制水位125m，与中军渡下游常水位134.75m并不重叠；枯水期皂市水库水位140m时，最大重叠约5m，但由于皂市枢纽仅有约一半的年份蓄满，多年平均的重叠深度仅为0.7m，经估算仅影响中军渡梯级168m方案（单独运行）电量180万kW·h，不及总发电量的2%，故皂市枢纽采用正常蓄水位140m方案并不影响中军渡梯级成立与否。

（6）枢纽工程布置。皂市正常蓄水位各比较方案，在考虑各种影响因素条件下进行的枢纽工程布置，没有显著的差异；各方案中仅主要工程量随正常蓄水位的提高及工程等级的提高而相应增加，但无明显变化。

根据各正常蓄水位比较方案的水工设计初步研究，综合分析各因素，正常蓄水位选择各比较方案的水工布置和各主要建筑物设计从技术方案、运行安全可靠、经济合理等方面考虑，均为可行。

（7）地质条件。皂市水利枢纽区域构造稳定，水库工程地质条件良好，坝址处在横向河谷，基础岩体为石英砂岩，强度高，具有兴建高100m左右混凝土坝的基本条件，所存在的软弱夹层，下游页岩及滑坡的不利条件，可以通过优化设计和工程措施得到改善和克服。因此，当正常蓄水位在125～150m选择时，不受地质条件的控制。

（8）淹没损失与移民安置。皂市水利枢纽正常蓄水位125m方案淹没的基数较大，125～145m各方案间淹没指标增长平缓，无明显控制因素。

皂市各正常蓄水位方案水库淹没范围均在石门县境内，移民安置难度相对较小，该县在修建三江口电站时，积累了一定的安置移民经验，并取得较好效益，皂市正常蓄水位高一些，移民问题是可以处理的。

对皂市水库蓄水位起控制作用的是库区的雄黄矿，该矿储量数全国第一，年产量近2000t，拥有固定资产原值（当年价格水平）2000余万元。其坑口高程为180m，矿体已开采至－300m。该矿发育于奥陶系与寒武系地层接触带，与水库间有志留系隔水岩层阻隔。志留系与奥陶系的最低分界高程约150m，为保证志留系隔水层有一定厚度，在此处回水位不宜超过145m。考虑皂市各正常蓄水位方案位于雄黄矿处回水线高程，除145m方案以外，其他均满足该矿隔水层厚度要求。

（9）水库泥沙淤积。泥沙淤积对皂市工程没有控制性影响，各正常蓄水位方案间无明显区别。

（10）环境影响。据调查分析，不存在制约各正常蓄水位方案选择的环境问题。

（11）经济比较。125m方案经济指标较差，从130～140m方案经济指标均可行，正常蓄水位130m方案是满足澧水流域规划所赋予皂市水利枢纽水利任务的基本方案。从135m与140m方案间差额经济比较来看，140m方案较优。

3. 方案选择

综合上述各方面，从提高枢纽综合利用效益方面考虑，皂市水利枢纽的正常蓄水位应在130～140m范围内选择，140m方案水位和中军渡电站虽有所重叠，汛期不重叠，多年平均的重叠深度仅为0.7m，对中军渡发电影响甚微，不影响中军渡电站梯级布置的方案。在地方对淹没损失能承受及不影响雄黄矿安全的前提下，正常蓄水位高一些是合适的，并倾向于推荐140m方案。

正常蓄水位选择在可行性研究阶段（1995年）、项目建议书阶段（1995年）及项目建议书修编阶段（1998年）与正常蓄水位专题研究的意见一致。

2.5.1.3 可行性研究阶段

在1999年11月中国国际工程咨询公司专家组对《皂市水利枢纽工程项目建议书》的评估意见中，“基本同意推荐的140m方案。由于松澧洪水组成与洪水遭遇的情况多变，防洪调度任务十分复杂，建议研究适当抬高正常蓄水位，以增加皂市水库的调蓄能力”，因此在1999年9月编制完成的《湖南省渫水皂市水利枢纽可行性研究报告》中，重点比较了正常蓄水位140m和145m方案。

经比较正常蓄水位140m和145m两方案预留防洪库容相同，防洪作用相等。两方案在工程地质、环境、水工布置、泥沙等方面不存在制约因素，综合效益比较主要在增加的发电效益和水库移民、工程投资上。

145m较140m方案保证出力增加7MW，年均电量增加0.55亿kW·h，发电效益增加较小，(8月，水库多年平均月径流量为3.83亿m^3，水库蓄满概率非常低，140m方案蓄满概率为47.4%，145m方案蓄满率仅36.8%)。

淹没人口增加3538人，淹没耕园地增加3323亩，淹没房屋增加18.6万m^2。工程投资增加21859万元，其中移民补偿投资增加14200万元，移民投资增加较多（正常蓄水位145m方案时，水库回水虽不致影响雄黄矿，但防洪高水位148.5m则已超过此范围）。

140m方案与上游中军渡衔接，水位和中军渡梯级有所重叠，但对中军渡梯级影响不大，不影响中军渡梯级的成立与否，145m方案上游仍可与中军渡衔接，但与中军渡梯级重叠深度加大，对中军渡发电效益影响较大，需研究调整中军渡梯级位置。

两方案差额投资内部收益率为6.69%，正常蓄水位从140m抬高到145m经济上不合理，经济方案也以140m方案为较优。

该阶段仍推荐正常蓄水位140m方案。

2.5.1.4 初步设计阶段

1999年12月，水利部水利水电规划设计总院在《湖南省渫水皂市水利枢纽工程可行性研究报告》的审查意见中提出，“基本同意推荐的水库正常蓄水位为140m”。据此，2002年在皂市水利枢纽的初步设计研究时拟定140m、142m两个正常蓄水位方案，并对其进行比较。

1. 防洪库容

皂市枢纽是澧水防洪系统工程之一，以防洪为首要任务，其正常蓄水位选定，以合理安排防洪库容为前提，设计标准为澧水流域规划明确的总体防洪标准。流域防洪规划拟定遇三江口2%频率洪水、5%频率洪水，皂市需承担的防洪库容分别为7.8亿m^3、5.86亿m^3。

(1) 设计标准的防洪库容。初步设计阶段对皂市防洪规模进行了复核。从复核结果看，对澧水流域规划明确的防洪目标，皂市拦蓄2%、5%频率洪水，按最不利洪水典型，在三库联合调度情况下，皂市水库蓄洪库容为3.43亿m^3、1.05亿m^3（见表2.25、表2.26）；只考虑江垭、皂市两库联合调度情况下，皂市水库蓄洪库容为4.72亿m^3、1.99

亿 m³（表 2.25、表 2.26），均未超过皂市水库设计的防洪规模。

复核成果表明，澧水流域防洪规划在确定江垭、皂市、宜冲桥三库总防洪库容规模时按 50 年一遇洪水为标准，未考虑任何形式的防洪调度，故规划阶段拟定的皂市水库防洪库容有较大的安全裕度。

（2）对超标准洪水的防洪库容。有关方面意见认为，皂市枢纽防洪地理位置优越，希望研究皂市扩大工程规模以承担更多的防洪任务，提出要研究对付类似 1935 年洪水的措施和研究防洪控制点三江口以下防洪标准提高到 100 年一遇皂市枢纽应承担的防洪任务及工程措施。

对流域超标准洪水，仅研究防洪水库的规模只是解决问题的一方面。设计阶段对这个问题的研究，主要讨论防洪控制点遇超标准洪水时，皂市最大可能拦蓄到的洪量，以明确皂市枢纽应采取的工程措施。

从调洪计算成果分析，无论是澧水流域规划明确的防洪标准，超标准的 1%频率洪水的各种洪水典型，1935 年洪水（洪水频率相当于 280 年一遇）情况下，按三库联合调度，皂市水利枢纽的防洪蓄水量均未超过 7.8 亿 m³，说明皂市确定的防洪库容是合适并留有余地的，因皂市枢纽控制流域面积占渫水流域总面积的 93.7%，表明其防洪库容基本可控制渫水来水。上述调度亦表明，对于干流为主，全流域超防洪规划标准的洪水（1%频率各种典型、1935 年洪水），单纯扩大皂市工程的防洪库容，进而扩大工程规模并不能更有效增加对流域的防洪作用。

（超标洪水调度成果详见表 2.23、表 2.27。）

（3）防洪库容对正常蓄水位比较。皂市正常蓄水位 140m、142m 方案选择，从防洪角度来看所留防洪库容相同，防洪效益同等。两方案均可满足皂市防洪规划任务，考虑到皂市水库所处防洪地理位置的优势，为今后防洪运用留有余地，并综合淹没、发电等其他因素，皂市选择正常蓄水位 140m 方案。

同时，考虑洪水组成的多变性和防洪调度的复杂性，为对付将来可能产生的非常情况，各方面均建议对皂市枢纽再增加一定的调洪库容。皂市枢纽在大坝安全设计时，坝顶高度增加 2m，库容增加 1.18 亿 m³，以增加应对非常情况的防洪库容，该库容待将来作相应的防洪调度及其他综合研究后以明确如何合理安排运用。

2. 发电

发电方面，142m 比 140m 方案保证出力增加 2.9MW，年均电量增加 0.23 亿 kW·h（140m 方案与 142m 方案蓄满概率较接近，且均不足 50%），增加幅度不大。

3. 水库移民及矿产淹没

142m 比 140m 方案增加淹没人口 1452 人，增加淹没耕园地 732 亩，增加淹没房屋 7.26 万 m²，移民补偿投资增加 5580 万元。

对雄黄矿淹没，142m 和 140m 两方案均不构成影响。

4. 其他

从灌溉、梯级衔接、地质、环境等方面进行比较，对正常蓄水位选择均不构成控制因素。

5. 经济比较

142m 比 140m 方案差额投资内部收益率为 5.0%，低于国家规定的行业标准，从经济上比较选择正常蓄水位 140m 较为有利。

综合上述各方面比较，初步设计阶段仍推荐正常蓄水位 140m 方案。

2.5.2 防洪限制水位及防洪高水位选择

2.5.2.1 防洪限制水位拟定原则

根据澧水整体防洪规划，皂市水库应分摊 7.83 亿 m^3 防洪库容。皂市正常蓄水位选定 140m 时，总库容 14.36 亿 m^3，其承担的防洪库容占总库容的 54.5%，如此大的防洪库容若全部放在正常蓄水位以下，水库汛后蓄水困难，对发电影响较大。分析皂市工程上、下游均在石门县境内这一特点，从易于协调上、下游关系考虑，可设置小部分防洪库容在正常蓄水位以上，即超蓄一部分，使枢纽获得较大的综合效益。

拟定防洪限制水位的原则是保证水库遇三江口 20 年一遇洪水不超蓄，防洪库容一部分以超蓄形式留在正常蓄水位之上。

2.5.2.2 超蓄库容

1. 超蓄库容的确定

(1) 可行性研究阶段。按照保证水库遇三江口 20 年一遇洪水不超蓄的原则，确定正常蓄水位 140m 方案防洪限制水位为 125m，防洪高水位为 143.5m，对应正常蓄水位以下防洪库容 5.86 亿 m^3，超蓄库容 1.97 亿 m^3。

在可行性研究阶段，专门开展了《湖南渫水皂市水利枢纽三库联调专题研究》。在该专题研究中，根据典型年实际洪水和典型年不同频率洪水，对流域防洪规划安排的皂市防洪库容进行复核，并按补偿调度组合方式计算江垭、皂市以及宜冲桥水库的蓄洪库容，结果表明，皂市水库为流域近期防洪规划目标预留的 5.86 亿 m^3 防洪库容是偏安全的，结果见以下具体分析。

根据水文资料分析实际发生大水的年份，有 1935 年、1954 年（6 月）、1954 年（7 月）、1957 年、1964 年、1966 年、1980 年、1983 年、1991 年、1998 年。对典型年实际洪水进行江垭、皂市两库联合调度（见表 2.23），结果表明，除 1935 年、1954 年 6 月次洪水和 1998 年洪水，三江口洪峰流量超过 $12000m^3/s$，其余年份均可控制在 $12000m^3/s$ 以内。洪水调度表明，皂市水库最大蓄洪量除 1935 年洪水达到 7.42 亿 m^3，1998 年洪水达到 2.15 亿 m^3 以外，其他典型年洪水的最大蓄洪量均小于 2 亿 m^3。

频率洪水是对 1954 年、1964 年、1980 年、1983 年、1991 年、1998 年 6 个典型年，按三江口控制断面 72h 洪量进行相应倍比放大后，20 年一遇、50 年一遇、100 年一遇的洪水过程。经皂市及江垭的两库联合调度（见表 2.25、表 2.26、表 2.27）结果来看，发生在 20 年一遇、50 年一遇的皂市最大蓄洪量分别为 1.99 亿 m^3、4.72 亿 m^3。江垭、皂市、宜冲桥三库联合调度下，20 年一遇、50 年一遇、100 年一遇皂市最大蓄洪量分别为 1.05 亿 m^3、3.43 亿 m^3、5.53 亿 m^3。

分析上述考虑皂市水库为补偿调度方式，无论与江垭两库或与江垭、宜冲桥三库联合调度，遇所选各典型年大洪水过程时，皂市水库最大蓄洪量为 5.53 亿 m^3，其余均远小于正常蓄水位以下库容5.86亿m^3。分析原因，20年一遇、50年一遇典型洪水，在以干流为主的1998年洪水过程时，江垭、皂市水库的最大蓄洪量均较小，而宜冲桥即使按最大蓄洪2.5亿m^3蓄满，也未控制三江口断面处小于安全泄量12000m^3/s，但其他洪水典型，均可控制三江口断面处小于安全泄量12000m^3/s；100年一遇各种洪水典型时，江垭、皂市水库最大蓄洪量已分别达到6.68亿m^3、5.53亿m^3，但因超出流域规划拟定的防洪标准，三江口断面未能控制小于安全泄量12000m^3/s，但对各典型洪峰均有较大程度的削减。

因此，皂市水库在正常蓄水位以下预留5.86亿m^3亿防洪库容，一般是可以应对流域赋予的规划防洪需求，且有盈余。其余的防洪库容1.97亿m^3按超蓄库容安排在正常蓄水位以上。

(2) 初步设计阶段。对可行性研究阶段成果及库容等基本资料进行了复核，正常蓄水位140m以下实际设置防洪库容6.02亿m^3，超蓄库容为1.81亿m^3。

皂市水库因其离下游防洪控制断面三江口最近，在澧水防洪系统中预留防洪库容最大，调度方式也主要为补偿调度方式，在流域防洪调度中承担了重要作用。为有利于流域水库群联合防洪调度，皂市正常蓄水位以下预留的防洪库容偏富裕是合适的。

2. 超蓄库容运用与水库移民

皂市水库的回水计算，采用坝前20年一遇洪水位（即正常蓄水位140m）与坝址20年一遇洪峰流量的组合情况。皂市水库正常蓄水位以下所预留的6.02亿m^3。防洪库容是有富裕的，其超蓄库容的运用发生在皂市、三江口洪水均大于20年一遇洪水频率的情况下。按此种条件推算出的水库回水位，可以覆盖20年一遇洪水各种组合情况下皂市水库的回水位。故超蓄库容应用对水库按设计标准的移民无影响，但需考虑超蓄库容发生时引起的临时库区淹没补偿。

3. 超蓄库容设置方案比较

可行性研究阶段，就皂市水库是否设置超蓄库容通过3种方案进行了比较，见表2.6。

表2.6　超蓄库容设置方案比较表

方案	正常蓄水位/m	防洪限制水位/m	防洪高水位/m	超蓄库容/亿m^3
1	140.0	125	143.5	1.94
2	140.0	118.4	140.0	—
3	143.5	125	143.5	—

皂市水库以防洪为主，各方案防洪库容一致，故防洪效益也一致。各方案主要比较发电效益、移民和工程投资。

方案2较方案1的保证出力、发电量分别减少30.6%、10%，发电效益明显下降；移民数量不变，但节省工程量不足1%，尽管方案2无须进行临时淹没补偿，但经济效益明显下降，方案1较优。

方案3较方案1发电效益增加甚微，电量仅增加0.05亿kW·h，而移民数量增加约2480人，移民投资增加0.95亿元，工程量约增加1.3%。总的看来，增加的投资明显大于发电效益增加。

3个方案比较的结果表明，皂市水库因防洪任务重，发电受防洪的制约较大，水库汛后蓄满概率不到50%，从水库综合利用角度出发，在满足水库首要防洪任务的前提下，适当设置超蓄库容是较为经济合理的方案。

2.5.2.3 防洪限制水位比较

初步设计阶段，对皂市水库防洪限制水位拟定了123m、125m、127m 3个方案，在对主要动能指标进行比较后，推荐防洪限制水位为125m，防洪高水位为143.5m。

防洪限制水位123m较125m方案，防洪库容增加0.61亿m^3，保证出力减少1.7MW，年均发电量减少0.11亿kW·h。降低防洪限制水位使电站不仅损失汛期电能，而且减少电站保证出力和枯期发电量。由于坝顶高程在146m基础上增加了2m（增加库容1.18亿m^3），其增加的库容为防汛紧急备用库容，供非正常调度使用。防洪限制水位125m方案对应防洪库容可以满足澧水流域规划赋予的防洪任务，综合考虑后不宜再降低防洪限制水位。

防洪限制水位127m较125m方案，防洪库容减少0.66亿m^3，保证出力增加1.9MW，发电量增加0.09亿kW·h。从动能指标看，抬高防洪限制水位发电效益增加不够明显，且水库以防洪为主，抬高防洪限制水位，正常蓄水位以下防洪库容减小，在枢纽规模不变的情况下，水库总防洪库容减少，将难以完全承担相应的防洪任务。

防洪限制水位高的方案，水库蓄满概率虽可提高，但澧水洪水主要发生在6月、7月，提高蓄水位将使皂市水库遇大洪水的防洪作用降低。

从皂市水库的防洪任务来看，主要是为解决澧水中下游的洪水灾害。通过分析三江口洪水组成及洪水到三江口的传播时间可以看出，皂市水库承担较大的防洪任务，在流域防洪规划水库尚未完全建成以及对防洪调度未充分论证的前提下，解决三江口洪水问题，仅仅依靠皂市水库是不够的，需要流域防洪规划确定皂市、江垭、宜冲桥等三库的全部建成以及合理的联合调度方案。

皂市、江垭、宜冲桥三库全部建成及三峡建库、松滋建闸时机，是分析澧水尾闾防洪控制水库对澧水流域远期防洪目标能否实现的关键，对开展皂市水库动态防洪限制水位研究成果将有一定的影响。

2.5.2.4 防洪库容的安排

正常蓄水位以下防洪库容按江垭固定下泄流量、皂市补偿下泄流量的两库联合调度方式，遇6个典型年的20年一遇、50年一遇洪水时皂市最大拦蓄库容分别为1.99亿m^3、4.72亿m^3，皂市水库按补偿调度方式，可较好拦蓄本支流渫水汇入澧水干流的洪水，且防洪库容还略有富裕。但考虑到防洪规划远景目标时对皂市水库的防洪要求，同时考虑超蓄库容的安排对正常蓄水位拟定的影响进而对移民的影响。兼顾各方面考虑，正常蓄水位以下安排6.02亿m^3防洪库容，以此确定相应防洪限制水位为125m，其余1.81亿m^3防洪库容以超蓄方式留在正常蓄水位以上，确定防洪高水位为143.5m。

根据防洪库容的安排，当皂市水库拦洪达防洪高水位143.5m后，为保大坝安全水库将不再为下游拦蓄，按敞泄方式运行，水库下泄仅受枢纽泄流能力限制，以此计算设计洪水位、校核洪水位，从而确定坝顶高程。考虑到皂市水库距下游澧水防洪控制点近的优势，在应对流域发生超标准洪水时，为使皂市水库在有条件的情况下尚能兼顾部分下游防洪，大坝设计在规范要求的坝顶基础上，又加高了2m，使皂市水库在确保大坝安全的前提下，防洪调度更加灵活。

2.5.3 死水位拟定

专题研究阶段，皂市正常蓄水位140m方案对应的死水位主要是从动能指标上进行分析比较，同时考虑水轮机的选择范围，初步拟定为110m。

项目建议书阶段，对应正常蓄水位140m，拟定了105～115m等5个死水位方案进行比较。从能量指标看，随着死水位下降，保证出力有所增加，但降到110m后，由于增加的调节库容有限，动能指标增值衰减明显。因此，皂市水利枢纽正常蓄水位140m，死水位110m，电站机组水头运行范围在34m以上。若再降低死水位，水头运行范围继续增大，对水轮机运行带来一定的难度。综合以上分析，死水位在110m以下，能量指标增值已相对减少，且水库蓄不满率增加，考虑水轮机运行范围的选择，皂市死水位定在110m较为适宜。

可行性研究阶段，针对1999年9月中国国际工程咨询公司专家组对《湖南省澧水皂市水利枢纽工程项目建议书》的评估意见“死水位110m偏低，宜适当抬高”，拟定了108m、110m、112m、115m、118m等5个死水位方案进行比较。从能量指标看，随着死水位的下降，保证出力有所增加。但降到112m以下，由于增加的调节库容有限，动能指标增值衰减明显，且水库蓄不满率增加，考虑水轮机运行范围的选择，皂市死水位定在112m较为适宜。

初步设计阶段，对应正常蓄水位140m，对108m、110m、112m、115m、118m等5个死水位方案进行了进一步比较。经计算，当死水位从108m抬高到110m，保证出力减小0.3MW，电量几乎没有变化；当死水位从110m抬高到112m、从112m抬高到115m、从115m抬高到118m时，保证出力分别减小0.5MW、0.9MW和1.2MW，而电量分别只增加0.01亿kW·h。可见，死水位抬高，电站电量增加极为有限，而保证出力则下降明显。经对电站电力电量综合效益进行经济分析比较，仍推荐死水位为112m。

2.6 水库调度

皂市水利枢纽的工程任务，是根据流域综合规划阶段的详细论证所赋予的，其任务主要是防洪、发电、灌溉和航运。综合考虑规划明确的任务主次，以及对各项任务的要求，是拟定水库合理调度，实现工程较大综合效益的前提条件。

2.6.1 防洪调度

2.6.1.1 控制条件

1. 防洪保护范围、防洪标准及河道允许泄量

首先在任何情况下保证皂市大坝防洪安全，同时明确防洪保护范围、防洪标准等规划

防洪目标，并正确拟定河道安全泄量等具体防洪控制指标，以保证防洪规划任务的落实。

（1）防洪保护范围。

城镇：规划溇水皂市坝址以下的石门，以及溇水汇入澧水干流以下的澧县、津市城市防洪。

沿江防洪：溇水皂市水库以下、干流石门以上沿河低岸农田的防洪。

区域：松澧地区，包括澧水临澧新安以下至小渡口的下游部分，也跨越了澧水流域范围之外的澧水尾闾洪道和长江入湖松滋洪道的水网交汇地带（湖南省境内）。西起临澧新安、新合垸，东至安乡的安造、安保垸，至虎渡河为界，北缘有涔水北岸的涔上、涔下、荆湘垸，南边有沅澧大圈的民主阳城垸，全区受堤防保护的大小圩垸 41 个，涉及 7 个县、市、场（临澧、澧县、津市、常德、安乡、涔澹、西洞庭农场）。区域的划分，在澧水下游（石门—小渡口）为澧水及其支流涔水、道水两岸的堤垸；进入尾闾水网地区为松澧、松虎两水所夹的堤垸；南端按民主城垸的南端四百号弓与西湖垸分界，与安保垸南端肖家湾、松澧虎汇合口相对应，以此为界，以北为松澧地区，以南为三水合流进入目平湖，包括沅水尾闾，构成整个西洞庭湖区。

（2）防洪标准。

近期：石门以下松澧地区及澧水沿岸主要城镇，近期按 20 年一遇防洪标准进行治理，三江口防洪标准达到 50 年一遇标准。

远期：随着干支流梯级开发、三峡建库、结合松滋建闸，松澧地区防洪标准提高到 50 年一遇。

皂市水库是澧水流域近期防洪工程的一个重要组成部分，其防护对象的防洪标准与澧水流域整体防洪标准是一致的。石门以上澧水干支流两岸城镇、河滩地全属澧水规划建库防洪控制范围之内；石门以下松澧地区，其洪水来源有两重性，一是澧水、二是松滋，澧水建库仅控制其一，因此澧水流域规划在三峡建库前，本地区近期防洪标准暂定为 20 年一遇，远期在三峡建库、松滋建闸以及上游干支流防洪梯级水库的适当建设后，可将松澧地区防洪标准提高到 50 年一遇。

（3）河道允许泄量。在流域规划阶段，鉴于湖区水位流量非单值关系，以及江湖关系的演变，现状湖区（包括松澧地区）水位流量控制条件，以正在实施的近期防洪蓄洪工程设计为基础，以河段所拟定的防洪大堤设计水位（实测最高水位）为该河段的控制水位，而后求得其相应的泄量作为允许泄量，规划阶段不同控制河段堤顶高程、当期设计水位及允许泄量见表 2.7。因此，此阶段考虑下游顶托影响，以石龟山水位为参数，拟定了津市水位—流量关系曲线，求得 $Q_{津市允许泄量}$ 为 12000m^3/s，而 1956—1988 年三江口与津市洪峰流量相关点据分布呈带状，其平均关系为 $Q_{津市}=0.96Q_{三江口}$，则当 $Q_{津市允许泄量}$ 为 12000m^3/s 时，由平均关系式得 $Q_{三江口允许泄量}$ 为 12500m^3/s，从偏安全考虑 $Q_{三江口允许泄量}$ 仍取值 12000m^3/s。

皂市工程可行性研究阶段根据 1975 年、1980 年、1981 年、1983 年、1984 年、1985 年、1987 年、1988 年津市和石龟山实测水位流量资料，考虑下游水位顶托影响，综合分析拟定了以石龟山为参数的一组津市水位—流量关系曲线。根据《洞庭湖区综合治理近期

表 2.7　　控制断面堤顶高程、设计水位（1988 年）及允许泄量表

河　段	1964 年堤顶高程/m	现状（1988 年）堤顶高程/m	近期大堤设计水位/m	允许泄量/(m^3/s)
津市（小渡口）	42.0	45.00	43.34	12000
石龟山	40.20	42.40	40.43	9940～12000
安乡（城关）	39.30	40.40	39.38	6400～9940

规划报告》，西洞庭湖区自新中国成立以来至 1991 年最高水位作为堤防设计水位，津市为 44.01m，石龟山为 40.82m，以该控制水位查水位—流量关系曲线，当津市水位为 44.01m，石龟山为 40.82m 时，津市流量为 14000m^3/s；以 1988 年设计水位津市 43.34m，石龟山 40.43m，查津市流量为 11500m^3/s。

皂市工程初步设计阶段补充了 1998 年、1999 年最新实测水文要素资料，对津市水位—流量关系进一步复核：当津市水位为 44.01m，石龟山为 40.82m 时，津市流量为 12000m^3/s；以 1988 年设计水位津市为 43.34m，石龟山为 40.43m，津市流量约为 10000m^3/s。可见，随时间推移，在同一水位下，津市相应流量有所减少。

从可行性研究阶段、初步设计阶段与规划阶段设计水位比较来看，相应的津市流量基本在 12000～14000m^3/s 之间变动，从偏安全因素考虑津市的流量仍取值 12000m^3/s，相应的三江口安全泄量也仍然取值 12000m^3/s。

2. 洪水遭遇及组成特点

（1）渫水洪水及在澧水流域中的特性。渫水洪水由暴雨形成，年最大洪峰多出现在 4—10 月，其中 6—7 月占 60%以上。中小水年份，天气情况异常时年最大洪峰流量可提前到 4 月或推迟到 9 月、10 月发生，但量级较小。渫水为山区性河流，坡度大、汇流迅速、洪水涨落快、洪峰滞时短、峰型尖瘦。若遇持续降水也可出现多次起伏的连续峰。多年平均 24h 洪量占 7d 洪量的 40%，72h 洪量占 7d 洪量的 70%，大水年份水量更为集中。

由所市站（皂市水电站坝址上游 69km）和皂市站（皂市坝址下游 760m）1961—1990 年 30 年实测年最大洪峰和 24h 洪量对照，上下站年最大洪水同属一次洪水过程有 21 年，占 70%。但系列中皂市站和所市站年最大洪水过程形状一致的只有 4 年，且皂市站洪峰流量小于所市站。以 21 年同属一次洪水过程的 24h 洪量而言，所市站占皂市站的 61.8%，大于相应的面积比 55.2%。也有个别年份所市站以上洪水不大，但区间暴雨大，皂市站也能形成大洪水，1935 年就是一个突出的洪水典型，越往下游洪水越大。

渫水是澧水流域的主要暴雨区之一，特别是大洪水时，渫水洪水往往与澧水干流洪水遭遇，1980 年大水就是典型例子，三江口站洪峰流量、W_{24h}、W_{72h} 分别为 17600m^3/s、12.01 亿 m^3、26.42 亿 m^3，渫水皂市站所占相应水量比分别为 36.8%、32.1%、31.0%，均超过 20%（面积比）较多。所以控制渫水的洪水，对解决渫水中下游干流的防洪有显著的作用。

澧水中下游大洪水，多为干流上游和溇水、渫水洪水遭遇形成。遭遇的特点先是由慈利以上干流洪水与溇水遭遇，传播至三江口再与渫水洪水遭遇，形成三江口以下澧水大洪水。三江口站大洪水中，溇水与渫水的洪水量级比较接近，如三江口站 1998 年最大 24h、72h 洪量中，溇水江垭与渫水皂市相应时段洪量分别占 10.8%、15.1%与 10.4%、

15.1%；而1980年分别占38.1%、30.8%与32.8%、31.1%。干流宜冲桥以上多数情况下，溇水、渫水出现大洪水时也同为大洪水，特殊年份宜冲桥以上出现大洪水时，溇水、渫水来水不大，如1998年、1953年等。

（2）三江口站洪水地区组成分析。按澧水流域规划，皂市水库防洪控制点为澧水干流下游三江口（石门），集水面积为15053km²，分析三江口大洪水的地区组成为澧水防洪规划、皂市防洪调度和控制三江口洪水提供重要的依据。

干流宜冲桥水库、溇水江垭水库、渫水皂市水库为流域防洪控制工程，宜冲桥、江垭、皂市及其区间集水面积分别为5829km²、3711km²、3000km²和2513km²，占三江口以上流域面积比分别为38.7%、24.7%、19.9%、16.7%。以实测的流域暴雨和洪水分布组成的特点，选择三江口大洪水典型年进行洪水地区组成分析，典型年为1953年、1957年、1964年、1966年、1980年、1983年、1991年、1998年等大水年。各年宜冲桥、江垭、皂市及区间相应于三江口洪水的W_{24h}、W_{72h}、W_{7d}的水量统计见表2.8，计算采用传播时间：江垭至三江口8h，宜冲桥至三江口6h，皂市至三江口2h。

表2.8　　澧水三江口以上地区洪水组成表　　流量：m³/s，洪量：亿m³

年份	统计时段	三江口		宜冲桥		江垭		皂市		区间水量占三江口百分比/%
		时段量	起讫时间（月.日.时）	时段量	占三江口百分比/%	时段量	占三江口百分比/%	时段量	占三江口百分比/%	
1953	Q_m	14200	6.27.1	10800		2660		726		
	W_{24h}	9.96	6.26.13	6.78	68.1	1.85	18.6	0.745	7.5	5.9
	W_{72h}	14.2	6.26.6	8.93	62.9	2.71	19.1	1.47	10.4	7.2
	W_{7d}	15.9	6.26	10.5	66.0	2.99	18.8	1.76	11.1	4.1
1954	Q_m	14500	6.25.20	9040		1950		1880		
	W_{24h}	11.6	6.25.8	6.78	58.4	1.4	12.1	1.48	12.8	16.7
	W_{72h}	21.7	6.27.7	9.94	45.8	5.48	25.3	3.99	18.4	10.6
	W_{7d}	36.1	7.26	17.3	47.9	8.56	23.7	7.16	19.8	8.5
1998	Q_m	20600	7.23.19	11300		2555		1890		
	W_{24h}	15.15	7.23.6	8.76	57.8	1.63	10.8	1.57	10.4	21.1
	W_{72h}	33.7	7.21.19	18.2	53.9	5.14	15.2	5.09	15.1	15.7
	W_{7d}	38.89	7.21	22.5	57.9	5.87	15.1	5.96	15.3	11.7
1980	Q_m	17600	8.2.13	4440		5550		7010		
	W_{24h}	12.0	8.2.2	3.46	28.8	4.57	38.1	3.94	32.8	0.3
	W_{72h}	26.4	7.31.22	8.96	33.9	8.14	30.8	8.21	31.1	4.1
	W_{7d}	47.1	7.31	16.2	34.4	13.6	28.9	13.2	28.0	8.7
1991	Q_m	16100	7.6.16	3850		5300		5320		
	W_{24h}	12.1	7.5.6	3.90	32.2	4.10	33.9	3.16	26.1	7.8
	W_{72h}	24.9	7.5.9	8.72	35.0	7.92	31.8	5.99	24.1	9.1
	W_{7d}	45.7	7.3	17.0	37.2	13.2	28.9	9.73	21.3	12.6

续表

年份	统计时段	三江口		宜冲桥		江垭		皂市		区间水量占三江口百分比/%
		时段量	起讫时间（月．日．时）	时段量	占三江口百分比/%	时段量	占三江口百分比/%	时段量	占三江口百分比/%	
1957	Q_m	14500	7.30.22	4810		2230		4330		
	W_{24h}	10.8	7.30.6	4.39	40.6	2.59	24.0	2.31	21.4	14.0
	W_{72h}	21.4	7.29.12	7.69	35.9	5.50	25.7	4.39	20.5	17.9
	W_{7d}	27.2	7.29	9.75	35.8	7.07	26.0	5.19	19.1	19.1
1964	Q_m	14200	6.29.18	6880		2840		3230		
	W_{24h}	10.4	6.29.2	5.06	48.7	2.31	22.2	2.08	20.0	9.1
	W_{72h}	22.3	6.27.17	8.79	39.4	5.47	24.5	5.06	22.7	13.4
	W_{7d}	45.3	6.25	18.7	41.3	11.0	24.3	9.19	20.3	14.2
1966	Q_m	13000	6.29.16	6770		2410		1870		
	W_{24h}	9.75	6.29.1	4.41	45.2	2.37	24.3	1.38	14.2	16.3
	W_{72h}	19.9	6.28.1	7.12	35.8	5.41	27.2	3.82	19.2	17.8
	W_{7d}	24.1	6.27	8.35	34.6	6.68	27.7	5.17	21.5	16.2
1983	Q_m	15100	6.27.2：30	6640		4040		2880		
	W_{24h}	11.52	6.26.18	5.48	47.6	2.76	24.0	1.88	16.3	12.2
	W_{72h}	24.4	7.5.0	8.48	34.8	7.02	28.8	6.94	28.4	8.0
	W_{7d}	38.1	7.4	14.2	37.3	11.2	29.4	9.84	25.8	7.5

表 2.8 中以宜冲桥、江垭、皂市各年洪水所占三江口水量比和所占面积比对照，其水量组成可分为三种情况：1998 年、1953 年、1954 年以干流来水为主，宜冲桥各时段所占三江口水量的 45.8%～68.1%，远远大于面积比 38.9%，江垭、皂市所占三江口水量小于面积比；1980 年、1991 年支流溇水、渫水来水量大，江垭、皂市所占三江口水量比分别为 28.9%～38.1%、21.3%～32.8%，大于所占面积比 24.7%、19.9%，宜冲桥所占水量比小于面积比；1957 年、1964 年、1966 年、1983 年洪水干支流所占水量比均接近所占面积比，流域内干支流降雨的时空分布比较均匀一致。

（3）松澧洪水组成。长江分流松滋河来水和澧水来水在洞庭湖区的七里湖交汇，形成复杂的河网地区。

松滋河分为东、西两支，在接纳虎渡河中河口处的分流和淹水后，在瓦窑河合流，随即又重新分为东、中、西三支流入湖南省境内。其中中支自治局河为主流，在小望角与东支大湖口河合流，再南下经安乡县城关至新河口与虎渡河合流，然后流经武圣宫至肖家湾与浊水洪道合流，再经目平湖北端由南咀转泄入南洞庭湖。

澧水自津市小渡口起脱离澧水流域范围，但仍为澧水尾闾洪道区域。自小渡口至石龟山流经七里湖，为松澧两水交汇转换和调洪削峰沉沙的场所。澧水猛涨时，除石龟山下泄 10000m³/s 左右洪流外，其余经七里湖调洪后，再由五里河东流与松滋中支合流转泄安乡。甚至由松滋西支官境河倒流经青龙窖汇入松滋中支。当松滋河洪峰期，除西支官境垸自然分流入七里湖与温水合流外，还可以由中支自治局分流一部分转泄七里湖。

在澧水流域规划（防洪规划专题）中，将松澧的西洞庭湖区分成 3 个控制段：①三江口＋新江口中＋沙道观为松澧地区入口控制段；②津市＋官统＋自治局＋大湖口为入湖控制段；③石龟山＋安乡为湖区控制段。即松澧洪水组成可由松滋河来水和澧水来水进口段进行说明，澧水进口段由三江口站控制，松滋河进口段由松滋西支新江口站和松滋东支沙道观站控制。

通过统计一定年份的洪水资料，以同日流量相加，求得地区的组合洪水过程，用以分析其洪峰及各时段洪量的组合比例，反映区域洪水组成。

1）“三江口＋新江口＋沙道观”入口控制段组合洪水过程，统计 1954—1987 年同日流量组合，多年平均最大流量为 11700m^3/s，最大组合洪峰流量为 18700m^3/s（1980 年 8 月 2 日），各时段洪量组合见表 2.9。

表 2.9　　松澧地区入口控制段洪水组成表

多年平均	时段洪量/亿 m^3	三江口占比/%	松滋口占比/%
1d 洪量	10.13	52.06	47.94
3d 洪量	25.77	38.19	61.81
7d 洪量	51.03	30.46	69.54
15d 洪量	90.14	23.57	76.43
30d 洪量	152.11	19.94	80.06

可见，随时段增长，松滋洪量在地区洪水组成中所占比重大大增加。

2）“津市＋官统＋自治局＋大湖口”入湖控制段组合洪水过程，统计 1968—1987 年同日流量组合，多年平均最大流量为 10700m^3/s，最大组合流量为 16200m^3/s（1983 年 7 月 7 日），各时段洪量组合见表 2.10。

表 2.10　　松澧地区入湖控制段洪水组成表

多年平均	时段洪量/亿 m^3	津市占比/%	松滋口占比/%
1d 洪量	9.24	59.76	40.24
3d 洪量	23.64	40.30	59.70
7d 洪量	47.66	29.94	70.06
15d 洪量	36.15	24.58	75.42
30d 洪量	149.65	20.87	79.13

3）“石龟山＋安乡”湖区控制段组合洪水过程，统计 1954—1987 年同期洪水组合，多年平均组合洪峰为 10900m^3/s，最大组合流量为 19240m^3/s（1954 年 7 月 29 日），各时段洪量组合见表 2.11。

通过上述洪水组合分析，随时段增长，在松澧地区入口及入湖口控制段，澧水部分所占百分比逐渐减少，松滋洪量在地区洪水组成中所占比重增加，即澧水控制洪峰、松滋河控制洪量的特点。

但在澧水进入湖区控制段后，洪量比例澧水和松滋河几乎各占一半。

表 2.11　　　　松澧地区湖区控制段洪水组成表

多年平均	时段洪量/亿 m^3	石龟山占比/%	安乡占比/%
1d 洪量	9.41	55.82	44.18
3d 洪量	25.92	53.36	46.64
7d 洪量	53.76	50.49	49.51
15d 洪量	98.20	47.89	52.11
30d 洪量	164.88	45.14	54.66

（4）松澧洪水遭遇。澧水洪水洪峰尖瘦，陡涨陡落，一次洪水过程 3～4d；松滋河洪水洪峰矮胖，涨落缓慢，一次洪水过程长达半月左右。澧水洪峰一般出现在 6 月下旬至 7 月下旬，松滋洪峰多见于 7 月上旬至 8 月上旬。如果澧水洪峰出现在松滋洪水的过程中，即使洪峰不相遇，也改变不了松澧洪水遭遇的特性。

根据 1955—1991 年实测洪水资料分析，37 年中澧水三江口和松滋河新江口峰值相遇的机会不多，最大组合流量出现时间主要由澧水控制。而石龟山和安乡峰值则遭遇概率较大（因相互连通的原因），同日出现洪峰的有 14 年，洪峰只相隔 1～3d 的有 10 年，平均遭遇概率为 65%，典型大水年都属峰值遭遇，见表 2.12。石龟山、安乡附近是松澧堤垸集中的地区，洪水在此频繁遭遇，是该地区发生洪灾的最根本原因。

表 2.12　　　　典型年松澧洪峰出现时间表

年份	石龟山	安乡	松澧组合
1964	6 月 30 日	6 月 30 日	6 月 30 日
1980	8 月 2 日	8 月 3 日	8 月 3 日
1991	7 月 7 日	7 月 7 日	7 月 7 日

3. 设计洪水过程选取

（1）洪水过程推算。澧水三江口以上整体设计洪水系考虑宜冲桥、江垭、皂市水库及三库至三江口区间洪水遭遇组合后，防洪控制点发生防护标准的洪水（三江口站为防洪控制点），坝址及区间的各种洪水的各种典型可能组合洪水的总称。根据实测流量资料分析，三江口站年最大洪水过程历时较短，多在 3d 之内。

整体设计洪水计算一般采用洪量控制同倍比放大法推求：以三江口 72h 设计洪量为控制，宜冲桥、江垭、皂市与三江口相应，采用三江口倍比系数相应放大。

三江口设计洪水采用 1988 年 9 月澧水流域规划水文计算成果，见表 2.13。

表 2.13　　　　三江口站设计洪水成果表

项目	$\bar{x}$	C_v	C_s/C_v	P/%						
				0.5	1	2	3.33	5	10	20
Q_m/(m^3/s)	10300	0.44	3.5	28100	25500	22800	20800	19200	16400	13400
W_{24h}/亿 m^3	7.60	0.44	3.5	20.7	18.8	16.8	15.4	14.1	12.1	9.88
W_{72h}/亿 m^3	15.0	15.0	3.5	45.0	40.4	35.7	32.3	29.6	24.8	19.8

选取 1953 年、1954 年（6 月、7 月两次）、1957 年、1964 年、1966 年、1980 年、1983 年、1991 年、1998 年典型年。三江口、皂市站为实测洪水过程线；江垭 1953 年、1954 年、1957 年、1964 年、1966 年、1983 年洪水过程由上游红花岭、柳枝坪和下游的长潭河站实测流量过程插补，其他年份为实测过程；宜冲桥 1953 年、1954 年、1957 年由柳林铺实测过程按面积比转换，其他年份由柳林铺和贡子头实测水位插补流量过程转换所得。

澧水流域三江口以上整体设计洪水（各典型年各种设计频率的洪水过程线）推算如下：

1954 年（6 月、7 月两次）、1957 年、1964 年、1966 年、1980 年、1983 年、1991 年、1998 年 100 年一遇；

1954（7 月）年、1964 年、1980 年、1983 年、1991 年、1998 年 50 年一遇和 20 年一遇。

由于三江口以上洪水的组成复杂和计算影响因素多，上述设计洪水过程未考虑用地区间频率法推算设计洪水地区组成。

(2) 洪水过程分析。选取 1954 年、1964 年、1980 年、1983 年、1991 年、1998 年 6 次典型设计洪水过程，其中前 5 次洪水典型包括了以干流来水为主及以支流来水为主的大洪水年。按照三江口站洪水地区组成分析可知，1954 年以干流来水为主；1980 年、1991 年支流溇水、渫水来水量大，其中 1980 年为溇水、渫水中上游支流型洪水，1991 年属支流溇水、渫水及干流下游型洪水；1964 年、1983 年洪水干支流所占水量比均接近所占面积比，流域内干支流降雨的时空分布比较均匀一致，1964 年也称全流域大洪水。

1998 年洪水以澧水干流来水为主，为《澧水流域规划报告》完成后发生的大洪水，在确定 3 座水库防洪库容标准时尚未得以考虑。虽然其不作为分析水库下泄流量的依据，但仍可作为增加的一个洪水典型，在水库调度方式中用以说明水库的防洪作用。

2.6.1.2 调度方式研究

在《澧水流域规划报告》中，江垭、皂市、宜冲桥水库的防洪库容初拟为 7.4 亿 m^3、7.8 亿 m^3、2.5 亿 m^3，3 座水库占防洪库容 17.7 亿 m^3 的百分比分别为 41.8%、44.1%、14.1%，即干流宜冲桥水库承担的防洪库容只占总防洪库容的 14.1%，远远低于干流（柳林铺站）占三江口面积、洪峰、洪量组成比重。

防洪水库控制洪水的性能如何，与坝址的集水面积密切相关。江垭、皂市水库分别控制了各自水系（澧水支流）溇水 73.5%、渫水 93.7%的集水面积，属支流控制性水库工程，即两支流的洪水基本可由江垭、皂市拦蓄。同时，江垭、皂市、宜冲桥 3 座水库集雨面积占三江口集雨面积的百分比分别为 24.7%、19.9%、38.7%，除区间少部分汇水外，3 座水库控制了三江口处绝大部分集水，见表 2.14。

由于宜冲桥水库防洪库容较小，仅为 3 座水库总防洪库容的 14.1%，因此三江口防洪任务主要由江垭水库和皂市水库分担。而皂市水库占三江口的面积比最小，仅占 19.9%，但所承担的防洪库容比例最大，达到 44.1%。因此，皂市水库在澧水流域防洪规划中担负着艰巨的防洪任务。

表 2.14　　3座水库控制流域面积及防洪库容占比表

控制站名称	三江口	江垭	皂市	宜冲桥	区间
集雨面积/km^2	15053	3711	3000	5829	2513
占本水系百分比/%		占溇水流域总面积的73.5	占渫水流域总面积的93.7	占澧水三江口控制站以上流域面积的38.7	
占三江口百分比/%	100	24.7	19.9	38.7	16.7
防洪库容/亿 m^3		7.4	7.8	2.5	
占总防洪库容百分比/%		41.8	44.1	14.1	

1. 防洪调度目标

皂市水利枢纽的防洪调度，要从整个澧水流域防洪系统出发，针对不同的洪水情况，全面考虑澧水干、支流防洪水库的建设，三峡水库建库，松滋建闸等措施的综合应用，予以决策，这是复杂的综合水系调度系统。即皂市工程的防洪调度，必须考虑澧水流域整体防洪规划赋予皂市工程的防洪任务，才能达到规定的目标。

澧水流域防洪规划分为近期及远期目标，远期目标需考虑松滋建闸和长江三峡水库建成后综合调度配合，以解决松澧地区由长江来洪经松滋河与澧水洪水遭遇入西洞庭湖区的洪水问题。

澧水流域近期防洪目标的实现，主要依靠澧水干、支流具备设置防洪库容的水库，根据澧水洪水过程，采用不同的联合（组合）调度方式达到。而随着近些年工程方案的具体实施，澧水流域兴建的防洪水库仅有江垭、皂市，干流6.46亿 m^3 防洪水库均未建设，尤其是干流上的宜冲桥水库未建设，渫水上黄虎港等防洪水库也没有建成。

因此，皂市水库的调度，第一步主要围绕澧水流域近期防洪规划目标实现的调度方式；第二步是欲达到远期防洪规划目标，对皂市工程防洪调度的设想。

2. 防洪调度方式比较

根据皂市工程所处的地理位置，其水库调度方式主要考虑两大类：一是固定泄量法，二是补偿调度法。

固定泄量方式：不考虑预报、不考虑补偿、不考虑联合调度的调度方式。即先对江垭、皂市、宜冲桥3座水库拟定不同的固定下泄流量并进行相应的组合试算，当各自水库的入库流量大于其控泄流量时，均按控泄流量下泄；洪水退水期，入库流量小于控泄流量时，按控泄流量下泄以放空库容；防洪库容蓄满后，水库不拦洪，按入库流量下泄。

固定泄量＋补偿调度方式：江垭、皂市、宜冲桥3座水库均可作为补偿水库进行调度。宜冲桥水库暂处规划阶段，可以考虑其按固定泄量方式进行调度。江垭和皂市水库处于同一个暴雨区，洪水具有一定的同步性，由于澧水干支流洪水组成各年不同，下游区间来水（含宜冲桥下泄）和入库洪水组成多变，所以，选择两库中防洪调节性能较好的水库作为补偿水库。从水库所处的地理位置来看，皂市、宜冲桥、江垭水库距离防洪控制点三江口处洪水传播时间分别为2h、6h、8h，其中皂市水库最近，补偿调度易做到及时、灵活、准确。为避免水库联合调度过于复杂，选择皂市单库补偿，江垭、宜冲桥水库按不同固定泄量下泄的调度方式进行研究。

(1) 固定泄量调度方式。按照对固定流量调度方式的阐述，江垭、皂市、宜冲桥 3 座水库分别拟定不同的固定泄量并组合，在遭遇一组典型年洪水后，经 3 座水库拦洪后，三江口最大洪峰流量为最小时，其组合方案应认为是能达到最好的防洪效果。

研究选取江垭控制下泄流量分别为 1400m³/s、1700m³/s、2000m³/s、2300m³/s；皂市控制下泄流量分别为 1300m³/s、1600m³/s、1900m³/s、2100m³/s；宜冲桥控制下泄流量分别为 5200m³/s、5600m³/s、6000m³/s、6300m³/s、6500m³/s，然后组合成 65 组方案。

按每一组控泄流量分别遭遇 50 年一遇典型设计洪水（洪水代表年分别为 1954 年、1964 年、1980 年、1983 年、1991 年）时进行调演算，经 3 座水库拦洪并汇流后的三江口洪峰流量（不同洪水过程调算后的最大值）统计见表 2.15。

表 2.15　固定泄量调度成果表　单位：m³/s

江垭控制泄量	皂市控制泄量	宜冲桥控制泄量				
		5200	5600	6000	6300	6500
1400	1300	16500	16800	17100	17300	17400
	1600	16500	16800	17100	17300	17400
	1900	15100	14700	15100	15300	15500
1700	1300	15100	15400	15700	16000	16100
	1600	15100	15500	15700	16000	16100
	1900	15400	15000	14500	14700	15000
2000	1300	15100	15300	15400	15500	15500
	1600	15400	15200	15400	15500	15500
	1900	15700	15300	14700	14300	14400
	2100	15900	15500	14900	14500	14600
2300	1300	15400	15600	15700	15800	15800
	1600	15400	15600	15700	15800	15800
	1900	15700	15600	14900	14500	14700

上述试算的各组合控泄流量方案（推荐方案），当江垭、皂市、宜冲桥控泄流量分别为 2000m³/s、1900m³/s、6300m³/s 时三江口最大洪峰流量为 14300m³/s，优于其他组合控泄方式，整体防洪效果较好，但仍远大于 12000m³/s 的河道安全泄量。即研究的 3 座水库 65 组固定泄量调度方式结果，均不能满足三江口站的河道安全泄量值。

进一步对《澧水流域规划报告》拟定的固定泄量方案（规划方案，下泄流量分别为江垭 1700m³/s、皂市 1300m³/s、宜冲桥 7200m³/s）进行复核，5 个典型年三江口洪峰流量均不能控制在 12000m³/s 以下，其中 1980 年典型，由于江垭水库和皂市水库蓄满时间过早，三江口最大洪峰流量还有 16400m³/s。两组固定泄量控泄方案比较成果参见表 2.16。

(2) 补偿调度方式。从固定泄量调度结果来看，解决澧水洪水并未达到最好的防洪效果，需对控制性枢纽进行补偿调度方式研究。理论上讲，江垭、皂市、宜冲桥 3 座水库均

表 2.16　　推荐及规划固定泄量调度成果比较表

方案	典型年	三江口			江垭		皂市		宜冲桥	
		建库前洪峰流量/(m³/s)	控制泄量/亿 m³	建库后洪峰流量/(m³/s)	控制泄量/亿 m³	最大蓄水量/亿 m³	控制泄量/亿 m³	最大蓄水量/亿 m³	控制泄量/亿 m³	最大蓄水量/亿 m³
推荐方案	1954	21200	12000	14300	2000	4.35	1900	3.04	6300	2.5
	1964	22700	12000	13100	2000	5.97	1900	4.32	6300	2.5
	1980	23800	12000	12800	2000	7.4	1900	7.8	6300	0.53
	1983	22800	12000	13900	2000	2.55	1900	1.54	6300	0.66
	1991	22800	12000	12900	2000	7.4	1900	4.48	6300	1.28
规划方案	1954	21200	12000	13900	1700	5.37	1300	4.96	7200	2.5
	1964	22700	12000	13000	1700	7.4	1300	6.88	7200	1.92
	1980	23800	12000	16400	1700	7.4	1300	7.8	7200	0.18
	1983	22800	12000	13800	1700	2.97	1300	2.14	7200	2.24
	1991	22800	12000	13900	1700	7.4	1300	6.76	7200	0.25

可以作为补偿水库进行调度。由于宜冲桥水库尚处于规划阶段，暂考虑其按固定泄量方式进行调度；江垭和皂市水库两库处于同一个暴雨区，洪水具有一定的同步性，由于澧水干支流洪水组成各年不同，下游区间来水（含宜冲桥下泄）和入库洪水组成多变，因此选择两库中防洪调节性能较好的水库作为补偿水库。江垭水库所处地理位置距防洪控制点三江口较远，洪水传至三江口需要 8h；皂市水库距离防洪控制点三江口最近，洪水传至三江口只需约 2h（表 2.17），补偿调度易做到灵活、及时、准确。为避免水库联合调度过于复杂，选择皂市单库补偿，江垭、宜冲桥水库按固定泄量下泄的调度方式进行研究。

补偿调度研究的组合方案：江垭控制下泄流量分别取 1500m³/s、1700m³/s、1900m³/s；宜冲桥控泄流量分别取 5800m³/s、6000m³/s、6300m³/s、6500m³/s、6800m³/s、7200m³/s；调度结果见表 2.18。

表 2.17　坝址至控制点洪水传播时间表

河　流	河　段	传播时间/h
澧水干流	宜冲桥至三江口	6
支流溇水	江垭至三江口	8
支流渫水	皂市至三江口	2

表 2.18　　皂市单库补偿调度成果表

典型年	相应宜冲桥控制泄量/(m³/s)	江垭最大蓄水量/亿 m³	宜冲桥最大蓄水量/亿 m³	建库后三江口最大流量/(m³/s)	江垭控制泄量/(m³/s)
1954	5800	5.82	2.5	12000	1500
		5.24	2.5	12000	1700
		4.64	2.5	12200	1900
	6000	5.82	2.5	12000	1500
		5.24	2.5	12100	1700
		4.64	2.5	12300	1900

续表

典型年	相应宜冲桥控制泄量/(m^3/s)	江垭最大蓄水量/亿 m^3	宜冲桥最大蓄水量/亿 m^3	建库后三江口最大流量/(m^3/s)	江垭控制泄量/(m^3/s)
1954	6300	5.82	2.5	12000	1500
		5.24	2.5	12200	1700
		4.64	2.5	12500	1900
	6500	5.82	2.5	12200	1500
		5.24	2.5	12400	1700
		4.64	2.5	12600	1900
	6800	5.82	2.5	12400	1500
		5.24	2.5	12600	1700
		4.64	2.5	12800	1900
	7200	5.82	2.5	12600	1500
		5.24	2.5	12700	1700
		4.63	2.5	12900	1900
1964	5800	6.25	2.5	12100	1500
		5.53	2.5	12300	1700
		4.78	2.5	12400	1900
	6000	6.25	2.5	12000	1500
		5.53	2.5	12000	1700
		4.78	2.5	12000	1900
	6300	6.25	2.5	12100	1500
		5.53	2.5	12100	1700
		4.78	2.5	12000	1900
	6500	6.25	2.5	12100	1500
		5.53	2.5	12000	1700
		4.78	2.5	12000	1900
	6800	6.25	2.26	12000	1500
		5.53	2.26	12000	1700
		4.78	2.26	12000	1900
	7200	6.25	1.92	12100	1500
		5.53	1.92	12000	1700
		4.78	1.92	12300	1900
1980	5800	7.4	0.87	12000	1500
		7.4	0.87	12000	1700
		7.17	0.7	12000	1900
	6000	7.4	0.74	12000	1500
		7.4	0.74	12000	1700
		7.17	0.74	12000	1900

续表

典型年	相应宜冲桥控制泄量/(m^3/s)	江垭最大蓄水量/亿 m^3	宜冲桥最大蓄水量/亿 m^3	建库后三江口最大流量/(m^3/s)	江垭控制泄量/(m^3/s)
1980	6300	7.4	0.62	12000	1500
		7.4	0.62	12000	1700
		7.17	0.62	12000	1900
	6500	7.4	0.46	12000	1500
		7.4	0.46	12000	1700
		7.17	0.46	12000	1900
	6800	7.4	0.33	12000	1500
		7.4	0.33	12000	1700
		7.17	0.33	12000	1900
	7200	7.4	0.18	12000	1500
		7.4	0.18	12000	1700
		7.17	0.18	12000	1900
1983	5800	3.1	2.5	12900	1500
		2.84	2.5	13100	1700
		2.59	2.5	13300	1900
	6000	3.1	2.5	12600	1500
		2.84	2.5	12800	1700
		2.59	2.5	12900	1900
	6300	3.1	2.5	12000	1500
		2.84	2.5	12100	1700
		2.59	2.5	12300	1900
	6500	3.1	2.5	12100	1500
		2.84	2.5	12200	1700
		2.59	2.5	12400	1900
	6800	3.1	2.5	12300	1500
		2.84	2.5	12500	1700
		2.59	2.5	12700	1900
	7200	3.1	2.26	12700	1500
		2.84	2.26	12900	1700
		2.59	2.26	13000	1900
1991	5800	7.4	1.09	12300	1500
		7.4	1.09	12000	1700
		7.4	1.09	12000	1900
	6000	7.4	0.92	12500	1500
		7.4	0.92	12000	1700
		7.4	0.92	12000	1900

续表

典型年	相应宜冲桥控制泄量/(m^3/s)	江垭最大蓄水量/亿 m^3	宜冲桥最大蓄水量/亿 m^3	建库后三江口最大流量/(m^3/s)	江垭控制泄量/(m^3/s)
1991	6300	7.4	0.77	12800	1500
		7.4	0.77	12000	1700
		7.4	0.77	12000	1900
	6500	7.4	0.56	12900	1500
		7.4	0.56	12000	1700
		7.4	0.56	12000	1900
	6800	7.4	0.43	13200	1500
		7.4	0.43	12300	1700
		7.4	0.43	12000	1900
	7200	7.4	0.25	13600	1500
		7.4	0.25	12600	1700
		7.4	0.25	12000	1900

1）宜冲桥控泄流量不变。对于江垭下泄 $1500m^3/s$、$1700m^3/s$、$1900m^3/s$ 的 3 个方案进行比较，见表 2.19。

表 2.19　江垭不同控制下泄流量时各典型年成果比较表

典型年	江垭控制泄量/(m^3/s)	最大蓄水量/亿 m^3	建库后三江口最大流量/(m^3/s)	相应宜冲桥控制泄量/(m^3/s)
1954	1500	5.82	12600	7200
	1700	5.24	12700	7200
	1900	4.64	12900	7200
1964	1500	6.25	12100	5800
	1700	5.53	12300	5800
	1900	4.78	12400	5800
1980	1500	7.4	12000	各种泄量
	1700	7.4	12000	各种泄量
	1900	7.17	12000	各种泄量
1983	1500	3.1	12900	5800
	1700	2.84	13100	5800
	1900	2.59	13300	5800
1991	1500	7.4	13600	7200
	1700	7.4	12600	7200
	1900	7.4	12000	各种泄量

选择 1954 年、1964 年、1983 年典型洪水进行研究，其中 1954 年为干流型洪水，1964 年、1983 年为干支流所占水量比接近所占面积比的典型洪水，1964 年也称全流域洪

水。以上 3 个典型年洪水，江垭水库按固定泄量下泄，防洪库容均没有蓄满，最大蓄水量为 6.25 亿 m^3（1964 年洪水）。随着江垭水库下泄流量的增加，对三江口的防洪作用越小，3 个代表年江垭水库的蓄水量也都是逐渐减少的。因此，对于干流来水占比例较大的洪水，江垭控制下泄流量较小的方案较有优势。

1980 年属溇水、溇水中上游支流型洪水，为多峰型洪水，从三江口建库后最大流量看，不管江垭采用哪一种泄量，三江口洪峰流量均可控制不超过 12000m^3/s，满足防洪要求。从江垭蓄水量蓄满时间分析，当江垭控泄流量为 1500m^3/s 时，江垭防洪库容蓄满时间过早，而当江垭控泄流量为 1900m^3/s 时，蓄水量最大为 7.17 亿 m^3，防洪库容没能蓄满，因此认为，江垭控泄流量采用 1700m^3/s 时，最为合适。

1991 年为支流溇水、渫水大于支流占三江口水量比，同时干流宜冲桥处洪水量占三江口处比例接近面积比，即为支流溇水、渫水及干流下游型洪水，同时为多峰型洪水。江垭各种控泄流量下，防洪库容均蓄满。由于江垭水库防洪库容有限，当江垭控泄流量较小时，水库已先行蓄满，三江口最大洪峰流量未得到最有效地削减；随着江垭水库控泄流量的增大，对三江口的防洪作用越好。因此，江垭控泄流量采用 1900m^3/s，同时宜冲桥控泄下放流量采用任意范围值时，三江口洪峰流量均可满足小于河道安全泄量 12000m^3/s 的标准。

2）江垭控泄流量不变。对于宜冲桥不同控泄流量方案进行比较，见表 2.20。

表 2.20　　宜冲桥不同控泄流量时各典型年成果比较表

典型年	宜冲桥控制泄量/(m^3/s)	最大蓄水量/亿 m^3	建库后三江口最大流量/(m^3/s)	相应江垭控制泄量/(m^3/s)
1954	5800	2.5	12200	1900
	6000	2.5	12300	1900
	6300	2.5	12500	1900
	6500	2.5	12600	1900
	6800	2.5	12800	1900
	7200	2.5	12900	1900
1964	5800	2.5	12400	1900
	6000	2.5	12000	各种泄量
	6300	2.5	12000	各种泄量
	6500	2.5	12000	各种泄量
	6800	2.26	12000	各种泄量
	7200	1.92	12300	1900
1980	5800	0.87	12000	各种泄量
	6000	0.74	12000	各种泄量
	6300	0.62	12000	各种泄量
	6500	0.46	12000	各种泄量
	6800	0.33	12000	各种泄量
	7200	0.18	12000	各种泄量

续表

典型年	宜冲桥控制泄量/(m^3/s)	最大蓄水量/亿 m^3	建库后三江口最大流量/(m^3/s)	相应江垭控制泄量/(m^3/s)
1983	5800	2.5	13300	1900
	6000	2.5	12900	1900
	6300	2.5	12300	1900
	6500	2.5	12400	1900
	6800	2.5	12700	1900
	7200	2.26	13000	1900
1991	5800	1.09	12300	1500
	6000	0.92	12500	1500
	6300	0.77	12800	1500
	6500	0.56	12900	1500
	6800	0.43	13200	1500
	7200	0.25	13600	1500

1980年、1991年主要是支流来水，1980年在江垭各种泄量情况下，均可将三江口洪峰流量削减至12000m^3/s，宜冲桥最大蓄水量为0.87亿m^3（宜冲桥控制下泄流量5800m^3/s方案），从宜冲桥蓄水量看，其控制下泄流量越小越好；1991年洪水，当江垭泄量不变时，三江口建库后最大洪峰流量随着宜冲桥控泄流量的减少而减少。因此，在1980年、1991年两种洪水典型情况下，宜冲桥防洪库容未能蓄满时，宜冲桥控制下泄流量越小越好。

1954年为干流型洪水，1983年干支流洪水比例较一致。上述两种典型年洪水，宜冲桥水库防洪库容可以得到最好的利用，从1954年典型看，宜冲桥控制下泄流量应在能削减洪峰的前提下尽可能地减小；从1983年典型看，宜冲桥控制下泄流量在6300m^3/s时，对三江口的洪峰削减作用最大。

1964年属全流域性洪水，上述各种组合方案，除宜冲桥控制下泄流量小于6000m^3/s时，其他三库联合调度组合方案均满足防洪要求；当宜冲桥控泄流量大于6800m^3/s时，防洪库容未能蓄满。因此，宜冲桥控泄流量在6000～6800m^3/s之间选取较为合适。

3）补偿方案比较。不同典型的洪水，由于洪水来源不同，对各水库控泄流量要求也不相同，因此，三库联合防洪调度方式，只能从满足共同的防洪对象三江口的防洪要求出发，根据各种不同的典型年调度成果综合拟定。根据各典型年江垭、宜冲桥各种不同控泄流量下，三库联合调度后三江口最大洪峰流量成果整理成表2.21。

从表中可以看出，对于5个典型年2%的洪水，三江口最大洪峰流量为13600m^3/s，最小洪峰流量为12200m^3/s，综合比较分析结论为：三库联合调度，江垭、宜冲桥控泄流量分别拟定为1700m^3/s和6300m^3/s时，遭遇上述5个典型年洪水过程，三江口最大洪峰流量为最小。另外，遇干流来水特别大、溇水偏小型的洪水，为使江垭水库的防洪库容得到有效的利用，江垭减小下泄流量进行错峰，可以达到更好的防洪效果。

表 2.21　　三库联合调度后三江口最大洪峰流量成果表　　单位：m^3/s

江垭控制泄量	宜冲桥控制泄量					
	5800	6000	6300	6500	6800	7200
1900	13300	12900	12500	12600	12800	13000
1700	13100	12800	12200	12400	12600	12900
1500	12900	12600	12800	12900	13200	13600

2.6.1.3　防洪调度原则及方式

1. 防洪调度原则

江垭、皂市、宜冲桥水库同为澧水流域近期防洪总体规划中的主体工程，其防洪调度应统一考虑。江垭水利枢纽工程已建成并投入运行，而宜冲桥水库的研究尚未进入实质性阶段，因此，皂市水库的防洪调度可以考虑几种情况：一是宜冲桥水库兴建前，江垭和皂市 2 座水库联合调度；二是宜冲桥水库兴建后，江垭、皂市、宜冲桥 3 座水库联合调度；三是三峡建库和松滋建闸等，联合防洪调度的设想。

从皂市水库所处的地理位置来看，其距离防洪控制点三江口较近，洪水传至三江口时间最短，仅需 2h，补偿调度易做到及时、灵活、准确，具备补偿调度的优越性。

拟定澧水近期防洪调度原则为：江垭、宜冲桥水库采用简化调度，皂市进行补偿调度。根据江垭、宜冲桥不同控制下泄流量组合与皂市补偿的各方案比较分析，江垭水库按 $1700m^3/s$ 控制下泄流量进行拦洪调度、宜冲桥控制下泄流量采用 $6300m^3/s$ 时，综合调度效果最好。在干流及区间洪水较大时，由于宜冲桥防洪库容有限，必要时江垭水库减少下泄流量进行错峰。

2. 防洪调度方式

江垭和宜冲桥按固定泄量控制下泄，可操作性较强，皂市水库采用补偿调度方式，需明确水库防洪调度控制断面的泄流条件，以便于防洪调度方式的实施。

根据江垭、皂市水库分别在溇水、渫水流域的位置，在澧水干流三江口以上河段布设一测流站，洪水从测流断面传至三江口的时间与从皂市坝址传至三江口同步，由于该站控制了澧水干流来量，包括江垭和宜冲桥下泄流量及其区间来量，该站至三江口及皂市坝址至三江口之间无支流汇入且区间来量较小，因此，该站流量和皂市入库流量之和可视为三江口控制断面流量，皂市水库以此组合流量作为控制条件进行补偿调度。

（1）“江垭＋皂市”的防洪调度方式。

1）江垭水库：洪水涨水期间，当江垭水库来水大于 $1700m^3/s$ 时，水库按 $1700m^3/s$ 下泄；洪水退水期间，江垭水库仍按 $1700m^3/s$ 下泄，腾出库容，迎接下次洪峰；江垭水库防洪库容蓄满后，水库按入库流量下泄。

2）当江垭拦洪后，皂市以及干流组合洪水到达三江口没有超过 $12000m^3/s$ 时，皂市水库不拦洪，水库按入库流量下泄。

3）当上述组合洪水到达三江口将要超过 $12000m^3/s$ 时，皂市水库开始拦洪，控制下泄流量进行补偿调节，尽量使三江口洪峰流量控制不大于 $12000m^3/s$。皂市最小下泄流量不小于装机流量。

4）皂市水库防洪库容蓄满后，水库按入库流量下泄。

（2）“宜冲桥＋江垭＋皂市”的调度方式。

1）江垭水库：洪水涨水期间，当江垭水库来水大于 1700m³/s 时，水库按 1700m³/s 下泄；洪水退水期间，江垭水库仍按 1700m³/s 下泄，腾出库容，迎接下次洪峰；江垭水库防洪库容蓄满后，水库按入库流量下泄。

2）宜冲桥水库：洪水涨水期间，当宜冲桥水库来水大于 6300m³/s 时，水库按 6300m³/s 下泄；洪水退水期间，宜冲桥水库仍按 6300m³/s 下泄，腾出库容，迎接下次洪峰；宜冲桥水库防洪库容蓄满后，水库按入库流量下泄。

3）当江垭和宜冲桥水库拦洪后，皂市以及干流组合洪水到达三江口没有超过 12000m³/s 时，皂市水库不拦洪，水库按入库流量下泄。

4）当上述组合洪水到达三江口将要超过 12000m³/s 时，皂市水库开始拦洪，控制下泄流量进行补偿调节，尽量使三江口洪峰流量控制不大于 12000m³/s。皂市最小下泄流量不小于装机流量 300m³/s。

5）皂市水库防洪库容蓄满后，水库按入库流量下泄。

2.6.1.4 效果分析

在典型年实测洪水、典型年频率洪水以及 1935 年特大洪水时，对江垭、皂市和宜冲桥水库按“2.6.1.3 防洪调度原则及方式”进行防洪调度，通过建库前后三江口洪峰流量的削减值说明两库或三库的联合调度对澧水下游的防洪作用，以津市水位的降低值说明修建水库对松澧地区的防洪作用。

经采用实测洪水分析验证，在澧水流域采用马氏京根法进行洪水演进计算较为合适。澧水流域洪水演进计算采用参数见表 2.22。

表 2.22 澧水流域洪水演进计算采用参数表

河名	上控制断面	下控制断面	河段长度/km	传播时间/h	分段（n）	X_e
溇水	江垭	长潭河	39	4	2	0.1
	长潭河	三江口	51	4	2	0.2
渫水	皂市	三江口	18	2	1	0.37
干流	宜冲桥	柳林铺	28	2	1	0.2
	柳林铺	三江口	49	4	2	0.2

1. 防洪调度作用

（1）典型年实测洪水防洪调度作用分析。选择新中国成立以来发生的实际大水年 8 年 9 次洪水过程，即 1954 年（6 月）、1954 年（7 月）、1957 年、1964 年、1966 年、1980 年、1983 年、1991 年、1998 年实测的洪水过程进行调度作用分析。

1）削减三江口洪峰流量。按照前述拟定的调度方式进行江垭、皂市两库联合调度（江垭控制下泄流量 1700m³/s，皂市补偿），对于上述实测洪水除 1954 年（6 月）洪水和 1998 年洪水进行调度后，三江口洪峰流量超过 12000m³/s，其余年份均可控制在 12000m³/s 以内，参见表 2.23。

表 2.23　　　　实测洪水调度成果表

典型年	江垭			皂市			宜冲桥			三江口		备注
	建库前洪峰流量/(m^3/s)	控制泄量/(m^3/s)	最大蓄水量/亿 m^3	建库前洪峰流量/(m^3/s)	控制泄量/(m^3/s)	最大蓄水量/亿 m^3	建库前洪峰流量/(m^3/s)	控制泄量/(m^3/s)	最大蓄水量/亿 m^3	建库前洪峰流量/(m^3/s)	建库后洪峰流量/(m^3/s)	
1935	10000	1700	7.4	11200	补偿	7.17	11500			30300	18000	两库
	10000	1700	7.4	11200	补偿	7.42	11500	6300	2.5	30300	15100	三库
1954.6	2170	1700	0.09	2480	补偿	0.35	9710	6300	1.56	14500	12000	三库
	2170	1700	0.09	2170	补偿	0.87	9710			14500	13200	两库
	2170	420	1.16	2480	补偿	0.87	7340			14500	12000	两库
1954.7	4470	1700	1.03	3700	补偿	0	6220			13000	11800	两库
1957	4360	1700	1	4330	补偿	0.3	6880			14500	12000	两库
1964	4700	1700	0.41	3460	补偿	0.29	6840			14200	12000	两库
1966	4080	1700	0.44	3430	补偿	0.03	5910			13000	12000	两库
1980	6710	1700	3.92	7130	补偿	0.39	7770			17600	12000	两库
1983	4780	1700	1.16	5720	补偿	0.36	5810			15100	12000	两库
1991	5880	1700	2.96	5440	补偿	0.06	12060			16100	12000	两库
1998	3520	420	3.53	4260	补偿	0.96	12060	8000	2.5	20600	14100	三库
	3520	420	3.53	4260	补偿	1.64	12060			20600	17600	两库
	3520	1700	1.24	4260	补偿	2.15	12060			20600	18900	两库

根据洪水组合分析，1954 年和 1998 年洪水是以澧水干流来水为主，最大 24h 洪量占三江口的百分比分别为 58.4%和 57.8%，前述在澧水流域三库联合调度方式研究中已经指出，遇此类型的洪水时需要考虑江垭减少泄量以进行错峰。

通过试算当江垭下泄流量减少到 420m^3/s 时，仅考虑江垭、皂市两库联合调度，即不考虑宜冲桥水库参与调度拦蓄洪水，遇 1954 年实际洪水时三江口洪峰流量已削减至 12000m^3/s，基本上可以满足澧水下游的防洪要求；但对于 1998 年实际洪水，无论江垭采取错峰（减少下泄流量至 420m^3/s，下同）以及结合皂市补偿的两库联合调度方式，还是江垭错峰、宜冲桥（控泄流量试算最佳为 8000m^3/s）、皂市采用补偿的三库联合调度方式，三江口的洪峰流量最少仅可削减至 14100m^3/s，尚须考虑配合澧水下游堤防加高加固、河道疏浚等其他工程，1998 年洪水造成的损失才会大为减少。

由此可见，兴建江垭、皂市水库，可基本解决常遇洪水的威胁，但遇到澧水流域以干流为主的洪水，宜冲桥水库的兴建却是十分必要的。

2）津市水位降低值。江垭、皂市水库修建后，各大水年津市水位均有不同程度的降低，平均降低值为 0.64m，其中 1980 年作用最大，水位降低值为 1.17m，参见表 2.24。

3）最大蓄水量。对于实测洪水年，最大蓄水量：江垭为 3.92 亿 m^3，皂市为 2.15 亿 m^3，宜冲桥为 2.5 亿 m^3。

表 2.24 澧水近期防洪水库对津市水位的影响表

联合调度	频率/%	年份	津市水位/m		
			还原水位	建库后水位	降低值
两库联合调度	实测洪水年	1954	44.14	43.59	0.55
		1957	44.14	43.59	0.55
		1964	44.08	43.59	0.49
		1966	43.83	43.59	0.24
		1980	44.76	43.59	1.17
		1983	44.26	43.59	0.67
		1991	44.45	43.59	0.86
		1998	45.36	44.76	0.6
		平均			0.64
	5	1954	44.76	43.65	1.11
		1964	45	43.59	1.41
		1980	45.18	43.59	1.59
		1983	45.08	43.59	1.49
		1991	45.02	43.59	1.43
		1998	45.08	44.3	0.78
		平均			1.30
	2	1954	45.48	44.4	1.08
		1964	45.78	44.3	1.48
		1980	46	43.59	2.41
		1983	45.8	44.34	1.46
		1991	45.8	43.92	1.88
		1998	45.8	45.32	0.48
		平均			1.47
三库联合调度	2	1954	45.48	43.65	1.83
		1964	45.78	43.59	2.19
		1980	46	43.59	2.41
		1983	45.8	43.62	2.18
		1991	45.8	43.59	2.21
		1998	45.8	45.28	0.52
		平均			1.89

(2) 典型年频率洪水防洪调度作用分析。典型年频率洪水指采用三江口 72h 洪量进行相应倍比放大，对 1954 年（7 月）、1964 年、1980 年、1983 年、1991 年、1998 年典型年按 5%（20 年一遇）和 2%（50 年一遇）推算洪水过程。

对 1954 年（6 月、7 月两次）、1957 年、1964 年、1966 年、1980 年、1983 年、1991

年、1998年典型年按1%（100年一遇）推算洪水过程。

1）对20年一遇洪水的防洪作用。

A. 三江口洪峰流量。江垭、皂市2座水库联合调度时，只有以支流来水为主的1980年和1991年5%的设计洪水可以得到解决，其他典型年洪水（1954年、1964年、1983年）需考虑江垭进行错峰调度，则除1998年洪水外，三江口洪峰流量均可控制不大于12000m³/s。宜冲桥水库兴建后，三库联合调度，6个典型年20年一遇的洪水均可以得到解决，参见表2.25。

表2.25　各典型年20年一遇频率洪水调度成果表

方案	典型年	江垭			皂市			宜冲桥			三江口	
		建库前洪峰流量/(m³/s)	控制泄量/(m³/s)	最大蓄水量/亿m³	建库前洪峰流量/(m³/s)	控制泄量/(m³/s)	最大蓄水量/亿m³	建库前洪峰流量/(m³/s)	控制泄量/(m³/s)	最大蓄水量/亿m³	建库前洪峰流量/(m³/s)	建库后洪峰流量/(m³/s)
两库联合调度	1954	5910	420	7.15	4860	补偿	1.99				17600	12200
	1964	6010	420	6.18	4520	补偿	1.69				18800	12000
	1980	7520	1700	5.2	7990	补偿	1.12				19700	12000
	1983	4920	420	3.54	4010	补偿	0.89				19200	12100
	1991	6750	1700	5.23	6410	补偿	0.79				18900	12000
	1998	3730	420	2.5	3080	补偿	0.96				18000	15100
三库联合调度	1954	5910	1700	3.41	4860	补偿	0.45	9960	6300	2.04	17600	12000
	1964	6010	1700	3.27	4520	补偿	0.72	9020	6300	1.59	18800	12000
	1980	7520	1700	5.2	7990	补偿	1.05	6960	6300	0.24	19700	12000
	1983	4920	1700	1.97	4010	补偿	0.47	9350	6300	1.57	19200	12000
	1991	6750	1700	5.23	6410	补偿	0.75	6940	6300	0.23	18900	12000
	1998	3730	1700	0.81	3080	补偿	0.64	9990	6300	2.5	18000	13100

B. 津市水位降低值。江垭、皂市水库修建后，各典型年津市水位均有不同程度的降低，水位降低值介于0.78～1.59m，平均降低1.30m，参见表2.24。

C. 最大蓄水量。对于20年一遇洪水，两库联合调度，最大蓄水量江垭为7.15亿m³，皂市为1.99亿m³；三库联合调度，最大蓄水量江垭为5.23亿m³，皂市为1.05亿m³，宜冲桥为2.5亿m³。

2）对50年一遇洪水的防洪作用。

A. 三江口洪峰流量。江垭、皂市2座水库联合调度，只有以支流来水为主的1980年2%的设计洪水可以得到解决，其他典型年三江口洪峰流量均超过12000m³/s。宜冲桥水库兴建后，三库联合调度，除1998年外，其他5个典型年50年一遇的洪水均可以得到解决，参见表2.26。这也说明，通过流域整体防洪调度，石门以上基本可以达到50年一遇的防洪标准。

B. 津市水位降低值。江垭、皂市2座水库联合调度后，津市水位降低值介于0.48～2.41m，平均降低1.47m。江垭、皂市、宜冲桥3座水库联合调度后，津市水位降低值介于 0.52～2.41m，平均降低 1.89m，参见表 2.24。

C. 最大蓄水量。对于 50 年一遇洪水，2 座水库联合调度，最大蓄水量江垭为 7.4 亿 m^3，皂市为 4.72 亿 m^3；3 库联合调度，最大蓄水量江垭为 7.4 亿 m^3，皂市为 3.43 亿 m^3，宜冲桥为 2.5 亿 m^3。

3）对 100 年一遇洪水的防洪作用。100 年一遇洪水仅作为水库联合调度方式拟定后对防洪作用的分析。三库联调表明，只有 1983 年、1991 年两个典型年 1%的设计洪水可以得到解决，其他典型年三江口洪峰流量均超过 12000m^3/s，但洪峰流量均有不同程度的削减，最大削减值为 14100m^3/s，参见表 2.27。

表 2.26　各典型年 50 年一遇频率洪水调度成果表

方案	典型年	江垭			皂市			宜冲桥			三江口	
		建库前洪峰流量/(m^3/s)	控制泄量/(m^3/s)	最大蓄水量/亿 m^3	建库前洪峰流量/(m^3/s)	控制泄量/(m^3/s)	最大蓄水量/亿 m^3	建库前洪峰流量/(m^3/s)	控制泄量/(m^3/s)	最大蓄水量/亿 m^3	建库前洪峰流量/(m^3/s)	建库后洪峰流量/(m^3/s)
两库联合调度	1954	7120	1700	5.24	5860	补偿	4.72				21200	15800
	1964	7240	1700	5.53	5290	补偿	3.94				22700	15300
	1980	9070	1700	7.4	9630	补偿	3.41				23800	12000
	1983	5980	1700	3.1	4870	补偿	2.24				22800	15500
	1991	8130	1700	7.4	7720	补偿	3.89				22800	13400
	1998	4510	1700	1.83	3720	补偿	2.67				22800	20400
三库联合调度	1954	7120	1700	5.24	5860	补偿	2.83	12100	6300	2.5	21200	12200
	1964	7240	1700	5.53	5290	补偿	2.52	10900	6300	2.5	22700	12000
	1980	9070	1700	7.4	9630	补偿	2.99	7980	6300	0.74	23800	12000
	1983	5980	1700	2.84	4870	补偿	1.46	11400	6300	2.5	22800	12100
	1991	8130	1700	7.4	7720	补偿	3.43	8230	6300	0.92	22800	12000
	1998	4510	1700	1.83	3270	补偿	1.51	12760	6300	2.5	22800	20200

表 2.27　各典型年 100 年一遇频率洪水调度成果表（江垭、皂市、宜冲桥三库联合调度）

典型年	江垭			皂市			宜冲桥			三江口		
	建库前洪峰流量/(m^3/s)	控制泄量/(m^3/s)	最大蓄水量/亿 m^3	建库前洪峰流量/(m^3/s)	控制泄量/(m^3/s)	最大蓄水量/亿 m^3	建库前洪峰流量/(m^3/s)	控制泄量/(m^3/s)	最大蓄水量/亿 m^3	建库前洪峰流量/(m^3/s)	建库后洪峰流量/(m^3/s)	消减值/(m^3/s)
1954.6	4360	1700	1.42	4980	补偿	3.44	19500	6300	2.5	29100	24200	4900
1954.7	8330	1700	6.68	6890	补偿	5.14	1370	6300	2.5	23300	14600	8700
1957	8230	1700	6.19	8180	补偿	5.12	10900	6300	2.5	27400	13300	14100
1964	8520	1700	5.86	6270	补偿	4.23	12500	6300	2.5	25700	14900	10800
1966	8300	1700	6.15	6980	补偿	3.01	13900	6300	2.5	26500	16100	10400
1980	10260	1700	7.4	10900	补偿	5.53	9500	6300	1.21	26900	13900	13000
1983	7910	1700	7.4	9460	补偿	2.93	8530	6300	1.08	21700	12100	9600
1991	9540	1700	7.4	8820	补偿	4.2	9520	6300	1.61	26100	12000	14100
1998	5100	1700	2.54	4210	补偿	2.53	13700	6300	2.5	24700	21700	3000

三库联合调度后，最大蓄水量江垭为7.4亿m^3，皂市为5.53亿m^3，宜冲桥为2.5亿m^3。

（3）对1935年洪水防洪调度作用分析。1935年洪水是历史上的特大洪水，属全流域性洪水，三江口最大洪峰流量为30300m^3/s，其重现期约为280年一遇。干流、溇水、渫水洪峰组成各占约1/3。

三库联合调度表明，1935年洪水可将三江口280年一遇的洪峰流量30300m^3/s削减至15100m^3/s，江垭、宜冲桥防洪库容蓄满，皂市水库最大蓄水量7.42亿m^3，防洪作用十分显著。配合堤防加高加固、河道疏浚、分蓄洪区的运用、防汛调度、非工程措施等，1935年洪水可基本得到控制，避免发生毁灭性灾害。

（4）小结。

1）江垭（按1700m^3/s控泄或420m^3/s错峰控泄）、皂市（补偿）的两库联合调度方式，三江口实测洪水年和5%设计洪水（1998年除外）的洪峰流量均可控制在下游河道安全泄量12000m^3/s以内；2%设计洪水时，仅以支流来水为主的1980年，三江口洪峰流量可得到控制。

2）江垭（按1700m^3/s控泄）、宜冲桥（按6300m^3/s控泄）、皂市（补偿）三水库联合调度方式，对于实测洪水年（1998年除外）、5%频率洪水各典型年、2%频率洪水各典型年（1998年除外），三江口洪峰流量均可控制在12000m^3/s以内；1%设计洪水时，三江口的洪峰量有不同程度的削减，最大削减值为14100m^3/s；1935年洪水，三江口洪峰流量由30300m^3/s削减至15100m^3/s。

2. 防洪效益

防洪工程是一项社会性质的公共福利工程，其效益主要体现在减免人民生命财产遭受洪灾损失，给人民提供一个较为稳定安全的生产生活环境。皂市水库的防洪作用主要体现在：与江垭水库一起，减免水库下游沿河山丘区低岸农田及石门县城关镇的洪灾损失、松澧地区农村及城镇的洪灾损失、减少防汛经费等。在《湖南渫水皂市水利枢纽初步设计报告》中，按照相关规范，“水利建设项目的防洪效益应按该项目可减免的洪灾损失和可增加的土地开发利用价值计算，以多年平均效益和特大洪水年效益表示”。皂市水库的防洪效益以多年平均防洪效益计值，并以1935年特大洪水年产生的效益进行说明。

（1）多年平均防洪效益。

1）1991年实际指标折算值。在进行皂市水库防洪效益计算时，1992年对皂市水库下游保护区内财产进行了典型调查及洪灾损失调查，分析确定了1991水平年的洪灾综合损失指标。

首先，1991水平年的防洪效益计算，是按1992年实际指标折算值来考虑的，经计算，1991水平年皂市水库多年防洪效益为7841.97万元。

其次，根据1992年以来的物价增长指数分析，平均增长率约为12%，则采用12%进行计算，另外，参考三峡等工程防洪效益计算资料，洪灾损失年增长率取3%，经计算，以1991水平年考虑，1998水平年时皂市水库防洪效益约2.13亿元。

2）1998年实际发生指标值。1998年实际发生的洪水，造成的灾害是新中国成立后仅次于1954年的灾害，由于1991—1998年间，随着国民经济的增长，澧水流域人民的生产生活水平逐年提高，皂市水库的防洪效益也相应增大，据地方调查资料，洪灾损失指标比根据1991年实际指标折算的增大较多。在《湖南澧水皂市水利枢纽可行性研究报告》(1999年)中，1998年防洪效益的计算是以实际发生的指标值来统计计算的，其多年防洪效益为3.98亿元。

3) 2001水平年的多年平均防洪效益。初步设计阶段，对皂市水库保护范围内的财产及溃垸淹没损失重新进行了典型调查，调查的基准年为2001年，各类财产数量均采用2001年现值计算，以此确定皂市水库的防洪效益。2001年进行抽样调查的原则是在1992年典型调查基础上，在原抽样地点采取同样方法进行，以使调查成果具有可比性，对于已进行移民建镇的堤垸略作调整。

澧水流域近期安排的防洪工程为江垭、皂市、宜冲桥，目前江垭水库已基本建成，而宜冲桥水库尚处于规划研究阶段，因此，水库防洪效益计算暂考虑江垭、皂市两个水库。

由于皂市水库是以补偿江垭水库的方式进行防洪调度，所以，防洪效益计算按单建江垭水库、皂市补偿江垭两部分分别计算。农村部分均采用频率法计算多年平均减淹耕地，傍山城镇根据高程财产损失曲线查算，松澧地区城镇采用人均损失计算。经计算，江垭、皂市水库建成后，农村多年平均减少淹没耕地4.09万亩，两库联合调度后，多年平均直接防洪效益为4.97亿元，间接损失按20%计算，直接损失中未计入部分按10%计算，则多年平均防洪总效益为6.46亿元。

按《已成防洪工程经济效益分析计算及评价规范》(SL 206—98)：流域防洪工程经济效益一般应按防洪工程整体进行计算，单个防洪工程的经济效益经综合分析确定分配比例。江垭、皂市均为解决澧水防洪问题近期必须兴建的工程项目，且皂市水库距离防洪控制点最近，进行统一调度才能取得最好的防洪效果，因此，防洪效益宜根据两库总效益按防洪库容大小进行分摊。皂市和江垭水库的防洪库容相差不大，防洪调度关系紧密，故此次皂市水库防洪效益以两库总效益进行平分，各为一半。据此，2001水平年，皂市水库多年防洪效益为3.23亿元，见表2.28。

表2.28　皂市水库直接防洪效益表

堤垸类型	分类	效益值/万元	备注
重点垸	城镇部分	10281	
	农村部分	18948	
蓄洪垸	农村部分	2889	
一般垸	农村部分	1887	
石门县城		13300	
防汛经费		2400	根据1991年数值折算
合计		49705	

(2) 1935年洪水防洪效果。1935年洪水是历史上的特大洪水，根据历史文献记载及资料分析，1935年洪水在三江口的重现期至少为280年一遇，最大洪峰流量为30300m^3/s。当年在澧水流域的大庸、慈利、石门、澧县等地遭受了严重的洪水灾害，尤以石门为重。共计松澧地区溃决了澧阳、澧澹、涔澹等863个堤垸，淹没农田117.42万亩，受灾人口

143.5 万，死亡约 3.3 万人，其中慈利 12549 人，石门 9864 人，澧县 8100 人，安乡 1400 人，常德 732 人，临澧 600 人。澧水流域一片汪洋，尽成泽国，尸骨漂流，损失惨重，是一次毁灭性灾害。

按前述拟定的调度方式，江垭按 1700m^3/s 控制下泄，宜冲桥按 6300m^3/s 控制下泄，皂市补偿调度。两库联合调度，三江口洪峰流量可由 30300m^3/s 削减至 18000m^3/s；3 库联合调度，三江口洪峰流量可由 30300m^3/s 削减至 15100m^3/s。根据澧水下游河段目前的过洪能力，1935 年特大洪水经江垭、皂市、宜冲桥 3 个水库联合调度后，可使石门市这个现代化交通枢纽、资源基地、能源基地基本不受洪水的侵袭。石门以下地区结合分蓄洪工程及非工程措施的运用，将可避免发生毁灭性灾害，防洪效益是巨大的，社会效益是不可估量的。

2.6.2 其他调度

2.6.2.1 发电调度

皂市水库具有年调节性能，库容系数达 0.30，其工程任务以防洪为主，发电调度方式应在满足防洪任务要求条件下，研究对天然来水进行合理蓄放，达到发电效益最大目的。为获得较大发电效益，水库应在除防洪期外其余时间尽可能保持高水头运行，而在设计保证率范围内的枯水期，平均出力应不小于保证出力，并尽量满足电力系统对容量的要求。

初期汛限水位运行时间应结合渫水洪水特性及对皂市水库的防洪要求，水库汛前降至防洪限制水位 125m 的时间，可在 4 月上旬左右。经对防洪控制点三江口后汛期洪水分析，8 月上旬末若允许水库蓄水至正常蓄水位 140m，此期间洪水量级较小，对应 2%和 1%后汛期设计洪水，皂市水库最大拦蓄量为 0.34 亿 m^3 和 1.25 亿 m^3。即水库蓄至正常蓄水位 140m 后，后汛期如果发生上述频率的大洪水，水库预留的 1.81 亿 m^3 超蓄库容也足以应付。

因此，皂市水库从 4 月 1 日到 7 月 31 日维持防洪限制水位运行，在此期间，水库服从澧水流域整体防洪调度。8 月 1 日水库开始蓄水，8 月 10 日允许蓄至正常蓄水位。供水段在保证不低于保证出力发电的前提下，水库尽量维持在较高水位运行，库水位超过调度线则加大出力。当入库流量小于保证出力对流量的要求时动用调节库容，库水位随之降低。当库水位已降到死水位，按来水发电。经统计，仅特枯年份坝前水位消落至死水位。

具体发电调度方式按水库调度图运行，水库调度图的主要运行方式包括以下几个方面：

(1) 汛期从 4 月 1 日至 7 月 31 日，水库维持防洪限制水位运行，发电服从澧水流域整体防洪调度。

(2) 8 月 1 日水库开始蓄水，原则上电站按大于发保证出力的需求发电放流，拦蓄其余水量，8 月上旬末水库允许蓄水至正常蓄水位 140m。

(3) 枯水期，电站在不小于保证出力的条件下，水库一般尽可能维持高水位运行。当遇特枯水年水量不能满足发电要求时，电站按降低出力运行。库水位在保证出力区一般按保证出力发电，若水库已充蓄至汛末蓄水位，则按来水流量发电；库水位在装机预想出力区则按预想出力发电；库水位在降低出力区若水库未放空至死水位按降低出力发电，若水库已放空至死水位则按来水流量发电。

此外，实际调度运行时，考虑汛期洪水特性和后汛期影响，尤其是结合考虑实时预报技术性的提高和准确性，可在条件具备情况下，相机研究汛期水位预留和蓄水时机。

2.6.2.2 灌溉调度

利用皂市工程具有一定的调节库容，水库在满足防洪、发电的要求下，可为灌区提供部分水源，缓解当地干旱问题。目前灌溉取水口已在工程设计中预留，灌区尚未配套相应设施。

2.7 资金筹措研究

2.7.1 研究背景

2003 年 5 月，依据《国务院关于固定资产投资项目试行资本金制度的通知》（国发〔1996〕35 号），水利部颁布了《水利建设项目贷款能力测算暂行规定》（水规计〔2003〕163 号），对发电、供水（调水）等具有财务收益的大型水利建设项目提出要求，在项目建议书和可行性研究阶段应进行贷款能力测算，编制《水利建设项目贷款能力测算专题报告》。

2013 年 11 月，水利部颁布项目建议书、可行性研究和初步设计 3 个阶段的报告编制规程，同期颁布了《水利建设项目经济评价规范》（SL 72—2013）。根据前期立项和实际工作需要，新规程增加了专项内容，资金筹措（贷款能力测算）为其中重要一项。

皂市水利枢纽工程的主要设计工作于 2003 年前已完成，当时的规程规范尚未对资金筹措方案等相关内容做具体详细的规定。

按当时水利部颁发的《水利建设项目经济评价规范》（SL 72—94）对公益及具有综合利用水利建设项目提出两项要求：

（1）属于社会公益性质的水利建设项目，财务收入很少甚至没有财务收入。项目建成后，主要靠国家补贴，否则难以维持正常运行。对此类项目该规范强调应进行财务分析计算，研究其财务上存在的问题，提出解决的办法，使项目在财务上具有生存能力。

（2）对具有综合利用功能水利建设项目的投资和年运行费进行分摊的目的，是为了研究各功能参与综合利用的合理性，确定其参与的程度，选择综合利用项目合理的开发方式和规模。至于项目建设过程中的投资分摊问题，应另由有关部门专门商定。

皂市工程是以公益性为主、有一定财务收益的项目，按照当时规程规范，并未规定“应在拟定的资金来源和不同的筹措方案基础上，根据国家现行财税制度，采用财务价格进行财务评价”。但考虑给项目决策者做出财务评估参考，在项目建议书、可行性研究和初步设计阶段对项目均采用投资分摊方法后，测算有财务收益部分的资金筹措方式问题，亦即固定资产投资中的资本金与贷款比例问题，作为项目选择合理开发方式和规模的分析参考。

2.7.2 投资分摊和资金筹措方案

皂市工程具有防洪、发电、灌溉及航运等综合利用效益，其开发任务是以防洪为主，兼顾发电、灌溉及航运。灌溉效益的发挥需要渠系及其他工程配套，这些配套工程需要较多的投入，设计阶段仅考虑预留渠首工程位置，因此，灌溉不参加工程的投资分摊；根据有关审查意见，皂市枢纽只预留通航建筑物位置，工程投资中无航运设施费用，因此，航运也不参与投资分摊。皂市工程只在防洪和发电两个目标之间进行投资分摊。

皂市工程投资分摊一般常采用库容分摊法和效益分摊法等。

2.7.2.1 项目建议书以及前阶段

1.1995 年项目建议书阶段

在 1995 年 6 月编制完成的《湖南省渫水皂市水利枢纽可行性研究报告》中，采用库容分摊法。

皂市水利枢纽工程静态投资再考虑加入价差预备费后为 25.28 亿元。皂市水利枢纽工程项目费用中机电设备、厂房部分及输变电投资由发电部分承担，剩余部分投资大致按防洪和发电实际使用的库容比例分摊。防洪库容为 7.8 亿 m^3，发电库容为防洪限制水位以下的部分。据此，防洪投资占剩余部分费用的 56%，共计 12.71 亿元，发电部分承担的投资为 12.57 亿元。按照当时的资金来源有关规定的一般要求，皂市水电站固定资产投资中资本金只需占 30%，其余部分可由银行贷款，以贷款年利率 14.58%和还贷期限 12 年，测算出皂市水电站还贷期上网电价为 1.406 元/(kW·h)，此电价在电力市场中明显偏高。

2.1998 年项目建议书阶段

1996 年 12 月，水利部发布了《水利水电工程项目建议书编制暂行规定》，要求报送国家计委审批的中央和地方（包括中央参与投资）新建，扩建的大、中型水利水电工程应编制项目建议书。在 1998 年 9 月编制完成《湖南省渫水皂市水利枢纽工程项目建议书》中，主要采用库容分摊法。

按 1998 年上半年价格水平计算，皂市水利枢纽工程总静态投资计入价差预备费后为 34.49 亿元，投资分摊后，皂市水电站承担投资为 15.26 亿元。

根据湖南省人民政府办公厅湘府阅〔1998〕68 号“关于筹建皂市水库工程有关问题的会议纪要”和澧水开发公司筹资的意见，皂市水库工程资金筹措参照江垭水库的模式。为减小还款压力，皂市水利枢纽工程总投资中贷款额度比照江垭的投资方式为 7 亿元，贷款来源采用国内银行贷款。资金其余部分应为资本金，由水利部和湖南省出资。在还贷期间，按还贷要求和资本金回报率 10%测算的出厂电价为 0.589 元/(kW·h)；如果电站投资的自有资金还贷期不考虑回报，仅考虑银行 7 亿元贷款的还贷，电价可降至 0.501 元/(kW·h)，在同等规模水利枢纽工程中，价格适中。

该项目建议书通过了水利水电规划设计总院的审查和中国国际工程咨询公司的咨询。根据中国国际工程咨询公司专家提出的意见，为准确、全面地反映工程的财务状况，对皂市水利枢纽工程的财务评价方式进行了补充，进一步完善了财务评价方法（主要是投资分摊方法），资金筹措方案中的资金来源及贷款额度基本不变。

（1）投资不分摊。皂市水利枢纽作为一个整体，其中 7 亿元作为银行贷款（贷款利率

7.56%)，其余为资本金，资本金部分不分配利润（还贷期）。为满足还贷要求（还贷期暂定15年）测算的还贷电价为0.560元/(kW·h)；还贷后电价主要与资本金提取的利润有关，若资本金提取利润分别为资本金的0、1%、2%、4%，则还贷后的电价分别为0.352元/(kW·h)、0.524元/(kW·h)、0.693元/(kW·h)、1.034元/(kW·h)。

(2) 投资按效益分摊，即按防洪和发电的效益比例分摊公共部分投资。防洪分摊的部分投资全部由自有资金投入；电站承担部分投资由7亿元贷款和资本金组成，仅对电站部分作财务评价。

皂市水利枢纽的多年平均防洪效益为3.6亿元（为当期财务评价初步测算值），多年平均的发电效益即多年平均发电量3.26亿kW·h，相当于每年可节约5500万元的煤。经计算，在假定的50年效益发挥期中，防洪和发电的效益比约为87∶13，即防洪应承担87%的公共投资，而发电承担的固定资产投资包括7亿元银行贷款，其余为资本金。

按还贷期15年，还贷期资本金提取投资的2%作为投资回报，测算的还贷电价为0.518元/(kW·h)[若资本金不提取利润，则还贷电价可降为0.479元/(kW·h)]，还清贷款后，为保证对投资者有一定的吸引力，按资本金内部收益率8%给予回报（略高于银行长期贷款利率），则还贷后的计算电价为0.477元/(kW·h)。

(3) 投资按库容分摊，即按防洪和发电的使用库容比例分摊公共部分投资。防洪分摊的部分投资全部由自有资金投入；电站承担部分投资由7亿元贷款和资本金组成，仅对电站部分作财务评价。

皂市水库死库容（110m以下）为2.34亿m^3，正常蓄水位（140m）以下库容12亿m^3，防洪高水位（143.5m）以下库容13.94亿m^3，防洪限制水位（125m）以下库容6.14亿m^3。由于每年汛期库水位都要降至125m，皂市水库承担流域防洪任务较重，对发电影响较大，经统计，蓄满（正常蓄水位）年份约占一半。因此，正常蓄水位—防洪限制水位间共计5.86亿m^3库容，防洪与发电按2∶1的比例分摊投资。这样，扣除电站专用部分投资后的公共部分投资，分摊比例为：防洪占50.4%，发电占49.6%。经计算，发电部分固定资产投资为21.33亿元，其中含7亿元银行贷款，其余为资本金。

按还贷期15年，还贷期资本金提取投资的2%作为投资回报，测算的还贷电价为0.639元/(kW·h)[若资本金不提取利润，则还贷电价可降为0.491元/(kW·h)]，还清贷款后，由于资本金所占比重较大，电价主要受资本金提取的利润确定[当资本金提取利润为投资额的6%时，电价为0.78元/(kW·h)]。

以上3种财务评价方式，都从一个侧面反映了皂市水利枢纽的财务状况，有各自的合理性，也有一定的局限性。由于投资巨大，如果按当时的财务制度，测算的电价用户难以承受。对于皂市水利枢纽这样一个承担流域防洪任务的防洪工程，财务状况（测算电价）涉及工程的运行、管理模式、投资方的利益取向等问题。若考虑到其巨大的防洪效益和投资环境的改善，应适当增加资本金、减少贷款，并配合给予一定的优惠政策（如资本金少提取甚至不提取利润），该工程应可维持正常运行并获得一定的经济效益。

2.7.2.2 可行性研究阶段

皂市水利枢纽工程可行性研究阶段仍采用库容分摊法和效益分摊法。与项目建议书阶段相比，皂市水库死水位、工程固定资产投资等略有变化。

（1）费用分摊方法的确定及贷款额度问题。在1999年9月完成的《湖南省溇水皂市水利枢纽可行性研究报告》中，分别采用库容分摊法和效益分摊法对投资进行了分摊，并对两种分摊方法进行了合理性分析。

1）库容分摊法。皂市水库死库容（112m以下）为2.7亿m^3，其余特征水位及库容与项目建议书（1998年）相同。

正常蓄水位—防洪限制水位间库容仍为5.86亿m^3，防洪与发电按2∶1的比例分摊投资。按可行性研究阶段投资，扣除电站专用部分投资后的公共部分投资分摊比例后防洪占42%，发电占58%。

按照以上比例在防洪和发电两部门间分摊公共部分投资，发电承担的分摊费用超过22亿元，明显大于皂市水电站最优等效替代方案费用（如兴建一同等规模的火电站），同时，皂市水利枢纽任务以防洪为主，发电服从防洪，对汛期发电水量利用率、水头等影响较大，本分摊方法未能合理反映皂市工程实际情况，因此，未予采纳。

2）效益分摊法。

防洪效益：按多年平均效益3.98亿元（1998年价格），每年递增3%计，计算期内防洪效益的总现值为30.43亿元。

发电效益：以最优等效替代工程的费用作为皂市水电站的发电效益，总现值为6.02亿元。

工程总费用现值为21.8亿元，其中发电专用工程费用现值2.90亿元，由于防洪专用工程费用所占比重较少且难于划分，现值可估列为0，共用工程费用现值为18.9亿元。

各部门分摊共用工程费用比例=(各部门效益现值－各自专用工程费用现值)/(本工程总效益现值－专用工程费用现值)的比率计算。

按上述分摊比例，皂市水电站应承担的固定资产投资共计8.07亿元，其中有7亿元为银行贷款（约占固定资产总投资的86%）。据此分摊结果对电站部分开展财务评价，计算结果表明，按资本金回报率0测算的还贷期出厂电价为0.516元/(kW·h)，与同等规模的其他水电站相比，还贷期出厂电价适中，但如果考虑到实际运行时，电站还应承担整个枢纽的运行费用，则出厂电价将达到0.607元/(kW·h)，虽然电价水平也在可接受范围内，但电价的竞争力和电站的生存能力不强，尚需考虑税收减免等优惠政策。另外，分摊后的电站部分固定资产投资中，资本金比例已低于国家有关电力行业资本金比例的最低值。

（2）资本金测算。在相关政策未落实的情况下，如果要提升皂市电价的竞争力和工程项目的生存能力，就有必要调整资金筹措方案中资本金与贷款的比例。因此，开展了项目资本金测算（即后来所称的“项目贷款能力测算”）工作。

1）基本数据及测算方案。据皂市水电站可行性研究阶段多年平均发电量及上网电量数值，湖南省当期平均电价（也为江垭电站临时结算电价，含税）为0.278元/(kW·h)；另外，根据国家计委《关于调整湖南省电网电价有关问题的通知》（计价格〔1999〕2246号），皂市水电站电价以类似在建水电站审定价格为参考，定为0.348元/(kW·h)（含税）。资本金测算主要以这两个价格为依据，同时考虑以国内贷款偿还期15年、贷款年利率6.21%为条件，测算最大限度的贷款额，其余资金即为资本金，资本金还贷暂不考虑分配利润。

2）资金来源。皂市水利枢纽工程投资主要由资本金和国内银行贷款组成，资本金分别由水利部和湖南省按一定比例（暂定为55∶45）筹集投入。

3）测算结果。若皂市水电站的上网电价定为0.348元/(kW·h)（含税），在满足15年贷款期限的条件下，按贷款利率6.21%计最多能贷款3.9亿元（该数值还取决于皂市水利枢纽每年的防洪运行费用为多少，此测算中，电站每年可为防洪部分提供约1400万元作为运行维护费用）。此后，皂市水利枢纽工程固定资产投资中的银行贷款额度基本确定为4亿元。

水利水电规划设计总院于1999年12月在北京对可研报告进行了审查，基本同意长江勘测规划设计院编制的《湖南澧水皂市水利枢纽可行性研究报告》。

2000年9月17日，国家发展计划委员会以计农经〔2000〕1497号文通知：《湖南省澧水皂市水利枢纽工程项目建议书》经国务院批准。

2000年12月29日，水利部以水规计〔2000〕656号函，向国家计委报送皂市水利枢纽可研报告审查意见。函中说明，按国内银行贷款7亿元，还贷期15年测算，电站出厂电价0.524元/(kW·h)偏高，经对湖南省用电状况和电价进一步调查分析，按同类水电站现行上网电价0.348元/(kW·h)，还贷期15年测算，该工程承贷能力为4亿元。并建议将该项目确定为中央水利建设项目。按国家计委对皂市项目建议的批复精神，建议该工程资本金仍由水利部和湖南省按55%、45%的比例进行筹措，其余投资4亿元由项目法人申请国内银行贷款。

2001年4月上旬，中国国际工程咨询公司对《湖南澧水皂市水利枢纽可行性研究报告》进行了预评估，根据预评估意见，长江勘测规划设计院对枢纽工程及施工组织设计做适当调整和修改，优化了工程设计，并缩短工期8个月，节省投资1.05亿元。由于工期缩短，投资强度较大，以及湖南省江湖治理所需投资较大，地方财政确有困难，湖南省提出申请向日本国际协力银行（JBIC）贷款，由湖南省政府统借统还。因利用外资增加的建设期利息、相关费用及工程费用增加部分由湖南省承担。长江勘测规划设计院受托编制完成了《湖南澧水皂市水利枢纽利用外资可行性研究报告》。由于种种原因，利用外资方案未能实施。

2.7.2.3 初步设计阶段

在2002年10月编制完成的《湖南澧水皂市水利枢纽初步设计报告》中，有关资金筹措方案的内容包括以下几个方面：

(1) 投资分摊。根据计算的需要，将皂市水利枢纽工程投资划分为专用工程投资和共用工程投资。

从工程概算表中，能够分离出来的水电站专用工程投资有：建筑工程中的电站厂房工程、机电设备及安装工程、发电厂设备及安装、送出工程及其他费用中电站部分等；由于防洪需要，枢纽工程规模在140m规模基础上增加的费用为防洪专用，其投资为防洪专用投资；剩余部分为共用工程投资（含水库淹没补偿费）。

投资分摊方法主要采用效益分摊法。按多年平均防洪效益3.23亿元（2001年价格），每年递增3%计，计算期内防洪效益；以最优等效替代工程的费用作为皂市水电站的发电效益。

（2）资金筹措方案。按照2001年物价水平估算，工程建设期计6年，经营期为30年，计算期36年（2001—2036年）。

按上述分摊共用投资，加上专用工程投资后，防洪承担工程投资约占整个工程投资的76%；发电承担工程投资约占整个工程投资的24%。

据有关方面意向，皂市水利枢纽作为防洪骨干工程总投资主要由国家（水利部）及地方政府（湖南省）无偿划拨，在电站部分的投资实行资本金制度，并向国内银行贷款4亿元，年利率5.76%，还贷期25年。水利部与湖南省分别按工程总投资剔除国内银行贷款后部分的55%和45%比例出资，该部分资金一部分作为防洪建设资金无偿划拨，另一部分作为发电部分的资本金，分配比例参照前述防洪和发电两部门分摊投资后的比例确定。

（3）财务评价。财务评价表明，当皂市水电站电价为0.365元/(kW·h)时，能满足财务评价一般要求，即同时满足还贷要求、全部投资内部收益率大于或等于8%（电力行业基准收益率），且平均每年约有3600万元利润可供投资者分配。

如果考虑到皂市水利枢纽工程巨大的社会效益，可适当降低对全部投资内部收益率的要求，即减少形成的利润，电价可进一步降低，如成本控制电价0.216元/(kW·h)；如果在成本控制电价的基础上考虑到整个枢纽的运行费用，资本金不分配利润，电价可降低至0.351元/(kW·h)（含税）。而当时湖南省同类水电站的上网电价为0.348元/(kW·h)（含税），平均上网电价为0.278元/(kW·h)（即江垭电站临时结算电价，含税），可以认为：皂市水利枢纽工程基本能够依靠电站的发电效益自我维持运行。

因此，合理的费用分摊和资金筹措方案，是顺利开展综合利用项目财务评价的基础，也是合理确定水利产品成本和价格的重要依据。

2.8 水库防洪调度技术创新与实践

2.8.1 防洪调度技术创新

随着江河水系水利枢纽工程布点建设的格局成形，未来具备防洪并兼有其他综合利用效益的工程也将形成网络状的区域枢纽群，进而组成庞大的水系枢纽群。水库群联合调度将是未来水资源综合管理的技术支持。对皂市、江垭及宜冲桥枢纽工程进行研究的水库联合调度方案，是大系统多目标理论逐步应用到现阶段防洪调度优化技术中，把一个大型的问题分解成几个相对较小的其中一个问题之一。根据三库在防洪层次问题的基本特征，构造不同的调度模型，拟定较优且易于灵活操作的联合防洪调度方式，为本流域、其他水系和将形成的复杂、庞大的水库群联合多目标调度奠定基础。可推广应用于其他流域水库群的联合调度，发挥总体利益最大的“群体”效益。

2.8.1.1 水库群联合防洪调度的特点及难点

皂市水利枢纽是综合利用水利工程，其主要任务是防洪，兼顾发电、灌溉、航运等。皂市工程建成后，将与已建的澧水支流溇水的江垭、澧水干流宜冲桥3座水库一起，共同承担澧水下游尾闾及松澧地区防洪，是澧水流域整体防洪系统的重要组成体系。

皂市水库和江垭、宜冲桥 3 座水库的防洪库容及联合调度方案的拟定较复杂。皂市工程石门以下，是澧水下游尾闾地区与长江分流的松滋河连通交汇的复杂水网地带，河湖洪水相互干扰顶托，洪水地区组成复杂。皂市（江垭、宜冲桥）水库防洪库容和联合调度方案的拟定，需要基于流域整体设计洪水的水文基础，在分析满足澧水下游重要支流的区域防洪安全和澧水流域整体防洪安全目标下，对 3 座水库既相互配合运用又相对独立的联合防洪调度多方案进行综合比较，推荐联合防洪调度方式，并确定 3 座水库各自防洪库容；同时，考虑宜冲桥防洪水库尚未建成的状况，还需提出江垭、皂市两库的联合防洪调度方式，用于指导实际调度。

2.8.1.2 防洪规划及联合调度

根据澧水流域规划，皂市水库防护对象主要为石门、澧县、津市城市防洪；渫水皂市水库以下、干流石门以上沿河低岸农田的防洪；松澧地区的防洪；其中松澧地区的防洪是澧水流域整体防洪区域。

因澧水尾闾与松滋河的洪水遭遇形成极其复杂的洪水组合，通过分析澧水下游控制站三江口站的洪水地区组成、松澧洪水组成和遭遇特点，在考虑坝址及区间洪水的洪水的各种典型可能组合情况，采用澧水三江口以上多组整体设计洪水过程，进行皂市、江垭和宜冲桥三库联合防洪调度方式研究。

对三库固定泄量的简化调度、两库联合固定泄量控泄＋单库补偿调度方案进行比较，以此确定皂市水库 7.8 亿 m^3、江垭水库 7.4 亿 m^3（已建）、宜冲桥水库 2.5 亿 m^3（待建），3 座水库合计防洪库容为 17.7 亿 m^3；调度方式明确为江垭、宜冲桥分别按固定泄量 $1700m^3/s$、$6300m^3/s$ 下泄，皂市对三江口按补偿方式调度。调度结果表明，根据 50 年一遇设计洪水安排的 3 座水库的防洪库容基本合理；通过两库或三库联合调度，对一般实测大洪水年及 20 年一遇、50 年一遇洪水（除 1998 年外），三江口洪峰流量均可控制在 $12000m^3/s$ 以内，而对 1998 年洪水、1935 年特大洪水，仍可以较大削减三江口洪峰流量。

2.8.1.3 防洪调度创新及鉴定意见

（1）防洪调度的技术创新。创新性提出基于整体设计洪水的“两库联合固定泄量控泄＋单库补偿”的三库联合防洪调度方案。突破了三库固定泄量的简化调度方式，建立了多库防洪库容之间互相补偿的调度；发挥重要节点水库灵活、准确、及时和易于操作的调度优势；通过该方式在满足澧水流域重点防洪区域防洪规划目标的同时，论证了三库各自合理的防洪库容。该调度方案已在工程实际运行调度中运用，有效发挥了皂市水库的防洪减灾效益。

1）建立澧水干流三江口以上整体设计洪水。澧水来水和松滋河来水是松澧洪水的组成部分，澧水进口段由三江口站控制，该站即是澧水流域规划的防洪控制点。设计阶段研究筛选出自中华人民共和国成立以来 6 次典型年 20 年一遇和 50 年一遇、9 次 100 年一遇典型设计洪水及 1935 年特大型洪水，是考虑宜冲桥、江垭、皂市水库及三库至三江口区间洪水遭遇组合后，防洪控制站发生防护标准的洪水，坝址及区间洪水的各种洪水的各种典型可能组合洪水的总称。采用整体设计洪水解决澧水流域 3 座控制性水库联合防洪调度研究中的设计洪水拟定问题，有效解决了澧水干流上、中、下以及支流不同区域组合后洪水重现期不一致、控制标准难以协调的难题。

2）发挥重要节点水库灵活、准确、及时和易于操作的调度优势。皂市水库位于澧水重要支流渫水上，控制本流域集雨面积达93.7%，且距离防洪控制点三江口站洪水传播仅2h，在三库联合调度中作为补偿调度控泄水库，可兼顾江垭、宜冲桥距防洪控制站较远而控制性较弱的特点。确定皂市水库采用可补偿的调度方式，是建立澧水流域下游3座水库联合防洪调度方案的重要条件。

3）创新性提出"两库联合固定泄量控泄＋单库补偿"的联合防洪调度方案，建立了多库防洪库容之间互相补偿的调度方式。针对澧水下游尾闾地区不同防洪规划目标和相应频率洪水，将下游河段干、支流控制性防洪水库的有效防洪库容作为整体考虑，在保障各自枢纽大坝自身安全和其下游河段安全的前提下，实现对控制断面三江口站的联合防洪补偿调度。研究的三库联合调度方案中，确定江垭和宜冲桥两库分别按固定泄量1700m^3/s、6300m^3/s下泄，皂市水库按防洪控制点三江口站不超过12000m^3/s的泄量补偿调度，既发挥整体调度的灵活性和准确性，又使联合调度方案具有较强的实际操作性。

4）论证澧水流域规划3座防洪水库防洪库容的合理性，可满足流域规划拟定的防洪规划任务和目标。选取的6次50年一遇设计洪水过程经此调度方案计算，江垭、宜冲桥水库最大蓄水量分别达到7.4亿m^3和2.5亿m^3，选取9次100年一遇典型设计洪水及1935年特大洪水调度后，皂市水库最大蓄水量为7.42亿m^3，论证规划阶段拟定三库的防洪库容基本合理。并且，皂市水库7.8亿m^3防洪库容，对于防御50年一遇以上设计洪水及类似1935年型特大洪水，仍能起到巨大防洪作用。皂市与江垭水库联合调度，可将澧水下游尾闾地区防洪标准由4～7年一遇提高到20年一遇；与江垭、宜冲桥水库联合调度时可提高到30～50年一遇，可减轻西洞庭湖区的防洪压力，防洪效益显著。

（2）鉴定意见。2013年11月22日，由湖北省科学技术厅组织以郑守仁院士（副主任委员）、温续余（主任委员）等9位专家技术成员组成的专家组，对"渫水皂市水利枢纽工程设计关键技术"进行了技术鉴定，并于2013年12月12日对上述成果出具了"科学技术成果鉴定证书"。鉴定意见为：

1）项目组提供的技术资料齐全，内容翔实，数据可信，符合科技成果鉴定要求。

2）项目基于工程调研、理论分析、数值模拟、1/51.25水工断面模型和1/100水工整体模型试验及原型监测等手段，对皂市水利枢纽工程防洪调度、抗滑处理、工程布置、消能措施、高边坡设计、滑坡治理、水轮机优化及导流出口布置优化技术等工程建设面临的关键技术难题进行了系统研究和工程实践，取得了丰硕成果。

3）规划成果主要创新点。提出基于整体设计洪水的"两库联合固定泄量控泄，结合单库补偿调度"的三库联合调度方式，突破了仅单库运用的固泄、固泄加补偿、两库或多库固定泄量的调度方法，建立了多库防洪库容之间互相补偿的调度方式，发挥重要节点水库灵活、准确、及时的补偿调度，满足了流域整体防洪规划目标，达到较好的防洪效果。

研究成果成功解决了皂市工程建设面临的关键技术难题，并在工程中得以成功推广，取得了显著的经济效益和社会效益，具有良好的推广应用前景，对推动水利水电工程设计的发展和进步具有重要意义。

鉴定委员会一致认为研究成果具有国际领先水平。

2.8.2 防洪调度实践

皂市水库2007年建成下闸蓄水后，其防洪库容以及与江垭水库（宜冲桥未建）联合补偿调度运用方式，在9年工程的实践运用中发挥过较大的削峰、拦洪和补偿调度作用：

2008年“7·22”洪水，皂市水库削减洪峰流量4030m^3/s。

2009年“6·30”洪水，皂市水库削减洪峰流量3800m^3/s，降低下游石门站水位0.6～0.8m，极大减轻了下游防洪压力。

2010年的“7·10”洪水，皂市、江垭两库联合调度，分别拦洪削峰2917m^3/s和4290m^3/s，使澧水干流三江口的洪峰流量由18407m^3/s削减为11200m^3/s，防洪效益明显。

2011年“6·18”洪水，洪峰8623m^3/s频率接近设计50年一遇洪水标准，是皂市水库建库以来的最大洪峰，也是1952年有实测洪水资料59年来水文系列中最大的洪峰，拦洪量为3.6696亿m^3，洪峰流量为8623m^3/s，削峰量8328m^3/s，削峰率96%，极大减轻了下游防洪压力，确保了下游人们生命及财产的安全。

2012年“7·18”洪水为该年度汛期最大洪水，为复合型。最大洪峰2813m^3/s，洪水总量3.2520亿m^3，7月19日出现最高库水位133.12m。由于澧水干流降雨较小，三江口洪峰只有2001m^3/s，此次洪水皂市水库为下游削峰2530m^3/s，江垭水库为下游削峰2999m^3/s。

2013年“6·6”洪水为该年度汛期最大洪水，最大洪峰为5011m^3/s，总洪量为2.6979亿m^3，最高库水位为127.37m，此次洪水削峰4717m^3/s。

2014年“10·29”洪水为该年度汛期最大洪水，最大洪峰为3269m^3/s，总洪量为3.3658亿m^3，最高库水位为137.01m，此次洪水削峰3000m^3/s。

2015年“6·17”洪水为该年度汛期最大洪水，最大洪峰为2769m^3/s，总洪量为1.6445亿m^3，最高库水位为129.24m。未开闸泄洪。

2016年“6·20”洪水为该年度汛期最大洪水，最大洪峰为4222m^3/s，总洪量为3.5611亿m^3，最高库水位为124.90m，洪水削峰3950m^3/s。

皂市水利枢纽防洪库容的论证和调度运用，为其他区域控制性多库联合防洪调度方式提供了新的研究经验。

3 工程地质

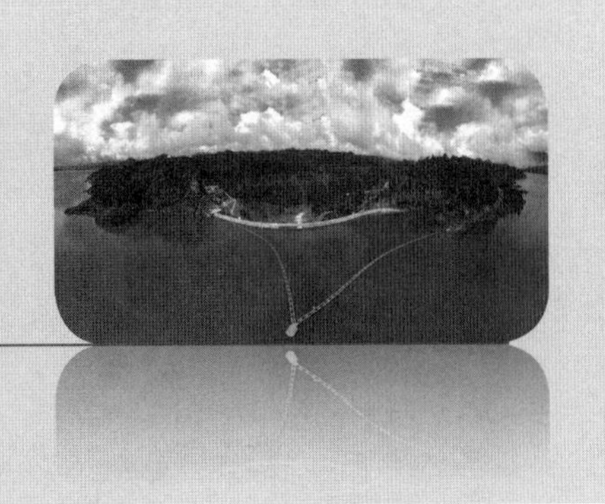

3.1 库坝区工程地质条件概述及勘察结论

以各阶段开展的勘测设计科研及优化设计工作为依托，根据各阶段审查意见，通过专题勘察研究、补充勘察和部分前期准备工程施工地质工作，取得了丰富的勘察资料，查明了皂市水利枢纽库坝区的工程地质条件和工程地质问题，对坝址建筑物区的地质条件、主要地质问题进行了分析与研究，同时对开挖后可能出现的地质问题也进行了预测。库坝区工程地质条件概述及主要勘察结论如下。

3.1.1 区域构造稳定性

库坝区主要处于扬子准地台范围内的上扬子台褶带、武陵陷断褶束与江汉—洞庭拗陷区连接的过渡地区。区内无大的活动断裂，新构造活动微弱，构造环境稳定，属微—弱震环境。根据《中国地震动参数区划图》（GB 18306—2015），库坝区Ⅱ类场地地震动峰值加速度为 0.05g，基本地震动加速度反应谱特征周期为 0.35s，相应的地震基本烈度为Ⅳ度。

3.1.2 水库工程地质与环境地质

水库区处于东山峰复式背斜和桑植复式向斜间，工程区地质构造图详见图 3.1。正常蓄水位 140m 时，皂市水库长 60 余 km，工程地质条件较好，无重大工程地质问题。水库南北两侧构造封闭，无渗漏问题；东西两端为灰岩分布区，地下分水岭的地下水位 150m 以上，高于库水位，均不会产生向岭谷渗漏问题；库岸主要由基岩组成，稳定或基本稳定，仅 1%库岸稳定性差。库岸分布 13 处崩滑、碎石流堆积体，稳定或基本稳定 12 处，仅何家湾滑体稳定性差；浸没主要可能出现在库尾，面积小，且零星分布；水库不淹没具有开采价值的矿产；水库不具备诱发构造型地震的条件，在 P、T_1 地层出露的库段（含库缘）有可能诱发岩溶型水库地震，对大坝和主要建筑物不会产生很大的影响，其对工程的影响低于地震基本烈度的影响。

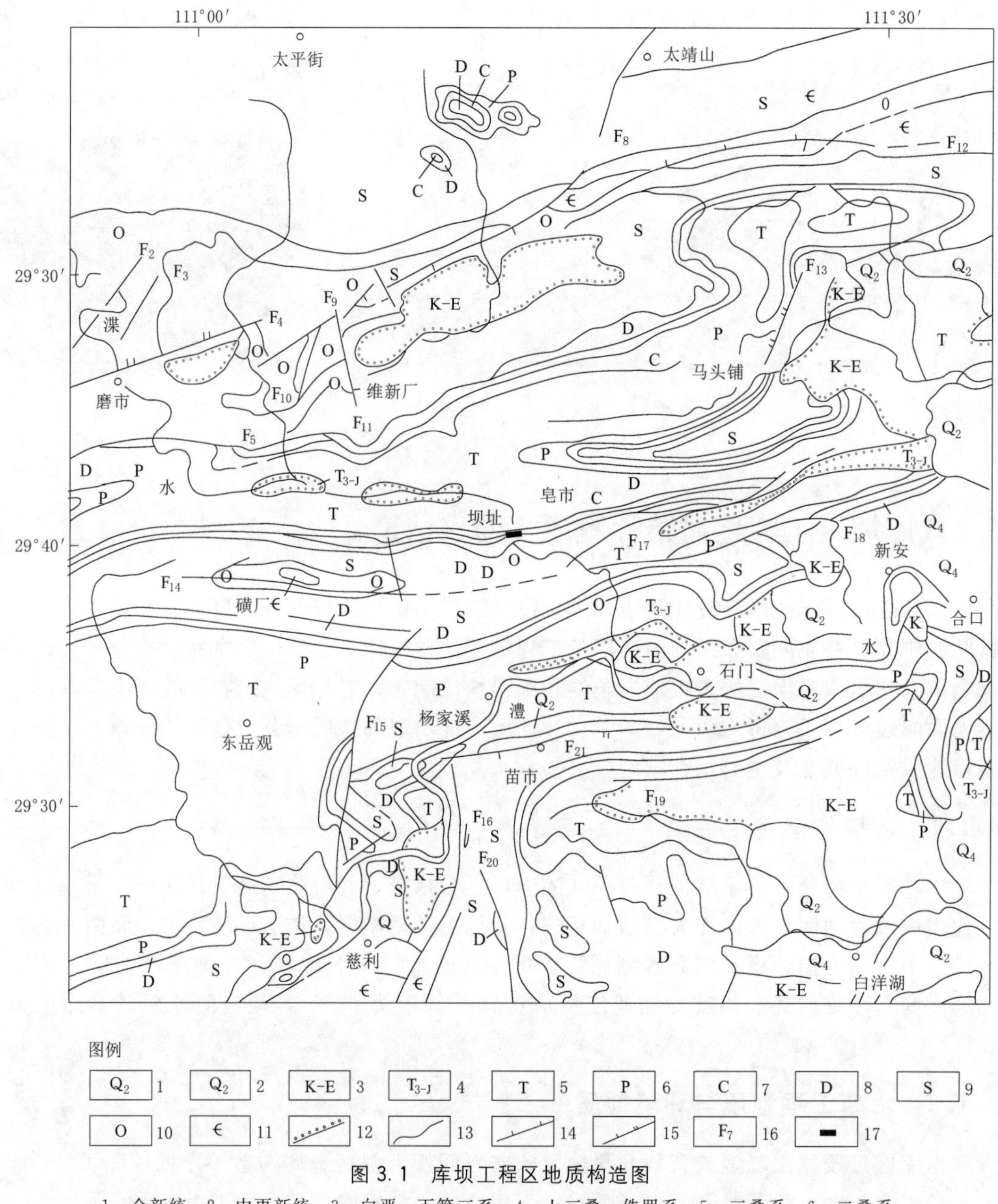

图 3.1 库坝工程区地质构造图

1—全新统；2—中更新统；3—白垩—下第三系；4—上三叠—侏罗系；5—三叠系；6—二叠系；7—石炭系；8—泥盆系；9—志留系；10—奥陶系；11—寒武系；12—不整合线；13—地层界线；14—正断层；15—逆断层；16—断裂及编号；17—坝址

3.1.3 坝址工程地质条件比较

皂市水利枢纽前期勘测工作中曾研究了皂市、大寺湾和林家屋场 3 个比较坝址，重点对皂市坝址进行了工程地质勘察工作。

大寺湾坝址，河谷较宽阔，枯水期水面宽 100～125m，两岸地形不对称，左岸山体单薄，高程在128m以下，右岸崩坡积物覆盖。坝基岩体为泥盆系云台观组石英砂岩夹薄层页岩、粉砂岩，岩层倾向下游，倾角25°～60°。断层规模较大，也存在较多软弱夹层，特别是上游皂市镇及2万亩良田将被淹没，加上干流澧水已建的三江口水电站回水已超过坝址枯水位，故该坝址不宜建坝。

林家屋场坝址，河谷较宽阔，枯水期水面宽70m，左岸有宽约90m的漫滩，水位140m处河谷宽335m。两岸地形不对称，左缓右陡为不对称的横向谷。坝基岩体为二叠系大冶组上段及嘉陵江组下段灰岩和白云岩，坝基岩体厚度大于260m，岩层倾向上游，倾角50°左右，岩体强度高，但岩溶较发育，并分布有数层厚约40cm的泥灰质页岩夹层和一层间错动带，性状较差。两岸地下水埋藏较深，坡降缓，坝址上游无可靠隔水层，下游隔水层分布在1km以外，若利用下游大冶组下段及龙潭组页岩夹泥灰岩为防渗依托，其厚度仅14.8～22m，隔水的可靠性较差。考虑到碳酸盐岩地区因岩溶发育，防渗工程量与防渗工程的难度均较大，工程地质条件较复杂。

皂市坝址为较对称的横向U形洞谷，两岸山体雄厚，谷坡基岩裸露，岸坡40°～55°，枯水期水面宽约90m，河床覆盖层厚仅2～6m。坝基岩体为泥盆系云台观组石英砂岩夹少量薄层页岩、粉砂岩，岩层倾向上游，倾角50°～60°，厚度约150m，水平出露宽度约180m。虽存在软弱夹层和右岸下游滑坡等主要地质问题，但经补充勘探，夹层与滑坡的性状、规模已基本查明，可通过工程处理得到解决。

长江水利委员会于1993年4月邀请水利部水利水电规划设计总院、湖南省水利水电勘测设计院等有关领导、专家，到现场就坝址比较进行了地质专题讨论，专家们一致认为，皂市坝址工程地质条件优于林家屋场坝址和大寺湾坝址，因此，推荐皂市坝址。

3.1.4 皂市坝址工程地质条件

(1) 坝基岩体主要为D_{2y}^{2-1}、D_{2y}^{1-2}石英砂岩夹少量粉砂岩、砂页岩，主要为硬质岩，岩层倾向上游偏左岸。根据坝基岩体的工程特性，推荐利用弱风化下带岩体。根据推荐的利用岩面，左岸坝段开挖深度一般为10m左右，河床坝段一般为5～10m（包括覆盖层开挖），右岸坝段一般为5m左右。左岸F_1及河床F_2断层通过部分坝块坝基，影响带岩体破碎，形成风化深槽。

坝基分布一定数量的软弱夹层，右岸局部坝段为D_{2y}^{1-1}地层，夹层较密集，应注意其对大坝压缩变形及抗滑稳定的影响。坝基岩体倾下游缓倾角裂隙不发育，且短小，对大坝抗滑稳定影响不大。大坝轴线工程地质剖面见图3.2。

坝基岩体主要为B、C级岩体，少量的D、E级岩体为软弱夹层及断层影响带等地质缺陷。B、C级岩体是较好—中等建基岩体，对软弱夹层、F_1、F_2断层带及裂隙密集带应进行混凝土塞置换处理。

受岩性控制，云台观组地层突出的特点是“硬、脆、碎”和Ⅴ级结构面发育，而且隐性结构面也十分发育，这一易碎特点对工程施工开挖提出了较高要求，因此，基础开挖时一定要强化施工地质和地质超前预报，并加强地质、设计与施工的协调，在基坑开挖过程中根据揭露情况调整优化开挖、处理方案。

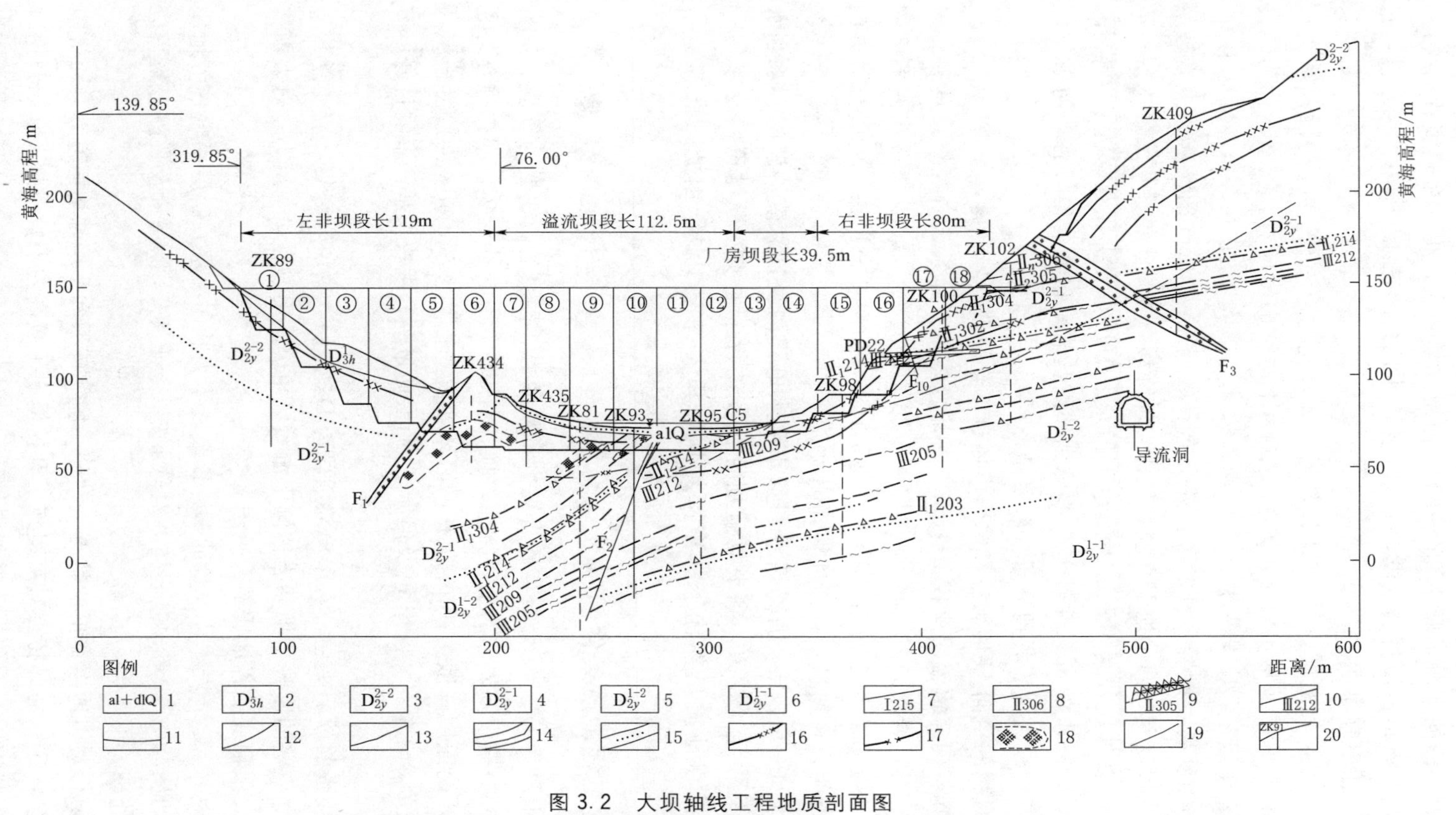

图 3.2 大坝轴线工程地质剖面图

1—第四系冲坡积堆积；2—泥盆系上统黄家磴组下段；3—泥盆系中统云台观组上段第二层；4—泥盆系中统云台观组上段第一层；5—泥盆系中统云台观组下段第二层；6—泥盆系中统云台观组下段第一层；7—软岩夹层及编号；8—破碎夹层及编号；9—破碎夹泥夹层及编号；10—泥化夹层及编号；11—第四系与基岩界线；12—地层界线；13—岩层界线；14—断层影响带；15—断层破碎带；16—弱风化上带底界；17—弱风化带底界；18—岩体裂隙密集或风化加剧区；19—地下水位线；20—钻孔及编号

（2）两岸坝肩地形坡度均在40°以上，岩层走向与岸坡走向交角75°，左岸坝肩建基岩体主要为D_{2y}^{2-2}中厚层至厚层石英砂岩，右岸建基岩体为D_{2y}^{2-1}、D_{2y}^{1-2}中厚层石英砂岩。两岸坝肩岩体结构、岩性及岸坡类型决定了今后坝肩一带开挖人工边坡具有较好的整体稳定性。受地形、软弱夹层、裂隙、断层等不利地质因素影响，以及开挖后边坡岩体内应力的重新调整，边坡将产生一定程度的变形或破坏。边坡变形破坏主要表现为：块体失稳、边坡开挖后应力调整形成的卸荷拉裂、表部松动岩体塌落和岩体变形位移。两岸边坡由于河流深切形成一定深度的卸荷带，特别在左岸坝肩高于坝顶高程的鹰咀岩处于潜在不稳定状态，在坝肩开挖时应加固处理。

（3）坝基一定范围内岩体具有中—弱透水性，需进行防渗处理，局部断层破碎带岩体透水性较强，应加强防渗处理。根据防渗帷幕线路区岩体的工程地质水文地质条件和坝基岩体钻孔压水试验分析统计，建议防渗帷幕下限为：左、右两岸帷幕下限高程50～130m（相应深入基岩面以下30～100m），河床帷幕下限高程5～50m（相应深入基岩面以下50～55m），对局部透水性较强地段应适当加深。坝址区共有9个钻孔揭露裂隙性承压水，裂隙承压水的补给源为两岸山体，具有水头低、流量小、随机分布的特点，在设置基础系统排水的基础上，建议根据揭露的实际裂隙承压水分布位置，增加随机排水孔（或斜孔）。在坝基采取正常的排水措施后，不会给工程带来明显影响。

（4）消力池地基岩体由上游至下游依次为D_{2y}^{1-1}、S_{2x}^{2}、S_{2x}^{1-2}石英砂岩、粉砂岩及页岩，岩层倾向上游偏左岸。其设计开挖底板高程已经位于微风化岩体中，加之对基础的力学要求相对较低，在开挖至设计高程并对揭露的地质缺陷进行局部处理后，可满足设计要求。基础下F_1、F_{30}、F_{42}断层较大的破碎带等破碎岩体需要加大开挖深度或在结构上采取措施，进行专门工程处理。志留系地层具有快速风化的特性，基坑开挖时应做好保护措施。

消力池及尾坎一带岩体多具微—弱透水性，局部地段透水性中等—强，防渗条件相对简单，可结合坝基的防渗排水方案采取排水、防渗措施。为防止雾化对两岸斜坡的影响，应做好地面排水和护坡措施。

在消力池及尾坎下游一带分布有较多的粉砂岩、页岩等软岩和软弱夹层，同时还分布有近顺河向断层F_1、F_{30}、F_{42}，加之S_{2x}^{2}、S_{2x}^{1-2}层中长1m左右的短小裂隙发育，同时还分布有少量缓倾角裂隙，对冲刷区岩体的抗冲性极为不利，应采取相应的防护措施。

在消力池左侧将形成最大坡高约120m的人工边坡，边坡岩体上游段为D_{2y}石英细砂岩夹少量粉砂岩、页岩，下游段少量为S_{2x}砂岩、粉砂岩、页岩互层。边坡岩体为层状岩体，岩层走向与开挖边坡走向交角较大，对整体稳定有利，但NW组裂隙倾向坡外，构成不利因素。开挖后边坡岩体内应力会重新调整，将产生一定程度的变形或破坏。边坡变形破坏主要表现为块体失稳和边坡开挖后应力调整形成的卸荷变形拉裂及岩体变形位移，需要采取工程加固措施。

（5）右岸坝后式厂房主要位于小溪组上段，局部云台观组底部地层，基础岩体主要为微新风化岩体，一般较完整，基本能够满足厂房对地基的要求，见图3.3。但F_{40}、F_{41}断层地段和沿断层形成的囊状风化加剧区，岩体性状差，需要加大开挖深度或在结构上采取措施，进行专门工程处理。

在右坝肩下游厂房右侧将开挖形成高达约110m的人工边坡，岩层走向与边坡走向交角较大，但视倾角倾向坡外，边坡岩体上部为泥盆系云台观组石英砂岩（硬岩），下部为志留系小溪组粉砂岩（较软岩），具典型上硬下软的地质结构类型，对整体稳定不利。厂房机组中心线工程地质剖面图见图 3.3。

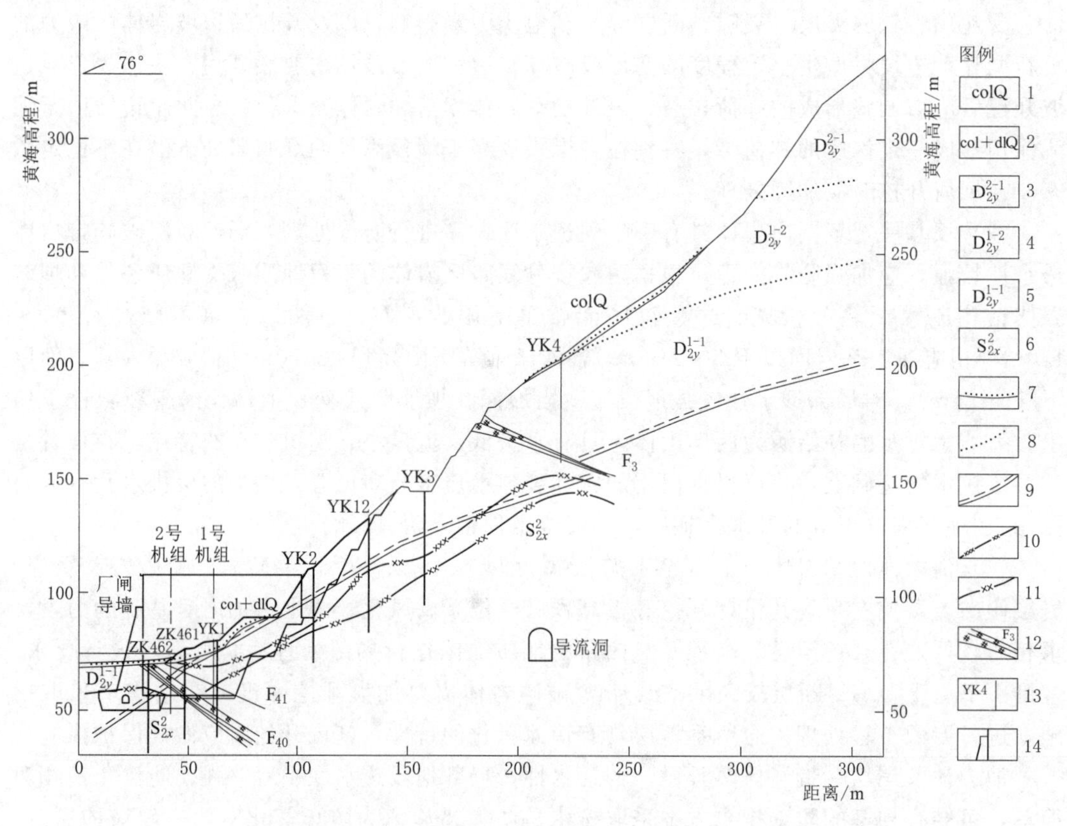

图 3.3　右岸厂房机组中心线 57—57′工程地质剖面图

1—第四系崩积堆积：碎块石夹土；2—第四系崩坡积堆积：碎块石夹土；3—泥盆系中统云台观组上段第一层石英细砂岩夹少量页岩及粉砂岩；4—泥盆系中统云台观组下段第二层石英细砂岩夹少量页岩及粉砂岩；5—泥盆系中统云台观组下段第一层石英细砂岩夹页岩及粉砂岩，底部有厚 5cm 砾岩；6—志留系中统小溪组上段细砂岩与页岩、粉砂岩互层；7—第四系与基岩界线；8—岩层分界线；9—假整合地层界线；10—弱风化上带底界；11—弱风化下带底界；12—断层破碎带及影响带；13—钻孔及编号；14—设计轮廓线

专题研究的稳定性分析及定量计算分析认为：①边坡为层状岩体，岩层走向与开挖边坡走向交角较大，为斜向坡，根据平硐、地表地质调查所揭示的右岸边坡一带构造结构面的发育规律，顺坡向或与坡向交角较小、倾向坡外的结构面不发育，很难贯通使边坡产生整体滑移失稳的界面，边坡的整体稳定性较好，基本不存在整体滑动失稳问题；②人工边坡开挖后坡体的基本平衡状态被打破，坡体内应力重新调整，其稳定性将会受到影响，将产生一定程度的变形或破坏，特别是人工边坡坡脚应力集中，下部较软岩易产生塑性变形，同时由于坡脚还分布 F_{30}、F_{40}、F_{41} 等断层，可能产生压性塑性变形，在坡体中部及后部产生拉张性塑性变形区，塑性区的进一步发展可能使人工边坡产生倾倒等形式的破坏；③开挖后边坡的稳定性问题主要表现为以下几种形式：变形、块体失稳、卸荷拉裂及

第四系崩坡积体滑塌。因此应对边坡进行系统工程加固处理，特别是防止塑性区的形成与发展。此外，厂房边坡还处在泄洪浓雾区，边坡治理时需要考虑雾化雨的长期作用。

（6）导流洞穿越坝址区所有地层，进口洞脸及进口段岩体为D_{3h}地层，夹层多，稳定性较差。D_{2y}洞身段围岩以Ⅱ、Ⅲ类为主，成洞条件较好。S_{2x}洞身段围岩岩性软弱，以Ⅲ、Ⅳ类为主，需及时衬砌支护。出口段分布有F_{30}断层等小构造，断层破碎带及其影响带加剧了岩体的破碎，此段洞室围岩岩体变形将会严重，极易产生冒顶与坍落，应选择合理的开挖方式，并及时进行强支护加固。另外，在导流洞出口一带分布金家崩坡积体，明渠开挖将影响其稳定性。

（7）上、下游土石围堰河床覆盖层较薄，覆盖层厚1～4m，工程地质条件较好，对砂卵石及浅部透水性较强岩体及断层带应进行防渗处理。上游围堰左堰头P_{1q}^{1-1}存在岩溶现象，应注意绕堰渗漏。

（8）坝下游右岸水阳坪—邓家嘴一带，经初步设计阶段专题勘察研究，其边界条件及空间形态清楚，为一基岩古滑坡体。上部的水阳坪与邓家嘴不具有统一的滑面，邓家嘴滑坡体是水阳坪滑体前缘进一步解体形成，总体积约137万m^3。

在天然状态下，水阳坪滑体总体上处于稳定状态，但平台前缘有明显的解体迹象；邓家嘴滑坡体处于临界稳定状态。导流洞出口水流冲刷其前缘后，前缘极易产生解体，威胁右岸沿江公路的安全和降低滑坡体的稳定性，应防止滑体局部失稳滑动堵塞渠道出口，因此前缘需采取相应的抗冲防护措施。

（9）由于下泄水流流速分布不均匀及剩余能量的作用，不可避免地会对消力池下游河床及两岸岸坡产生冲刷。为防止泄流冲刷带来的岸坡崩坍，对消力池下游一定范围的两岸岸坡应采取一定的工程防护措施；消力池尾坎下游及邓家嘴一带的岸坡抗冲防护应重点进行考虑。

3.1.5 建筑材料

皂市水利枢纽所使用的天然建筑材料包括天然砂砾料、人工骨料和土料等。前期曾进行过砂砾石料、块石料和土料的普查和初查勘探，勘探范围上起桐梓溪，下至三江口。各料场分布位置见图3.4。各天然砂砾石料场的储量均不大，不能满足工程需要，需采用人工砂石料。

天然砂砾石料可从十家坪和李家河两料场开采，1993年，两料场勘探总储量124万m^3，但仅能满足临建工程需要量，初期工程施工从十家坪料场进行了开采，由于自1993年（特别是1998年）以来，当地金砂公司一直在半机械化开采，料场的储量与质量发生了一些变化。

人工骨料及块石料取自易家坡料场，料场位于坝址上游2km，料源为嘉陵江组灰岩，强度高，但表部岩溶发育，剥离层厚度一般6～10m，建议的优先开采区储量500万m^3，质量满足要求。

土料取自阳泉土料场，土料级配较好，黏粒含量适中，防渗性能较好，适合做围堰防渗用料，详查储量200万m^3，质量储量满足要求。

各料场均距坝址较近，有公路相通，开采运输较方便。

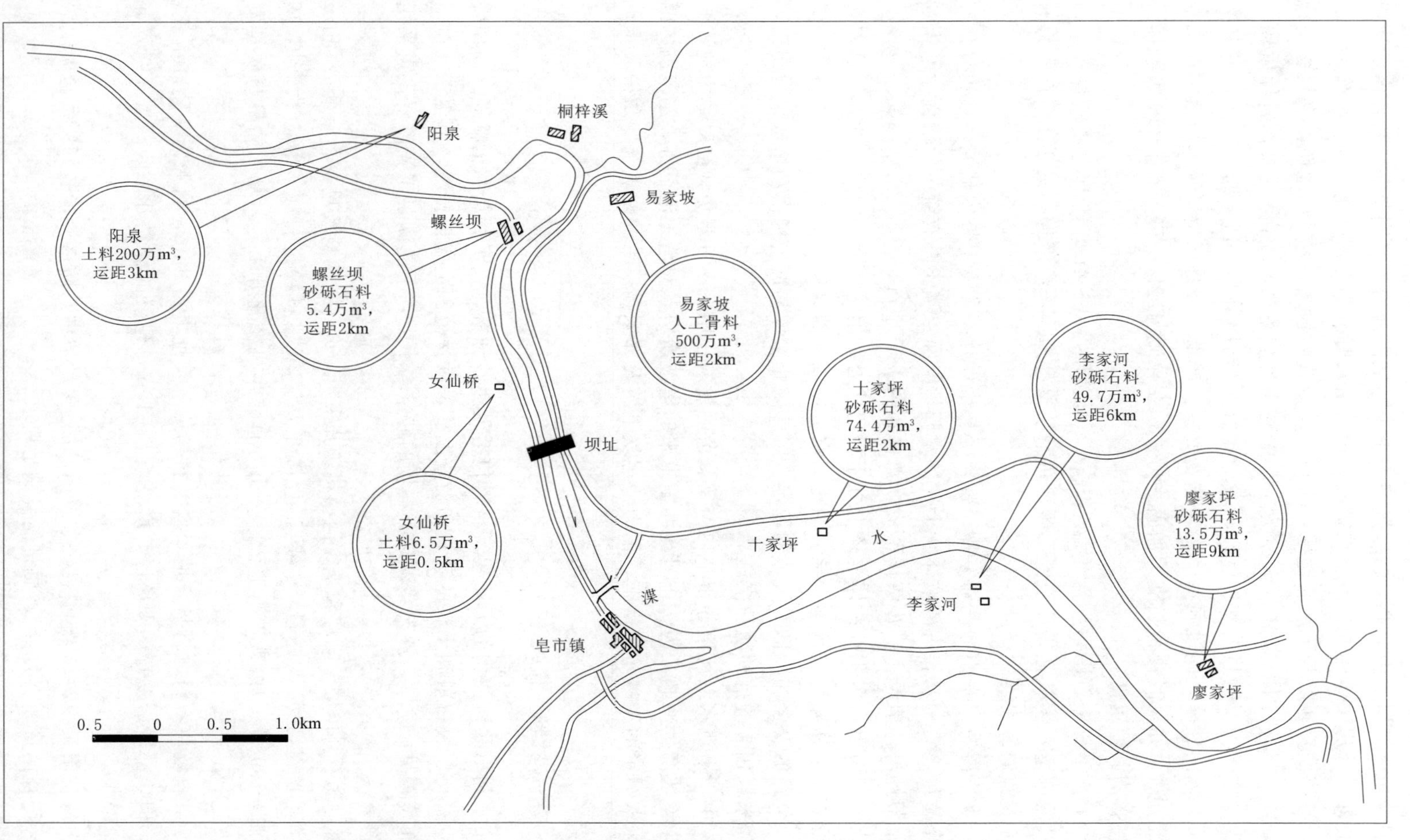

图 3.4 天然建筑材料各料场分布位置示意图

3.2 主要工程地质问题研究与处理

皂市水利枢纽工程的地质条件特殊，工程地质问题极具代表性。坝基石英砂岩具有“硬、脆、碎”的工程地质特性，需要研究新的具有针对性的建基岩体质量评价及选择方法；坝址区上硬下软的地层结构，需要实践解决右坝肩高边坡稳定性评价及处理的一系列问题；紧邻坝下游的志留系小溪组地层内大型滑坡勘察与稳定性研究决定了选址的成立与否；岩溶发育条件下薄—中厚层碳酸盐岩人工骨料的勘测与利用在当时是一种创新和大胆的实践；河床覆盖条件下对 F_1、F_2 等断裂构造的勘察与分析，为确定建基面和基坑开挖奠定了坚实的基础。

为了工程设计更加科学、合理、经济，更好地控制工程投资，为施工及运营提供技术支撑，对下列主要工程地质问题及关键技术难题开展了深入研究：坝基“硬、脆、碎”岩体质量评价及建基岩体选择；岩溶发育条件下薄—中厚层碳酸盐岩人工骨料勘测与利用；近坝大型滑坡勘察与稳定性研究；右坝肩高边坡稳定性评价及处理；河床覆盖条件下断裂构造的勘察与分析技术等。

3.2.1 坝基“硬、脆、碎”岩体质量评价及建基岩体选择研究

皂市大坝建基岩体主要为泥盆系石英砂岩，微细裂隙及隐性裂隙发育，岩体具有单轴抗压强度很高、而变形模量低的特点。用于评价岩体质量的 *R.Q.D* 值、岩体完整性系数（K_v 值）及声波值均很低。岩体多被切割成六面体碎块，呈紧密的镶嵌结构。岩体在未扰动情况下，整体强度较高，但一经扰动，岩体的完整性即大幅度下降，是典型的“硬、脆、碎”岩体。按已有规范中的评价体系，该类岩体大部分不满足作为大坝建基岩体的质量要求，开挖深度大，且会面临随开挖随松弛、挖不胜挖的两难局面。如何建立一套针对该类岩体合理的评价方法，有效利用该类岩体作为大坝建基岩体，是勘察工作需要解决的主要技术问题之一。

因此，对皂市大坝坝基涉及的建基岩体需先从岩组岩性、风化特征、结构类型、完整程度、物理力学性质和透水性等进行系统研究，综合评价岩体的基本质量，再根据岩体的工程特性、力学性质、岩体质量等在垂直方向上的差异，选择合适的建基岩体，确定建基面利用高程。

3.2.1.1 岩组岩性

坝区工程涉及的岩组有两个：一是由泥盆系云台观组地层构成的石英砂岩硬岩组，二是由志留系小溪组地层构成的泥质粉砂岩软岩组。大坝建基岩体主要为 $D_{2y}^{1-2} \sim D_{2y}^{2-2}$，发电厂房基础为 S_{2x}^{2} 地层，引水洞及导流洞涉及 $S_{2x} \sim D_{2y}$ 所有地层。

3.2.1.2 岩体风化特征

坝址岩体由于岩性的差异、裂隙及岩体结构不均一，导致岩体风化程度的不均匀性和风化形式的多样性，总体上可划分为岩体均匀风化、裂隙及断层风化和夹层风化三类。

坝址风化岩体分为强风化、弱风化、微风化三个带。在坝基范围，根据岩体风化特征及工程地质性质的差异，又将弱风化岩体分为弱上和弱下两个亚带。

(1) 强风化岩体仅出现在两岸斜坡地带，河床下基本没有分布。

(2) 弱风化岩体在坝肩及河床均有较大厚度，特别在断层附近，其深度可达30～40m。在划分弱风化亚类时，充分考虑了以下三方面地质及工程上的特殊性：

1) 坝址云台观组地层具有"硬、脆、碎"的特点。砂岩岩块抗压强度可达100～200MPa，但性脆、裂隙发育，岩体块度小，然而在天然情况下，岩块嵌合紧密。

2) 划分亚类的目的是选择大坝利用岩面，因此在遵循一般的岩体风化划分标准外，根据工程特性建立皂市坝址相对独立的划分标准。

3) 划分标准考虑坝型、坝高对基础的要求。

为此，主要从岩块风化、裂隙风化及岩体完整性三个因素综合考虑进行了划分，见表3.1。

表3.1　坝基岩体风化分带表

岩体宽量性	岩块轻微风化蚀变，裂隙面风化明显	裂隙面风化明显	裂隙面风化轻微	个别裂隙有风化迹象
岩体破碎或裂隙密集	弱上、强风化	弱上	裂隙密集带	
岩体完整性中等		局部加剧风化	弱下	微风化
岩体较完整		弱下	微风化	

"岩体破碎或裂隙密集"在地面及平洞中表现为1～2组裂隙密集发育，岩体块度一般小于0.2m，钻孔岩芯"柱状者"小于20%；"岩体完整性中等"表现为裂隙发育，岩体块度一般小于0.5m，钻孔岩芯中10～20cm柱状者累积长度占比达到20%～50%；"岩体较完整"表现为裂隙稀疏，钻孔柱状岩芯达到40%～70%。

根据坝基20个钻孔及5个平洞资料统计，两岸坝肩部位弱上岩体厚度一般5～10m，河床部位一般1.5～5.0m，但在河床左岸F_2下盘存在明显的裂隙密集带和囊状风化加剧现象，在ZK83、ZK434、ZK435、ZK436、ZK97等钻孔，局部加剧风化（弱上特征）深度可达40m。

弱风化上带基岩钻孔声波波速一般为2600～3800m/s，弱风化下带波速一般为3100～4300m/s，裂隙密集带波速一般为3000～4000m/s，风化加剧带波速一般为3000～4100m/s。

坝基下游志留系地层中，风化相对均一，其厚度主要受岩性控制，消力池一带弱风化底板埋深12～15m，断层附近局部加深。

3.2.1.3　岩石（体）物理力学性质

为研究坝基岩石的工程地质特性，在前期及初设阶段，先后取样进行了室内岩石物理力学试验。对大坝建基岩体抗剪强度、变形模量及声波特性等进行了原位测试。

1. 室内试验

室内试验的项目主要有物理性质、单轴抗压强度、抗剪试验、变形试验。

大坝建基涉及的主要岩石为微新、弱风化带的云台观组D_{2y}^{2}与D_{2y}^{1-2}的灰白色、紫红色石英砂岩。云台观组（D_{2y}）石英砂岩主要物理性质指标如下：比重2.60～2.67、干容重2.40～2.47×10^4N/m^3、湿容重2.46～2.52×10^4N/m^3、天然含水率0.11～0.15、饱水率1.56～2.41、孔隙率4.29～5.89。石英砂岩岩块的湿抗压强度：D_{2y}^{2}为143.3～182.67MPa，D_{2y}^{1}为124～147.6MPa；岩块的变形模量：D_{2y}^{2}为30.40～53.10GPa，D_{2y}^{1}为16.6～37.74GPa。

室内试验成果表明，岩块具有很高的抗压强度和抗剪强度，岩块变形模量也较高。

2001年，在左岸PD21硐口裂隙较发育的D_{2y}^{2-2}中进行了现场抗剪试验，当剪面较完整时，$f'=1.6$，$c'=1.5$MPa；当剪面较破碎时，$f'=1.13$，$c'=0.59$MPa。在F_1上盘PD25硐口D_{2y}^{2-1}中的现场抗剪试验得到，$f'=1.67$，$c'=1.17$MPa。表明即使岩体较破碎，仍有较高的抗剪强度。

2. 混凝土与基岩胶结面的抗剪强度

在现场主要对D_{2y}^{2-2}、D_{2y}^{2-1}与D_{2y}^{1-2}进行了混凝土与基岩胶结面的抗剪试验。

影响混凝土与基岩胶结面抗剪强度的主要因素是混凝土的强度、岩面粗糙程度、正应力等。在胶结面具有一定的糙度和基岩强度远大于混凝土强度的情况下，剪断沿胶结面脆性破坏形成，抗剪强度为混凝土所控制。微风化新鲜岩体与混凝土结合面的抗剪强度平均值$f=0.72$～0.90，$c=0.21$～0.47MPa；弱下岩体与混凝土结合面的抗剪强度平均值$f=0.77$～0.94，$c=0.16$～0.50MPa；二者相差不大。

3. 岩体现场变形试验

试点均布置在两岸平洞中，主要对坝基D_{2y}^{2}与D_{2y}^{1}微新及弱下岩体进行了刚性承压板法变形试验，试验采取逐级一次循环加荷。

变形的试验参数波动较大，各层岩体变形模量为：D_{2y}^{2-2}（铅直）2.22～10.14GPa、D_{2y}^{2-1}（铅直）1.65～7.26GPa、D_{2y}^{1-2}（铅直）2.08～17.19GPa、D_{2y}^{1-1}（铅直）1.96～2.85GPa，与室内岩块的变形模量相差较大。岩体变形特征的差异是岩体地质条件，特别是结构面的发育特征差异的综合反映，裂隙发育时，变形模量就低，完整岩体的变形模量增大。

4. 岩体的声波特性

在坝址两岸及河床钻孔内进行岩体声波测试，各层岩体按照风化状态及位置进行统计。弱风化上带岩体V_p一般2600～3800m/s，弱风化下带岩体V_p一般为3100～4300m/s，微风化岩体V_p一般为3500～4600m/s。对于弱风化下带岩体，D_{2y}^{2-1}灰白色石英砂岩V_p一般为4000m/s，而D_{2y}^{1-2}紫红色石英砂岩V_p一般为3600m/s。

3.2.1.4 岩体透水性

岩体透水性与岩性、结构面的发育程度、岩体的卸荷风化等密切相关。据坝址区66个钻孔近400段压水试验段统计：透水率q值大于10Lu的占26%，5～10Lu的占16.3%，3～5Lu的占11%，1～3Lu的占32%，小于1Lu的占14.8%；说明岩体透水性多为弱—中等透水。

1. 不同岩组的透水性特征

D_{2y}石英砂岩透水性相对较大，吕荣值$q>10$Lu的占30%～35%，5～10Lu的占10%～20%，岩体具有弱—中等透水性，渗透系数K为$i\times10^{-4}$～$i\times10^{-5}$m/s；S_{2x}粉砂岩泥质粉砂岩透水性相对较小，综合压水试验及勘探平硐和导流洞观察，上段渗透系数K为$i\times10^{-5}$m/s，下段渗透系数K为$i\times10^{-5}$～$i\times10^{-6}$m/s。

2. 不同部位岩体透水性的差异

从坝址钻孔压水试验 q 值大于 5Lu 统计值看出，同一岩组在不同部位透水性差异较大，如 D_{2y}^{2-1} 层 q 值大于 5Lu 的试段在左岸占 22.2%，而在右岸占 76.9%。

3. 岩体透水性随深度变化特征

坝址岩体透水性随深度增加而呈减弱趋势。透水率 $q \leqslant 3$Lu 顶板埋深在左、右岸与河床分别为 20～70m、60～80m 和 30～55m。

坝基下相对不透水岩体埋深大，这与坝基岩体裂隙发育有一定的相关性。

3.2.1.5 岩体块度与高强度-低变模特征

皂市坝址云台观组地层具有典型的高抗压强度、低变模的特征，这一特点与岩体中发育的裂隙有关。

对于坚硬和半坚硬岩体，变形主要取决于结构面的数量和性状。从试验成果可以看出，皂市水利枢纽建基岩体变形模量参数波动范围大，原位试验的变形模量很低。

室内岩体变形模量与现场相比，相差 4 倍左右。表明岩体的变形性质明显受到夹层及裂隙的影响。事实上，绝大多数试点岩体裂隙发育，一般受到 1～3 组裂隙的切割，块度模数在 2～3 之间。泥质充填的裂隙及其他各类结构面的存在使变形模量显著降低。作为大坝建基岩体的石英砂岩的变形模量根据岩体裂隙发育程度可分为四个量级：①岩体完整、裂隙不发育、块度模数在 4 以上的岩体，变形模量 10～15GPa；②岩体较完整、裂隙不甚发育、块度模数在 3～4 之间的岩体，变形模量 7～10GPa；③裂隙较发育、块度模数在 2～3 之间的岩体，变形模量 4～7GPa；④裂隙发育且见泥质充填，块度模数在 2～3 之间的岩体，变形模量 2～4GPa。

由于坝基岩体总体上裂隙较发育，块度模数主要分布在 2.5～3.0 之间，因而尽管岩石的抗压强度及抗剪强度都很高，岩体的变形模量仍然很低，试验结果基本反映了岩体的客观情况。

3.2.1.6 岩体结构

坝基岩体被不同级别、不同性质和产状的结构面切割后，形成了不同的岩体结构类型，导致了岩体工程地质特性的差异。

根据《水利水电工程地质勘察规范》(GB 50487—2008) 岩体结构分类的规定，结合皂市水利枢纽工程的具体地质条件，将坝基岩体划分为六类。

(1) 厚层状结构。岩体呈厚层状，层间结合基本良好，Ⅳ、Ⅴ类结构面较发育—相对不发育，一般发育 1～2 组，连续性较差，以平直稍粗面和起伏粗糙面为主，间距一般 100～50cm，属完整—较完整岩体，这是 D_{2y}^{2-2}、D_{2y}^{2-1} 岩体的基本属类。

(2) 中厚层状结构。岩体呈中厚层状，一般有 2～3 组结构面发育、连续性较差，以起伏粗糙面或平直稍粗面为主，属较完整至完整性较差岩体，D_{2y}^{1-2} 的部分岩体属此类。

(3) 互层状结构。硬质岩与软岩呈不等厚互层，结构面较发育，以起伏粗糙面为主，间距一般 30～10cm，属完整性较差的岩体，这是 D_{2y}^{1-1} 岩体及部分与 D_{2y}^{1-2} 岩体的属类。

(4) 薄层状结构。岩体以薄层状为主，呈软岩夹硬岩形式产出，结构面发育，岩体结构及力学特性受岩性及结构面的双重控制。这类结构主要存在于志留系地层中，在裂隙发育一般的微新岩体中，岩体完整性较好；但在裂隙密集时，完整性相对较差。

(5) 镶嵌结构。见于云台观组地层中较大断层影响带及裂隙密集带，岩块镶嵌紧密、结构面发育，属完整性差的岩体。

(6) 碎裂结构。见于胶结较差的 F_1、F_3 等较大断层构造岩、志留系地层中的裂隙密集带和断裂带以及全强风化岩体，完整性极差。

3.2.1.7 岩体基本质量

岩体基本质量主要由岩体的坚硬程度和岩体的完整程度两个因素确定，同时受外部因素如地下水、初始地应力状态等因子的影响。

按《工程岩体分级标准》(GB/T 50218—2014)，根据岩石的单轴饱和抗压强度、岩体完整性系数 K_v、岩体基本质量指标 BQ 值、质量系数 Z 值和块度模数 M_k，对皂市水利枢纽坝基涉及岩体基本质量进行了定量分级，见表 3.2。

表 3.2　　坝基岩体基本质量定量分级表

级别	分级标准		单轴饱和抗压强度/MPa	完整性系数 K_v	块度模数 M_k	代表性岩层 BQ 值
	BQ 值	Z 值				
A	>550	>4.5	>100	>0.75	>4.0	D_{2y}^{2-2} (572.5)
B	550～451	4.5～2.5	100～70	0.8～0.51	4.0～3.0	D_{2y}^{2-2}、D_{2y}^{2-1}、D_{2y}^{1-2} (535～462.5)，D_{2y}^{1-1} (462.5～442.5)
C	450～351	2.5～0.3	70～40	0.75～0.48	3.0～2.0	D_{3h}^{1} (447.5～357.5)，D_{2y}^{1-1} (442.5～342.5)，S_{2x}^{2} (442.5～342.5)
D	350～251	0.3～0.1	40～10	0.75～0.55	2.0～1.0	S_{2x}^{2} (332.5～292.5)，S_{2x}^{1-2}、S_{2x}^{1-1} (347.5～272.5)
E	<251	<0.1	<10	0.75～0.35	<1.0	S_{2x}^{1-1} (197.5)

主要建筑物基本分布在 D_{2y}^{2}、D_{2y}^{1}、S_{2x}^{2} 等地层中，部分位于 D_{3h}、S_{2x}^{1} 地层中。坝基岩体主要为坚硬岩与较坚硬岩，受构造和风化作用，其完整性和强度均有不同程度的降低，该类岩体占坝基的 80%以上；软岩、较软岩主要分布在下游消力池等部位；极软岩主要为全强风化的泥质粉砂岩与软弱夹层，分布范围有限。

表 3.2 结果表明，坝基范围内大部分岩体质量属于 B、C 级较好与中等岩体；小部分为 D、E 级较差、差岩体。较差、差岩体主要为规模较大的 F_1、F_2 断层破碎带、裂隙密集带和厚度较大的软岩夹层。

3.2.1.8 岩体工程特性

(1) 云台观组 D_{2y} 岩体工程特性。云台观组岩体的突出特点就是"硬、脆、碎"，或高抗压强度—低变模特征。岩体中的夹层、断层、裂隙及风化作用构成了工程岩体的不利因素。岩体中的夹层从上游到下游逐渐增多，岩体的工程性状也逐渐变差，由此构成了岩体力学性状不均匀问题，尤其是河床右侧部分坝趾涉及 D_{2y}^{1-1} 地层，夹层多性状差，在大坝设计中应予考虑。根据渗透变形试验，夹层的临界比降 3.5～6，破坏比降 17.7～40；从夹层的性状及地下水局部承压现象分析，夹层具有一定的隔水作用。根据上述特征及设计采用的防渗排水方案，坝下渗流比降不可能达到破坏比降，因而出现渗流破坏的可能性极小。勘探资料显示，沿夹层存在风化加剧和岩体破碎现象，因此，对于建筑物基础开挖揭露的较大软弱夹层需要采取专门处理措施。

在坝基范围内，通过地质测绘与勘探仅发现两条有一定规模的断层，即 F_1 与 F_2。F_1 断层贯穿整个坝基与消力池，宽度大且性状差，风化加剧，构成了坝基的一个缺陷带。从其物质组成及压水试验成果看，断层带本身透水性不大，但其影响带有增大趋势。F_2 断层在河床中部穿过坝基，但规模相对较小，性状也相对较好。平硐揭示，F_2 两侧发育多条裂隙性小断层，岩体完整性受损，因此需要在防渗与固结处理时作为一个重点部位。

受岩性控制，云台观组地层突出的特点便是Ⅴ级结构面发育，而且隐性结构面也十分发育，这一特点在钻探及平硐开挖时得到充分体现，受机械振动与爆破振动作用，钻孔岩芯与平硐弃渣普遍给人一种“破碎”的感觉，尤其是平硐弃渣很少见到大块石。这一易碎特点对工程施工开挖提出了较高要求，即坝基与洞室开挖时除了严格控制爆破药量外，还因确保预裂效果。同时这一点也给基坑开挖现场确定建基面带来很大的难度，而且在开挖方法不当时，可能出现挖不胜挖的被动局面，因此基础开挖时一定要强化施工地质和地质超前预报，并加强地质、设计与施工的协调。

平硐揭示，在一般情况下，尽管岩体存在较多的结构面，但岩块间的嵌合（咬合）比较紧密，岩体块度多在 0.1～0.5m，而且结构面充填物极少，因此仍然不失为建坝的良好岩体。然而在裂隙形成密集带时，岩体块度一般小于 0.1m，有时呈现出排列整齐的火柴盒至砖块大小的六面体形态，如在左岸坝肩 PD21 硐口。

现有的勘探资料共揭露两个有一定规模的裂隙密集带，一个位于 F_1 断层带两侧 5～10m 范围内，表现为不仅 NE、NW 组结构面发育，而且多处形成裂隙性小断层，造成岩体总体上破碎、风化加剧；另一个位于 ZK422—ZK424—ZK436 一带，表现为裂隙密集发育，时而风化加剧。如 ZK422 在埋深 11.0～19.4m 岩芯破碎且风化加剧，呈弱风化上带特征；ZK424 在埋深 10.5～30.8m 岩芯异常破碎，但岩芯仍具有弱风化下带特征；ZK436 在埋深 17.5～23.2m 岩芯较完整且表现为弱下特征，但在埋深 23.2～32.2m 裂隙密集，而在埋深 32.2～36.4m 不仅岩体破碎，而且风化加剧。

上述裂隙密集带的岩体完整性差、变模低、透水性大，构成坝址 F_1 之外的另一个重要地质缺陷。而且埋深大，工程处理难度也大。设计上不仅要考虑基础变形问题，而且还要考虑抗滑稳定问题，在此基础上通过经济比较最终确定工程措施方案。

云台观组地层风化与构造、岩性及地下水渗流条件密切相关，它突出表现在 F_1 断层带及其附近风化明显加深，具有弱风化上带特征，最大深度可达 40m 左右。同时顺夹层常形成带状风化加深现象，即夹层的风化程度比两侧砂岩风化程度高。受地下水渗流的控制，两岸山体的风化带厚度普遍比河床大，同时左岸又比右岸大 6～7m。上述这些风化位置较难确定，通过加大开挖深度、掏槽置换等措施可以改善坝基的岩体受力条件。然而经常与裂隙密集带有关的囊状风化具有边界模糊、埋深大、分布随机等特点，对基础力学条件、岩体均一性、建基面选择、基础加固措施确定带来不利因素。虽然现阶段确定了两个裂隙型加剧风化带，但仍要在基坑开挖过程中根据揭露情况调整开挖、处理方案。

（2）志留系小溪组 S_{2x} 岩体工程特性。微新状小溪组地层总体上属于较软岩，其力学性质与云台观组岩体完全不同。小溪组地层中裂隙较发育，但以微小、闭合裂隙为主，正常情况下，岩体完整性较好，是厂房、消力池等建筑物良好的建基岩体。

小溪组地层风化均匀，河床部位弱风化带底板埋深一般小于10m，两岸斜坡一般小于17m，工程地质条件相对简单。

小溪组地层中层间剪切带发育，并普遍有泥化现象，最大泥化带厚度可达5～7cm，作为建筑物基础可能存在压缩变形问题，作为洞室围岩可能存在洞顶及边墙稳定问题。

小溪组岩体完整性主要受构造控制，除 F_1 断层贯穿整个消力池及尾坎以外，初设阶段钻孔揭露数个破碎带异常点，如右岸厂房尾水出口ZK106、ZK108、金家前缘ZK444、金家沟ZK451、邓家嘴前缘ZK417等钻孔均揭露有5～20m厚的破碎岩体。

招标设计阶段通过补充勘察进一步认为，机组中心线—尾水渠—导流洞出口一带分布有一组小角度与河流斜交的NNE组断层破碎带（F_{30}、F_{40}、F_{41}、F_{42}、F_{43}），新近布置的机组中心线钻孔YK1、ZK461、ZK462，尾水渠及厂闸导墙一带钻孔ZK474（ZK106与ZK108之间）、ZK463、ZK464、ZK469等7个钻孔均在不同高程揭露有破碎带的分布。破碎带（包括 F_1）构造岩以碎裂岩为主，上、下盘岩石裂隙多发育，岩石破碎，多见构造挤压现象，岩体性状极差，钻孔岩芯获得率多在10%以下，岩芯多呈渣状。

由于此组断层分布右岸坡坡脚一带，其对导流洞出口洞段的开挖及右岸（厂房）开挖高边坡的稳定性、机组、消力池及厂闸导墙建基岩体的选择、尾水渠岩体的抗冲性等都有不同程度的影响。

在建筑物基础下存在这类破碎岩体时需要加大开挖深度或在结构上采取措施，在金家—邓家嘴一带布置抗滑桩时需要考虑岩体的性状和抗力条件，在防渗帷幕线路上需要适当加大防渗深度。F_{30}、F_{40}及 F_{41}断层分布在厂房岸坡坡脚一带，它们的存在可能会加剧今后开挖人工边坡岩体的变形，设计上应充分考虑这一不利地质因素。

3.2.1.9 大坝建基面选择

1. 坝基岩体工程地质分类

根据《水利水电工程地质勘察规范》(GB 50487—2008)，结合坝基岩体风化状态、结构类型、岩体完整性、岩石强度、结构面形态与特征、岩体渗透性等将坝基岩体分为五类。

Ⅰ类——优质岩体：微风化、新鲜的厚层状、巨厚层状结构的灰白色石英细砂岩。岩体完整、裂隙不发育、渗透性弱、抗压强度高、岩石单轴饱和抗压强度（R_c）大于100MPa、BQ 值大于550，不需做专门处理，是混凝土高坝的优质建基岩体。

Ⅱ类——良质岩体：弱风化下带的厚层状石英细砂岩、微新中厚层状石英砂岩、弱风化下带但结构面不甚发育的中厚层状石英细砂岩。渗透性较弱，抗压强度较高、单轴饱和抗压强度（R_c）为100～70MPa、BQ 值为550～451，只需做常规处理，是良好的大坝基础。

Ⅲ类——中等岩体：弱风化下带中厚—厚层状石英细砂岩、不等厚互层状细砂岩、粉砂岩及弱风化上带中厚层状裂隙不发育的石英细砂岩。强度与变形模量较低，弱透水或局部较强透水，岩体质量受结构面与强度的影响明显，需做专门性处理工作，属一般性坝基岩体。

Ⅳ类——差岩体：弱风化上带岩体、完整性差的弱风化下带岩体（裂隙密集带）及胶结较差的断层影响带；此类岩体不宜作为大坝建基岩体。

Ⅴ类——极差岩体：破碎夹层、泥化夹层、断层破碎带及全强风化岩体。此类岩体不能作为大坝坝基，需进行开挖或置换处理。

2. 建基面的选择

坝基岩体主要为D_{2y}^{2-2}～D_{2y}^{1-2}的石英细砂岩，全、强风化带（Ⅴ类—极差岩体）石英细砂岩的强度低，完整性差，不能作为水工建筑物的建基岩体；微风化带（Ⅰ类—优质岩体和Ⅱ类—良质岩体）岩体坚硬、完整性较好、力学强度高，其所夹软岩与构造岩天然状态下性状较好，基本可以满足混凝土高坝对地基的要求，是良好的混凝土高坝建基岩体。按传统选择标准需选择此类岩体，但其埋藏一般较深，开挖量大。

按已有规范中的评价体系，弱风化岩体（Ⅲ类—中等岩体和Ⅳ类—差岩体为主）较大部分不满足作为大坝建基岩体的质量要求，但其弱风化下带岩体有作建基岩体的可能。弱风化岩体是否用作坝基岩体，需要对岩体工程特性、岩体力学性质、岩体质量、加固处理等方面进行综合分析评价，因此大坝建基面选择的关键在于对弱风化岩体的利用。

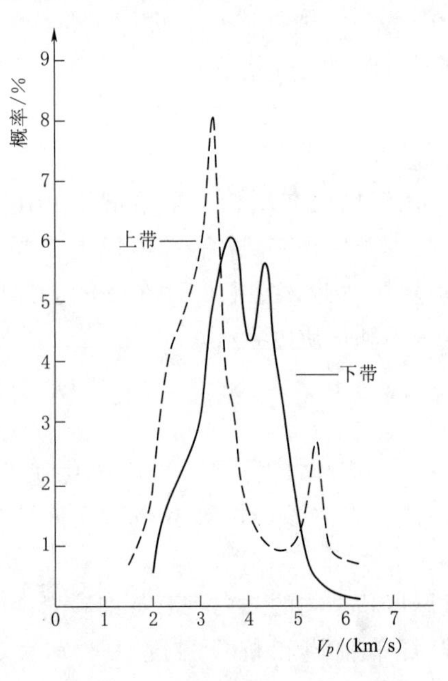

图 3.5 坝基弱风化上、下带岩体 V_p 值对比图

弱风化上带岩体为坚硬、较坚硬岩，结构面发育—较发育，裂面局部充填岩屑和泥质，裂隙面大多附铁锰质膜，局部沿裂面见1～2mm蚀变风化，锤击岩石时清脆，时伴哑声。岩体力学性质不均一，声波速度$V_p=1500\sim4200$m/s，波动大，平均值为3192m/s，变形模量2～5GPa，K_v平均小于0.4，V_p频率曲线为双峰形曲线（图3.5），岩体透水性较大，其中中等以上透水试段占70%；岩体质量以Ⅳ类为主，不能满足混凝土高坝对地基的要求，工程处理难度大、工程量大。

弱风化下带岩体以硬质岩为主，结构面较发育，多短小，裂面一般无充填，沿裂隙也有风化蚀变现象及铁锰质浸染现象，锤击发音清脆，岩体力学性质较均一，变形模量一般为4～7GPa，声波速度一般为3100～4300m/s，平均值为3716m/s，$K_v=0.48\sim0.80$，V_p频率曲线如图3.5所示，透水性中等—较弱，岩体质量以Ⅲ类为主、部分为Ⅱ类，坝基专门性处理的工程量不大；弱风化下带岩体的力学强度、变形特性与微风化带岩体相差不大，基本能满足混凝土高坝对地基的要求。

因此，根据弱风化带岩体工程特性、力学性质、岩体质量等在垂直方向上存在差异，建议利用弱风化下带岩体作为大坝建基岩体。

3. 建基岩体工程处理地质建议

根据勘探资料统计分析，河床部位弱风化上带厚度1～5m，岩体完整性差、透水性强，应予挖除；两岸弱风化上带厚度一般5～10m，左岸表现为破碎且加剧风化，右岸以破碎为主，原则上应挖除，但两岸坝头坝高较小的坝块，可视实际情况适当抬高建基面。

F_1断层性状较差，两侧影响带裂隙密集或风化加剧且透水性强，而且多处形成裂隙性小断层，如下盘ZK436孔弱风化上带厚达16.9m，建议做专门处理。在左岸ZK81—ZK83—ZK97—ZK424一带的裂隙密集带及风化加深现象，其下限最低达43～53m（相应埋深20～35m），它主要以两种现象出现：一是裂隙密集，岩体破碎，但没有风化加剧现象（如ZK424）；二是岩体完整性中等，但风化加剧（如ZK97、ZK435等）。对于该类地质缺陷，由于范围广、埋深大，不宜采取全部挖除的方法，建议在满足大坝要求的前提下，通过一定的工程处理措施，按大坝结构需要确定开挖面高程。

左岸F_1上盘坝段，建基面埋深8～10m，上游侧局部分布厚达10～15m的D_{3h}地层，其性状差，应予以全部挖除。

F_1断层至左岸水边坝段，是坝基地质条件最为复杂的部位，建基面起伏大，好岩体埋藏深，宜采用合适的开挖方法。在开挖过程中，接近设计建基面时应严格控制爆破药量，还要确保预裂效果。开挖坡面走向与坡度应充分考虑层面产状与裂隙密集带走向。

河床坝段，岩体开挖厚度0.2～3.9m，可利用岩面最大起伏11m，由于岩体硬脆的特点，不宜布置太多台阶。

右岸坝段，岩体开挖厚度多在5m左右，但上游侧岩体较下游侧好，建议尽量减少对岩体的人为扰动，并通过适当的措施弥补岩体的不均一性。

在建基面下存在众多夹层及小断层或裂隙密集带，沿这些薄弱部位多会出现破碎及风化加厚现象，建议做局部掏槽处理。

在基坑开挖确定建基面时，需要根据工程部位、岩体性状、局部地质缺陷的分布范围与特征、工程措施的难易度、大坝安全需要等因素综合确定开挖面高程。受岩性控制，云台观组地层突出的特点是“硬、脆、碎”和Ⅴ级结构面发育，而且隐性结构面也十分发育，这一易碎特点对工程施工开挖提出了较高要求，同时这一点也给基坑开挖现场确定建基面带来很大的难度，而且在开挖方法不当时，可能出现挖不胜挖的被动局面，因此基础开挖时一定要强化施工地质和地质超前预报，并加强地质、设计与施工的协调，在基坑开挖过程中根据揭露情况调整优化开挖、处理方案。

4. *建基岩体开挖控制*

为尽量减轻对建基岩体的扰动，采用以下措施进行开挖控制：单层爆除厚度一般不超过7～8m，建基面以上预留2.5m保护层。对保护层进行分层爆破：第一层炮孔穿入距水平建基面1.5m的范围，炮孔装药直径不大于40mm，采用梯段爆破方法；第二层炮孔穿入距水平建基面0.5m的范围，炮孔与水平建基面夹角不大于60°，炮孔装药直径不大于32mm，采用单孔起爆方法；第三层剩余的0.5m厚岩层作为水平建基面的预留岩体保护层，在浇筑基础混凝土前人工撬除。同时加强固结灌浆处理，固结灌浆压力不宜过大，控制在0.4MPa。

根据弱风化下带岩体的工程特性，其特点是：“高强度，低弹模”，岩体裂隙和微裂隙发育，岩体在未受扰动的原位条件下处于密实状态，一旦基础开挖，围压应力解除，岩体解体松动，表现出完整性很差，而且即使加深开挖，岩体的完整性也得不到明显的改善。在现场确定坝基建基面开挖不以岩体完整性和声波波速为准，而是以岩体裂隙的风化程度和充填情况为主要标准，开挖后裂隙面较新鲜或略有风化蚀变现象及铁锰质浸染现象，基本没有泥质充填、建基面声波 V_p 值为 3200～3600m，即可作为建基岩体。

3.2.1.10 小结

皂市大坝坝基为“硬、脆、碎”岩体，对这类岩体的岩体质量评价和作为大坝坝基岩体的利用，没有成熟的经验和可资遵循的标准。若按已有规范确定建基岩体，则开挖深度很大，且结合类似工程的经验教训，将面临开挖范围扩大加深，松弛解体范围随之发展，进而演变为挖不胜挖的两难局面。

中国工程勘察大师陈德基在其主编的《水利水电工程地质勘察规范》（GB 50487—2008）、《重力坝设计二十年》和《中国大坝 60 年》中对此类岩体归纳总结评价如下：

（1）“硬、脆、碎”岩体是指岩石具有很高的抗压强度，一般在 120MPa 以上，但岩体变形模量却很低，一般不高于 5GPa，即所谓的“高强度，低弹模”的岩体。其特点是岩体裂隙和微裂隙发育，岩体在未受扰动的原位条件下处于密实状态，一旦基础开挖，围压应力解除，岩体解体松动，表现出完整性很差，而且即使加深开挖，岩体的完整性也得不到明显的改善。这种特征的岩体主要是石英岩、石英砂岩、石英斑岩及其他 SiO_2 含量高的岩类。

（2）“硬、脆、碎”岩体这种现象在国内建坝过程中早有发现，最有代表性的是位于洛河上的故县水库。该水库大坝为混凝土重力坝，坝高 125m，坝基岩体主要为石英斑岩，岩石饱和抗压强度 120～150MPa，但岩体中裂隙特别是隐微裂隙发育，现场试验岩体变形模量多为 3～6GPa，坝基开挖后岩体破碎。为求得较完整的岩体，加深开挖至 10m，局部开挖更深，但岩体完整性一直没有明显好转，只好停止下挖，建基面弹性波速仅有 3500～4000m/s。

最近的实例为湖南澧水皂市水利枢纽。大坝为碾压式混凝土重力坝，最大坝高 88m，坝基岩体为泥盆系薄至中厚层石英砂岩。岩石饱和抗压强度 120～180MPa，岩体变形模量多为 4～6GPa，最低 2.2GPa，最高 7.4GPa。坝基开挖后的岩体特点与故县水库相似，总结故县水库的经验，确定坝基开挖不以岩体完整性和声波波速为准，而是以岩体裂隙的风化程度和充填情况为主要标准。即岩块间镶嵌较紧密，裂隙面较新鲜，基本没有泥质充填即可作为建基岩体，所测得的建基面的声波 V_p 值仅有 3300～3600m/s。对于这类岩体，经验表明，想依靠加大开挖来寻求完整的岩体是难于做到，也是不必要的。对于重力坝坝型，皂市水利枢纽工程总结出来几条确定建基岩体质量的标准是可以借鉴的。同时，要有针对性地制定合理的施工方法并加强固结灌浆。

（3）关于坝基岩体工程地质分类：对于强度很高、裂隙发育，但裂隙间无松软物质充填，岩块间嵌合紧密的岩体，俗称硬脆碎岩体，如故县水库、皂市水库等工程的坝基岩体。这类岩体的主要特点是岩体强度很高（一般大于 100MPa），但岩体变形模量较低，坝基开挖应力解除后，岩体易解体。其岩体工程性质评价为：岩体强度较高，但完整性差，抗滑、抗变形性能受结构面发育程度、岩块间嵌合能力以及岩体整体强度特性控制，基础处理以提高岩体的整体性为重点。坝基岩体工程地质分类可将其划为 $A_{Ⅲ2}$ 类。

综上所述，通过对“硬、脆、碎”岩体地区进行工程地质勘察研究，提出了正确认识和评价岩体质量及建基岩体的技术方法，建立了这类岩体质量及建基岩体可供选择的评价标准，其系统性、完整性和有效性在国内外尚属首次，并成功地得到了工程实践的检验，取得了良好的经济效益和社会效益，并被国标《水利水电工程地质勘察规范》(GB 50487—2008)、《重力坝设计二十年》和《中国大坝60年》所引用，为类似岩体中的工程勘测开创了一个全新的方法。

3.2.2 岩溶发育条件下薄—中厚层碳酸盐岩人工骨料勘测与利用研究

皂市坝址周边一带天然砂砾石料不能满足工程需要，需要考虑采用人工骨料。前期曾在坝址上游左岸百崖壁及左岸林家屋场、王儿峪、坝址下游5km左岸的鸡鸣山及坝址上游左岸易家坡进行了调查。经调查，前两个料场开采条件较差，王儿峪料场岩溶发育，鸡鸣山料场距坝址较远。经综合比较，易家坡料场在质量、开采及运输条件等方面相对较好。

易家坡料场为三叠系嘉陵江组中厚—薄层白云质灰岩，但该地层岩溶发育，表层溶蚀夹泥严重，料场存在溶蚀夹泥形成的剥离层和薄层岩体成材质量两大问题。如何查明两大问题一直作为皂市工程的重大地质问题在进行系统研究。

3.2.2.1 勘测工作范围确定

1. 位置及地形分析

料场选择位于坝址上游左岸2km，在桐梓溪南侧与渫水交汇部位的易家坡一带，到达坝址区交通便利，已有北岸线公路通过料场下方，并与左岸上坝公路相衔接。料场东边界距渫水左岸坡边缘陡崖600～800m，西边界外侧地形为一凹陷地带，料场范围则为南高北低的单斜坡，地形坡度25°～35°，高程200～400m，范围内地形较完整。

2. 地质构造与地层岩性分析

料场位置为单斜构造单斜坡，岩层属三叠系嘉陵江组上段（T_{1j}^{3}）、中段（T_{1j}^{2}）地层。岩层倾向340°～100°，倾角55°～65°。区内裂隙以剪性为主，较发育，但裂隙性状较好，延伸长度通常小于2m，微张，主要充填方解石脉、铁锰质，部分充填泥质。根据现场地质测绘资料及取样试验，料场范围上限以外的白云质灰岩地层具有碱活性并夹有角砾状灰岩，不宜开采；而下限由于位于坡脚地带，地表崩坡积物覆盖厚度较大，因此料场主要取用中段第四层（T_{1j}^{2-4}）中厚夹薄层含白云质灰岩、隐晶灰岩及部分含生物碎屑灰岩，该层真厚度78.9m。

3. 岩溶发育程度分析

渫水左岸坡陡崖壁分布有多处中、小型溶洞，分析岸坡一定范围内地下水流顺畅，水位变动频繁，岩溶较发育，料场东侧边界应向西收缩，因此料场东侧边界确定为距渫水左岸坡边缘陡崖600～800m，以避开此区域。料场西侧地形上为一凹陷地带，结合地表地质测绘判断为一岩溶塌陷区域，考虑用料方量已经足够，所以料场范围向东侧收缩，以避开该塌陷区域。

3.2.2.2 易家坡料场质量

易家坡料场石料场质量决定于岩石成分、构造、岩溶、填泥夹层四方面因素。

1. 岩石成分

对易家坡料场岩石进行了钻孔取样，取样部位避开地表风化层、地表岩溶发育部位，选择在有用层内。岩样进行了岩石矿物鉴定、岩石物理力学试验，分别见表3.3、表3.4。

结果表明，料场岩性主要为隐晶灰岩及含白云质灰岩，少量的生物碎屑灰岩。料场区内岩石的干重度26.1～27.3kN/cm^3，吸水率一般为0.95%～2.08%，孔隙率一般为2.57%～5.43%，单轴饱和抗压强度52.0～97.0MPa，满足要求。岩石的碱活性试验（圆柱体试验）表明，岩石均为非活性。

表3.3　易家坡料场岩石矿物鉴定表

岩石编号	取样部位		矿物组成	结构构造	岩石定名
	孔号	孔深			
1深定	ZK402A	12.40～12.55	方解石79%，石英0.2%，褐铁矿0.5%，白云石20%，黄铁矿0.1%，有机质0.1%	砾屑结构 缝合线构造	含白云质砾屑灰岩
1白云	ZK402B	12.55～12.70	方解石98%，石英0.2%，褐铁矿0.5%，黄铁矿0.1%，有机质0.5%	含生物碎屑结构 缝合线构造	含生物碎屑灰岩
2生物	ZK400A	18.20～18.35	方解石85%，石英0.3%，褐铁矿1%，白云石10%，黄铁矿0.1%，有机质1%，赤铁矿2%	鲕粒结构 砾砂屑结构	含白云质鲕粒灰岩
2白云	ZK400B	18.35～18.50	方解石96%，石英0.5%，褐铁矿0.5%，白云石1%，黄铁矿0.1%，有机质1%，赤铁矿0.2%	隐晶结构 局部凝块结构	隐晶灰岩
3晶灰	ZK404A	13.90～14.00	方解石98%，褐铁矿0.5%，白云石1%，黄铁矿0.1%，有机质0.1%	隐晶结构 缝合线构造	隐晶灰岩
3晶灰	ZK404B	16.70～16.85	方解石98%，褐铁矿0.5%，白云石1%，黄铁矿0.2%，有机质0.1%	隐晶结构 缝合线构造	隐晶灰岩

表3.4　易家坡料场岩石物理力学试验成果一览表

孔号	取样深度/m	抗压强度/MPa		重度/(kN/cm^3)			吸水率/%	孔隙率/%
		风干	湿	颗粒	干	湿		
ZK308	22.4	56.7		28.2	27.3	27.6	1.09	2.96
ZK308	31.2	74.8		27.2	27.1	27.1	0.21	0.56
ZK309	29.3			27.6	26.1	26.7	2.08	5.43
ZK309	29.6		52.0	28.0	26.5	27.0	2.02	5.36
ZK310	15.8		97.0	27.8	27.1	27.3	0.95	2.57

2. 构造

料场区域内岩体主要为中厚层及薄层，中厚层单层厚度10～50cm，薄层单层厚度5～10cm；按照各层所占厚度比划分属等厚层、略等厚层岩体。根据探硐资料，料场岩体厚度特征统计见表3.5。

建议的开采区未发现对岩体质量有影响的大规模断层，岩石整体性状好，仅见走向NNW及NNE两组裂隙，张开宽度多在0.5cm以下。据料场勘探平硐统计（表3.6），裂隙59%充填灰白色方解石或褐黄色铁锰质，胶结紧密；11%无充填，微张；30%充填泥质，宽度多在0.5cm以下，泥稍湿。岩体中以非泥质充填裂隙为主，占70%。另外，根据钻孔资料，岩芯获得率90%左右；钻孔岩芯裂隙线密度一般7～8条/m，最大为16条/m，约50%的裂面填充泥膜，厚度1～3mm，所填泥膜累计占岩芯总长的1%。

表3.5　　易家坡料场层厚统计表

探硐编号	层类型		厚度/m	层厚比例/%	探硐长度/m
	绝对厚度分类	相对厚度分类			
YPD9	中厚层	1.6∶1	11.5	39	29.7
	薄层	等厚层	18.2	61	
YPD10	中厚层	1.6∶1	20.7	62	33.6
	薄层	等厚层	12.9	38	
YPD11	中厚层	3∶1	15.6	75	26.0
	薄层	略等厚层	10.9	25	
YPD12	中厚层	4.6∶1	26.95	82	33.0
	薄层	略等厚层	6.05	18	

表3.6　　易家坡料场探硐裂隙性状统计表

填充物类型	条数	所占总统计量比率/%	说明
钙质、铁质混合胶结	217	40	胶结紧密，性状好
铁质胶结	104	19	
无充填	62	11	微张，性状一般
泥质、钙质、铁质混合胶结	164	30	稍湿，性状差
合计	547	100	

3. 岩溶对料场质量影响

易家坡一带地下浅表部岩溶较发育，高程250m以下有多处落水洞，最深已达27m仍未见底。高程250～400m区域，根据钻孔资料，岩溶线密度约1%；探硐表明，岩溶基本顺层发育，稍有穿层，形式以小型扁平状溶洞为主，多数充填泥，泥呈黄褐色、黄色，稍湿—湿，可塑状，为重黏土或粉质黏土，人工好剥离。

根据探硐资料，将所发现的直径大于0.2m、深度大于1m的溶洞进行统计，结果表明：建议的开采区内在岩层真厚度方向平均每米分布溶洞0.362个，有用层范围内平均每米分布溶洞0.122个，占有用层厚度的2.81%，见表3.7。

4. 填泥夹层

勘探揭示，料场岩体中填泥夹层有两类：一类是嘉陵江组地层原本含有的少量极薄层泥质灰岩风化、遇水后软化的软弱夹层；另一类则是顺层溶蚀后的溶蚀填泥夹层。两类夹层对料场质量均有不利影响，故将其统称为填泥夹层，并统一参加统计分析。

表 3.7　　易家坡料场探硐溶洞统计表

探硐编号	溶洞总数/岩层真厚度	有用层真厚度/m	溶洞个数/有用层真厚度	有用层溶蚀厚度比/%
YPD9	0.244 个/m	8.78	0.115 个/m	2.62
YPD10	0.388 个/m	7.53	0.199 个/m	18.65
YPD11	0.154 个/m	4.75	0	0
YPD12	0.662 个/m	5.52	0.175 个/m	6.77
平均	0.362 个/m	—	0.122 个/m	2.81

软弱夹层大多数分布稳定，厚度一般小于 10cm，局部受地下水渗流、风化影响性状变差，呈稍湿、可塑状泥，黏性强。溶蚀填泥夹层主要分布在地表向下（岩层真厚度方向）5～6m 范围内，最深可达到 8m；地表向下夹层整体宽度逐渐变窄，分布密度变小；单条夹层厚度变化大，往往呈地表厚、下部薄的狭长倒三角形，地表宽 0.3～1m、最宽 2m，底部宽度多在 0.1m 以下，直至消失。

开采区内各平硐填泥夹层所占岩层厚度百分比见表 3.8。由表 3.8 可见，YPD1 平均含泥量 15.2%，较高，且在硐深 16m 以后仍有连续 4m 范围内含泥量大于 12.5%、最高达到 13.1%，无明显分带特征；YPD3 平均含泥量 15.7%，含泥绝大部分集中在硐深 0～10m，10m 以前平均含泥量 24.1%、最高达到 51.1%，10m 以后减少至平均 1.7%、最低为 0，具有分带特征；YPD5 平均含泥量 8.3%，较低，绝大部分集中在硐深 0～8m，8m 以前平均含泥量 15.9%、最高达到 45.4%，8m 以后减少至平均 2.84%、最低为 0，分带特征明显；YPD6 平均含泥量 9.5%，较低，绝大部分集中在硐深 0～6m，6m 以前平均含泥量 31.17%、最高达到 44.0%，6m 以后减少至平均 1.22%、最低为 0，分带特征明显；YPD7 平均含泥量 29.1%，最高，硐深 22m 处含泥量仍达到 23.2%，无明显分带特征；YPD8 平均含泥量 20.7%，含泥量主要集中在硐深 0～6m，6m 以前平均含泥量 49.8%、最高达到 86.2%，6m 以后减少至平均 6.31%、最低为 0，具有分带特征；YPD9 平均含泥量 11.1%，含泥主要集中在硐深 0～10m，10m 以前平均含泥量 16.78%、最高达到 27.5%，10m 以后减少至 8.28%、最低为 0，具有分带特征；YPD10 平均含泥量 7.3%，较低，绝大部分集中在硐深 0～8m，8m 以前平均含泥量 28.95%、最高达到 80.0%，8m 以后减少至 0.58%、最低为 0，分带特征明显；YPD11 平均含泥量 8.0%，较低，绝大部分集中在硐深 0～10m，10m 以前平均含泥量 19.6%、最高达到 40.0%，10m 以后含泥量小于 0.81%、最低为 0，分带特征明显；YPD12 平均含泥量 11.8%，含泥主要集中在硐深 0～12m，12m 以前平均含泥量 25.68%、最高达到 62.5%，12m 以后减少至 3.42%、最低为 0，具有分带特征。

综合分析，YPD5、YPD6、YPD10、YPD11 四个探硐含泥量均在 10%以下，平均 8.3%，填泥分布具有明显分带特征；YPD3、YPD8、YPD9、YPD12 四个探硐含泥量大多在 11%～20%之间，平均 14.8%，填泥分布具有分带特征；YPD1、YPD7 两个探硐含泥量均在 15%以上，平均 22.2%，填泥无明显分带特征。

易家坡一带地下浅表部岩溶较发育，高程 250m 以下有多处落水洞，最深已达 27m 仍未见底。高程 250～400m 区域，据钻孔资料，岩溶线密度约 1%；探硐表明，岩溶基本

表 3.8　　探硐顺层填泥夹层所占岩层厚度百分比一览表

硐深/m	平硐编号									
	YPD1	YPD3	YPD5	YPD6	YPD7	YPD8	YPD9	YPD10	YPD11	YPD12
0～2	17.0	0	45.4	33.0	17.4	86.2	27.5	80.0	40.0	20.0
2～4	62.5	25.5	5.7	16.5	58.1	23.0	12.5	17.5	17.6	62.5
4～6	22.7	51.1	11.4	44.0	11.6	40.2	7.5	15.0	12.7	9
6～8	11.9	13.6	17.0	0	26.2	0	27.2	3.3	18.7	36.0
8～10	9.1	30.1	0	11.0	26.2	6.9	9.2	0.6	9.0	15.3
10～12	0	0	0	0	0	23.0	3.0	0.8	2.0	11.3
12～14	5.1	1.7	0	0	23.3	5.7	42.0	0	0.2	4.3
14～16	6.8	3.4	19.9	0	64.0	0	2.2	0.3	0	5.2
16～18	12.5		0	0	69.8	1.1	25.0	0.2	3.1	13.6
18～20	13.1		0	0	29.1		0.9	0	0.3	0.2
20～22	6.8		0	0	23.2		5.0	0	0.9	1.7
22～24			0		0		0.5	0.2	0	7.6
24～26							0.5	5.0	0	0
26～28							3.7	0.1		0
28～30							0	0.1		1.0
30～32								0.1		0.6
32～34								0.1		
全硐平均	15.2	15.7	8.3	9.5	29.1	20.7	11.1	7.3	8.0	11.8
硐深/m	21.6	16.5	22.2	21.4	22.1	18.0	29.7	33.6	26.0	32.8

顺层发育，稍有穿层，形式以小型扁平状溶洞为主，多数充填泥，泥呈黄褐色、黄色，稍湿—湿，可塑状，为重黏土或粉质黏土，人工好剥离。根据探硐资料，将所发现的直径大于 0.2m、深度大于 1m 溶洞进行统计，结果表明，建议开采区内在岩层真厚度方向平均每米分布溶洞 0.362 个，有用层范围内平均每米分布溶洞 0.122 个，占有用层厚度的 2.81%。

3.2.2.3　料场质量分区与剥离层厚度确定

1. 料场质量分区

根据地质测绘及钻探、硐探及地质雷达勘测成果，以岩溶发育程度为主要标准，综合考虑区内裂隙发育程度、岩体风化状况、岩石单层厚度以及地形等因素，将料场分为 3 个区：相对不发育区（Ⅰ区）、岩溶较发育区（Ⅱ区）、岩溶发育区（Ⅲ区）。

Ⅰ区：地质雷达及平硐揭示该区剥离层厚度 3.2～8.0m，由上至下（高程 400～250m）逐渐变厚。探硐内填泥分布具有明显分带特征，其中，探硐 YPD5 溶蚀填泥集中在剥离层 0～4m 范围内，以后含泥量为 2.84%，仅在 5～8m（真厚度）处见溶蚀填泥；

平硐 YPD6 溶蚀填泥集中在 0～3m（真厚度）范围内，以后含泥量为 1.22%，仅在 4.4m、5.8m 两处见溶蚀填泥，填泥厚度小于 10cm，见图 3.6；平硐 YPD8 溶蚀填泥集中在 0～3m（真厚度）范围内，以后含泥量为 6.31%，在 4.5m、5.5m、7.4m 处分别见溶蚀填泥现象；平硐 YPD9 溶蚀填泥集中在 0～5m（真厚度）范围内，以后含泥量为 8.28%，在 7m、11.8～13.7m 处还见溶蚀填泥现象；平硐 YPD10 溶蚀填泥集中在 0～4m（真厚度）范围内，以后含泥量为 0.58%，在 8.8～10.5m、11.8m、13.8m、15～16.5m 四处见小型溶洞；平硐 YPD11 溶蚀填泥集中在 0～5m（真厚度）范围内，以后含泥量为 0.81%，在 6.7～7.5m、10.5m 两处见有填泥溶洞。

Ⅱ区：地质雷达及平硐揭示该区剥离层厚度 6.8～9.0m，局部 10m。探硐内填泥分布具有分带特征，其中，平硐 YPD3 溶蚀填泥集中在 0～5m（真厚度）范围内，以后含泥量为 1.7%，在 5.0～8.9m 处见有溶蚀填泥，见图 3.7；平硐 YPD12 溶蚀填泥主要集中在0～6m（真厚度）范围内，以后含泥量为 3.42%，在 8.8m、11.5～14m、16.5m 处见有溶蚀填泥现象，泥多呈黄褐色，稍湿，可塑状。

Ⅲ区：地质雷达及平硐揭示该区剥离层厚度大于 11m。探硐内填泥无明显分带特征。其中，平硐 YPD1 全硐平均溶蚀填泥达到 15.2%，9m（真厚度）后溶蚀填泥仍有 9.95%，平硐 YPD2（底板高程 260.45m）揭露一落水洞（LSD13），洞径约 2m，深 22m，洞底填泥；平硐 YPD7 全硐平均溶蚀填泥量高达 29.1%，10m（真厚度）后，含泥量仍有 11.6%，在 6.2～6.9m、7.5～9.3m、9.8～10.6m 处还见有填泥溶洞，见图 3.8。

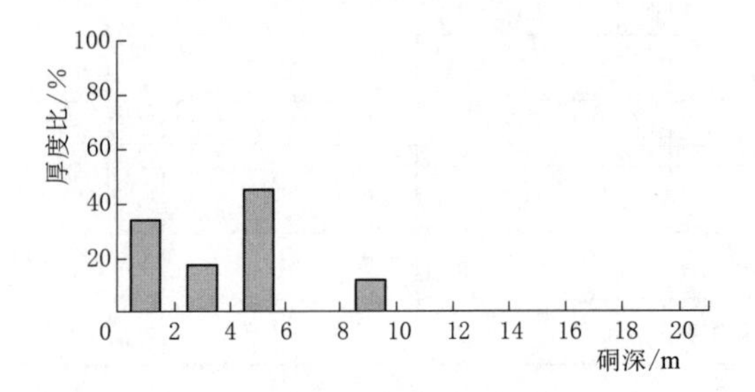

图 3.6 易家坡料场Ⅰ区典型溶蚀填泥占厚度百分比直方图

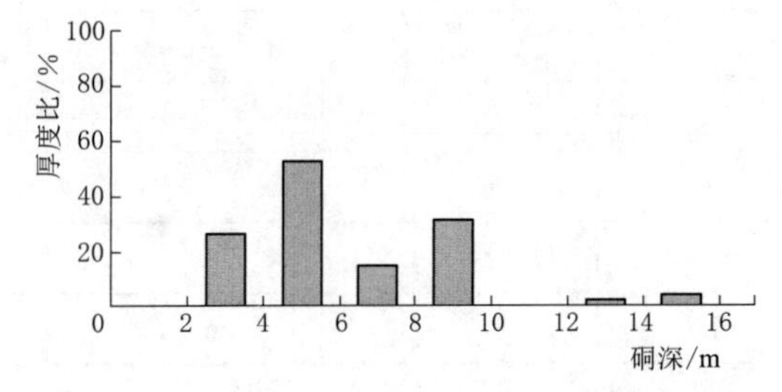

图 3.7 易家坡料场Ⅱ区典型溶蚀填泥占厚度百分比直方图

根据上述分区特征，分区结果如下：拟开采区绝大部分属Ⅰ区、Ⅱ区，其面积占开采区总面积的 96%。Ⅰ区分布在中间地带、高程 260～380m 之间，面积为 9.1 万 m^2，区内岩体性状较好；Ⅱ区分布在高程 260m 以下地带、溶槽所在高程 330m 以上条状地带、西部高程 370m 以上地带及区内东南角等几处，面积为 6.22 万 m^2；Ⅲ区仅零星分布在两条溶槽所在的高程 330m 以下条状地带，面积 0.68 万 m^2，占开采区总面积的 4%。

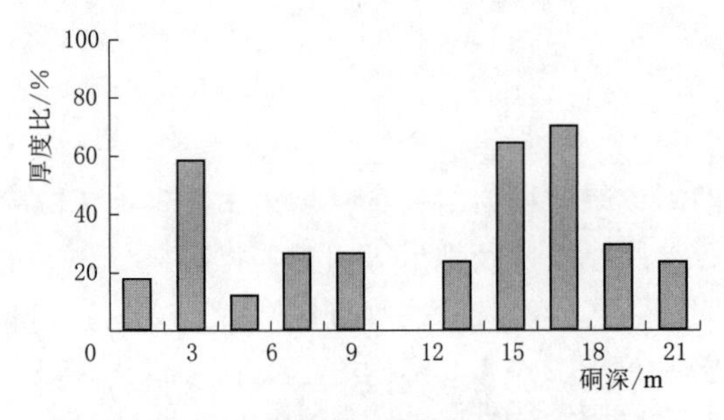

图 3.8 易家坡料场Ⅲ区典型溶蚀填泥占厚度百分比直方图

2. 料场剥离层确定

料场区内剥离层厚度在纵向上具有分带特征，横向具有较明显分区特征，如表 3.9 所示。

表 3.9　　采用不同剥离厚度后探硐内填泥厚度百分比表

剥离层厚度（对应硐深）/m（地形坡度按 30°计算）	Ⅰ 区				Ⅱ 区				Ⅲ区	
	YPD5 /%	YPD6 /%	YPD10 /%	YPD11 /%	YPD3 /%	YPD8 /%	YPD9 /%	YPD12 /%	YPD1 /%	YPD7 /%
4（8）	2.49	1.57	0.58	1.72	8.80	7.34	8.36	5.07	7.63	29.45
	平均：1.59				平均：7.34				平均：18.54	
5（10）	2.84	0	0.58	0.81	1.70	7.45	8.28	4.14	7.38	29.91
	平均：1.06				平均：5.39				平均：18.65	
6（12）	3.32	0	0.55	0.64	2.55	2.27	8.87	3.42	8.86	34.9
	平均：1.13				平均：4.28				平均：21.88	
7（14）	3.98	0	0.61	0.72	3.4	0.55	4.73	3.32	9.80	37.22
	平均：1.33				平均：3.00				平均：23.51	
8（16）	0	0	0.64	0.86	—	1.1	5.09	3.09	10.80	30.53
	平均：0.38				平均：3.09				20.67	
9（18）	0	0	0.70	0.30	—	—	1.77	1.59	9.95	17.43
	平均：0.25				平均：1.68				平均：13.69	
10（20）	0	0	0.8	0.3	—	—	1.94	1.82	6.8	11.6
	平均：0.28				平均：1.88				平均：9.20	
11（22）	0	—	0.93	0	—	—	1.17	1.84	—	0
	平均：0.23				平均：0.75				—	
12（24）	—	—	1.08	0	—	—	1.4	0.4	—	—
	平均：0.27				平均：0.45				—	

Ⅰ区在剥离 4m（真厚度）后岩体中填泥厚度比小于 1.59%；6m 以下岩体中填泥厚度比小于 1.13%；8m 以下岩体中填泥厚度比 0.38%，最高 0.86%。确定该区剥离层厚度 3.2～8.0m。该区剥离层在纵向上分带特征明显，见图 3.9、图 3.10。

综合各分区内探硐资料、钻孔资料，并参考地质雷达剖面资料，建议开采区内平均剥离层厚度为 8～9m，局部 10～12m，见表 3.10。在有用层内，仍然分布有少量小型部分填泥溶洞，但开采时易于剥离。

表 3.10　　各区剥离层厚度表

质量分区	剥离层厚度/m	质量分区	剥离层厚度/m
Ⅰ	3.2～8.0	Ⅲ	>11
Ⅱ	6.8～9.0	平均剥离层厚度	8～9

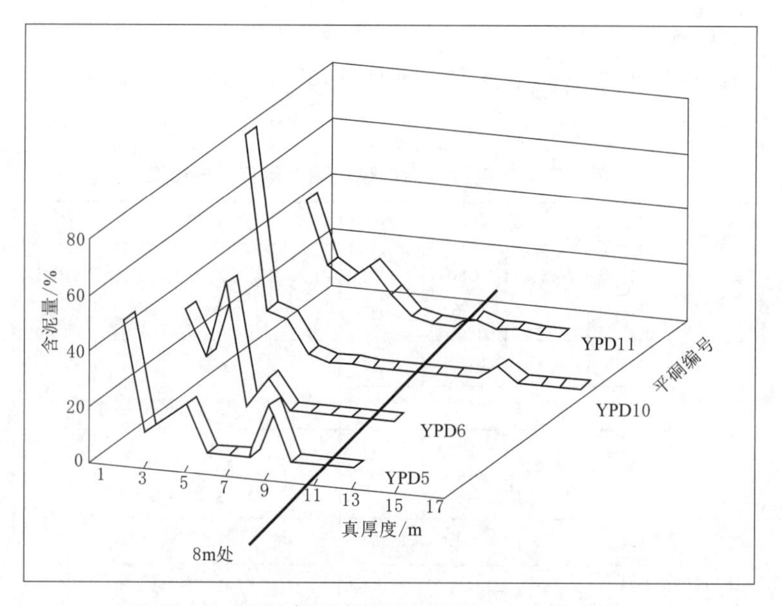

图 3.9 Ⅰ区探硐含泥量与岩层真厚度关系图

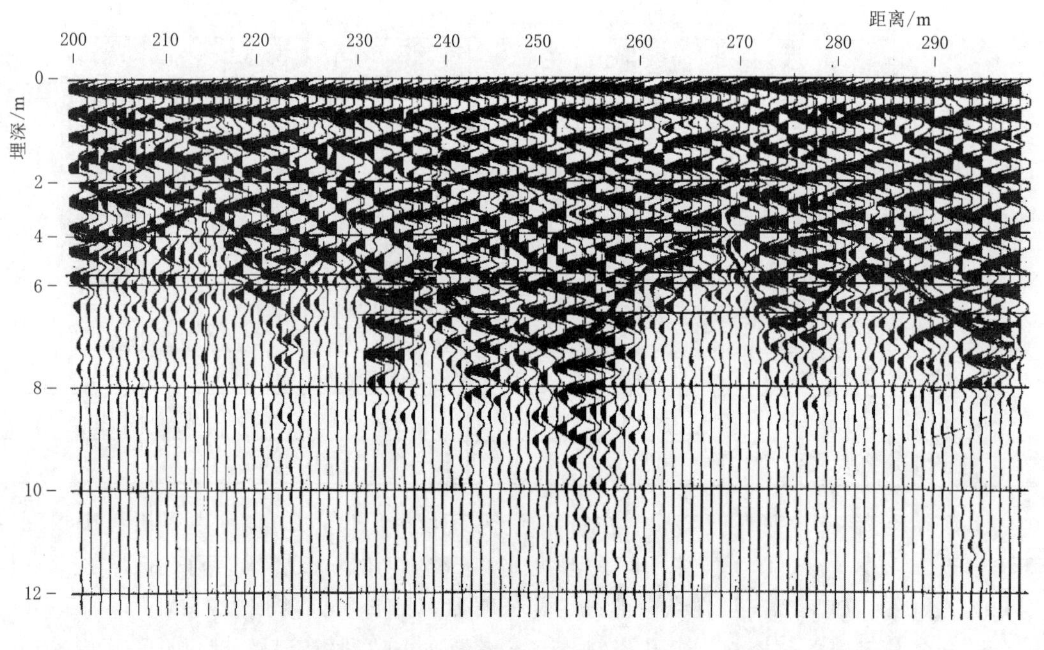

图 3.10 易家坡料场 2 线（Ⅰ区）地质雷达探测图

Ⅱ区在剥离 6m（真厚度）后岩体中填泥厚度比小于 4.28%；10m 以下岩体中填泥厚度比小于 1.88%；11m 以下岩体中填泥厚度比小于 0.75%；12m 以下岩体中填泥厚度比小于 0.45%。确定该区剥离层厚度 6.8～10.0m，见图 3.11。

Ⅲ区在剥离厚度达到 8m（真厚度）时，岩体中填泥厚度比仍大于 20%；9m 以下岩体中填泥平均厚度比 13.7%；厚度 10m 以下岩体中填泥平均厚度比 9.2%、最高 11.6%。确定该区剥离层厚度大于 11m，见图 3.12。

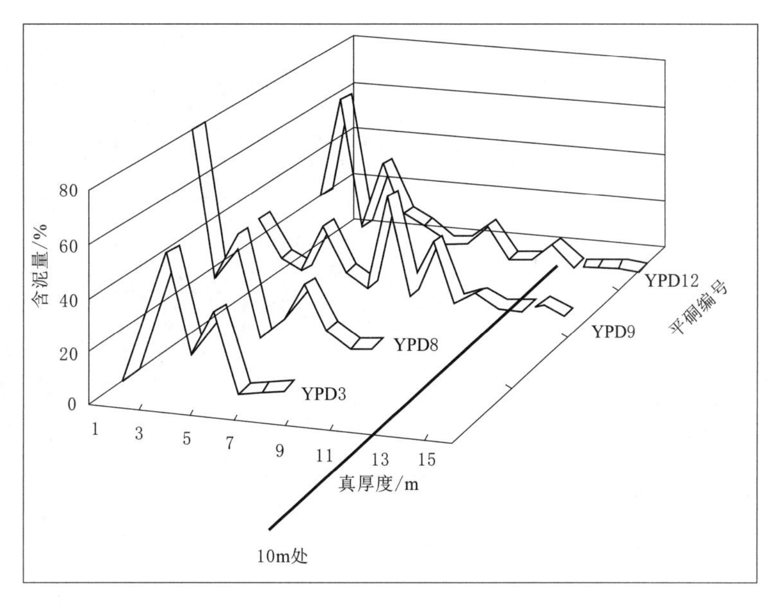

图 3.11　Ⅱ区探硐含泥量与岩层真厚度关系图

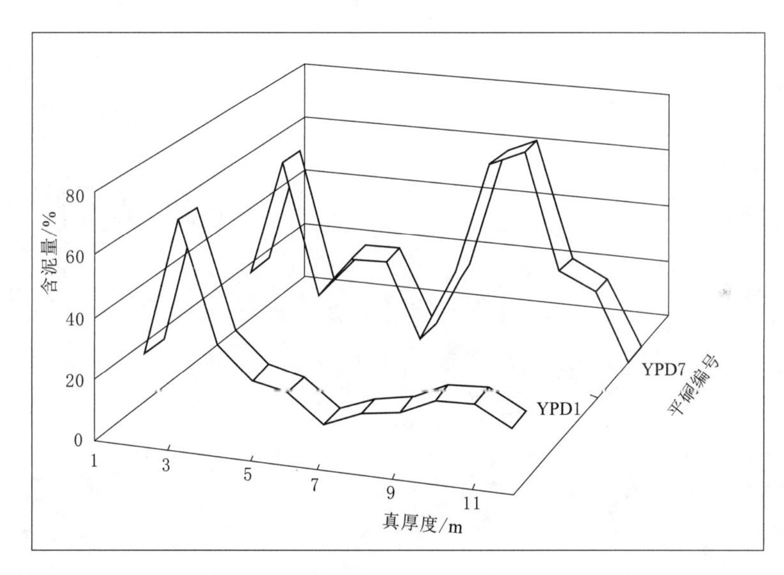

图 3.12　Ⅲ区探硐含泥量与岩层真厚度关系图

3.2.2.4　料场储量

综合各方勘察资料分析，结合地表地形特征并对料场进行质量分区之后，建议勘探范围内以Ⅰ区及部分Ⅱ区（均为 T_{1j}^{2-4} 中厚—薄层、部分厚层状灰岩、白云质灰岩）作为人工料场较为合适。据此选定在高程 240～380m 之间，西侧距易家坡陡崖 120m、向东 750m 范围为开采区，见图 3.13。

根据前述情况，建议开采区范围长约 750m、宽约 237m，平面面积约 0.16km²，地表高程 240～380m，剥离层厚度 8～9m，局部 10～12m。开采上下界高差 120m，开采坡度不超过岩层倾角，单级坡度取 55°，综合坡度取 49°；开采下界面水平。剥离层厚度以

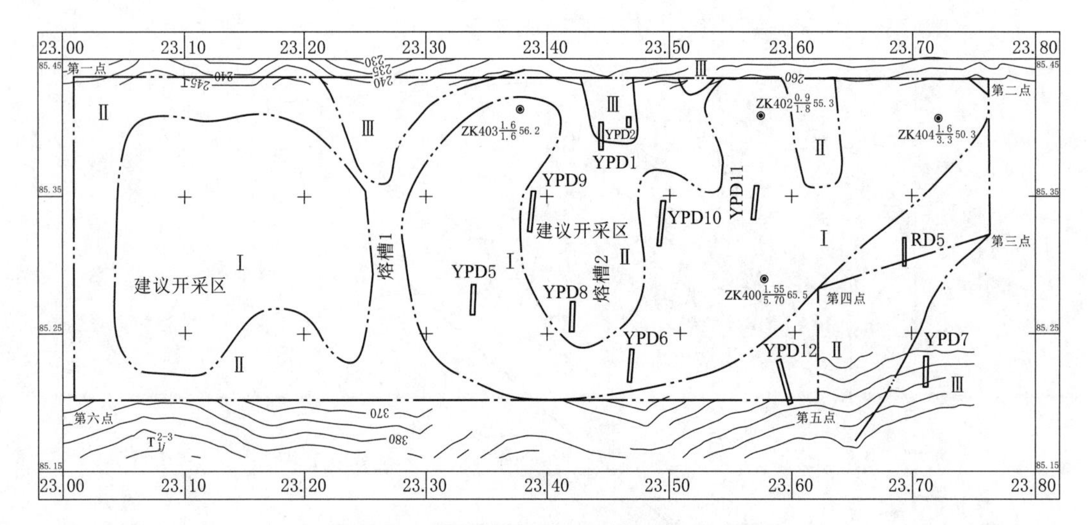

图 3.13 易家坡料场质量分区及开采范围

9m 计，完整开采断面面积为 7600m²，计算长度为 750m（根据开采范围线形态度，开采断面面积和计算宽度随之进行了调整），总储量达 500 万 m³，满足设计要求，见图 3.14。

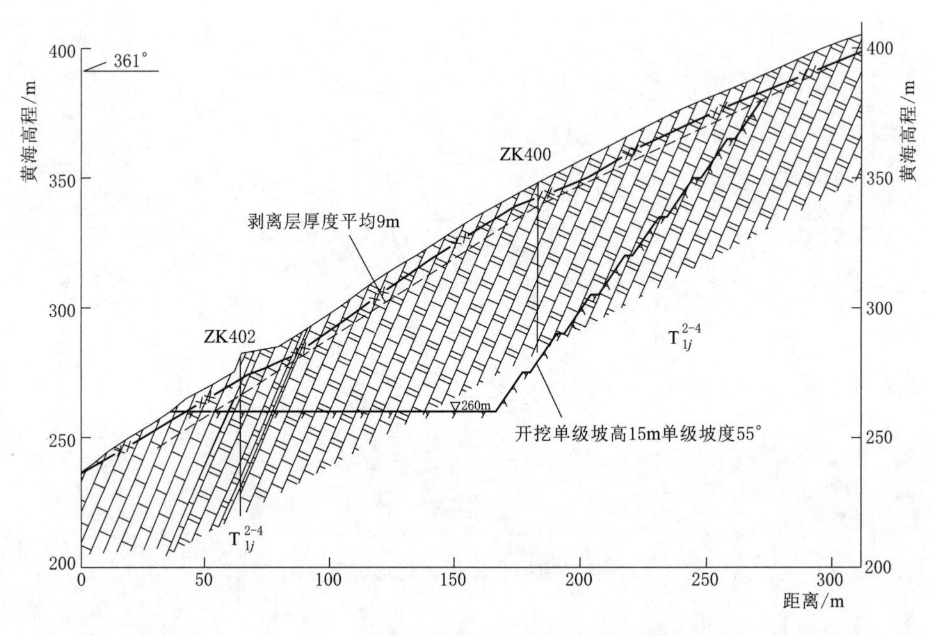

图 3.14 易家坡料场开采边界剖面示意图

3.2.2.5 实际开采情况

易家坡料场基本满足了工程需要。实际施工开挖后，将中区开挖上限提高至 428m，由高程 420m 每向下 12m 设置一级宽 2m 的马道，坡面局部喷混凝土保护、大部分坡面未进行保护。开挖揭露，高程 340m 以上岩体中薄层比例较初设有所增加；受东区 360m 以上溶蚀较严重、剥离厚度超过 11m，开口线附近剥离量比较大，但高程 340m 以上整个采区的平均剥离厚度仍小于 8～9m、有用料总量与预计算量大致相当。高程 340m 以下范围，剥离层厚度相对稳定（一般5～7m），且以中厚的白云质灰岩为主，含泥量较低，有用料的开采比例较高。

3.2.2.6 小结

通过详细的地质测绘，地形地貌、地层岩性、岩溶-水文地质调查，详细分析岩溶发育规律，进行岩溶发育程度分区，并运用地质雷达探查等手段，最终选择岩溶相对不发育区作为料场开采范围；采用钻探、平硐并通过一系列统计分析工作，查明料场有用层内溶洞分布密度为0.122个/m、溶洞占有用层厚度的2.8%，通过岩溶区规避和开采工艺优化，岩溶问题不会影响到建材质量；统计图表显示，料场区内剥离层厚度在纵向上具有分带特征，横向具有较明显分区特征：Ⅰ区在剥离8m后，岩体中填泥厚度比由1.59%（4m剥离）大幅下降到0.38%，确定该区剥离层厚度3.2～8.0m。Ⅱ区在剥离10m后，填泥厚度比由3%（7m剥离）大幅下降到1.8%，确定该区剥离层厚度6.8～10.0m。Ⅲ区在剥离厚度10m后，填泥平均厚度比仍达9.2%，确定该区剥离层厚度大于11m。确定了Ⅰ区、Ⅱ区为适宜开采区域。

易家坡料场通过综合勘察和分析，总体上查明了表层岩溶填泥、剥离层厚度，圈定薄层灰岩位置、厚度及成材条件，最终确定剥离层、可开采层厚度、岩性、成层条件、加工及成品料质量、碳酸盐岩碱活性反应等关键技术指标，科学进行了开采分区，并得到了最终开采的验证，不仅保证了施工的顺利进行，而且为业主和施工单位带来了巨大的经济效益。

国内不缺乏利用碳酸盐岩加工人工骨料的成功工程事例，也有更多走弯路的（隔河岩、江垭、碗米坡、江口等）经验教训，但像皂市水利枢纽易家坡碳酸盐岩料场这种条件复杂而又顺利开采使用的成功范例却是不多见的，它为复杂条件下碳酸盐岩料场的勘察、试验研究及正确评价提供了宝贵的经验，探索出了一条勘测、质量评价、料场选用的新路子。

3.2.3 近坝横向谷大型滑坡综合勘察技术

皂市水利枢纽曾对皂市坝址、上游的林家屋场坝址、下游的大寺湾坝址进行比选。林家屋场坝址由于岩溶渗漏问题过于复杂被否定；大寺湾坝址则因对皂市镇居民区、农田和矿产过大淹没问题而被否定。最终选定皂市坝址，但面临的首要地质问题就是坝址下游规模达137万m^3的水阳坪滑坡。

水阳坪滑坡位于皂市坝址下游右岸，这一带地质条件较复杂，地质结构特殊，20世纪50年代末至60年代初，原湖南省院地质调查认为存在水阳坪滑坡，长宽各在300m以上。但是，该位置的地质结构较特殊，属于斜横向坡，通常意义上并不具备形成大型滑坡的地质条件，因此勘察工作也经历了多次反复。

自20世纪50年代以来，多个单位在不同时期对其进行过多次研究，对该滑坡体性质、边界条件、稳定性等的认识经历过多次反复，争论和论证也持续了50年。该滑坡上距大坝轴线仅480m，水阳坪前缘又处于导流洞出口明渠下游斜坡段和厂房尾水渠出口，一旦失稳将会威胁导流洞和右岸电站厂房的正常运行，失稳规模较大时甚至会堵塞河道，关系到皂市坝址能否成立。因此，水阳坪滑体一直作为皂市坝址的主要工程地质问题进行勘察研究。

3.2.3.1 滑坡区地质概况

滑坡区处于扬子准地台范围内的上扬子台褶带、武陵陷断褶束中，构造线为NE和NNE向的古生代—中生代褶皱带，多表现为背斜成山、向斜为谷的高山峡谷地貌景观。滑坡周缘区所发育的断裂规模小，晚更新世以来没有明显的活动或不活动，是一个地震活动微弱的地区。根据《中国地震动参数区划图》(GB 18306—2015)，滑坡区地震动峰值加速度为0.05g，地震动反应谱特征周期为0.35s，相应地震基本烈度为Ⅵ度。

滑坡区处于溇水右岸坝址下游480m，河谷呈较对称U形谷，溇水流向约165°，岩层倾向上游偏左岸。滑坡区水面相对变窄，地形坡度20°～45°，存在水阳坪、胡家台两级平缓阶状平台，台面高程分别为165～190m、240～300m(图3.15)。

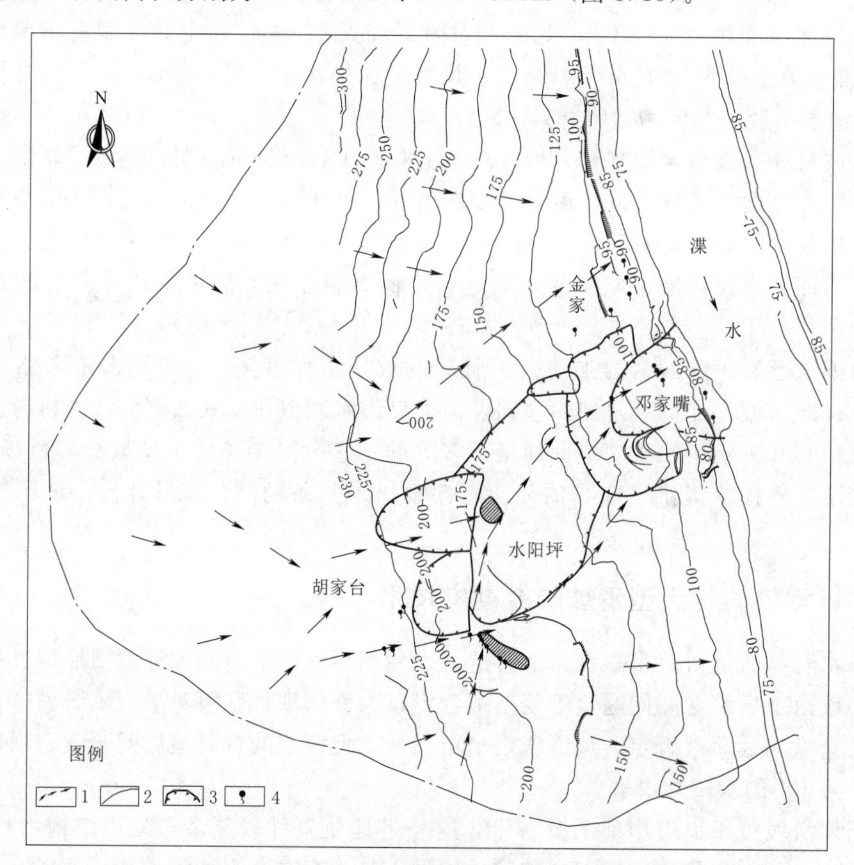

图3.15 水阳坪—邓家嘴斜坡地貌及汇水域地表水、地下径流图

1—地表、地下水流向；2—外围汇水域；3—滑体范围线；4—泉水点

滑坡区从上游至下游依次出露泥盆系中统和志留系中、下统碎屑岩及第四系，其间缺失志留系上统、泥盆系下统。滑坡处于泥盆系与志留系交界附近的志留系地层中，即处于软硬岩层接合部的软岩层中。

滑坡区位于磺厂背斜北冀近核部的转折处，岩层走向60°～100°，倾角17°～60°。断裂以走向断层为主，小型横向断层次之，但规模不大。裂隙以剪性为主，主要发育NNE、

NW两组，倾角40°～80°。由于滑坡区岩层呈软硬相间产出，软岩中揉皱、层间错动、劈理发育。

以胡家台后山脊（高程550～350m）为地形分水岭，水阳坪一带汇水域约0.3km²，从金家与邓家嘴两处集中排泄（图3.15）。地下水主要为松散介质孔隙水，由于水阳坪至胡家台一带第四系覆盖严重，植被发育，邓家嘴下游侧小冲沟排泄量有限，水阳坪被人为改造成梯田，地表水排泄不畅，地表水向地下水的补给量大，致使水阳坪一带地下水丰富，测绘时共发现地下水露头15处。

3.2.3.2 水阳坪—邓家嘴滑坡勘测认识过程

1. 认识过程及初步结论

“水阳坪滑坡”最早见于1964年的湖南省水利水电勘测设计院勘察报告，其边界上至金家冲沟，下游边界与现在边界相同，长宽均在300m左右，由于没有勘探工作，估计体积约150万m³，即平均厚度15～20m。

自1964年，特别是1991年以来，随着勘测工作的不断深入，对水阳坪斜坡结构的认识也在不断地发生变化。1964年，水阳坪滑坡体被发现；1993年，水阳坪滑体上游边界缩小至金家下游基岩山梁，同时发现基岩滑坡问题；1995年，水阳坪下游滑坡体被否决，邓家嘴滑体从水阳坪地质单元中分离出来；1999年，确认邓家嘴与水阳坪平台之间无深层基岩滑动的可能。

2000年，根据历次审查意见及初步设计要求，对水阳坪—邓家嘴斜坡开展了系统的研究，确认水阳坪平台为一浅层基岩滑坡体（图3.16及图3.17）。

2. 认识结论

水阳坪—邓家嘴斜坡的系统研究，对水阳坪平台成因有了进一步认识和明确的结论，研究成果认为：①不存在水阳坪—邓家嘴贯通式深层基岩滑坡；②原推测断层不存在，砂质灰岩错位系滑坡所致；③水阳坪平台为一浅层基岩滑坡，邓家嘴滑体由水阳坪滑体前缘解体形成。

平面上，从上游的泥盆系/志留系界线到下游的水阳坪，可以划分为三个地貌单元：①金家后缘沿冲沟展布的崩坡积物区，呈负地形，基岩面下凹，覆盖层厚度多在10～20m之间。但在ZK407上方、冲沟下游一侧，地形凸出，崩坡积物厚达20～35m，是除了水阳坪斜坡外地质条件较差的地段；②金家下游基岩山梁，分布高程85～155m，呈正地形，它割断了金家后缘崩坡积物与水阳坪—邓家嘴滑坡体之间的联系；③水阳坪—邓家嘴滑坡区，呈明显的负地形，前缘凸向溇水。水阳坪下游斜坡区，基岩断续出露，覆盖层厚度一般为3～6m。

剖面上，从溇水到后缘胡家台，可分为三缓二陡五个部分：①邓家嘴缓坡区，高程75～130m；②水阳坪前缘陡坡区，高程130～160m，坡度约40°；③水阳坪平缓的平台区，高程160～200m，平均坡度约3°；④胡家台陡坡区，高程200～240m，平均坡度约40°；⑤胡家台缓坡区，高程240～280m，平均坡度约5°。

（1）水阳坪浅层基岩古滑体。水阳坪浅层基岩古滑体纵长约230m，宽105～170m，厚度20～50m，方量约110万m³。滑体后缘高程约200m，呈圈椅状与胡家台陡壁相连，地形坡度30°～50°，由于后期胡家台崩坡积体解体堆积于平台后缘，使上游侧后缘地形变

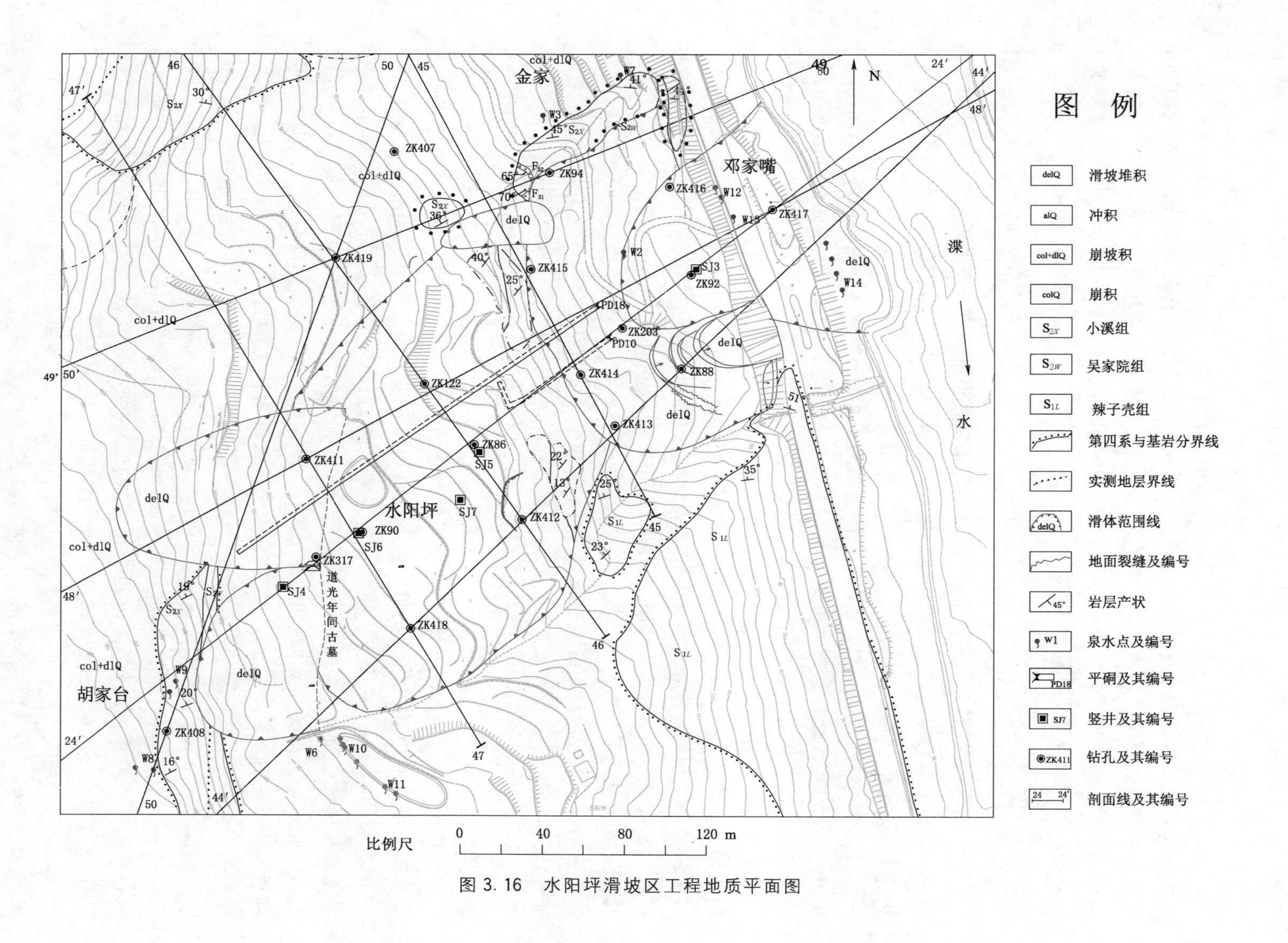

图3.16 水阳坪滑坡区工程地质平面图

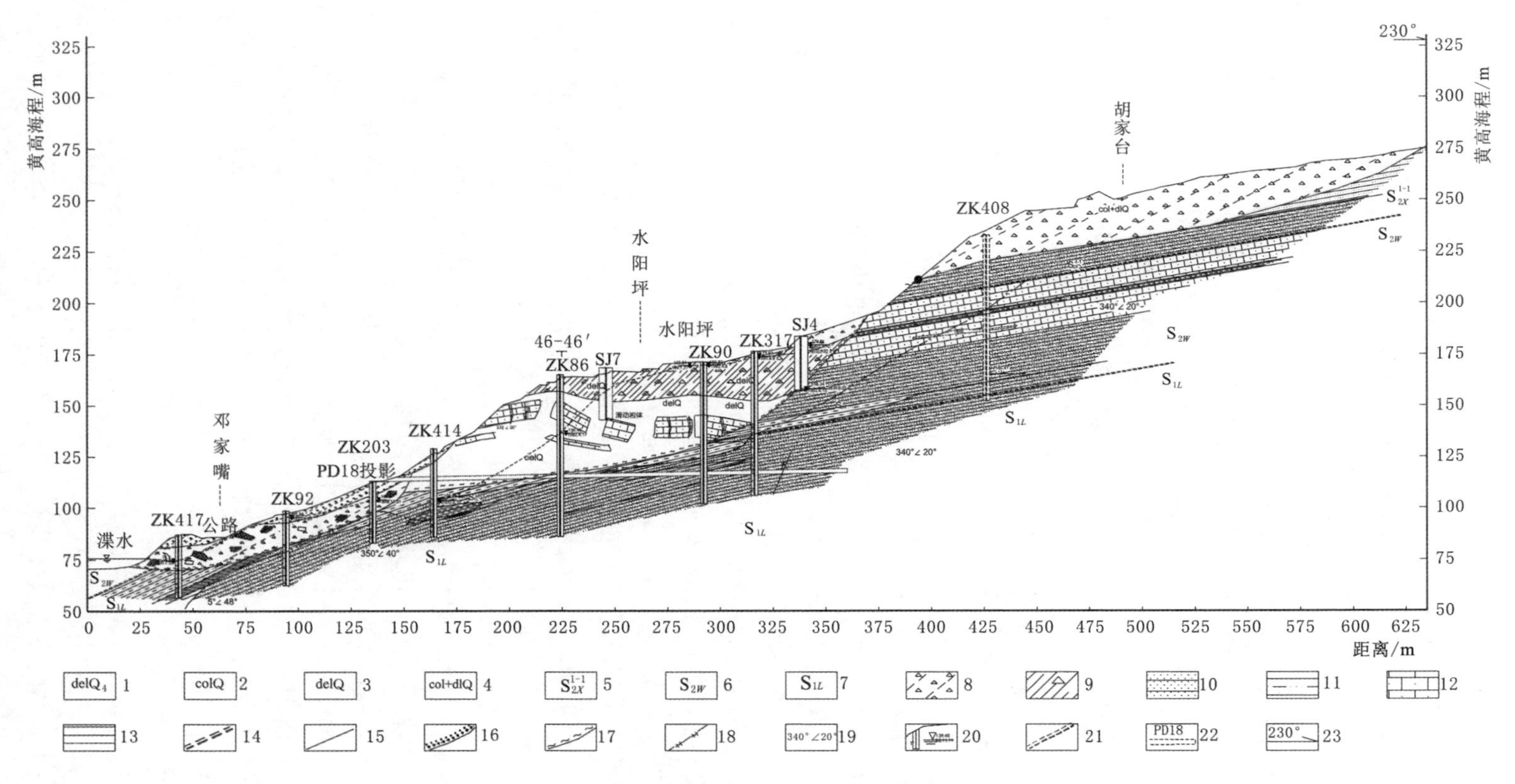

图 3.17 水阳坪滑坡体 24—24′工程地质纵剖面图

1—全新统滑坡堆积；2—崩积；3—滑体堆积；4—崩坡积；5—志留系小溪组第一段第一岩性层；6—吴家院组；7—辣子壳组；8—碎块石土；9—土夹碎块石；10—粉砂岩；11—泥质粉砂岩；12—砂质灰岩；13—黏土岩；14—地层界线；15—岩性界线；16—第四系与基岩分界线；17—滑面及滑带；18—弱风化底界线；19—岩层产状；20—钻孔（左为获得率），右上为稳定水位、右下为水位观测日期；21—地下水位线；22—勘探平硐及编号；23—剖面方向缓。滑体前缘高程 130～110m，呈陡坡与邓家嘴滑体后缘相连，坡度 30°～50°。

水阳坪平台高程 160～200m，宽 150～170m，长约 150m，平台两侧各有一冲沟切割，水源均来自平台后缘靠下游侧，平台上水田即沿该水源分布。

（2）邓家嘴滑坡体。邓家嘴滑坡体位于水阳坪滑体前缘以下，邓家嘴滑体有两期，早期滑体是水阳坪滑体的解体部分，滑体圈椅状地形清楚，其后缘高程 130m 左右，前缘剪出口高程 90～80m。滑面呈弧形，由两侧缘向中部凹进。滑体总方量约 27 万 m^3，现残留约 10 万 m^3 于邓家嘴两侧及后侧缘一带。滑体物质大致有两层：表层 1～5m，为碎石土、土夹碎石等；5m 以下主要为松散破碎岩体、孤块石等，见 0.5～0.8m 块径的砂质灰岩。此结构特征与水阳坪滑体具有较好的可比性。早期滑体纵长约 90m，宽 120～160m，一般厚 10～15m，最薄 5m，最厚约 17m。滑带物质为黄灰色、青灰色、灰白色黏土夹砾石，砾磨圆度好。在邓家嘴下游公路边现仍可见灰色条带状泥及黄灰色黏土，黏土塑性高，夹磨圆角砾，以及镜面、擦痕等。滑体上的钻孔大多揭露滑带。

邓家嘴后期滑坡发生于 1954 年 5 月中旬雨后，是邓家嘴早期滑坡的再次解体失稳（图 3.17）。解体部分方量约 17 万 m^3，纵长 130m，宽 80～100m，后缘高程约 110m，前缘滑至渫水河边，剪出口高程约 72m，滑体厚度 10～17m，滑坡台阶以及滑坡地貌形态明显。滑体物质表层由松散碎石、黏性土夹碎石、岩屑及少量块石组成，下部由块石、碎裂状岩体组成。滑体物质松散，并有架空现象。推测后期滑动的滑动面在早期滑体内部形成，局部追踪碎石土/滑动岩体界面，如 SJ3 竖井在 7.95～8.3m 见到由黏土夹磨圆砾组成的、位于碎石土/滑动岩体界面附近的滑带，砾含量约占 40%，粒径 1～3cm，成分为灰绿色粉砂岩，少量细砂岩，次棱角状，有明显的错动迹象，滑面平缓；而在前缘的 ZK417 钻孔，滑带则位于滑体与基岩的界面位置。邓家嘴后期滑动面倾角前缘 0°～5°，局部反倾，中部 10°～20°，后部 20°～35°。主滑方向呈 50°～60°角。

从钻孔及竖井揭露的滑带厚度变化推测，滑床有一定的起伏。此外，滑带厚度与滑体规模、滑动距离具有一定的相关性。滑体规模越小、滑距越短，滑带就越薄。如邓家嘴新滑体滑带厚度 0.2～0.35m，而邓家嘴老滑体滑带厚度达 0.7～3.09m。

（3）胡家台平台—金家崩坡积体及局部解体小滑坡体。

该堆积体自金家凹槽至胡家台平台呈带状分布，宽 110～130m，长约 1000m。

1）金家—胡家台凹槽堆积体。该斜坡地形坡度 20°左右，后部较陡，前部较缓，与邓家嘴滑坡以基岩山梁相隔，因而与邓家嘴滑坡无关联。钻探揭示崩坡积体厚 5～21m，凹槽中部厚，两侧薄。组成物质主要为碎块石夹少量土，碎块石架空明显。该崩坡积体后坡分布一系列崩积倒石堆，对金家一带崩坡积体起加载作用。因崩坡积体下伏基岩较为软弱，且处于地表地下水集中排泄部位，前缘临空条件较好（将来导流明渠开挖后，临空面进一步加大），潜在稳定问题明显。

2）胡家台平台崩坡积体。

下游侧，地形坡度平缓，与水阳坪以基岩陡壁相连。推测崩坡积体厚度 5～10m，对水阳坪滑体无影响。

上游侧，崩坡积体与水阳坪古滑体及金家凹槽堆积体相连，其前缘地形坡度 20°～35°，在水阳坪滑体后缘呈凸出形态。据 1993 年及 2000 年 6 月间的物探资料，推测崩坡积体厚度普遍 10～20m，最厚达 35m。崩坡积体方量 45 万～60 万 m^3。

崩坡堆积体物质主要由黄色碎块石夹土组成，碎块石成分主要为紫红色、灰白色石英砂岩，碎块石占 40%～70%。ZK419 在孔深 17.3～18.7m 处见灰绿色、黄绿色砾质土，砾含量 50%～60%，粒径 2～30mm，呈次棱角—次圆状，成分为灰绿色细砂岩、粉砂岩；细粒为粉质黏土，可塑状，塑性高，黏性强，见磨光面及擦痕现象，推测崩坡积体早期曾产生过滑动。由于崩坡积体在胡家台一带地形坡度大，前缘易形成小型浅层土体滑坡，水阳坪后缘分布的两个滑塌体即为后部崩坡积体的局部失稳所致，其中一处形成于 1964 年雨季，方量约 2000m^3。该崩坡堆积体对水阳坪滑坡起加载作用，于水阳坪滑体稳定不利。

3.2.3.3 水阳坪滑坡体勘察论证

1. 滑坡区地貌特征

水阳坪呈宽缓平台形态，与两侧相比表现为负地形，后缘圈椅状界线清晰，这是早期提出水阳坪滑坡的主要依据。这一滑坡地貌在 20 世纪 80 年代后期拍摄的航片上也反映得相当清楚（图 3.18）。在航片上，滑体两侧边界一目了然，后缘由于拍摄角度原因效果稍差，但仍可看出胡家台崩坡积物对水阳坪平台的加载作用。此外，纵向上邓家嘴滑体与水阳坪滑体以不同的色调和形态表现出明显的相对独立性。

图 3.18 水阳坪—邓家嘴滑坡区航摄照片

从对岸拍摄的照片也能清晰地看到水阳坪、邓家嘴各期滑动留下的滑壁（图 3.19）。

水阳坪台面高程 160～180m，与周缘河流阶地无对比性（图 3.20），并且在平台松散层中没有发现任何河流堆积物，因此可以排除河流侵蚀平台成因的可能性。

2. 平台后缘推测断层的查证

1995 年及 1999 年，针对砂质灰岩错位情况，分别提出了用一条和两条正断层去解释地质结构模式。因此，2000 年，专门安排了一个 220m 长的平硐、9 条物探剖面穿越推测断层和 2 个外围钻孔（即 ZK408 和 ZK419）控制砂质灰岩的分布高程。PD18 平硐在打穿滑带、进入基岩后，没有发现与原推测断层相当的断裂，也没有揭露规模稍大的断层；物

图 3.19 水阳坪—邓家嘴滑体

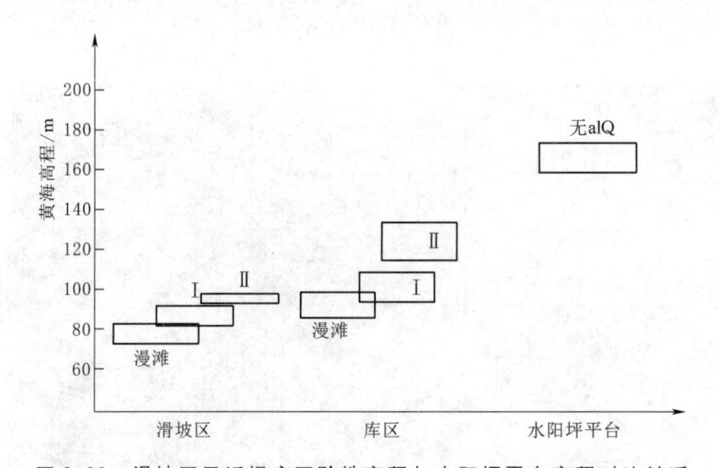

图 3.20 滑坡区及近坝库区阶地高程与水阳坪平台高程对比关系

探成果对推测的 F_{21} 没有任何反映，在 F_{20} 部位只有个别点有微弱显示；水阳坪后缘的 ZK408 与上游侧缘的 ZK419 均揭示了砂质灰岩，按胡家台一带的岩层产状其顶界连续（图 3.21）。坝区近南北向断裂错距均小于 15m，其延伸都在 100m 以上；而滑坡区推测断层在其两侧无任何外延迹象；上述种种现象都表明不可能沿水阳坪后缘发育有大型断层。

3. 滑坡发育生成机制

（1）岩组条件。滑体外围岩层走向与河流方向近于垂直，交角大于 60°，岩层倾向上游。滑坡区处于磺厂背斜北冀近核部，岩层倾角由河边向上逐渐变缓，由下至上分别为 5°∠45°、350°∠40°、340°∠20°。

水阳坪滑坡形成于志留系吴家院组地层中，滑动岩体主要为吴家院组顶部地层，岩性为砂质灰岩、钙质细砂岩夹泥页岩，为相对较硬岩。砂质灰岩底部为薄层状灰绿色泥质粉砂岩、泥页岩与薄层细砂岩互层，为相对较软岩。砂质灰岩溶蚀孔洞发育，测绘中胡家台

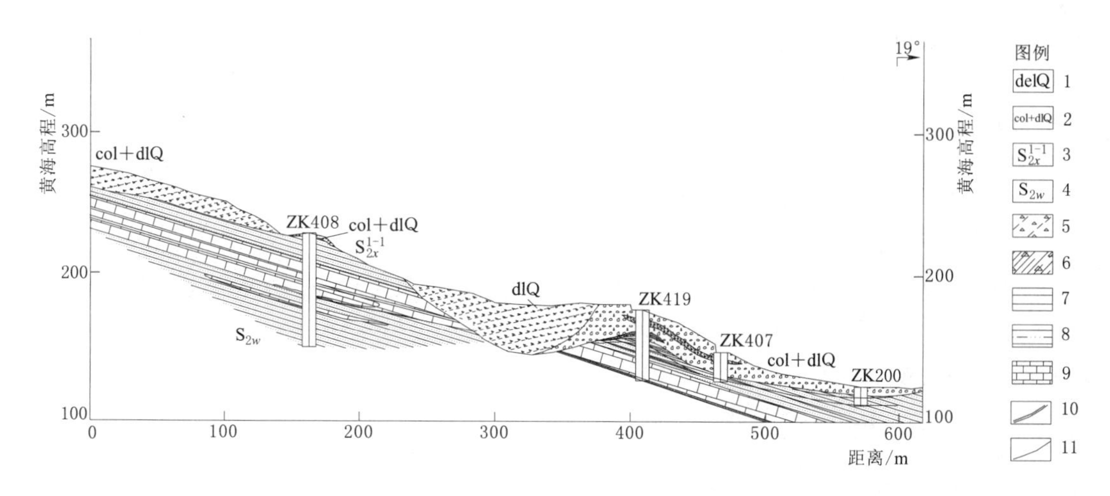

图 3.21 水阳坪滑体后缘—侧缘工程地质剖面示意图

1—滑坡堆积；2—崩坡积；3—志留系小溪组第一段第一层；4—留系吴家院组；5—碎块石土；6—土夹碎块石；7—粉砂岩；8—泥质粉砂岩；9—砂质灰岩；10—第四系与基岩分界线；11—滑面

陡壁处的砂质灰岩洞径 0.5～1m，溶蚀裂缝及小型溶洞沿岩层分布，ZK408 孔深 40～41m，发生掉钻现象，而砂质灰岩下部多为泥页岩，隔水性较好。砂质灰岩的存在为地下水的入渗及富集创造了有利条件。

在泥盆系及志留系软硬相间地层中，层间错动现象发育，且延伸较稳定。志留系地层多呈薄层—中厚层状，夹层发育密度大，PD18 硐深 85～120m 处，岩层单层厚 2～5cm，粉砂岩与泥页岩呈层状，层间挤压泥膜与泥化夹层的发育密度 20～50 条/m，在地下水的作用下，泥化夹层性状较差。

滑坡处于泥盆系与志留系交界线志留系一侧，泥盆系岩层相对较硬，在软硬相接部位，岩层挤压更为强烈。在公路边坡 PD14 一带小溪组（S_{2x}^{1-1} 与 S_{2x}^{1-2} 分界）岩层强烈挤压破碎、扭曲并产生断裂。滑坡区外围发育的走向 NNE 及 NNW 向扭性断裂 F_1、F_2、F_3 向南均在志留系与泥盆系地层界线附近尖灭，表明两者由于岩性的差异，应变特征具有很大差别，泥盆系以脆性破裂为主，而志留系以发育高密度、小规模的小型结构面及层间错动为特点。

（2）构造条件。胡家台及 PD18 的裂隙统计表明，胡家台后缘发育一组 66°∠78°的结构面，走向与胡家台陡壁走向一致，裂隙多较长，少数见擦痕，擦痕倾伏向 86°，倾角 76°，显示为正断层特征，该组裂隙最发育。另外，水阳坪后缘的钻孔 ZK317 孔深 35～40.8m 见构造挤压片状岩，孔深 61m 见厚 30cm，陡倾 75°断层。分析认为水阳坪滑体后缘由追踪该方向的一组结构面形成。

在 PD18 中以产状 158°∠82°（或 340°∠70°～80°）的一组裂隙最为发育，该组裂隙大多存在水平擦痕，并发育成较多小型断层。裂隙走向与水阳坪滑体侧缘大致平行。ZK94 孔深 47.8～50.6m 岩层挤压、层面扭曲并见擦痕、镜面；该孔附近也见断层破碎带 F_{12}，产状 175°∠65°，该方向的结构面构成了滑坡的上游侧切割边界。

根据钻孔揭示的情况，水阳坪滑动面在南侧与层面（软弱夹层）吻合。水阳坪滑坡体即由此三组结构面形成的楔形体滑动形成（图 3.22）。通过赤平投影，层面与两组结构面交线产状分别为：层面与后缘优势结构面交线产状 340°～343°∠20°～23°，与上游侧缘优势结构面交线产状 70°∠12°。

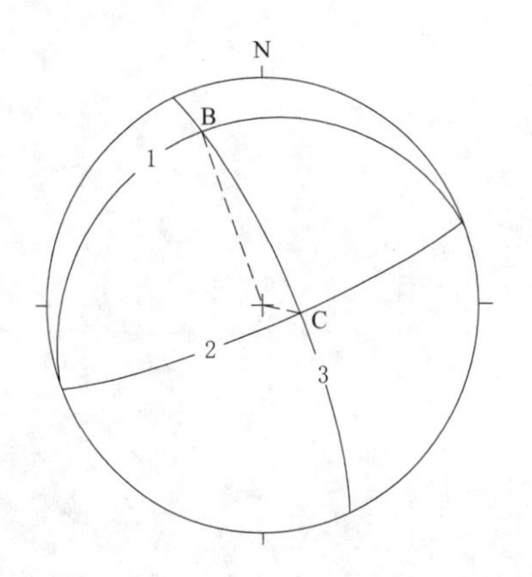

编号	结构面	倾向/(°)	倾角/(°)
1	层面	340	20
2	上游侧切割面	158.5	82
3	后缘切割面	66	78

编号	交线	倾向/(°)	倾角/(°)
B	1,3	340	20
C	2,3	101	75

（a）后缘(胡家台)岩层产状与切割面的赤平投影图(下半球投影)

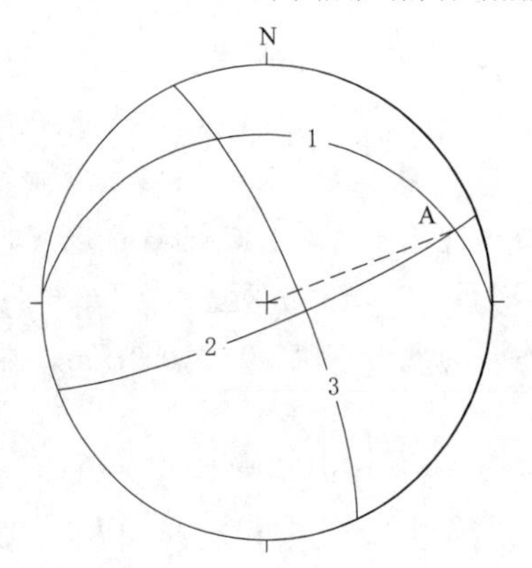

编号	结构面	倾向/(°)	倾角/(°)
1	层面	2	30
2	上游侧切割面	158.5	82
3	后缘切割面	66	78

编号	交线	倾向/(°)	倾角/(°)
A	1,2	70	12

（b）PD18平硐85m以内岩层产状与切割面的赤平投影图(下半球投影)

图 3.22　水阳坪滑坡层面与切割面赤平投影图

4. 滑动机制

由于砂质灰岩较为坚硬，下伏岩体软弱且存在密集的软弱夹层，南侧滑面基本沿袭了原有的层间错动面。后缘、上游侧缘具有良好的切割条件，下游侧缘具有降雨入渗的补给条件，砂质灰岩裂隙发育，为地下水下渗创造了良好条件，地下水的活动加速了下伏软岩及软弱夹层的风化和泥化。在渫水切穿砂质灰岩以后，由于前缘临空，水阳坪逐渐产生蠕滑。在暴雨等诱发条件下，最终产生快速滑动。滑动过程中后缘形成拉裂槽，在滑床下伏岩体内形成一系列轴面与滑动方向垂直的微褶曲，在滑体内造成挤压皱曲、左旋错位、局部沿既有结构面错动翻转等现象。根据水阳坪古滑体剪出口高程在 100～110m 之间、与Ⅱ级阶地台面高程相当来判断，推测水阳坪古滑坡大致形成于晚更新世，即大约 3 万年前。

水阳坪滑坡形成以后，河流进一步下切，水阳坪古滑体前缘临空面加大，前缘形成松动带，在暴雨等的诱发下发生解体滑动形成邓家嘴老滑坡。在河水的冲刷下，邓家嘴老滑体前缘被掏蚀，进而于1954年在连续暴雨诱发下再一次发生解体。与此同时，水阳坪滑体在下滑过程中，在胡家台前缘形成滑坡陡壁，胡家台的崩坡堆积体在暴雨等的诱发下产生局部崩塌滑坡，加载于水阳坪后缘。

3.2.3.4 滑体处理前变形情况及稳定性评价

1. 滑体处理前变形情况

自20世纪50年代末以来，历次勘察均未发现水阳坪古滑体有整体活动迹象，水阳坪后部道光年间的古墓保存完整。近期变形及滑坡现象主要分布在水阳坪前缘、后缘及邓家嘴一带。

2. 变形特征

(1) 滑坡。近期，水阳坪—邓家嘴一带发生较大的滑坡，1954年5月中旬雨后，邓家嘴老滑体发生解体（图3.24），滑动方量约17万m^3。水阳坪后缘分布两个崩滑体，总方量约2.7万m^3。其中一处2000m^3的堆积体形成于1964年5月连续大雨后，其他滑坡情况见表3.11。

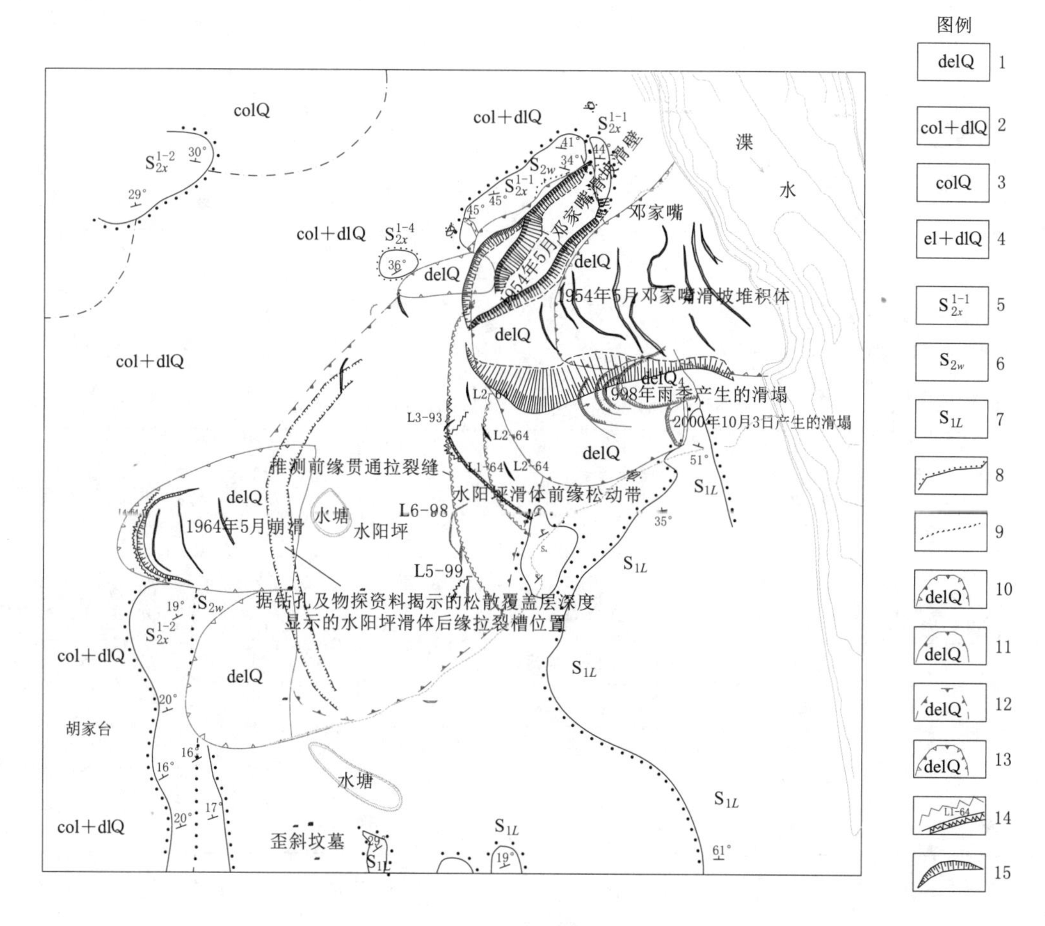

图3.23 水阳坪—邓家嘴新近滑坡及裂缝分布

1—滑坡堆积；2—崩坡积；3—崩积；4—残坡积；5—小溪组第一段；6—吴家院组；7—辣子壳组；8—第四系与基岩分界线；9—地层界线；10—邓家嘴1954年滑坡堆积体范围线；11—邓家嘴地滑体范围线；12—水阳坪古滑体范围线；13—滑塌体范围线；14—地面裂缝及编号（后面的数字表示裂缝初次发现日期）；15—滑坡壁及滑坡小坎

表 3.11　水阳坪—邓家嘴地带发生的滑坡现象

序号	类别	发生时间	发生部位	运动状况	诱　因	地质说明
1	滑坡	1954 年 5 月大雨后	邓家嘴早期滑体内	缓慢位移后较快向河中滑动	该处地形低凹，水阳坪一带大量地表、地下水向该部位集中，溧水侵蚀前缘，促使滑坡发生	滑动方量约 $17.6\times10^4m^3$，滑坡壁、滑动台阶、裂缝、滑坡舌形态清楚，滑体厚 10～17m，存在主滑带及次级滑带
2	崩滑	1964 年 5 月连续大雨后	水阳坪古滑体后缘斜坡	缓慢至较快滑动	大雨造成碎块石土 C、φ 值降低、动水压力升高	斜坡地形坡度大，土体松散，滑动方量 $(2\sim3)\times10^4m^3$
3	牵引式滑塌	1998 年雨季	邓家嘴早期滑体下游侧	公路边坡开挖，牵引后部滑塌	公路切脚使临空面加大，雨后土体饱和，C、φ 值降低，动水压力升高	滑塌长约 50m，宽 10～20m，滑动方量 1000～2000m^3，形成滑塌台阶
4	滑塌	2000 年 10 月 3 日	邓家嘴早期滑体下游侧	公路边坡内侧土体下座	公路切脚形成临空条件，雨后土体饱和，C、φ 值降低及动水压力升高	2000 年 9 月 30 日至 10 月 3 日连日雨后失稳，滑动方量约 200m^3

（2）地表变形。主要表现为拉裂及表层松散土体溜滑。

地表裂缝：各个时期发现规模较大的地表裂缝主要有 6 条，见表 3.12。主要分布于水阳坪平台前缘、后缘及邓家嘴滑体后缘。

表 3.12　水阳坪—邓家嘴一带发现的较大变形裂缝表

编号	发生时间	发生部位	类　型	地质说明
L1	1964 年地质调查时发现	水阳坪滑体前缘（下游）	拉张	长约 80m，弧形，现阶段不明显
L2	1964 年地质调查时发现	水阳坪滑体前缘（中部）	拉张	断续延伸，有 3 条，每条长 10～12m
L3	1993 年勘察发现	水阳坪平台前缘	拉张	长 30～35m
L4	1964 年初见	水阳坪后缘体	拉张	长约 30m
L5	1999 年勘察发现	下游侧缘	拉张	长约 15m，弧形
L6	2000 年发现，形成于 1998 年	水阳坪前缘	拉张宽 15～20cm，前部下坐 50～80cm	长约 50～60m，弧形

松散土体溜滑：主要分布于水阳坪平台田坎边、下游侧冲沟边及前缘一带，一般方量小于 100m^3。

（3）地下变形。水阳坪古滑体前缘滑动岩体松动拉张现象发育，PD10 硐深 24.5～30m，见明显的解体趋势，裂隙张开，张开最大达 10cm，走向 160°左右。PD18 硐深 13～30m，卸荷裂隙发育，局部有架空，张开最大者 20cm，其他物理地质现象见表 3.13。

表 3.13　　平硐揭示的滑动岩体地质现象

<table>
<tr><th colspan="2">硐深/m</th><th>19～24</th><th>24～30</th><th>30～45</th><th>45～50</th><th>>50</th></tr>
<tr><td rowspan="3">PD10</td><td>卸荷</td><td colspan="2">走向160°的陡倾，裂隙张开，最大10cm</td><td></td><td>50m处见一断层，产状260°∠35°</td><td>50～70m未见明显卸荷裂隙</td></tr>
<tr><td>地下水</td><td>硐顶滴水</td><td>水量较大，且随地表降雨而增大</td><td colspan="2">局部滴水</td><td>51m洞顶滴水，64m滴水较大</td></tr>
<tr><td>其他</td><td colspan="4">岩层产状较连续，产状315°～360°∠250°～660°</td><td>岩层产状268°～290°∠35°～51°</td></tr>
<tr><td rowspan="3">PD18</td><td>卸荷</td><td colspan="3">卸荷裂隙陡倾外，局部架空，张开，最宽20cm，走向160～170m</td><td>47～50m处见一断层，产状270°∠55°</td><td>未见明显卸荷裂隙</td></tr>
<tr><td>地下水</td><td>22m处，洞顶滴水，随地表降水增大，滞后时间很短</td><td colspan="2">局部滴水，随地表降水增大，滞后时间很短</td><td>50m，顶流水较大，随地表降雨水量变化大，滞后时间短，78～85m涌水出现后流量减小</td><td>78～85m涌水，85m以内洞较干</td></tr>
<tr><td>其他</td><td colspan="4">岩层产状240°～320°∠100°～380°</td><td>58～70m、74～85m为外倾滑带，岩层产状杂乱，85～120m岩性软弱，120m以内岩体完整</td></tr>
</table>

根据卸荷裂隙的张开程度、地下水活动等的综合分析，水阳坪前缘存在明显卸荷松动带，该带位于硐深30～50m以外，其中以30m以外较为强烈，平硐硐深50m处的塌落带系次一级变形裂面。据电法物探资料，水阳坪前缘与平硐50m处次级裂面相对应有一低阻带，走向160°～180°，呈弧形，地表表现为一级明显的台阶状，为滑坡横向拉裂缝，前缘卸荷变形面积约4000m^2，体积在8万m^{3}左右。

3. 稳定性评价

通过对水阳坪古滑体、邓家嘴滑坡地质调查、勘探、物探、滑带土物理力学试验和稳定性计算，查明了两个滑坡体的稳定现状以及水阳坪滑体在工程期间的稳定性变化趋势。

（1）邓家嘴早期滑坡：其组成物质松散，临空条件好，滑带于公路边坡处出露，自1954年5月发生滑坡后，残余部分仍处于不稳定状态，计算分析表明：在无地下作用时稳定系数$K=1.02$，处于极限状态。后缘的裂缝及1998年雨季时产生的1500m^{3}滑塌、2000年9月30日至10月3日降雨期间产生的200m^{3}垮塌，均反映滑体的安全裕度很低；其失稳型式主要为牵引式滑动。

（2）邓家嘴1954年滑坡体：因其已滑至河床，目前稳定性较好。导流明渠在其前缘抗滑段开挖后，将降低其抗滑力且使其重新具备临空条件，因此很可能诱发再次滑动。

（3）水阳坪古滑体：地表调查表明，除水阳坪古滑体前缘产生变形裂缝，其他地方均为地坎、冲沟边的小型塌滑，未见总体变形活动迹象，平台后部清朝道光年间的古墓保存完整，说明100多年以来，未产生明显的变形复活。但其前缘地形坡度大，临空条件好，中后部地下水丰富，下伏岩体软弱，后缘仍有加载的可能，其长期稳定性不容乐观。平硐与物探资料相互验证，揭示前缘宽20～50m的卸荷松动带已经贯通，近期地表变形均产生于该部位，说明前缘处于解体的变形孕育阶段，任其发展将形成解体式滑动失稳（图3.24），邓家嘴老滑坡即是由这种型式发展形成。

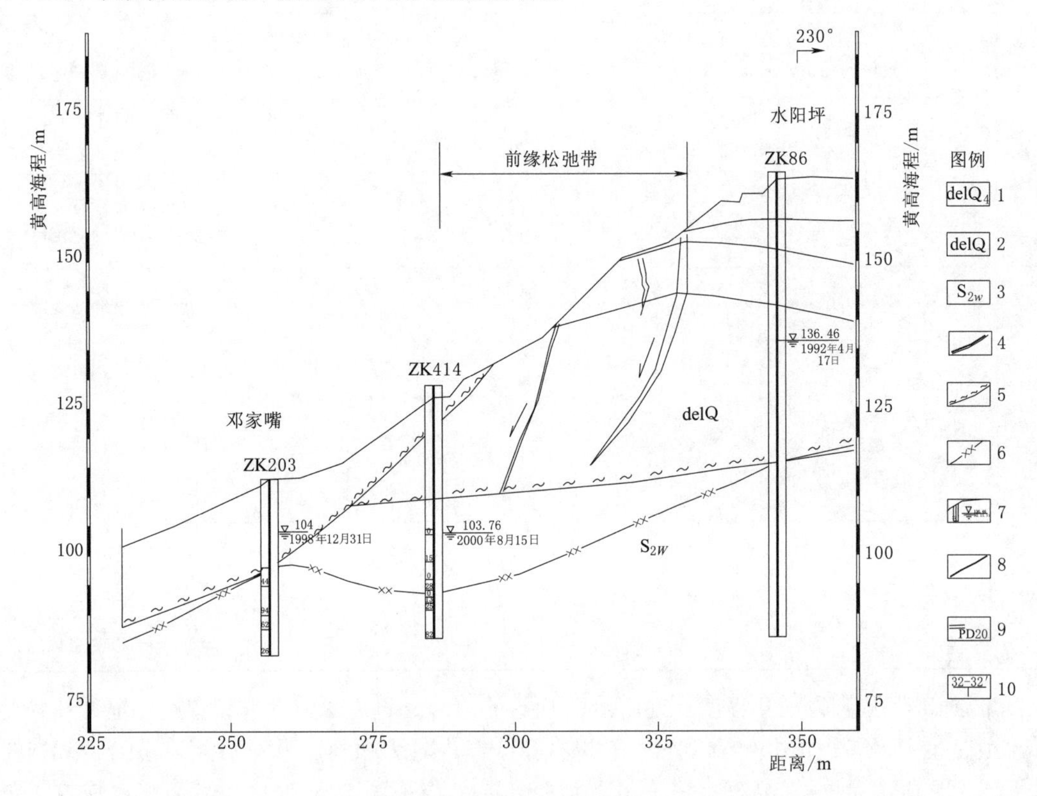

图 3.24　水阳坪滑坡前缘解体模式

1—全新统滑坡堆积；2—滑坡堆积；3—志留系吴家院组；4—第四系与基岩分界线；5—滑面及滑带；6—弱风化下限界线；7—钻孔（左为获得率）旁边为稳定水位及观测日期

据现场调查发现，水阳坪后缘靠上游一侧仍有加载的可能，对水阳坪滑体稳定构成威胁。初步计算表明，后缘每加载1万m^3土石，水阳坪滑体总体稳定性将降低0.04～0.05。

3.2.3.5　水阳坪—邓家嘴滑体对工程的影响

水阳坪—邓家嘴滑坡上距皂市坝址仅480m，尽管滑坡对大坝安全不构成直接威胁，但其前缘处于导流洞下游明渠斜坡段和电站厂房尾水出口；同时影响右岸上坝公路的选线。

水阳坪—邓家嘴滑体由水阳坪滑体及其解体次级滑体组成，由于各级滑体的规模、边界条件、变形现状、破坏机制及稳定状态不同，危害程度也不同。

邓家嘴滑体总方量不足30万m^3，主体已于1954年失稳，残余部分总方量约10万m^3，导流明渠形成后，邓家嘴各级滑体均处于不稳定状态，直接影响导流明渠边坡的稳定。因其方量有限，且主体已滑至河床，对其他建筑物影响有限。

水阳坪古滑体存在两种失稳型式，其危害形式不同：①解体式失稳，是当前条件下水阳坪古滑体的主要失稳型式，邓家嘴老滑坡是由其局部解体形成。现阶段，水阳坪平台前缘存在明显的解体迹象，根据其卸荷宽度预测其解体方量将达8万m^3，施工期间如对其处理不当，将诱发其滑动，填堵导流明渠出口段。②总体失稳，当前条件下水阳坪古滑体处于稳定状态，但安全余量较低。PD18平硐开挖后，对地下水起到了一定的疏干作用，稳定性有所提高。若水阳坪滑体整体失稳，将对工程施工及运行构成威胁。

3.2.3.6 勘察结论及建议

经过历年的勘测工作，得出了勘察结论及建议。

（1）水阳坪平台由滑坡所形成，但上部水阳坪与下部邓家嘴不具有统一的滑面。邓家嘴老滑坡系由水阳坪滑体前缘解体滑动造成，1954年的邓家嘴滑坡则是邓家嘴老滑体的部分复活。

（2）水阳坪平台部位为一浅层基岩滑坡，其圈椅状地貌明显，平台比两侧缓坡低10～25m，前缘明显突出，平台上无河流冲积物。滑体物质由上至下依次为黄色碎石土、青灰色为主的碎裂状志留系岩体（滑动岩体），其下为较完整的志留系岩体，与破碎岩体呈突变接触。滑动岩体扰动、破碎、风化严重，产状混乱，此类现象在水阳坪滑体外围及左岸相同地层中未出现。平硐揭露了由砾质土组成的滑带，在平台后缘存在明显的滑坡拉裂槽。

（3）根据左岸地层剖面及平台后缘ZK408钻孔揭示，在吴家院组顶部，有16～23m厚的砂质灰岩与粉砂岩呈互层状产出。其下，砂质灰岩呈薄层状零星分布；因此，采用砂质灰岩顶界作为地层标志推算地层错距是可行的。

（4）通过对水阳坪古滑体、邓家嘴滑坡地质调查、勘探、物探、滑带土物理力学试验和稳定性计算，对两个滑坡体的稳定现状以及水阳坪滑体在工程期间的稳定性变化趋势作出评价如下：

邓家嘴早期滑坡：其组成物质松散，临空条件好，滑带于公路边坡处出露，自1954年5月发生滑坡后，残余部分仍处于不稳定状态，计算分析表明在无地下作用时稳定系数$K=1.02$，处于极限状态。后缘的裂缝及1998年雨季时产生的1500m^3滑塌、2000年9月30日至10月3日降雨期间产生的200m^3垮塌，均反映滑体的安全裕度很低。其失稳型式主要为牵引式滑动。

邓家嘴1954年滑坡体：因其已滑至河床，目前稳定性较好。导流明渠在其前缘抗滑段开挖后，将降低其抗滑力且使其重新具备临空条件，因而很可能诱发再次滑动。

水阳坪古滑体：地表调查表明，除水阳坪古滑体前缘产生变形裂缝，其他地方均为地坎、冲沟边的小型塌滑，未见总体变形活动迹象，平台后部清朝道光年间的古墓保存完整，说明100多年来，未产生明显的变形复活。但其前缘地形坡度大，临空条件好，中后部地下水丰富，下伏岩体软弱，后缘仍有加载的可能，其长期稳定性不容乐观。平硐与物探资料相互验证，揭示前缘宽度约20～50m的卸荷松动带已经贯通，近期地表变形均产生于该部位，说明前缘处于解体的变形孕育阶段，任其发展将形成解体式滑动失稳，邓家嘴老滑坡即是由这种型式发展形成。

现场调查发现，水阳坪后缘靠上游一侧仍有加载的可能，对水阳坪滑体稳定构成威胁。初步计算表明，后缘每加载1万m^3土石，水阳坪滑体总体稳定性将降低0.04～0.05。

（5）建议：①导流明渠开挖时，对邓家嘴滑体做先期减载，明渠内侧边坡做适当支护；②上坝临时公路迂回至平台上通过，在不能上移时，尽可能减少公路开挖量；③在平台中后部及其上游崩坡积物山梁做减载处理，研究将碎石土用做土石围堰的可能性；④将PD18勘探平硐改造为永久排水洞，并增加排水支洞及排水孔；⑤做好地表排水及裂缝封堵。

3.2.3.7 小结

水阳坪滑坡位于皂市坝址下游右岸，这一带地质条件较复杂，地质结构特殊。自20世纪50年代以来，多个单位在不同时期对其进行过多次研究，对该滑坡体性质、边界条件、稳定性等的认识也经历了多次反复，争论和论证也持续了50年。该滑坡上距大坝轴线仅480m，失稳后将威胁到导流洞出口明渠和厂房尾水，整体失稳时甚至会堵塞河道。

水阳坪滑坡关系到皂市坝址能否成立。这一带地质结构特殊，属于斜横向坡，通常意义上并不具备形成大型滑坡的地质条件，滑坡外部形态也不典型，稍不注意就可能误判而遗漏。因此首先需要确定该段斜坡是不是一个滑坡，在确定滑坡的基础上进一步深入研究滑坡的成因机制、规模、稳定性及对工程的危害程度。对该滑坡空间形态、形成机理、类型、规模和稳定性的认识经历了一个反复不断加深的过程。通过地表地质测绘、航片解译、水文地质调查、钻探、硐探、竖井、地球物理勘探等综合手段和方法逐步确定了滑坡范围，在进一步查清滑坡区地质构造、岩组结构、地下渗流条件的基础上，揭示了滑坡形成的机理、过程，确立了以砂质灰岩为标志层，利用其底界来确定滑坡下限及错距，查清了滑坡边界控制条件和稳定性控制因素，进而提出了针对性的治理建议并被设计采纳，为工程的建设解决了一大技术难题，创造了明显的经济效益和社会效益。后期在治理施工过程中进一步验证了地质成果的正确性。

水阳坪滑坡勘察的突出特点在于深刻揭示了横向坡中倾（35°左右）地层产生大型滑坡的形成条件、机理和过程，为同类地质环境的滑坡研究提供了一个范例。这一类型滑坡在以往工程及自然界中极为少见，机理也极为特殊，水阳坪滑坡的勘察研究丰富了我们对滑坡的认识，填补了横向谷大型滑坡机理研究的空白，为今后类似滑坡研究提供了借鉴，也为特殊地质结构条件下的滑坡勘察研究提供了新鲜经验。

3.2.4 上硬下软结构视顺向高边坡稳定性评价技术

右岸边坡自上游右坝肩至下游导流洞出口一带，自然坡度30°～50°，坡高超过300m。根据设计方案，右岸将形成高达130余m的人工高陡边坡，边坡上游部分的中部分布有走向与边坡呈小角度相交的F_3断层，边坡下游部分为上硬下软视顺向地质结构，上部为硬质石英砂岩，坡脚为志留系泥质粉砂岩且发育有F_{40}、F_{41}、F_{42}等断层。高边坡面临着断层部位的变形稳定和软岩坡脚引发的边坡整体失稳问题，其稳定性将直接危及施工及厂房建筑物的安全。不仅边坡地质条件复杂程度罕见，也缺乏可资借鉴的工程经验。

对边坡稳定有直接影响的为F_3断层、分布于坡脚的软岩及其中的3条断裂。F_3断层主要分布于边坡中部，走向20°～30°，倾向山里，倾角35°～50°，断层带宽度0.3～0.9m、最宽处约2m。右岸上坝公路施工期及竣工后不久，F_3断层上下盘就出现了变形裂缝，最长达到10余米，张开宽度10cm左右。在对边坡结构和变形现象分析研究后认为，需要对边坡的整体稳定性和局部变形都做出分析，才能客观、全面地评价高边坡的稳定性。

2002年初步设计审查后，枢纽总体布置基本确定，为进一步查明边坡岩体的地层结构和地质参数，分析评价边坡变形破坏的形式和机理，优化边坡加固处理方案。2002年11月至2003年5月，对右岸厂房高边坡稳定性进行专题研究，对边坡破坏模式、岩体结构、岩体物理力学参数、边坡地质—力学概化模型、失稳机理、变形破坏和稳定性开展了深入研究，并提出了坡形优化和加固措施建议。

3.2.4.1 边坡工程地质特征

1. 自然斜坡及边坡形态

右岸边坡上游至右坝肩一带，下游至导流洞出口。边坡整体走向160°左右，山脊高程300～340m，坡脚高程70～75m，坡面形态从上游向下游略呈弧面，凸向河谷。自然坡度由上游D_{2y}地层分布区向下游S_{2x}地层分布区逐渐变缓，由45°左右逐渐变为30°～35°。坡体146m高程已建上坝公路纵向穿过，路面宽约8m，公路施工开挖最大宽28～33m，内侧设有截水沟，公路边坡已喷混凝土支护。上坝公路内侧边坡设有高程161m、高程176m、高程191m三级马道，施工过程中发生垮塌，马道成型不好，坡比分别为1∶0.35、1∶0.4及1∶0.5，最高开口线在高程207m处。高程90m左右布置有沿江公路，路面宽约5m。

坝轴线下游约120m为一崩积体，长约190m，宽约80m，地形略显凹槽形，在平面上后缘宽，前缘窄（图3.25）。

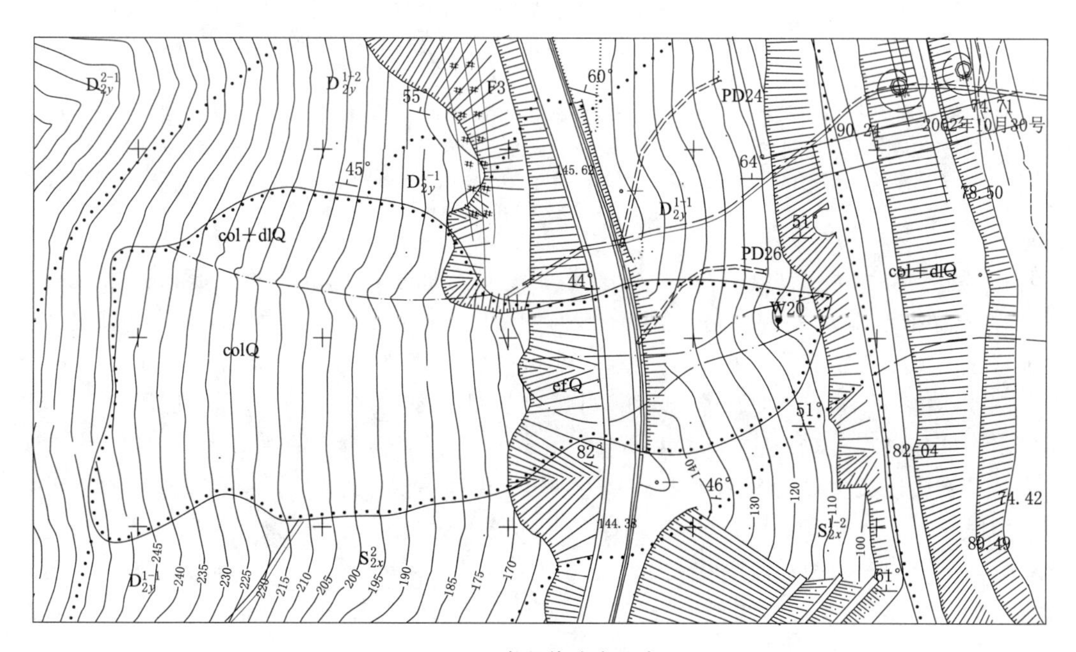

图3.25 崩积体分布示意图

2. 岩性组合及边坡结构

斜坡所处的区域主构造线方向呈近东西向，岩层走向与自然坡走向交角较大，岩层视倾角倾向坡外，构成斜向坡，对今后顺河向开挖的人工边坡整体稳定有利。

边坡主要分布志留系及泥盆系的碎屑岩，以粉砂岩及石英砂岩为代表，裂隙发育，含软弱夹层，岩性组合在空间分布上具有以下特征：上游为云台观组石英细砂岩夹少量粉砂岩，向下游逐渐过渡为小溪组粉砂岩夹细砂岩，岩性总体上由硬变软（图 3.26）。岩层走向与边坡走向交角较大，视倾角倾向坡外，边坡岩体上部为泥盆系云台观组石英砂岩（硬岩），下部为志留系小溪组粉砂岩（软岩），为典型上硬下软的地质结构类型（图 3.27）。

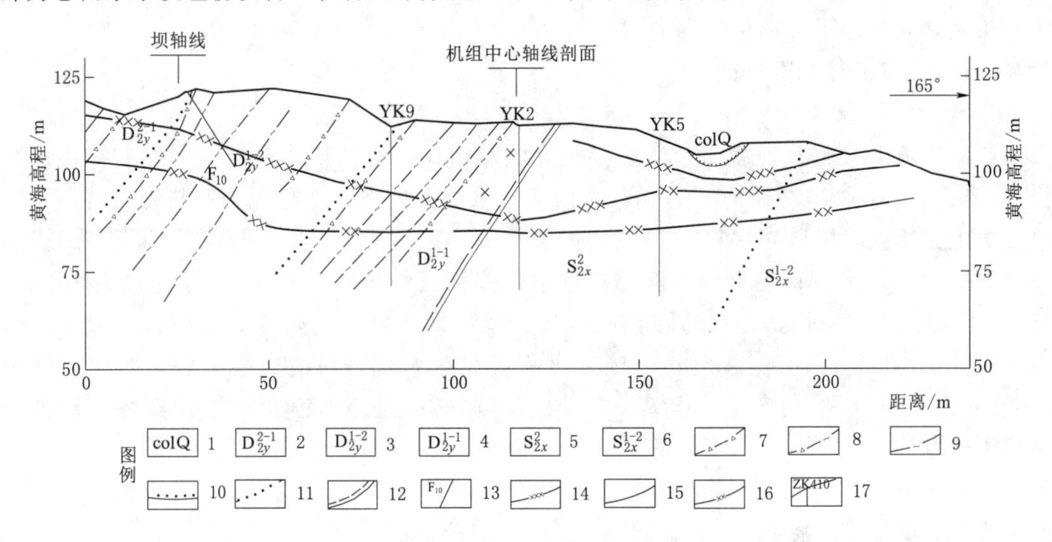

图 3.26 边坡特征剖面示意图

1—第四系崩积堆积：碎块石夹土；2—泥盆系中统云台观组上段第一层石英细砂岩夹少量页岩及粉砂岩；3—泥盆系中统云台观组下段第二层石英细砂岩夹少量页岩及粉砂岩；4—泥盆系中统云台观组下段第一层石英细砂岩夹页岩及粉砂岩，底部有厚 5cm 砾岩；5—志留系中统小溪组上段细砂岩与页岩、粉砂岩互层；6—志留系中统小溪组下段第二层页岩、粉砂岩夹细砂岩；7—破碎夹层；8—破碎夹泥夹层；9—泥化夹层；10—第四系与基岩界线；11—岩层分界线；12—假整合地层界线；13—断层及编号；14—强风化带底界；15—弱上风化带底界；16—弱风化带底界；17—钻孔及编号

在厂房下游侧（坝轴线下游 120m 左右）斜坡分布有一崩坡积体，崩积体后缘高程 260m，前缘抵至 90m 高程公路内侧，长约 190m，宽约 80m。在平面上，后缘宽度较大，向前缘逐渐缩小。钻探及物探资料显示，堆积体所处部位基岩顶面形态在横向上呈凹槽形（图 3.28），纵向上呈向渫水倾斜的圆弧形（图 3.29、图 3.30），覆盖层厚 2～18m，厚度最大处在高程 180m 左右，体积约 12 万 m^3。崩积体物质来源主要为其后缘 D_{2y} 石英砂岩，其物质组成主要为碎块石及碎块石夹土，碎块石呈棱角状，块径 30～50cm 者居多，空隙较大，局部架空。在堆积体前缘 110m 高程处有一地下水露头，泉水从基岩与第四系界面处流出，大雨后流量约 20L/min，雨停后 2～3d 即干。下伏基岩为 D_{2y}^{1-1} 的石英砂岩夹粉砂岩及 S_{2x}^{2} 石英砂岩与粉砂岩互层。前缘局部曾在 1954 年 5 月中旬雨季以碎石流的形式失稳。

3. 软弱夹层

云台观组石英砂岩中含有软弱夹层，对边坡稳定不利，软弱夹层分为三类：Ⅰ类为软岩夹层；Ⅱ类为破碎夹层，根据夹层含泥量及夹泥连续性又分为两个亚类 $Ⅱ_1$ 类为破碎夹层、$Ⅱ_2^n$ 类为破碎夹泥夹层；Ⅲ类为泥化夹层。

根据高程 90m 公路内侧边坡及平硐调查统计，从 D_{2y}^{2-2} 层至 D_{2y}^{1-1} 层，软弱夹层密度逐渐

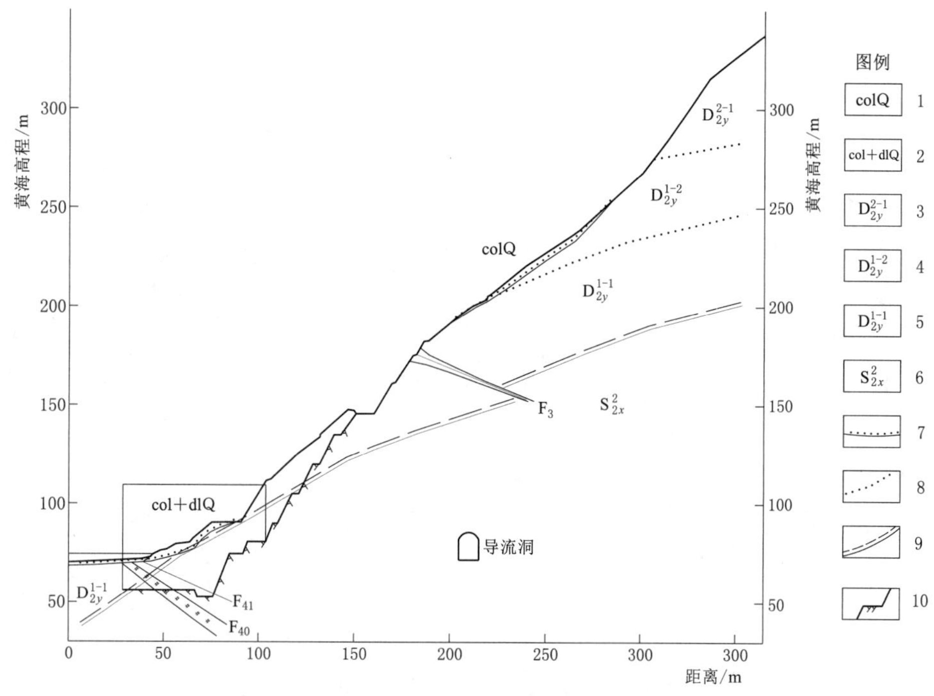

图 3.27 边坡结构剖面示意图

1—第四系崩积堆积：碎块石夹土；2—第四系崩坡积堆积：碎块石夹土；3—泥盆系中统云台观组上段第一层石英细砂岩夹少量页岩及粉砂岩；4—泥盆系中统云台观组下段第二层石英细砂岩夹少量页岩及粉砂岩；5—泥盆系中统云台观组下段第一层石英细砂岩夹页岩及粉砂岩，底部有厚 5cm 砾岩；6—志留系中统小溪组上段细砂岩与页岩、粉砂岩互层；7—第四系与基岩界线；8—岩层分界线；

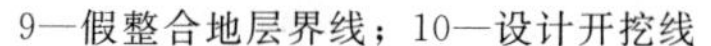
9—假整合地层界线；10—设计开挖线

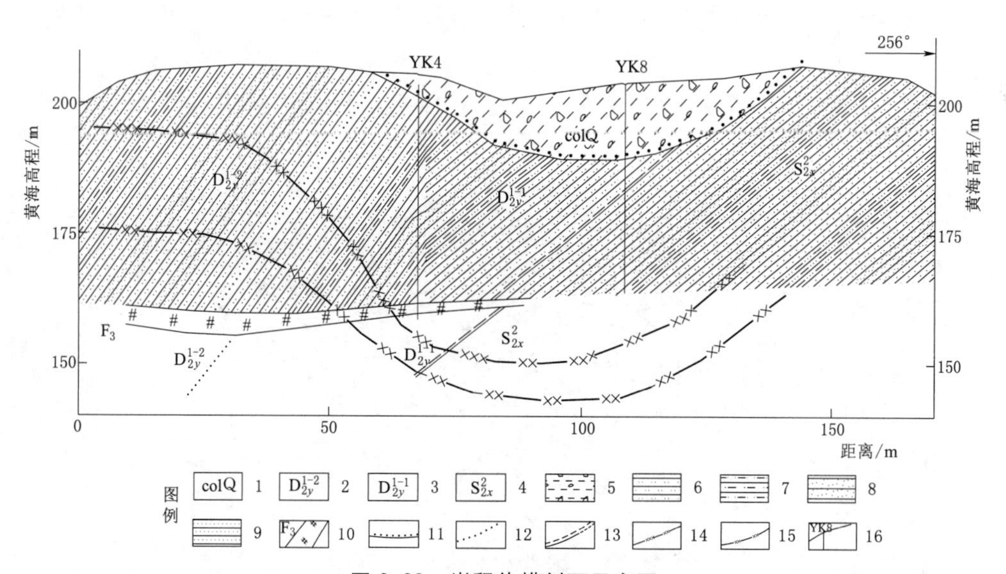

图 3.28 崩积体横剖面示意图

1—第四系崩积堆积：碎块石夹土；2—泥盆系中统云台观组下段第二层；3—泥盆系中统云台观组下段第一层；4—志留系中统小溪组上段；5—碎块石夹土；6—石英砂岩；7—泥质粉砂岩；8—粉砂岩；9—细砂岩；10—断层破碎带及编号；11—第四系与基岩界线；12—岩层分界线；13—假整合地层界线；14—弱上风化带底界；15—弱风化带底界；16—钻孔及编号

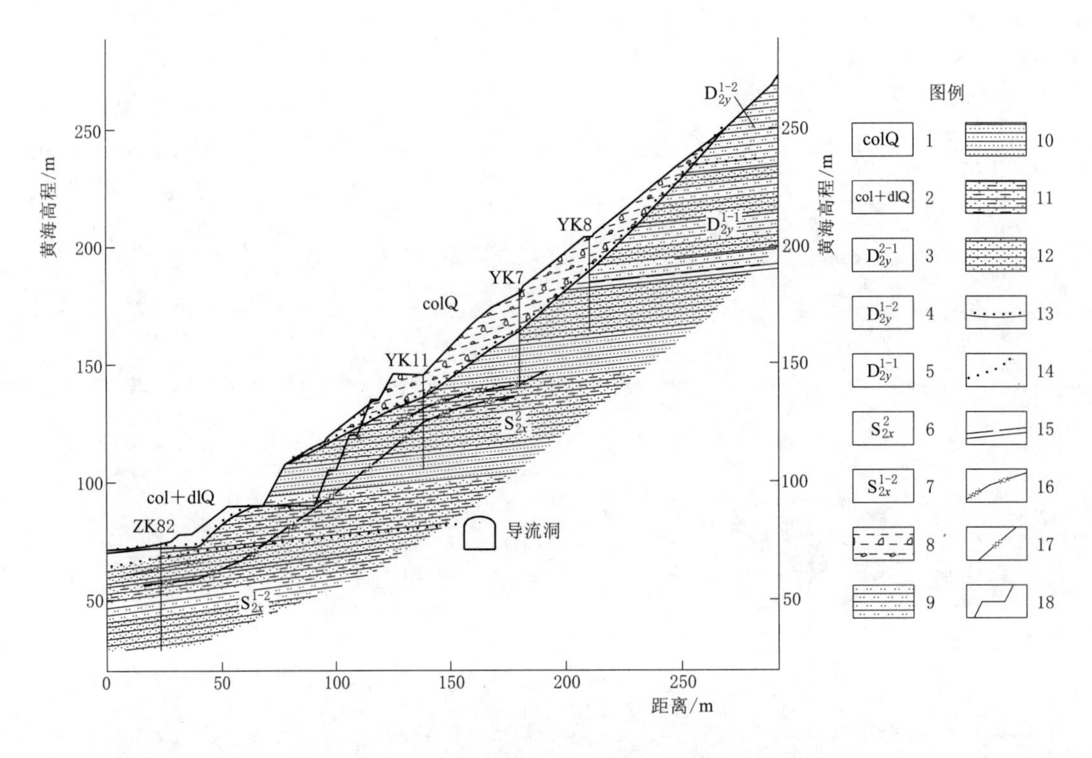

图 3.29 第四系崩积体地质纵剖面示意图

1—第四系崩积堆积；2—第四系崩坡积堆积；3—泥盆系中统云台观组上段第一层；4—泥盆系中统云台观组下段第二层；5—泥盆系中统云台观组下段第一层；6—志留系中统小溪组上段；7—志留系中统小溪组下段第二层；8—碎块石夹土；9—石英细砂岩；10—细砂岩；11—泥质粉砂岩；12—粉砂岩；13—第四系与基岩界线；14—岩层分界线；15—假整合地层界线；16—弱上风化底界；17—弱风化底界；18—设计开挖轮廓线

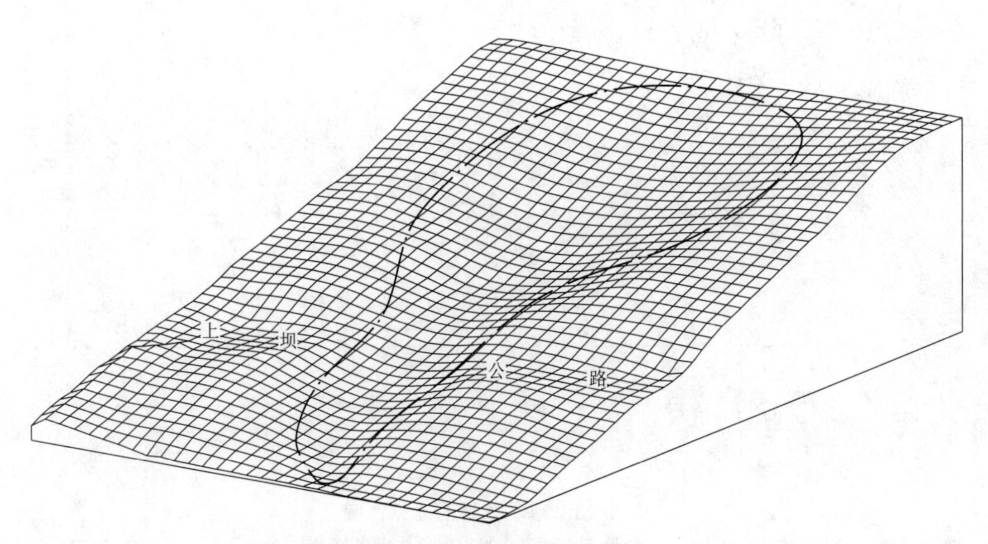

图 3.30 崩坡积体下伏基岩顶面空间形态示意图

增大，性状逐渐变差。在右岸坝肩一带主要分布 D_{2y}^{1-2} 地层，软弱夹层主要有以下几条：214 夹层，为紫红色砂质页岩，局部见挤压破碎现象；212 夹层，主要由紫红色夹灰白色泥质粉砂岩、砂质页岩组成，性状较好，夹层顶、底部有较连续的泥；209 夹层，主要为紫红色、灰绿色砂质页岩，夹层顶、底面见较连续的泥化带；205 夹层，主要为青灰色泥质粉砂岩，夹层顶、底面 3～10cm 岩石破碎，顶、底部有泥化现象；203 夹层，主要为紫红色夹少量黄绿色泥质粉砂岩、砂质页岩，顶、底面泥化现象发育，泥较连续。在厂房内侧边坡中上部为云台观组下部 D_{2y}^{1-1} 地层，软岩占地层厚度的比例为 35%左右，岩体中软弱夹层分布密度相对较大，平均 1.11～1.67 条/m，夹层普遍有泥化现象，泥化带较连续，性状较差，局部呈塑性挤出，泥化带的密度为 0.56 条/m，其厚度占地层厚度的比例为 3.4%～5.6%。

尾水渠内侧为 S_{2x} 地层，总体性状较软。上部 S_{2x}^2 为细砂岩、粉砂岩及泥质粉砂岩互层，细砂岩占地层厚度的 44%左右，粉砂岩与细砂岩的接触界面多有泥化现象，据平硐 PD24、PD26，泥化带厚度一般小于 3cm，较连续，泥化夹层及破碎夹泥夹层占地层厚度的比例为 3.5%～6.0%。下部 S_{2x}^1 为粉砂岩及泥质粉砂岩，有较多泥化夹层，厚度一般小于 5cm，占地层厚度的比例为 4%～8%，局部受构造作用加剧，泥化带的厚度及密度增大。

4. 结构面及其组合特征

厂房边坡主要存在层面（夹层）、断层、节理三类结构面。这类结构面既破坏了坡体的完整性，也可能相互组合切割，形成不稳定块体，同时对边坡变形也起一定的控制作用。

右岸边坡揭露 7 条断层。F_3 主要分布于已形成的上坝公路内侧（图 3.31），走向 20°～30°，倾向山里，倾角 35°～50°，断层带宽 0.3～0.9m，最宽处约 2m，破碎带物质为构造角砾岩及碎裂石英砂岩、岩屑、岩粉，泥质胶结少量钙质胶结，胶结较差，上盘影响带宽 2m 左右，下盘影响带宽 2～3.5m。F_3 断层带性状较差，它的存在，降低了边坡结构的整体性，断层带为较松散的角砾岩，强度较低，易压缩变形。

上坝公路施工过程中，内侧边坡局部坡段由于开挖成形后没有及时支护，受 F_3 断层破碎带影响及不利结构面的切割，局部出现变形，多处出现开裂及塌方。在支护完成以后，坡面多处出现了变形裂缝，其中一组追踪 NW 向节理面，一组追踪层面。在坡脚、河床右侧分布有 3 条断层：F_{40}、F_{41} 及 F_{42}，均顺河向，倾向山里。F_{40} 破碎带厚 0.9～3.2m，破碎带物质主要为碎裂岩，局部见角砾岩及断层泥，泥质胶结，断层上、下盘岩体中裂隙发育，岩石破碎；F_{41} 断层带特征不明显，沿主断面有厚 2～5m 岩体破碎；F_{42} 破碎带宽 1.6m 左右，破碎带物质主要为碎裂岩，两侧影响带厚约 1m，沿断层具囊状风化加剧，由上游向下游规模逐渐增大。这 3 条断层分布于开挖坡脚应力集中区，对边坡压缩变形及边坡稳定有一定影响。F_{10} 出露于右坝肩附近，分布高程为 115～135m，为裂隙性正断层，倾向山里，倾角 75°，长度 43m，断层带宽 0.1～0.3m，偶见构造角砾岩与碎块岩，断层带性状较好，而且宽度小，倾向山里，对边坡稳定影响不大。F_{80} 出露于上坝公路内侧边坡 S_{2x}^{1-2} 地层，断层产状 270°∠35°，长度大于 50m，断层破碎带宽 2m，构造岩以碎裂岩为主，夹角砾岩。F_{81} 出露于厂房下游侧上坝公路内侧边坡 S_{2x}^{1-2} 地层，分布高程

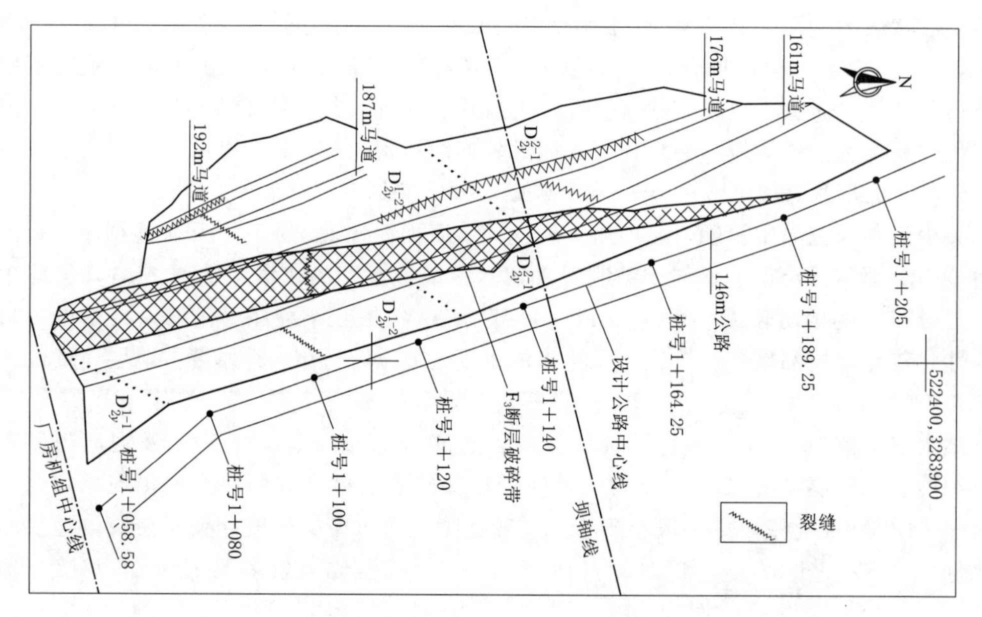

图 3.31 右岸上坝公路 K1+070～K1+200 工程地质平面示意图

145m 左右，走向 10°，倾向 NW，倾角 35°～47°，断层破碎带宽 5～15cm，主要为碎裂岩。F_{80} 及 F_{81} 规模较小，而且位于边坡区的边缘地带，对开挖边坡稳定影响不大。

云台观组石英砂岩中含有软弱夹层，尤其是小溪组地层中含有大量的泥化层面，常成为边坡变形及楔形块体失稳的控制性界面。志留系地层岩性相对较软，层面性状差，也易成为块体失稳的主要界面。

边坡岩体中主要分布两组裂隙，即走向 NE、倾向 SE 的一组以及走向 NW、倾向 SW 的一组。裂隙多呈闭合状，裂面一般为平直稍粗，少数平直光滑，多被铁锰质浸染，极少数被泥质或方解石充填。此外，短小裂隙发育。

根据设计开挖坡型，通过结构面各种组合的搜索，在开挖边坡最常见的块体只有一种，即层面与 NE 组裂隙组成的块体，这种块体的规模主要取决于 NE 组裂隙的切割情况，若出露于单级坡，其规模只有数十方，若 NE 组裂隙延伸跨越多级马道，则易形成跨越多级马道的块体，其规模可能上千方。NW 组裂隙倾向山里，它虽不与其他结构面组合形成块体，但易形成边坡拉裂的初始界面，边坡变形可能追踪这组结构面拉裂，在边坡马道内侧形成拉裂缝。

5. 岩体风化与卸荷变形特征

(1) 风化。右岸边坡岩体风化主要表现为三种类型：均匀风化、夹层风化、裂隙风化。岩体风化主要受岩性控制，由于岩性不同，岩体风化呈现出不均匀性。上游石英砂岩坚硬，抗风化能力强，一般沿裂隙风化，形成的自然斜坡坡度相对较陡，而下游粉砂岩、泥质粉砂岩性状相对较软，抗风化能力较差，表层易风化剥落。

根据岩体的不同风化特征及工程性质，将岩体划分为强风化、弱风化及微风化三个带。强风化岩体少，厚度小于 5m，主要分布于尾水渠内侧志留系的粉砂岩及泥质粉砂岩中，岩石已经变色，力学性能显著降低。弱风化带厚度较大，厚度一般 15～40m，岩石内矿物基本未变，仅沿裂隙有一定的蚀变，或裂面附铁锰质。根据岩块风化、裂隙风化及岩体完整性三个因素综合考虑，进一步将弱风化带细分为弱上风化带和弱下风化带。微风化岩体较新鲜，基本未见风化迹象。

软弱夹层上下与硬质岩石接触界面受构造错动，加之地下水作用，风化加深。

（2）卸荷变形特征。由于地壳抬升，河谷下切，岩体浅部因地应力释放而卸荷松弛，卸荷作用对原生构造裂面进行改造，在坡面以内一定深度范围形成卸荷带，为后期岩体的变形提供了结构条件，同时也为风化作用提供了空间和通道，进而降低了边坡岩体的稳定性。卸荷带内裂隙多数张开或微张，张开程度由表部向深部逐渐变小，表部张开 2～20mm，充填灰黄色泥。岩体卸荷作用的程度由坡表部向深部逐渐减弱。由于岩性、地形不同，卸荷作用的强烈程度及影响深度也呈现出一定的差异性，在 D_{2y} 石英砂岩中卸荷作用相对较强烈，卸荷裂隙发育。第四系崩积体后缘陡坡一带裂隙张开达 20cm，卸荷带宽 20m 左右；在 S_{2x} 粉砂岩、泥质粉砂岩坡段，卸荷作用相对较弱，裂隙张开不明显，一般都在数毫米以内，受卸荷作用岩体的宽度为 15m 左右。位于边坡下部 90m 高程的勘探平硐中，卸荷作用较弱，只在硐口有所表现。卸荷带内地震波纵波速度 V_p 一般为 1200～2000m/s。

（3）风化、卸荷岩体的分布特征。受卸荷风化作用等因素的影响，岩体的性状变化较大。强风化岩体矿物已蚀变，强度显著降低，这类岩体较少，主要分布于志留系地层的局部部位，厚度小于 5m，根据设计方案，边坡开挖后基本被挖除。钻孔及平硐勘探显示，在弱上风化带内，泥盆系石英砂岩破碎，沿裂面有较厚的蚀变，单块岩石的强度虽高，但整体性差，这类岩体主要出现在右岸坝肩及坝肩至厂房正内侧的部分坡段的坡体表部，厚度 10～15m，局部 25m 左右。志留系地层中弱风化上带岩体，颜色大部分褪变，岩体破碎、强度降低，厚度 17～20m（图 3.32），这类岩体主要出现在厂房内侧至导流洞出口一带。

卸荷带内裂隙张开—微张，充填灰黄色泥，岩体较破碎。在志留系粉砂岩中，卸荷带内裂隙一般为微张。卸荷裂隙张开为风化作用提供了管道，因此，卸荷带内岩体沿裂面普遍有不同程度的蚀变。

6. 水文地质特征

由于坡度陡且地形单一，地表集水域面积不大，地表水主要以面流的形式向渫水排泄，小部分向地下入渗。

地下水主要为基岩裂隙水，由于岩性不同而表现为不均匀性。地下水主要赋存于泥盆系的石英砂岩中，埋深一般 20m 左右，局部 45m。云台观组地层中的软弱夹层相对隔水。

根据边坡的岩性组合及结构面的发育特点，地下水径流在整个边坡的分布有一定的差异性，而且具有各向异性的特点。地下水主要沿层面方向运动，也正是由于这点，在河床局部出现轻微承压现象。

完整新鲜的志留系地层具有良好的隔水性，勘探平硐及导流洞中渗流现象十分微弱。但在风化卸荷带赋存少量裂隙水，地下水主要沿层面方向径流，可排性相对较差。

崩积体内的碎块石空隙较大，排水好，在堆积体前缘 110m 高程处有一地下水露头，泉水从基岩与第四系界面处流出，大雨后流量 20～30L/min，雨停后 2～3d 即干。

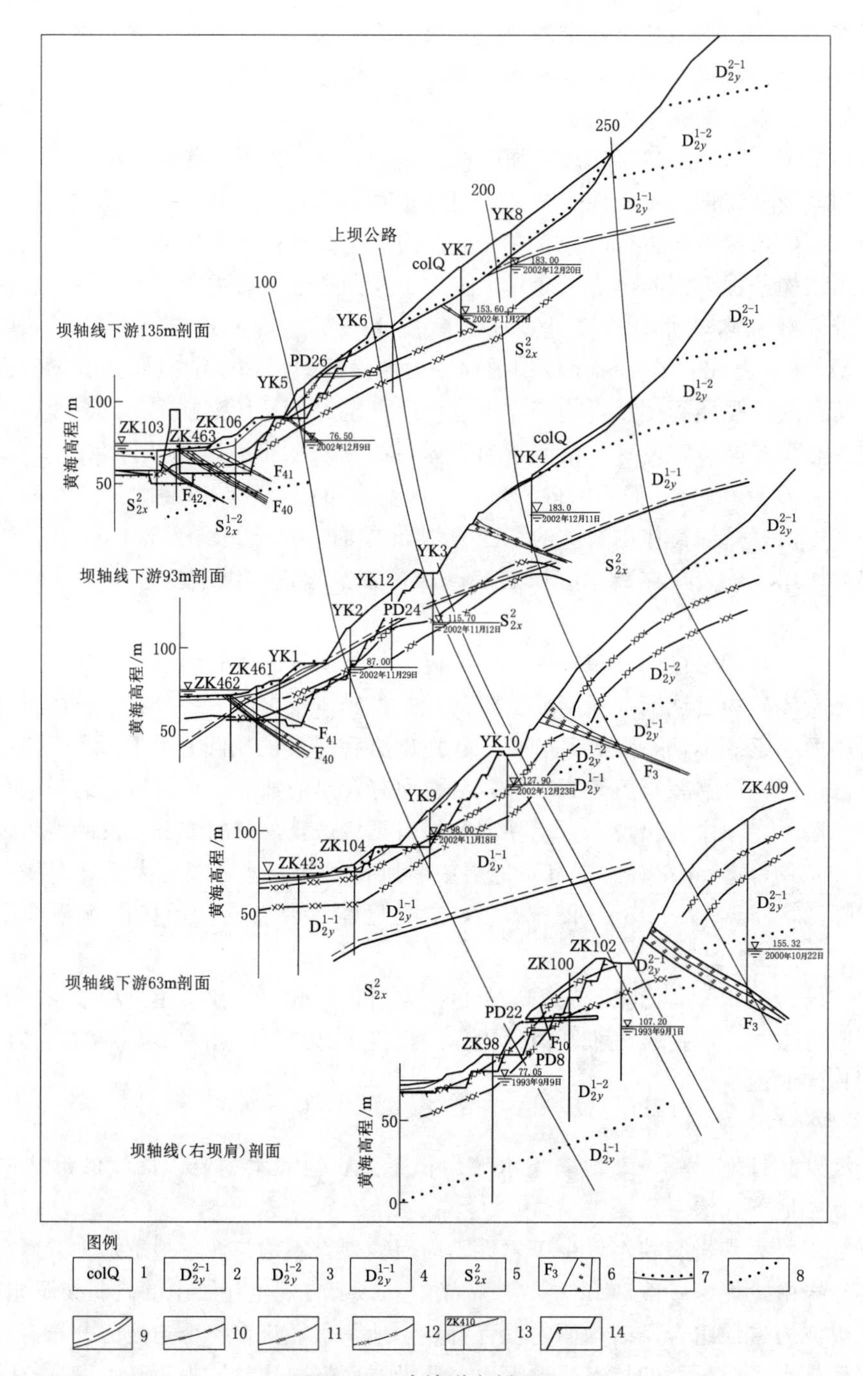

图 3.32 边坡联合剖面图

1—第四系崩积堆积：碎块石夹土；2—泥盆系中统云台观组上段第一层石英细砂岩夹少量页岩及粉砂岩；3—泥盆系中统云台观组下段第二层石英细砂岩夹少量页岩及粉砂岩；4—泥盆系中统云台观组下段第一层石英细砂岩夹页岩及粉砂岩，底部有厚 5cm 砾岩；5—志留系中统小溪组上段细砂岩与页岩、粉砂岩互层；6—断层及编号；7—第四系与基岩界线；8—岩层分界线；9—假整合地层界线；10—强风化带底界；11—弱上风化带底界；12—弱风化底界；13—钻孔及编号；14—设计开挖轮廓线

3.2.4.2 开挖边坡特征

1. 设计开挖边坡形态

根据设计方案，右岸坝肩开挖成槽形，西侧临时坡比 1∶0.35，单级坡高 10m，两级坡之间设马道，上部马道宽为 5m，下部马道宽 11.0～16.5m；上游侧坡比为 1∶0.35，下游侧坡比为 1∶0.5。厂房内侧开挖边坡坡向与自然坡向基本一致，为 166°，尾水渠内侧略向河床方向弯转，为 159°，坡比 1∶0.5，单级坡高 15m，两级坡之间设宽 3.5m 的马道，人工边坡高度约 110m，分为两级，上坝公路以下约 74m。坝肩与厂房边坡之间为略向河床凸出的转弯坡段。

2. 开挖边坡岩体结构特征

边坡主要为层状岩体，结合边坡岩体的完整性、结构面的发育程度、结构面形态及延伸情况等将边坡岩体结构分为 5 类，每一类的平面分布如图 3.33 所示。

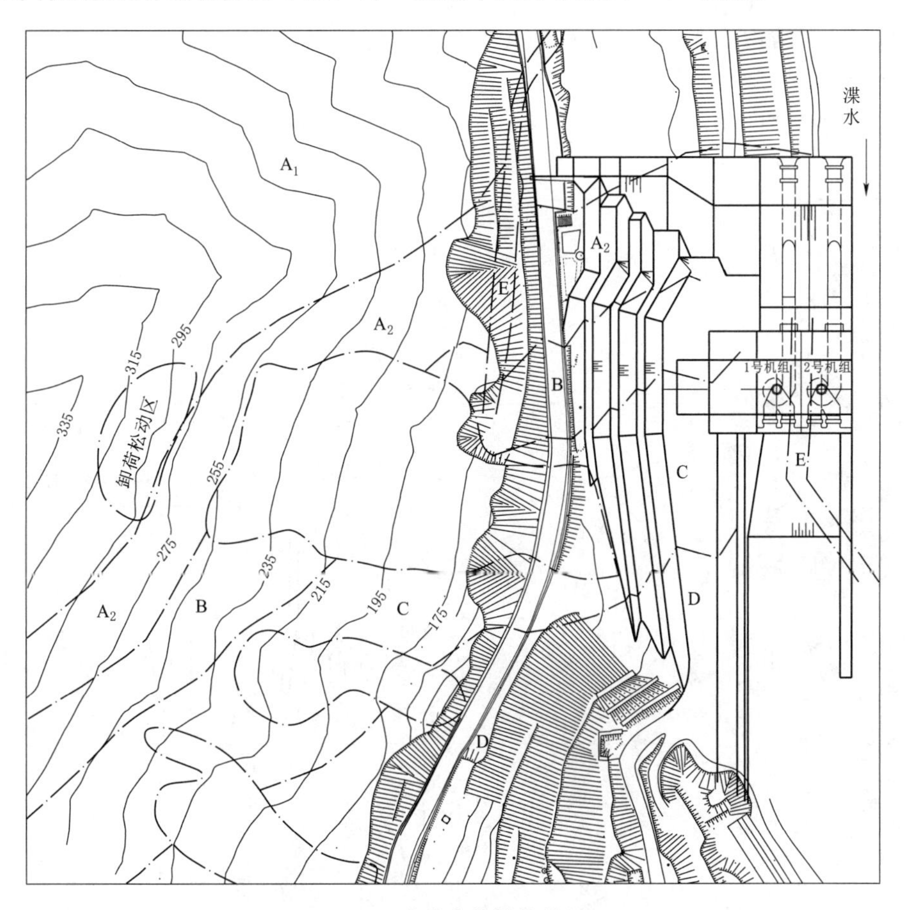

图 3.33 边坡岩体结构特征图

A 类：厚层状结构，岩体较完整，为坚硬的厚层状石英细砂岩，强度高。裂隙较发育，裂面平直稍粗，除卸荷带张开—微张以外，一般闭合，无充填。含有少量软弱夹层，主要为性状较好的粉砂岩软岩夹层。粉砂岩占地层总厚的比例为 7%～10%，岩层中破碎夹层及泥化夹层占地层厚度的 1.2%～5.3%。根据岩体的单层厚度及含软弱夹层的情况，又分为两个亚类：A_1类，岩体为厚层状、少数为巨厚层状，所含软弱夹层少，软岩夹层占地层厚度比为7%，破碎夹层及泥化夹层占地层厚度的1.2%～2.1%；A_2类，岩体为中厚—厚层状，软弱夹层相对于A_1类较多，软岩夹层占地层厚度比为10%，破碎夹层及泥化夹层占地层厚度的2.5%～5.3%。

B类：中厚层状结构，岩体较完整，为中厚层细砂岩夹较多粉砂岩，短小裂隙发育，粉砂岩、泥质粉砂岩占地层总厚度的35%左右，粉砂岩、泥质粉砂岩的顶底界面有泥化现象，泥化夹层占地层厚度的3.4%～5.6%。

C类：互层状结构，岩体较完整或完整性差，为中厚层粉砂岩、泥质粉砂岩与薄层细砂岩互层，短小裂隙发育，粉砂岩、泥质粉砂岩占地层厚度的56%左右，泥化带发育。

D类：薄层状结构，完整性差，为粉砂岩、泥质粉砂岩，呈薄—中厚层状，有较多泥化带，岩体性状相对较软，表部风化后易呈碎片状剥落。

E类：碎裂结构，岩体破碎，裂隙极发育，主要为断层带及局部裂隙密集区。

3. 开挖边坡工程地质分段

根据边坡岩体的结构特征，结合岩体的风化状态、卸荷特征等将边坡分为5段（图3.34）。

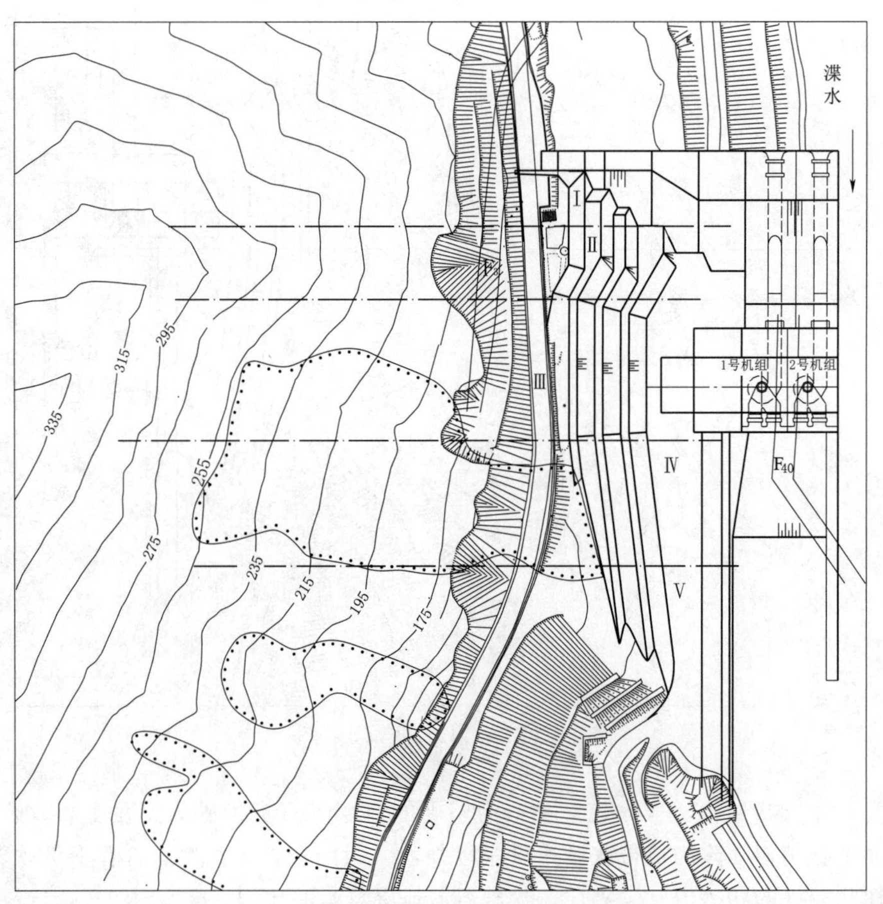

图3.34 边坡工程地质分段

第Ⅰ段：分布于右岸坝肩一带。高程120m以上为D_{2y}^{2}厚层状石英砂岩，含有少量软弱夹层，厚层状结构（A_1），边坡开挖后，弱上风化带厚度15m左右，卸荷带宽度12m左右。高程120m以下为D_{2y}^{1-2}石英砂岩，含有少量软弱夹层，厚层状结构（A_2），边坡开挖后，弱上风化带及卸荷岩体已被清除，弱下风化带岩体厚度5～7m。

其中146m以上边坡已经形成，坡高约50m，在高程165m左右分布为F_3断层，断层带为胶结不好的角砾岩，宽度约0.3m，影响带宽度5m左右，影响带内裂隙发育，岩体破碎，为碎裂结构（E）。受其影响，边坡上部岩体破碎，稳定性较差，边坡开挖时曾出现过规模200m^3的垮塌，支护完成后边坡仍有变形，沿马道出现纵向拉张裂缝。146m以下为临时边坡（大坝基础）（图3.36）。

第Ⅱ段：右坝肩下游侧转弯坡段，坡高约110m，高程146m以上边坡已经形成。岩体主要为厚层状结构（A_2），为中厚—厚层状D_{2y}^{1-2}石英砂岩，岩体强度高，裂隙较发育，含少量软弱夹层，其中规模稍大且较连续的有Ⅲ209、Ⅲ205及$Ⅱ_1$203。根据设计开挖方案，坡脚处水平开挖宽度20m左右，上坝公路外侧开挖宽度5m左右。边坡开挖后，坡脚处为弱下风化带岩体，卸荷松动岩体也基本被清除；边坡中上部弱上风化带岩体厚5～15m，边坡在自然状态下形成的卸荷带仍有10m左右未被清除。上坝公路内侧高程167m左右为F_3断层，断层带及影响带宽约6m，带内裂隙发育，破碎，为碎裂结构（E）。

第Ⅲ段：坝肩至厂房内侧坡段，坡高约120m，高程146m以上边坡已经形成。边坡下部为中厚层状结构（B）的D_{2y}^{1-1}细砂岩夹较多粉砂岩，夹层平均间距仅0.6～0.9m，泥化普遍；上部为厚层状结构（A_2）的D_{2y}^{1-2}石英砂岩，有少量软弱夹层。根据设计开挖方案，坡脚处（75m）水平开挖宽度约19m，上坝公路外侧开挖宽度约4m，边坡开挖后，坡脚处为性状较好的弱下风化带岩体，边坡其余部分存在厚度10m左右的弱上风化带及卸荷带岩体，这种岩体大部分蚀变褪色，较破碎，裂隙微张，性状较差。坡体中上部为F_3断层，断层带及其影响带内岩体较破碎，性状较差（图3.35）。

第Ⅳ段：厂房内侧坡段，坡高约110m，高程146m以上边坡已经形成。边坡下部为互层状结构（C）的S_{2x}^{2}粉砂岩与细砂岩互层，上部为中厚层状结构（B）的D_{2y}^{1-1}细砂岩夹较多粉砂岩及厚层状结构（A_2）的D_{2y}^{1-2}石英砂岩。根据设计开挖方案，坡脚处（75m）水平开挖宽度约21m，上坝公路外侧开挖宽度约6m。边坡下部弱上风化带及卸荷松动岩体基本被挖除，但浅部局部裂隙密集，岩体破碎。边坡中上部弱上风化带较厚，约20m。上部分布有F_3断层，断层带为胶结较差的角砾岩，其上下影响带内岩体裂隙较密集，破碎。坡脚处分布有F_{40}断层，破碎带厚0.9～3.2m，主要为碎裂岩，上下影响带内岩体较破碎（图3.27）。

第Ⅴ段：厂房内侧至导流洞出口即尾水渠内侧坡段，坡高约45m。为薄层状结构（E）志留系小溪组（S_{2x}^{1}）粉砂岩、泥质粉砂岩夹少量细砂岩，岩体强度相对较低，而且岩体有快速风化的特点，失水后易干裂，呈碎片状剥落。局部受构造影响，为碎裂结构。根据设计开挖方案，坡脚水平开挖宽度约15m，收口于高程130m左右。边坡开挖后，边坡下部为弱下风化带岩体，上部弱上风化带厚10m左右；边坡上部为第四系崩积体（图3.29）。

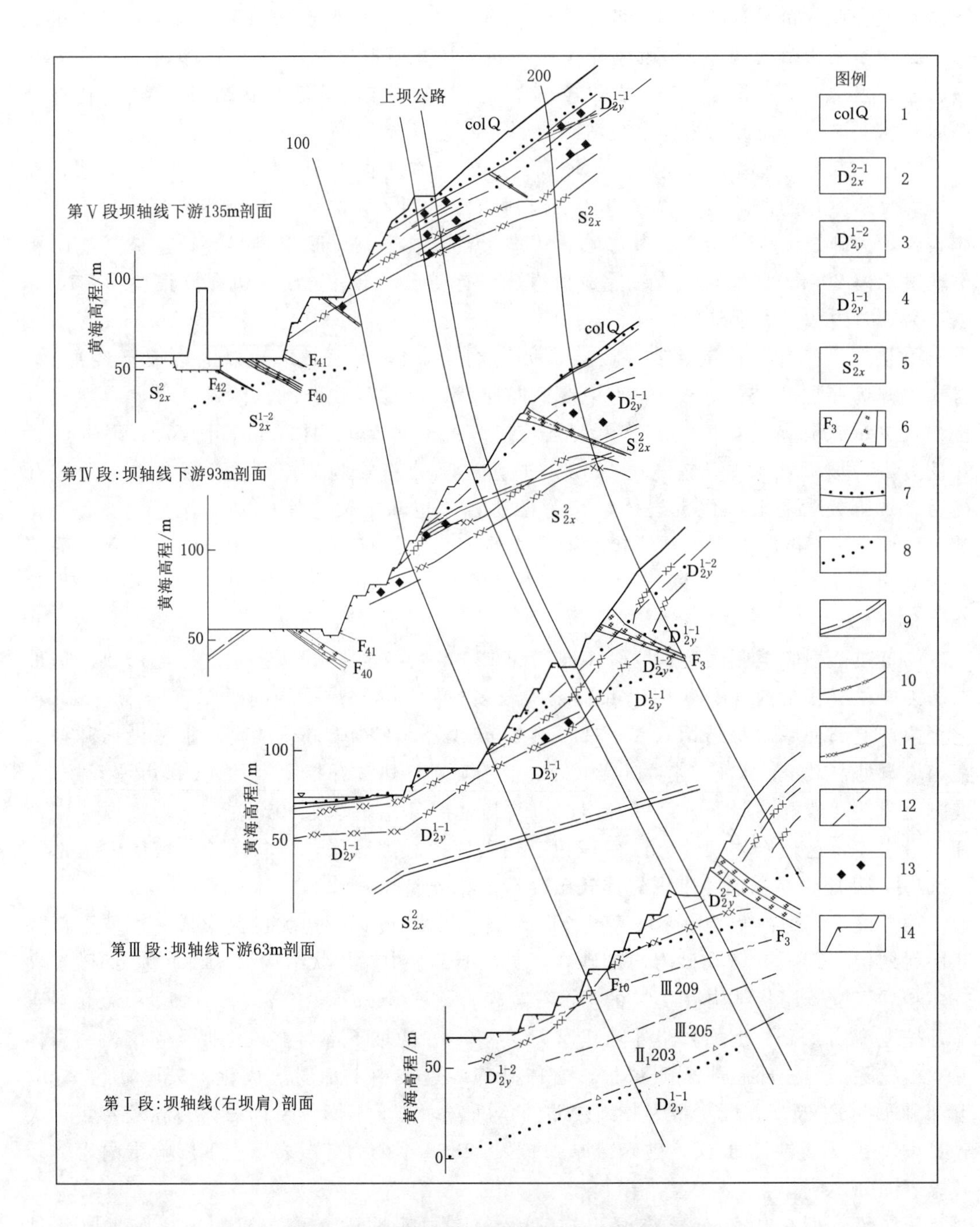

图 3.35 开挖边坡工程地质分段典型剖面图

1—第四系崩积堆积：碎块石夹土；2—泥盆系中统云台观组上段第一层石英细砂岩夹少量页岩及粉砂岩；3—泥盆系中统云台观组下段第二层石英细砂岩夹少量页岩及粉砂岩；4—泥盆系中统云台观组下段第一层石英细砂岩夹页岩及粉砂岩，底部有厚 5cm 砾岩；5—志留系中统小溪组上段细砂岩与页岩、粉砂岩互层；6—断层及编号；7—第四系与基岩界线；8—岩层分界线；9—假整合地层界线；10—弱上风化带底界；11—弱风化底界；12—卸荷带底界；13—裂隙密集带；14—设计开挖线

3.2.4.3 边坡稳定性分析与评价

自然边坡经过长期的演变，基本处于稳定平衡状态，开挖后这种平衡将会被打破，坡体内应力重新调整，边坡变陡，其稳定性将会受到影响。人工边坡稳定性直接关系到厂房、右岸交通，甚至整个枢纽的运行安全。

1. 边坡主要失稳模式分析

右岸边坡高而陡，坝肩一带主要为硬岩，而厂房及其下游边坡主要为软—较软岩；岩体中裂隙发育，同时，在开挖边坡中后部及坡脚还分布有一定规模的断层；边坡下游侧分布有一体积约 12 万 m^3 的崩积体。这些因素决定了边坡开挖可能出现不同类型的稳定问题。

（1）滑移失稳：边坡岩体具有较多夹层，岩层向溧水河谷临空方向视顺倾，在开挖边坡临空条件具备时可能形成顺层滑移失稳，如右岸坝肩开挖槽的下游侧坡。

（2）卸荷拉裂：由于开挖，边坡表部部分荷载被解除，坡体表面应力回弹，形成卸荷松弛，从而在坡体表部一定范围内形成松动带。尤其是在泥盆系石英砂岩分布的坡段，岩体强度高，裂隙发育，卸荷作用追踪原有裂隙拉裂张开；这种形式的变形主要出现在坡眉及坡顶等部位。

（3）局部崩塌：边坡有一定厚度性状较差的弱上风化带岩体及卸荷松动岩体，开挖后，坡脚或边坡下部的一部分岩体基本被挖除，但中上部仍有一定厚度，这些弱上风化岩体及卸荷松动岩体可能产生崩塌。

（4）变形：在厂房内侧一带，由于岩层视倾坡外，而且处于泥盆系硬岩与志留系软岩分界部位，边坡岩体结构具有“上硬下软”的地质特点，开挖后下部较软岩易产生压缩变形，特别是人工边坡坡脚应力集中，再加上 F_{40} 等断层的不利影响，可能产生压性塑性变形区，在坡体中部及后部易产生拉张性塑性变形区，塑性区的进一步发展可能导致坡脚压碎破坏，进而使边坡产生倾倒、坍塌等形式的破坏，这种形式的变形破坏在断裂带附近将表现得相对明显。同时由于下部压缩变形，还可能使沿软弱夹层产生相对位移现象。

（5）坍塌：在靠近导流洞出口一带边坡，志留系岩性较软，受风化、构造作用，岩体破碎，边坡自稳能力差，边坡开挖后，可能会在开挖坡顶或坡眉一带形成纵向拉裂缝，进而倾倒破坏，这种破坏进一步发展将导致边坡产生牵引式的塌滑。由于岩体强度较低，这种破坏并不一定要严格受原有结构面控制。

（6）块体失稳：边坡岩体中发育的结构面主要有层面、断层以及 NE、NW 向两组裂隙，通过结构面、开挖坡面之间各种组合关系的搜索，顺河向边坡开挖后可能出现的块体只有一种（图 3.36），即层面与 NE 组裂隙组成的块体，两结构面交线倾角 40°～50°。这种块体可以出现在单级坡，规模为数十方，也可能穿越多级马道，形成规模较大的、体积达上千方的块体。在右坝肩开挖槽北侧边坡，层面与 NW 组结构面组合可形成数方至数十方的小型块体。

（7）风化剥落：志留系中的粉砂岩、泥质粉砂岩失水干裂后易崩解，具有快速风化的特点，风化后岩体表部易呈碎片状剥落。

（8）第四系滑塌：在边坡下游侧分布第四系崩积体，目前已经形成的右岸上坝公路通过其前缘，公路及其外侧挡墙基础均未到达基岩。崩坡积体前缘局部曾在 1954 年 5 月中旬雨季以碎石流的形式失稳。依据设计方案，其前缘将被挖除，从而影响其稳定性。

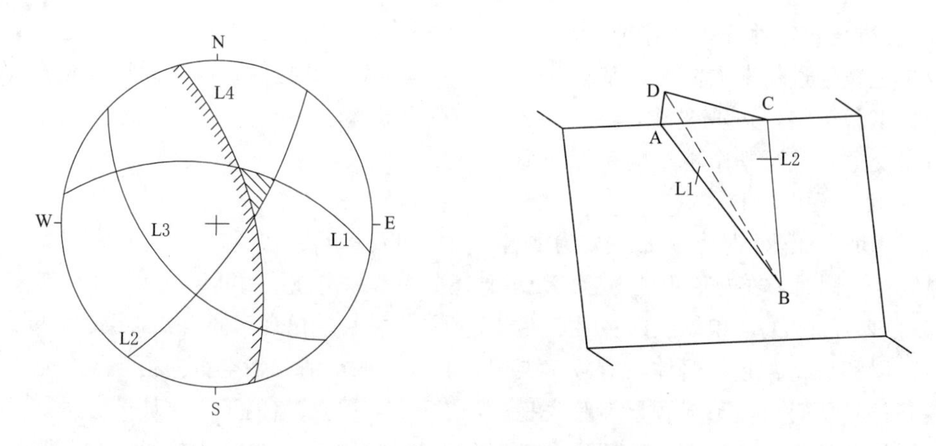

图 3.36 块体赤平投影及立体图

L1—层面；L2—NE 组裂隙；L3—NW 组裂隙；L4—设计开挖坡面

2. 稳定性计算

为了了解边坡开挖后应力及变形特征，评价边坡的稳定性，采用刚体极限平衡法对不同尺度的边坡稳定性进行了计算。

(1) 边坡表部风化岩体滑动稳定性。

a. 计算方法采用基于刚体极限平衡理论的 Sarma 法，它假设滑体为不透水介质，条块底面和侧面的孔隙水压力为静水压力，并基于此建立了条块底面以及侧面的极限平衡。其基本步骤是：根据滑坡的特征将其划分为 n 个条块，用三角形或四边形条块的角点坐标描述滑体的几何形状，地下水位线用其与条块边界交点坐标加以定义。第 i 条块的几何模型和力学模型如图 3.37 所示。

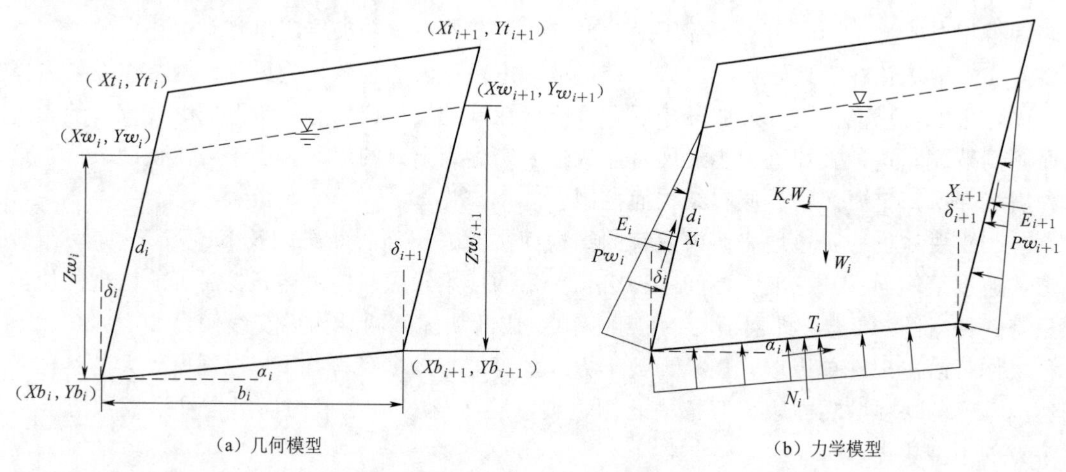

图 3.37 第 i 条块几何模型和力学模型

Xt_i、Yt_i—条块顶面坐标；Xb_i、Yb_i—块底面坐标；Xw_i、Yw_i—地下水水位坐标；d_i、d_{i+1}—条块侧面长度；b_i—条块底面在水平面上的投影宽度；α_i—条块底面与水平面的夹角；δ_i、δ_{i+1}—条块侧面与垂直面夹角；Zw_i、Zw_{i+1}—地下水水位与条块底面之间的距离；W_i—第 i 条块重量；K_cW_i—地震垂直加速度产生的水平分力；Pw_i、Pw_{i+1}—作用于条块侧面的水压力；U_i—作用于条块底面的水压力；E_i、E_{i+1}—作用于条块侧面的正压力；X_i、X_{i+1}—作用于条块侧面的剪切力；N_i—条块底面的正压力；T_i—条块底面的剪切力

b. 计算边界的确定。通过地表及平硐裂隙统计分析，不存在与开挖坡面近平行、倾向坡外的优势结构面。斜坡区岩体中普遍含有软弱夹层，其倾向上游偏坡外，与人工边坡正交方向的视倾角 20°～30°。潜在滑动面的下部下游侧迁就夹层，上游侧追踪 NE 向裂隙，后部在风化岩体中追踪各方向的结构面形成不规则拉裂面。选取厂房机组中心线剖面 57—57′为计算剖面，并对其进行条分，如图 3.38 所示。

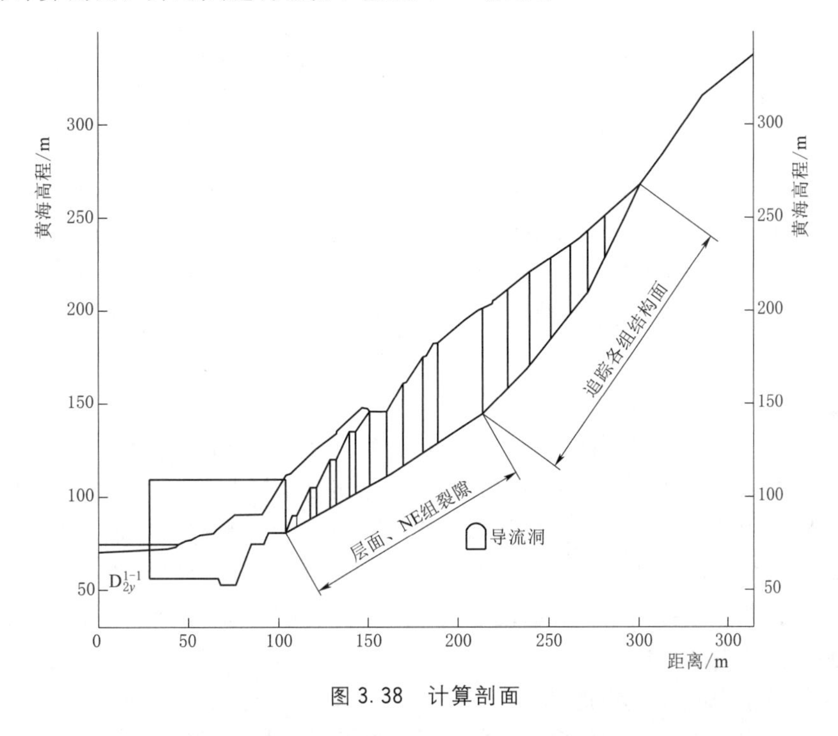

图 3.38 计算剖面

c. 荷载组合及工况。计算所考虑的主要荷载有自重和静水压力。工况Ⅰ为天然状态；工况Ⅱ为 50%饱和；工况Ⅲ为全饱和。

d. 计算参数的选取。潜在的滑动面由软弱夹层及陡倾角结构面控制，二维计算滑面抗剪强度用加权平均法得出，前部由层面和 NE 组裂隙加权平均得出，后部由裂隙与岩桥加权平均得出。根据野外调查，沿上游侧切割边界方向的裂隙连通率约为 47%；后部需要迁就多组结构面，连通率约为 30%。岩体力学参数见表 3.14，软弱夹层参数采用$Ⅱ_2^n$，即 $c'=0.03$MPa、$f'=0.32$，陡倾角结构面参数 D_{2y}^1 中 $f'=0.65$，$c'=0.15$MPa；S_{2x} 中 $f'=0.55$，$c'=0.1$MPa。考虑到后部主要承受拉应力作用，裂隙面的 c 值取 0。

e. 计算结果及分析。在前述的参数下，各种工况的计算结果见表 3.14。

表 3.14　　稳定性计算结果

指　　标	NE 组结构面连通率 50%		
	工况Ⅰ	工况Ⅱ	工况Ⅲ
F_s	2.02	1.9	1.62

计算结果表明，边坡在开挖后的天然状态下的稳定性数为 2.02，不会产生整体滑移失稳，考虑在暴雨时地下水位上升，在岩体 50%饱和及全饱和时稳定性系数有所下降，

但安全系数仍大于1。

(2) 块体稳定性计算。对于完全切割的小块体，按双滑面控制的块体模型，利用《岩土工程勘察规范》(GB 50021—2001) 推荐的公式计算其稳定性：

$$F_s=\frac{N_A\tan\varphi_A+N_B\tan\varphi_B+c_AS_A+c_BS_B}{W\sin\beta_{AB}}$$

式中：A、B分别为层面和NE组裂隙；F_s为安全系数；N_A、N_B为由W引起的作用于结构面A、B上的法向力，kN；φ_A、φ_B为结构面A、B的摩擦角，(°)；c_A、c_B为结构面A、B的黏聚力，kPa；S_A、S_B为结构面A、B的面积，m^2；W为块体所受的重力，kN；β_{AB}为A、B结构面交线的倾角，(°)。

NE结构面参数采用$c_B=0.15$MPa、$\tan\varphi_B=0.6$，夹层采用$c_A=0.03$MPa、$\tan\varphi_A=0.32$，计算结果$F_s=3.5$。考虑到边坡工程中陡倾角裂隙的受力特征和渐进破坏过程，一些学者和著作建议陡倾角裂隙c值取0，上式中若不考虑黏聚力则$F_s=0.7$。

通过反演计算，在c值取零的情况下，云台观组石英砂岩中，裂隙连通率为74%时，块体的稳定性系数$F_s=1$；在志留系粉石岩中，裂隙连通率为56%时，块体的稳定性系数$F_s=1$。

3. 稳定性评价

通过宏观定性分析与稳定性计算定量分析，对厂房右岸开挖边坡作出以下综合评价：

(1) 边坡为层状岩体，岩层走向与开挖边坡走向交角较大，为斜向坡，边坡结构虽与水阳坪滑坡附近边坡相似，但岩体性状和水文地质条件相对水阳坪一带要好，根据平硐、地表地质调查所揭示的右岸边坡一带构造结构面的发育规律，顺坡向或与坡向交角较小、倾向坡外的结构面不发育，很难贯通使边坡产生整体滑移失稳的界面，边坡的整体稳定性较好，不存在整体滑动失稳问题。

(2) 弱上风化带岩体、卸荷带内岩体性状较差，这部分岩体分布于表部，边坡开挖后，坡脚弱上风化带岩体、卸荷带内岩体大部分被清除，坡顶的弱上风化带岩体、卸荷带内岩体可能产生崩塌甚至小规模的滑塌。

(3) 右岸坝肩及右岸坝肩至厂房正内侧一带坡段，岩体为石英砂岩夹少量粉砂岩，含有软弱夹层，岩体中裂隙发育。从上述计算结果可以看出，边坡开挖后的变形主要表现为在坡体表部一定范围内卸荷回弹，追踪原有裂隙拉裂，形成松动带。这种松动带在边坡形成之初并不一定会马上失稳，而是可以维持较长时间的稳定性，随着时间的推移，拉裂缝外侧岩体中分布的夹层性状恶化，NE组结构面逐步贯通，进一步发展可造成松动岩体较大的变形或塌落。在裂隙较密集的部位，这种卸荷、变形、塌落的发展过程会相对较快。

岩体内发育有NW及NE两组裂隙，其中NE组裂隙与层面易构成失稳块体。根据NE组裂隙的发育规模及连通情况，块体的规模小则出露于单级坡高范围内，体积数方至数十方，也可能跨越多级马道，形成规模较大的块体，体积达上千方。已形成的90m高程公路及右岸上坝公路内侧边坡与设计开挖边坡走向大体一致，其边坡出露块体的稳定性对设计开挖边坡块体的稳定性具有参考价值。在这两处公路边坡分布的切割块体，一旦揭露就会塌落。对于规模较大的块体，其稳定性主要取决于NE组结构面的连通情况。

边坡内软弱夹层发育，特别是Ⅲ类泥化夹层性状较差。从有限元模拟的结果可以看出，边坡开挖后，沿夹层有较大的位移。因此，夹层容易成为边坡失稳的控制性界面，在其他结构面的切割下可能产生沿夹层的变形与滑塌。

（4）厂房内侧坡段，下部为志留系粉砂岩，上部为云台观组下部的石英细砂岩夹粉砂岩。钻孔、平硐资料显示，这一带岩体弱上风化带岩体性状较差，裂隙发育，岩体破碎，钻孔中弱上风化带岩体多呈碎块状。自然边坡卸荷带宽度 15～20m，卸荷带内裂隙张开或微张，充填泥质或无充填。根据设计方案，坡脚部位的水平开挖宽度约 20m，向坡顶方向开挖宽度逐渐缩小，坡体弱风化岩体及卸荷带未被完全清除（图 3.39）。下部岩体在上部荷载作用下产生压缩变形，尤其是坡脚一带的 F_{40} 等断层性状较差，基坑开挖后易产生压缩变形。在下部变形牵引下后部未被完全清除的弱上风化带岩体容易崩塌或坍塌，并进而导致后缘性状较差的弱上风化带岩体进一步失稳。

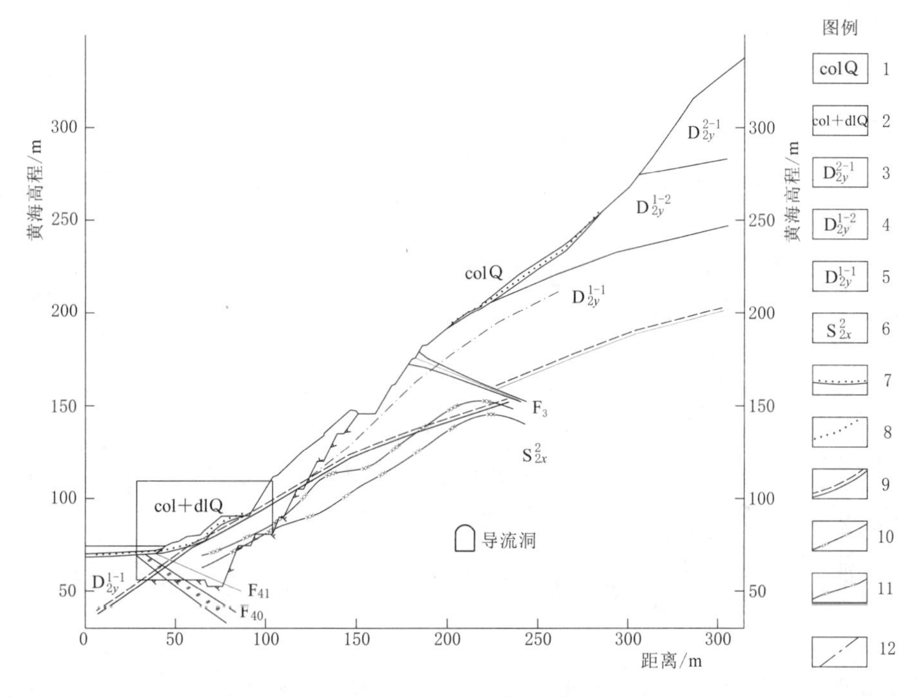

图 3.39 厂房内侧边坡剖面

1—第四系崩积堆积：碎块石夹土；2—第四系崩坡积堆积：碎块石夹土；3—泥盆系中统云台观组上段第一层石英细砂岩夹少量页岩及粉砂岩；4—泥盆系中统云台观组下段第二层石英细砂岩夹少量页岩及粉砂岩；5—泥盆系中统云台观组下段第一层石英细砂岩夹页岩及粉砂岩，底部有厚 5cm 砾岩；6—志留系中统小溪组上段细砂岩与页岩、粉砂岩互层；7—第四系与基岩界线；8—岩层分界线；9—假整合地层界线；10—弱上风化底界；11—弱风化底界；12—卸荷带底界

（5）厂房至导流洞出口坡段，为志留系粉砂岩及泥质粉砂岩夹少量细砂岩，目前 90m 高程公路通过这一带的内侧边坡有多处产生拉张裂缝。根据地质勘察及导流洞施工揭示，这一带地层性状较差，受构造作用等因素的影响，岩体完整性差，边坡自稳能力差，边坡开挖后容易在边坡坡顶部位产生拉张裂缝，并进一步发展为倾倒破坏。由于岩体本身强度低，其破坏并不一定追踪某一组结构面，换言之，并不完全受优势结构面的限制。

在这一坡段，也容易产生由层面与 NE 组裂隙组成的块体，更值得注意的是，志留系地层中结构面闭合好，排水性不好，在揭露之初可能不会马上失稳，但志留系地层具有快速风化的特点，在大雨等的作用下容易造成排水不畅和结构面强度的快速下降从而导致块体失稳。在导流洞出口边坡、水阳坪下游侧右岸上坝公路的施工、运行过程就出现过多处大雨后块体塌落的情况。

(6) F_3 断层分布于已形成的右岸上坝公路内侧，尽管其倾向山里，但它的存在，在一定程度上降低了边坡岩体整体性，而且影响其带宽，影响带内岩体较破碎、完整性差，对人工边坡稳定不利。有限元计算表明，在高程 146m 公路以下开挖时，F_3 一带岩体应力将进一步发生调整，并产生较大的塑性变形，从而使断层上盘坡体产生进一步拉裂变形。

F_3 断层上盘岩体在施工过程中曾产生过体积 200m^3 左右的塌落，施工及支护完成以后边坡仍有一定程度的变形，坡面多处出现变形裂缝。其原因主要是断层带性状较差，边坡开挖后由于断层带产生压缩变形、上部拉裂所致。

4. 下游侧崩积体稳定性

(1) 稳定性计算。稳定性计算采用前述基于极限平衡理论的 Sarma 法。钻探、物探等揭示，基岩面的空间形态为中间低、两侧高的凹槽形。

第四系与基岩的接触面最有可能成为潜在滑动面，选取覆盖层最厚（基岩面深槽部位）的纵剖面作为计算剖面（图 3.40）。

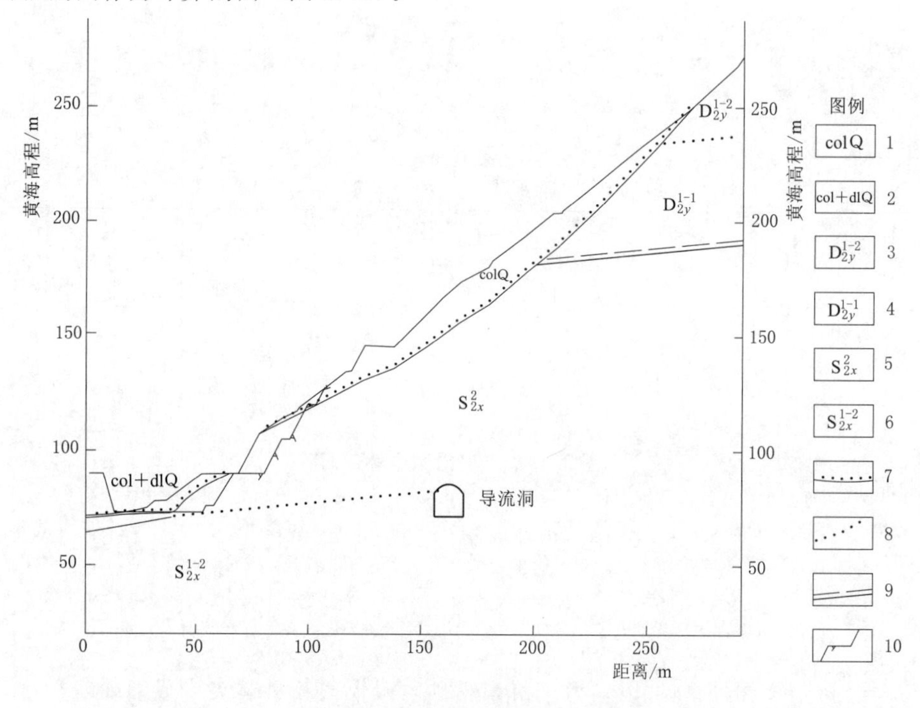

图 3.40 第四系崩积体计算剖面

1—第四系崩积堆积：碎块石夹土；2—第四系崩坡积堆积：碎块石夹土；3—泥盆系中统云台观组上段第一层石英细砂岩夹少量页岩及粉砂岩；4—泥盆系中统云台观组下段第二层石英细砂岩夹少量页岩及粉砂岩；5—泥盆系中统云台观组下段第一层石英细砂岩夹页岩及粉砂岩，底部有厚 5cm 砾岩；6—志留系中统小溪组上段细砂岩与页岩、粉砂岩互层；7—志留系中统小溪组下段第二层薄至厚层粉砂岩、页岩夹细砂岩；8—第四系与基岩界线；9—岩层分界线；10—假整合地层界线根据堆积体的透水性，计算考虑3种工况：工况Ⅰ为天然状态；工况Ⅱ为25%饱和；工况Ⅲ为50%饱和。

计算参数为：容重 $2.1\times10^4\text{N/m}^3$，潜在滑动面抗剪强度 $c=10\text{kPa}$、$\varphi=27°$。

计算结果见表3.15。

表3.15 稳定性计算结果

工况Ⅰ	工况Ⅱ	工况Ⅲ
0.80	0.67	0.60

(2) 稳定性评价。崩积体物质主要为碎块石夹少量细粒土，架空明显，该崩坡积体前缘狭窄，侧向约束作用明显；天然情况下地下水径流畅通，边坡基本稳定。计算结果显然比实际稳定性差，这主要是因为稳定性计算只反映了二维情况，而没有反映崩积体三维形态以及其下部束口约束效应。已形成的右岸上坝公路通过其前部，但公路及其外侧挡墙基础均未置于基岩之上。根据设计方案，其前缘将有部分被清除，开挖后其整体稳定性将受到影响。

3.2.4.4 勘察结论与建议

1. 勘察结论

通过专题勘察，结合分析前期的各种资料，查明了右岸厂房高边坡的工程地质条件，得出以下结论：

(1) 右岸边坡以岩质边坡为主，岩层走向与边坡走向的夹角15°～20°，为斜向坡，视倾角倾向坡外。

(2) 规模较大的断层为 F_3 及 F_{40}。F_3 分布在右岸上坝公路内侧，倾向山里。F_{40} 在坡脚处、河床右岸顺河向展布，倾向山里。最发育的结构面主要有三组：层面及NE、NW组节理。

(3) 边坡为层状岩体，为视倾角倾向坡外的斜向坡，顺坡向、倾向坡外的结构面不发育，边坡地质结构有利于整体稳定，不存在整体滑动失稳问题。

(4) 硬岩区边坡开挖后的变形主要表现为卸荷拉裂，在边坡中上部，边坡原有的卸荷岩体及弱上风化带岩体未清除，容易产生崩塌等形式的破坏。

(5) 厂房内侧边坡岩体具有上硬下软的特点，下部较软岩易产生塑性变形，特别是人工边坡坡脚应力集中，还分布 F_{40} 等断层，可能产生压性塑性变形，在坡体中部及后部产生拉张性塑性变形区。塑性区的进一步发展可能产生倾倒等形式的破坏，因此应对边坡进行系统加固处理，防止塑性区形成与发展。

(6) 尾水渠内侧边坡为志留系地层，岩体强度相对较低，具有快速风化的特点，而且这一带岩体受构造影响较为强烈。在满足建筑物布置的前提下应尽量减少对这一地段边坡的开挖，开挖后应对其进行及时支护。

(7) 区内发育的NE组结构面和层面易组成块体，这种块体的规模主要取决于NE组结构面的连通情况，小则出露于单级坡高范围以内，大则切穿多级马道。对于这种块体，开挖过程中在其未完全揭露时就应对其进行锚固支护，一旦完全揭露就容易失稳。

(8) F_3 断层尽管倾向山里，但它的存在，一定程度上降低了右岸边坡岩体的整体性。施工及支护完成以后边坡仍有一定程度的变形，坡面多处出现变形裂缝。高程146m公路以下开挖仍将对上部岩体造成一定的卸荷拉裂影响，需在开挖前实施先期锚固。

(9) 下游侧崩积体处于尾水渠的内侧。覆盖层与基岩接触面倾角较陡。根据设计方案，其前缘将有部分要被清除，从而影响其稳定性，需要对其进行处理。

(10) 崩积体后缘部分岩体已卸荷松动，为了防止其进一步崩塌而危及建筑物的安全运行，同时也为了避免崩塌岩体对崩积体加载进而降低崩积体的稳定性，应对卸荷松动岩体进行清除处理。

2. 建议

针对上述研究结论提出以下建议：

(1) 为了限制边坡表部卸荷变形的发展，对边坡进行系统锚固，锚固方向应针对边坡的地质结构特征，与层面应有一定的交角，锚杆尽量穿越较多的结构面。志留系地层由于岩性软弱，锚杆长度应适当加大。

(2) 对于开挖时揭露的块体应及时锚固支护。

(3) 在边坡开挖前对 F_3 一带岩体先进行加固支护，以避免下层开挖在 F_3 附近引起新的变形或破坏。

(4) 在坡脚部位较差的弱上风化带岩体及卸荷松动岩体已基本清除，但在右岸上坝公路外侧，开挖宽度较小，性状较差的弱上风化带岩体及卸荷松动岩体未被全部清除，因此，建议加强对这一带的锚固支护。

(5) 厂房内侧及其下游侧边坡具有上硬下软的地质结构，建议采取切实有效的加固措施，防止下部岩体产生过大变形从而影响整个边坡的稳定性。

(6) 尾水渠内侧一带志留系地层，在满足工程布置需要的情况下应尽量减少开挖，若必须开挖，应及时采取有效的支护方法及时进行支护。而且，志留系粉砂岩、泥质粉砂岩具有快速风化的特点，开挖后应对坡面进行及时喷护。

(7) F_{40} 断层位于开挖边坡坡脚附近，其性状差，边坡开挖后有可能引起上部岩体较大的压缩变形，建议在开挖过程的适当时候，预先对 F_{40} 断层做必要的加固处理。

(8) 加强坡面及坡体排水，排水设计应结合地质结构特征和岩体透水性，地下水主要赋存于泥盆系石英砂岩中，志留系粉砂岩、泥质粉砂岩相对隔水，因此地下排水主要针对泥盆系石英砂岩设置。此外，坡体表部风化带及卸荷带透水性相对较大，排水洞内布置的排水孔宜向坡面延伸，并尽量穿越较多的结构面。

(9) 加强并重视施工期地质与监测预报工作。由于地质体本身的复杂性以及施工过程中的人为因素，不可能做到对所有问题进行全面准确的预测，因此，施工期地质工作及监测预报就显得尤为重要。建议强化施工期地质工作，随时根据开挖后揭露的地质条件制定有针对性的治理方案、局部调整设计。监测预报是施工安全和工程安全的最后一道屏障，监测数据分析应充分考虑地质条件，必须有地质人员参与。因此，建议建立有效的制度以确保施工期各种信息及时发布和共享，以便及时发现地质薄弱部位和隐患，并采取补救措施。

(10) 边坡中现存的勘探平硐、施工支洞改变了原始边坡局部的应力状态，对边坡稳定有一定影响，边坡开挖前应首先对这些地下洞室进行回填封堵或做永久衬砌。

3.2.4.5 小结

对右岸边坡的勘测研究在详细调查边坡地质结构的基础上，通过变形成因和机理分析，采用地质分析和岩石力学计算相结合的方法，提出了边坡破坏模式、发展趋势，并对边坡整体稳定性给出了明确结论，肯定了边坡不会整体失稳，并查明了控制变形的关键部位，对位移发展进程也做出了量化预测评估，对坡面碎石流堆积体通过勘探和三维分析计算也做出了恰当的评价，从而为工程治理明确了方向。

这一工程边坡的成功勘测研究和治理为类似复杂边坡工程提供了重要借鉴，为类似边坡的勘测、稳定性评价提供了一个科学系统的研究方法。同时该工程为“上硬下软”视顺向高边坡开挖和加固处理开了先河，填补了这一特殊地质结构的勘测、稳定性评价、加固治理方面的空白。

3.2.5 河床覆盖条件下断裂构造的探查与分析技术研究

坝址区共揭露断层40多条，一般规模较小，以中陡倾角为主，未见缓倾角断层，方向以近NNE向为主，其性质多为平移或平移正断层。其中延伸长度100m以上、破碎带宽度大于0.5m的有F_1、F_2、F_3、F_{30}、F_{40}、F_{42}、F_{43}断层7条，其中F_1、F_2、F_{30}、F_{40}、F_{42}、F_{43}近顺河分布，对大坝、厂房、消能等建筑物地基、边坡、渗控处理设计等有较大影响，特别是在厂房机组中心线—尾水渠—导流洞出口一带岩体受构造影响较为强烈，岩体完整性差，钻孔岩芯呈渣状，这些都说明了皂市水利枢纽河床构造复杂，其直接关系大坝、厂房、消力池基础岩体利用及两岸边坡稳定。

对河床覆盖条件下断裂构造的探查，通过详尽的勘察和充分研究，准确地确定了河床断裂构造的位置、规模、产状、性状，为设计及施工处理提供了准确翔实的资料，避免了误判、漏判所造成的被动和损失。

3.2.5.1 皂市坝址地质构造概况

坝址位于磺厂背斜东段北翼，为单斜岩层，构造相对简单，左岸岩层走向90°～100°，右岸岩层走向80°～90°，倾向上游，倾角40°～60°。断层一般规模较小，以陡倾角为主，仅F_3倾角35°～50°。走向近NNE向（近顺河向）断层相对发育，其性质多为平移或平移正断层。

可研、初设及以前（2003年以前）通过钻孔、过河平硐、斜孔、物探等手段，对坝址断层的认识为：“坝址区共揭露有一定规模的断层8条，一般规模较小，以陡倾角为主，仅F_3倾角35°～50°。走向近NNE向断层相对发育，其性质多为平移或平移正断层。其中延伸长度100m以上、破碎带宽度大于0.5m的只有F_1、F_2、$F_3$3条，而对建筑物影响较大的断层仅有F_1、F_2两条，其他均为裂隙性断层。”其中F_1、F_2在河床有分布，F_3分布在右坝肩。

厂房区历次勘察钻孔以及导流洞出口洞段开挖揭示，厂房机组中心线—尾水渠—导流洞出口一带岩体受构造影响较为强烈，可能存在近顺河向断层破碎带。在水利部水利水电规划设计总院对《初设报告》审查后，2003年2月，对这一带河床覆盖条件下的断裂构造进行了专门探查与分析研究。

通过专门探查与分析研究认为：机组中心线—尾水渠—导流洞出口一带分布有一组小

角度与河流斜交的NNE组断层破碎带（F_{30}、F_{40}、F_{41}、F_{42}、F_{43}），详见表3.16。

表3.16　机组中心线—尾水渠—导流洞出口一带NE组断层特征一览表

断层编号	产状（状层）			规模		断层破碎带特征
	走向/(°)	倾向/(°)	倾角/(°)	长度/m	破碎带宽度/m	
F_{30}	10～42	NW	37～60	270	1.5～3.0	构造岩主要为碎裂岩、角砾岩，泥质胶结。两侧影响带内岩体极破碎，影响带宽8～12m
F_{40}	15～25	NW	40～55	107	0.5～2.0	构造岩以碎裂岩为主，见钙质胶结角砾岩及断层泥，上、下盘岩石破碎，下盘构造迹象明显，影响带宽1～3m
F_{41}	20～30	NW	30～40	70	0.2～0.5	构造岩为碎裂岩，断层上、下部岩石裂隙发育，岩石破碎，但构造迹象不明显
F_{42}	20～25	NW	45～55	110	0.2～0.5	构造岩为碎裂岩，下盘构造迹象明显，岩石破碎，裂隙发育
F_{43}	20～25	NW	37～60	110	0.5～1.1	构造岩为碎裂岩及泥质胶结角砾岩，影响带内岩石破碎，裂隙密集发育，构造迹象明显

因此，2003年11月整编的《湖南澧水皂市水利枢纽招标设计阶段工程地质勘察报告》，对坝址区断层认识完善为：坝区共揭露断层40多条，一般规模较小，以中陡倾角为主，未见缓倾角断层，以近NNE向为主，其性质多为平移或平移正断层。其中延伸长度100m以上、破碎带宽度大于0.5m的有F_1、F_2、F_3、F_{30}、F_{40}、F_{42}、F_{43}断层7条，其余大部分为裂隙性小断层，对大坝建筑物影响较大的断层为F_1、F_2 2条，F_{30}、F_{40}、F_{42}、F_{43}对厂房建筑物有影响，对两岸坝肩开挖边坡稳定有影响的断层主要为F_3、F_9、F_{10} 3条。

3.2.5.2　机组中心线—尾水渠—导流洞出口一带河床覆盖条件下断层的查证

机组中心线—尾水渠—导流洞出口一带河床覆盖条件下的这组NNE向断层破碎带是在继F_1、F_2、F_3断层之后，在坝址区新发现的较大的对工程建筑物有影响的Ⅱ、Ⅲ级结构面。其在各个勘察阶段认识过程如下：

1993年10月，在右岸钻孔ZK106高程62.66～68.14m、49.63～51.19m及ZK108高程69.44～71.34m、58.80～60.74m揭露4处破碎带异常点，破碎带岩体性状极差，泥化现象严重，风化加剧，钻孔岩芯呈渣状，岩芯获得率为0。因此在2001年9月提交的《湖南澧水皂市水利枢纽初步设计阶段工程地质勘察报告》中指出：“小溪组岩体完整性主要受构造控制，除已知的F_1贯穿整个消力塘及二道坝以外，钻孔揭露数个破碎带异常点，如右岸厂房尾水出口的ZK106、ZK108，破碎带岩体性状极差，在建筑物基础下存在这类破碎岩体时需要加大开挖深度或在结构上采取措施。”

2001年7—9月，在尾水渠下游侧进行导流洞进出口技施阶段的工程地质勘察时，发现出口洞脸左侧有约10m宽范围的岩体异常，劈理及发育，带内见构造角砾岩、碎裂岩，岩体破碎，岩层产状陡倾，局部还倾向下游，同时还在附近钻孔ZK440高程82.83～80.33m处揭露一破碎带。经综合分析编号为F_{30}断层破碎带，推测其延伸长度大于50m，并通过右岸沿江公路壁面测定其主断面产状为200°～215°∠43°～60°，认为断层走向与导流洞出口轴线近平行，并在设计出口洞脸附近会有分布，导流洞顶拱一带出露高程为

78～84m。并在 2001 年 9 月提交的《湖南省澧水皂市水利枢纽导流隧洞进出口技施阶段工程地质勘察报告》中指出："F_{30}断层破碎带及其影响带加剧了出口洞脸一带岩体的破碎，此段洞室围岩岩体变形将会严重，极易产生冒顶与塌落，应选择合理的开挖方式，并及时进行支护加固。"

2002 年 7 月 3 日，对导流洞出口明硐高程 85m 以上进行了开挖，在洞脸附近明硐内外侧边坡揭露 F_{30}断层破碎带及影响带，带内岩体挤压现象明显，破碎强烈。构造岩由构造角砾岩及碎裂岩、碎块岩组成，原岩为青灰色粉砂岩及泥质粉砂岩。角砾岩泥质胶结，泥化、软化强烈。破碎带在外侧边坡宽 2.5～2.7m，内侧边坡底部宽 0.4m，往下游方向逐渐变宽，约 4m。断层两侧影响带宽 5～10m，带内岩体产状变陡，弯曲明显，局部反倾下游，岩体破碎。并测得主断面产状 250°～8°∠20°～47°，同时受 F_{30}断层影响，明硐两侧边坡岩体十分破碎，边坡变形严重，难以直立成型。对 F_{30}这组断层的性状及志留系岩体完整性受构造的影响程度有了进一步认识。

2002 年 11 月至 2003 年 1 月，在进行右岸厂房高边坡稳定性专题研究外业工作时，机组中心线钻孔 YK1 在高程 58.64～62.04m、45.14～47.24m 揭露两处破碎带，带内见构造碎裂岩，岩石破碎，岩芯获得率多在 10%以下。结合其下游尾水渠钻孔 ZK106、ZK108 及导流洞出口一带所揭露的构造情况，对断层破碎带在厂房机组中心线—尾水渠—导流洞出口一带的空间分布形态有了初步的判断。

2003 年 3 月，为进一步查明厂房机组中心线—尾水渠—导流洞出口一带断层破碎带的分布位置及性状，分别在机组中心线又布置了钻孔 ZK461、ZK462，尾水渠及厂闸导墙一带布置了钻孔 ZK474（ZK106 与 ZK108 之间）、ZK463、ZK464、ZK469 等 6 个钻孔。同年 4 月下旬，各钻孔均在不同高程揭露有破碎带的分布，充分分析前期与本次勘察资料的基础上，认为机组中心线—尾水渠—导流洞出口一带分布有一组小角度与河流斜交的 NNE 向断层破碎带，已有的勘察资料揭示共有 5 条。2003 年 5—6 月，将这一组断层逐条进行编号为 F_{30}、F_{40}、F_{41}、F_{42}、F_{43}断层，并确定了在这一带的分布位置。各钻孔揭露的断层破碎带的宽度、出露高程等见表 3.17，其顺河向空间分布可见图 3.41。

表 3.17　　机组中心线—尾水渠—导流洞出口 NNE 组断层钻孔特征一览表

断层编号	孔号	破碎带厚度/m	破碎带分布高程/m	上、下盘影响带厚度/m	钻孔破碎带特征
F_{30}	ZK103	1.70	63.42～65.12	下盘铅直厚 0.37	构造岩为断层泥及泥质胶结角砾岩，断层上、下盘岩石破碎，裂隙发育
	ZK463	1.60	54.45～56.05	下盘铅直厚 0.85	构造岩以碎裂岩为主，见断层泥，断层下部岩石破碎，上、下盘构造迹象明显，上盘受断层影响较轻微
	ZK82	2.04	64.14～65.28、57.4～58.8	铅直厚 3.2～4.3 铅直厚 0～0.1	构造岩为碎裂岩，其间夹少量断层泥，上盘受断层影响明显，下盘微弱
	ZK108	破碎带及影响带厚 1.90	69.44～71.34		构造岩为碎裂岩，断层上、下部岩石裂隙发育，岩石破碎，取芯低，构造迹象不明显

续表

断层编号	孔号	破碎带厚度/m	破碎带分布高程/m	上、下盘影响带厚度/m	钻孔破碎带特征
F_{40}	YK1	2.1	45.14～47.24	铅直厚4.30 铅直厚1.10	构造岩为碎裂岩，上、下盘岩石裂隙发育，岩石破碎，多见构造挤压现象
	ZK461	0.90	55.02～55.92	铅直厚3.60 铅直厚0.70	构造岩以碎裂岩为主，见钙质胶结角砾岩及断层泥，上、下盘岩石破碎，下盘构造迹象明显
	ZK462	1.30	68.26～69.56	铅直厚0.1 铅直厚1.20	构造岩为碎裂岩，见断层泥
	ZK106	破碎带及影响带厚5.48	62.66～68.14		构造岩为碎裂岩及泥质胶结角砾岩，断层上、下部岩石裂隙发育，岩石破碎，取芯困难
	ZK474	破碎带及影响带厚0.2	67.22～67.42		构造岩为碎裂岩。该破碎带于钻孔覆盖层下部揭示，下部岩石见构造迹象，受断层影响轻微
F_{41}	YK1	破碎带及影响带厚3.40	58.64～62.04		构造岩为碎裂岩，断层上、下部岩石裂隙发育，岩石破碎，但构造迹象不明显
	ZK461	破碎带及影响带厚2.70	66.62～69.32		构造岩以碎裂岩为主，断层上、下部岩石裂隙发育，较破碎，构造迹象不明显
F_{42}	ZK464	0.30	59.14～59.44	下盘铅直厚0.83	构造岩为碎裂岩，下盘构造迹象明显，岩石破碎，裂隙发育
	ZK426	0.20	56.80～57.0	铅直厚0.6 铅直厚0.8	构造岩为碎裂岩，上、下盘岩石破碎，见构造迹象
F_{43}	ZK106	1.56	49.63～51.19	铅直厚1.43 铅直厚0.93	构造岩为碎裂岩及泥质胶结角砾岩，上、下盘岩石破碎，见构造迹象
	ZK474	1.10 3.20	50.12～51.22、 57.62～60.82	铅直厚6.40	构造岩为碎裂岩，影响带内岩石破碎，裂隙密集发育，构造迹象明显。钻孔揭示上、下为破碎带，中部为影响带

3.2.5.3 小结

河床断裂构造勘察历来是涉水工程勘察研究的重点和首要任务，从解放初期的丹江口到近期的金沙江向家坝大坝都有过惨痛的教训。由于构造分布区域地段特殊，较多手段方法受到限制，同时水上勘探又是水利水电工程的难点。

针对这一难点，对皂市水利枢纽坝址区河床覆盖条件下断裂构造的勘察与分析，在国内外较早地提出了河床斜孔、河底平硐、孔内电视和声波、场区构造匹配、坝基结构面量化和断裂预测等综合勘察技术，并准确地确定了河床断裂构造的位置、规模、产状、性状，为设计及施工处理提供了准确翔实的资料，为水利水电工程河床断裂勘探提供了范例和经验。

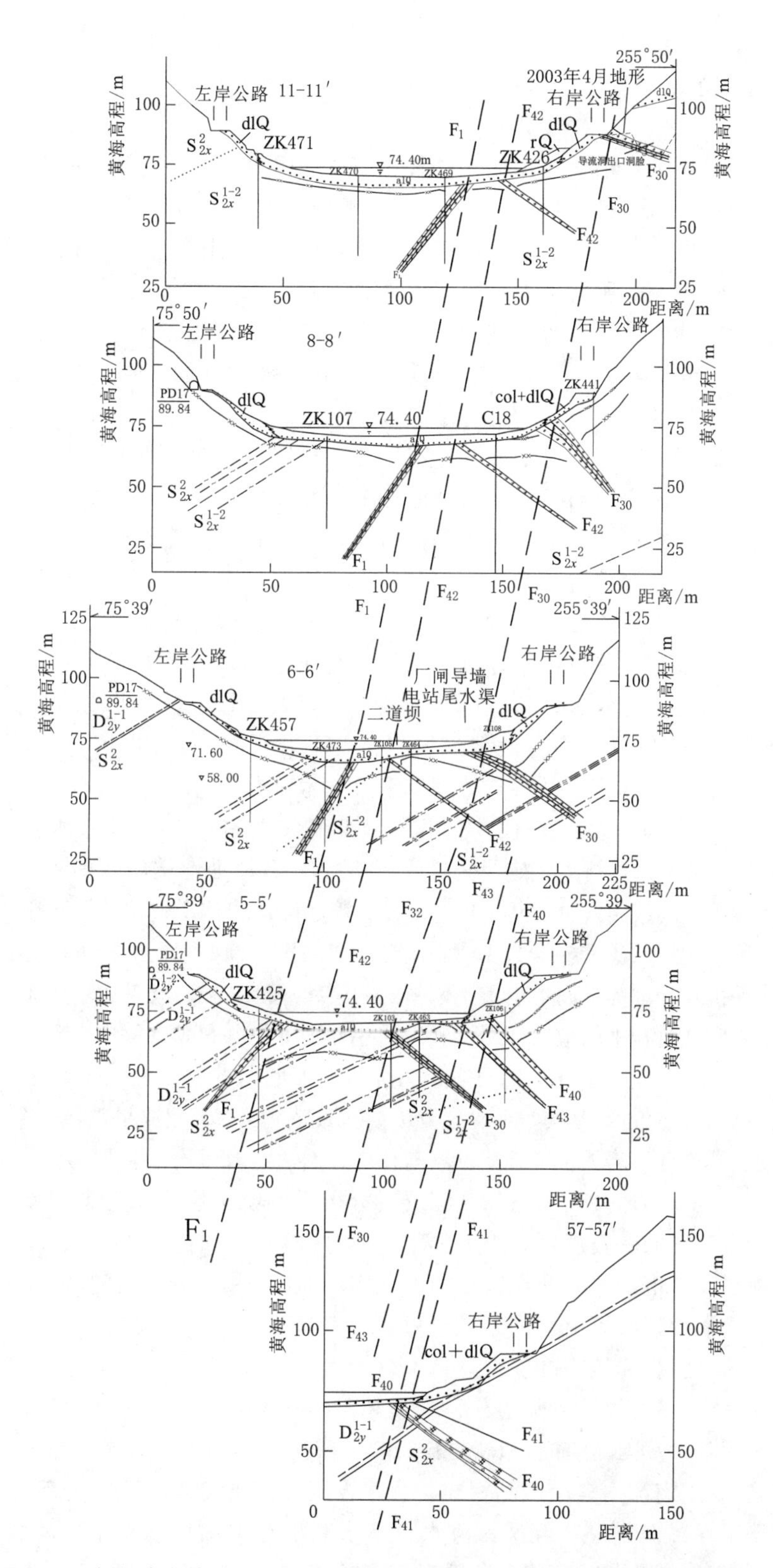

图 3.41 机组中心线—尾水渠—导流洞出口 NNE 组断层分布位置示意图

3.3 勘察技术创新与实践

皂市水利枢纽工程勘察是在极其复杂的工程地质条件下成功勘察的典型范例。

经过50余年的地质勘察研究，历经了从规划选点、可行性研究以及初步设计三个完整的勘察阶段，取得了丰富翔实的勘察研究成果，查明了区域、水库区、坝址区工程地质条件以及与工程有关的所有重大地质问题。通过采用地质测绘、钻探、钻孔彩电、声波测试、地质雷达、孔内试验、等现场勘察手段及理论分析、数值模拟等室内分析手段，对“硬、脆、碎”岩体坝基、近坝大型滑坡、工程高边坡、软弱夹层、天然建材、岩溶发育薄至中厚层碳酸岩人工骨料等均进行了深入的勘察研究，在对大坝建基岩体选择、人工骨料场的勘测与利用、近坝大型滑坡的稳定性、高边坡稳定性与治理等工程建设面临的诸多关键技术进行了系统研究与工程实践，取得了丰硕成果。

皂市工程的勘察研究成果为该水利枢纽设计及控制工程投资提供了技术支撑，取得了巨大的经济效益和社会效益，为皂市水利枢纽工程的建成竣工做出了突出贡献。成果提出了“硬、脆、碎”岩体工程地质勘察方法，首次建立了这类岩体质量评价和建基岩体选择的标准，并被吸收纳入现行国家标准《水利水电工程地质勘察规范》（GB 50487—2008）；建立了一套在岩溶发育地区的薄—中厚层碳酸盐岩人工骨料场的勘测和评价方法；解决了横向坡中倾（±35°）地层发育大型滑坡、上硬下软视顺向地质结构工程高边坡稳定性、覆盖条件下河床断裂构造的勘察与处理等重大技术难题。

2014年6月21日，湖北省科学技术厅在武汉组织对“湖南澧水皂市水利枢纽工程地质勘察关键技术”科技成果进行了鉴定。会议认为：“本工程所处地质环境复杂，存在的工程地质问题极具代表性。勘察实践中，对于坝基‘硬、脆、碎’岩体质量评价及建基岩体选择、岩溶现象发育的薄—中厚层碳酸盐岩人工骨料场勘测与利用、近坝大型滑坡勘察与稳定性评价、高边坡稳定性评价及处理等方面，提出了创新的勘察和评价方法，成果成功应用于工程设计和施工，通过工程实施过程中的检验证明，利用这些方法所获得的成果科学合理，为工程的顺利实施、降低工程造价等做出了突出的贡献，为今后类似问题的解决提供了一套完整的方法和经验，具有很高的推广价值。”同时，鉴定委员会一致认为：“研究成果整体达到国际先进水平，其中在‘硬、脆、碎’岩体工程地质勘察与评价方面达到国际领先水平”。

工程运行至今，通过大坝内外观测资料分析，大坝地基工作正常，水平位移、垂直位移符合重力坝变形的一般规律，未见异常。通过帷幕工程的实施，坝基和绕坝渗漏量及扬压力均控制在设计范围内。两岸工程边坡稳定。监测数据表明，治理后的水阳坪滑坡处于稳定状态。这些均证实了前期勘察成果可靠，工程地质结论正确，地质处理建议合理，保证了大坝厂房等工程建筑物的安全运行。

目前，皂市工程勘测专业已发表论文超过30篇，皂市水利枢纽工程地质勘察获得2014年度湖北省优秀工程勘察一等奖；同时还获得2015年度全国优秀水利水电工程勘测设计银质奖。《湖南澧水皂市水利枢纽工程建设用地地质灾害危险性研究报告》获2005年度全国优秀工程咨询成果三等奖；澧水皂市水利枢纽水阳坪—邓家嘴滑坡体工程地质勘察，获2002年度湖北省建筑工程优秀勘察三等奖。

4 工程布置与主体建筑物

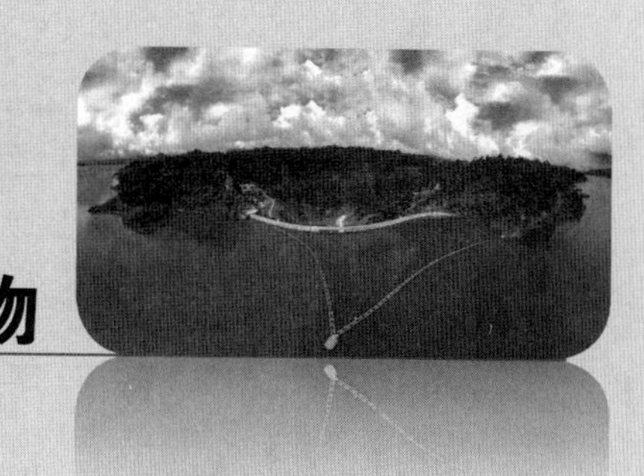

4.1 设计依据

1. 工程等别、建筑物级别及洪水标准

皂市水利枢纽工程等别为Ⅰ等，工程规模为大（1）型。

大坝挡、泄水建筑物为1级建筑物；电站、消能建筑物、灌溉渠首为3级建筑物；通航建筑物等别为七等，建筑物级别为4级。

大坝挡、泄水建筑物设计洪水重现期为500年，校核洪水重现期为5000年；消能建筑物设计洪水重现期为100年；电站设计洪水重现期为100年，校核洪水重现期为200年。

2. 防洪及灌溉规划运用条件

（1）防洪规划要求。根据枢纽防洪规划要求，皂市水库防洪库容7.83亿m^3，包括水库防洪限制水位125m到正常蓄水位140m之间的库容6.02亿m^3，正常蓄水位到防洪高水位143.5m之间的库容1.81亿m^3（超蓄库容）两部分。为满足澧水流域整体防洪及本工程自身的防洪运用要求，泄水建筑物泄洪设计条件为：在防洪限制水位125.0m时，满足2000m^3/s的预泄量；在防洪高水位143.5m时，满足下泄设计洪水（P=0.2%）洪峰流量12500m^3/s；当上游洪水洪峰流量大于12500m^3/s时，水库敞泄，泄流量仅受泄洪能力限制。

（2）灌溉规划要求。根据灌溉规划要求，灌溉取水口高程为115.0m；并在库水位125m时，左岸灌溉引用流量为3.1m^3/s；右岸灌溉引用流量为1.05m^3/s。

3. 特征水位及流量

各特征水位及流量见表4.1。

表4.1　　各特征水位及流量表

项　　目	洪峰流量/(m^3/s)	下泄流量/(m^3/s)	坝前水位/m	下游偏低水位/偏高水位/m
校核洪水（P=0.02%）	16100	13449	144.56	87.18/89.0
设计洪水（P=0.2%）	12500	12500	143.5	86.6/88.4

续表

项　目	洪峰流量/(m^3/s)	下泄流量/(m^3/s)	坝前水位/m	下游偏低水位/偏高水位/m
防洪高水位		273.72	143.50	75.8
防洪限制水位		0/2000	125.0	73.1/79.45
正常蓄水位		0/2000	140.0	73.1/79.45
死水位			112	
泄洪时电站参与泄量		0～273.72		73.1/75.8
灌溉引用流量		4.15		
灌溉取水高程			115.0	

4.2 坝址、坝轴线选择

4.2.1 坝址选择

作为防洪为主，兼顾发电、灌溉及航运等综合利用的枢纽工程，坝址选择以功能及效益相同为原则进行比选。皂市水利枢纽可比选坝址较少，根据地形地质等条件适宜建坝坝址共选择了林家屋场、皂市和大寺湾3个坝址进行了论证比选。

林家屋场坝址位于皂市坝址上游1km处，枯水期水面宽约70m，左岸有宽约90m的漫滩，为左缓右陡的不对称横向谷。坝基岩体为三叠系大冶组和嘉陵江组灰岩和白云岩，岩体厚度大于260m，倾向上游，倾角50°左右，岩石力学强度高，但岩溶发育，软弱夹层也较发育，并有数层厚约40cm的泥灰质页岩夹层和一层间错动带分布，性状较差。两岸地下水位埋藏较深，坡降缓。坝址上游无可靠隔水层，下游隔水层分布在1km以远且其最大厚度仅22m，隔水可靠性较差，考虑到碳酸盐类岩石地区因岩溶发育，可能存在管道性渗漏，防渗工程的难度及工程量均较大，工程地质条件较复杂。

皂市坝址为较对称的横向U形谷，枯水期水面宽约90m，两岸山体雄厚，谷坡基岩裸露，岸坡40°～55°，坝基岩体为泥盆系云台观组石英砂岩夹少量薄层页岩、粉砂岩，岩层倾向上游，倾角50°左右，厚度150m左右，水平出露宽度约180m，坝址地质构造简单，发育NNE向断层3条，对坝基有影响的仅有两条，规模不大，性状较好，水文地质条件简单。坝基存在软弱夹层但夹层厚度小、连通性差。坝址右岸下游约480m处有水阳坪古滑坡体，方量约130万m^3。

大寺湾坝址位于皂市坝址下游9km处，河谷较宽阔，两岸地形不对称，左岸山体单薄，高程在128m以下（正常蓄水位140m)，且右岸崩坡积物覆盖。坝基岩体岩性与皂市坝址基本相同，但岩层倾向下游，倾角25°～60°，且地质构造复杂，断裂规模较大，也存在较多软弱夹层，特别是上游皂市镇和2万余亩良田将被淹没，澧水上已建的三江口水电站回水水位已超过坝址枯水位。

由上可知，3个坝址条件优劣较明显。皂市坝址地质条件明确，淹没损失小，工程防渗条件好，滑坡体与主体工程有一定距离，采取恰当的工程措施后对主体工程安全不构成大的隐患，因此，本工程选用皂市坝址。

4.2.2 坝轴线选择

1. 影响因素分析

（1）地形：皂市坝址一带两岸山体陡峻，右岸较平顺，水阳坪—邓家嘴滑坡体处地形较平缓；左岸鹰嘴岩上、下游均有冲沟切割，地形变化较大。

（2）地质：坝址出露岩层从上游到下游依次为二叠系薄层灰岩、泥盆系石英砂岩、志留系页岩。皂市坝址峡谷区U形河谷段长仅200m左右，其对应地层泥盆系云台观组石英砂岩位于坝址U形河谷上游段，出露厚度大、强度较高、构造简单，其中上段D_{2y}^{2}岩层内软弱夹层分布少，岩石力学性质好，岩体坚硬、完整性好，是较理想的筑坝基础。而上游黄家磴组砂岩岩体风化较深，裂隙发育，强度较低，不宜作为重力坝建坝基础。下游出露的岩层为志留系砂页岩互层，为软岩，也不宜作为重力坝坝基。

（3）坝址区：初步设计阶段仅发现两条有一定规模的断层，即F_1与F_2。F_1断层位于左岸，在高程约90m岸边可发现断层及其影响带，其宽度大且性状差，风化加剧，构成了坝基的一个缺陷带。F_2断层在河床中部穿过坝基，但规模相对较小，性状也相对较好。招标设计阶段通过补充勘察发现，在厂房及导流洞出口一带分布有一组小角度与河流斜交的NNE组断层破碎带（F_{30}、F_{40}、F_{41}、F_{42}、F_{43}）。

（4）河势：从河势条件看，该段河流较顺直，无险滩。河流流向约为SE165°，与岩层走向交角约75°，结合泄洪消能建筑物布置，坝轴线宜与河流流向垂直，其与岩层走向夹角约25°。

（5）枢纽布置及主要建筑物：选择的坝轴线可布置各建筑物，满足其功能要求，技术可行，运行安全可靠，经济合理。

因此根据坝址地形、地质、河势条件，结合枢纽布置和水工建筑物的要求，可供选择坝轴线的范围变幅不大，由于岩层产状的原因，垂直河流流向两岸均为云台观组石英砂岩地层范围减少，坝线移动余度很小。

2. 坝轴线及布置型式分析研究

由上分析，选择上、中、下3条可行坝线进行了比较，3条坝线位置详见图4.1。

中坝线右端点位于云台观组石英砂岩D_{2y}^{1-2}层，右端点至河床临左岸岸边均为直线段，但左岸受岩板峪冲沟地形及其黄家磴组地层地质条件所限，如仍采用直线段衔接，不仅致使大坝坝体常受岩板峪天然冲沟水流困扰，且左岸地层由于岩层走向的原因，与右岸对应层位有所错位，直线坝轴线将造成大坝左岸坝基处于地层岩性较差的黄家磴组地层上，并增加大坝坝轴线长度和坝体高度。为避免此情况发生，将左岸非溢流坝段坝轴线设为圆弧形，以100m半径圆弧向下游转弯接至左端点，使左端点位于D_{2y}^{2}层，从而使整个坝基均坐落在云台观组石英砂岩岩层上，最终坝轴线形成了直线加圆弧线的特点，中坝线坝轴线全长351m，坝体共17个坝段，其中左岸非溢流坝段6个，长119m，均为转弯坝段，转弯半径$R=100$m；河床溢流坝段6个，长118m；右岸非溢流坝段5个，长72m。

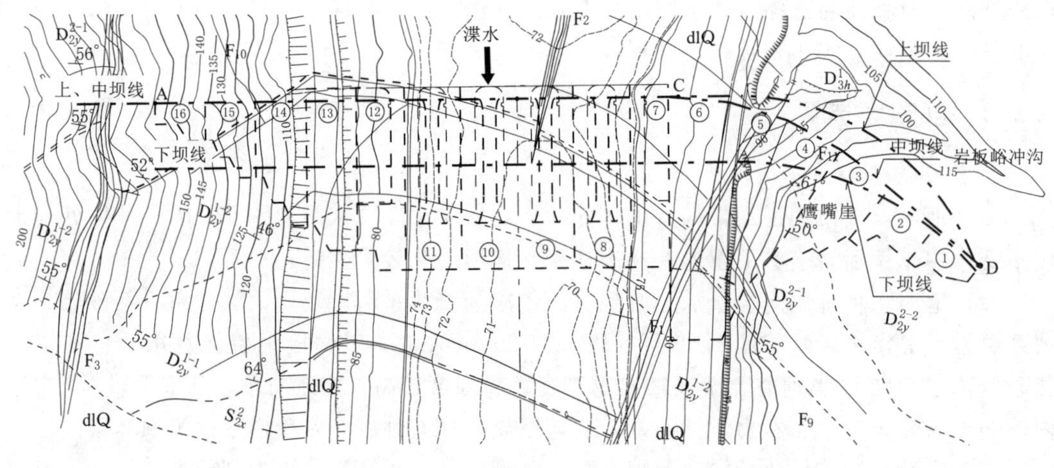

图 4.1 上、中及下坝轴线比较图

该坝轴线形式设计重点及难点为大坝圆弧段，特别是河床转弯起始坝段，该坝段较高，坝基又有 F_1 断层通过，建基面力学参数较低，需进行特殊处理。总体来看，中坝线坝基均坐落在云台观组 D_{2y}^{1-2} ～D_{2y}^{2} 地层石英砂岩中，岩石强度较高，风化程度相对较轻，可利用岩体埋藏较浅，建基面条件较好。

为降低经过 F_1 断层河床转弯起始坝段抗滑稳定的处理难度，拟对中坝线左岸非溢流坝段坝轴线向上游略做调整，对穿越 F_1 下盘的两个转弯坝段改为直线坝段，再以弧线连接构成上坝线。上坝线坝轴线全长 382m，共分 18 个坝段。其中左岸非溢流坝段 8 个，长 176m，其坝基地处黄家磴组地层区，地基岩性相对较差，且大坝易受左岸坝肩岩板峪冲沟的影响，而 1～6 号坝段为转弯坝段，转弯半径 R＝100m，7 号、8 号坝段为直线坝段，坝轴线长均为 22m，河床溢流坝段 6 个，坝轴线长 126m，右岸非溢流坝段 4 个，坝轴线长 80m。

为取得最短的坝轴线，拟选了河谷最窄处的下坝线进行比较。该坝线距中坝线下移 25m，左岸位于鹰嘴岩山崖部位，山高坡陡，河谷狭窄。该坝线处坝基岩体大部分坐落在 D_{2y}^{1-2}、D_{2y}^{1-1} 岩层上，岩层性状较差，出露较多软弱夹层，且岩体裂隙密集，可利用岩体埋藏较深。下坝线坝轴线全长 316m，共分 15 个坝段，其中左岸非溢流坝段 5 个，长 110m，均为转弯坝段，转弯半径 R＝126m，河床溢流坝段 6 个，长 126m，右岸非溢流坝段 4 个，长 80m。

最终比较认为：上坝线虽可降低处理 F_1 断层的难度，但受黄家磴组地质条件及岩板峪冲沟的影响，其左岸非溢流坝段可利用基岩建基面降低，坝高加大，坝轴线长度增加，开挖、混凝土及基础处理量较大。

下坝线虽坝线长度最短，但由于坝基大多坐落在 D_{2y}^{1} 地层中，可利用基岩建基面降低，岩体风化深度加大，裂隙密集且岩石强度降低，并分布有较多的性状较差的破碎夹泥层和泥化夹层，坝高相对增加，坝基处理及混凝土工程量加大。此外，下坝线导流洞布置及其运用、泄水及消能建筑物的运行对水阳坪、邓家嘴滑坡体影响较上、中坝线方案相对较大。

中坝线避开了鹰嘴岩上游岩板峪冲沟，坝基均为云台观组石英砂岩，有利于坝体稳定，泄水及消能建筑物的运行对水阳坪、邓家嘴滑坡体影响小，虽然存在左岸转弯坝段抗滑稳定问题，但可通过结构措施解决。

综合分析，本工程坝轴线选中坝线。

4.3 坝型选择

4.3.1 可比选坝型分析

皂市水利枢纽主要任务以防洪为主，兼顾发电、灌溉、航运及旅游等，是一座综合利用的水利枢纽。由于防洪作为首要任务，要求在防洪限制水位 125m 时泄量不小于 $2000m^3/s$；在防洪高水位 143.5m 时，下泄 500 年一遇洪峰流量 $12500m^3/s$，运行水位及泄量变幅均较大，对泄水建筑物提出了较高要求，泄水建筑物规模较大，运行条件要求高，而坝址区为横向 U 形河谷，河谷枯水期水面宽仅约 90m，两岸山体雄厚，谷坡基岩裸露，岸坡 40°～55°，山高坡陡，无天然垭口，如采用当地材料坝，需在岸边进行人工开挖溢洪道，形成高边坡，工程量大，因此，不宜考虑。

坝址区基岩裸露，出露岩层为泥盆系云台观组中、厚层石英砂岩夹少量粉砂岩和页岩，岩石强度较高，具有兴建混凝土高坝的条件。

因此，针对皂市坝址区地形地质条件、防洪规划、泄洪消能要求及有利于枢纽布置的原则等特点，可比选坝型以混凝土重力坝和混凝土重力拱坝为宜。

4.3.2 混凝土重力坝

混凝土重力坝坝体基本断面为三角形断面，坝顶高程 148m，大坝坝轴线全长 351m，最大坝高为 88m，挡水坝段坝体上、下游坡：上游面坝坡高程 103m 以上垂直，以下为 1∶0.1；下游面坝坡为 1∶0.75。

4.3.3 混凝土重力拱坝

皂市坝址河谷为基本对称的 U 形河谷，岸坡呈 40°～55°，河谷宽高比约为 3.5。适宜兴建定圆心等外半径的等厚重力拱坝。重力拱坝拱圈形式为减轻泄洪建筑物泄洪出流向心集中的问题，并考虑拱座应力传递及稳定要求，宜采用三圆心拱，河床部分的拱圈半径为 240m，两岸拱圈半径为 160m。拱坝坝轴线位置，依据地质、地形及河势条件并结合泄水建筑物的布置要求，将拱中心线基本与河流中心线一致，故坝轴线右端置于 D_{2y}^{1-2} 层位上，左端置于 D_{2y}^{2-2} 层位上，坝顶轴线总长 368m，重力拱坝体型厚高比通过 4 种不同厚高比的应力稳定分析计算比较，以采用 1∶0.5 为优，其上游面垂直。详见图 4.2。

4.3.4 坝型比较

根据地形、地质条件，坝型采用混凝土重力坝或重力拱坝均是可行的，不存在较大的技术问题。

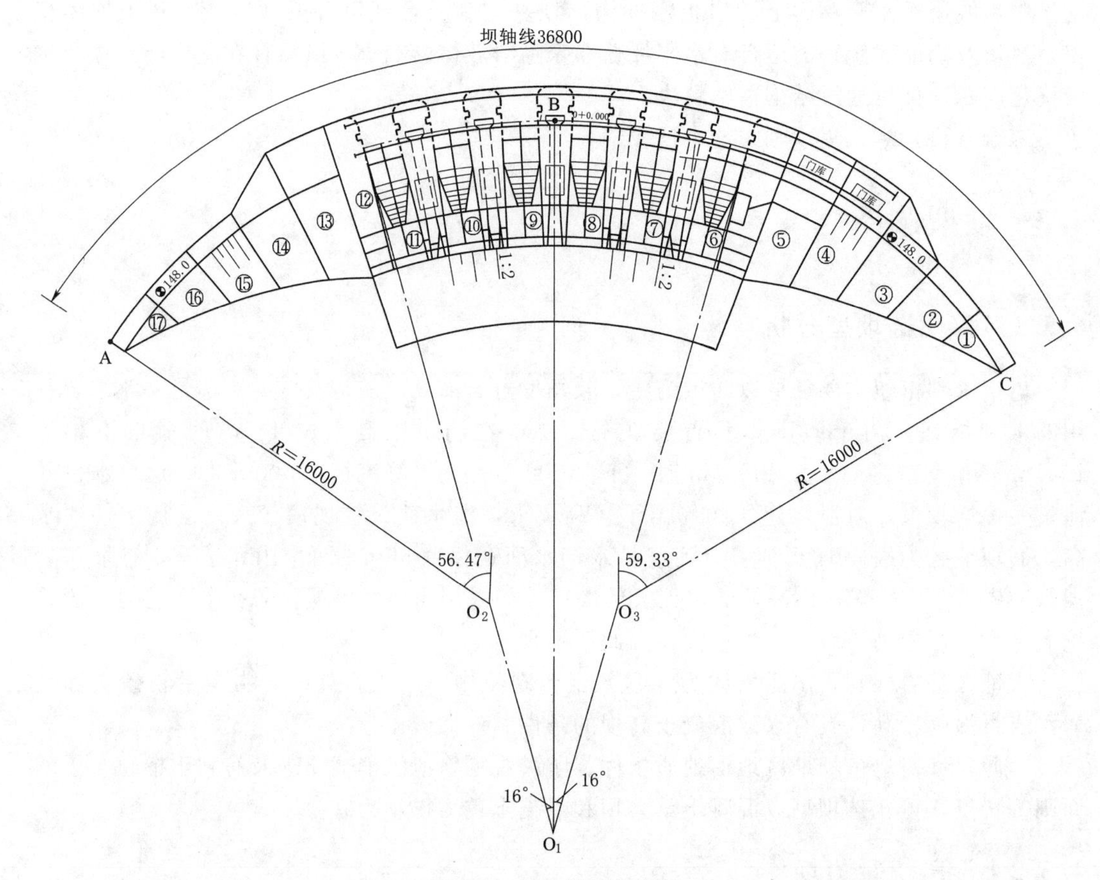

图 4.2　重力拱坝体型图

由于本工程泄流量较大，泄水建筑物所需泄洪孔口尺寸较大，溢流前缘长度较长，为避免产生水流向心集中，降低下游消能难度，重力拱坝的体型需将溢流段向心率控制在一定限度内，这样将加大拱半径，致使坝体拱的作用削弱，工程量增加。同时根据本工程防洪要求及洪水特性，泄水建筑物需布置双层孔口（表、底孔），而本工程最大坝高 88m，孔口以下坝高仅 40m 左右，减小了拱坝的优势。

另外由于河床两岸岩层不对称，左岸拱座位于云台观组第二层 D_{2y}^{2-2} 上，该层岩石力学参数高，存在软弱夹层少，且无泥化夹层；右岸拱座位于 D_{2y}^{1-1} 层和 D_{2y}^{1-2} 层上，岩石力学参数较低，软弱夹层主要分布于该层，对拱座的变形和稳定以及坝体的应力分布带来不利影响。经拱座变形稳定分析，在拱座推力作用下，夹层产生破坏，必须设置传力柱进行处理，基础处理工作较复杂。

重力坝泄洪建筑物布置无向心水流问题，对地基的适应情况较拱坝要求低，左硬右软的地质条件对重力坝影响不大，但坝体断面面积较拱坝断面大。

工程费用方面，因重力拱坝厚高比 1∶0.5，重力坝下游坡比 1∶0.75，重力坝混凝土工程量仅多 5%，而重力拱坝方案增加拱座处理传力柱洞挖及混凝土回填工程量，且施工难度加大，因此工程费用方面拱坝优势不明显。

4.3.5 选定坝型

综合地形、地质条件、水工、施工设计、主要工程量等的分析，重力坝结构型式简单，水工建筑物布置及施工方便，基础处理工程量较少。重力拱坝工程量节省较少，基础处理难度较大，优势不明显。因此，工程最终选择混凝土重力坝为基本坝型。

基于当时碾压混凝土坝施工技术的全面兴起，特别是借鉴澧水流域支流溇水江垭水利枢纽碾压混凝土重力坝的工程实践经验，皂市水利枢纽重力坝采用全断面碾压混凝土设计。不同于江垭水利枢纽碾压混凝土重力坝上游面设置辅助防渗层，皂市水利枢纽为简化施工、节省投资、实践创新，其碾压混凝土重力坝上游防渗层直接采用富胶二级配碾压混凝土，不另增设辅助防渗层，实现了永久建筑物完全意义上的全断面碾压混凝土重力坝的设计。

4.4 枢纽布置

随着年代的变化及社会经济的发展，皂市水利枢纽工程开发任务、工程规模及正常蓄水位均有所不同，不同时期各设计阶段皂市水利枢纽布置格局及主要建筑物布置型式也迥然有异。

早在 1995 年以前进行的项目建议书及可行性研究两个阶段中，以正常蓄水位 140.0m，防洪高水位 143.5m，电站装机 4 台总容量 110MW，通航建筑物 50t 级，灌溉农田 5.94 万亩的规模为基础，枢纽布置推荐采用混凝土重力坝型、河床集中布置泄水建筑物、左岸布置引水式明厂房、左右岸非溢流坝段布置灌溉渠首、右岸布置通航建筑物及施工导流洞的枢纽布置格局。

在 1998 年进行的项目建议书中，根据水利部水利水电规划设计总院对《湖南省渫水皂市水利枢纽枢纽布置及水工建筑物设计专题报告》的审查意见，以上述枢纽布置格局为基本方案，按照电力系统发展规划及电网负荷特性，结合水库运行条件，深入论证机组台数及优化厂房布置后，装机容量改为 3 台单机 50MW 的水轮发电机，其中预留一台，且结合通航建筑物的规模，进一步论证通航建筑物的过坝和预留方式，采用斜面升船机的方案。中国国际工程咨询公司对《湖南省渫水皂市水利枢纽项目建议书》评估意见中，对上述基本枢纽布置方案持肯定意见。但指出电站装机规模偏大，其中预留一台 50MW 机组调峰作用有限，且增加的电量较少，而投资增加较大，经分析，以总装机 100MW 较为合理，并简化引水发电系统。另因渫水年货运量少，且公路交通方便，同步建设升船机的必要性不大，建议仅预留通航设施位置。

在 1999 年《湖南省渫水皂市水利枢纽可行性研究报告》中，根据审查意见，泄洪消能建筑物重点研究河床集中泄洪、泄洪洞与河床泄水建筑物联合泄洪两种型式。经枢纽防洪规划分析，皂市水利枢纽防洪限制水位为 125m，防洪高水位为 143.5m，要求在 125m 水位时，泄量不小于 $2000m^3/s$，在 143.5m 水位时，泄量满足 $12500m^3/s$。由此引起的水位变幅和泄量变化均较大，采用岸边开敞式溢洪道和泄洪隧洞在布置上比较困难。利用河床宽度采用集中的泄洪方式，且混凝土坝型可布置多层孔口以适应不同水位时的泄量要求，符合本枢纽的特点。因此，枢纽布置以河床集中泄洪为基本格局。尚需解决的问题是厂房、通航建筑物的布置位置及其型式比较，而灌溉渠首因规模小，仅需在左右岸适当位置及高程预留取水口，不至于影响整个枢纽布置。为此水电站厂房重点研究左右岸引水隧洞明厂房及左岸引水隧洞地下厂房方案，通航建筑物研究了右岸桥机式升船、右岸衡重式升船机和左右岸斜面升船机等方案，并由各建筑物的不同型式和设置位置组成了 8 个不同的枢纽布置方案，见表 4.2。

表 4.2　　枢纽布置方案比较表（可行性研究阶段）

<table>
<tr><th>坝型</th><th>方案</th><th>泄水建筑物</th><th>消能建筑物</th><th>电站建筑物</th><th>通航建筑物</th></tr>
<tr><td rowspan="6">碾压混凝土重力坝</td><td>一</td><td rowspan="8">河床布置
表孔+底孔</td><td rowspan="6">消力池</td><td rowspan="3">左岸引水隧洞明厂房</td><td>右岸斜面升船机</td></tr>
<tr><td>二</td><td>右岸桥机式升船机</td></tr>
<tr><td>三</td><td>右岸衡重式升船机</td></tr>
<tr><td>四</td><td>右岸引水隧洞明厂房</td><td>左岸斜面升船机</td></tr>
<tr><td>五</td><td rowspan="2">左岸地下式厂房</td><td>右岸斜面升船机</td></tr>
<tr><td>六</td><td>右岸桥机式升船机</td></tr>
<tr><td rowspan="2">混凝土重力拱坝</td><td>七</td><td rowspan="2">水垫塘</td><td rowspan="2">左岸引水隧洞明厂房</td><td>右岸斜面升船机</td></tr>
<tr><td>八</td><td>右岸桥机式升船机</td></tr>
</table>

注　电站装机 3 台总容量 150MW，其中一台预留。

经过综合比选，可行性研究阶段推荐的枢纽布置为：碾压混凝土重力坝、河床集中布置泄洪消能建筑物、左岸引水隧洞明厂房、右岸斜面升船机（预留）及右岸导流洞的枢纽布置方案。

初步设计阶段，在工程任务、工程规模及坝址坝型进一步明确，且电站装机总容量由原来 3 台机 150MW 审定为 2 台机 100MW（初步设计后在装机台数 2 台不变的情况下，总装机容量最终为 120MW）的前提下，长江设计院根据前期工作成果，以枢纽布置格局及各主要建筑物型式研究论证为重点，进一步补充论证了包括坝后式厂房方案共计 5 个枢纽布置方案，坝型有碾压混凝土重力坝、混凝土重力拱坝；泄水建筑物有河床集中泄洪、河床泄洪+导流洞改建泄洪洞方案；电站厂房有右岸坝后式厂房、左岸坝式进口引水明厂房及左岸岸塔式进口引水明厂房；通航建筑物为右岸斜面升船机方案。

初步设计阶段枢纽布置方案主要比较详见表 4.3。

表 4.3　　枢纽布置方案比较表（初步设计阶段）

<table>
<tr><th>方案</th><th>坝型</th><th>泄洪建筑物</th><th>电站厂房</th><th>通航建筑物</th><th>备注</th></tr>
<tr><td>一</td><td rowspan="4">碾压混凝土重力坝</td><td>河床泄洪</td><td>右岸坝后式厂房</td><td rowspan="5">右岸斜面升船机</td><td rowspan="5">装机 2 台，共 100MW</td></tr>
<tr><td>二</td><td>河床泄洪+导流洞改建的泄洪洞</td><td>右岸坝后式厂房</td></tr>
<tr><td>三</td><td>河床泄洪</td><td>左岸坝式进水口引水隧洞明厂房</td></tr>
<tr><td>四</td><td>河床泄洪</td><td>左岸岸塔式进水口引水隧洞明厂房</td></tr>
<tr><td>五</td><td>混凝土重力拱坝</td><td>河床泄洪</td><td>左岸岸塔式进水口引水隧洞明厂房</td></tr>
</table>

皂市水利枢纽在经历不同时期及不同阶段论证工作后，电站装机容量由4台机110MW、3台机150MW（其中一台预留）、2台机100MW，最终确定为2台机100MW；通航建筑物明确不与主体建筑物同期兴建而改为预留，对枢纽布置的选择有较大影响。初步设计阶段对5个枢纽布置方案进行了比较，综合比选后，最终推荐采用碾压混凝土重力坝、河床集中布置泄洪消能建筑物、右岸坝后式厂房、斜面升船机（预留）及右岸导流洞的枢纽布置方案，详见图4.3。

4.4.1 枢纽布置影响因素分析

1. 水文特性

渫水河流上游地处五峰、鹤峰暴雨区，多年平均降雨量约1565mm，具有汛期洪峰流量大，出现频繁，且陡涨陡落等特点。渫水为山区性河流，坡度大、汇流迅速、洪水涨落快、洪峰滞时短、峰型尖瘦，洪水主要由暴雨形成，年最大洪峰集中在6月、7月两个月。实测洪水最大洪峰流量7130m^3/s。

澧水及其支流渫水流域的暴雨和洪水特性决定了皂市工程的防洪地位及泄水建筑物的重要性。

2. 地形地质条件

坝址区河谷形态呈U形，枯水面高程74.4m，相应水面宽约90m。河床基岩面高程一般66.5～72.2m。两岸山体雄厚，基岩裸露。左岸临江山脊高程约360m，自然边坡坡角约60°，局部陡立，左坝肩发育一条大冲沟—岩板峪冲沟；右岸临江山脊高程约300m，自然边坡坡角约45°，地形相对完整。

皂市坝址岩层倾向上游偏左岸，倾角50°左右，岩层走向与河流交角约75°，为横向谷，高程140m处，河谷宽约300m。坝址区除第四系覆盖层外，出露志留系下统至二叠系下统的大部分地层。坝基岩性主要为D_{2y}^{2-1}、D_{2y}^{1-2}和部分D_{2y}^{2-2}、D_{2y}^{1-1}的石英砂岩夹粉砂岩、砂页岩，岩体表现为坚硬岩夹较软岩，夹有数十条软弱夹层，其中包括破碎夹层和泥化夹层。坝址分布断层共有6条，破碎带宽度除F_1断层约4.85m外，其余断层宽0.1～1.0m，一般胶结较好。大坝基础岩体，风化轻微，根据现场与室内岩石力学试验，其主要力学指标：石英砂岩、砂岩抗压强度80～100MPa，变形模量8～12GPa，具有修建混凝土坝的条件。

坝址软弱夹层虽多，但其分布连续性差，且主要分布在D_{2y}层下部。岩层倾向上游，坝基抗滑稳定条件较好；右河床和右岸部分坝段存在泥化夹层，带来坝基岩体压缩变形问题。坝址水文地质条件较简单，坝基岩体多属微透水—中等透水性，1吕荣线的顶板埋深，左岸、左河床35～60m，右河床、右岸部分地段70～90m，需设置防渗帷幕。

大坝下游右岸滑坡体仅局限在邓家嘴一带，总体积约20万m^3，目前处于稳定状态，施工期可结合围堰填筑用料进行削坡减载等处理措施。

地形地质影响枢纽布置的主要因素有：①左岸地形变化大，冲沟多对坝轴线及左岸建筑物的影响；②坝基泥盆系石英砂岩的总厚度不足200m，其走向与河流流向交角65°，对挡泄水建筑物位置的影响；③右岸下游水阳坪—邓家嘴滑坡体对枢纽布置泄洪消能建筑物位置的制约等。

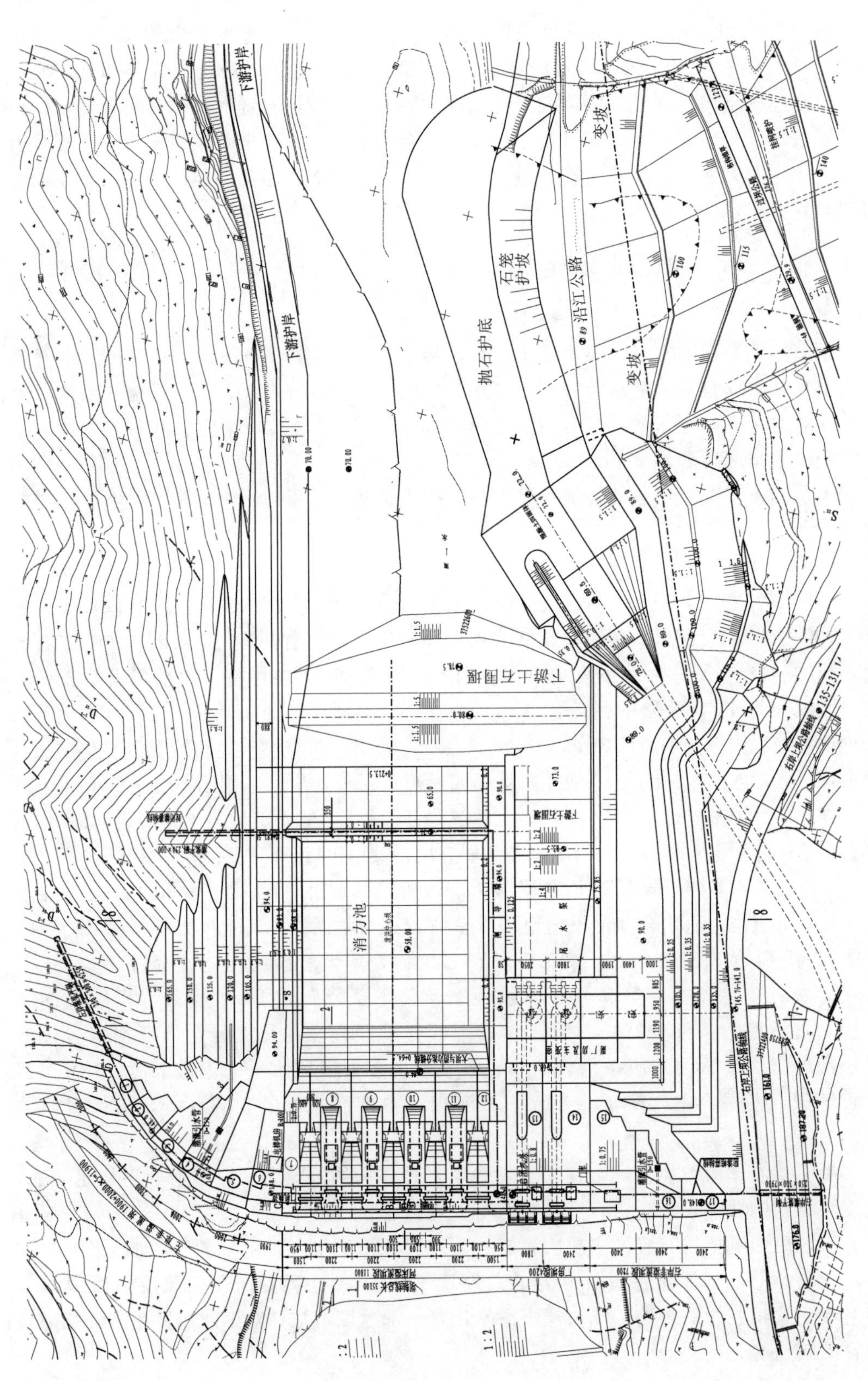

图 4.3 右岸坝后式厂房方案枢纽布置图

3. 工程任务及规模

皂市水利枢纽是以防洪为主的综合利用工程，枢纽布置必须在满足防洪要求的条件下兼顾发电、灌溉、航运及导流等其他建筑物的布置为必要条件。

水库总库容 14.39 亿 m^3，防洪库容 7.83 亿 m^3，正常蓄水位 140.00m，为年调节水库；电站装机容量 120MW，年发电量 3.26 亿 kW·h；灌溉农田 5.40 万亩；通航建筑物规模 50t 级（预留）。根据防洪规划，泄洪建筑物在设计洪水位 143.5m 时，要求满足 12500m^3/s 的泄量；在防洪限制水位 125.0m 时，要求满足 2000m^3/s 的预泄量。根据灌溉规划，灌溉取水口高程为 115.0m，左岸灌溉引水流量为 3.1m^3/s，右岸灌溉引水流量为 1.05m^3/s。

4. 泄水建筑物运行条件

皂市水利枢纽是澧水及松澧地区防洪总体方案的重要组成部分，皂市工程靠近松澧地区，洪水从皂市坝址传播至澧水干流与渫水汇口防洪控制点三江口仅约 2h，具有地理位置优越、防洪库容较大、调度灵活、可靠等特点。皂市水利枢纽与江垭、宜冲桥水库联合调度，可使三江口洪峰流量得到有效控制，配合下游堤防，将大大提高澧水下游松澧地区的防洪标准，减少尾闾地区洪水灾害，故作为防洪系统中最主要的防洪补偿调节水库，要求调度灵活，运行安全，管理方便。

同时应尽力减少泄洪水流的冲刷和雾化作用，不影响下游滑坡及护岸稳定性，并尽量使电站尾水渠及升船机引航道流态良好。

泄水建筑物运行条件对枢纽布置的影响主要在于满足运行要求所选择的泄洪消能建筑物的型式。

5. 建筑物型式

永久建筑物由大坝（包括泄洪消能建筑物）、电站、灌溉渠首、通航和渗控工程等组成，临时建筑物主要为导流建筑物。

大坝（包括泄洪消能建筑物）、电站、通航各建筑物的型式对枢纽布置影响较大。

由于灌溉渠首工程相对独立，规模较小，基本不影响对枢纽总体布置的比较，渗控工程因坝址区防渗条件较好，渗控工程结构简单，不影响枢纽布置方案的比选决策。

6. 施工条件及工期

枢纽布置方案选择应考虑导流方式及导流建筑物的布置，为永久建筑物提供干地施工条件，并满足各建筑物施工工期及工程总工期要求。

皂市水利枢纽坝址区河床宽度相对较窄，不具备布置导流明渠的条件。施工导流方案采用河床一次断流，导流隧洞+河床过水围堰的导流方式，对枢纽布置影响不大。

4.4.2 枢纽布置原则

皂市水利枢纽是以防洪为主的综合利用工程，枢纽布置必须在满足防洪要求的条件下合理布置，综合分析上述枢纽布置的影响因素，拟定枢纽布置原则包括以下几个方面：

（1）在满足泄水建筑物泄洪消能要求的前提下，合理布置其他建筑物。

（2）泄水建筑物的布置、宣泄能力、水库运用调度，必须服从澧水流域的总体防洪规划，应能满足在各种水位条件下宣泄不同流量，必须调度灵活，运用安全可靠。

（3）必须充分依据地形、地质、河势等自然条件，优选各主要水工建筑物的结构型式和布置位置。

（4）各建筑物的布置应相互协调、互不干扰、运行安全、统一调度、管理方便。

（5）有利于通航建筑物的预留以节省前期投入。

（6）技术可行、施工方便、经济合理。

4.4.3 枢纽布置方案论证

1. *左右岸岸塔式引水隧洞方案及厂房型式比较*

可行性研究阶段电站装机容量为4台110MW机组，审查后确定为3台150MW（预留一台机组），且泄水建筑物占据了河床的大部分过水前沿，坝后式电站厂房布置困难，只宜布置在两岸，采用岸塔式引水厂房，重点研究了左岸岸塔式进水口引水隧洞明厂房、右岸岸塔式进水口引水隧洞明厂房和左岸岸塔式进水口引水隧洞地下厂房3种方案。

（1）左岸岸塔式进水口引水隧洞明厂房布置方案。左岸引水式明其建筑物由进口、引水隧洞、厂房3部分组成。进口采用岸塔式，布置于左坝肩上游岩板峪冲沟处。进口底板高程96.5m，孔口尺寸2m×6.5m×7.5m。引水隧洞轴线与岩层走向近于正交。最小岩层覆盖厚度为40m，大部分穿过泥盆系石英砂岩，高压段部分穿过志留系砂页岩。采取两机一洞的布置型式，主洞长约2×328m，洞径$D=7.5$m，最大流速$V=3.0$m/s。厂房布置于坝下游约360m处，纵轴为正东西向，基础岩性为S_{2x}^{1}层砂页岩，基础开挖高程64.5m，主机段地面高程约165m，厂房左侧布置安装场，地面高程216m，开挖边坡坡高约130m。

（2）右岸岸塔式进水口引水隧洞明厂房布置方案。进口型式与左岸相似，布置于坝上游近坝处，为坝前侧向进水，水流流态不够好。引水隧洞仍为两机一洞型式，所穿过的岩体大部分为志留系砂页岩，并穿过F_3断层和多条泥化夹层，约有50m长度范围岩层走向与中心线夹角小于300°，岩体成洞条件不够理想。引水隧洞主支洞洞径和左岸相同，主洞长约2×322m，支洞长约4×20.33m。

厂房布置除考虑左岸厂房位置要考虑的原则之外，还得尽量避开距大坝400m处邓家嘴滑坡体，布置于坝轴线下游约260m处，基础开挖高程64.5m，地面高程约168m，平均坡高100m。

（3）左岸岸塔式进水口引水隧洞地下厂房布置方案。进口仍布置为岸塔式，地质地形条件与左岸引水式厂房基本一致。引水隧洞，仍采用两机一洞布置型式。主洞长约2×202m，洞径$D=7.5$m，支洞长约4×19.8m，洞径$D=4$m，通过D_{2y}石英砂岩。尾水隧洞有压洞，一机一洞，断面型式为城门洞形，面积为35.2m^2，流速$V=1.91$m/s，隧洞长4×100.3m，岩性为志留系砂页岩。

地下厂房布置于距坝轴线约200m处，上覆岩体最小厚度约为50m，该处岩性为泥盆系石英砂岩。厂房主机段总长为59.2m，宽19m，机组安装高程73.5m，发电机层高程84.2m，厂房顶高程104.1m，尾水管底板高程63.4m。

基于电站安装3台机组，且泄洪建筑物占据河床主河道，若选择坝后式或河床式厂房，必须拓宽河床，导致两岸高边坡和较大开挖量，因此，选择引水式厂房方案更好。由于左岸地质条件、进出水流条件优于右岸，仅工程量比右岸略偏大，而右岸的断层、泥化夹层、滑坡体的处理工程量要大一些，以及施工条件相互干扰大些，左岸引水式厂房优于右岸引水式厂房；对于厂房型式，地下式厂房虽然技术上可行，但尾水隧洞穿过志留系砂页岩地层，其间夹有较多的软弱夹层，且泥化成分多，成洞条件及施工条件差，机电设备布置较难、运行管理不便、工程投资较高，建明厂房是较好的选择。

可行性研究阶段推荐左岸岸塔式引水隧洞明厂房枢纽布置方案（可参考图 4.5）。

2. 岸塔式、坝式及坝后式进水口型式比较

初步设计阶段根据进一步论证，发电装机容量确定为 2×50MW 机组，且通过优化泄洪建筑物溢流前缘长度，使坝后式厂房变为可行方案，因此在可行性研究阶段成果的基础上，增加坝后式电站厂房和坝式引水式电站厂房比较方案。

（1）左岸坝式进水口引水隧洞明厂房方案。左岸坝式进水口设置于左岸非溢流坝 3 号坝段，引水系统采用两机一洞布置，引水管管径 $D=9.6$m，采用垂直弯管深入坝基后接引水隧洞水平段。因电站装机为 2×50MW，引水隧洞为单洞，主洞长 376.85m。

主厂房位于消力池左岸下游，距消力池末端约 180m，平面尺寸 71.7m×43.95m，建基面开挖高程 57.52m，因开挖高程较低，厂房的东北侧形成高约 150m 的人工开挖边坡。根据地质勘探成果，坡顶存在 8～12m 厚的第四系堆积物，需设置挡土墙，避免大开挖，保证边坡的稳定性。

（2）坝后式厂房方案。对于坝后式厂房方案进行左、右岸坝后式厂房布置方案比较；对于左岸坝后式厂房方案，由于泄洪中心线右移，泄洪通道与天然河道不一致，泄水建筑物下泄洪水主流将直接冲击水阳坪—邓家嘴滑坡体前缘，影响滑坡体稳定。因此选择右岸坝后式厂房做代表性方案与其他方案进行比选。

右岸坝后式厂房装机 2×50MW，主厂房布置在右岸非溢流坝 13 号、14 号坝段后，底板高程 96.0m，管直径为 5.60m，一台机组引水管总长约 114.21m。厂房平面尺寸为 71.5m×41.45m，电站装机高程 71.2m，尾水管底板高程 57.52m。

通过坝后式、坝式以及岸塔式进水口引水方式比较，因坝式进水口基本避开了左岸冲沟对电站进口的影响，且工程量较省，故优于岸塔式进水口；而坝后式方案因各建筑物布置紧凑，泄洪消能中心左移 30m 后，出池水流更远离下游右岸水阳坪—邓家嘴滑坡体，影响减小，也因无引水隧洞洞挖及电站厂房后缘高边坡明挖，工程量更省，施工布置也较优越，仅是左右岸均存在高边坡，开挖及边坡支护工程较大，虽然左右岸边坡高度达 100～130m，但左岸为逆向边坡稳定性较好，右岸为顺向坡，边坡稳定性一般，需采取工程措施。而坝式及岸塔式电站明厂房方案后缘开挖边坡高度也达 110m 以上，且坡顶覆盖层较厚，基岩为页岩，边坡处理较为困难。综合分析，坝后式、坝式和岸塔式进水口以坝后式为优。

坝后式、坝式和岸塔式进水口枢纽布置图详见图 4.3～图 4.5。

3. 通航建筑物型式比较

通航建筑物型式，根据地形、地质条件以及泄洪不通航的原则，结合枢纽总体布置，由于水头高和工程量大，不宜修建船闸和二级升船机，因此，设计比较了桥机式垂直升船机、平衡重式垂直升船机、斜面升船机三种方案。

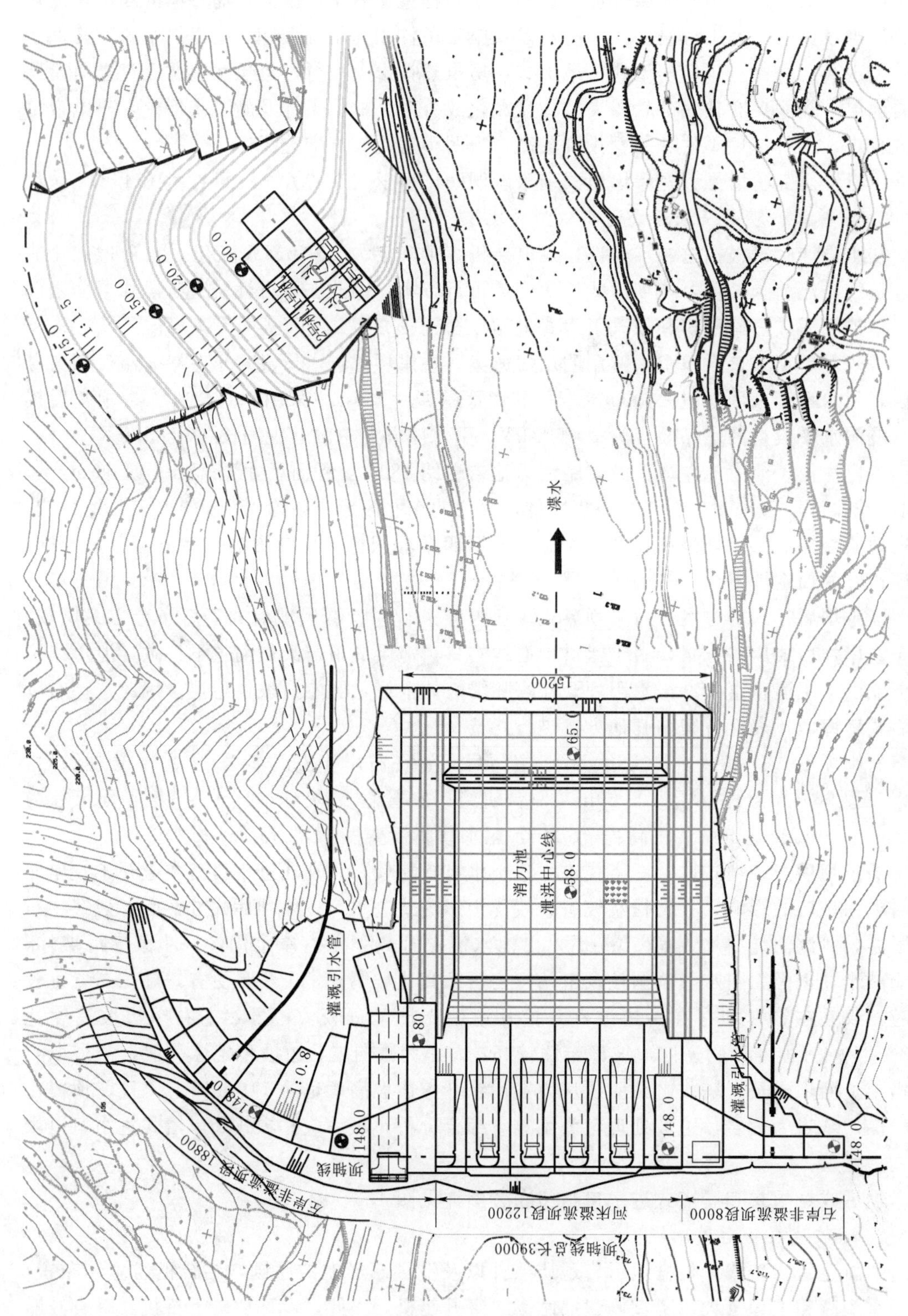

图 4.4 左岸坝式进水口明厂房方案枢纽布置图

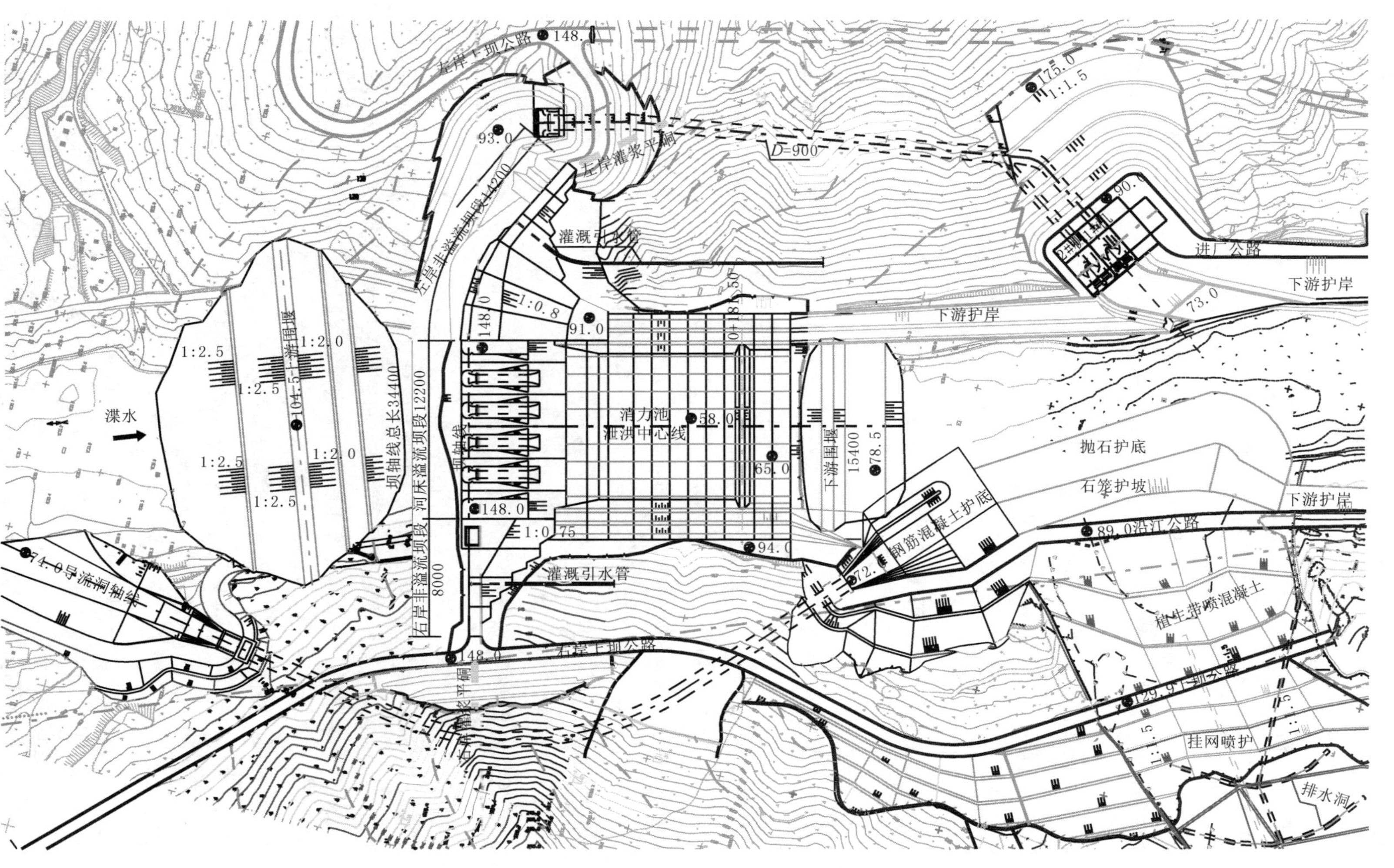

图 4.5 左岸岸塔式进水口明厂房方案枢纽布置图

（1）桥机式垂直升船机。布置于河床泄水建筑物右侧，由上、下游引航道和升船机组成，全长约650m。升船机由承重结构、移动式提升机、承船厢、电气设备等组成。承重结构为梁柱排架系统，全长134m，组成两排4孔栈桥，两排净距13.2m，孔中心距30m和30.5m各布置两孔。移动式提升机由4组同步台车和卷扬机构成。承船厢为钢结构，有效尺寸28m×6.4m×1.2m。

（2）平衡重式垂直升船机。布置于河床泄水建筑物右侧，为坝体的一部分，坝段长32m，主体结构由上闸首、机室段和下闸首组成，按单船湿运过坝方式设计，承船厢有效尺寸28m×6.5m×1.2m，卷扬机最大提升高度65m，下游引航道与桥机式升船机相同，与泄水建筑物消力池为一体，在右侧设置导航墙和靠船码头。

（3）斜面升船机。布置于右岸坝肩山体上，由上、下游引航道和斜面升船机组成，全长1300m，升船机上、下游的斜坡比为1∶6，上、下游坡长分别为280m、510m，顶部设错船池，长100m。

桥机式垂直升船机布置型式其结构型式较简单，投资相对较小，运行环节较小，其缺点是下游栈桥支墩需布置在消力池内，受泄洪影响较大。但当采用坝后式电站厂房方案后，河床布置桥机式垂直升船机基本不可行。

平衡重式垂直升船机，因是挡水坝的一部分，建基面较低，结构较为复杂，运行环节较多，开挖、混凝土、钢筋等工程量较大，虽因平衡重式垂直升船机布置在坝内，主体结构刚度大，可承受溢流坝泄洪的冲击，但河床内建筑物布置三大物将更加困难。

斜面式升船机具有结构简单，施工较方便，工程量较少，造价较低等优点。虽然有升船机线路较长、船只过坝时间较长的不利面，但它不占用河床宽度，不影响泄洪建筑物的布置，工程量较省，并有利于通航建筑物的预留，因此采用斜面式升船机方案，而左岸山体陡峭，布置斜面式升船机开挖量很大，故推荐右岸斜面式升船机方案（并采用全部预留方式）。

4.4.4 枢纽总布置格局确定

综上所述，电站按照2×50MW装机容量（初设后变更为2×60MW），大坝均采用碾压混凝土重力坝坝型和基本相同的坝轴线，泄洪消能建筑物均采用河床表底孔结合方案，泄洪及消能工型式不变，按照上述枢纽布置方案和各建筑物型式比较结果，在建筑物布置、高边坡处理、水阳坪—邓家嘴滑坡体影响、泄洪消能下游流态、施工布置、工程投资及运行管理等方面，坝后式厂房方案略优于引水式厂房方案，而其他条件基本相当。经过各阶段审查和咨询，推荐并最终确定枢纽布置总格局为左右岸非溢流坝、河床布置泄洪消能建筑物、右岸坝后式厂房、左右岸非溢流坝设灌溉取水口以及右岸布置斜面升船机（全部预留）的布置方案。

大坝采用全断面碾压混凝土重力坝，坝基高程60.0m，坝顶高程148.0m，最大坝高88.0m，坝轴线长度351.0m，坝顶上游侧设置1.2m高栏杆。

左岸非溢流坝段共布置6个坝段，其中1～5号坝段坝轴线处宽度（弧长）均为20m，6号坝段坝轴线处宽度（弧长）为19m，左岸非溢流坝段总宽度为119m（弧长）。

溢流坝共布置6个坝段，其中7号坝段宽15m，8～11号坝段各宽20.5m，12号坝段宽为15.5m。中墩宽度为9.5m、7号坝段边墩宽度为9.5m、12号坝段边墩宽度为10m。

厂房坝段为13～14号坝段，其中13号坝段宽度为18m，14号坝段宽度为21.5m。厂房坝段总宽度为39.5m。

右岸非溢流坝段为15～18号共4个坝段，坝段宽度均为20m。右岸非溢流坝段总宽度为80m。

灌溉取水口设在左岸非溢流坝4号坝段及右岸非溢流坝17号坝段，坝内引水管进口底高程均为115m，引水管管径为1.6m。引水管出坝体后接压力钢管，在压力钢管段设置闸阀，控制引水流量，消力池后接灌溉明渠。

推荐枢纽布置详见图4.3。

4.5 挡水建筑物设计

4.5.1 坝顶高程确定

皂市水利枢纽正常蓄水位140m；设计洪水位143.5m；校核洪水位144.56m。坝顶高程根据《混凝土重力坝设计规范》新旧规范规定，经各种工况计算设计坝顶高程均为146m，加1.2m防浪墙。

2001年7月23日，中国国际咨询公司（咨农水〔2001〕514号）对长江勘测规划设计院《湖南省渫水皂市水利枢纽可行性研究报告》评估意见：“鉴于澧水流域位于长江最大的五峰、鹤峰暴雨中心，下游尾闾地区洪水频繁、灾情严重，洪水地区组成及洪水遭遇（包括与洞庭湖洪水及长江松滋口洪水）情况复杂，防洪调度中存在着诸多不确定因素，可研报告完善了防洪调度测报系统，并在澧水流域规划确定皂市承担7.8亿m^3防洪任务的基础上，增加2m坝高（坝顶高程由146m改为148m，增加直接投资1500万元），获得1亿m^3库容，作为稀遇超标准洪水的防汛紧急备用库容是合适的。并建议这部分库容的运用由国家防汛抗旱总指挥部根据澧水、洞庭湖区长江松滋河洪水紧急情况统一调度”。

根据防洪规划要求，考虑今后防洪非常运用等一些不可预计的因素，大坝预留2m超蓄的余地，以增加防汛紧急备用库容，对以防洪为首要任务的皂市水利枢纽的运行和防洪安全有利。因此最终确定皂市水利枢纽大坝坝顶高程为148m，坝顶不设防浪墙，仅设栏杆。

4.5.2 左岸非溢流坝段弧形重力坝设计

4.5.2.1 左岸非溢流坝段弧形重力坝布置

左岸非溢流坝坝轴线总长为119m，共分6个坝段，均为转弯坝段，转弯半径100m。左岸非溢流坝从左至右依次为1～6号坝段，其中1～5号坝段坝轴线长度（弧长）均为20m，6号坝段坝轴线长度（弧长）为19m，坝体成楔形，上游面宽，下游面窄。左岸非溢流4号坝段布置灌溉渠首，坝内引水管进口底高程为115m，引水管管径为1.6m。

坝体基本断面为三角形，三角形顶点高程为146m。上游坝坡坡比1∶0.1，起坡点坡顶高程为122m，下游坝坡坡比均为1∶0.8。由于稳定要求，5号、6号坝段下游设一顶高程为94.25m，长25m，宽度与5号和6号坝段下游同宽的混凝土阻滑墩，阻滑墩同时作为消力池左岸护坡的左边墙，即左1号边墙，并通过接缝灌浆与5号、6号坝段连成整体。

左岸非溢流坝1～6号坝段建基面均坐落在云台观组D_{2y}^{2-2}、D_{2y}^{2-1}厚层石英砂岩夹少量薄层粉砂岩、页岩岩层上，利用弱风化中下部岩体作为建基岩体，左岸非溢流坝1～6号坝段建基面高程分别为125m、105m、85m、75m、70m和62m。受F_1断层的影响，左岸非溢流4～6号坝段建基面，在F_1断层破碎带和影响带通过的一定范围进行了断层缺陷处理，处理措施采用人工开挖后回填混凝土塞的方式。左岸非溢流坝段平面布置见图4.6。

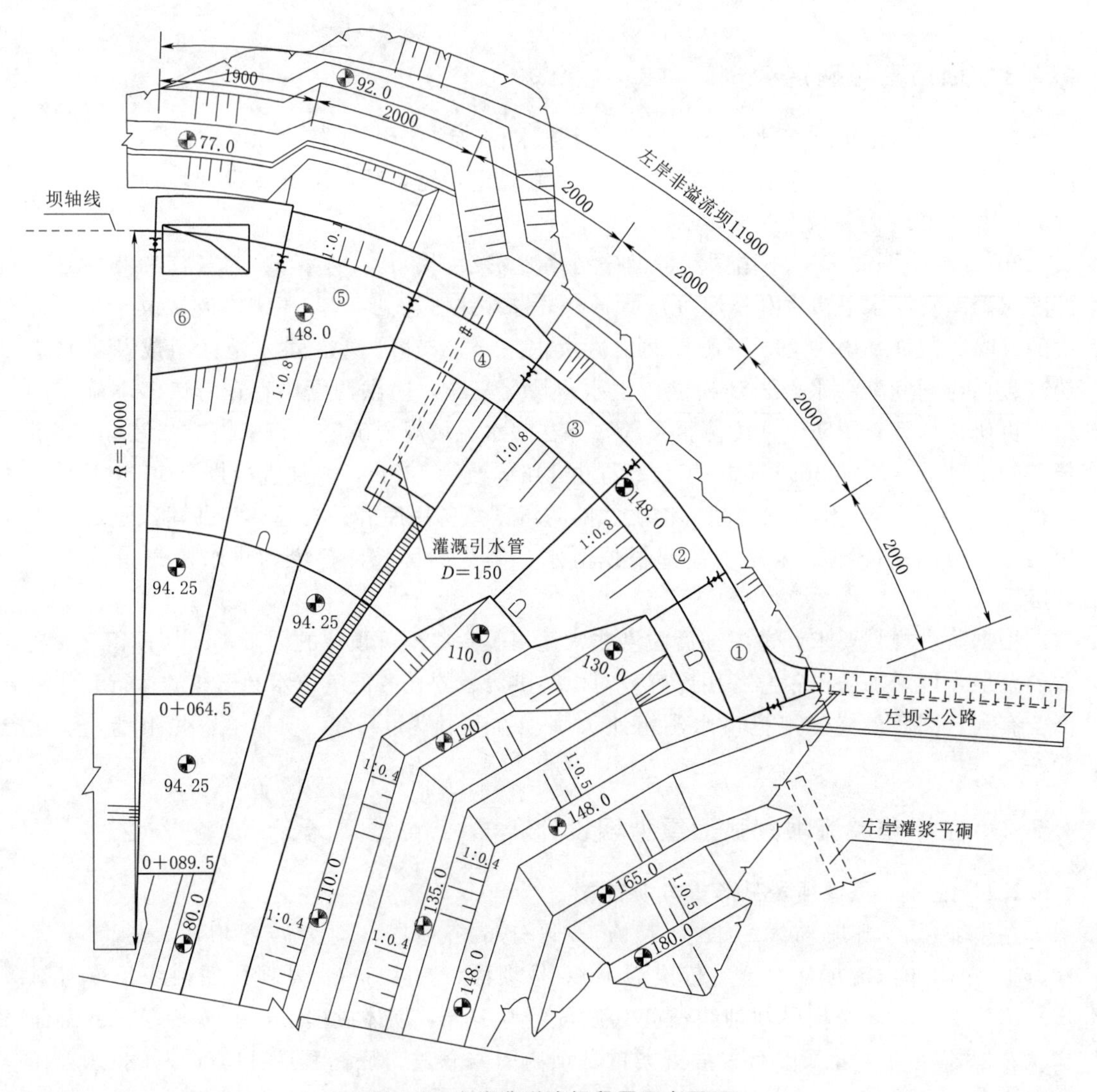

图4.6 左岸非溢流坝段平面布置图

4.5.2.2 左岸非溢流坝段弧形重力坝段稳定应力分析

根据《重力坝设计规范》结合本工程地质条件，大坝稳定包括以下3个方面：①核算沿建基面的抗滑稳定。②根据不同坝段的地基条件，对存在缓倾角结构面的坝段，核算其沿缓倾角结构面的抗滑稳定。③碾压混凝土铺筑层面一般是一个结构薄弱面，对碾压混凝土所铺筑的水平层面的抗滑稳定性也需进行核算。

弧形坝段大坝建基岩体不存在连通性好且缓倾下游的结构面，岩体间软弱夹层因其倾角陡且倾向上游，不构成对坝体稳定的不利因素，故不存在大坝深层抗滑稳定问题。

1. 计算方法

抗滑稳定分析采用抗剪断公式计算，即

$$K'_C=\frac{\sum W\cdot f'+c'A}{\sum P}$$

大坝坝踵、坝趾应力采用材料力学方法计算。

2. 计算工况及荷载组合

基本组合计算工况考虑正常蓄水位、设计洪水位；特殊组合计算工况考虑防洪高水位、校核洪水位、正常蓄水位＋地震，见表4.4。

表4.4　荷载及其组合表

荷载组合		基本组合		特殊组合			备注
		Ⅰ	Ⅱ	Ⅰ	Ⅱ	Ⅲ	
静水压力	上游水位/m	140.0	143.5	143.5	144.56	140.0	偏高水位/偏低水位
	下游水位/m	84.74/73.1	88.4/75.8	73.1	89.0	84.74/73.1	
动水压力		+/−	+/−	−	+	+/−	“+”号为参与组合，“−”号为不参与组合
扬压力		+	+	+	+	+	
泥沙压力		+	+	+	+	+	
风浪压力		+	+	+	+	+	
自重		+	+	+	+	+	
地震力		−	−	−	−	+	

3. 计算参数

计算参数见表4.5。

表4.5　计算参数表

淤沙高程/m	地震烈度	最大风速/(m/s)	混凝土容重/(t/m³)	水容重/(t/m³)	泥沙饱和容重/(t/m³)	泥沙内摩擦角/(°)
90	Ⅶ	18.9	2.4	1.0	1.1	18

坝基混凝土与基岩的抗剪断参数见表4.6。各坝段建基面抗剪断参数根据建基面各岩层所占比例按面积加权平均，并考虑断层处理混凝土塞的作用，具体参数见表4.7。

表 4.6　皂市坝基混凝土与基岩的抗剪断参数表

地层	岩性	风化状态	抗剪断强度	
			f'	c'/MPa
D_{2y}^{2-2}	石英砂岩	微新	1.2	1.0
		弱下	1.1	1.0
D_{2y}^{2-1}	石英砂岩	微新	1.1	0.9
		弱下	0.95	0.8
D_{2y}^{1-2}	石英砂岩	微新	0.95	0.8
		弱下	0.9	0.7
D_{2y}^{1-1}	石英砂岩	微新	0.9	0.7
		弱下	0.85	0.65
	粉砂岩	微新	0.70	0.5
建基面下裂隙密集或风化加剧岩体			0.75	0.4

表 4.7　非溢流坝段建基面 f'、c'值

坝段编号	1	2	3	4	5	6	15	16	17
f'	1.0	1.0	1.0	1.0	0.96	0.94	0.99	1.02	0.95
c'/MPa	0.9	0.9	0.9	0.9	0.92	0.86	0.64	0.72	0.8

4. *左岸非溢流坝段断面设计中的主要问题*

左岸非溢流弧形坝段坝基岩性均为 D_{2y}^{2-2} 石英砂岩，力学性能较好，抗剪断参数 f'、c' 较高，但其上游面宽，下游面窄，相对上游水推力较大，不容易满足稳定和应力的要求。尤其对于 5 号、6 号两个转弯坝段，坝高较大，上游水平水压力相对较大，且受 F_1 断层的影响，坝基岩体存在裂隙密集带，建基面高程较低，如按常规设计，不能满足抗滑稳定的要求。

所以，左岸非溢流坝段断面设计中的主要问题：需研究采取有效措施，来满足建基面稳定及应力的要求。经研究，综合采取了以下几项措施：

（1）将左岸非溢流坝段的下游坝坡坡比由 1∶0.75 改成 1∶0.8；

（2）将建基面开挖成前低后高的台阶状；

（3）将 5 号、6 号坝段坝基向下游延长，设一顶高程为 94.25m，长 25m，宽度与 5 号和 6 号坝段下游同宽的混凝土阻滑墩。阻滑墩同时作为消力池左岸护坡的左边墙，并通过接缝灌浆与 5 号、6 号坝段连成整体；

（4）5 号、6 号坝段坝基采用封闭抽排，降低基底扬压力。

左岸非溢流坝段典型横断面见图 4.7。

5. *弧形重力坝建基面抗滑稳定分析计算结果*

采取上述措施后，经计算分析控制工况为基本荷载组合Ⅱ，控制工况计算结果见表 4.8。由表可知，左岸非溢流坝 1～6 号坝段的稳定应力结果满足规范要求。

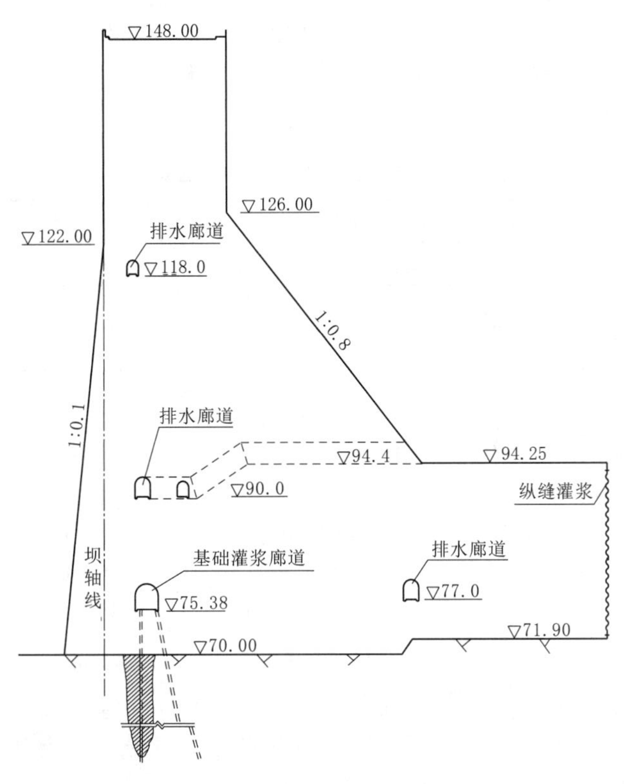

图 4.7　左岸非溢流坝段典型横断面图

表 4.8　　左岸非溢流坝 1～6 号坝段稳定应力成果表

坝段	抗滑稳定安全系数 K	坝踵应力/MPa	坝趾应力/MPa
1	5.57	0.28	0.29
2	5.52	0.29	0.72
3	4.96	0.25	1.31
4	3.60	0.12	1.64
5	4.00	0.72	1.16
6	3.11	0.75	1.69

同时，还需复核施工期阻滑墩尚未施工时，5 号、6 号坝段度汛期间的稳定应力情况。临时度汛上游水位按正常蓄水位 140m 考虑，计算结果见表 4.9，其稳定应力结果均满足规范要求。

表 4.9　　左岸非溢流坝 5 号、6 号坝段稳定应力成果表

坝段	抗滑稳定安全系数 k	坝踵应力/MPa	坝趾应力/MPa
5	4.02	0.57	1.53
6	3.01	0.43	2.27

6. 碾压混凝土铺筑层面抗滑稳定分析

(1) 碾压混凝土容重选择。碾压混凝土容重与混凝土的级配、施工方法和压实度等因素有关。国内已建的几座碾压混凝土坝的设计取用和实测容重见表4.10，数字表明，碾压混凝土实测容重均能达到设计取用值，且实测容重大多在2.4t/m^{3}以上。因此，皂市大坝碾压混凝土容重采用23.5kN/m^3（相当于2.4t/m^3）。

表4.10　国内部分工程碾压混凝土容重

坝名	设计容重/(t/m^3)	实测容重/(t/m^3)	坝名	设计容重/(t/m^3)	实测容重/(t/m^3)
坑口	2.32	2.355	天生桥	2.40	2.467
铜街子	2.40	2.518	龙门滩	2.33	2.339
隔河岩	2.40	2.45	江垭	2.40	2.473
万安	2.40	2.42	天生桥二级	2.40	2.491
岩滩	2.45	2.476	水口	2.40	2.42

（2）碾压混凝土层面抗剪断参数选择。碾压混凝土层间结合好坏，直接关系到碾压混凝土层面抗剪断参数值的大小。在层面结合良好的情况下，其抗剪断参数与碾压混凝土自身抗压强度有关，通过对国内外一些碾压混凝土工程的试验研究成果分析表明，层面的抗剪断参数c'值，一般可取碾压混凝土自身抗压强度的5%～7%，当层面进行处理后，如层面铺水泥砂浆或细石混凝土等进行处理，c'值可提高到自身抗压强度的10%左右。层面的另一抗剪断参数f'值，离散程度较低，其值大多在1.0～1.2之间。

皂市大坝碾压混凝土采用R_{90}150号，根据规范附表及参考国内部分已建工程的实测值进行类比，取皂市大坝碾压混凝土层间抗剪断参数$f'=1.1$、$c'=1.0$MPa。

对上述f'、c'设计取用值，与国内部分已建工程的实测值进行了类比，下面列出国内部分工程的f'、c'值的试验统计数，见表4.11。

表4.11　国内部分工程的层间f'、c'值试验统计表

坝　名	坝高/m	f'	c'/MPa	备　　注
坑口	56.8	1.12 1.24	1.17 1.07	层面未处理 围堰，层面未处理
铜街子	82	1.38	1.18	
隔河岩围堰	40	1.12 1.25 1.33	2.05 3.09 4.02	原位抗剪试验
岩滩围堰 （龙滩坝生产性试验段）		1.30 1.25 1.19	2.52 2.52 2.00	原位抗剪试验 层间间歇24h 层面铺水泥砂浆
		1.20 1.07 1.06 1.04	1.93 1.57 0.95 2.08	原位抗剪试验 层间间歇4～6h 层面未处理
湖南江垭	131	1.24	1.08	A_2层间
福建棉花滩	111	1.10	1.0	碾压混凝土层间
湖北长顺	65	0.97	1.0	层间

从表4.11统计分析，f'在0.97～1.38之间，c'在0.95～4.02MPa之间。因此，只要皂市大坝碾压混凝土严格按施工管理进行施工，控制质量，在保证层间结合质量的情况下，设计选取的抗剪断参数f'、c'值是可以满足的。

（3）碾压混凝土铺筑层面抗滑稳定分析。对碾压混凝土所铺筑的水平层面的抗滑稳定性，由于碾压混凝土层面设计抗剪断力学指标并不低于混凝土与基岩的抗剪断力学指标。经对安全系数最小的坝段进行对比核算，碾压混凝土铺筑层面的抗滑稳定安全系数满足规范要求。

4.5.3 溢流坝段设计

4.5.3.1 溢流坝段布置

溢流坝段长112.5m，共分为6个坝段，分别为7～12号坝段，建基面高程60.0m，坝底宽度为70.7m。泄洪型式为河床表底孔联合泄洪方案，设有5孔表孔，4孔底孔（详见4.6节），表底孔呈相间布置型式，使溢流前缘缩短为93.0m，表孔堰中分缝。7号边墩坝段宽15.0m，12号边墩坝段宽15.5m，8～11号中墩坝段宽20.5m，7号坝段边墩墩宽9.5m，12号坝段边墩墩宽10.0m，8～11号坝段中墩墩宽9.5m，闸墩总长56.75m，其中坝轴线上游设有4.75m长悬头。

表孔堰顶高程124.0m，孔口尺寸11m×19.5m，为实用堰，堰面采用WES曲线，曲线后接坡比1∶0.75的坝面，后与反弧段相接，反弧半径R=40m，反弧段尾部与消力池相接，为提高消力池消能率，表孔尾部设置宽尾墩，中间三孔宽尾墩收缩比m=0.273，即表孔由进口孔宽11m收缩到出口宽3m，两侧边孔采用不对称宽尾墩，其收缩比m=0.318，即表孔由进口孔宽11m收缩到出口宽3.5m，宽尾墩长26m，闸墩尾部桩号至0+045.000，以延长水舌挑距，避免水舌直接冲击底孔启闭机房边墙。

底孔型式为下弯式有压长管，进口底高程103.0m，孔口尺寸为4.5m×7.2m。有压孔口顶板压坡坡比为1∶6.678，出口为下弯式圆弧段，半径R=96.0m，圆弧尾部与15.09°俯角的直线段相切，出口高程为96.18m。出口两侧为圆弧扩散型式，圆弧半径R=169.25m，出口宽度从0+039.000桩号开始由4.5m扩散为5.5m。底孔工作闸门的启闭设备和启闭机房布置在大坝下游坝面以外，减小孔洞对坝体的削弱作用，底孔启闭机房尺寸为7m×19.5m×14m，启闭机房底高程为122.85m。

4.5.3.2 溢流坝段稳定应力分析

根据左岸非溢流坝稳定、应力分析成果，基本荷载组合Ⅱ为控制工况，荷载及其组合见表4.4，计算结果见表4.12。

以上计算结果表明，各个坝段建基面的抗滑稳定均满足要求。

根据皂市水利枢纽在整个澧水流域防洪规划中所承担的特殊任务，考虑下游防汛紧急运用条件要求大坝拦洪度汛，水库超蓄在防洪高水位143.5m基础上抬高2.0m，即上游水位145.5m，相应下游水位为75.8m（两台机组发电）。

在此情况下对大坝进行相应抗滑稳定复核，抗滑稳定安全系数按校核工况$K \geqslant 2.5$控制，选取8号坝段作为典型坝段，对最不利荷载组合即基本荷载组合Ⅱ情况进行计算，计算结果：8号坝段抗滑稳定安全系数K为2.92；满足抗滑稳定要求。

表 4.12　　溢流坝 7～12 号坝段稳定、应力成果表

坝　段	抗滑稳定安全系数 K	坝踵应力/MPa	坝趾应力/MPa
7	3.78	0.62	2.08
8	3.06	0.50	1.65
9	3.09	0.50	1.66
10	3.18	0.50	1.65
11	3.24	0.50	1.66
12	3.46	0.64	1.81

4.5.3.3　溢流坝段深层抗滑稳定分析

溢流坝段坝基岩体主要为D_{2y}^{2-1}、D_{2y}^{1-2}石英砂岩、粉砂岩。岩层倾向上游，偏左岸，坝区内未见缓倾角断层，但坝基缓倾角裂隙相对较发育，其规模小，连续性差，分布不均一。由于坝段下游消力池开挖要求，形成临空斜坡面，对坝基抗滑稳定产生不利影响，因此应对缓倾角结构面所构成的潜在滑移面进行深层稳定核算。

1. 溢流坝段地质条件

溢流坝从左至右依次为 7～12 号坝段，断面采用基本三角形，三角形顶点高程为 146.0m，建基面高程为 60m，下游坝坡坡比 1∶0.75。上游坝面在 122.0m 高程以上垂直，与坝轴线重合，122.0m 高程以下设有反坡，坡比 1∶0.1。

由于下游消力池开挖的需要，河床溢流坝段坝后有一临空斜坡。由于岩体中存在少量倾向下游的缓倾结构面，构成坝基抗滑稳定的不利组合。

据历年来的勘探资料表明，倾向下游的缓倾角裂隙相对不发育，且规模较小，目前只在左岸 PD7 平硐与右岸 PD8 平硐各发现一条长度 5～10m 的缓倾结构面。因此在建立坝基深层或浅层抗滑模式时，假设坝基下存在一条 10m 长倾向下游的缓倾结构面，潜在滑裂面其余部分按统计的 3.6%连通率考虑。

2. 沿缓倾结构面的深层抗滑稳定分析

（1）计算方法。深层抗滑稳定计算采用等安全系数法，按抗剪断强度公式进行计算。

（2）计算工况及荷载组合。深层抗滑稳定计算工况与建基面稳定应力分析的计算工况一致，荷载及其组合表见表 4.4。

（3）计算参数。皂市大坝坝基岩体力学参数见表 4.13，其他参数见表 4.5。

表 4.13　　皂市大坝坝基岩体力学参数表

地　层	岩　性	风化状态	抗剪断强度	
			f'	c'/MPa
D_{2y}^{2-2}	石英砂岩	微新	1.3～1.4	1.1
		弱下	1.2～1.3	1.1
D_{2y}^{2-1}	石英砂岩	微新	1.25～1.3	1.1
		弱下	1.20	1.05
D_{2y}^{1-2}	紫红色石英砂岩	微新	1.20	0.90～0.95
		弱下	1.10	0.80～0.85

续表

地　层	岩　性	风化状态	抗剪断强度	
			f'	c'/MPa
D_{2y}^{1-1}	石英砂岩	微新	1.1～1.2	0.85～0.90
		弱下	1.0～1.1	0.75～0.85
	粉砂岩		0.75	0.55
	夹层	垂直层面	0.35	0.03
	夹层厚度比例：10.54%～23.64%		粉砂岩厚度比例：10%～20%	
D_{2y}^{1-2}～D_{2y}^{2-2}	砂岩	利用面下裂隙密集或风化加剧岩体	0.85	0.55
陡倾结构面			0.70	0.15
缓倾结构面			0.60	0.10

（4）深层抗滑稳定分析。考虑缓倾角裂隙结构面的影响，选择建基面抗滑稳定安全系数最小的坝段——8号坝段进行深层抗滑稳定计算。假定滑裂面为双滑面，坝基以下滑面倾向下游，坝基下游滑面倾向上游，并在下游剪出。采用重力坝设计规范推荐的等安全系数法对双滑面进行稳定复核，下游块与上游块之间的作用力 R 按水平向考虑。深层抗滑稳定计算简图见图4.8，缓倾角裂隙倾角按地勘统计的优势倾角的投影角18.8°考虑，裂

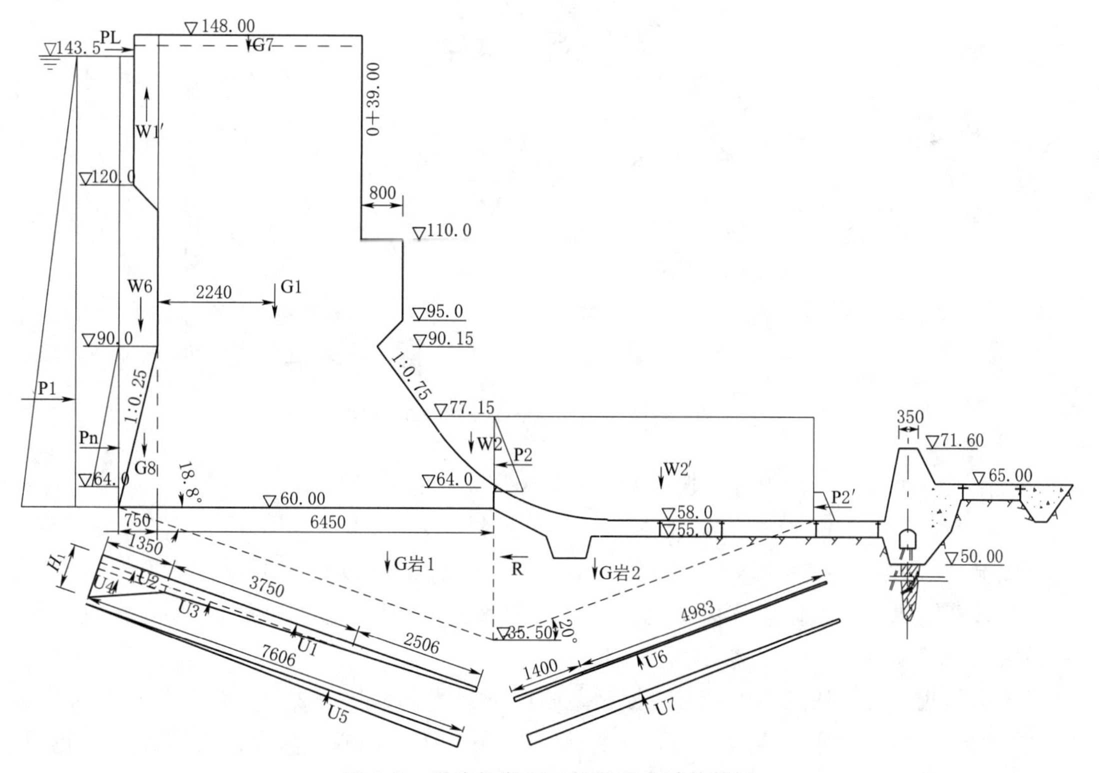

图4.8　溢流坝段深层抗滑稳定计算简图

隙面连通率取值采用3.6%。计算结果表明：8号坝段考虑缓倾角裂隙面影响的深层抗滑稳定安全系数为3.46，满足深层抗滑稳定要求。

4.5.3.4 溢流坝段结构分析

溢流坝段采用表、底孔相间布置，表孔堰中分缝，底孔布置在表孔闸墩下方，结构受力较复杂，材料力学法、平面有限元法难以计算其应力状态，拟采用三维有限元法对大坝结构进行静力分析，并结合三维有限元静力分析的结果，对底孔孔口、表孔闸墩和牛腿等部位进行平面应力计算和结构配筋。表孔泄洪时，宽尾墩部位受动水压力影响，受力情况复杂，选择根据水工模型试验的动水压力结果进行宽尾墩部位的配筋计算。此外还需按规范要求进行地震动力分析，进一步复核地震工况下大坝的稳定应力情况。

1. 溢流坝段三维有限元静力分析

大坝结构设计采用三维空间有限元法对坝体结构应力进行计算分析，主要分析溢流坝表孔弧门牛腿附近闸墩应力及坝体内大孔口周围拉应力分布情况以及坝体变形情况，为牛腿附近闸墩及坝内孔口配筋提供依据，计算程序采用ANSYS。

计算模型基础部分范围在坝踵处向上游延伸、坝趾处向下游延伸各两倍坝高，坝基深两倍坝高。溢流坝三维有限元计算网格图见图4.9。

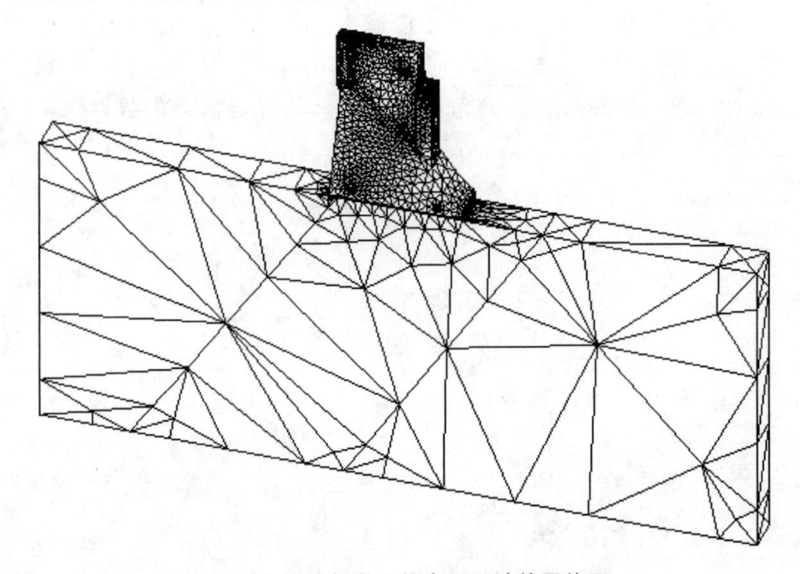

图4.9 溢流坝段三维有限元计算网格图

溢流坝三维有限元静力分析选取两种控制工况进行计算分析：

工况一：上游水位143.5m，下游75.8m，闸门全关；

工况二：上游水位143.5m，下游75.8m，表孔闸门一侧关一侧开。

从计算结果看，坝体位移由工况一控制，顺水流向位移最大值为0.03m，垂直向位移最大值为−0.022m，总位移值为0.036m。

闸墩和底孔孔口的应力由工况二控制，闸墩堰顶平面的拉应力较小，可按构造配筋。在孔口附近的竖直向应力为压应力，垂直水流向应力在孔口四个角点及短边方向为拉应力，拉应力最大值1.2MPa，在长边方向为压应力。

闸墩牛腿应力无论在工况一还是工况二情况下，表孔关闭时情况均一致，顺流向竖直平面应力等值线图呈灯泡状，拉应力区顺水推力方向最大为4.2m，最宽6.5m，拉应力最大值达6.9MPa。垂直水流向竖直平面拉应力区最深为2.8m。

2. 地震动力分析

为了研究大坝在地震动荷载作用下的动力问题，进一步核算地震工况下大坝的稳定应力情况，采用振型分解反应谱法对稳定安全系数较小的8号坝段进行地震动力分析，地震烈度为7度，计算程序选用ANSYS。

混凝土动弹模采用22.75GPa。建基面抗剪断参数与静力计算采用参数一致，按各类岩面所占面积比及裂隙密集带的影响进行加权平均得到，即 $f'=0.86$，$c'=0.63$MPa。

计算结果显示地震烈度7度时坝体最大动位移5.405mm，顺流向分量4.967mm，竖直向分量2.166mm。

水平地震动荷载200861kN，竖直地震动荷载78097kN。将稳定应力计算工况中的特殊荷载组合Ⅲ中地震荷载按上述动荷载计算，复核建基面抗滑稳定。将动力法计算的动应力（表4.14）与正常蓄水位下的应力进行叉叠加，得到特殊荷载组合Ⅲ应力（表4.15）。

表4.14　地震最大动应力　单位：MPa

部位	主应力			正应力			切应力		
	σ_1	σ_2	σ_3	σ_x	σ_y	σ_z	τ_{xy}	τ_{yz}	τ_{xz}
坝踵	1.461	0.273	0.174	0.270	1.365	0.274	0.338	0.036	0.003
坝趾	0.723	0.136	0.088	0.136	0.675	0.136	0.179	0.034	0.003
上游坝面	1.466	0.147	0.108	0.295	1.272	0.154	0.369	0.198	0.044

表4.15　特殊荷载组合Ⅲ应力表　单位：MPa

部位	主应力			正应力			切应力		
	σ_1	σ_2	σ_3	σ_x	σ_y	σ_z	τ_{xy}	τ_{yz}	τ_{xz}
坝踵	5.53	0.903	−0.894	2.943	2.03	0.91	2.516	0.067	0.017
坝趾	−2.75	−2.43	−13.14	−7.75	−11.84	−3.106	−5.58	−0.35	−0.008
上游坝面	1.393	−0.123	−0.6	−0.04	0.624	0.08	0.505	0.194	0.048

注　受拉为正，受压为负。

动力计算成果与静力叠加结果显示，在坝踵处出现垂直拉应力，但其受拉范围为1m左右没有超过规范规定。坝体的抗拉强度和稳定均能满足规范要求。在底孔孔口和大坝有折点部分有较大的动应力，底孔配筋时在四角点处增加斜向钢筋。

4.5.4　厂房坝段设计

4.5.4.1　厂房坝段布置

根据枢纽总布置，厂房坝段位于溢流坝段右侧，分别为13号、14号坝段，其中13号坝段长18m，14号坝段长21.5m。13号坝段建基面高程60m，14号坝段建基面上游高程为70m，下游为65.5m。

电站引水方式为单机单管引水，坝段内各埋设一条内径5.6m的引水钢管。进口型式采用喇叭形，上游设置拦污栅构架，进水口96m高程下设伸出坝面5.5m的牛腿，以支承拦污栅。拦污栅后根据电站运行要求设快速平板工作闸门和检修门各一道，进口高程为96m。检修闸门由坝顶门机操作，快速平板工作闸门由坝顶液压启闭机操作，快速门后设置直径800mm的通气孔。

电站进水口尺寸11.6m×8.6m（宽×高），在桩号0+016.000前，孔身段为混凝土坝内管，其后设置压力钢管，压力钢管采用坝后背管布置型式。在下游坝面预留管槽，钢管安装后回填二期混凝土，外包混凝土厚0.8m。

厂房坝段断面，上游面伸出坝轴线4.75m，坝轴线下游宽17.05m，共21.8m。大坝下游坝坡坡比1∶0.75，下游起坡点高程为125.933m，并在高程90m处设坝后平台，以布置集控楼和主变压器等设施，高程80.0～90.0m之间为回填土，并形成90.0m高程平台；大坝与电站厂房分缝设在0+68.3处。

在两个坝段之间的坝顶设置快速闸门启闭机房，机房尺寸6m×5m×4.5m（宽×长×高），坝顶门机轨道延伸至14号坝段，并设置门机挡头。

4.5.4.2 厂房坝段抗滑稳定及应力计算

1. 大坝坝基抗滑稳定及应力计算

厂房坝段的设计条件、荷载组合及计算方法同溢流坝段。

控制工况基本荷载组合Ⅱ的计算结果见表4.16。

计算成果表明：厂房坝段13～14号坝段的稳定应力结果满足规范要求。

表4.16　厂房坝段13～14号坝段稳定应力成果表

坝　段	抗滑稳定安全系数 K	坝踵应力/MPa	坝趾应力/MPa
13	3.05	0.50	1.35
14	3.12	0.68	0.93

注　表中为压应力。

2. 非常运用条件下大坝抗滑稳定分析

考虑下游防汛紧急运用条件，水库超蓄在防洪高水位143.5m基础上抬高2.0m，相应下游水位为75.8m。在此条件下，选取13号厂房坝段作为典型坝段进行抗滑稳定复核，对最不利荷载组合即基本荷载组合Ⅱ情况进行计算。计算结果：13号坝段抗滑稳定安全系数 K 为2.9，满足校核工况 $K \geqslant 2.5$ 的稳定安全要求。

4.5.4.3 厂房坝段结构分析

厂房坝段采用三维空间有限元法，分析厂房坝段坝内管孔口周围应力分布情况，为坝内孔口配筋提供依据，计算程序采用ANSYS。厂房坝段三维有限元计算网格图见图4.10。

计算工况：上游水位143.5m，电站正常运行引水管内有水，工作闸门后引水管内考虑调保计算的水击压力，计入坝体自重。

从计算结果看，坝体引水管上平段拉应力较小，引水管转弯段及以下管段拉应力较

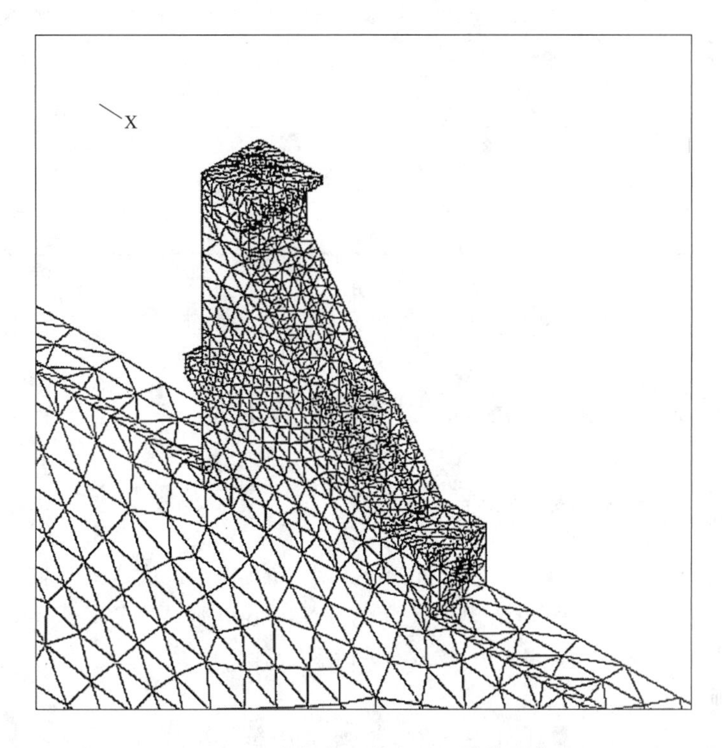

图 4.10 厂房坝段三维有限元计算网格图

大，特别是斜坡段附近，拉应力较大，最大拉应力超过 3MPa。引水管上平段环向应力最大值达 1.2MPa，拉应力深度达 1.2m。引水管斜坡段环向应力最大值达 3.2MPa，最大应力出现在引水管外侧，即坝坡上。

4.5.5 右岸非溢流坝段设计

右岸非溢流坝分为 4 个坝段，即 15～18 号坝段，坝段宽均为 20m。坝体上游面垂直，与坝轴线齐平，下游坝坡坡比为 1∶0.75，下游起坡点高程 135.33m。

右岸灌溉取水口设在 17 号坝段，进口高程 115m，引水钢管内径 1.6m，进口设置检修闸门，采用坝顶汽车吊启闭。出口设置工作闸阀、灌溉机房及与下游连接的交通系统。

右岸非溢流坝 15 号坝段设一电梯、楼梯间，楼梯围绕电梯井布置，电梯井井筒上游面紧靠坝顶交通道，离坝轴线 21.51m。外井筒尺寸 5.01m×5.5m，电梯井与基础廊道及下游交通廊道均相通。

右岸非溢流坝坝内设基础廊道及 90m 高程、118m 高程交通排水廊道，基础廊道 3.0m×3.5m（宽×高），交通排水廊道 2.0m×2.5m（宽×高）。90m 高程交通排水廊道在 15 号坝段设有通向下游的出口，并与厂房 90m 高程平台衔接。118m 高程交通排水廊道在 17 号坝段也设有通向下游的出口。

右岸非溢流坝稳定应力，控制工况基本荷载组合Ⅱ的计算结果见表 4.17。

表 4.17　右岸非溢流坝 15～18 号坝段稳定应力成果表

坝　段	抗滑稳定安全系数 K	坝踵应力/MPa	坝趾应力/MPa
15	3.23	0.48	0.95
16	3.84	0.52	0.86
17	4.55	0.31	0.60
18	5.39	0.30	0.33

注　表中为压应力。

计算成果表明：右岸非溢流坝 15～18 号坝段的稳定应力结果满足规范要求。

4.6　表孔底流、底孔射流联合消能工设计

4.6.1　泄洪消能建筑物布置原则

根据澧水流域防洪总体规划，要求本枢纽作为防洪补偿调度水库，同时运行应安全可靠、调度灵活方便。根据枢纽防洪规划及调洪计算，枢纽泄洪设备需满足：防洪限制水位 125.0m 时下泄流量不小于 2000m^3/s；设计洪水位 143.5m 能满足设计洪峰流量 12500m^3/s 下泄。

根据枢纽总体布置方案，泄水建筑物以河床集中布置泄洪消能建筑物为基本格局。

坝址河谷枯水期宽约 90m，洪水期宽也仅 110m。两岸地形山高坡陡，坡度为 40°～55°，河流流向与岩层走向交角约 65°，岩层倾向上游，倾角 50°左右，坝线与河流流向近于正交。坝址基岩为泥盆系云台观组石英砂岩，消能区及其下游基岩为志留系砂页岩互层，基岩抗冲流速约 3m/s，两岸岸坡有一定厚度的强、弱风化带，边坡稳定性及抗冲能力均较低。坝址下游右岸 480m 处有水阳坪—邓家嘴古滑坡体，左岸 289m 处存在有崩坡积体，下游约 2km 处为皂市镇，对泄洪消能防冲要求高。

皂市水利枢纽主要任务为防洪，即在防洪限制水位时有预泄洪水的要求，同时在设计洪水位下要求枢纽有下泄设计洪水的能力，致使本枢纽泄洪运行的上、下游水位、水头变幅及泄流量变化均较大。同时本枢纽还兼顾有发电、灌溉及航运等任务。

按照上述地形、地质条件及规划设计要求，确定泄洪消能建筑物布置原则包括以下几方面内容：

（1）泄水建筑物的宣泄能力、运用调度满足澧水流域防洪规划的要求。

（2）为使泄流能力适应水头变幅大的特点，泄洪建筑物宜不同程度分层次布置。

（3）选择泄洪消能建筑物型式时应考虑电站和通航建筑的布置，并尽量使电站尾水渠及下游引航道流态良好。

（4）消能型式的选择遵循满足消能充分、流态较好和下游水位平顺衔接的原则，使河床及两岸冲刷较小，利于岸坡稳定，尽量减少对下游右岸滑坡前缘的冲刷。

4.6.2　泄洪型式的比较与选择

根据上述泄洪消能建筑物布置原则，泄洪方案重点研究了河床表底孔相结合泄洪方案、河

床大孔口泄洪方案、河床表孔双层闸门泄洪方案以及采用施工导流洞结合坝体泄洪方案等。

(1) 采用导流洞改建成永久泄洪洞方案可以宣泄20年一遇以下洪水，其泄流能力在防洪限制水位125.0m时可宣泄$Q=925m^3/s$；在校核洪水位144.56m可宣泄$Q=1300m^3/s$。河床泄水建筑物由5个表孔、4个底孔减少为4个表孔、3个底孔的布置型式，减轻河床泄洪消能的压力。但导流洞改建泄洪方案，无论是龙抬头方案还是旋流竖井式方案，施工均较复杂，工程量较大，泄洪建筑物运行也相对复杂。

(2) 河床大孔口泄洪方案经泄流能力计算，共需设置5孔，其进口底高程为116.0m，出口孔口尺寸14m×10m，孔口上缘设固定式胸墙，两侧墩宽5.0m，整个溢流前缘长为110.0m。该方案具有结构型式简单和工程量略省等优点，但还具有两方面的缺点：①其运行条件差，影响泄流能力。在上游水位125～135m运行期期间，由于需要实现防洪补偿调节，要控制下泄流量，因此在这一水位区间有可能出现孔堰交替泄流的复杂流态。为避免此种现象发生，则需在这一水位区间控制闸门按孔流或堰流下泄，而在这区间孔流下泄流量比堰流下泄流量约小$1500m^3/s$以内。②超泄能力差。由于胸墙的孔口泄流不具备超泄能力，对地处五峰暴雨区的溇水暴涨暴落的洪水特点是不利的。

(3) 河床表孔双层闸门泄洪方案需设置5孔表孔，采用上平下弧闸门控制，进口底高程118.0m，孔宽14.0m，墩宽5.0m，溢流前缘总长110.0m，该方案与大孔口方案相比，由于取消了胸墙，应对意外洪水的能力与表底孔联合泄洪方案一样有利。其不利因素是运用调度较大孔口方案更为困难，平门与弧门间止水易损坏，金属结构工程量较大。

(4) 河床表底孔联合泄洪方案采用5个表孔、4个底孔，表孔堰顶高程124.0m，孔口尺寸11m×19.5m，底孔进口底高程103.0m，出口孔口尺寸4.5m×7.2m，表底孔呈相间布置。该方案既有表孔又有底孔，在高程上分层次，适应了规划在不同高程对枢纽泄流能力的要求，同时运行调度灵活。

综上分析，考虑到枢纽工程防洪的重要性、运用调度的复杂性，本工程采用河床表底孔联合泄洪方案。

4.6.3 消能方案的比较与选择

消能方式研究计算了挑流、消力戽、底流及水垫塘4个方案。挑流消能方案按大坝校核条件$P=0.02\%$，$Q=13449m^3/s$计算（河谷宽110m，泄流均布于河床，综合冲刷系数K取1.8)，计算冲坑深达30m左右，坑底高程约33m。消力戽消能方案经对挑角为25°，消力戽水力计算其冲坑底高程约40.0m，涌浪高程接近100.0m，且在小流量情况下有可能发生潜底戽流。因此这两种消能型式均因冲坑较深对岸坡稳定不利、下游流态较差等问题而不宜被采用。

底流消能及水垫塘消能是消能特性较好并广泛采用的两种消能型式。经水力计算，底流消能方案消力池水平段长155m，水平段与坝体以1∶4斜坡相衔接，长34m，并可适当改善小流量流态，水平段末端设12m长尾槛，其后设长10m的海漫，消力池总长211m，消力池底板顶高程为55.0m，厚度3.0m，消力池两侧设重力式导墙，墙顶高程90.0m。水垫塘消能方案消力池水平段长112m，上游以1∶2斜坡与坝体衔接，长28m，下游设二道坝，顶高程71.6m，二道坝后设长32m的海漫，消力池全长172m，底板顶高程55m，厚度3m，海漫顶高程65m，厚度3m，消力池两侧为贴坡式边墙，顶高程90m，两岸岩坡水雾区设喷锚支护。经比较，虽然水垫塘消能方案池长略短，工程量较省，但因水垫塘消能产生的雾化对厂房运行及下游的水阳坪—邓家嘴滑坡体产生不利影响，最终推荐的消能方式选择底流消能方案。

泄洪消能建筑物平面布置见图4.11。

4.6.4 泄洪消能建筑物设计优化

(1) 合理布置泄水建筑物，解决水库运行泄流量及水位变幅大问题。泄水建筑物布置经过大孔口泄洪、双层闸门泄洪及表底孔联合泄洪等多方案比较研究，确定采用表底孔联合泄洪方案。表底孔呈相间布置，表、底孔兼具，可较好满足规划要求的库水位在防洪限制水位125m时泄流能力不小于2000m³/s，在设计洪水位143.5m时泄流能力不小于12500m³/s洪峰流量的要求。

(2) 优化底孔布置，解决窄河谷布置坝后式厂房问题。皂市水利枢纽坝址处天然河谷，水面宽仅约100m，且两岸呈较对称U形。结合坝后式厂房河床集中泄洪消能的枢纽布置总体格局，并考虑右岸下游水阳坪—邓家嘴滑坡体及导流洞布置的影响，因此必须对泄洪消能建筑物进行优化，内容包括溢流前缘长、表底孔孔口布置、底孔孔口尺寸及体型、消力池池长、池宽、池深、尾坎型式及边墙体型等。

经表底孔孔口布置的比较研究，即对“六表五底”“五表四底”和“四表三底”3种布置方案进行比较，其结果得出以“五表四底”孔口布置方案的溢流前缘长度及消力池池宽适宜，与天然河谷宽相近，相应工程量较省，故确定“五表四底”孔口布置方案。

同时对底孔型式、孔口尺寸及出口底板体型进行优化。优化后底孔型式由原平底式改为下弯式有压长管。孔口尺寸由5.0m×7.0m改为4.5m×7.2m。虽泄流能力略有减少，但通过减薄闸墩厚度溢流前缘可缩短5.5m，使坝后式厂房的布置向河床靠近，为减少岸坡开挖提供了有利条件。对底孔孔口顶板压坡坡比由1∶11.62改为1∶6.678。底板出口由原抛物线$Y=0.00623893X^2$，设计修改为下弯式半径$R=96.0$m的圆弧段，圆弧尾部与15.0948°俯角的直线段相切。出口高程由101.22m修改为96.181m。出口两侧改为圆弧扩散型式，圆弧半径$R=169.25$m，出口宽度从0+039.000桩号始由4.5m扩散为5.5m。并根据初步设计的审查意见，将底孔工作闸门的启闭设备和启闭机房移至大坝下游坝面以外，减小孔洞对坝体的削弱。

对表孔闸墩宽度和宽尾墩体型进行优化，具体为：中间4个闸墩宽度由11.0m减少到9.5m，左边孔闸墩宽度仍为9.5m，而右边孔闸墩由9.5m改为10.0m。两边表孔宽尾墩收缩比为0.318，即孔宽由11.0m收缩至3.5m，中间3个表孔宽尾墩收缩比仍为0.273，即孔宽由11.0m收缩至3.0m。表孔宽尾墩长由20.0m伸长至26.0m，宽尾墩尾部桩号由0+039.000延长至0+046.000，以延长水舌挑距，避免水舌直接冲击底孔启闭机边墙。

经过上述优化，使整个溢流坝段的溢流前缘长由118.0m缩短为112.5m，为坝后式厂房布置留出了空间并创造了条件。

(3) 优化泄洪消能建筑物设计，解决中水头、低弗氏数消能问题。消能型式的选择遵循消能充分、流态较好与下游水位平顺衔接、消能建筑物工程量较省的原则，并考虑消能

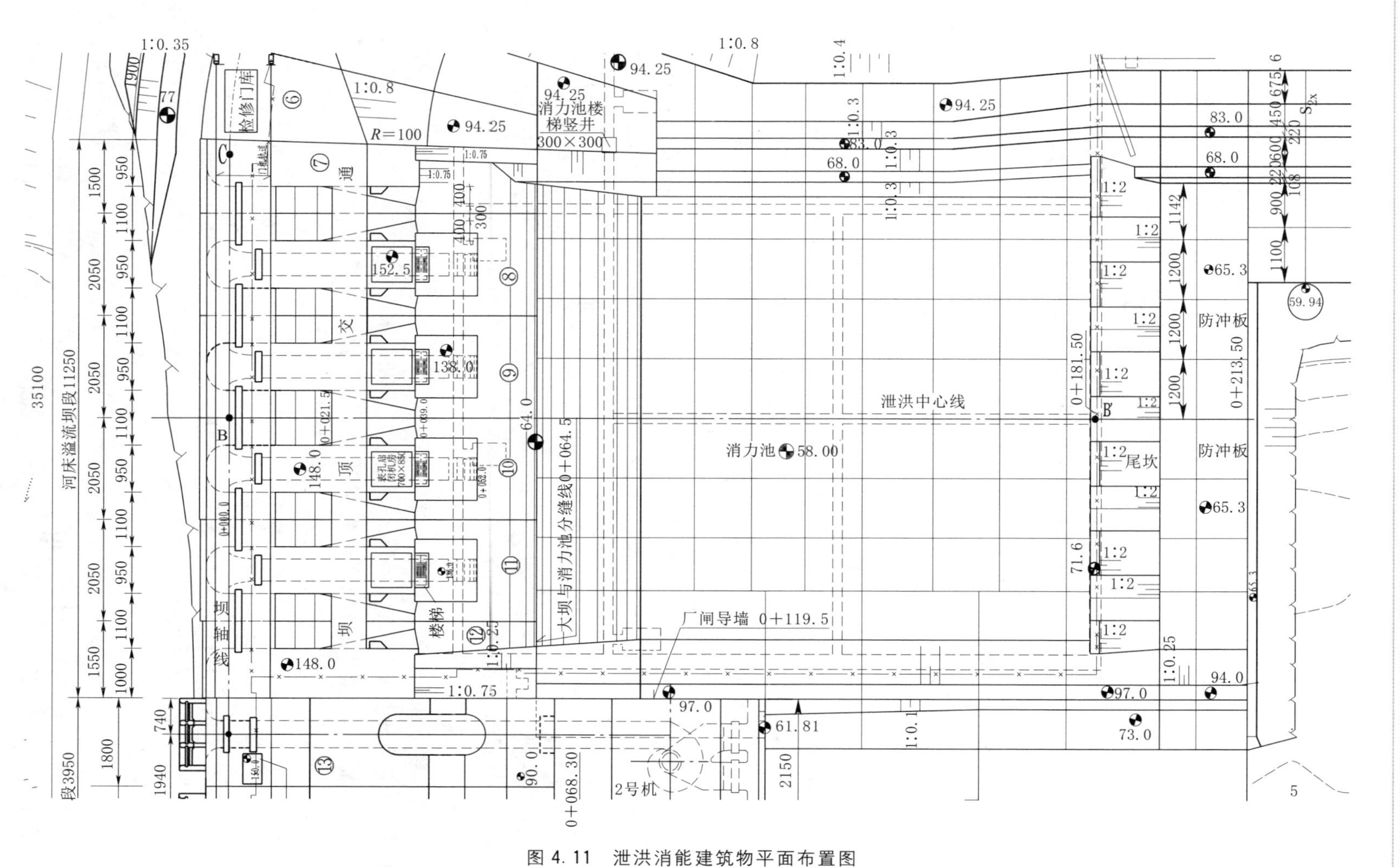

图 4.11 泄洪消能建筑物平面布置图

区地质条件较差，要求对河床及两岸的冲刷较小，利于岸坡稳定。根据上述原则，消能建筑物比较了底流消能及水垫塘消能两种型式。

经计算及模型研究：水垫塘消能虽对消力池体型衔接要求不高，但为达到充分消能的目的，需使其出孔水舌经空中抛射、充分扩散掺气后跌入塘中，并要求水垫塘内有足够的水垫深度及水体体积。而本枢纽上、下游水头差及坝高均不大，为扩大表孔出流水舌空中行程需加大挑角导致水垫塘池长过长，同时为使入池水流保证一定的水跃淹没度，水垫塘深度较大，导致该方案的工程量较大。

底流消能方案采用表孔底流—底孔射流—消力池联合消能的消能型式。为提高消能率，表孔采用宽尾墩，收缩比为0.273，表孔出流受宽尾墩影响以水帘状扩散，并形成三元底流淹没水跃，在动能转换为势能的过程中伴随大量的能量损失，从而与下游水流平顺衔接；底孔出流以跌流形式射入池内底流水跃的前部，并与之掺混、相互作用，与挑跌流水垫塘消能方案相比，不仅溅水雾化大大减轻，而且可以充分发挥表孔水股对底孔水股所起的“动水垫效应”，消除了坝趾下游的死水区，提高了单位体积的消能率。

皂市水利枢纽消能建筑物采用表孔宽尾墩底流出流—底孔射流—消力池联合消能的消能型式，更好地适应了中水头、低弗氏数消能的特点，利用宽尾墩三元漩滚水跃消能特性，附加底孔射流能量掺混、碰撞，提高了消力池消能率，缩短了池长，降低了池深，并减少了河床冲刷，为尽可能少地扰动下游右岸水阳坪滑坡体创造了条件。

（4）优化消力池尺寸，尽量避免了对水阳坪—邓家嘴滑坡体前缘冲刷问题。底流消力池池宽由原设计95.0m减小到89.0m，并将左岸贴坡式边墙坡比由原设计1∶0.5改为1∶0.3，每级马道宽由原设计2.5m改为2.2m。断面型式采用复式梯形断面，整个消力池池长及池底高程不变，分别为116.0m及58.0m。消力池尾坎根据前阶段试验成果，为消除坎后跌水落差，避免二级消能及反向漩滚，将消力池连续尾坎修改采用为雷伯克坎，高坎坎顶高程71.6m，底坎坎顶高程68.0m。消力池下游仍设置长32m的防冲板，防冲板顶高程抬高到65.3m，防冲板厚度减小为2.0m。右岸导墙仍采用重力式，但断面减薄加高，以防止掺气水流漫溢。

（5）水力学模型试验。

1）底孔单泄（工况条件为底孔单泄$Q=3140m^3/s$，$H_{上}=143.5m$）时，库区水面平静，底孔进口未观察到漩涡，其出口因两侧边墙扩散，使出口水舌呈中部远、两侧近的扇形状入水，各孔水流在入消力池前未见明显水面搭接，水舌未直接冲击消力池边墙。消力池内水流漩滚强烈，掺气充分，水体呈白色泡沫状，水跃未出池。消力池尾坎后水流与下游水位衔接较平顺，水流跌落小于3.5m，在近电站尾水渠0＋213.5～0＋293.5区域形成回流。

2）表孔单泄（工况条件为表孔单泄$Q=9874m^3/s$，$H_{上}=143.5m$）时，库区水面平静，中间2号、3号、4号表孔进流顺畅，1号和5号表孔进口有绕流现象，水流进孔后，水面沿程下降，在宽尾墩前水流呈中间高、两侧低的流态，进入宽尾墩后虽因过流面逐渐收缩，水面壅高，但水面未触及弧门支铰。水流出尾坎后纵向拉开掺气充分，水舌外缘呈抛物线落入池中，其水舌入水点外缘为0＋089，入水水面宽度为95m，水流入消力池后，水面隆起，水流呈乳白色泡沫状，消力池内无明显回流，水跃完整，消能充分，坎前后水面落差为2.5m，水流衔接尚平顺，在近电站尾水渠0＋213.5～0＋293.5区域形成回流。

3）表底孔联合泄洪（工况条件为表底孔联合泄洪 $Q=13449m^3/s$，$H_{上}=144.56m$）时，除表孔闸门局部开启时，闸前水面略有波动，检修门槽内有浅表层漩涡外，其他工况下上游水面均较平静。水流进表孔后，水面迅速下降，虽宽尾墩后过流面积沿程收缩，但在各种工况均未观察到水面触及弧门支铰现象，出宽尾墩后，表孔水流纵向拉开掺气明显，其外缘呈抛物线跌落消力池中，底孔水流呈中部远、两侧近的扇形入水，表底孔水流相间入池，未见明显水流搭接现象，水舌入水宽度为 97m，边表孔水舌距相应边墙距离为 3.5m。消力池内掺气充分，紊动剧烈，坎后水面落差达 5m，下游水流湍急，在电站尾水渠 0+210～0+280 区域形成回流。

4）河道冲刷。试验成果表明，在各泄洪工况下（底孔单泄除外，下游基本不冲），在接近护坦处，消力池对应下游河床左右两边均形成冲坑，冲坑形状基本一致，呈马鞍状，中部则略有淤积；另在左岸护固段的下游河床，也形成一个冲坑，冲坑范围较大；在电站导墙末端，有动床沙淤积，淤积范围较小，电站尾水渠处未见淤积。在 $Q=10184m^3/s$（消能设计工况，含电站过流 $274m^3/s$），$H_{下}=85.15m$ 时，护坦尾段左侧冲深为 2.5m，最深点距护坦约为 5.0m，其后坡比为 1∶2.0，右侧冲深为 9.1m，最深点距护坦为 13m，后坡比为 1∶1.43；左岸护固段末冲坑深为 9.7m，最深点距左岸护底末端 131m，后坡比为 1∶13.5；右侧厂闸导墙末端淤积体高程 76m。

泄洪消能建筑物经过多方案比选优化，泄水建筑物采用“五表四底”孔口布置，消能型式采用表孔底流—底孔射流—消力池联合消能方式，经模型试验验证及原型观测，泄水及消能建筑物运行良好，满足了规划对泄水建筑物泄流量要求，消力池流态较好，避开了泄洪水流对水阳坪—邓家嘴滑坡体前缘的冲刷，泄洪消能建筑物设计先进，经济合理。

实际运行消力池流态见图 4.12 和图 4.13。

图 4.12　底孔单独泄洪流态

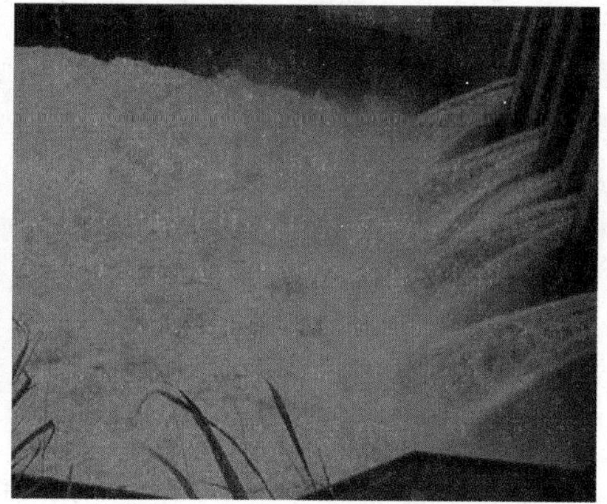

图 4.13　表底孔联合泄洪流态

4.7　电站建筑物

皂市坝址河谷形态呈 U 形，枯水期水面宽约 90m。两岸山体雄厚，基岩裸露。电站额定水头 50m，额定流量 136.86m³/s，采用坝后式厂房布置型式，厂房布置在河床右岸，厂内布置有两台装机容量 60MW 的混流式机组。

皂市工程是以防洪为主的水利工程，泄洪流量较大，泄水消能建筑规模较大。由于河床较窄，集中布置泄水及厂房建筑物造成两岸边坡开挖规模较大，高边坡稳定问题值得关注。因此，研究合理的厂区和厂房布置方案，降低右岸边坡高度，减缓边坡坡度，是本工程电站建筑物设计需要解决的重要技术问题之一。

4.7.1 厂区布置

厂区布置主要目的是确定厂房与厂区其他建筑物的相对位置，本电站着重对厂坝相对位置、主副厂房相对位置、厂房与升压和开关站的相对位置等进行了选择。

(1) 厂房纵轴线与坝轴线平行，上下游方向位置在不影响大坝安全及保证流道布置的前提下，尽可能靠上游侧，以减小引水道长度，减小水头损失。厂房布置在坝轴线下游 68.3m 处，为减小泄洪波动影响和减小尾水渠淤积，厂房尾水渠和泄洪建筑物之间设有导墙。

(2) 副厂房的位置紧靠主厂房布置，主要比选布置在主厂房的上游侧和下游侧两种方案。本工程尾水管长度相对较小，将副厂房布置在上游充分利用厂坝间位置，工程量相对较小，故选择上游副厂房布置方案。

(3) 对于开关站（配电装置型式），比选了户外敞开式开关站、户内敞开式开关站及 GIS 3 种方案。由于厂房紧邻泄洪大坝，泄洪水雾对电气设备产生严重影响，因此不适合采用户外开关站。户内敞开式开关站造价相对较低，但 GIS 在技术性能上有明显优越性，运行、管理及维护均方便，选用 GIS 方案，布置在厂房上游副厂房，位于变压器上层。

电站建筑物总体布置如下，电站厂房剖面如图 4.14 所示。

电站引水系统由进水口和引水管组成。进水口为坝式进水口，沿水流向依次为拦污栅段、闸门段、渐变段等。引水管布置在平面上呈直线型，在立面上由上平段、上弯段、斜管段、下弯段及下平段组成。引水管上平段自进水口渐变段后，水平引至大坝下游，斜管段沿大坝下游斜坡面布置，管中心高程从 98.8m 降至 71.20m，接下平段并与厂房伸缩节、机组蜗壳相接。引水钢管直径 5.6m，一台机组引水管总长为 114.03m（从进水口前缘至机组中心线），下弯段 80.0m 高程以下设有混凝土镇墩。下平段设置伸缩节，紧贴厂房上游边墙布置。

厂房总长 72.4m，由安Ⅰ段、安Ⅱ段、1 号机组段、2 号机组段组成；厂房总宽 44.25m，由上游副厂房、主机室段和尾水平台段组成。电站厂房对外交通运输由进厂公路，经厂前区自安Ⅰ段大门垂直进入安装场。主变压器室与安Ⅰ段之间布设轨道进行连接，供主变压器的安装、检修和运输使用。

尾水渠为直向出水，从尾水管末端（底高程 61.8m）开始，以 1∶4 反坡升至高程 73.00m 平台，后水平下延至导流洞出口侧导墙，于厂坝导墙与导流洞侧导墙之间与河床衔接。为避免大坝泄洪水流对尾水渠产生冲刷及因波浪所引起尾水位的不稳定而影响到机组发电，在尾水渠与大坝消力池之间设置厂坝导墙；尾水渠右侧护岸由 1～2 级混凝土仰墙组成。

4.7.2 厂房内部布置

为减小边坡规模，降低边坡处理难度，提高工程安全度，在施工阶段，厂房布置设计

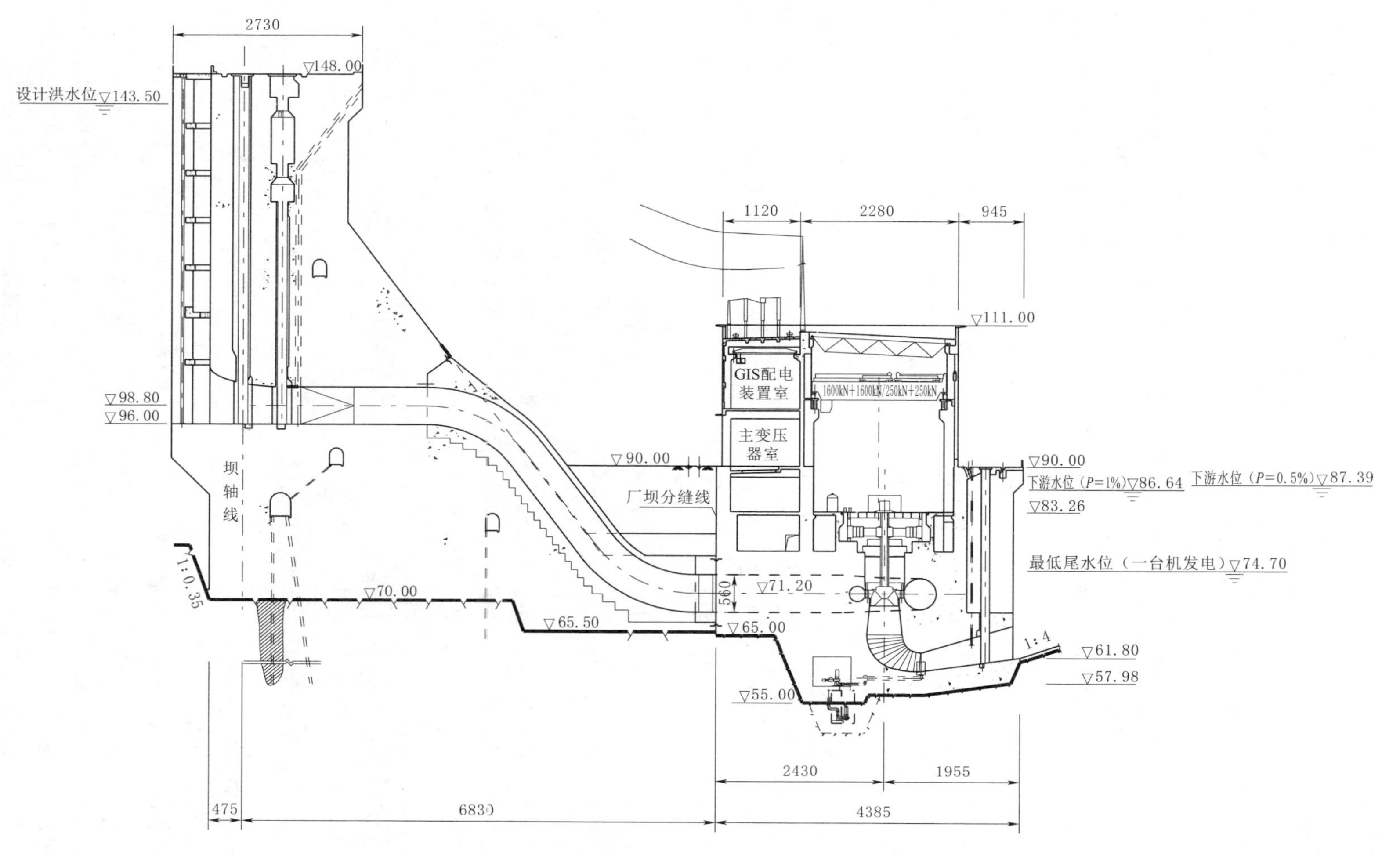

图 4.14　电站厂房剖面图

时做以下考虑：

（1）安Ⅱ段地面高程抬高至 90m，与安Ⅰ段同高，缩短安装场长度；优化结构和布置方案，缩短机组段长度，厂房及安装场总长较初步设计修订方案减少 4.4m。

（2）安Ⅰ段下游油库移至安Ⅱ段，安Ⅰ段下部不设副厂房，其建基面高程由 71.7m（初步设计方案）提高至 87.5m。

（3）调整排水系统布置，采用潜水排污泵替代原深井泵，机组检修排水系统采用直接排水方式。将厂房检修及渗漏排水集水井由原集中布置在安Ⅱ段调整为分散布置在机组段上游侧，安Ⅱ段建基面高程由 53.0m 提高至 55.0m，降低边坡整体开挖高度。

（4）结合导流洞后期回填，优化厂房尾水渠、厂前区和进厂公路布置，减少对下游崩坡积体的扰动。

调整后布置有利于降低厂房右岸的边坡高度，减缓边坡坡比，提高边坡稳定性，但排水系统检修及维护条件相对略差。厂内布置如下：厂房自右而左依次布置安Ⅰ段（长 14m）、安Ⅱ段（长 17.5m）、1 号机组段（长 19.4m）、2 号机组段（长 21.5m），厂房总长 72.4m；主机段顺水流向由上游副厂房（12m）、主机室段（22.8m）和尾水平台段（9.45m）组成，厂房总宽 44.25m。

考虑到机组的气蚀及运行特征、下游水位的变化等因素，水轮机安装高程定为 71.20m。水轮机层地面高程 77.50m，上游侧布置发电机出线等，下游侧布置尾水管排水阀操作机构等；主厂房发电机层地面高程 83.26m，上游侧布置调速器和油压装置等，下游侧布置励磁盘及控制保护盘等；尾水平台高程 90.0m，布置有尾水门机，用于启闭尾水检修闸门。

安Ⅱ段上游布置 6 层副厂房，发电机层地面以下主要布置事故油池、空压机房、风机房、油库及油处理室等。尾水门库设在安Ⅱ段尾水平台上，地面以上主要布置中控室及电气设备室等。

主机室上游布置 4 层副厂房，水轮机层高程布置技术供水系统、污水处理室及消防泵房等，其上部空间布置电气走线；发电机层高程布置厂用配电装置、蓄电池室、排风机房及卫生间等；高程 90.00m 以上分两部分布置，主要布置变压器、GIS 开关室等。

4.8 基础处理及灌浆工程

4.8.1 主要工程地质问题与建基面选择

4.8.1.1 主要工程地质问题

1. 软弱夹层问题

坝基岩体主要由石英砂岩、细砂岩、钙质粉砂岩与夹于其间的泥质粉砂岩、粉砂质泥（页）岩、泥岩组成。由于成岩条件、层间挤压错动及地下水的作用，在坝基岩体中形成了不同类型的软弱夹层，构成了坝基主要工程地质问题。根据软弱夹层的工程地质性状、泥化程度及夹层的连续性分为三类：Ⅰ类软岩夹层、Ⅱ类破碎夹层、Ⅲ类泥化夹层。Ⅰ类软岩夹层：主要为两侧硬岩所夹的一定厚度的软岩，夹层岩性主要为泥质粉砂岩、粉砂质泥（页）岩。此类夹层未经构造破坏，仍保持原岩状态，但力学强度较低。Ⅱ类破碎夹层：根据夹层含泥量及夹泥连续性又分为两个亚类：$Ⅱ_1$类、$Ⅱ_{2n}$类。$Ⅱ_1$类破碎夹层主要由薄层软岩因层间挤压、错动而形成，多呈碎块状、碎片状，厚度一般2～15cm。夹层分带性不明显，基本无泥化或偶见泥膜，由于夹层的剪切面不连续，起伏差大，夹层具有一定的抗剪强度；$Ⅱ_{2n}$类破碎夹层主要由薄层软岩在构造挤压严重的情况下，部分岩块被碾压成岩粉，遇水后泥化，呈碎块夹泥或泥包碎块状，厚度一般1～10cm。夹层中泥多有砂感，不连续，泥化带厚度一般小于0.5cm，局部可达1～4cm。夹层受构造作用明显，劈理发育，起伏差一般1～5cm。Ⅲ类泥化夹层主要由薄层软岩完全或大部分泥化形成，夹层一般厚1～10cm，最厚可达15～20cm。夹层中泥化带连续性好，夹层泥多呈可塑状，夹层面光滑平整，起伏差小于1cm，夹层性状较差，抗剪强度低。以上三种类型夹层往往不是单一出现的，坝址区的软弱夹层大多数是几种类型的综合。Ⅰ类夹层的顶底界面上多为Ⅱ类破碎夹层或Ⅲ类泥化夹层。在强弱风化带和D_{2y}^{1-1}岩体中，软弱夹层普遍有泥化现象。

软弱夹层分布连续性总体较差；由D_{2y}^{2-2}～D_{2y}^{1-1}层软弱夹层密度逐渐增大，性状逐渐变差；左岸岩体受F_1断层影响，相应软弱夹层的数量多，泥化夹层比右岸增加了近18.5%，软弱夹层性状也比右岸差。

众多基岩夹层的存在，不仅构成对坝基岩体的稳定和坝体应力分布产生不利影响；另一方面夹层附近岩体常常较为破碎、风化加剧，软弱夹层的抗渗透变形更是坝基渗控处理的重点问题。

2. 断层渗漏问题

坝址区共揭露断层40多条，一般规模较小，以中陡倾角为主，未见缓倾角断层，以近NNE向为主，其性质多为平移或平移正断层。对大坝建筑物影响较大为F_1、F_2断层；对两岸坝肩开挖边坡稳定有影响的断层主要为F_3断层。坝址区裂隙较发育，以陡倾角为主，裂隙主要为剪性，多呈闭合状，裂隙延伸长度因岩性不同存在着差异。

坝基下一定范围内岩体总体上具中—弱透水性，粉砂岩及页岩为弱—微透水层，具有一定的隔水性；上游梁山组黏土岩、下游志留系粉砂岩为相对不透水层，具隔水作用。坝基岩体渗漏的形式主要为沿断层渗漏和裂隙密集带部位渗漏，如沿F_1、F_2、F_3、F_{30}、F_{40}、F_{42}等断层形成渗漏出水点。由断层、裂隙密集带和软弱夹层构成的基岩渗漏与渗透变形问题，是渗控工程设计关键技术问题。

4.8.1.2 建基面的选择

皂市水利枢纽工程由挡河大坝、电站和通航建筑物组成。大坝为碾压混凝土重力坝，最大坝高88m。大坝建基岩体主要为泥盆系石英砂岩，微细裂隙及隐性裂隙发育，岩体具有抗压强度高，变形模量低的特点。在未扰动的情况下，整体强度较高，一旦扰动，岩体的完整性就大幅度下降，具有典型的“硬、脆、碎”的特点。根据《重力坝设计规范》有关规定及工程地质特点，建基面选择建在新鲜、微风化或弱风化下部基岩上。

坝基岩体由上游至下游依次主要为D_{2y}^{2-2}、D_{2y}^{2-1}、D_{2y}^{1-2}、D_{2y}^{1-1}层，岩层产状0°～5°∠55°～68°，以石英砂岩为主。全、强风化带石英细砂岩的强度低，完整性差，不能作为水工建筑物的建基岩体；微风化带岩体坚硬、完整性较好、力学强度高，是良好的混凝土高坝建基岩体，但埋藏一般较深，开挖量大。因此大坝建基面选择的关键在于对弱风化岩体的利用。

弱风化上带（$Ⅱ_2$）岩体为坚硬、较坚硬岩，结构面发育—较发育，裂面局部充填岩屑和泥质。岩体力学性质不均一，声波速度 $V_p=1500\sim4200$m/s，波动大，平均值为3024m/s，不能满足混凝土高坝对地基的要求。

弱风化下带（$Ⅱ_1$）岩体以硬质岩为主，结构面较发育，多短小，岩体力学性质较均一，变形模量一般为4～7GPa，声波速度一般为3000～5000m/s，平均值为4093m/s。弱风化下带岩体的力学强度、变形特性及岩体均一程度基本能满足混凝土高坝对地基的要求。将弱下岩体顶板作为大坝建基利用岩体顶面，在两岸坝肩坝高较小的部位，选择性的利用弱风化上带中部的中等质量岩体。

根据勘察资料，河床泄洪坝段基岩面起伏较大，表层岩体完整性较差、透水性较大；而沿 F_1、F_2 断层破碎带风化加深较严重，岩体透水性强，F_1 断层对4号、5号和6号坝块、F_2 断层对8号和9号坝块坝基岩体的稳定性与压缩变形均有很大影响，需对断层进行局部处理，以满足大坝建基面的要求。据此，河床坝段建基面原则上应开挖到基岩面以下3～10m之间，河床部分大坝建基面高程为60m。

左右两岸坝基建基面开挖深度以利用弱风化下带为原则，选择性的利用弱风化上带中部的中等质量岩体。

根据各坝段对基岩及地下轮廓线的要求，确定建基面高程河床溢流坝段为60m，两岸挡水坝段随地形条件逐步提高。坝轴线开挖剖面图见图4.15。

4.8.2 固结灌浆

4.8.2.1 基岩固结灌浆设计难点

皂市坝址区总厚150m的地层中共揭露各类软弱夹层161条，夹层累计厚度15.8～18.5m，占坝址区岩层总厚度的10.5%～12.3%。主要表现为挤压破碎、层间错动、裂隙密集等几种，厚度数厘米到数十厘米，甚至有的厚达1m多不等。岩体风化破碎，遇水后泥化，呈碎块夹泥或泥包碎块状。由于众多基岩夹层的存在，不仅造成坝基岩体物理力学性能低的问题、对部分坝段的压缩变形会产生不利影响，是坝基固结灌浆处理的关键问题，由此，选择合适的灌浆孔、排距及深度，浆液类型及灌浆压力等工艺参数也成为设计的难点。

4.8.2.2 基岩固结灌浆试验研究

针对软弱夹层引起的岩体物理力学性能低的问题，必须通过灌浆手段提高软弱夹层的物理力学指标，即提高基岩的均匀性与变形模量（或波速）。由于软弱夹层的可灌性差，使得常规固结灌浆手段对改善软弱夹层物理力学性能的作用有限，因此，如何选取合适的灌浆工艺以及孔排距、灌浆压力等钻灌参数，使岩体得以有效灌注，岩体性能得以改善，是基岩固结灌浆的关键技术，只有通过现场灌浆试验来确定相应的灌浆技术参数。

经现场灌浆试验研究，对含软弱夹层较多的 D_{2y}^{1-2} 地层，固结灌浆的关键技术为：首要是提高灌浆压力，其次是孔距；普通水泥和干磨超细水泥，对灌浆效果影响不大。据此试验成果，在大坝固结灌浆施工过程中，为提高灌浆压力，采用了自上而下分段阻塞钻灌，阻塞器位置阻塞在建基面与混凝土的结合部位；并根据开挖后的地质情况，固结灌浆的孔排距采用2.0m×2.0m，分两段灌浆。

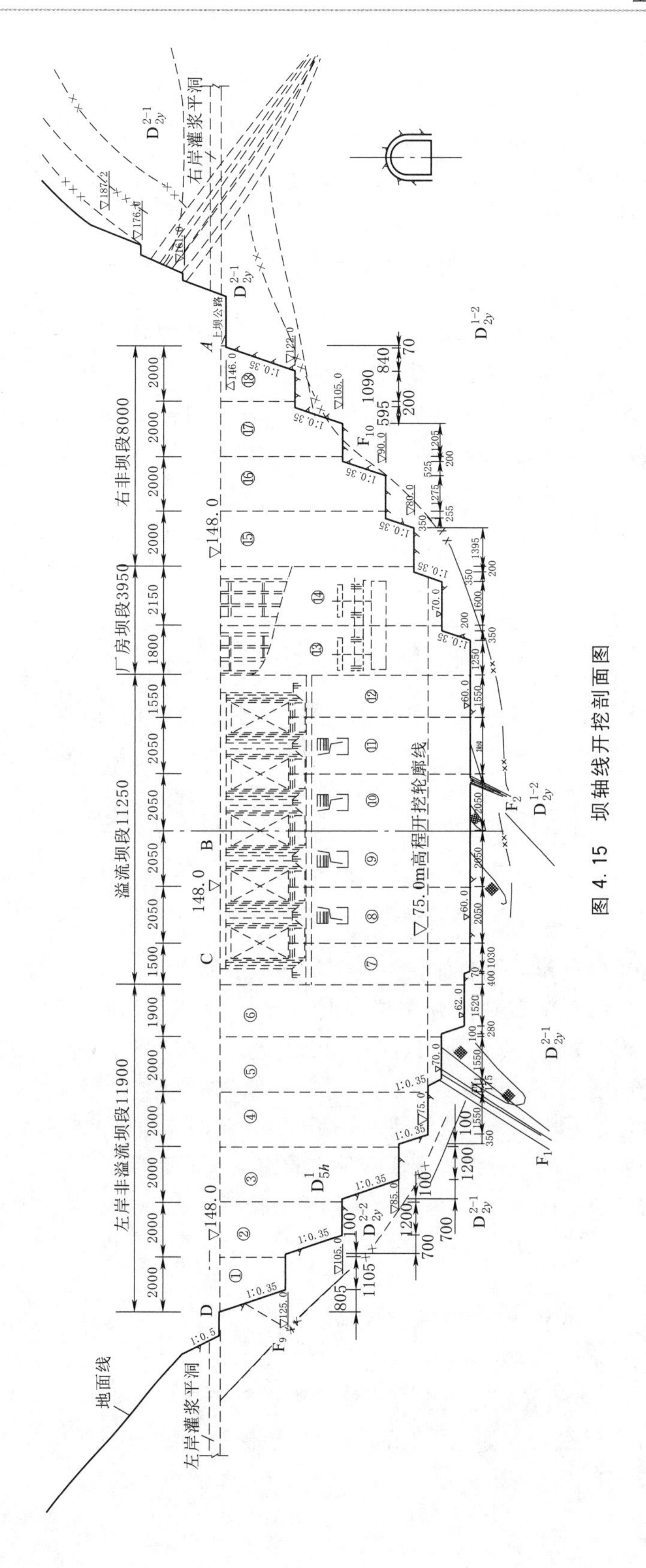

图 4.15 坝轴线开挖剖面图

4.8.2.3 基岩固结灌浆设计

坝基岩体主要为泥盆系中统云台观组 D_{2y}^{2-2}、D_{2y}^{2-1}、D_{2y}^{1-2}、D_{2y}^{1-1} 的石英细砂岩，受岩性的控制，该地层的特点是“硬、脆、碎”和结构面发育。由于坝基岩体中软弱夹层分布较多，性状较差，其较大的压缩变形对坝基岩体的稳定和坝体应力分布会产生不利影响。为了提高大坝建基面岩体的整体性，弥补浅表层岩体的开挖爆破影响及增加浅表层的防渗作用，对抗剪强度较低的软弱夹层除采取掏槽清理并回填混凝土置换处理外，还根据灌浆试验成果对坝基岩体进行固结灌浆。

大坝左非 1 号坝段～左非 3 号坝段、溢流坝 7 号坝段～右非 18 号坝段的固结灌浆一般布置在坝踵及坝趾各 1/4 坝基宽度范围，对坝基范围内出露的规模较大、性状较差的断层、岩脉、断裂交切带、裂隙密集发育带等缺陷部位采取重点固结灌浆加固处理。同时为增强坝基浅层防渗性能，在主帷幕前布置一排兼作辅助帷幕的固结灌浆孔；固结灌浆范围见图 4.16。

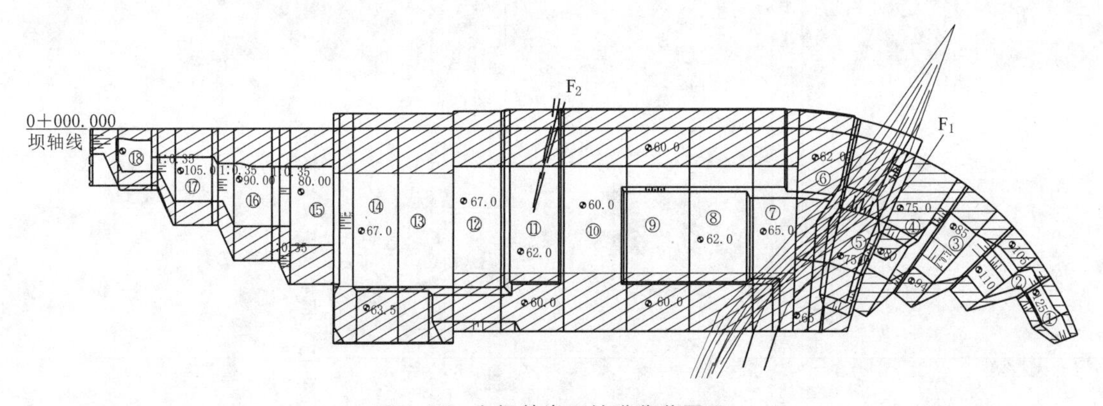

图 4.16 大坝基岩固结灌浆范围图

固结灌浆采用梅花形布孔，一般部位常规固结灌浆孔排距为 2.0m×2.0m 梅花形布孔，固结灌浆孔深一般为 6m。地质缺陷或有特殊要求的部位，固结灌浆孔、排距为 2.0m×2.0m，基岩灌浆深度根据地质构造的性状确定，一般为 8～15m。主帷幕前的一排兼作辅助帷幕的固结灌浆孔，孔距为 2.0m，孔深一般为 12m。

灌浆材料为纯水泥浆，水泥采用强度等级不低于 42.5 的普通硅酸盐水泥。固结灌浆根据结构要求及工期安排，采用有混凝土薄盖重方式施工，盖重厚度为 1.5m 基础垫层混凝土。对工期紧张的部位，在 RCC 上施工。兼作辅助帷幕的 12m 深的固结灌浆孔移至基础灌浆廊道内改为斜孔施工。灌浆采用“分序加密、自上而下、孔内循环法”，一般分两序施工。

固结灌浆质量检查与评定以钻孔压水试验检查成果为主，以灌浆前、后基岩物探测试成果为辅，并结合钻、灌综合成果及钻孔取芯情况等资料进行综合评定。压水检查孔数一般按固结灌浆孔数的 5%左右控制，检查合格标准为：灌后基岩透水率 $q\leqslant 5$Lu 控制。物探测试检查合格标准：每组物探测试孔的灌后物探检测平均波速一般应大于 3000m/s，95%的测点波速不小于 2800m/s。

4.8.2.4 固结灌浆动态设计与实践

根据现场基础开挖所揭露的各建筑物实际地质条件，施工详图设计及现场施工过程中，对基岩固结灌浆设计进行了调整。

(1) 在第1个枯水期内，为加快RCC的施工进度，河床坝段的固结灌浆在施工部分孔后改在汛期78m高程以上的RCC面上施工，灌浆压力根据盖重情况进行了相应调整提高。

(2) 对地质缺陷部位进行加强处理。

1) F_1断层、F_2断层在基础开挖后，发现其性状差，范围也有扩大，对两断层及其影响带进行了加强灌浆处理。对穿过7号坝段坝趾的F_1断层分布范围内的基础固结灌浆孔加深，基岩段孔深由原来的6m加深至8m；对穿过11号、12号坝段的F_2断层，将该区域内属原详图已布置的固结灌浆孔仍按原图钻孔施工，但基岩段孔深加深2m；并在F_2断层带及影响带新增布基岩段孔深均为8m的灌浆孔，断层处向上游坝基外延伸4m进行扩大范围处理，延伸部分的孔排距为1.5m×2m，坝基内的孔排距一般为2m×2m。

2) 受爆破卸荷影响，大坝8号、11号坝段中部浅表层灌前声波测试波速偏低，在该两处中部增布固结灌浆孔加强处理，孔排距为2m×2m，孔深6m。

灌后检查成果表明，绝大多数坝块固结灌浆能达到一次检查合格要求，少数地质条件差的坝块经补灌后检查也能达到设计合格标准。

4.8.3 帷幕灌浆与排水

4.8.3.1 帷幕灌浆设计难点

针对由断层、裂隙密集带和软弱夹层构成的基岩渗漏与渗透变形问题，必须采用坝基帷幕灌浆处理。对裂隙性基岩进行帷幕灌浆一般成幕效果良好，但对软弱夹泥层的灌浆效果则较差，提高灌浆压力可增强软弱夹泥层的可灌性，但过高的灌浆压力容易造成击穿和外漏，同时影响灌浆效果。因此，如何选取合适的灌浆压力、孔排距等钻灌参数以及灌浆控制措施等，确保软弱夹泥层的灌浆质量是基岩防渗帷幕灌浆处理的难点和重点。

4.8.3.2 防渗目的与思路

(1) 控制坝基及两岸渗流，减少渗漏量，降低扬压力。

(2) 增强软弱夹层的密实性，提高软岩抗渗能力，保证工程长期运行安全。

根据工程地质条件、防渗目的和要求，在参考、总结已建工程防渗处理经验的基础上，确定工程防渗处理的基本思路拟重点从提高灌浆压力入手，利用高压灌浆技术对软弱夹泥层进行高压劈裂，探索高压灌浆对夹泥层性能的改善程度，增加夹泥层帷幕灌浆的可灌性并通过灌浆试验加以验证。

(3) 帷幕防渗标准：大坝坝基不大于3Lu，两岸山体段不大于5Lu，封闭帷幕不大于5Lu。

4.8.3.3 帷幕灌浆与排水方案

基础渗控工程包括：坝基挡水前缘主防渗帷幕及主排水孔幕，溢流坝消能建筑物—水垫塘封闭抽排系统（封闭帷幕和封闭抽排水）和山体排水系统三部分。具体为：

(1) 坝基帷幕灌浆与排水方案。

1）在坝基基础开挖高程较高的岸坡坝段采用常规防渗帷幕及排水方案，即在坝踵基础廊道布置主帷幕和主排水幕，构成常规的防渗、排水系统。

2）在坝基基础开挖高程较低的河床坝段，除在坝踵基础廊道布置主帷幕和主排水幕外，还在坝趾基础排水廊道布置纵向辅助排水幕，并通过左非 4 号坝段的横向排水及 12 号坝段的顺流向的封闭帷幕、封闭排水幕与主帷幕、主排水幕衔接，组成一个封闭排水区，见图 4.17。

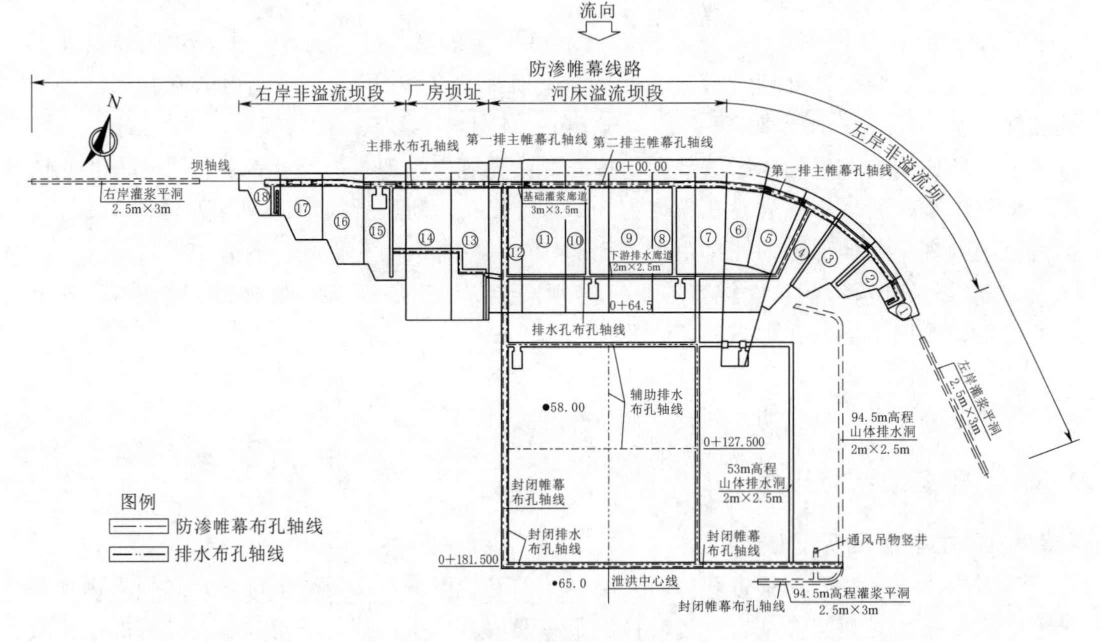

图 4.17 坝基渗流控制平面图

(2) 坝肩帷幕灌浆与排水方案。为防止坝肩绕渗，大坝两岸坝肩主防渗帷幕沿两岸向山体延伸一定长度，延伸到坝顶线与地下水位线的交点处，左岸延伸 76m，右岸延伸 99m（伸到 F_3 断层一定范围）。此外，为确保两岸坝肩山体边坡稳定，在左右岸分别布置有 2～3 层山体排水洞，对绕坝渗流也有一定的辅助疏排作用；见图 4.17、图 4.18。

(3) 消力池灌浆与排水方案。为了降低消力池护坦扬压力，在该区域布置封闭抽排系统。封闭区右侧及下游侧设封闭帷幕及封闭排水幕，封闭帷幕及封闭排水幕自右导墙上游端基础廊道起，上接 12 号坝段顺流向廊道内大坝封闭帷幕及排水幕，沿右导墙基础廊道下延，在右导墙末端折向左岸，沿消力池尾坎基础灌浆廊道延伸，并向左岸山体内延伸 65m，整体呈 L 形。封闭区左边墙顺流向基础廊道及上游侧靠近坝趾的纵向廊道内布置辅助排水幕。上述封闭区内布置“十”字形排水幕，共同组成“田”字形排水。在“田”字形的次级排水区内，在消力池底板浇筑时预钻有纵、横向深 3m 的浅排水孔幕，并设置高 50cm 的排水通道。

(4) 山体排水系统设计。山体排水的主要目的是为防止水垫塘贴坡式边墙墙后山体地下水位过高，保证水垫塘的稳定安全和岸坡稳定。在水垫塘左侧边坡布置了 2 层排水洞，高程分别为 53m、94.5m，与水垫塘二道坝灌浆平洞相通。排水洞除地质缺陷部位采用喷

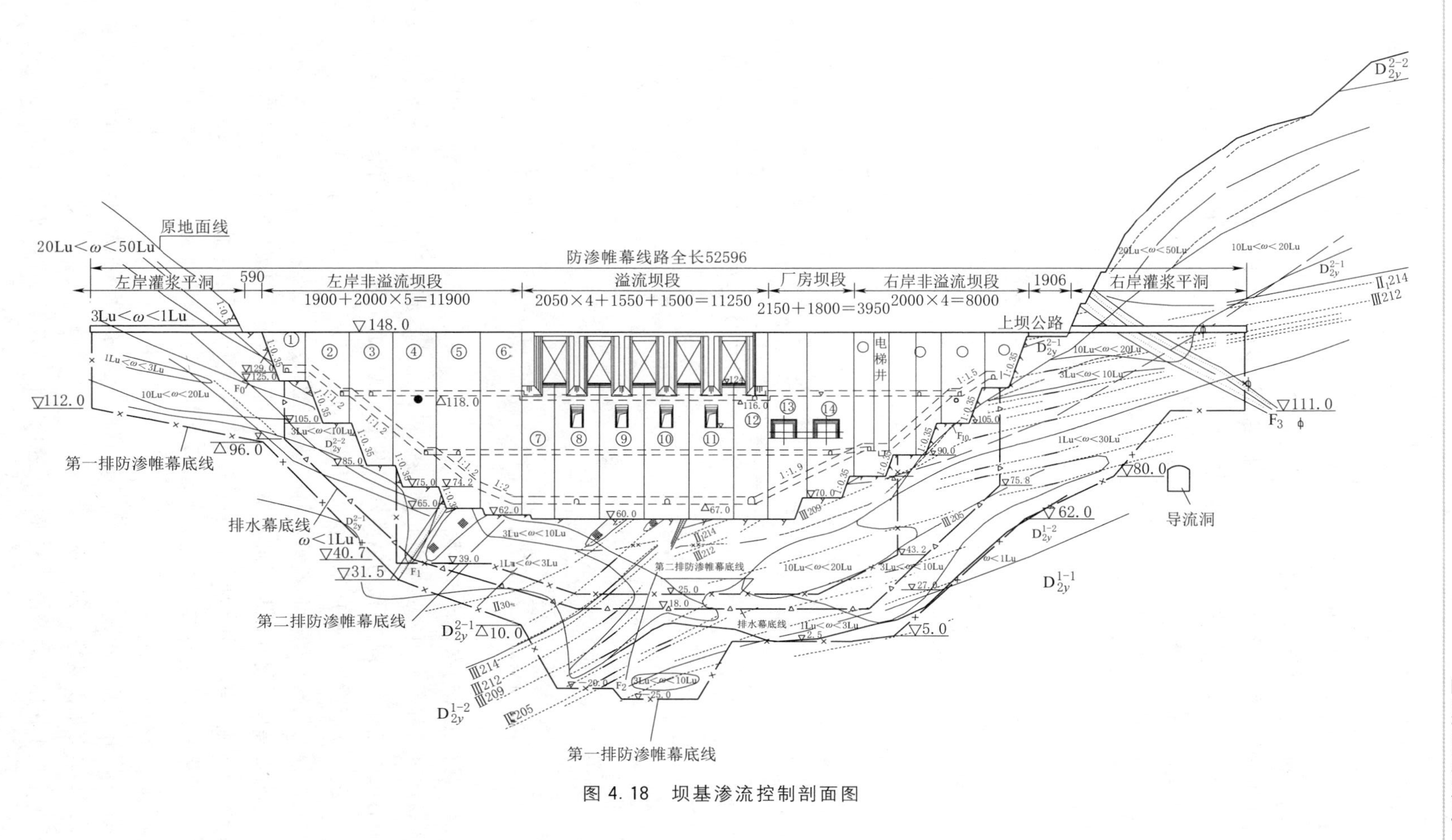

图 4.18 坝基渗流控制剖面图

混凝土支护或衬砌混凝土支护外，一般不作支护处理。排水洞断面型式为城门洞形，尺寸为 2.0m×2.5m。排水洞形成后，在上层排水洞中向上钻设偏向山里深 40m 的仰孔（ϕ91mm）；在下层排水洞中分别向上钻设偏向上层排水洞深约 45m 的仰孔（ϕ91mm）和在排水洞底板向下打深约 15m 的垂直排水孔（ϕ91mm）。排水孔间距均为 3m。排水孔穿过软弱地质缺陷地段时设置孔内保护，保护装置为塑料花管外包过滤布；排水孔均设孔口装置。94.5m 高程排水洞的水可以经灌浆平洞流入下游，53m 高程排水洞内的水需流入灌浆廊道内集中抽排，见图 4.19。

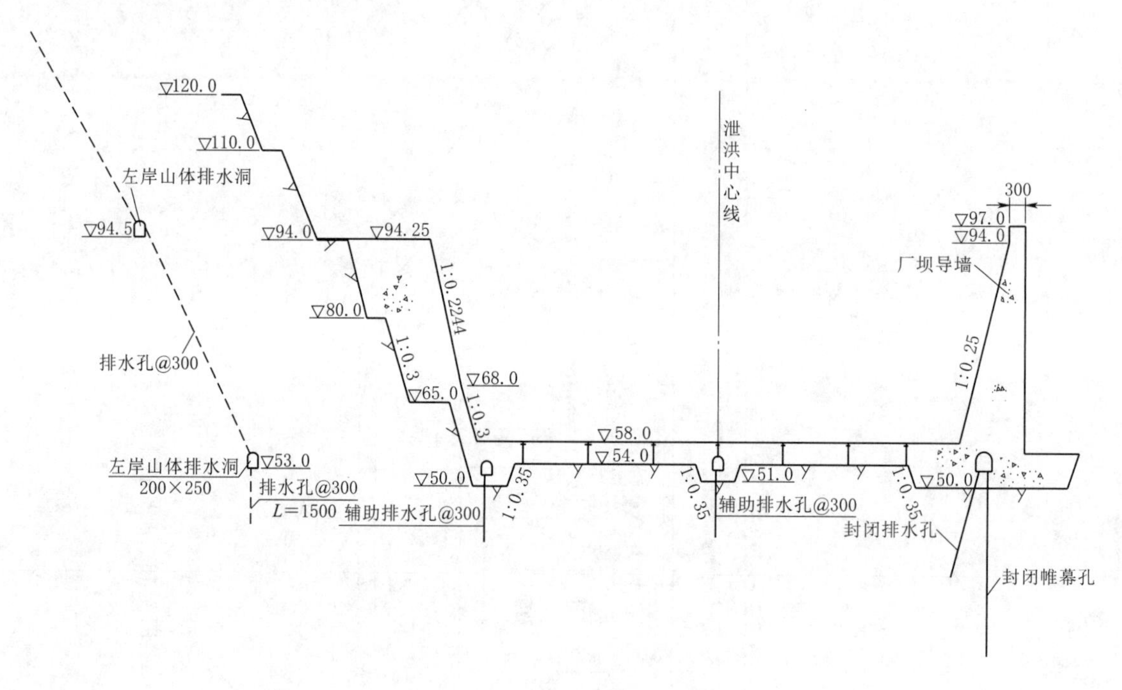

图 4.19 山体排水系统剖面图

4.8.3.4 渗控工程动态设计与实践

帷幕灌浆工程是一项实践性强的隐蔽工程，设计在施工过程中始终贯彻动态设计原则，随时根据先导孔、先序孔的钻灌资料和压水试验成果等，及时优化调整帷幕灌浆布置和灌浆工艺。动态设计主要原则包括以下几个方面：

(1) 加强对先导孔的岩芯鉴定，复核帷幕灌浆设计底线深度；

(2) 主帷幕坝基终孔段基岩透水率 $q \leqslant 3$Lu，两岸山体及封闭帷幕终孔段基岩透水率 $q \leqslant 5$Lu，否则施工单位应自动分段加深钻灌至满足上述标准为止；

(3) 终孔遇性状较差、规模较大的断层、岩脉等地质构造时，加深钻灌至穿过该地质构造带下盘 5m 以上；

(4) Ⅰ序孔终孔段单耗大于 100kg/m，Ⅲ序孔终孔段单耗大于 50kg/m 时，应自动加深一段，但最多加深两段，即 10m。

施工中按上述原则，修改和完善的主要内容包括以下几个方面：

（1）为处理7号、8号坝段单排孔部位的部分孔段压水不合格及涌水问题，在溢流坝6～8号坝段单排孔部位增加一排主帷幕灌浆孔。双排帷幕灌浆施工后，压水检查全部合格。

（2）对帷幕灌浆孔存在的涌水现象，采取提压、待凝、复灌等措施，使涌水问题得到了较好的解决。

4.8.4 接触灌浆与接缝灌浆

1. 接触灌浆

根据大坝基础开挖设计，大坝建基面左岸非溢流坝段（1～6号坝段）、厂房坝段（13～14号坝段）、右岸非溢流坝段（15～18号坝段）均存在1∶0.35的陡坡面（图4.15），为防止陡坡面上坝体混凝土与坡面脱开，在坝基每一个陡坡面上均设有陡坡接触灌浆系统，并择机进行接触灌浆。

2. 接缝灌浆

左岸非溢流坝5号、6号两个转弯坝段，靠近河床坝高较大，上游水平水压力相对较大；受F_1断层的影响，坝基岩体存在裂隙密集带，建基面力学参数较低，如按常规设计，不能满足抗滑稳定的要求。

为满足大坝建基面稳定及应力的要求，设计综合采取了多项措施，其中一项为：将5号、6号坝段坝基向下游延长，设一顶高程为94.25m，长25m，宽度与5号和6号坝段下游同宽的混凝土阻滑墩，该阻滑墩同时兼作为消力池左岸护坡的左边墙。为使阻滑墩能为5号、6号坝段抗滑稳定提供阻滑作用，在阻滑墩上游与5号、6号坝段接触面上设置接缝灌浆系统，使之通过接缝灌浆与5号、6号坝段连成整体。

4.9 枢纽边坡治理

皂市水利枢纽由碾压混凝土重力坝、泄水消能建筑物、坝后式电站厂房、灌溉渠首、斜面升船机（预留）等组成。根据枢纽布置，两岸建筑物边坡均有较大规模的开挖，但枢纽范围内一般开挖边坡均为常规设计，仅右岸边坡由于其岩体“上硬下软”并具有岩层视顺向的特点而成为本工程设计需解决的重要技术问题之一。

右岸边坡其上游至右坝肩一带，下游至导流洞出口，上下游全长约250m，边坡最高坡口位于207m高程，施工期最大开挖高度约150m，运行期最大坡高约120m，高程146m布置有右岸上坝公路，公路以上部分（含坝肩段146m高程以上）先期完工。

右岸边坡地层上部为泥盆系云台观组石英砂岩（硬岩），下部为志留系小溪组粉砂岩（软岩），为典型“上硬下软”的地质结构类型，并具有岩层视顺向等特点。边坡内构造较多，F_3断层在右坝肩处斜穿上坝公路后沿公路内侧边坡向下游延伸；F_{40}、F_{41}和F_{43}断层带分布在坡脚部位。边坡裂隙发育，主要为NE、NW两组，倾角60°～80°，与岩体内各类构造易组合成不稳定块体。

先期施工的右岸上坝公路以上边坡，受下部边坡开挖施工及F_3断层破碎带影响及不利结构面的切割，局部出现变形，且多处出现变形裂缝。同时边坡还存在以下问题：①在坝轴线的下游侧 120m 左右分布有一崩坡积体，该崩坡积体前缘局部曾在 1954 年 5 月中旬雨季以碎石流形式失稳。②边坡坡脚厂房部位有 F_{40}、F_{41} 和 F_{43} 断层分布，给边坡稳定带来不利影响。

鉴于影响边坡稳定性的这些主要地质问题，且该边坡是否稳定直接影响工程是否安全运行，因此右岸高边坡设计成为本工程重要技术问题之一。为评估右岸高边坡安全性及为边坡工程布置、实施方法和处理过程提供理论支撑，在招标和施工前期对皂市右岸高边坡列专题进行设计，并提出《澧水皂市水利枢纽右岸高边坡专题研究报告》，专题研究内容见 8.2 节。

专题报告深入分析了边坡变形特点和规律；分别采用极限平衡法和弹塑性有限元法进行边坡稳定分析；综合分析边坡整体和局部稳定计算结论，对皂市右岸高边坡处理采用的主要布置及结构措施包括以下几方面内容：

（1）优化溢流坝段、厂房及厂区布置，降低边坡整体开挖高度和规模；

（2）采用表层混凝土面板和深层预应力锚索相结合的边坡支护方法，并辅以排水等措施，解决“上硬下软”特殊高边坡稳定问题；

（3）对于下游侧崩坡积体适当支护，尽可能避免扰动，并加强排水和观测，后期将根据观测成果择机实施加固措施；

（4）右坝肩上坝公路以上边坡治理方案采用嵌缝防渗、排水、锚索加固等措施；

（5）对坡脚部位 F_{40} 组断层表面采用分段分序置换处理。

右岸高边坡处理后的各测点数据基本收敛，边坡处于整体稳定状态；电站尾水渠右岸 146m 高程以上崩坡积体变形无明显变化，处于基本稳定状态。

4.10 近坝区滑坡及崩坡积体处理

4.10.1 水阳坪—邓家嘴滑坡特征与滑坡治理关键技术

4.10.1.1 工程地质特征

1. 地形地貌

水阳坪—邓家嘴滑坡处于澧水右岸皂市坝址下游 480m，为磺厂背斜北翼近核部转折部位。滑坡区水面相对变窄，地形坡度 20°～45°。呈水阳坪、胡家台两级平缓阶状平台，台面高程分别为 165～190m、240～300m，澧水两岸无与之相对应的平台分布。斜坡呈差异风化及剥蚀地形地貌，泥页岩区地形相对平缓，石英砂岩区形成陡坡，沿石英砂岩陡坡与缓坡交界一带相间分布一系列倒石堆及崩坡积体，见图 4.20。

2. 地层岩性

滑坡区从上游至下游依次出露泥盆系中统和志留系中、下统碎屑岩及第四系，其间缺失志留系上统、泥盆系下统。

泥盆系中统云台观组（D_{2y}）总厚度 150m 左右，分上、下两段。上段（D_{2y}^{2}）厚 64.4～95.8m，为灰白色、浅肉红色厚层—巨厚层中、细粒石英砂岩夹少量杂色薄层粉砂岩及砂质页岩，往上粉砂岩、页岩减少；下段（D_{2y}^{1}）厚 79.4～414.2m，上部为紫色，下

图 4.20 水阳坪—邓家嘴滑坡

部黄绿色、灰白色中厚层—厚层细粒石英砂岩夹杂色薄层砂岩、泥质粉砂岩、页岩，下部为粉砂岩与页岩增多。

志留系中、下统小溪组（S_{2x}）厚 170.9m，为灰绿、黄绿色薄层至厚层状砂岩、粉砂岩、页岩互层，粉岩中含砂质管状体；吴家院组（S_{2w}）厚 52.1m，为灰绿色、黄绿色薄层至厚层状粉砂岩，夹砂质页岩及细粒砂岩，上部厚 16m 为灰褐色、灰白色砂质白云岩（即“砂质灰岩”）及钙质细砂岩，该层是产生水阳坪岩质滑坡的主要地层；辣子壳组（S_{1L}）为灰绿色、黄绿色薄层至厚层状泥质粉砂岩、页岩，夹细粒岩屑砂岩、砂质泥岩，局部见紫灰色粉砂岩。

第四系崩坡积物（col＋dlQ）主要分布于胡家台平台及岩脚一带，为黄色碎块石夹土，碎块石主要来源于泥盆系，即以石英砂岩为主，少数来源于志留系中统。残坡积（el＋dlQ）主要分布于水阳坪滑体的下游山坡泥页岩区的缓坡地带，主要为砾、碎石混合土。滑坡堆积（delQ）分布于水阳坪—邓家嘴一带，主要为破碎岩体、碎块石夹土及黏土夹碎石。

3. 地质构造

滑坡处于泥盆系与志留系交界附近的志留系地层中，即处于软硬岩层结合部的软岩层中。由于滑坡区岩性较为软弱，外围断层延伸至志留系地层中消失。滑坡区构造主要有以下特点：①岩层呈软硬相间产出，软岩中揉皱、层间错动、劈理发育，顺软硬岩层界面发育泥化夹层，夹层密度大。②断层规模均较小，断距不大，滑坡区未发现大型断层构造，以陡倾小断层为主。③断层、裂隙等构造多期叠加，一条裂隙面（小断层）常存在多个方向擦痕。④裂隙成因性质复杂，既有层间错动产生的剪裂隙，又有张裂隙。⑤从各种组合面的组合关系上，层面特别是软弱夹层控制裂隙（断层）发育，大多裂隙及小断层不切割软弱夹层。⑥滑坡附近裂隙优势发育方向，总体上除发育走向 NNE 向一组外，走向近 EW 的裂隙明显增多。

4. 水文地质

滑坡区以胡家台后山脊（高程 550～350m）为分水岭，水阳坪一带汇水面积约 0.3km^2，从金家与邓家嘴两处集中排泄。水阳坪平台至胡家台一带第四系覆盖严重，植被发育，邓家嘴下游侧小冲沟排泄量有限，水阳坪又被改造成梯田，地表水排泄不畅，地表水向地下水补给量大，致使水阳坪一带地下水丰富。

滑坡区主要为孔隙水，其存在和岩体渗透性关系密切。胡家台及后坡崩滑倒石堆，碎块石含量高，且有架空现象，渗透性强。水阳坪平台中后部，覆盖层堆积年代早，由黏土夹碎块石组成，黏土含量高，渗透性差，存在上层滞水现象；水阳坪覆盖层下的滑动岩体破碎，裂隙发育，透水性强，特别是水阳坪前部破碎岩体由于后期卸荷松动，地表发育拉张裂隙，与深层破碎滑动岩体存在集中渗漏通道。平台中后部由于岩体裂隙多为泥质地充填，及后期风化作用使滑动岩体渗透性有所减弱。邓家嘴滑体形成较晚，滑体物质组成松散，物质架空，透水性好。滑坡区地下水类型属 $HCO_3-Ca \cdot Mg$ 型。

5. 地震

滑坡区的地震基本烈度（50 年超越概率 10%）为Ⅵ度。

4.10.1.2 滑坡治理设计特点和难点

水阳坪—邓家嘴滑坡治理工程设计特点和难点，主要有以下几方面：

（1）水阳坪—邓家嘴滑坡治理工程不同于一般的地质灾害治理工程，而是一个较为复杂的系统工程，治理措施既要确保滑坡自身安全，又要满足右岸施工导流隧洞、交通公路等建筑物布置的要求。

（2）滑坡稳定安全要求高。滑坡的稳定直接关系到坡下电站尾水出口的正常运用及水道的畅通，滑坡一旦失稳，无论在施工期还是运行期，都将对工程的正常建设及安全运行造成不利影响。

（3）由于导流洞及右岸移民公路均先于主体工程开工，滑坡整治工程措施力求简单，便于机械化迅速施工。

（4）地下水对稳定影响较大，而水阳坪—邓家嘴滑坡地下水丰富，加上皂市枢纽以防洪为主要功能，汛期连续泄洪时间相对较长，滑坡处于泄洪消能雾化影响范围，泄洪雾雨对滑坡稳定不利。降低地下水，同时满足环境保护的需要，是滑坡需要解决的关键技术问题。

4.10.1.3 滑坡治理关键技术问题研究

水阳坪—邓家嘴滑坡位于皂市水利枢纽下游右岸 480m 处，是由水阳坪滑坡及邓家嘴滑坡组成的滑坡群体，其上为水阳坪，下为邓家嘴，水阳坪后缘为胡家台平地，整体上成三平两陡的地势地貌。根据枢纽布置，导流洞出口明渠从滑坡前缘上游侧通过，右岸上坝公路及沿江公路分别从水阳坪前缘及邓家嘴前缘通过，见图 4.21。滑坡一旦失稳，无论在施工期还是运行期，都将影响工程的建设及运行。因此，针对上述关键问题开展了以下 3 个方面的研究工作：

（1）根据枢纽布置的要求，综合以往的设计成果和历次审查、咨询意见，针对水文、气象、地质等基本资料，制定滑坡治理设计参数与标准，包括岩土物理力学参数、设计标准等，为滑坡治理设计提供了极为翔实的设计依据，对整个滑坡治理起到了关键作用。

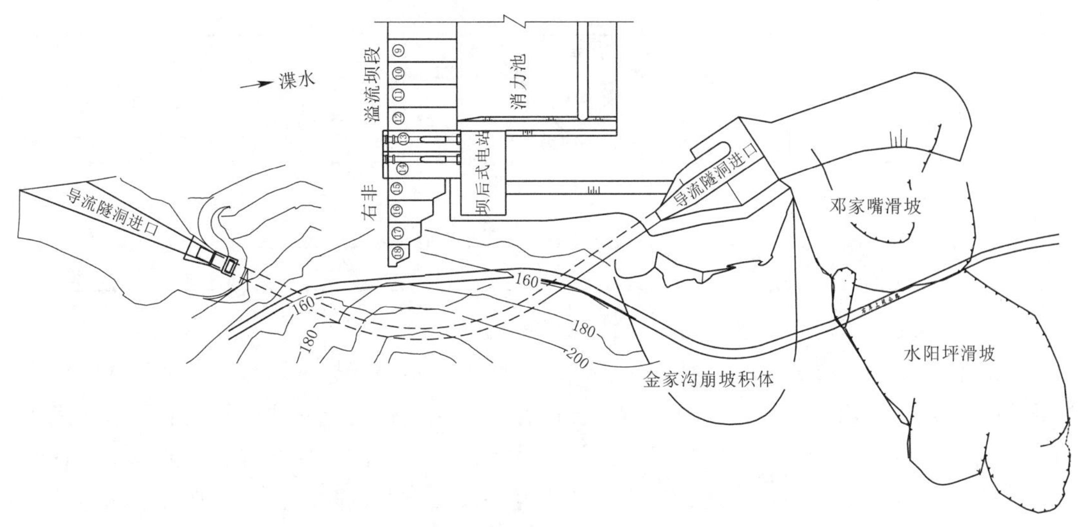

图 4.21 水阳坪—邓家嘴滑坡与建筑物的相互位置关系图

（2）根据确定的设计参数，采用《建筑地基基础设计规范》推荐的传递系数法、分块极限平衡法和中国水利水电科学研究院的能量法（EMU）等多种稳定分析计算方法，进行了大量的稳定计算分析工作，为滑坡治理方案的拟定打下坚实的基础。

（3）根据稳定分析结论，提出滑坡治理设计新理念，定性研究比较了排水、减载、压脚、各类支挡、锚固及改变滑带力学性质等多种滑坡治理方案。重点研究比较了削坡减载方案（方案一）、支挡加固方案（方案二）两个代表性方案，对两个代表性方案分别从施工方法、施工工艺及工期，工程量及投资，施工安全及难度等方面进行详细的核算和反复论证，以确定滑坡治理的最佳布置方案。

4.10.1.4 设计参数与标准

1. 岩土物理力学参数选取

滑体物理力学性质特别是滑带土抗剪强度指标黏聚力 c、摩擦角 ϕ 是滑坡稳定性评价和防治工程设计的重要力学参数，对滑坡稳定安全系数和滑坡推力往往十分敏感。因此，如何使拟订的强度指标尽可能地符合客观实际，显得特别重要。确定强度指标的方法通常有仪器试验法、反演分析法、工程类比法及综合分析法等。根据样本试验成果、地质推荐参数和大量反演分析成果，在分析整理现有岩土物理力学试验资料基础上，经综合研究确定设计采用的有关岩土物理力学参数见表 4.18。

表 4.18 设计采用岩土物理力学参数

岩土类型	抗剪强度		容重/(kN/m³)	
	c/kPa	ϕ/(°)	天然	饱和
粉砂岩	900	45	24.0	25.0
页岩	700	38	24.0	25.0
碎石土	0	27	18.0	20.0
黏土夹碎块石	5	27	19.0	21.0

续表

岩土类型	抗剪强度		容重/(kN/m³)	
	c/kPa	ϕ/(°)	天然	饱和
滑动岩体	5	34	23.0	25.0
水阳坪滑带土	10	中前部 23		
		后部 18		
邓家嘴滑带土	15	22		

2. 设计安全标准

抗滑稳定安全系数是评价滑体稳定性（安全性）的重要指标，是滑坡治理设计安全度标准的判断依据。由于滑坡体物质组成的复杂性、自然条件的差异性以及人们揭示深度和分析方法的不同等原因，当时国内尚未制订出统一的国家标准。现在人们一般根据工程的重要性及失稳所引起的治理难度、工程的技术经济及经济与风险的比、对将要治理边坡的认识程度等因素来综合考虑，当然，按工程类比法来参照比选也是一种行之有效的方法。

水阳坪—邓家嘴滑坡位于皂市坝址下游，距离枢纽主体建筑物群有一定的距离。右岸升船机现阶段缓建，目前滑坡对枢纽工程的影响主要针对施工导流和右岸移民公路等建筑物而言。综合考虑工程的重要性、滑坡的现状稳定性、岩土物理力学参数的取值情况，并参照已有工程设计经验，确定水阳坪—邓家嘴滑坡的设计安全标准见表 4.19。

表 4.19　　安全标准及荷载组合表

工　况	荷载组合	安全系数
正常运行工况	自重＋概化地下水位	1.15
非正常运行工况	自重＋饱和地下水位	≥1.00

4.10.1.5　稳定分析模型及分析计算方法

1. 稳定分析模型

稳定分析采用平面模型，沿滑动方向选取多个地质剖面作为典型计算剖面进行稳定分析，典型计算 1—1 剖面（即滑体中部最深滑带厚度位置）见图 4.22。稳定分析考虑的荷载有：①自重；②地下水压力；③外加荷载：主要为支挡力，简化为沿桩竖直面上的分布力计算。

2. 稳定分析计算方法

稳定性分析主要采用推力传递系数法，并用分块极限平衡法和中国水利水电科学研究院的能量法（EMU）进行复核。

3. 计算结论

(1) 水阳坪古滑体在天然状态下整体是稳定的，安全系数均在 1.15 以上，在没有外界的强烈扰动时，发生整体失稳的可能性不大。但滑体前缘局部坡度较陡，滑体物质风化解体后，存在局部变形崩塌的问题，不仅对右岸上坝公路安全不利，同时成为邓家嘴滑坡加载的潜在物源。右岸上坝公路在水阳坪滑体前缘切脚开挖，导致水阳坪滑体安全系数下降 10%～21%。

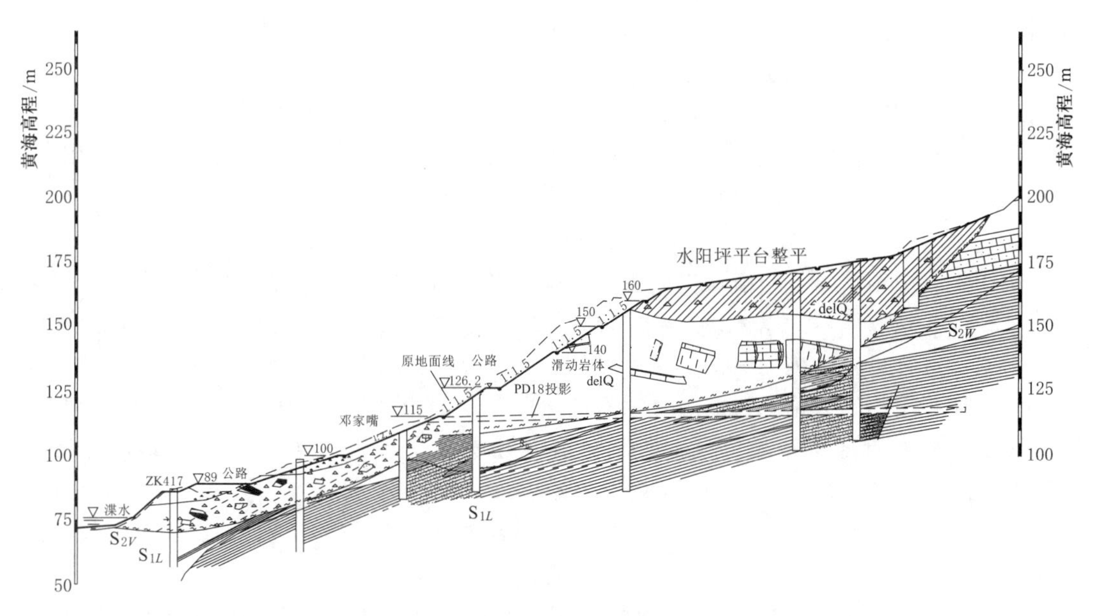

图 4.22 水阳坪—邓家嘴滑坡典型计算 1—1 剖面图

(2) 邓家嘴滑坡在自然条件下稳定性较水阳坪滑坡差，但现状安全系数在 1.14 以上，基本满足设计安全标准。导流洞出口明渠在邓家嘴滑坡前缘切脚开挖，导致滑坡的整体稳定性降低 30%以上，存在滑坡整体失稳的可能。

综上所述，水阳坪—邓家嘴滑坡在天然状态下整体处于基本稳定状态。但滑坡局部变形崩塌及公路和导流洞出口明渠切脚开挖导致的安全度损失，应采取工程措施予以弥补。

4.10.1.6 滑坡治理方案研究

1. 整治设计基本原则

(1) 由于水阳坪滑坡与邓家嘴滑坡的相互襟连关系，在制定治理方案时，应将其统筹考虑，互为兼顾。

(2) 水阳坪东北侧的胡家台倒堆石体方量较大，水阳坪北侧的金家属崩坡积覆盖层，其下缘以基岩与邓家嘴及水阳坪分割，上缘与水阳坪相连，二者目前稳定性尚好，水阳坪—邓家嘴滑坡整治时应尽量避免对其的扰动。

(3) 由于导流洞及右岸移民公路均先于主体工程开工，滑坡整治工程措施应力求简单，便于机械化迅速施工。

(4) 水阳坪滑坡地下水丰富，应充分重视与加强排水措施。

(5) 鉴于滑坡治理工程的复杂性，必须对滑坡的安全及工程效果进行监测，后期与主体工程相结合，应进行长期的监测。

2. 整治设计方案研究

从影响滑坡稳定的几个因素出发，一般而言，对滑坡治理的主要方法有：排水、削坡减载、压脚、各类支挡、锚固及改变滑带力学性质等，或是多种措施的组合。针对水阳坪—邓家嘴滑坡的地质特点和工程条件，进行了多种方案的定性研究。

排水是滑坡治理首要考虑的措施之一，由于水阳坪—邓家嘴滑坡的上部覆层滞水，下伏滑动岩体的强透水性，使得排水在本滑坡的治理中更为重要。

削坡减载是削弱滑坡主导因素的措施之一，在滑坡的治理中，采用削方减载还可对滑坡后缘的耕种梯田进行填塘处理，起到地表疏导雨水，减少入渗的作用。

结合滑坡体上部的减载，压脚是一种治理滑坡的好方法，但对于水阳坪—邓家嘴滑坡却难以实施，水阳坪前缘因公路通过本身需开挖，邓家嘴前缘导流明渠通过，切脚是在所难免。

锚固主要由锚索提供与滑坡方向相反的拉力来增加滑坡的稳定性，由于水阳坪—邓家嘴滑坡表层为松散体，所以锚索必须配合其他结构来实施，其中可与抗滑桩结合，做成拉锚桩形式，这样可减小桩的断面；也可与地表混凝土格构组合，使得锚索的反力通过混凝土格构传递于土体。无论怎样的组合锚索都须以一定的角度斜穿滑体并锚入坚硬基岩内，由于覆盖层松散且地下水位高，此处锚索穿过松散覆盖层的长度达 30～35m，总长达 40～45m，不仅施工难度极大，且工程造价昂贵。

经过以上多方案的定性分析，对水阳坪—邓家嘴滑坡治理重点进行了以削坡减载＋排水为主和支挡加固＋排水为主的两种可行综合方案的比较研究。

(1) 削坡减载方案（方案一）。削坡减载方案的设计思路是将地灾治理与工程建设相结合，既要确保滑坡自身安全，又要满足右岸施工导流隧洞、交通公路等建筑物布置的要求。对水阳坪—邓家嘴滑坡结合工程布置进行削坡减载，以滑坡中后部的削方减载来补偿前缘的切脚损失；系统采取“地表防护、地上拦截、地下排水”的设计方案，以解决泄洪雾化降水和大气降水对滑坡不利影响的关键问题；倡导生态设计理念，恢复工程区生态环境；贯彻动态设计理念，根据实际揭露的地质情况进行现场设计优化和完善。

1) 削坡减载。水阳坪减载开挖：水阳坪中后部滑体和崩坡积体的减载开挖大致以滑体中部的1—1 剖面为界分成两部分，1—1 剖面下游侧由低向高开挖成高程 165～170m 减载斜坡平台，周边均以不陡于 1∶2.0 的缓坡分别与后缘胡家台和上、下游相邻边坡衔接；1—1 剖面上游侧按天然地形整平为高程 165～180m 斜坡平台。开挖宜在右岸移民公路开挖之前进行。顺势将水阳坪滑体前缘陡坡处的松动解体物质进行适当放坡，开挖坡度 1∶1.5，每 10m 高差留一级 2m 宽马道，坡脚与邓家嘴滑坡后部的减载开挖衔接，坡顶与上部水阳坪减载平台衔接。在下游导流明渠开挖之前，必须先将邓家嘴滑坡后部高程 100m 以上陡坡段的滑体物质进行清除，使邓家嘴滑坡具备足够的安全裕度，以保证导流明渠开挖施工和运行的安全。

2) 地表防护。为减小泄洪雾化水和大气降雨的不利影响，同时满足环境保护的需要，开挖坡面均采取坡面防护措施。在邓家嘴平台、后缘及水阳坪前缘分别喷混凝土进行保护，在水阳坪平台及以上边坡采取喷植水泥土进行绿化保护。地表排水主要由周边截水沟、公路或马道内侧设置的排水沟、坡面防护一并构成地表排水体系。

3) 地下排水。地下排水呈“干”字形布置，由地下排水洞和在洞内钻设的排水孔组成。为保证排水洞开挖成型，排水洞一般在滑面下 5m 左右，进洞口在南侧基岩出露处。排水洞开挖断面尺寸 2.5m×3.0m，一般不衬砌，成洞条件差的地段适当加固或衬砌，衬砌后断面尺寸 2.0m×2.5m；排水孔在平洞顶部及两侧壁布置。

(2) 支挡加固方案（方案二）。抗滑桩是滑坡加固工程中常见的工程措施之一，其中挖孔桩是以人工挖孔为主、辅以简易机械施工，其特点是桩径大且加固作用明显。当滑体下滑力较大时，采用挖孔桩支挡加固，不仅效力高，工程造价也相对比较经济。水阳坪前缘的支挡即采用人工挖孔桩，桩截面积为 3m×4m。抗滑桩结构计算采用悬臂桩法，将滑动面以上的桩身所承受的滑坡推力和桩前滑体所产生的剩余抗滑力作为作用在滑动面以上桩的设计荷载，然后根据滑动面以下岩土的地基系数计算锚固段的桩壁应力以及桩身各截面内力，按受弯构件根据桩身各截面的内力计算抗滑桩配筋。

1）水阳坪平台填塘整平。水阳坪后缘高程 165～180m 平台，地势相对较平缓，农民已分级培槛开垦，滞水耕种，并在 173m 高程形成一面积约 $22m^2$ 水塘且常年有水。本方案将此范围按天然地势填塘整平处理。平台前缘与高程 160m 马道顶坡衔接。

2）抗滑桩。水阳坪滑体设桩平面位置设在公路平台及公路上下边坡处，经计算需设一排 2.5m×3.5m 的抗滑桩，桩间距为 8.5m，抗滑桩单桩深 20～28m，抗滑桩总根数为 8 根。抗滑桩井挖及桩体浇筑应在右岸移民公路及水阳坪前缘开挖前完成。

削方减载、地表防护和地下排水措施与上述削坡减载方案相同。

（3）方案比较研究。削坡减载方案将滑坡治理与右岸移民公路和下游导流明渠开挖紧密结合，滑坡治理与公路和明渠开挖施工可同步完成，不另占用工期，施工简便快捷。所有开挖自上而下进行，施工期安全度高。开挖面及其后山坡面均采用了挂网喷混凝土或水泥土的保护措施，辅以地表和地下排水，治理以后不仅使滑坡的安全裕度有一定储备，而且避免了对金家厚层坡积物的扰动，有效维护和改善了水阳坪—邓家嘴滑坡及其周围地质体的长期稳定，为皂市水利枢纽工程的施工、运行及右岸斜面升船机的后期施工消除了隐患。

抗滑桩支挡加固方案工程量略大，加固工程须在右岸移民公路和下游导流明渠开挖之前完成，工期较长，施工速度较慢，工艺也相对复杂，抗滑桩人工挖孔时施工安全问题突出。抗滑桩的存在，在后期斜面升船机施工时，可能对滑坡还需进行二次处理。

综上所述，从安全、合理、经济角度出发，水阳坪—邓家嘴滑坡治理推荐削坡减载方案，见图 4.23。

4.10.1.7 施工技术与控制

1. 开挖

削坡减载土方明挖自上而下分层施工，台阶高度 10m 左右。采用液压挖掘机、推土机、反铲机、自卸汽车等机械施工。

水阳坪上部减载开挖采用侧面出渣，不允许将渣直接向下推弃，防止水阳坪前缘因堆弃引起滑坡。

高程 165m 以上为水阳坪后部滑体削坡减载的主要部位，减载开挖分两步进行：第一步将高程 165m 以上整平开挖成高程 165～180m 斜坡平台；第二步为减小对水阳坪北侧金家崩坡积体的扰动，以 1—1 剖面为界分成两部分，1—1 剖面以南在第一步基础上由东向西继续下挖成高程 165～170m 减载斜坡平台，周边均以不陡于 1：2.0 的缓坡分别与后缘胡家台和上、下游相邻边坡衔接；本部位开挖宜在右岸移民公路开挖之前进行。

水阳坪平台前缘斜坡表层卸荷严重，极易崩塌，由于上坝公路从水阳坪滑坡前缘通过，结合公路开挖对斜坡表面严重卸荷带进行放坡处理，使水阳坪滑坡前缘斜坡为一稳定

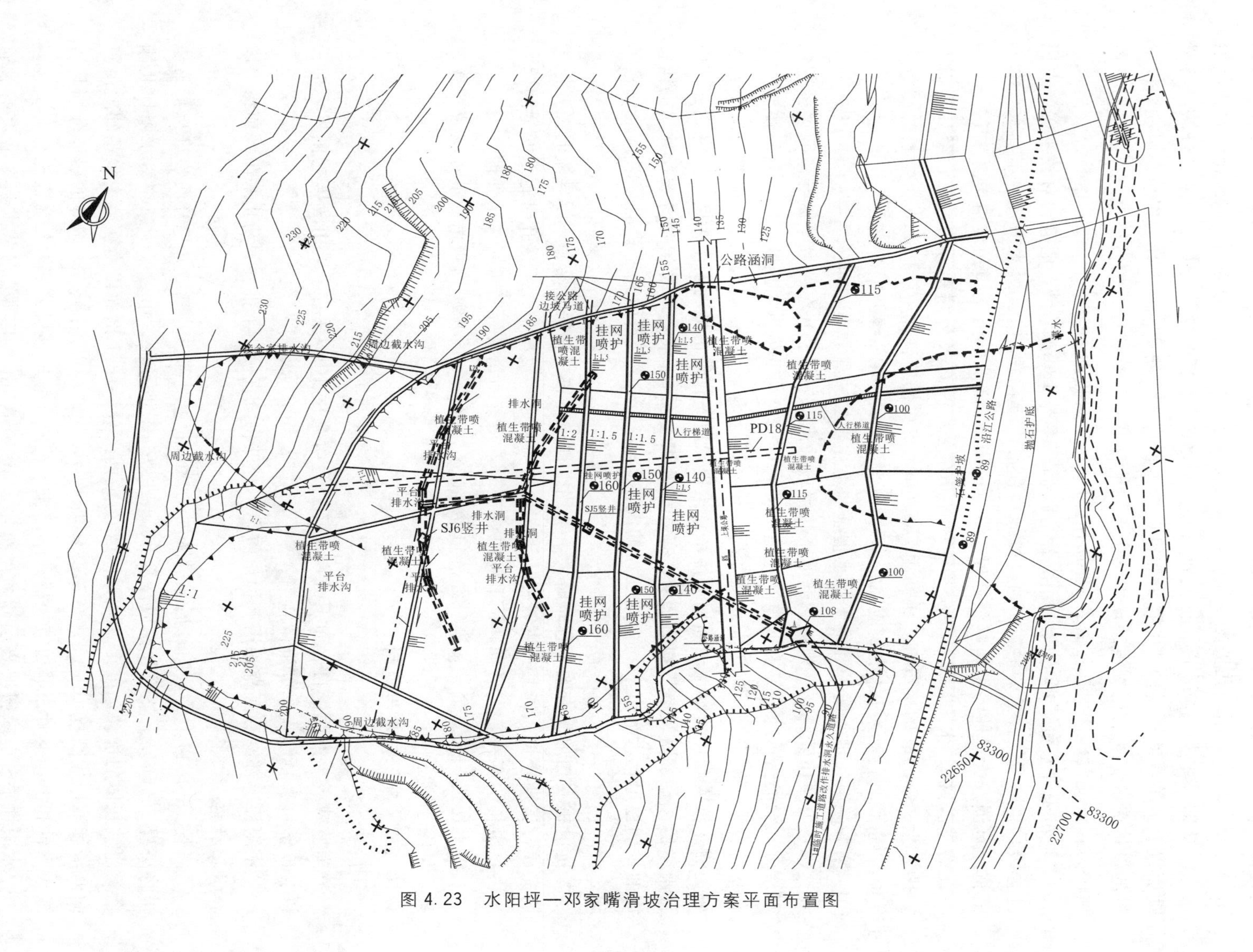

图 4.23 水阳坪—邓家嘴滑坡治理方案平面布置图

坡度。右岸移民公路在滑坡范围内的高程约为123～130m，公路宽7m，公路边坡及水阳坪前缘的开挖坡度为1∶1.5。水阳坪前缘的放坡修整上与高程165～170m（180m）平台衔接，下与邓家嘴高程100m减载平台衔接，分别在高程140m、150m、160m设一宽2m的马道。

邓家嘴滑坡削坡减载部位为滑坡后部地面高程100m以上，原则上100m高程以上滑坡体全部挖除至基岩，在100m高程形成一宽平台；在滑坡体范围内，以1∶1.5的坡比开挖至115m高程处设一马道；根据滑坡体横向分布高程的差异，100m高程平台下游逐渐收窄于天然的100m高程等高线，上游也逐渐收窄并与导流洞出口边坡的高程100m马道连接。

2. 护坡

在开挖形成台阶后，进行坡面防护施工。高程165m以下开挖边坡（土层及基岩边坡）全部采用挂网喷混凝土护坡，喷混凝土厚12cm。高程100m平台及以上马道喷12cm混凝土进行保护。高程165m平台及以上边坡全部采用喷植水泥土（含草籽）护坡，以保护环境。喷混凝土及喷植水泥土采用混凝土喷射机施工，钢筋网在综合加工厂制作，现场人工挂设，坡面排水孔采用地质钻钻孔，人工保护。

3. 排水

地表排水：所有喷护坡面均设浅层排水孔，以防止坡面喷护引起坡内积水涌压。坡面排水孔按3m×3m布置，钻孔直径56mm，孔深1m，排水孔均安装内塞工业过滤布的塑料花管进行保护。沿滑坡体外边缘布置周边截水沟，滑坡下游侧天然冲沟发育，上游侧冲沟不明显，截水沟布置充分利用天然冲沟。截水沟为梯形断面，净断面尺寸为2.0m×1.0m（底宽×高），浆砌块石衬砌厚40cm，截水沟长约800m。在水阳坪平台后缘再设一截水沟，净断面尺寸为1.0m×0.5m（底宽×高），浆砌块石衬砌厚30cm。在开挖100m平台及2m马道内侧布置小断面排水沟，共布置5条，总计沟长950多m，排水沟断面为矩形，净断面尺寸为0.5m×0.5m（宽×高），浆砌块石衬砌厚25cm。马道排水沟纵向沟底坡比0.5%，使坡面汇水迅速流向两侧滑坡体外的宽大截水沟。公路路堑坡面的汇水可结合公路路面排水一并考虑或参照马道排水沟实施。所有截、排水沟内抹3cm厚M7.5砂浆。

地下排水：深层地下排水由基岩排水洞及在洞内钻设的深排水孔组成。为保证排水洞的成洞条件和永久运行，排水洞一般布置在滑面下5m基岩处，进洞口选在滑体南侧天然冲沟的基岩出露处。排水洞开挖断面尺寸为2.5m×3.0m（宽×高，城门洞形），一般不衬砌，对岩体结构的破碎洞段进行钢筋混凝土衬砌，衬砌厚25cm，衬砌后净断面尺寸为2.0m×2.5m（宽×高）。未衬砌洞段底板用混凝土找平，混凝土厚度平均按25cm计。深层排水孔布置在除AB段的所有洞段，在洞顶呈放射状布设，沿洞轴线间距5m，洞顶两侧斜孔与洞顶竖孔相间布置，孔深一般25m，直径110m。辅助排水孔仅在衬砌洞段侧壁布置，孔深1.0m，每3m一圈，每圈布置4个孔。排水孔均安装内塞工业过滤布的塑料花管进行保护。

排水洞全断面一次开挖成型，采用钻爆法施工，采用中心掏槽法、周边光面爆破法开挖。采用隧洞掘进钻车钻孔，1～2m^3装载机配5～10t自卸汽车出渣，推土机配合集料。

T形排水沟交叉接头部位开挖时，需采取施工临时支护措施；其他洞段根据开挖揭露的围岩地质条件，决定是否采取施工临时支护措施。施工临时支护采用喷锚支护，必要时挂钢筋网。喷混凝土厚度8cm，锚杆直径20mm、长度2m、间距1.5m×1.5m、梅花形布置，挂网钢筋直径8mm、网格尺寸20cm×20cm。喷混凝土采用混凝土喷射机施工，锚杆孔采用掘进钻车钻孔，注浆机注浆，人工插入锚杆，钢筋网由人工挂设，喷射混凝土采用0.4m³搅拌机拌制。洞顶主排水孔钻孔采用地质钻施工，由于滑体较松散，钻孔时若遇塌孔可套管跟进，但钻孔达到设计进尺后必须将套管褪出，然后安装塑料花管，管内塞工业过滤布进行孔内保护。两侧辅助排水孔采用掘进钻车钻孔，人工安装塑料花管保护。

4.10.1.8 动态设计与实践

水阳坪滑坡在施工过程中，滑坡区外与水阳坪平台下游侧毗邻的第四系变形体产生变形迹象，设计根据补充地质勘探资料，对变形体提出了专门的处理方案。根据业主安排，变形体的治理并入水阳坪滑坡一并施工。此外，根据新揭露的地质情况及施工情况，对水阳坪—邓家嘴滑坡的地下排水洞、边坡支护及地表截排水系统等进行了局部优化修改。主要有以下内容：

(1) 对水阳坪165～170m高程平台下游变形体的变形及裂缝，根据补充勘探资料，增加工程处理措施：变形体适当削坡；设置周边截水沟及排水渗沟；在变形体前缘设3个ϕ3.6m的渗井，渗井内沿井周钻设3～6层排水孔，3个渗井设相互连通的排水孔并经3号渗井将渗水导排至边坡排水沟；布设监测设施。变形体治理方案实施后，复核其稳定安全系数不小于1.16，满足设计要求。

(2) 水阳坪后缘及下游侧边坡进一步削坡减载，分别在175m及185m高程加设一条马道，高程185m马道以上按1∶2削坡，后缘削到基岩面，后缘出露基岩面采用喷锚支护；高程175m和高程185m马道及170～175m高程边坡采用40cm厚浆砌石护坡；后缘及下游侧高程175m平台以上土石边坡采用浆砌石格构支护，格构内植草皮；上游侧陡于1∶1.5边坡采用锚杆加浆砌石格构支护；在土质边坡渗水点渗水量较大的部位分别于175m高程以上坡脚和185m高程以上坡脚布置垂直坡面排水渗沟。

(3) 水阳坪后缘高程185m平台坡脚增加一排排水孔幕，排水孔深15m，孔径76mm，上仰10°，孔内设保护。

(4) 165～170m高程平台植生带喷混凝土改为铺30cm厚压实黏土防渗，黏土碾压后，表层植耐旱草皮防冲。

(5) 排水洞洞口钢筋混凝土衬砌由25cm加厚至35cm，设双层钢筋。

(6) 地下排水洞CE段缩短18m，BG段缩短9m，并在洞端增设10～20m深排水孔。

4.10.1.9 滑坡治理效果评价

滑坡监测布置有地表位移、深层位移、地下水位及渗流量等监测设施。沿水阳坪—邓家嘴滑坡主滑方向（1—1剖面向左岸方向）由低到高的TP01HP（邓家嘴中部）、TP03HP（邓家嘴后缘）、TP06HP（水阳坪前缘）、TP09HP（水阳坪中部）、TP11HP（水阳坪后缘）地表变形监测点变形位移历时曲线见图4.24。

由图4.24可知，主滑动方向的变形已经基本稳定或趋于收敛。

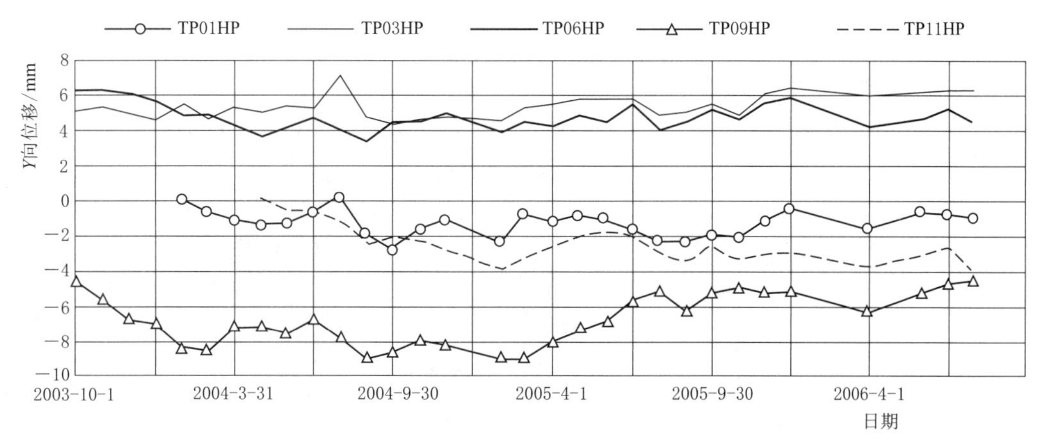

图 4.24 水阳坪—邓家嘴滑坡地表变形点 Y 方向（主滑动方向）位移过程线图

埋设于水阳坪—邓家嘴滑坡区的深层变形测斜孔 IN01HP、IN02HP 的位移与深度曲线见图 4.25、图 4.26。

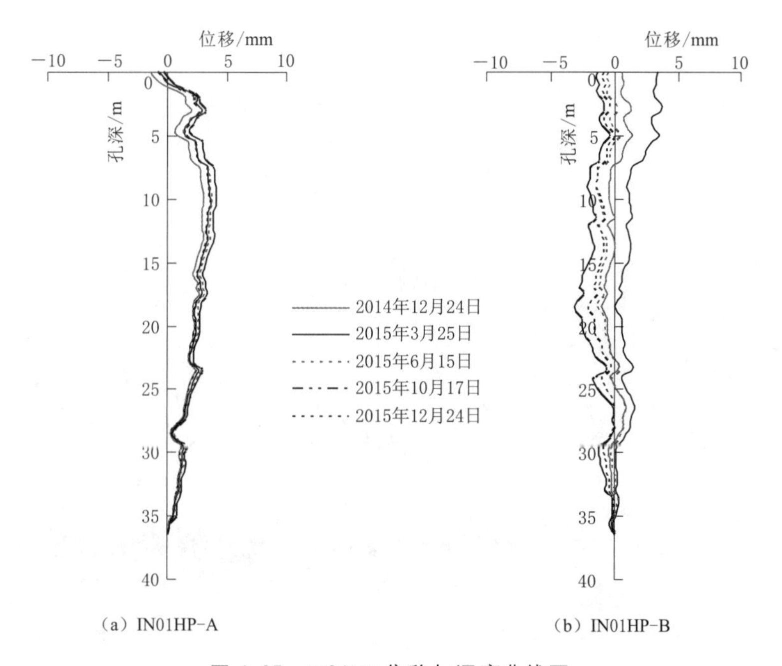

图 4.25 IN01HP 位移与深度曲线图

经观测未发现深层变形迹象。每月的现场巡视检查，也未发现地表裂缝和局部坍塌现象。

地表排水孔及地下排水孔均表现为滑坡体前部渗流量较后缘小的现象，表明滑坡区的来水主要由周边远程山体补给，滑坡区地下水已得到有效疏排；测压管监测数据表明地下水位已降至滑带附近，见图 4.27～图 4.29。

根据监测资料，水阳坪—邓家嘴滑坡治理工程措施作用显著，影响滑坡的主要因素——地下水已得到有效的疏排，工程治理措施可靠有效，目前水阳坪—邓家嘴滑坡稳定状态良好。

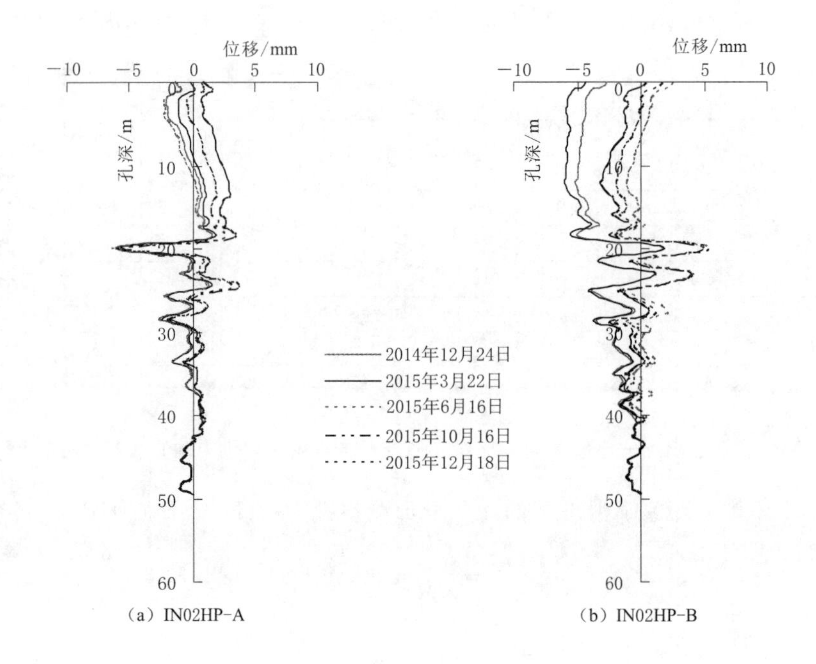

图 4.26 IN02HP 位移与深度曲线图

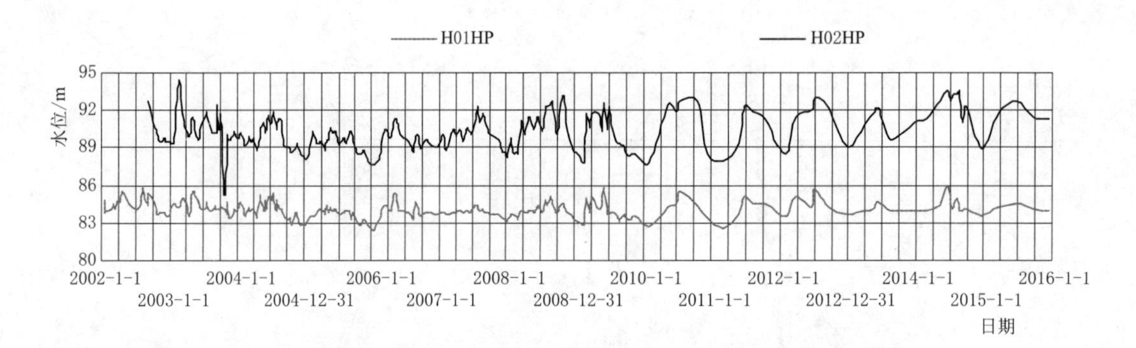

图 4.27 水阳坪—邓家嘴滑坡下部测压管水位过程线图

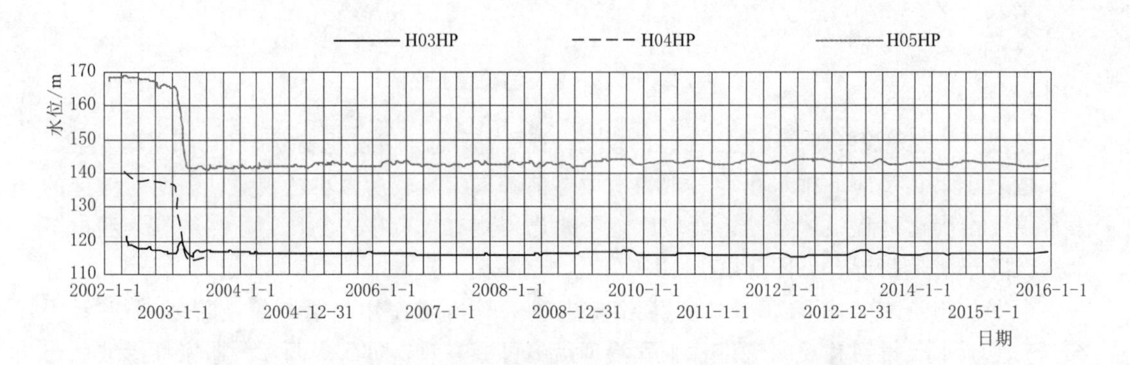

图 4.28 水阳坪—邓家嘴滑坡排水洞上部测压管水位过程线图

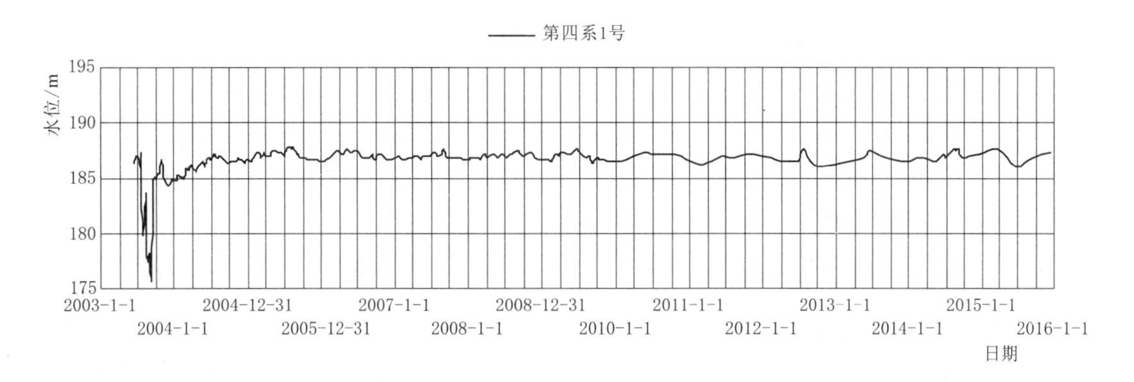

图 4.29 水阳坪—邓家嘴滑坡后缘自然坡处测压管水位过程线图

4.10.2 金家沟崩坡积体特征与处理技术

金家沟崩坡积体位于导流隧洞出口明渠靠右侧的山坡上，自金家凹槽至胡家台平台呈带状分布，宽110～130m，长约380m，地表高程75～240m，斜坡地形角度20°左右，后部上方较陡，中前部下方较缓，与邓家嘴滑坡体以基岩山梁相隔，两者之间无关联。钻探揭示崩坡积体中前部厚5～21m，凹槽中部厚，两侧薄，物探揭示后缘最厚达35m，体积约70万m^3。坡积体物质主要由黄色碎块石和碎块石夹土组成，碎块石成分主要为紫红色、灰白色石英砂岩和灰黄色细砂岩，碎块石占40%～80%，碎块石最大直径可达50～80cm。碎块石结构松散，架空明显，渗透系数大于6.94×10^{-3}cm/s。崩坡积体下伏基岩为志留系小溪组（S_{2x}^{1-1}）薄层至中厚层粉砂岩、页岩，夹石英细砂岩，岩层产状350°～360°∠45°～60°，下伏岩体强风化厚4～13m，弱风化厚5～15m。因下伏基岩较为软弱，且处于地表地下水集中排泄部位，前缘临空条件较好，潜在稳定问题明显。

金家沟崩坡积体处理时考虑以下限制条件：①崩坡积体坡脚即为开挖形成的导流隧洞出口明渠，治理时需遵循从上至下的原则，统筹考虑，互为兼顾；②治理措施避免干扰右岸过坝公路的正常运行；③金家沟崩坡积体底部为金家凹槽，下伏基岩较为软弱，且处于地表地下水集中排泄部位，需加强排水措施。

金家崩坡积体采用地表、地下排水和以削坡减载为主，辅以抗滑桩加固和挡土墙支挡的综合治理措施。高程140m右岸上坝公路以上以削坡减载和地下排水措施为主。削坡坡比1∶1.5，每10m设一道宽2m的马道。土质边坡坡面采用浆砌石格构支护，岩质边坡采用挂网喷混凝土加锚杆支护。在高程140m上坝公路以上坡积体内设一条长140m的排水洞，洞宽2.5m，高3m，沿轴线两侧设长度12～20m的深层排水孔。在高程115m崩坡积体中部设16根抗滑桩，桩径2.0m，抗滑桩进入强风化岩石内一定深度。在其中桩身较长的11根抗滑桩顶部，距桩头2m处增设长度29～41m的1000kN级预应力锚索。桩顶设宽2m、厚1m的钢筋混凝土帽梁。高程115～89m坡面保护包括崩坡积体清理、透水垫层填筑、石渣混合料回填、浆砌石格构护坡和坡面排水。坡脚开挖至基岩后修筑混凝土重力式挡墙，墙后回填石渣混合料。

4.11 工程缺陷处理

在工程实施过程中，12 号坝段固结灌浆时发生了常态混凝土垫层抬动问题；蓄水后，9 号坝段上游排水幕 H17DB09 出现测压值较大的问题。针对上述两处工程缺陷，进行了原因分析及处理措施研究。

4.11.1 抬动问题研究与处理

4.11.1.1 抬动原因分析

1. 抬动过程

11 号、12 号、13 号坝段建基面高程均为 60.0m，坝段宽度分别为 20.5m、15.5m 和 18.0m。11 号、12 号坝段为河床溢流坝段，13 号坝段为厂房坝段。

根据大坝施工总体进度安排，大坝 RCC 混凝土要求在 3 个枯水期内完成，相应的基岩固结灌浆要求在 1.5m 厚的常态垫层混凝土面上施工。

在灌浆工程开始前，11～13 号坝段垫层混凝土均发现规模不等的温度裂缝；12 号坝段描绘的主要裂缝有 HR、MO、DQ、PT 等若干条。

发生抬动的孔为 12 号坝段 F2Z-13-Ⅱ-6 号孔（以下简称 6 号孔），灌浆发生抬动前，11 号、12 号坝段的灌浆孔已钻灌完成 80%以上，1 号坝段的固结灌浆基本完成，6 号、7 号、8 号坝段的固结灌浆也完成过半。

6 号孔位于 12 号坝段中部 F_2 断层影响带右侧，该孔设计混凝土盖重 1.5m，6 号孔左侧 F_2 断层抽槽处混凝土盖重 2.5m。6 号孔基岩段深 8m，分两段灌浆，第一段 2m，要求阻塞在混凝土与基岩接触面处，灌浆压力 0.3MPa；第二段 6m，要求阻塞在分段上 50cm 处，灌浆压力 0.5MPa。

发生抬动时进行的是第 1 段的灌浆。根据灌浆自动记录仪资料显示，6 号孔从 2005 年 1 月 29 日 15：30 开始，23：15 结束，在洗孔及简易压水后停顿了一段时间，灌浆持续时间为 255min。总灌入量 6.896t。因为是夜晚施工，且仓面有 10～20cm 深的积水，灌浆过程中未发现窜漏、抬动现象；在第 2 天清晨清理仓面时，发现 11 号、12 号坝段间的横缝 0+022.7～0+039.7 之间散落在分缝处的混凝土有崩落现象，12 号、13 号坝段分缝未见错动迹象。据此，初步判断 6 号孔附近发生灌浆抬动情况。

2. 抬动检查及范围判断

抬动发生后，除进行现场询问外，对可能发生抬动的区域进行了钻孔检查：共打检查孔 27 个，其中 D1～D8 号孔径为 168mm，X1～X17、D11、D12 号孔径为 91mm；检查项目包括取芯、压水、声波、孔内电视等。检查方案布置见图 4.30。各项检查情况分析如下：

（1）钻孔取芯及现场压水试验。钻孔取芯共布钻了 8 个孔，其中 11 号坝段和 13 号坝段各钻 1 个孔，12 号坝段布钻 4 个孔、11 号与 12 号坝段跨缝处和 12 号与 13 号坝段跨缝处各钻 1 孔。岩芯采取率 100%，岩芯获得率为 97.8%。其中岩芯优良率达到 92.38%，岩芯合格率为 99.35%。

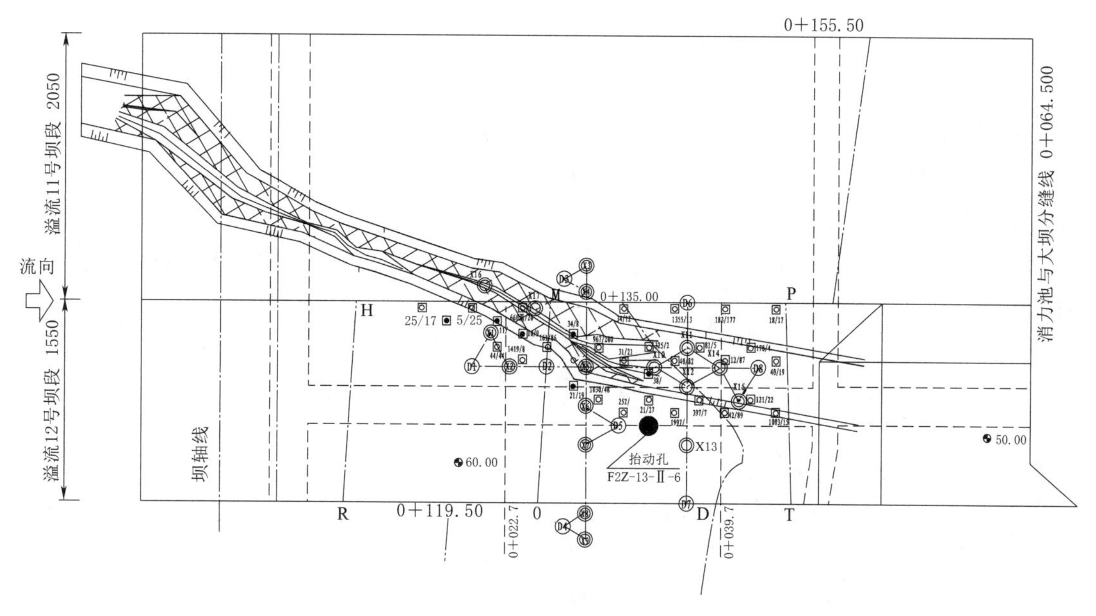

图 4.30　12 号坝段检查孔布置图

从所采取的芯样直观分析可知：基岩与混凝土握裹致密，胶结密实，接触面未发现固结灌浆构成的水泥浆结石体和浆脉，接触面已断开的 4 处，未断开胶结良好的 4 处。在坝段之间跨缝取芯所得芯样，距孔顶 0.24～1.21m 处有灌浆水泥结石。

压水试验共进行了 15 个孔 17 段，其中 11 号和 13 号坝段各布置 2 孔，12 号坝段布置 11 个孔。钻孔直径 75mm，压水采用单点法，自上而下分段进行，压力为 0.1MPa。由现场压水检查观察及检测成果资料可知：①15 段含接触面的压水试验检测资料统计小于 0.001Lu 的 2 段・次，占 11.76%；0.001～1.0Lu 的 12 段・次，占 70.59%；有 3 段・次超过 1.0Lu，占 17.65%。②X6 和 X7 两孔第二段为基岩段，透水率分别为 1.66Lu 和 1.65Lu。③检查范围内透水率在 0～3.55Lu 之间。

（2）声波检测。通过对 7 组声波检测数据，即波速值的变化范围及孔深—波速曲线的变化特征进行综合对比分析，未发现 12 号坝段因抬动而形成垫层混凝土与基岩接触面的局部测区或较大范围的贯通性缓倾角裂缝。

（3）孔内电视检查。按照检查孔布置情况共分以下 9 组：

第一组（D1、X1、X2）：该组孔位于 12 号坝段，检查范围的最上游。X2 的孔内电视录像情况显示，基岩内局部所见的张开裂隙未填充水泥浆，说明该部位没有受到灌浆影响；芯样获得率 100%，混凝土与基岩结合紧密；声波检测值 2200～3500m/s。综合以上情况，可以认定该部位没有发生抬动变形。

第二组（D3、X3、X4）：该组孔位于 11 号坝段，临近 11 号坝段与 12 号坝段横缝，位于检查范围的最左边。孔内电视录像情况显示，X3、X4 孔混凝土与基岩结合紧密，X3 孔基岩裂隙较发育部位未见水泥结石，X4 孔基岩可见 3 条 1～3mm 宽裂隙填充水泥结石；3 个孔的芯样获得率 100%，混凝土与基岩结合良好。综合以上情况，可以认定该部位没有发生抬动变形。

第三组（D4、X8、X9）：该组孔位于13号坝段，检查范围的最右边。孔内电视录像显示，D4、X9两孔混凝土与基岩结合紧密，X8孔混凝土与基岩结合稍差（该孔位于13号坝段C21夹层）；3孔均可见裂隙填充水泥结石，厚7～10mm；该部位未布置固结灌浆孔，裂隙内所填充水泥浆应为12号坝段固结灌浆施工时，浆液沿C21、C22夹层渗透所致。从X8孔缓倾角裂隙内填充水泥结石的厚度分析，该部位可能发生了轻微抬动，但未对混凝土及基岩产生破坏作用，因为该部位垫层混凝土表面较大范围内未产生裂缝，且12号与13号坝段横缝对浆液压力产生一定释放作用，故可以判断产生轻微抬动的范围和损坏程度都是很小的。

第四组（D8、X14、X15）：该组孔位于12号坝段 F_2 断层带、处于检查范围的最下游。孔内电视录像情况显示，3个孔混凝土与基岩结合紧密，除X14在基岩浅表部可见一缓倾角裂隙填充水泥结石约1.5mm外，其他部位未见水泥结石；同时D8、X14芯样反映混凝土与基岩结合紧密。因此，经综合分析可以认定该部位没有发生抬动变形。

第五组（D5、X6、X7）：该组孔位于12号坝段中部，F_2 断层右侧影响带上，距抬动6号孔最近的一组检查孔。孔内电视录像情况显示，在孔深1.78～2.2m的基岩浅表部位，普遍存在缓倾角裂隙填充水泥结石的情况，厚度为7～12mm。特别是X7孔水泥浆脉两侧还出现了微张裂隙；同时，声波检测成果显示X6、X7分别在孔深1.8m和2.2m处存在声波值突降的现象。因此，可以认定该部位发生了抬动变形。

第六组（X10、X11、X12）：该组孔位于12号坝段 F_2 断层破碎带。孔内电视录像情况显示，X10、X12孔在混凝土与基岩结合部位可见一层10～16mm厚水泥结石，X11孔混凝土与基岩结合差，结合面可见一水平裂隙；X10、X12孔芯样分别在基岩浅层部位和结合部位可见水泥结石，而X11孔混凝土与基岩结合松散。综合以上情况，说明该部位受到了灌浆的影响，并发生了抬动变形。

第七组（D6、D11、D12）：D6孔布置在11号坝段与12号坝段横缝上，D11、D12分别位于D6孔左右各1m处。孔内电视录像情况显示，D11、D12基岩裂隙未见水泥结石，D6在混凝土与基岩结合部位可见一水平裂隙填充7mm厚水泥结石，而且水泥结石与基岩之间仍可见水平裂缝，但这一现象只发生在临12号坝段的孔壁一侧。D6芯样表明，横缝及混凝土与基岩结合部位充填了水泥浆。综合以上情况，可以确定该部位发生了抬动变形，但抬动变形仅局限在12号坝段。

第八组（其余单孔X13、X16、X17）：X13位于12号坝段中部，X16、X17分别位于11号坝段与12号坝段横缝两侧，处于 F_2 断层破碎带。孔内电视录像情况显示，X16裂隙较发育，但未见水泥浆填充，说明灌浆影响未波及该处。X13、X17基岩浅表部位裂隙有水泥浆填充，但浆脉两侧与基岩之间仍可见张开裂隙，说明该处受到了灌浆的影响。

第九组（J系列检查孔7个）：在RCC面补强固结灌浆施工全部完成后，利用7个固结灌浆压水检查孔进行了孔内电视录像，这些孔较均匀地分布在12号坝段抬动范围内。孔内电视录像显示，J1、J2、J5、J6、J8在混凝土与基岩结合部位或基岩浅表部位可见1～3cm水泥结石层，浆脉两侧与基岩结合紧密，J3、J10孔裂隙不发育，未见水泥结石；压水检查结果显示，这7个孔透水率为1.48～3.4Lu。综合分析认为：经补强灌浆施工处理后，混凝土与基岩结合紧密，基岩裂隙填充水泥浆饱满致密；基岩透水率低，不存在透水率较大的渗漏通道。

（4）抬动范围判断。

1）发生抬动的6号孔位于12号坝段中部，抬动发生时灌浆为第1段（段长2m），抬动发生分析仅应在基岩浅表层。

2）在灌浆工程开始前，12号坝段已发生规模相对较大的HR、MO、DQ、PT等混凝土温度裂缝，浅层上抬应力易于在MO、DQ混凝土裂缝及坝段横缝处释放。

3）上述的多项检查，特别是钻孔录像检查显示，抬动发生在0＋022.7～0＋039.7间区域；抬动范围约占12号坝段面积的24％。

4.11.1.2 工程处理措施

综合钻孔检查结果及混凝土面的表象，考虑到工期非常紧张，对可能发生抬动的12号坝段桩号0＋022.7～0＋039.7间的区域按发生抬动情况进行应急处理，具体项目包括：

（1）对12号坝段所有裂缝（在固结灌浆前已形成）进行化学灌浆，化灌材料采用CW等环氧系列材料，对缝面打一层斜孔，采用小孔径电钻孔，孔径20mm，间距200cm，打孔后需对钻孔及缝面采用风、水轮换冲洗，冲洗时逐孔进水（气），其余孔口全部敞开，冲洗应在缝口封闭前进行，冲洗、试压结束后，采用压缩空气将缝（孔）内的水分吹挤干净，达到干燥状态。

缝口临时封闭可采用环氧胶泥、水玻璃砂浆或其他快速封堵材料，封堵前应将缝口两侧浮浆杂物清理、冲洗干净。缝口封闭后应进行压水（气）检查，确保封闭严密。

该项工作共耗用浆液1845L（其中上游面劈头缝耗用浆液950L）。灌浆完成后3d，打孔压浆检查，裂缝浆液初步凝固，在0.2MPa压力下，10min内注入量均小于1mL，说明裂缝化灌处理质量良好。

（2）为增加抗滑力，对抬动区域增加锚筋，锚筋距横缝距离不小于50cm，锚筋间、排距200cm，梅花形布置，锚筋孔孔径70mm，钢筋采用ϕ36mmⅡ级钢，锚筋孔及锚筋伸入基岩不小于300cm，锚筋露出混凝土面20cm，锚筋孔砂浆标号不低于M30（28d）；共增加锚杆75根。

（3）为限制垫层混凝土裂缝向上扩展，对12号坝段所有裂缝均需布置限裂钢筋，钢筋直径不小于32mmⅡ级钢，间距20cm，布置两层，层间距30cm。

（4）上述措施处理完成后才能进行碾压混凝土施工。

（5）为密实抬动区域可能形成的缝面或空洞，对该区域及该区域上、下游以外的6～8m区域进行补充固结灌浆，灌浆孔排距2m×2m，共增加120个孔。抬动区增加补充固结灌浆在碾压混凝土上升至高程81.5m左右时施工，实际灌浆压力0.7～0.93MPa。基岩灌浆进尺868.2m，灌入灰量18329kg，平均单耗21.1kg/m。灌浆完成后，通过10个检查孔压水17段，其基岩透水率为1.48～3.40Lu，满足设计$q<5$Lu的要求。同时在7个检查孔中进行了钻孔录像，效果较好。

（6）对坝踵迎水面裂缝进行补充化学灌浆，该部位化学灌浆也要求在碾压混凝土施工前完成。与第（1）项中的混凝土面裂缝同时完成。

（7）增设基岩变形计2只，在RCC上升前埋设完成。

4.11.1.3 处理效果分析

根据设计处理方案布置，在RCC覆盖前，完成了上述除补充固结灌浆外的所有项目，固结灌浆在汛期厚盖重的RCC面上施工完成。各项目施工情况良好。针对12号坝段抬动范围及抬动情况，稳定分析复核如下：12号坝段为实体坝段，根据初步设计报告，采用抗剪断公式核算坝体抗滑稳定，该坝段的控制工况为上游水位143.5m，下游水位75.8m，稳定安全系数为K为3.44。抬动发生后，0+022.7～0+039.7区域间的参数按F、C值各折减1/2或f值折减为原值的80%、C值按0计算，其稳定安全系数分别为3.01、3.0，可满足稳定要求。

应力分析表明：坝踵应力为0.53MPa，坝趾应力为1.41MPa，应力均较小，在坝段进行固结灌浆、补充固结灌浆、裂缝化学灌浆、布置双层限裂钢筋后，可以认为裂缝向上扩展的可能性不大。

4.11.2 渗漏问题研究与处理

4.11.2.1 渗压值偏大原因分析

水库蓄水后，当上游库水位为89.61m时，9号坝段9ZP-2～9ZP-3号排水孔之间H17DB09测压管实测水头为72.53m，扬压力折减系数为0.42；当上游库水位为130.24m时，H17DB09测压管实测水头为100.89m，扬压力折减系数为0.58；当上游库水位为126.19m时，H17DB09测压管实测水头为98.85m，扬压力折减系数为0.59；当上游库水位为122.90m时，H17DB09测压管实测水头为84.42m，扬压力折减系数为0.39。对以上实测数据分析认为：9号坝段上游排水幕H17DB09测压值较大，扬压力折减系数均大于设计采用值，测压管水位随库水位变化而变化，说明基岩内裂隙尚未被水泥浆完全充填。

4.11.2.2 工程处理措施

为完全截断裂隙形成的渗漏通道，有效控制渗漏量及渗压力，保证大坝安全及水库正常蓄水，采取增补帷幕加排水的处理方案。

在补强方案实施前，为进一步查明造成H17DB09测压值较大的原因，在不影响工程验收的前提下，先对9号坝段基础廊道下游侧的8个排水孔分别进行渗压观测，根据观测的情况，对补强方案进行优化，使方案更具有针对性，节省工程投资。

1. 防渗帷幕补强设计

（1）帷幕布置。在9号坝段增布一排帷幕孔，布孔轴线距基础廊道上游壁70cm，位于第1排、第2排帷幕之间。帷幕孔深为60m，孔距一般为2m。布置一个抬动观测孔，孔深10m。考虑到H17DB09测压计紧邻8号坝段，所以在8号坝段增布4个帷幕孔，共计15个孔，见图4.31。

（2）灌浆主要施工方法、工艺。

1）新增帷幕孔应分两序单孔逐个灌浆，不允许两孔并联灌浆，确保大坝安全。

2）帷幕补强灌浆必须同时具备下述条件才能进行施工：为保证帷幕灌浆质量，帷幕施工应安排在库水位最低时进行；抬动变形观测装置安装完毕且能进行正常测试；每孔灌浆施工前，对与该孔相应的排水孔及左右3m范围内的坝基排水孔应进行临时填砂封堵，待该孔灌浆完成后，若封堵的排水孔不属于下一个灌浆孔对应的排水孔封堵范围，则应及

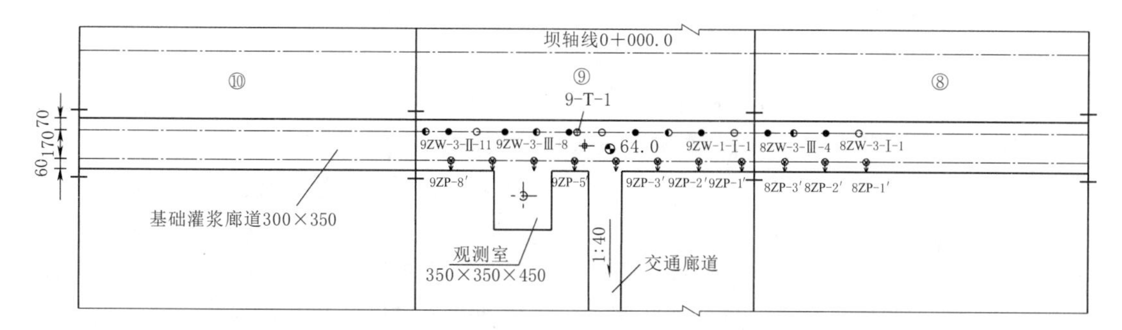

图 4.31　9 号坝段补强帷幕孔布置图

时进行排水孔扫孔；施工过程中，应加强对大坝安全监测，发现异常，应立即停止施工。

3）考虑到在前期施工过程中第 2 排帷幕孔平均注入量为 24.7kg/m，可灌性较差，因此新增的一排帷幕灌浆孔采用 52.5 级超细水泥灌注。

4）浆液水灰比（重量比）采用 2∶1、1∶1、0.8∶1、0.6∶1 等 4 个比级，开灌水灰比采用 2∶1。

5）灌浆方式采用孔口封闭灌浆法。孔口封闭灌浆法的灌浆孔第 1 段采用常规“阻塞灌浆法”进行灌浆，阻浆塞阻塞在建基面以上 2.5m 处。第 2 段及以下各段采用“小口径钻孔、孔口封闭、自上而下分段、孔内循环法”灌注。

6）各灌浆段的灌浆压力一般按表 4.20 控制，最大灌浆压力为 3.5MPa。

表 4.20　　灌浆压力控制

部　　位	第 1 段（接触段）	第 2 段	第 3 段	第 4 段及以下各段
帷幕灌浆压力/MPa	1.2	2.0	3.0	3.5

7）帷幕灌浆是在高水头下施工，灌浆须承受幕前高达 50～60m 的库水压力。为确保高水头作用下钻孔施工安全，可配备一些高压闸阀，以便钻孔过程中突发集中冒水时能迅速关闭高压闸阀，避免因大量漏水而引发各种安全事故，同时也便于大漏量情况下的灌浆施工。

8）对孔口有涌水的孔段，灌浆前均应测记涌水量和涌水压力。灌浆过程中，根据涌水情况，可按下述方法处理：相应提高灌浆压力，按设计灌浆压力＋涌水压力作为实际灌浆压力控制；灌浆结束后应采取屏浆措施，屏浆时间不少于 1h；闭浆待凝，涌水量大于 0.5L/min 的灌浆孔段，灌浆结束后，将孔内置换成 0.5∶1 浆液，孔口封闭待凝，闭浆待凝时间不少于 6h。涌水量小于 0.5L/min 的灌浆孔段，灌后不待凝。

9）灌浆结束后在原 H17DB09 测压计附近帷幕线左、右两侧各布置一个检查孔。

2. 排水孔设计

（1）扫孔。对原 8ZP－5～10ZP－2 坝基排水孔孔位进行测量记录，拆除原有的孔口装置及孔内保护设施，并测量、记录原坝基排水孔孔口高程、孔深；每孔灌浆施工前，对与该孔相应的排水孔及左右 3m 范围内的坝基排水孔进行临时填砂封堵，待该孔灌浆完成后，若封堵的排水孔不属于下一个灌浆孔对应的排水孔封堵范围，则应及时进行排水孔扫孔。灌浆中若发现此范围外的排水孔与灌浆孔窜通时，也应及时进行临时封堵。待该区段灌浆、检查完成后，对曾封堵的排水孔进行系统扫孔并安装孔口装置；扫孔结束后排水孔实测孔深不足设计孔深时，采用回转式钻机及硬质合金钻头或金刚石钻头钻孔至设计孔深，实际孔深应测量、记录；排水孔扫孔、钻孔达设计深度后，对钻孔进行冲洗；排水孔扫孔施工完成后，抽样检查孔深、孔向等。检查验收合格后，安装排水孔孔内保护和孔口保护装置。

(2) 增布排水孔及测压管。为进一步降低扬压力，在增布的帷幕孔范围内，原排水布孔轴线上内插排水孔 11 个，孔深为 15m，孔距一般为 2.5m。排水孔施工完成后安装孔口装置，在 9 号坝段原 H17DB09 测压管位置附近左、右两侧各布设一个测压管 H17DB09Z 和 H17DB09Y。灌浆后对原 H17DB09 测压管进行扫孔，以保证其渗压观测可靠。

4.11.2.3 处理效果分析

9 号坝段 H17DB09 测压管渗压值较大，主要与局部裂隙有关，9 号坝段坝基持力层为石英砂岩，不存在较大的地质缺陷。上游基础廊道增补帷幕孔和排水孔施工完成之后，新增 11 个排水孔，所有排水孔均有水排出。监测资料显示：9 号坝段各测压管扬压力系数 α_1 均在设计采用值 0.25 以内，说明前期 9 号坝段与库水位构成连接通道造成局部渗压值偏大的问题得以完全解决。9 号坝段上游主排水幕处测压管水位过程线见图 4.32。

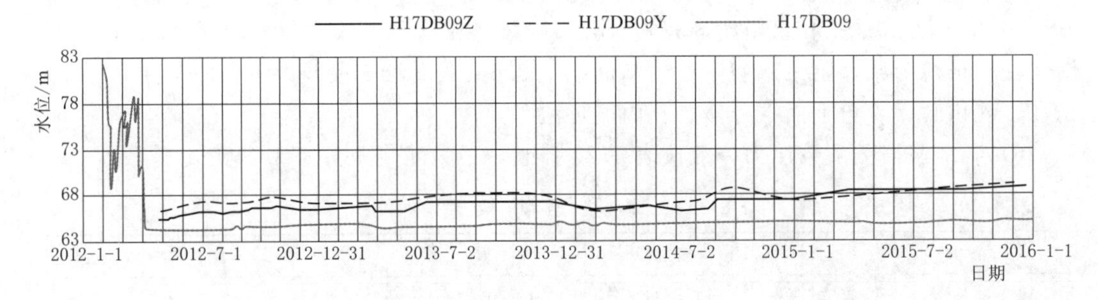

图 4.32 9 号坝段上游主排水幕处测压管水位过程线图

4.12 工程设计特点及创新

(1) 直线+圆弧的坝轴线型式。坝址一带两岸山体陡峻，右岸较平顺，左岸鹰嘴岩上、下游均有冲沟切割，地形变化较大。坝址出露岩层从上游到下游依次为二叠系薄层灰岩、泥盆系石英砂岩、志留系页岩。泥盆系石英砂岩出露厚度大、强度较高、构造相对简单是本工程较好的筑坝基础。

坝基岩层倾向上游偏左岸，走向与河流交角约 75°。坝基利用地层从左岸到右岸依次为 D_{2y}^{2-2}、D_{2y}^{2-1}、D_{2y}^{1-2}、D_{2y}^{1-1} 石英砂岩，设计中为充分利用泥盆系石英砂岩作为大坝基础，坝轴线为避开上游冲沟，采用圆弧线与鹰嘴岩山嘴相接，右岸地形较完整坝轴线设计为直线。这种直线+圆弧线复合新颖的大坝布置型式，合理、有效、最大限度地利用了地形、地质条件，避免了左岸冲沟水流长期对坝趾的冲刷，缩短了大坝长度，较大地节省了混凝土、土石方等工程量。

(2) 全断面碾压混凝土重力坝型式。混凝土重力坝最适宜采用碾压混凝土坝型式，但在 19 世纪末 20 世纪初碾压混凝土坝一般采用“金包银”方式，施工工艺复杂，工期较长且存在结合面等问题。随着江垭水利枢纽大坝斜层铺筑和碾压施工技术的成功实践，皂市水利枢纽大坝结合皂市工程的特点，采用全断面碾压混凝土施工技术，大坝上游防渗区直接采用富胶二级配碾压混凝土，上游不再另设其他辅助防渗措施，取得了完全意义上的全断面碾压混凝土重力坝设计的成功经验。

（3）大坝抗滑稳定工程措施。皂市工程大坝建基岩体为泥盆系石英砂岩，该地层岩体具有单轴抗压强度很高，而变形模量低。岩体在未扰动情况下，整体强度较高，但一经扰动，岩体的完整性将大幅度下降，是典型的“硬、脆、碎”岩体。尤其在左岸 F_1 断层、河床 F_2 等断层的影响下，建基面力学参数偏低。

为解决大坝抗滑稳定问题，设计对大坝断面进行了优化，适当增加了坝基面积，部分坝段上游面增设 1∶0.1 坡，利用大坝上游水重，大坝基础廊道适当向上游侧移动，并采用帷幕、固结灌浆和排水等综合处理措施，同时针对挡水高度较大的 5～12 号坝段的坝基及消力池采用封闭帷幕抽排方案，降低坝基扬压力。采取上述处理措施后，大部分坝段抗滑稳定满足要求。

但由于左岸 5 号、6 号两个坝段是弧形坝段，坝体上游面宽下游面窄，加之 F_1 断层的扰动，坝基力学参数较低，大坝稳定条件差，其抗滑稳定在采取上述措施后仍然不满足规范要求。设计经研究多种方案后，最终确定采用大坝与其下游消力池左导墙联合受力方案。该方案具体为坝体下游与导墙接触面预留灌浆系统并在适宜的时间进行接缝灌浆，同时增加导墙预应力锚索锚固措施，达到坝体与导墙联合受力的目的，经论证计算及工程多年运行实践，大坝稳定满足规范要求。大坝 5～6 号转弯坝段联合受力体平、剖面图详见图 4.33。

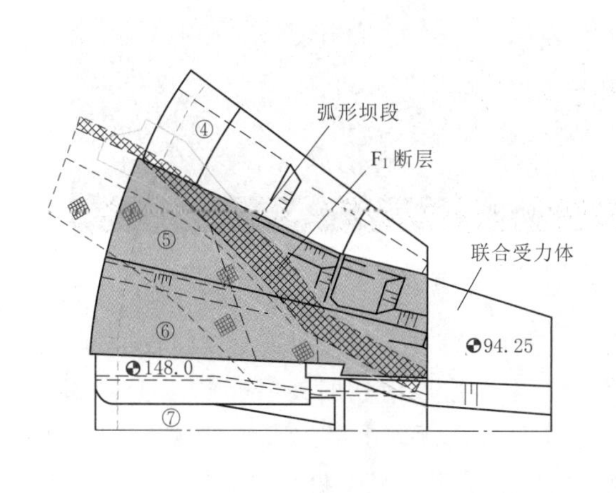

（a）转弯坝段联合受力体平面布置图

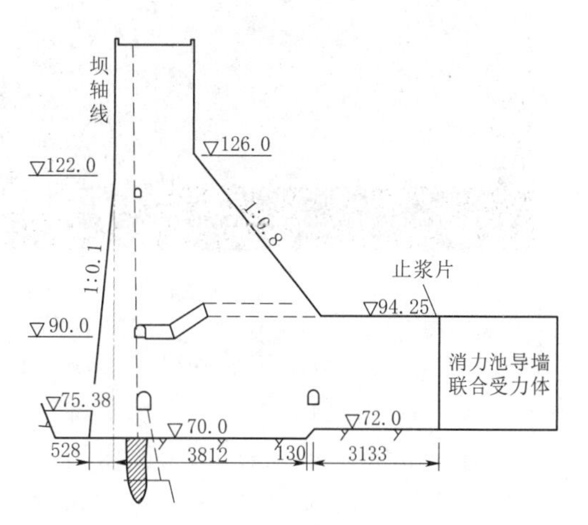

（b）转弯坝段联合受力体剖面图

图 4.33　大坝 5～6 号转弯坝段联合受力体平、剖面图

（4）表孔底流底孔射流联合消能工设计。皂市大坝泄洪表、底孔为相间布置，对多种消能方案进行比选后，选定为表孔采用底流消能、底孔采用射流加水垫消能。

由于消力池左岸为陡峻山坡，右侧为坝后式厂房，其下游河床岩体为页岩，大坝下游右岸约 200m 为水阳坪—邓家嘴滑坡。为节省工程量，防止泄洪对厂房、左岸山体及右岸下游滑坡的影响，减轻下游河床冲刷，设计上采用了多种消能措施：

首先在表孔出口设置宽尾墩，为防止泄洪影响厂房及左岸山体，中间表孔采用对称宽尾墩，两侧边孔采用不对称宽尾墩，使表孔水流纵向拉开，同时二个边表空水流向消力池中心偏移，防止水流从池侧边出池。底孔明流段出口横向扩散，将水流横向拉开，使水流在空中充分掺气，扩大水舌入水面积，减小水流对消力池底板的冲击，达到消能充分，缩短消力池长度的目的。

一般而言，标准的底流消力池横断面为矩形，本工程消力池如按矩形断面设计，消力池边墙采用重力式，则左岸山体开挖量很大，开挖边坡高度达150m以上，工程量浩大，对左岸山体稳定也不利。因此，本工程采用了梯形断面设计，消力池左边墙采用贴坡式，减少了左岸山体开挖，节省了工程量，经工程实际运用，消力池水流平顺、流态较好，出池水流与下游水位衔接平顺。

由于消力池下游河床为页岩，抗冲能力弱，消力池尾坎采用差动坎，消除了二级跌水，均化了出池水流，减轻了下游河床及岸坡冲刷，减少左岸坡及河床防冲刷措施的工程量。

表孔、底孔联合泄洪消能组合方式见图4.34。

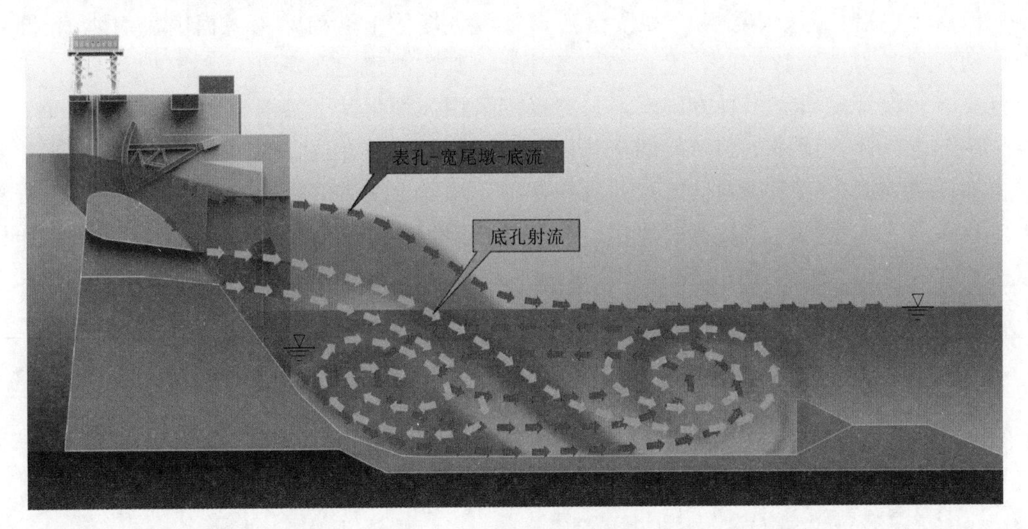

图4.34 表孔、底孔联合泄洪消能组合方式图

(5) 厂房高边坡支护加固措施。厂房右岸开挖形成的人工边坡最高达110m，边坡虽为斜向坡，但存在斜坡岩体“上硬下软”的不利因素。边坡内软弱夹层较多，且F_3断层在右坝肩处斜穿上坝公路后沿公路内侧边坡向下游延伸，倾向山里。边坡裂隙发育，主要为NE、NW两组，倾角60°～80°，与岩体内软弱夹层易组合成不稳定块体。

针对厂房右岸高边坡“上硬下软”岩层视顺向的地质特征，提出表层混凝面板与深层预应力锚索相结合的边坡加固新型组合支护措施。该新型组合支护措施将表层混凝土面板与深层预应力锚索组成联合受力体，有效改善了坡脚软岩的应力状态，减小了坡脚破坏区范围，同时在边坡上部硬岩部位布置预应力锚索，有效地控制了下部软岩受压变形过大造成的上部岩体开裂破坏。厂房高边坡混凝土面板＋锚索支护措施见图4.35。

通过使用该支护措施，成功地开挖了具有“上硬下软”岩层视顺向地质特征的高边坡，保障了皂市水利枢纽建设的顺利进行，为类似工程边坡处理提供了新的思路和途径，对边坡处理工程的实践具有借鉴意义。

(6) 水阳坪—邓家嘴滑坡治理关键技术创新。水阳坪—邓家嘴滑坡位于皂市水利枢纽下游右岸480m处，是由水阳坪滑坡及邓家嘴滑坡组成的滑坡群体，其上为水阳坪，下为邓家嘴，水阳坪后缘为胡家台平地，整体上成三平两陡的地势地貌。根据枢纽布置，导流洞出口明渠从滑坡前缘上游侧通过，右岸上坝公路及沿江公路分别从水阳坪前缘及邓家嘴前缘通过。滑坡一旦失稳，无论在施工期还是运行期，都将影响工程的建设及运行。因此，水阳坪—邓家嘴滑坡治理工程不同于一般的地质灾害治理工程，而是一个较为复杂的系统工程，治理措施既要确保滑坡自身安全，又要满足右岸施工导流隧洞、交通公路等建筑物布置的要求。在收集了地质勘察研究资料的基础上，通过科研试验和数值计算分析，结合水阳坪—邓家嘴滑坡前期成果，研究论证了其工程处理方案的合理性，取得了丰硕研究成果，最大限度地发挥地灾治理工程的综合效益。其主要创新表现在以下几个方面：

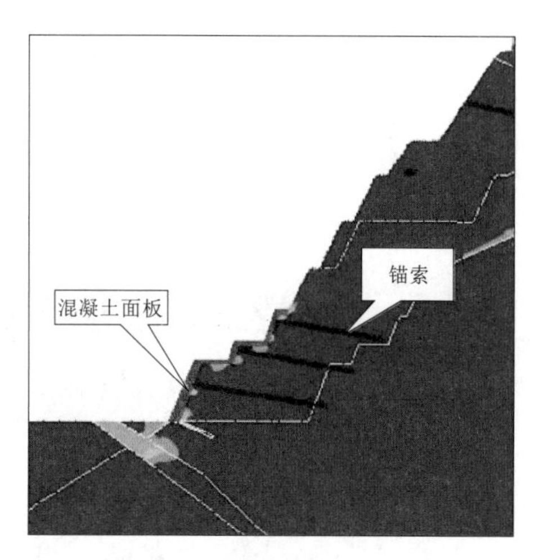

图4.35 厂房高边坡混凝土面板+锚索支护措施图

1) 提出地灾治理与工程建设相结合的设计新理念并将其付诸实施，在确保了滑坡自身安全的同时，又满足了右岸施工导流隧洞、交通公路等建筑物布置的要求，为坝区地灾治理提供了新思路。

2) 系统提出“地表防护、地上拦截、地下排水”的设计思路，解决了泄洪雾化降水和大气降水对滑坡不利影响的关键问题。

3) 提出滑坡治理生态设计及动态设计新理念，采取植生带喷混凝土对开挖边坡和斜坡平台进行绿化保护，并根据实际揭露的地质情况进行了现场设计优化和完善，节约了投资580余万元；水阳坪—邓家嘴滑坡治理效果见图4.36。

图4.36 水阳坪—邓家嘴滑坡治理效果图

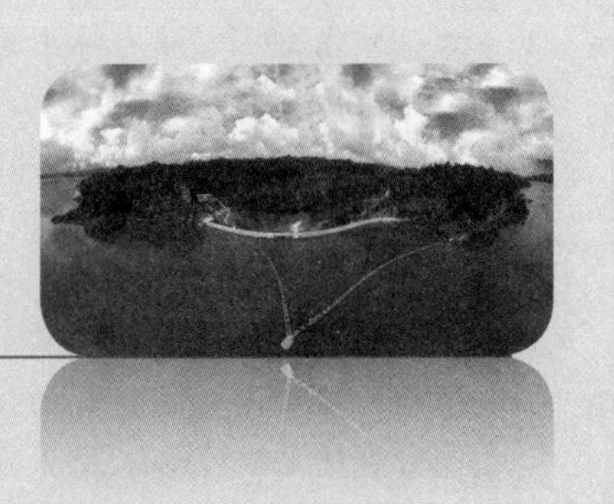

5 机电及金属结构

5.1 机电设计

5.1.1 水力机械

根据选定蓄水位和装机规模，在发电效益最大化的原则指导下，在分析电站动能参数、水轮发电机组参数水平、技术可行性基础上，从机组总体性能最优出发，经技术经济分析，皂市水电站采用两台单机额定容量60MW混流式水轮发电机组。

电站采用坝后式电站，输水系统为单机单管，根据电站特点、输水系统及机组参数等，分析研究各种计算工况，导叶采用一段直线关闭规律，水轮机导叶从最大开度关至零开度的时间整定为20s，在各工况下机组甩满负荷时，调节保证计算结果均在预定要求范围内，且满足规程规范要求。

调速系统由调速器（包括电气控制部分和机械液压部分）、油压装置、控制柜、控制元件、监测仪表等组成。调速器是基于频率PID、功率PI调节规律的数字式微机控制电液调速器；液压操作控制系统的额定工作油压为4.0MPa；导叶接力器的全关和全开时间在6～40s范围内独立可调。

根据机组大部件吊装工序及重量，设有一台150t＋150t/25t＋25t双小车桥机，跨度为18.5m。在桥机靠近厂房两端的主梁下部分别设置一个起吊重量为10t的电动葫芦。

辅助系统包括机组技术供水系统、机组检修及厂房渗漏排水系统、机电设备水消防系统、中低压压缩空气系统、透平油系统、绝缘油系统、水力监视测量系统等。皂市水利枢纽机组主要参数如下：

(1) 水轮机参数。

水轮机型号：　　HLF161A0-LJ-400

额定水头（净）：　　50.0m

转轮进口/出口直径：　　3.927m/4.0m

额定转速：　　157.89r/min

飞逸转速：　332.0r/min
额定出力：　61.54MW
最大出力：　67.31MW
额定流量：　136.86m^3/s
额定工况下水轮机效率：　94.5%
额定点比转速：　294.6m·kW
比速系数：　2083
水轮机总重：　362t

（2）水轮发电机参数。水轮发电机额定值及主要参数见表5.1。

表5.1　　水轮发电机额定值及主要参数表

型　　号	SF60－38/9070
额定功率	60MW
额定容量/最大容量	68.57MVA/75MVA
额定电压	10.5kV
额定功率因数	0.875（滞后）
额定频率	50Hz
额定转速	157.89r/min
临界转速	415r/min
转动惯量 GD^2	≥9000t·m^2
短路比	≥1.1
直轴同步电抗 X_d（不饱和值/饱和值）	89.6%/100.4%
直轴瞬变电抗 x'_d（不饱和值/饱和值）	27.6%/29.5%
直轴超瞬变电抗 x''_d（不饱和值/饱和值）	20.9%/24.6%
交轴同步电抗 X_q（不饱和值/饱和值）	63.5%/67.5%
交轴瞬变电抗 X'_q（不饱和值/饱和值）	63.5%/67.5%
交轴超瞬变电抗 X''_q（不饱和值/饱和值）	21.4%/23.0%
负序电抗 X_2	23.8%
零序电抗 X_0	13.3%
定子绕组每相对地电容	0.59μF/相
定子齿部最大磁通密度	1.732T
气隙最大磁通密度	1.01T
定子、转子绕组绝缘等级	F
定子绕组每相对地电容	0.59μF
定子绕组每相并联支路数	2
定子绕组电流密度	3.43A/mm^2
定子线负荷	604A/cm
定子铁芯内径	8300mm

续表

定子铁芯高度	870mm
定子和转子间空气隙	20mm
定子槽数	432
定子槽尺寸（高×宽）	16.6mm×67.7mm
定子绕组绝缘厚度	2.60mm
发电机风罩内径	13200mm
定子机座外径	10600mm
转子磁极最大磁通密度	1.542T
转子绕组电流密度	2.34A/mm^2
发电机本体总重量	457.6t

5.1.2 电气

电气设计包括电站接入电力系统方式设计、电气主接线和厂用电系统设计、主要电气设备选择与布置、过电压保护、接地等。

5.1.2.1 电站接入电力系统

皂市水电站之初的接入电力系统设计是在电站初步设计之前的2001年进行的，是以电站可研设计确定的装机容量2×50MW及当时的电网状况为基础的，推荐采用110kV、二回出线接入系统，一回至新建的皂市110kV变电站，线路长度约3km，一回至盘山220kV变电站，线路长度约22km。

随着工程进展，皂市水电站装机容量由可行性研究阶段的2×50MW调整到2×60MW，同时单机最大出力提高到了65MW。通过对常德地区小水电状况及电力系统的发展，以及皂市水电站调节性能、运行方式等的分析，并经过技术经济比较，将皂市水电站原采用110kV接入系统的方式改为采用220kV接入湖南省电力系统，即：

皂市水电站采用220kV电压等级接入系统，以一回220kV线路接入盘山220kV变电站，线路长度约22km，是湖南电网较好的调峰电源。

5.1.2.2 电气主接线

根据电站装机台数、容量和接入系统方式，在电气主接线设计中，对于发电机与变压器的组合方式，考虑了一机一变的单元接线和二机一变的扩大单元接线，并结合220kV侧一回出线，分析比较了变压器侧装断路器的联合单元接线、线路端装断路器的联合单元接线和变压器线路组的扩大单元接线。经过综合技术经济比较，最终确定的电气主接线为：发电机与主变压器为单元接线，并在发电机出口设发电机断路器；220kV侧为联合单元接线，并在变压器高压端装设断路器（出线上不设断路器）。

电气主接线满足电站和电力系统的安全稳定运行要求，皂市水电站电气主接线见图5.1。

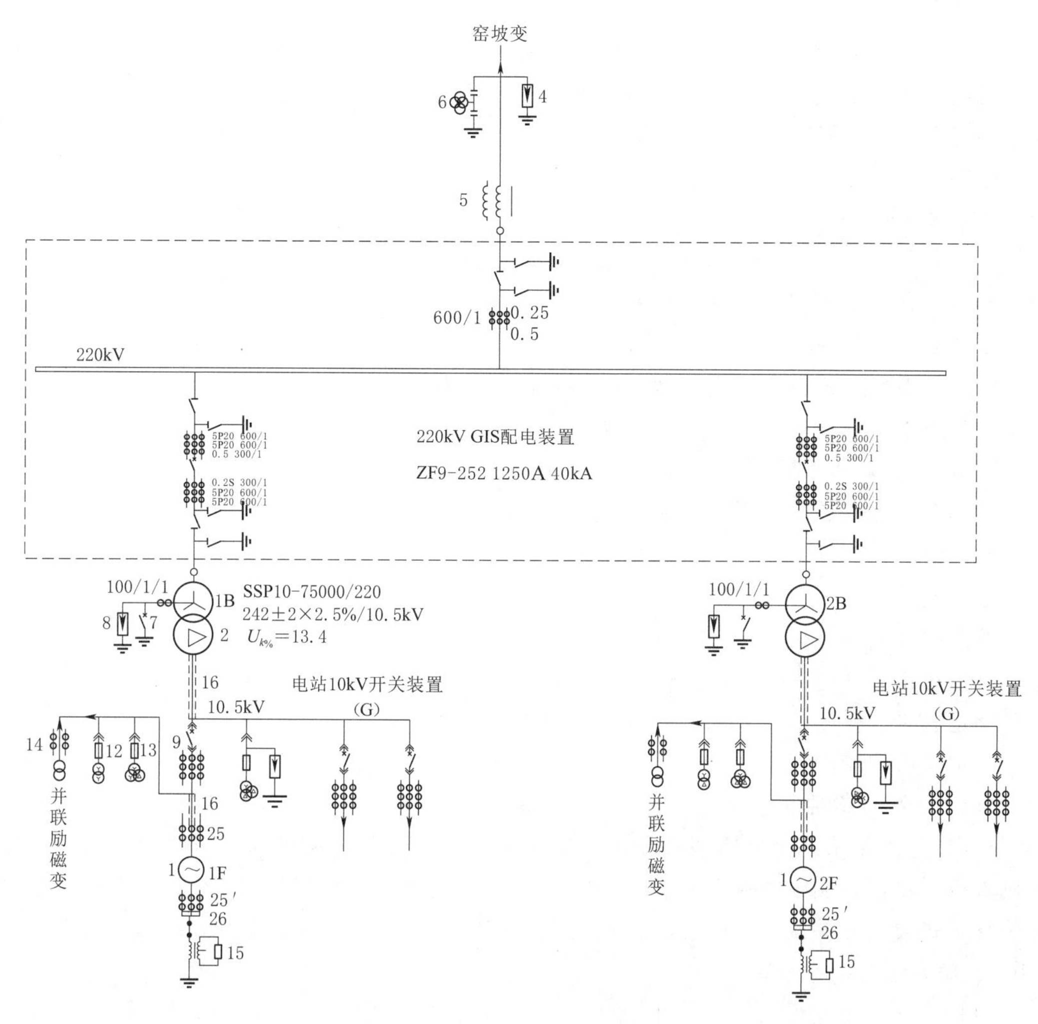

图 5.1 皂市水电站电气主接线图

5.1.2.3 主要电气设备选择与布置

1. 短路电流

根据湖南省电力勘测设计院提供的220kV系统等值阻抗值（基准容量100MVA，基准电压230kV）：正序电抗0.02628、零序电抗0.06288以及电站设备实际的参数，电站的短路电流计算值见表5.2。

表 5.2　　电站的短路电流计算值　　单位：kA

短路点	三相短路电流			单相短路电流			备注
	系统	电站	合计	系统	电站	合计	
220kV 母线	9.6	1.2	10.8	5.3	3.8	9.1	两台主变压器直接接地
				6.0	2.2	8.2	一台主变压器直接接地
10.5kV 母线（机端）	27.4	20.1	47.5				

2. 主变压器

型式：三相油浸双卷无载调压升压变压器，变压器高压侧通过 SF_6/油套管与 GIS 相连，低压侧通过空气套管与共箱封闭母线相连

额定容量：75MVA

相数：三相

额定频率：50Hz

额定电压：高压侧 242±2×2.5%kV；低压侧 10.5kV

连接组别：YNd11

阻抗电压：13.47%

中性点接地方式：不固定接地（经隔离开关接地）

冷却方式：强油水冷

3. 220kV 配电装置

220kV 配电装置采用 SF_6 气体绝缘金属封闭开关设备（GIS），其基本参数如下：

额定电压：252kV

额定电流：4000A

额定频率：50Hz

额定短路开断电流：50kA

额定短时耐受电流（3S）：50kA

额定峰值耐受电流：125kA

4. 发电机电压设备

10kV 开关柜采用金属铠装移开式成套开关设备，发电机断路器采用西门子公司的发电机真空断路器，额定电流 5000A，额定短路开断电流 50kA；厂用分支回路也采用金属铠装移开式成套开关设备，配真空断路器，额定电流 1250A，额定短路开断电流 50kA。

5. 主要电气设备布置

(1) 220kV 电气设备布置。电站副厂房位于上游，为多层结构，每层面积 40.9m×10m，与主厂房平行。220kV 主变压器、GIS 配电装置和 220kV 出线设备分三层（下、中、上）布置在上游副厂房。其中主变压器布置在高程 90m（下层），GIS 室布置在高程 98.58m（中层），220kV 出线设备布置在 GIS 室屋顶（上层），为敞开式户外布置。高程 90m 层除布置两台主变压器外，还布置有中控室和计算机室等；高程 98.58m 层除布置 GIS 配电装置外，还布置了通信室、电气试验室和空调机房等。

1）主变压器（高程 90m）布置。主变压器共 2 台，布置在上游副厂房 90m 层，其中心线与发电机中心线相对应，间距为 19.4m。在变压器外廓四周的底部设置贮油坑，并铺设 250mm 以上的卵石层。变压器高压侧经 SF_6/油套管和 GIS 连接，低压侧和发电机共箱封闭母线相连接。

2）220kV GIS 室（高程 98.58m）布置。GIS 室内布置 220kV GIS 设备一套，包括两台断路器，一组隔离开关，以及检修间、备品备件间、吊物孔等。两台变压器进线通过楼板的开孔与变压器高压侧连接，一回出线采用 SF_6 空气套管穿过屋顶，与 220kV 出线设备连接。

在GIS室的上方还布置了一台桥机及其安全滑线，供GIS安装、检修使用。

3）GIS室屋顶（高程109.1m）电气设备布置。屋顶布置有一组220kV SF_6出线套管、阻波器、避雷器、电容式电压互感器、一组出线构架、220kV出线及避雷线。

（2）厂内10kV及厂用配电装置布置。电站厂房全长72.4m，其中安装场段长31.5m，机组段长40.9m。厂房内主要布置发电机电压设备、厂用供电系统设备、机组励磁设备以及操作保护柜等。

1）发电机层（高程83.26m）电气设备布置。在发电机层的上游副厂房布置有蓄电池室、10kV及0.4kV配电装置室，其地面高程为83.26m，宽度为9m。10kV配电装置（包括发电机断路器柜、厂用分支断路器柜、PT柜以及励磁变压器）与0.4kV配电装置成双列布置，两台主供厂用变压器和一台备供变压器（包括两台10kV负荷开关柜）都布置在0.4kV配电装置侧。

发电机母线采用三相共箱封闭母线，母线沿发电机层楼板底部由发电机机坑引出后直接引至10kV进线开关柜（发电机断路器柜）底部进入开关柜，然后由柜顶垂直引出，穿过主变室楼板，引至主变压器高程（高程90m）后与主变压器连接。

贯穿全厂的电缆主通道设在10kV及0.4kV配电装置室底板下，采用电缆吊架，并在两端设电缆竖井分别与中控室、GIS室和大坝配电装置室连通。

2）水轮机层（高程77.5m）电气设备布置。发电机主回路电流互感器及中性点电流互感器均布置在发电机机坑外。中性点接地装置布置在水轮机层第三象限的机坑外墙边。

在水轮机层的机组检修排水泵房、厂内渗漏排水泵房、高低压空压机室、透平油处理室、机组供水系统的位置，根据运行情况布置了相应的动力及控制柜。

5.1.2.4 过电压保护

1. 避雷器配置

电站一回220kV架空出线布置在GIS室的屋顶，在架空出线与GIS出线套管相连接的入口处设有一组户外瓷柱式氧化锌避雷器，对屋顶的出线设备和GIS配电装置进行保护。另在每台变压器低压侧各装设一组10kV避雷器，防止静电耦合过电压。

电站主变压器中性点经隔离开关接地，同时配置保护间隙。根据系统运行要求，变压器中性点可以直接接地运行，也可以不接地运行，因此，在变压器中性点设置避雷器，以防止雷电侵入波对变压器中性点绝缘产生危害。

220kV户外氧化锌避雷器主要技术参数如下：

型式：Y10W

额定电压：216kV

持续运行电压（有效值）：168.5kV

标准放电电流：10kA

保护水平：雷电冲击残压562kV；操作冲击残压478kV

直流1mA参考电压：≥314kV

雷电冲击耐受电压（峰值）：950kV

1min工频耐受电压（有效值）：395kV

泄漏比距：≥3.1cm/kV

2. 直击雷防护

电站220kV敞开式出线设备（避雷器、电压互感器、阻波器等）布置在GIS室的房顶，在架空出线上设置有避雷线对其进行直击雷防护，需要保护的设备均在此保护范围内，满足运行要求。厂房顶采用女儿墙避雷带和接地引下线等进行保护，且满足建筑物安全运行要求。

其他建筑物，如启闭机房等建筑物均设有避雷带作为直击雷保护。

3. 绝缘配合

220kV电气设备额定全波雷电冲击耐压与避雷器标称放电电流下残压间的配合系数为1.4，变压器中性点的雷电绝缘配合系数不应低于1.25。

220kV电气设备额定全波雷电冲击耐压与避雷器标称放电电流下残压间的配合系数见表5.3。

表5.3　220kV电气设备绝缘配合表

设　备	全波雷电冲击耐受电压/kV	避雷器保护水平/kV	配合系数	配合系数要求值
GIS	950	562	1.69	1.4
出线设备	950	562	1.69	1.4
主变压器	950	562	1.69	1.4
主变压器中性点	400	320	1.25	1.25
配合结论	符合要求			

5.1.2.5　接地

皂市水利枢纽主要由导流洞、大坝、电站引水钢管、上游围堰、消力池、电站厂房及尾水渠等建筑物组成。皂市水电站坝址范围内土壤电阻率较高，为了降低电站接地电阻，因此接地网的设计充分利用了自然接地体，并尽量加大接地网的面积。按照枢纽主体建筑物的布置，电站接地网将主要包括：①大坝接地网；②右岸导流洞接地网；③消力池接地网；④右岸电站，包括进水口、厂房、输水隧洞、尾水接地网；⑤为了扩大接地网的面积，在上游直至土石围堰范围设水下人工接地网。

以上各部分接地网利用接地干线相互连接，形成整个枢纽的整体接地网。

通过数值计算，皂市水电站接地网接地电阻值不超过0.6891Ω。

按照有关规范的要求，皂市水电站接地网地电位按照2kV控制时，接地电阻允许值为0.69Ω；接地网地电位放宽到5kV时，接地电阻允许值为1.73Ω。

皂市水电站蓄水后对接地网的接地电阻进行了测量，电站接地电阻测量值为0.263Ω，小于允许值0.69Ω；电站接地系统设计满足电站安全运行要求。

5.1.2.6　厂用及坝区供电

1. 供电范围及负荷

皂市水电站厂用及坝区供电范围主要包括：电站内机组用电；电站内油、气、水、空调等公用系统用电；电站及厂坝区照明用电；厂内检修设备用电；大坝泄水闸用电；电站进水口用电；灌溉渠首设施用电；斜面升船机（预留）用电等。

除了这些主体建筑的用电外，业主营地位于枢纽右岸附件，其生活用电也包括在内。

经分析统计，枢纽主体建筑的厂用计算负荷约1234.4kVA。另外，斜面升船机（预留）和业主营地生活用电总负荷按3000kVA考虑。

2. 供电电源

（1）工作电源：从2台机端引取，该电源直接与发电机相连，又通过主变压器与220kV系统连接，供电可靠性高。

（2）备用电源：保留一回从皂市110kV变电站引接的10kV施工线路作为备用电源，简单易行，设备投资节省。该电源来自常德地方电网，供电可靠性较高，能够满足电站备用电源的运行需要。

（3）保安电源：考虑到皂市110kV变电站的电源是由盘山220kV变电站供电的，与本电站220kV出线为一个变电站，在220kV系统出现大的故障时，将可能导致本电站电源全失。为了保证大坝泄洪设施的安全可靠供电，设置了一台柴油发电机组，作为防汛保安电源，柴油发电机组布置在大坝0.4kV配电装置室旁。

3. 供电电压

供电电压选取与供电负荷大小、供电距离直接相关。皂市水电站厂房与大坝相距较近，经计算，采用0.4kV电压供电可以满足电压质量的要求，因此，枢纽主体建筑用地负荷的供电电压采用0.4kV一级电压供电。

斜面升船机为预留设施，距离电站厂房相对较远，用电负荷一般是较大的，不能采用0.4kV一级电压供电，应采用10kV和0.4kV两级电压供电。

业主营地距离电站较远，其生活用电也需要采用10kV和0.4kV两级电压供电。

4. 供电接线

（1）电站厂房及大坝区域厂用负荷供电接线。在电站厂房内设一组0.4kV配电装置，电站厂房和大坝区域的所有厂用负荷均由此配电装置供电。该配电装置的主供电源为由两台机端引接的二回厂用电源，各自分别经一台10/0.4kV干式厂用变压器降压后，组成二段0.4kV母线供电，中间设联络断路器，两个电源自动投切，互为备用。同时，一回10kV备用电源经专用的干式备用变压器降压后接入该配电装置的两段母线，并与主供电源之间联锁备投。

在紧靠电站厂房的大坝坝顶设一组0.4kV配电装置，负责向大坝和电站进水口区域的负荷供电，由电站厂房0.4kV配电装置引两回（从不同段母线）0.4kV电缆供电。大坝0.4kV配电装置分两段母线，设置母线联络断路器，自动投切，互为备用。

为保证泄洪设施供电的安全性、可靠性，一台柴油发电机组布置在大坝0.4kV配电装置室旁，作为大坝泄洪设施的保安电源直接接入大坝0.4kV配电装置母线，并与主供电源之间联锁投入，柴油发电机的容量为260kW。

（2）业主营地和斜面升船机（预留）的供电接线。业主营地的生活用电和预留的斜面升船机需要采用10kV和0.4kV两级电压供电，为了限制发电机10kV电压网络的单相接地故障电流，保证发电机的安全运行，在电站设置一台隔离变压器及一组10kV配电装置，对业主营地、斜面升船机等近区用电负荷采用经隔离变压器供电。

厂用及坝区供电系统接线详见图5.2。

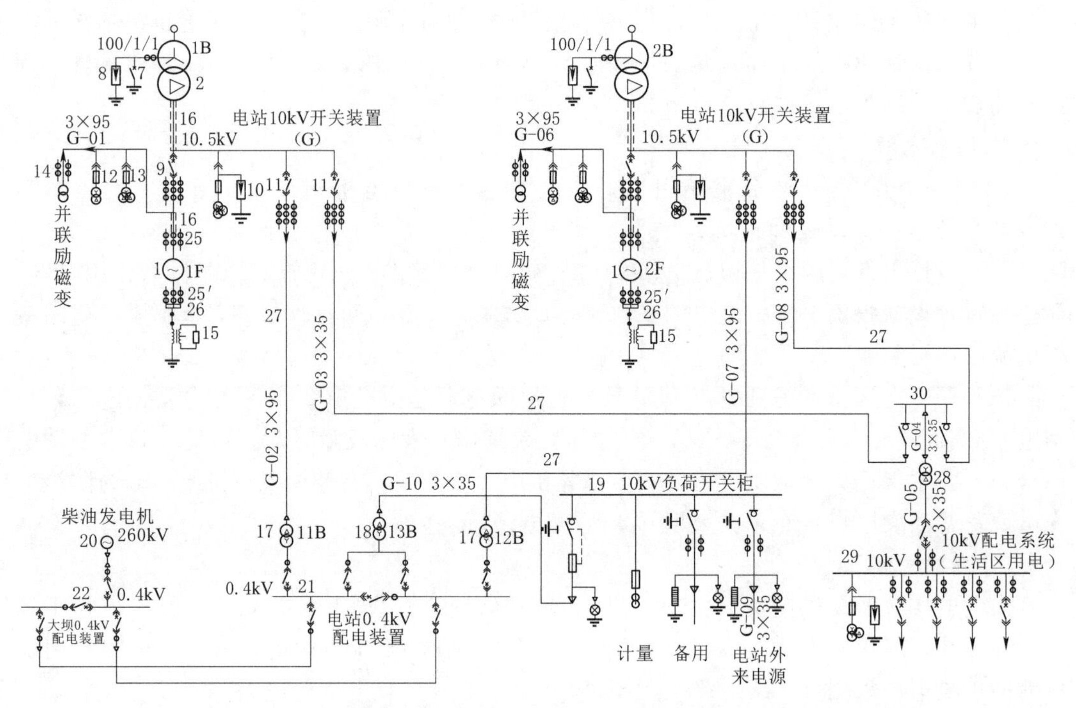

图5.2 厂用及坝区供电系统接线图

5. 厂用电气设备

(1) 厂用变压器。厂用变压器型式有干式和油浸式，布置在厂房内的厂用变压器一般应采用干式变压器。干式变压器具有不燃性，可靠近配电柜布置，便于检修和运行维护。本电站厂用变压器布置在电站主厂房上游侧的副厂房内，与0.4kV配电装置并排布置，所以选用干式变压器，变压器型式为三相环氧浇筑铜芯无载调压干式变压器，并带保护外壳，防护等级IP20。

厂用主供电源的工作变压器设置两台，变压器容量按一台故障，另一台能承担全部负荷考虑，即单台变压器的容量满足全部计算负荷要求。从负荷统计可知，计算负荷为1234.4kVA，所以单台变压器容量选为1250kVA。

对于备供电源变压器，按主供变压器相同容量考虑，也选用1250kVA的三相环氧浇筑铜芯无载调压干式变压器，带保护外壳，防护等级IP20。

变压器高压侧在其保护外壳内与高压电缆连接，低压侧采用母线桥与0.4kV配电柜连接。主要技术参数为：

型式：三相环氧浇筑铜芯无载调压干式变压器，带保护外壳，防护等级IP20

额定容量：1250kVA

额定频率：50Hz

额定电压：10.5±2×2.5%/0.4kV

阻抗电压：6%

连接组别：Dyn11

(2) 柴油发电机组。柴油发电机组是作为电站防汛保安电源设置的，因而其容量应满足防汛泄洪需要。从负荷统计表看，坝区计算负荷约214.2kW，所以其容量按260kW考虑。

柴油发电机组选用高品质产品，具有自启动功能，其控制、启动、保护设备与机组成套供货。启动设备采用机组自带24V直流启动，启动快捷，安全可靠。

柴油发电机组的型式为固定式，额定功率260kW，额定功率因数0.80，额定电压400V，额定频率50Hz。柴油发电机组的控制装置具有完善的自动调节、保护和报警功能，还具有短路、过负荷保护装置以及各种故障报警装置。

(3) 0.4kV配电装置。0.4kV配电装置主要有固定分隔式和框架抽屉式两种结构型式，本电站采用固定分隔式成套配电柜，进线及母联断路器采用框架抽屉式结构，出线回路断路器为塑壳插入式结构，其中，至坝区0.4kV配电装置室的两回出线回路也选用框架抽屉式结构的断路器。主要技术参数为：

型式：固定分隔式。进线、母联、大坝回路断路器为框架抽屉式，其他为塑壳插入式

额定电压：400V

额定绝缘电压：690V

额定频率：50Hz

额定短时耐受电流（1s，有效值）：40kA

额定峰值耐受电流：100kA

主母线额定电流：2500A

中性线母线额定电流：1000A

壳防护等级：IP4X

(4) 电力电缆。10kV电缆采用8.7/10kV三芯交联聚乙烯绝缘铜芯钢带铠装阻燃型电力电缆，型号为ZR-YJV22，规格为3mm×95mm、3mm×35mm。

1kV电缆为四芯交联聚乙烯绝缘铜芯钢带铠装阻燃型电力电缆，型号为ZR-YJV22，截面为4～185mm^2。用于消防水泵和事故照明电源回路的电缆采用四芯交联聚乙烯绝缘铜芯钢带铠装耐火型电力电缆，型号为NH-YJV22，截面为35mm^2和16mm^2。

5.1.3 控制、保护及通信系统

皂市水电站采用全计算机控制，不单独设置常规控制系统。继电保护设备均为数字式继电保护产品，通过设在电站的622M光纤通信设备和OPGW光缆，接入相距约22km的盘山变实现光纤通信。

5.1.3.1 计算机监控系统

1. 控制范围及方式

皂市水电站计算机监控系统主要监控范围包括：两台水轮发电机组、两台主变压器、1回220kV出线、220kV断路器及隔离开关、检修排水系统、渗漏排水系统、中压气系统、低压气系统、通风设备、10kV厂用配电系统、400V厂用配电系统、220V直流系统及其他系统。

皂市水电站采用全计算机监控系统对电站的主要电气设备进行监视和控制。控制和调节方式分为现地控制、厂站控制和上级调度部门控制等控制方式，以及现地调节、厂站调

节和上级调度部门调节等调节方式。上级调度控制方式分为电力调度和澧水公司远控中心调度。

2. 监控系统结构、配置及功能

（1）系统总体结构。本电站计算机监控系统为分层分布式结构，即功能分布和分布式数据库系统。整个系统分成厂站层和现地控制单元两层。系统功能在各单元数据库分布在各个 LCU 中，每个节点严格执行指定的任务并通过系统网络与其他节点进行通信。

网络主干采用光纤组成 100M 工业以太网双网结构，传输速率为自适应式。在中控室配置两台模块化工业以太网交换机，每台提供两个 100M 光纤口用于组网，提供 22 个10/100M RJ45 口用于和控制室服务器、操作员站连接。在每个现地 LCU 控制柜配置两台模块化工业以太网交换机。电站厂站层与外部系统网的通信如与 MIS 系统、计量系统和水调系统之间通过物理隔离装置隔离，所有外部节点对监控系统电站信息网的访问均被禁止。

（2）主控级配置。厂站层节点配置包括两台套操作员工作站、一台套工程师/培训工作站、一台套网关工作站、一台套厂内通信计算机、一套 GPS 同步时钟装置、一套模拟屏驱动装置和模拟屏、一套 UPS 装置、两套网络设备、一套远动 RTU 装置、一整套控制台设备、两台激光打印机及四套便携计算机。

系统设置两台套操作员工作站，主要负责厂站层的数据采集、处理、归档、历史数据库的生成、转储，系统时钟管理、厂站层高级应用软件（AGC、AVC）及其他应用软件运行，也作为操作员人机接口工作台，负责监视、控制及调节命令发出、报表打印等人机界面（MMI）功能。

工程师/培训工作站的硬件配置和操作员工作站相同。该节点主要负责系统的维护管理、功能及应用的开发、程序下载及运行人员的操作培训等工作。此外，工程师站还具有操作员工作站的所有功能。

网关工作站的硬件配置和操作员工作站相同。该节点主要负责与位于长沙的澧水公司远控中心等调度系统之间的通信，实现电站的远方控制。

厂内通信计算机用来连接厂内的火灾报警系统、大坝集控系统或设备。

GPS 同步时钟装置为厂站层提供时钟信息，并为现地 LCU 及相关设备提供脉冲对时信号。

远动 RTU 装置完成在电站直采直送、与电力系统的通信任务。

（3）现地控制单元级配置。现地控制单元节点配置包括两套机组 LCU、一套 220kV 开关站 LCU 和一套公用设备 LCU。

现地 LCU 采用单 CPU、双电源模块的方式，对某些重要的 I/O 采用双 I/O 的方式。机组现地控制单元须设置人机界面，界面介质采用液晶触摸屏。液晶触摸屏既可用来作为现地参数监视的显示窗口，又可用作在现地对现地设备进行控制的控制台。

现地控制单元采用智能化结构，主控制器采用双 CPU 模块、冗余以太网通信模块、现场总线模块及电源模块；本地 I/O 及远程 I/O 通过双以太网或现场 CAN 总线连接。现地控制单元主要配置有可编程设备，每个现地控制单元均配置有彩色触摸屏。

机组 LCU1～LCU2 由两块本地柜、一块机组远程 I/O 柜组成；公用 LCU3 由两块本地柜和两块远程 I/O 柜组成；开关站 LCU4 由两块本地柜组成；大坝 LCU5 由两块本地柜组成。

各现地控制单元（包括远程 I/O 盘）均采用两路交流 220V，一路直流 220V 并列供电的冗余结构电源系统。

（4）监控系统功能。电站计算机监控系统的功能主要是实现整个电站的集中监视和控制、记录和管理以及系统的远方监控，其主要功能有：数据采集和处理功能；人机接口功能；控制与调节功能；通信功能；AGC、AVC 的实施情况。

本监控系统的 AGC、AVC 均已投入运行，且运行正常。

3. 机组辅助设备自动化系统

机组辅助设备自动化系统主要包括调速器油压装置控制系统、水轮机顶盖排水控制系统、机组测温系统、机组漏油泵控制系统、机组技术供水控制系统等。各系统设置独立的现地控制设备，接收监控系统机组 LCU 的监视和下发的启停命令。机组辅助设备控制系统通过 I/O 接口分别与机组 LCU 连接。

4. 机组状态监测系统

电站两台机组采用北京华科同安的机组状态监测系统。该系统由传感器、数据采集单元、服务器及相关网络设备、TN8000 软件等组成，完成对机组的振动摆度、压力脉动、气隙、磁场强度、局部放电及相关状态参数进行采集与分析。机组摆度、振动、瓦温、气隙、压差等信号从状态数据服务器采用 RS-485 方式传至计算机监控系统厂内通信服务器，同时经隔离装置发送至 Web 数据服务器，向 MIS 网发布。

5.1.3.2 继电保护系统

继电保护设备均为数字式继电保护产品。

1. 发电机—变压器组保护

每台发变组（含励磁变压器）的主、后备保护安装在两块保护盘内，变压器在每块盘上均设有完整的主后备保护。每块盘上的变压器保护在机箱、电源、接线上与发电机保护完全分开，变压器非电量保护采用独立机箱日电源、出口跳闸回路与电气量保护完全分开。盘内设备布置可保证在发电机保护退出保护时，变压器保护能可靠地投入运行。

2. 线路保护及安全自动装置

皂市水电站仅有一回 220kV 出线，接至盘山变电站。本线路配置一套微机高频闭锁距离零序保护和一套 220kV 微机高频方向保护；一套远方跳闸及切机屏；以及一套高周切机、低周自启动装置。

3. 电站故障信息处理系统

电站设有完善的故障信息处理系统，主要完成继保装置和录波装置的数据采集和分类检出等工作，并将所需的数据和记录信息提供给调度中心。

4. 动态过程监测

为满足湖南省调对电力系统动态过程的监测需要，电站安装了一套同步相量测量装置（PMU）。

5.1.3.3 通信系统

皂市水电站通信系统由系统通信、枢纽内部通信和通信电源部分组成。

1. 系统通信

电力系统通信主要由光纤通信和载波通信组成。

(1) 光纤通信。通过设在电站的622M光通信设备和OPGW光缆，接入相距约23km的盘山变电站。

(2) 载波通信。在皂市水电站至盘山变电站220kV电力出线A相上开设一路载波通道（开通调度电话并复用1200Bd运动专用通道），在B相上开设一路高频保护通道，载波通道在盘山变转光纤通信电路至省调，作为皂市水电站至省调的调度电话和远动备用通道。

2. 枢纽内部通信

电站采用调度与行政合二为一的数字程控调度总机，系统容量为128线，交换机分别与系统内的重要交换机之间建立中继联系，分别与长沙省调、常德地调建立2M中继联系，提供电力系统调度通信。

电站没有设置专用的行政通信程控交换机，而是采用现有的电信虚拟网，用于电站行政电话机和程控调度总机与市话交换机的连接。

3. 通信电源

通信电源由高频开关电源、阀控式密封铅酸蓄电池组和交、直流配电单元组成。高频开关电源交流输入采用经双回路取自厂用电的不同母线段的交流电源作为主电源。通信设备直流供电采用蓄电池组并联浮充供电的方式。

电站内的通信设备均采用集中供电，该电源由两套高频开关通信电源各带一组容量为300Ah的蓄电池组成，系统采用直流－48V供电。

5.1.4 通风空调

皂市水电站通风空调系统主要包括主副厂房通风、除湿空调、排烟及排风系统；大坝水泵房及消力池泵房通风系统；溢流坝12号坝段配电装置及柴油发电机室通风系统；电站厂房进水口快速液压启闭机房通风系统；大坝底孔液压启闭机房通风系统；大坝表孔液压启闭机房通风系统；大坝电梯井楼梯间正压送风系统等。

5.1.4.1 设计参数选择及气流组织

1. 室外气象参数

皂市水利枢纽采用所在地湖南省石门县室外气象参数作为设计计算依据，具体见表5.4。

表5.4 室外气象参数表

夏季空气调节室外计算干球温度	35.7℃
夏季空气调节室外计算湿球温度	28℃
夏季通风室外计算温度	32℃
冬季通风室外计算温度	5℃
冬季空调室外计算温度	－2℃
夏季通风室外计算相对湿度	59%

续表

冬季空调室外计算相对湿度	71%
夏季最热月室外计算相对湿度	75%
夏季室外平均风速	2.2m/s
冬季室外平均风速	2.1m/s
夏季大气压力	743mmHg
冬季大气压力	759mmHg

2. 室内各部位的空气设计参数

根据设计规范和设计经验，确定枢纽各部位室内空气的设计参数。室内空气设计参数见表5.5。

表5.5　　室内空气设计参数表

序号	部　　位	夏　　季		冬　　季	
		温度/℃	湿度/%	温度/℃	湿度/%
1	中控室、通信室、办公室等	≤27	≤70	≥18	≤70
2	高程83.26m发电机层	≤35	≤75	≥10	≤70
3	高程77.50m水轮机层	≤35	≤75	≥10	≤70
4	副厂房技术供水室	≤35	≤80	≥10	≤70
5	上游副厂房各层	≤35	≤70	≥10	≤70
6	GIS室	≤35	≤70	≥10	≤70
7	油库、蓄电池室	≤35	≤75	≥10	≤70
8	进水口办公室、泄水闸集控室	≤27	≤70	≥18	≤70
9	进水口、大坝启闭机房	≤35	≤75	≥10	≤70

3. 气流组织

发电机层主、副厂房采用全排风的机械通风方案。室外空气由安装场大门进入到厂内，一部分在上游副厂房排风道的抽吸作用下进入到83.26m高程的上游副厂房，吸取热负荷后进入到排风机房，由排风机通过排风竖井排出厂外。其余空气纵向穿过主厂房发电机层，吸取发电机层的热负荷，然后由下游侧上部的7台排风机抽排至厂外。

主厂房发电机层设有3台轴流风机，抽取主厂房发电机层的空气，向主厂房水轮机层和水车室送风，在吸取该层副厂房的热负荷后，经上部排风口进入上游副厂房的排风道，并由布置在该层的排风机排出厂外。

在GIS室屋顶设有4台屋顶风机，平时排热，发生火灾时用于排除上部的烟气。另外设置一套排SF_6系统，本系统进、排风量的选用按照排热、排SF_6两部分同时运行考虑。

5.1.4.2　主、副厂房暖通空调系统布置

1. 空调系统

副厂房安Ⅱ段90.00m高程中控室；94.85m高程计算机室、通信室、闸门控制室、水情集控室等；98.58m高程通信室、电气试验室、一次设备室、休息室、仪表室等；102.54m高程安全监测室、机械用房、二次设备室、仪器储藏室等；选用小型中央空调系统（双变多联中央空调），冷热两用。

2. 发电机层主、副厂房通风系统

发电机层主、副厂房采用全排风的机械通风方案。排风机采用7台低噪声轴流风机和一台离心式风机。7台轴流风机布置在厂房下游侧高窗上部106.20m高程（风机安装中心线）处墙柱间；一台离心式风机布置在上游副厂房83.26m高程安Ⅱ段右端头的排风机房内。在上游副厂房83.26m高程上游侧设纵贯全厂的排风道，排风道在底部和下游墙上部设排风口，吸取上游副厂房77.50m、83.26m两个高程的空气。

室外空气由安装场大门进入到厂内，一部分在上游副厂房排风道的抽吸作用下，进入到上游副厂房83.26m高程，吸取该层副厂房的热负荷后，进入到上游副厂房83.26m高程的排风机房，由排风机通过排风竖井排出厂外；其余空气纵向穿过主厂房发电机层，吸取发电机层的热负荷，然后由下游侧上部的7台排风机抽排至厂外。

上述7台轴流风机和一台离心式风机在发生火灾时，可用来排除主、副厂房的烟气。

3. 水轮机层主、副厂房及水车室通风系统

在主厂房发电机层1号组段左右、2号机组段左下游侧地面各安装一台轴流风机，共3台，抽取主厂房发电机层的空气，送入主厂房水轮机层下游侧顶部纵贯全厂的送风道，向主厂房水轮机层送风。送风气流一部分通过布置在该层下游侧发电机围墙外的接力风机和预埋送风管对水车室进行送风，其余大部分横穿主厂房水轮机层，进入上游副厂房77.50m高程，吸取该层副厂房的热负荷后，经上部排风口进入上游副厂房83.26m高程的排风道，并由布置在该层的排风机排出厂外。

4. GIS室通风系统

设置4台屋顶风机，布置在GIS室屋顶上，平时排热，发生火灾时用于除上部的烟气。另外设置一套排SF_6系统：在下游侧地板下部设纵贯全厂排风道，在上游副厂房98.58m高程2号机段左端头靠楼梯间处设置排风机房，布置一台柜式离心风机箱，并在GIS室下游侧地板上均匀开排风口与排风道连接。进风口设置在GIS室上游墙下部。本系统进、排风量的选用按排热、排SF_6两部分同时运行考虑。排SF_6系统平时每天开启15min，发生事故时2h内，能保证室内SF_6的浓度在1000ppm以下，符合国家规定的要求。

5. 油库、蓄电池室和空压机房通风系统

油处理室、绝缘油罐室、透平油罐室布置在安Ⅱ段77.50m、83.26m高程，在77.50m层事故油池上游侧设置独立的排风机房；排风机通过布置在上述各房间的排风管吸取室内可燃性气体、有害气体及热、湿空气后排至室外，室内保持负压进风。

蓄电池室位于安Ⅱ段83.26m高程的上游副厂房内，选用防爆轴流风机一台进行排风，负压进风。

空压机房在安Ⅱ段77.50m高程厂房内，用单独的风管引至上游副厂房83.26m高程安Ⅱ段右端头的排风机房内进行排风处理。

6. 检修、渗漏集水井泵房通风系统

在1号组段、2号机组段上游侧57.50m高程设置有检修、渗漏集水井泵房，为排除泵房内潮湿空气，分别在两个泵房右端57.50m+2.0m高程布置轴流风机，并由预埋风管排至水轮机层77.50m地面。

7. 除湿

为了保持厂房内空气环境避免过于潮湿，在主厂房上游副厂房的77.50m高程技术供水室、77.50m高程水轮机层各设置了一台和两台移动式除湿机，在57.50m层的检修、渗漏集水井泵房各设置了一台移动式除湿机，型号为CF(Z)Y5，单机除湿量5kg/h。

5.1.4.3 系统分析

电站正常运行时，通风空调系统不仅能满足值班人员对新鲜空气、温度和湿度的要求，而且能满足机电设备对温度和湿度要求。火灾时，防排烟系统能及时将烟气排出厂房，同时给封闭楼梯间及前室加压送风，防止烟气进入，使人员能即时疏散至安全场所。选用分体空调，冬、夏两用，保证办公场所的舒适性要求。在设备选型上采用了先进的符合规范要求的成熟产品，设备制造质量、主要技术参数水平和性能特性均符合工程要求，并能够长期安全、稳定、可靠运行。

5.1.5 消防系统

电站消防总体设计方案以水消防为主，部分不适宜采用水消防的部位、场所采用移动式化学灭火器。水轮发电机组、主变压器及透平油油罐、绝缘油油罐均采用水喷雾灭火系统，电站建筑物灭火主要采用消防车机动灭火和室内、外消火栓固定灭火，同时在建筑物内外配置一定数量的消火栓和移动式灭火器。

5.1.5.1 火灾分析及总体方案

电站建筑物火灾一般为A类，比较容易扑灭，火灾危害性相对较小。电站内机电设备（主要是：水轮发电机组、主变压器、透平油油罐、绝缘油油罐等）火灾一般为B类火灾和带电物体燃烧火灾，不易扑灭，且对生产设备危害性极大。因此，电站消防总体设计方案是：以水消防为主，部分不适宜采用水消防的部位、场所采用移动式化学灭火器。电站建筑物灭火主要采用消防车机动灭火和室内、外消火栓固定灭火，建筑物内外配置一定数量的消火栓和移动式灭火器。重要的生产用机电设备除在附近布设消火栓和移动式灭火器外，还另外配备水喷雾系统等专用消防设施。

5.1.5.2 建筑消防

1. 建筑物布置

厂房内设有两个机组段、两个安装场、上游副厂房。厂房主机段长38.50m，安装场段长33m，厂房总宽度为41.45m，发电机层高程为82.96m，上游副厂房内设有GIS室、主变压器、中控室、电气设备室及技术供水室等；安装场下层布置排水泵房、空压机房、通风机房、油处理室等。

2. 建筑物耐火等级

厂房内各部位主要建筑物的火灾危险性类别及耐火等级见表5.6。

表 5.6　　火灾危险性类别及耐火等级表

火灾危险性类别		丙		丁	戊	
耐火等级		一	二	二	二	三
建筑物类别	主要建筑物	主变压器	中央控制室、继电保护盘室、电子计算机室、载波与程控机房、电缆通道	主副厂房、干式厂用变压器、空压机房、厂用配电盘室	通风机房、空调机房	深井泵房、技术供水室
	辅助生产建筑物		油库、油处理室	实验室		

电站建筑物和构筑物全部为钢筋混凝土或钢筋混凝土框架填充墙结构的非燃烧体，建筑物的耐火极限均已达到一级、二级耐火等级。

3. 防火分区和防火间距

为了确保防火安全，对易失火的重点场所及有特殊要求的部位，如厂内油罐、油处理室、电缆等，通过设置防火分隔或防火隔墙、防火门窗、防火阀进风口、通风竖井等进行分隔。

4. 各部位的消防措施

（1）主、副厂房。除安装场大门作为安全疏散通道外，在 2 号机端还设有通过上游副厂房至厂外的安全疏散口。

发电机层与水轮机层之间设有两座楼梯，作为垂直交通道，该楼梯一直通往厂房最低层。

副厂房每层长约 60m，根据《水利水电工程设计防火规范》设左右两座楼梯作为垂直交通道。

主厂房钢屋架表面刷防火涂料，达到二级耐火标准。

（2）主变压器室。在上游副厂房高程 90m 设有两台主变压器，两台主变压器之间间距符合规范要求，并设有事故油池。

（3）油库。厂内油库油罐与油处理室之间用防火墙、防火门分隔，对外设置两个安全出口，设置外开式防火门，门口设挡油坎，油罐底下一层设事故油池。

（4）中控室、通信室。室内吊顶、墙体的装饰均采用非燃烧材料，电缆进出孔洞用非燃烧材料封堵。

（5）室外消火栓。在厂房上下游路边各设有一个型号为 SS100/65－1.6 的室外地上式消火栓，共 2 只。

5. 事故排烟

厂房内凡容易失火的部位均设置与正常排风相结合的排烟系统，作用是在火灾初期和火灾被扑灭后，将烟雾排出厂外，以便及时恢复生产。

全厂通风、空调系统与消防自动报警系统联动，火灾发生时，报警系统信号传至联动控制系统，使全厂通风、空调系统自动停止运行（防排烟风机除外），以免成为助燃源。

5.1.5.3　机电设备消防

1. 水轮发电机组的消防

本电站水轮发电机组灭火方式采用水喷雾方式。发电机消防水引自贯穿全厂的消防供水管，经发电机灭火控制柜接入发电机定子线圈端部内侧上方和下方的灭火环管上，每根环管上设30个喷雾喷头，共计60个。水轮发电机可通过设在机坑内的感烟感温探测器和灭火箱实现自动报警和自动或手动灭火功能。

水轮机机坑和发电机机坑内的设备均为钢铁结构，发生火灾的可能性很小，但机坑内的导叶接力器、轴承油箱及漏油箱内有少量的润滑油，机组检修时也有可能带进一些可燃性材料，因此在水轮机机坑和发电机机坑外配置适量的手提式干粉灭火器。

2. 主变压器的消防

本电站主变压器的容量为75MVA，单台变压器油重约22t，主变压器消防采用水喷雾灭火装置。按有关规范规定，主变压器设计喷雾水量不小于20L/(min·m^2)，集油坑设计喷雾水量不小于6L/(min·m^2)。因此，在主变压器的顶部周围呈网状分别设置约13个喷雾喷头，侧面周围呈网状分别设置约18个喷雾喷头，变压器集油坑周围设置18个喷雾喷头。喷雾喷头主要参数为：Q=125L/min，雾化角120°。此外，主变压器消防还设置了一个公共事故油池，事故油池布置在安装场下方77.50m高程，内设有油水分离装置，可避免火灾事故扩大。

主变压器设有自动报警装置，当确认火灾后，可在远程或现地、自动或手动启动相应部位的雨淋阀组实现水喷雾灭火。

3. 厂内油罐室的消防

厂内油罐室设有两个容积为20m^{3}的透平油罐、两个容积为30m^{3}的绝缘油罐，油罐之间净距1.5m。

油罐消防采用固定式水喷雾灭火装置，通过设置在安全处的雨淋阀组和管路与消防供水环管相接。每个油罐采用4个喷雾角120°、流量50L/min的喷头。

油罐室和油处理室之间采用防火墙分隔，油罐室进人门地面设有20cm高的挡油坎。油罐室设有两个安全疏散口，各设外开的甲级防火门，在油处理室下方设有透平油油罐事故油池及绝缘油油罐与主变共用的事故油池，油罐室入口处配有手提式泡沫灭火器和干粉灭火器。油处理室及油罐室内设置感烟和感光型火灾探测器，并安装报警按钮。

4. 主、副厂房消防

主厂房上部布置有一台桥式起重机，主机段发电机层布置调速系统设备、机旁盘和励磁盘，水轮机层布置有机组油气水管等。根据各自的火灾特点，在水轮机层、发电机层和安装场共设置6只消火栓，并根据各自的火灾特点，在桥机上、主厂房、副厂房配置一定数量的CO_2灭火器和干粉灭火器。

上游副厂房的电气设备房间，依据有关规程规范，结合各层布置的具体情况，采取相应的监测、报警、防火和灭火措施，设置各种类型的火灾探测器，并配备便携式灭火器材。一旦发现火情，由人工灭火。蓄电池室配备手提式泡沫灭火器、干粉灭火器和砂箱。

5. 机电设备消防水源

本电站厂房主要机电设备及主厂房均采用水进行消防。电站采用水喷雾灭火方式的消防对象有水轮发电机、主变压器、油罐。结合各设备的布置位置和高程，从1号和2号机组的压力钢管取水，经滤水器过滤后作为消防主水源，消防备用水源取自厂区生活、消防用水管。

发电机和油罐的消防水源、主厂房消火栓用水直接取自厂内消防水干管。主变压器的消防采用水泵加压供水方式，水源来自厂内消防水干管。由于主变压器的布置位置较高，其消防水源采用水泵加压供水方案，从消防主水源取水用水泵加压后供主变压器消防。消火栓灭火系统的主水源取自厂内公共消防干管，备用水源取自枢纽消防供水管。

5.1.5.4 火灾自动报警系统

1. 系统结构

皂市水利枢纽火灾自动报警系统和联动控制系统由电站厂房集中报警控制系统和大坝区域报警控制系统两部分组成，后者作为一个报警分区，与前者进行远程通信。

电站厂房集中报警控制系统由集中报警控制器、现地火灾探测器、联动控制装置、报警按钮等通过总线式网络相连接，并与消防广播系统等设备组成集中—分布式报警控制系统。

大坝区域报警控制系统由区域报警控制器、现地火灾探测器、联动控制装置、报警按钮、消防警铃等通过总线式网络相连接，组成集中—分布式区域报警控制系统。

2. 设备布置

皂市水利枢纽火灾报警系统设备布置见表5.7。

表5.7 皂市水利枢纽火灾报警系统设备布置表

序号	位　置	感烟	感温	火焰	缆式/m	手报	广播	对射
一、电厂探测部位								
1	水轮机层	12				2	2	
2	技术供水室、消防泵房	4+3				2	2	
3	空压机及风机室	7+2				1	1	
4	事故油池		2					
5	油库	1		2				
6	油处理室、工具间	1+1	2			1	1	
7	配电盘室	6				2	2	
8	蓄电池室和排风机房	2						
9	发电机层					2	2	2
10	中控室	3				1	1	
11	主变压器室		4	4		2	2	
12	94.85m高程	4				1	1	
13	98.58m高程（副厂）	4				1	1	
14	102.54m高程	4				1	1	
15	GIS室					2	2	3
16	电缆夹层及竖井				13×150			
二、大坝探测部位								
1	底孔4个机房					4	4	4
2	表孔4个机房	2×4				4	4	
3	变电站	2	1			2	2	

3. 联动功能

在主变压器室、发电机和油罐室设有水喷雾系统，发生火灾时，能联动开启水喷雾系统。

风机联动控制模块布置在火灾联动控制柜中，当某处发生火灾时，能联动其风机控制箱。

4. 电源

电站厂房及大坝消防电源采用厂用交流电双回路供电方式。通过厂用电变电站单独引出 2 回交流电源至火灾报警控制主机，控制柜能进行双电源切换功能。

5.2 水力机械设计关键技术研究

5.2.1 机组参数优化及稳定性研究

5.2.1.1 电站运行特点及水轮机选型技术路线

皂市水利枢纽以防洪为主、发电为辅，电站总装机容量 120MW，枢纽在满足防洪要求的前提下在系统中承担调峰作用。因此全年大部分时间参与湖南电网的调峰，每天开停机次数多、机组增减负荷频繁。但由于电站装机台数少（仅 2 台）、保证出力小（仅为电站装机容量的 15.3%、一台机组额定容量的 30.7%），因此电站在系统中的负荷调节能力相对较差。

皂市水电站水头运行范围为 36.4～68.6m，发电水头变幅大，水头变幅超过国内岩滩水电站和五强溪水电站，极限最大水头与最小水头的比值达 1.88，最大水头与最小水头的比值达 1.80，极限最大水头、最大水头、最小水头与额定水头的比值分别为 1.372、1.312、0.728，水轮机运行水头范围很宽，将不可避免地使水轮机在高水头区间运行时偏离最优工况较远。因此，本水电站设计的重点是优化水轮发电机组参数，实现具有更加宽广的高效稳定运行范围，改善机组的安全、稳定运行性能，延长机组的使用寿命，并增加电站的调峰效益和容量。

为适应皂市水电站的运行特点，保证水轮机高效、安全稳定地运行，在水轮机选型设计时特制定以下目标及技术路线：

（1）通过对皂市水电站的动能参数、水库运行调度方式、电站运行特点等方面进行研究，合理地确定水轮机设计水头，选择水轮机参数水平，优化选择水轮机单位参数、稳定性等性能指标，进而保证水轮机成功实现高效、稳定并重的双重开发目标。

（2）通过设置水轮发电机组最大出力，扩大机组安全稳定运行区域，并减小对厂房土建工程及其他设备的负面影响。保证水轮机在高水头段部分负荷的稳定性，提高机组的运行效率，增加皂市水电站的调峰效益，增大电站的调峰容量。

5.2.1.2 水轮机参数论证及选择

1. 水轮机参数选择

水轮机参数选择直接影响到水电站建设的经济性和今后运行的安全可靠性。水轮机主要技术参数的选择应在确保机组稳定安全可靠的前提下，使水轮机的性能较为先进，符合国内外技术发展水平，而且参数之间达到总体的最优配合。

（1）比转速及比速系数选择分析。水轮机比转速 n_s 及比速系数 K 是表征水轮机综合技术经济水平的重要特征参数之一，提高比转速可减小机组尺寸，降低机组造价和土建费用，具有显著的经济效益。但同时受到效率、空蚀、泥沙磨损及稳定性等因素的制约，必须根据本电站的具体条件和机组制造水平综合考虑。

皂市水利枢纽水头变化范围为 36.4～68.6m，属中、低水头范围，适用机型主要是混流式水轮机。根据统计，近年来，国内外已投产的额定水头在 45～56m 之间的混流式水轮机，比速系数在 1954～2155 之间，充分考虑到本电站水头变幅巨大（最大水头与最小水头的比值达 1.88）、保证出力小等特点及难点，适当地降低水轮机比转速和比速系数，将有利于皂市水电站水轮机安全稳定运行。经统计及比较分析，皂市水电站水轮机比速系数宜在 1980 左右，相应额定工况的比转速宜在 280m・kW 左右。

（2）单位转速及单位流量选择分析。在初步确定了水轮机比转速和比速系数的水平后，再根据工程特点，选择合适的单位转速和单位流量，进行参数合理匹配，使水电站工程投资省、发电效益大、运行安全稳定。比转速 n_s 的提高主要通过提高单位转速 n_1' 或单位流量 Q_1' 来实现。提高水轮机的 n_1' 可提高发电机同步转速，减轻发电机重量，降低机组造价。但 n_1' 的增加可能对水轮机的空化、磨蚀、泥沙磨损、运行稳定性带来不利影响。但提高水轮机的 Q_1'，既可以减小水轮机本身的尺寸，降低机组造价，又可以减小厂房尺寸，节省土建投资，但 Q_1' 的提高也受到水轮机的空化性能、强度条件、泥沙磨损等其他因素的约束。

根据国内外水电站的实际运行经验表明，水轮机综合性能的优劣，很大程度上取决于 n_1'、Q_1' 的匹配好坏，只有当 n_1' 与 Q_1' 处于最优匹配时，才能获得最优的水轮机综合性能。结合本水电站的水头特性，综合统计分析及对比分析，皂市水电站水轮机的最优单位转速宜在 81r/min 左右，限制工况单位流量宜在 $1.25m^3/s$ 左右。

2. 确定合理的机组转速

机组转速的选取不仅要顾及水轮机运行工况，使水轮机在整个运行区域内获得较高的效率、较好的稳定性能和空化性能，而且要合理匹配发电机的机组容量、冷却方式、单极容量、槽电流、电负荷、磁通密度等参数。

为了使水轮机在高水头的运行工况下尽可能避开进水边负压面空蚀限制线，应使水轮机在模型综合特性曲线上的运行区域往上偏移，因而应选择较高的转速，故在初步设计阶段机组的额定转速选定为 150r/min。

3. 合理选择水轮机的设计水头和最优效率区

对于皂市水电站水轮机的选型设计而言，首先应确保水轮机在高水头运行工况的稳定性能和效率，再兼顾低水头条件下的性能。因此，选取的水轮机设计水头应高于电站的加权平均水头，最大水头与水轮机设计水头的比值宜在 1.15～1.2 之间选取，相应的水轮机设计水头在 54.7～57m 之间。

对于皂市水电站水轮机运行工况，为改善水轮机在部分负荷条件下的稳定性能，其最优工况的单位流量与额定工况点单位流量比值应尽可能取较小值，宜在 0.8～0.85 之间选取，使最优效率点尽可能偏向部分负荷区。

5.2.1.3 水轮机稳定性分析

（1）混流式水轮机的运行稳定性问题。混流式水轮机的稳定运行受尾水管涡带、叶道涡流、空化等因素的影响。水轮机的转轮叶片通常不能随负荷调整，只有在最优工况的较小范围内有一个无涡区，在该范围内没有出现涡带及压力脉动现象；偏离最优工况运行时，将存在水力稳定性问题及空蚀破坏的潜在危险。

（2）机组设置最大出力对水轮机运行稳定性的影响。以防洪为主要任务的水电工程，受水库运用方式的限制，水轮机的额定水头往往偏低，致使水轮机在高水头工况的导叶开度偏小，水力稳定性较差，负荷调节范围较小，甚至在高水头、大负荷工况下不能运行。对于混流式水轮发电机组，在额定水头已选定的情况下，机组设置最大出力后可以改善混流式水轮机在枯水期高水头区的运行稳定性、降低机组的振动水平。

通常，混流式水轮机稳定运行时导叶相对开度范围为60%～100%满开度；当导叶开度在40%～60%满开度范围内时，水轮机运行时振动加剧。水轮机设置最大功率后，在最大水头发最大功率时的导叶开度加大，可适当改善水轮机的稳定性能，减小尾水管压力脉动值。

5.2.2 机组设置最大出力

5.2.2.1 机组设置最大出力方案拟定

1. 主要原则和目标

（1）皂市水利枢纽是澧水流域骨干防洪工程之一，工程建设资金主要由国家（水利部）和地方政府（湖南省）无偿划拨，因此，枢纽工程机电设备的投资费用受到严格控制。由于电站的设计条件和主要机电设备的主要设计参数已确定，主要机电设备的投资概算也已核定，故机组设置最大出力研究时应充分考虑此因素，尽量降低因设置最大出力而引起投资增加过大。

（2）考虑到枢纽右岸高边坡的稳定性，以及受前沿布置长度的限制，电站装机台数及机组段尺寸已经确定，不能因此而产生大的变化。

（3）按发电服从防洪，尤其在防汛期间，机组运行必须服从防汛调度指挥的原则，进行机组设置最大出力的研究。

（4）机组设置最大出力研究应考虑电站招标设计工作已完成，大坝工程、电站土建及机电安装工程招标文件已编制完成并已发售的实际情况。

（5）在基本不改变机组尺寸和不影响厂房布置及机组稳定运行的基础上，机组在额定容量的基础上增大出力10%左右。

2. 设计思路

国内外设置最大出力的大型混流式机组，一般均根据额定水头来确定水轮机尺寸，并将机组发最大出力的最小水头提高至电站加权平均水头左右来增大机组出力，其最大出力比额定出力增加6%～15%，如三峡机组最大出力比额定出力增加8%、大古力Ⅱ机组最大出力比额定出力增加11.5%、水布垭机组最大出力比额定出力增加15%。

机组设置最大出力，不仅可以以较小的水轮机尺寸获得较大的发电能力，还可以提高电站在枯水期高水头段时的调峰能力，增加电站调度的灵活性，改善水轮机在高水头工况下的运行条件，提高水轮机的运行稳定性。

根据皂市水电站设计及运行条件，在分析和研究已有电站机组所采用方法的基础上，提出机组设置最大出力的5种思路，并做比较分析：

(1) 水轮机名义直径按额定水头50m、额定出力61.54MW确定，增设最大功率通过提高运行水头来实现，同时结构设计按最大功率确定。这种方式可不改变水轮机尺寸，且基本上不改变土建尺寸，从而获得较大的发电能力。

(2) 发电机按额定容量设计，允许发电机在最大容量下提高温升连续运行。这种方式属常规方法，可能对发电机的寿命带来一些影响，另外，电抗值会随着最大容量的增大而增加。这种方式不太适合皂市水电站，并且在某种情况下由于温升等原因难以达到增设最大容量的目的。

(3) 发电机按最大容量设计，增大尺寸和增加重量，这样可使发电机在最大容量下按设计温升运行。这种方式会使发电机造价增加，但只要发电机最大容量设置合理，可不增加原设计的高压配电装置等相关设备和结构的投资。

(4) 发电机按在最大容量连续运行时温升不能超过某一界限设计，这种做法能在满足最大容量要求的同时，又不导致发电机尺寸、重量和投资的过多增加。这种方式实际上是介于 (2) 和 (3) 两种方式之间的一种妥协方式。

(5) 在发电机设计容量（包括最大容量）确定的条件下，通过提高发电机的运行功率因数来提高机组的有功出力，这种做法可以不改变发电机的尺寸、重量和投资，但受水轮机结构刚强度、电站引水系统（如压力钢管）设计刚强度的限制。根据皂市水电站的设计条件，原设计的发电机额定容量（68.57MVA）难以满足业主增容10%的要求（相应须将运行功率因数提高至0.96左右）。

3. 方案拟定

机组设置最大容量将对水轮机、发电机、发电机出口开关设备、主变压器、高压开关设备、输电线路及引水发电系统等产生一定影响。根据皂市水电站的实际情况，机组设置最大出力不应引起电站接入电力系统的重新设计和电站外送线路的投资改变。因此，皂市水电站机组设置最大出力后，发电机的最大容量宜按与之配套的主变压器容量选取为75MVA。

根据皂市水电站机组设置最大出力研究的主要原则和目标，按前述“2. 设计思路”节中分析的 (1)、(3)、(5) 3种思路相结合的方案，初步拟订方案2、方案3与原方案即方案1进行技术经济比较。就机组增设最大出力造成诸多方面的影响进行深入的研究和分析，并对方案3的补充方案进行简要分析。各方案叙述如下：

方案1：即原方案，机组有功功率60MW，视在功率68.57MVA，功率因数0.875；

方案2：机组有功功率65.625MW，视在功率75MVA，功率因数0.875；

方案3：机组有功功率69MW，视在功率75MVA，功率因数0.92；

方案3补充方案：机组有功功率69MW，视在功率78.86MVA，功率因数0.875。

5.2.2.2 对水力机械设备的影响

1. 水轮机及其附属设备

不同最大出力方案水轮机的主要技术参数和控制尺寸见表5.8。

表 5.8 水轮机主要技术参数和控制尺寸表

参数名称		单位	方案1	方案2	方案3
主要技术参数	机组最大出力	MW	60	65.625	69
	水轮机最大出力	MW	61.54	67.31	70.77
	发最大功率的最小水头及保证率	m/%	50/60.02	53/40.00	55.0/35.00
	转轮进口直径	m	4.0	4.0	4.0
	额定转速	r/min	150	150	150
	最大流量	m^3/s	136.7	140.7	144.2
	最大功率比转速	m·kW	280	272	266
	比速系数		1979	1981	1976
	安装高程	m	71.2	71.2	71.2
	水轮机总重量	t	315	320	324
主要控制尺寸	转轮进口直径	m	4.00	4.00	4.00
	安装高程	m	71.20	71.20	71.20
	机坑直径	m	5.80	5.80	5.80
	蜗壳进口直径	m	5.60	5.60	5.60
	蜗壳最大宽度	m	14.79	14.79	14.79
	蜗壳下游最大尺寸	m	7.47	7.47	7.47
	蜗壳上游最大尺寸	m	5.11	5.11	5.11
	尾水管高度	m	11.43	11.43	11.43
	尾水管长度	m	18.55	18.55	18.55
	尾水管出口宽度	m	5.5×2	5.5×2	5.5×2

设置最大出力后，水轮机的出力相应提高，转轮、主轴及其他承压、受力部件的刚强度需相应增大，水轮机的重量将增大。从表5.8中可以看出，设置最大出力后水轮机总重量有所增加。

2. 水轮机结构设计

一般来说，机组设置最大出力后，对水轮发电机组将产生以下影响：

（1）轴功率。机组设置最大出力后，轴功率随水轮机出力增加而增大，主轴扭矩相应增加，在相同安全裕度下，主轴的直径、壁厚和重量均可能增加。

（2）轴向水推力。发电机设置最大容量后，水轮机在高水头工况条件下的出力和流量增大，将引起水轮机轴向水推力的相应增大。

3. 水轮机运行效率

一般当机组设置最大出力后，水轮机在高水头运行区的工况不同程度地靠近其最优运行区间，导叶相对开度稍有增大，水轮机效率略有提高。以HLA616转轮为例，机组设置最大出力后，水轮机发最大出力相应的最小水头提高，无论是原型、还是模型水轮机的最优工况区间都被更多地包容（图5.3、图5.4），水轮机运行范围比基本方案更佳。

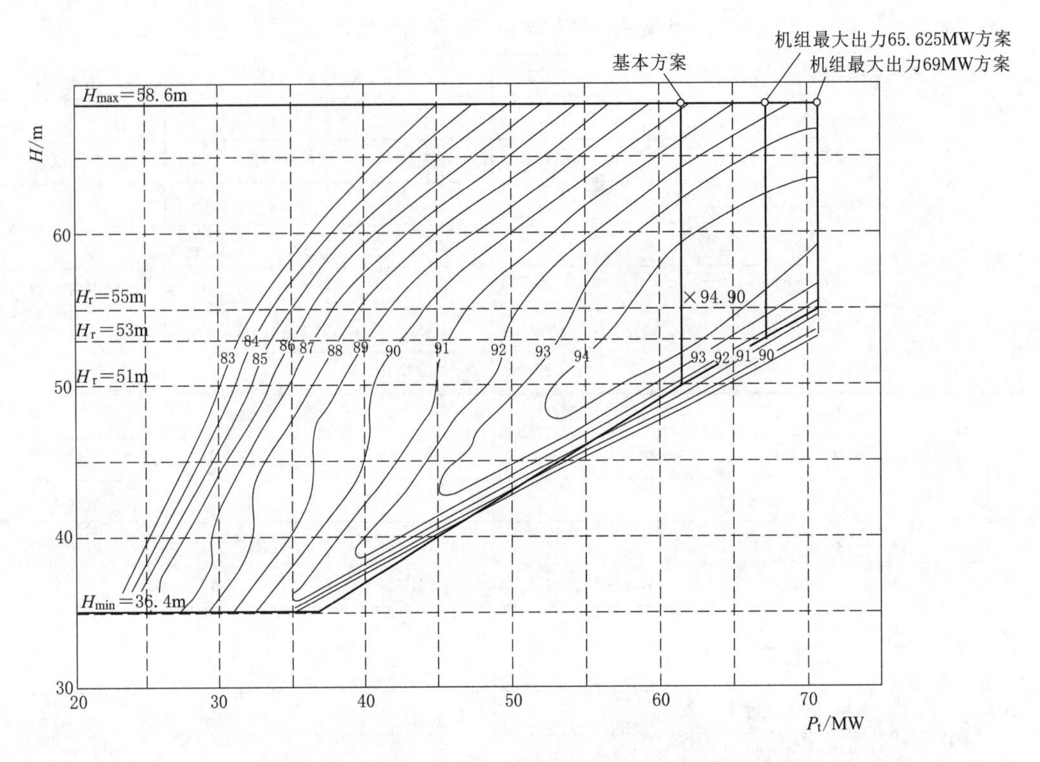

图 5.3 不同最大出力方案原型水轮机运行范围比较图

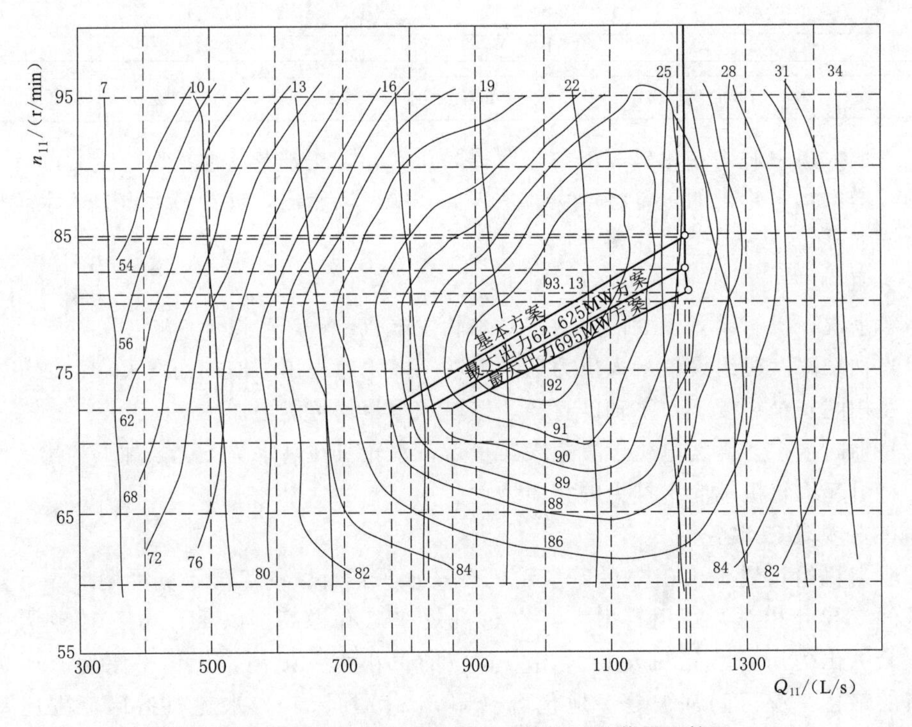

图 5.4 不同最大出力方案模型水轮机运行范围比较图

4. 水轮机空化特性和安装高程

水轮机的空化特性与水轮机的参数水平直接相关，使用水头、比转速和单位流量均相同的水轮机，其临界空蚀系数也几乎相等，即皂市水电站水轮机按上述方式设置最大功率，其在发最大功率的最小水头下的临界空蚀系数均在 0.135 左右（算至水轮机安装高程处）。

皂市水电站机组设置不同最大出力方案水轮机在发最大功率的最小水头下的空蚀特性分析见表 5.9。

表 5.9　　不同最大出力方案水轮机空蚀特性表

参数名称	单位	方案 1	方案 2	方案 3
机组最大出力	MW	60	65.625	69
水轮机最大出力	MW	61.54	67.31	70.77
发最大出力的最小水头	m	50	53	55
比速系数		1979	1981	1976
单位转速	r/min	84.85	82.42	80.90
单位流量	m^3/s	1.208	1.208	1.215
装置空蚀系数		0.271	0.256	0.247
临界空蚀系数		0.135	0.135	0.135
空化安全系数		2	1.90	1.83

从表 5.9 可以看出，设置最大出力后，水轮机在最大水头发最大出力工况下的空蚀安全系数较基本方案有所下降，相应为 1.90、1.83。可见，机组设置最大出力后，按基本方案确定的装机高程是安全的。

5. 水轮机调速系统

调速系统的操作容量与水轮机在最大水头发最大功率工况下的流量成正比。机组设置最大出力后，调速系统的操作容量将分别增加 3%、5.5%左右，这种容量的增加预计不会引起原设计的调速系统费用的增加。

6. 调节保证计算

电站采用坝后式厂房、单机单洞输水方式。电站进水口设置有拦污栅、检修闸门、快速闸门。机组输水系统总长 114m，引水压力钢管直径为 5.6m。

根据调节保证计算，蜗壳最大压力上升值发生在最大水头、水轮机甩去最大出力的过渡过程工况。机组设置最大出力后，蜗壳的水压上升值将可能有所增加，压力钢管、蜗壳、导叶等电站输水系统和水轮机过流部件的结构刚强度，需按设置最大出力后的条件进行复核。

三个方案调节保证计算结果见表 5.10（电算采用 HLA616 模型转轮）。

从表 5.10 可以看出，经调节保证计算，机组增设最大出力后，在控制机组的最大转速上升值不超过 52%的前提下，通过调整导叶接力器关闭时间，虽然机组最大转速上升率和尾水管最大真空度略有上升，但仍在规程允许的范围内，蜗壳末端最大压力值不仅未

表 5.10 机组调节保证计算结果表

参数名称	单位	方案1	方案2	方案3
机组最大出力	MW	60	65.625	69
输水系统∑LV	m^2/s	844.23	870.79	890.55
水力惯性时间常数	s	1.722	1.676	1.651
机组惯性时间常数	s	9.246	9.393	8.934
导叶接力器关闭时间	s	10	11	11
最大转速上升值	%	40.82	43.43	46.48
蜗壳进口最大压力值	mH_2O	81.96	81.33	81.25
蜗壳末端最大压力值	mH_2O	84.36	83.53	83.47
尾水管最大真空度	mH_2O	1.88	2.10	2.37

上升、还略有下降。因此可以认为：在机组增设最大容量后，整个引水发电系统可以维持原设计方案不变。

5.2.2.3 对发电机及其附属设备影响

1. 发电机主要技术参数

各方案发电机的主要技术参数和控制尺寸见表5.11。

表 5.11 发电机主要技术参数和控制尺寸表

参数名称		单位	方案1	方案2	方案3
主要技术参数	机组最大出力	MW	60	65.625	69
	最大容量	MVA	68.57	75	75 (78.86)
	最大功率	MW	60	65.625	69
	额定电压	kV	10.5	10.5	10.5
	最大电流	A	3770	4124	4124 (4336)
	最大功率对应的功率因数		0.875	0.875	0.92 (0.875)
	额定频率	Hz	50	50	50
	转动惯量	$t \cdot m^2$	9000	10000	10000 (10500)
	纵轴瞬变电抗		≤0.35	≤0.35	≤0.35
	纵轴超瞬变电抗		≥0.2	≥0.2	≥0.2
	短路比		≥1.1	≥1.1	≥1.1
主要控制尺寸	发电机总重量	t	534	567	567 (586)
	转子重量	t	270	284	284 (293)
	极距	m	0.63	0.64	0.64 (0.65)
	定子铁芯内径	m	8.05	8.15	8.15 (8.28)
	定子铁芯长度	m	1.18	1.25	1.25 (1.28)
	定子铁芯外径	m	8.80	9.00	9.00 (9.10)

续表

参数名称		单位	方案1	方案2	方案3
主要控制尺寸	定子机座外径	m	10.40	10.60	10.60 (10.74)
	风罩内径	m	13.20	13.20	13.20 (13.34)
	下机架坑直径	m	8.00	8.00	8.00
	定子机座高度	m	3.00	3.10	3.10 (3.15)
	上机架高度	m	0.85	0.85	0.85
	下机架高度	m	1.70	1.70	1.70
	下机架坑高度	m	2.60	2.60	2.60
	风罩高度	m	3.96	3.96	3.96 (4.0)

注 表中括号内数据为机组最大出力 69MW、发电机功率因数为 0.875 时相应数据。

2. 发电机结构设计

机组设置最大出力后，对水轮发电机的结构设计将产生以下影响：

(1) 推力负荷。机组设置最大出力后，水轮机的轴向水推力增大，将引起发电机推力负荷相应增大。

(2) 发电机重量和外形尺寸。发电机设置最大容量后，在相同的材料利用系数条件下，定子铁芯长度相应增大，发电机主要结构部件的尺寸和刚强度需相应增大，发电机的重量将增大。

从表 5.11 可以看出：当发电机最大容量为 75MVA 时，发电机总重量增加了 33t，整体转子的重量增加了 14t。发电机的主要控制尺寸变化不大，定子铁芯的长度和高度稍有增加，定子机座外径、高度分别增加了 0.2m、0.1m。由于发电机外形尺寸变化有限，可通过提高发电机的材料利用系数和利用发电机风罩的尺寸裕量来容纳这些变化，因此发电机外形尺寸变化对土建结构及机组段尺寸不产生影响。

发电机最大容量 78.86MVA 是机组最大功率提高至 69MW、相应功率因数为 0.875 时的容量。该方案发电机的总重量增加 52t、转子重量增加 23t，发电机风罩的轴向和径向尺寸均需增加，特别是发电机径向尺寸较基本方案增加 0.34m，增幅较大。必须将发电机风罩内径由 13.2m 增大至 13.34m，即每台机组段尺寸需增加 0.14m、两台机共需增加 0.28m，将引起整个厂房前沿设计尺寸的改变，并会引起土建投资的增加。

3. 发电机励磁系统

皂市水电站水轮发电机的最大容量提高至 75MVA 后，励磁系统的励磁方式、自动励磁调节器不会因发电机容量的增加而发生变化，发电机励磁系统的干式励磁变压器、可控硅整流装置、灭磁设备为同一档次，其设备费用不会因发电机容量的增加而发生较大变化。

4. 主厂房起重机

主厂房起重设备的起重能力由起吊发电机转子控制。机组设置最大出力后，发电机整体转子重量约 284t 或 293t，考虑吊具重量（约 10t，包括平衡梁），吊装整体转子的起吊总重量约 294t 或 303t，未超过主厂房桥机的额定起重量 320t 的起吊水平。

主厂房桥机的轨顶高程受主变压器的检修高度要求控制。机组设置最大出力后，主变压器容量不发生变化。因此，主厂房桥机的轨顶高程能满足机组设置最大出力后的起吊要求。

5. 对水轮机运行稳定性的影响

皂市水电站机组设置不同最大出力方案的导叶开度见表 5.12。

表 5.12　　不同最大出力方案水轮机导叶开度比较表

参数名称		单位	方案1	方案2	方案3
机组最大出力		MW	60	65.625	69
最小水头发最大出力工况	水轮机出力	MW	61.54	67.31	70.77
	水头	m	50	53	55
	单位转速	r/min	84.85	82.42	80.90
	单位流量	m^3/s	1.208	1.208	1.215
	模型导叶开度	mm	26.2	26.2	26.3
	导叶相对开度	%	100	100	100
最大水头发最大出力工况	水轮机出力	MW	61.54	67.31	70.77
	水头	m	68.6	68.6	68.6
	单位转速	r/min	72.44	72.44	72.44
	单位流量	m^3/s	0.770	0.826	0.862
	模型导叶开度	mm	15.0	16.2	17
	导叶相对开度	%	57.3	61.8	64.9

从表 5.12 可以看出，设置最大出力后，水轮机在最大水头发最大出力工况下，导叶相对开度较基本方案增加了 4.5%、7.6%，水轮机在高水头条件下的运行稳定性有所改善，水轮机稳定运行范围扩大。

6. 对电气设备的影响

(1) 对电力系统的影响。在正常运行情况下，电站出力将由 2 回线路送出，当 1 回线路故障时，只能由 1 回线路送出。经计算，LGJ－240 线路的最大输送容量约为 84.8MW，LGJ－185 线路的最大输送容量约为 73.5MW。在电站装机容量 2×50MW 时，在 1 回线路故障的情况下，LGJ－185 线路能送出电站出力的 73.5%，LGJ－240 线路能送出电站出力的 84.8%，已出现电站出力的部分受阻问题。当电站的最大出力为每台机 66MW（或 69MW），总容量分别为 132MW 和 138MW，正常运行情况下，两条线路可以送出电站满发的所有出力，但在 1 回线路故障的情况下，LGJ－185 线路只能送出电站出力的 55.7%或 53.3%左右；LGJ－240 线路只能送出电站出力的 64.2%或 61.4%左右。此时，电站的出力受阻问题仍然存在。

考虑到皂市水电站是以防洪为主，兼顾发电的水利枢纽，其年利用小时数较低，只有 2700 多 h，电站满发的概率较小，再者，其送出线路较短，最长的也只有 20 余 km，线路故障概率也较小。因此，电站增大出力后，其电力送出受阻的概率也相对偏小，相对 120MW 装机容量而言不会有本质的影响。

(2) 对主变压器的影响。原装机容量 2×60MW 时，变压器的容量配置应不小于

68.6MVA。按国家标准，110kV变压器容量系列超过63MVA上一档的为90MVA，该容量显然太大。因此参考国内已生产过的变压器产品容量，选择了额定容量75MVA的变压器。这样，变压器的容量留有9.3%的裕度。

若机组出力增大至2×66MW，则变压器的容量应为75.4MVA，超过了原选择的75MVA的变压器额定容量，其过载容量很小，仅为0.6%，对其运行几乎无影响。且发电机在最大出力运行时，还可以调整发电机的功率因数（如从0.875调至0.88），使其控制在75MVA容量以内运行。因此，变压器容量仍可选择为75MVA。

若机组出力增大至2×69MW，则变压器的容量应不小于78.9MVA，此时如仍用75MVA变压器，则过载5.1%，因此需改用80MVA的变压器，投资每台约增加25万元。

(3) 短路电流及其影响。机组增大出力后，如仍按原有阻抗水平，短路容量必将增大。装机容量为2×60MW，机组增大出力至2×66MW、2×69MW时，电站的短路电流水平分别列于表5.13～表5.15。

表5.13　120MW容量时短路电流值　单位：kA

短路点	三相短路电流			单相短路电流			备注
	系统	电站	合计	系统	电站	合计	
110kV母线	6.5	2.6	9.1	3.2	6.5	9.70	2台主变压器接地
10.5kV母线（机端）	26.8	21.3	48.1				

表5.14　132MW容量时短路电流值　单位：kA

短路点	三相短路电流			单相短路电流			备注
	系统	电站	合计	系统	电站	合计	
110kV母线	6.5	2.8	9.3	3.3	6.6	9.90	2台主变压器接地
10.5kV母线（机端）	26.8	23.4	50.2				

表5.15　138MW容量时短路电流值　单位：kA

短路点	三相短路电流			单相短路电流			备注
	系统	电站	合计	系统	电站	合计	
110kV母线	6.5	2.95	9.45	3.21	6.86	10.07	2台主变压器接地
10.5kV母线（机端）	28.1	24.5	52.6				

从表5.13～表5.15可以看出，由于系统情况未发生改变，系统侧提供的短路电流几乎没有变化，而发电机侧提供的短路电流按机组出力增大而增加。

110kV侧短路电流：当机组出力增加至2×66MW时，三相短路电流由9.1kA增加至9.3kA，增加了2.2%；单相短路电流由9.7kA增加至9.9kA，增加了2.1%。单相短路电流增加后，电站入地短路电流由原计算的5.2kA增加到5.3kA，相应接地电阻允许值由原0.385Ω降低为0.377Ω；当机组出力增加至2×69MW时，三相短路电流由9.1kA增加至9.5kA，增加了4.4%；单相短路电流由9.7kA增加至10.1kA，增加了4.1%。单相短路电流增加后，电站入地短路电流由原计算的5.2kA增加到5.5kA，相应接地电阻允许值由原0.385Ω降低为0.363Ω。

10kV 侧短路电流：当机组出力增加至 2×66MW 时，三相短路电流由 48.1kA 增加至 50.2kA，增加了 4.4%；当机组出力增加至 2×69MW 时，三相短路电流由 48.1kA 增加至 52.6kA，增加了 9.4%。10kV 侧短路电流增加后均突破了 50kA，这对于分支回路断路器的选择将带来影响。

110kV 侧短路电流虽然增加，但增加后的短路电流值仍在 110kV GIS 断路器的开断能力（31.5kA）之内，对 GIS 设备选型无影响。由于入地短路电流的增加使得电站允许接地电阻值降低，但也在原设计范围内（0.272～0.479Ω），也无实质性影响。

10kV 侧短路电流增加后，对 10kV 电缆选择（由热稳定决定）有一定影响。但由于该电缆很短，因而对投资可以忽略不计。

(4) 对发电机断路器和分支回路断路器的影响。电站装机容量为 2×60MW 时，发电机出口的断路器选择西门子公司生产的发电机真空断路器，额定电流为 5000A，额定短路开断电流为 50kA。若机组出力增加到 2×66MW 或 2×69MW 时，其计算额定电流分别为 4355A 和 4553A，都没有超过所选择的额定电流 5000A；当发生短路时，发电机断路器承担的较大的开断电流分别为 26.8kA 和 28.1kA（均由系统侧提供），没有超过发电机断路器的额定短路开断电流 50kA，也可满足要求。因此，发电机增大出力后对发电机断路器没有实质性的影响。

对于厂用分支回路，采用金属铠装移开式成套开关设备，配真空断路器，额定电流 1250A，额定短路开断电流 50kA。机组出力增大至 2×66MW 或 2×69MW 时，其短路电流分别达到 50.2kA 和 52.6kA，均超过断路器的额定开断电流，因此断路器的额定开断电流应改选为 63kA，相应投资将增加（一台厂用分支断路器柜将增加投资约 15 万元）。因增加出力后，短路电流超过 50kA 极少，可以适当增大发电机的次暂态电抗 X''_d 或提高主变压器的短路阻抗，以控制短路电流在 50kA 以内，这样对分支回路断路器就无影响。

(5) 对封闭母线的影响。发电机电压母线采用三相共箱式封闭母线，其额定电流为 5000A，热稳定耐受电流为 50kA，机组增大出力至 132MW 或 138MW 时，母线回路的额定计算电流将分别为 4355A 和 4553A，可选择 5000A 额定电流不变；由于封闭母线只用在主回路，从表 5.15 和表 5.16 可知，其最大短路电流分别为 26.8kA 和 28.1kA，选为 50kA 热稳定耐受电流也可满足要求。因此，增大装机容量对封闭母线的选择不会产生影响。

(6) 对电气设备布置的影响。原电站装机时，电站的布置方式为：10kV 配电装置（包括发电机断路器柜和分支回路柜）布置在发电机层的上游副厂房，110kV 变压器、GIS 配电装置和 110kV 出线设备分三层布置在上游副厂房（10kV 配电装置的上面）。发电机母线沿发电机层楼板底部由发电机机坑引出后直接引至 10kV 进线开关柜（发电机断路器柜）底部进入开关柜，然后由柜顶垂直引出，穿过主变室楼板，引至主变压器高程后与主变压器连接，变压器高压侧通过楼板的开孔经 SF_6/油套管和 GIS 连接，GIS 的 2 回出线再采用 SF_6 空气套管穿过屋顶，与 110kV 出线设备连接。

机组增大出力至 2×66MW 时，变压器的容量选择为 75MVA 未变，布置没有影响；机组增大出力至 2×69MW 时，变压器改用 80MVA，其尺寸与 75MVA 差别不大，而且原变压器布置场地较大，因此对布置也没有影响。

机组增大出力至132MW和138MW时，发电机封闭母线和发电机断路器柜的设备参数没有改变，其布置方式也不变，虽然厂用分支回路断路器的短路开断电流增大为63kA，但开关柜的形式与尺寸没有变化，对其布置不会产生影响。所以，机组增大出力后，电气设备的布置不会发生改变。

（7）对电气二次设备的影响。皂市水电站机组出力从60MW增加到66MW，二次专业设备费用基本保持不变。基于以下原因考虑：①励磁系统的励磁方式、自动励磁调节器不会因机组容量增加而发生变化；对60MW机组与66MW机组而言，干式变压器、可控硅整流装置、灭磁设备为同一档次，其设备费用不会因机组容量增加6MW而发生较大变化；②当机组容量增加6MW时，机组监控设备LCU仅监控点可能发生增加，这也不会使监控设备费用发生较大变化。故总体上说机组容量增加不会引起二次设备费用的增加。

（8）设置最大出力对土建工程的影响。机组设置最大出力后，发电机容量增大，主要结构部件的外形尺寸也将相应发生变化。

从表5.11可以看出，与基本方案相比，当机组最大出力增至65.625MW或69MW且发电机最大容量为75MVA（发电机功率因数分别为0.875、0.92）时，定子机座的外径增大0.2m、高度增加0.1m，平面及高度尺寸增加均不大。在保持基本方案发电机风罩内径不变的情况下，设置最大出力后定子机座平面尺寸虽有所增大，但风罩内径与定子机座之间的间距为1.3m，能满足要求（要求的最小间距为1.2m）；定子机座高度也虽然有所增加，但增加量仅为0.1m，由于发电机上机架为轻型机架，承受与传递的力不大，可以通过改变上机架的结构设计来降低其高度，也可通过适当提高发电机的材料利用系数来降低定子机座的高度，使发电机风罩高度在设置最大容量后仍然保持不变，因而发电机层地面高程无需抬高。

当机组出力增至69MW且发电机最大容量为78.86MVA（发电机功率因数为0.875）时，发电机径向尺寸增加较大，须增加机组段尺寸0.14m、两台机共0.28m，并将引起整个厂房前沿设计尺寸的改变。

桥机轨顶高程由主变压器吊罩检修高度控制，因而桥机轨顶高程不用抬高。

可见，由于机组增容，发电机最大容量提高至75MVA时，主厂房的布置尺寸及主要高程均可以维持不变。而发电机最大容量提高至78.86MVA时，主厂房上下游及坝轴线方向的尺寸均需改变并须重新设计，且增加了土建投资成本，同时也会对已发售的两个主体工程标产生较大影响。

7. 设置最大出力对电站效益的影响

（1）发电量。皂市水库正常蓄水位为140m，防洪限制水位为125m，水库防洪库容7.8亿m^3，电站装机容量120MW。根据初步设计拟定的水库调度方式，采用长系列的旬平均径流资料进行长系列操作，皂市水电站设置最大出力各方案水能指标比较见表5.16。

表5.16 皂市水电站设置最大出力方案水能指标比较表

项目	单位	方案1	方案2	方案3
机组台数	台	2	2	2
机组最大出力	MW	60	65.625	69.0

续表

项　目	单位	方案1	方案2	方案3
发电量增加值	亿 kW·h	0	+0.01	+0.02
水量利用系数增加值	%	0	+0.22	+0.3
年均弃水量减少值	亿 m^3	0	0.07	0.09

从表5.16可以看出，随单机最大出力的增大，多年平均发电量增幅不大，设置单机最大出力获得的电量分别增加0.01亿kW·h、0.02亿kW·h，增加的电量为水库水位蓄至140m时的电能。

(2) 调峰能力。皂市水电站位于湖南省常德市石门县境内，距负荷中心较近，主要供电湖南省电网，湖南省网电力发展主要考虑大中型机组，除部分供热机组外，不再考虑发展中小型火电机组，现有的中小型火电机组将逐年退役。因此，非统调部分的发展将受到限制，统调部分的发展速度要高于整个地区电力需求的增长速度，统调电量在整个地区的全社会用电量中所占的比重也将逐步加大。湖南电网虽然水电站较多，但季节性明显，统调的水电装机中调蓄性能较好的不多，水电比重将逐步减少，电网调峰能力不足的问题突出，皂市水电站可参与电力系统调峰，为满足系统不断增加的调峰负荷要求，皂市水电站适当设置最大出力是适宜的。

8. 经济比较

(1) 各方案投资估算。从以上分析可以看出，机组设置最大容量至75MVA后，仅水轮机、发电机和发电机开关的投资受到影响。各方案投资比较见表5.17。

表5.17　各方案设备投资比较表

参数名称	单位	方案1	方案2	方案3
机组最大出力	MW	60	65.625	69
2台水轮机总重量	t	630	640	648
2台发电机总重量	t	1068	1134	1134
水轮机投资差额	万元	0	+36	+64.8
发电机投资差额	万元	0	+217.8	+217.8
发电机开关投资差额	万元	0	+60	+60
主变压器投资差额	万元	0	0	0
设备投资总差额	万元	0	313.8	342.6

(2) 各方案经济效益估算。由于机组增设最大出力，方案2、方案3与方案1相比，平均每年分别增加发电量100万kW·h、200万kW·h。参考江垭电站现行电价0.327元/(kW·h)计算，方案2每年可增加32.7万元的电量效益，方案3每年可增加65.4万元的电量效益。

(3) 经济比较。根据各方案的投资和效益估算，在机组设计最大容量75MVA条件下，机组最大出力65.625MW方案的补充单位电量投资水平为3.14元/(kW·h)，机组最大出力69MW且调整发电机功率因数至0.92时的补充单位电量投资水平为1.71元/(kW·h)，均小于皂市水电站装机120MW时整个电站9.6元/(kW·h)的投资水平。

至于机组最大出力 69MW、发电机最大容量 78.86MVA、功率因数为 0.875 的方案，由于机组重量增加、厂房土建尺寸增加、主变压器容量增加等因素将导致整个电站的投资费用增加，而获得的经济效益并不增加，故没有必要进行详细的经济比较。

5.2.2.4 方案比选

（1）推荐电站单机最大出力为 65.625MW，机组增容 9.375%，发电机额定功率因数为 0.875、视在功率增容至 75MVA，与电站主变压器额定容量 75MVA 相匹配。考虑到一些电站有提高功率因数运行的实际情况，当发电机按 75MVA 最大容量设计、提高发电机功率因数至 0.92 时，机组最大有功功率可提高至 69MW，机组增容 15%，投资增加有限，可再增发电量 100 万 kW・h。但该方案受电力系统限制，能否实施需业主与电力部门进一步协商确定。

（2）增容后水轮机名义直径不变。机组发最大出力 65.625MW 时的最小水头为 53.0m，水轮机最大功率为 67.31MW；机组发最大出力 69MW 时的最小水头为 55.0m，水轮机最大功率为 70.77MW。

（3）机组增设最大出力后，水轮机参数水平基本不变，水轮机安装高程不变，发电机同步转速不变，但机组的结构应按最大功率来设计。

（4）发电机按最大容量 75MVA 设计，发电机径向尺寸增加 0.2m，轴向尺寸增加 0.1m，由于增加幅度较小，在现有结构及土建设计裕量范围内，不改变土建结构设计。

（5）机组增设最大容量后，引水发电系统、机组段尺寸、厂房各高程、桥机起重量、高压变配电设备及线路设计不变。

（6）机组增设最大出力至 65.625MW 后，电站年发电量可增加 100 万 kW・h。

（7）从增加投资角度来分析，与最大出力 65.625MW 方案相比，通过调整发电机功率因数至 0.92，使机组最大出力提高至 69MW 时仅水轮机投资增加，且增加量极为有限，但电站年电量可再增加 100 万 kW・h。可见，在电力系统允许的条件下，电站应尽可能将运行功率因数提高至 0.92，以最大限度地获得有功电量效益。

（8）机组增设最大出力至 65.625MW 或 69MW 时，电站补充单位电能投资分别为 3.14 元/(kW・h)、1.71 元/(kW・h)，该补充单位电能投资水平与一般电站 2～4 元/(kW・h) 的投资水平相当，也远小于整个皂市水电站 9.6 元/(kW・h) 的投资水平。

综上所述，电站机组按 75MVA 设置最大容量在技术上可行，增加投资有限，从电站长期运行角度来看有较大的经济效益。

设计上通过对皂市水电站的动能参数、水库运行调度方式、电站运行特点等方面研究，进行了水轮发电机组优化设计及机组设置最大出力的研究，提出了先进合理的设计措施，极大地改善了皂市水电站机组的安全、稳定运行性能，延长了机组的使用寿命，以及在防洪任务基础上提高电站的经济运行效益，电站每年增加电量 300 万 kW・h。

5.3 电气设计关键技术研究

5.3.1 电站接入电力系统设计

电站接入电力系统的方式，是根据电站装机容量、调节性能、运行方式、电力系统负荷水平、电源性能、网架结构等因素综合考虑的。

5.3.1.1 可行性研究阶段设计的接入系统方式

皂市水电站最初的接入电力系统设计在2001年的电站初步设计阶段，以电站可研设计确定的装机容量2×50MW和当时的电网状况为基础。

皂市水电站地处湖南省常德地区石门县境内，根据常德市及常德市西北部地区当时电力电量平衡结果，2005年，常德市电力电量均有较大盈余，2010年，常德市电力在大负荷方式下基本能够平衡，电量仍有一定盈余。而2005年，常德市西北部地区在皂市水电站完全投产后，110kV层面电量基本能够平衡，到2010年电量出现缺额达到2.4亿kW·h。由此可知，皂市水电站投产后，其供电范围主要为常德市西北部地区，主要包括石门县、临澧县、澧县西部及桃源县北部地区。皂市水电站的建设对于开发澧水流域丰富的水能资源，保证常德市西北部电网用电的需求，满足其今后工农业生产需要，促进地区经济发展有着积极的作用。

在2001年接入系统设计中，根据电站装机规模、供电范围、在电力系统中的地位和作用，以及当时常德市西北部地区电网现状和皂市水电站近区的负荷分布，皂市水电站采用110kV电压等级、出线2回接入电力系统，1回至新建的皂市110kV变电站，线路长度约3km，1回至盘山220kV变电站，线路长度约22km。

5.3.1.2 实施的接入系统方式

随着工程进展，皂市水电站装机容量由可行性研究阶段的2×50MW调整到2×60MW，同时单机最大出力提高到了65MW。由于电站实际出力增大，同时常德地区小水电及地区电力系统的状况也发生了变化，因此，从电站的装机容量、调节性能、运行方式以及常德地区小水电及地区电力系统的发展状况综合考虑，2004年，湖南省电力勘测设计院对《皂市水电站接入电力系统方案》重新进行了设计。

由于常德市西北部地区小水火电源装机容量较大，皂市水电站电力电量不能全部在本区内消纳，受区内水电站丰枯出力不均匀的影响，丰水期尤其是丰小方式下，皂市水电站电力需要大量外送。

另外，皂市水电站总库容14.4亿m^3，为年调节水库，具有良好的年调节性能。湖南省电网虽然水电较多，但多为季调节水库，季节性明显，统调的水电装机中调蓄性能较好的不多，电网调峰能力不足的问题突出。皂市水电站参与湖南省电网的调峰运行，将为满足电力系统不断增加的调峰负荷要求发挥重要的作用。

通过对常德地区小水电状况及电力系统的发展，以及皂市水电站调节性能、运行方式等的分析，并经过技术经济比较，将皂市水电站原采用110kV接入系统的方式改为采用220kV接入湖南省电力系统，即：皂市水电站采用220kV电压等级接入系统，以1回220kV线路接入窑坡220kV变电站。

2006年，又将线路落点由窑坡220kV变电站改为盘山220kV变电站，线路长度约22km。

5.3.2 电气主接线研究

电气主接线与电站装机容量、装机台数、运行方式、电站接入系统方式等密切相关，应结合电站的具体情况，通过技术经济分析，合理地确定接线方案。

电气主接线选择的基本原则是简单清晰、供电可靠、运行灵活、经济合理。

5.3.2.1 电气主接线比选方案

皂市水电站装机2台，单机容量60MW（最大出力65MW），是湖南省电网较好的调峰电源。

皂市水电站采用220kV接入系统，出线回路1回，对于电站只有2台装机的情况，在满足运行可靠和灵活的前提下，接线方式应力求清晰、简单。

当发电机与变压器组合采用一机一变的单元接线，则220kV侧为二进一出，可以采用简单的联合单元接线，有两种方式：一种是变压器端装设断路器，线路上不设断路器；另一种是变压器端不设断路器，线路上装设断路器，此时发电机出口必须装设断路器。若采用其他接线，如单母线接线，或角形接线等，均较联合单元接线复杂，设备多，投资多，且必要性不大，也不合理。

当发电机与变压器组合采用二机一变的扩大单元接线，则220kV侧为一进一出，可以采用最简单的变压器线路组的接线，也只能采用这种接线。

综上所述，在2台装机、1回220kV出线的情况下，电气主接线方式拟定三个方案供比选：

方案1：变压器端装断路器的联合单元接线；

方案2：线路上装断路器的联合单元接线；

方案3：变压器线路组的扩大单元接线。

三个方案接线比较见图5.5。

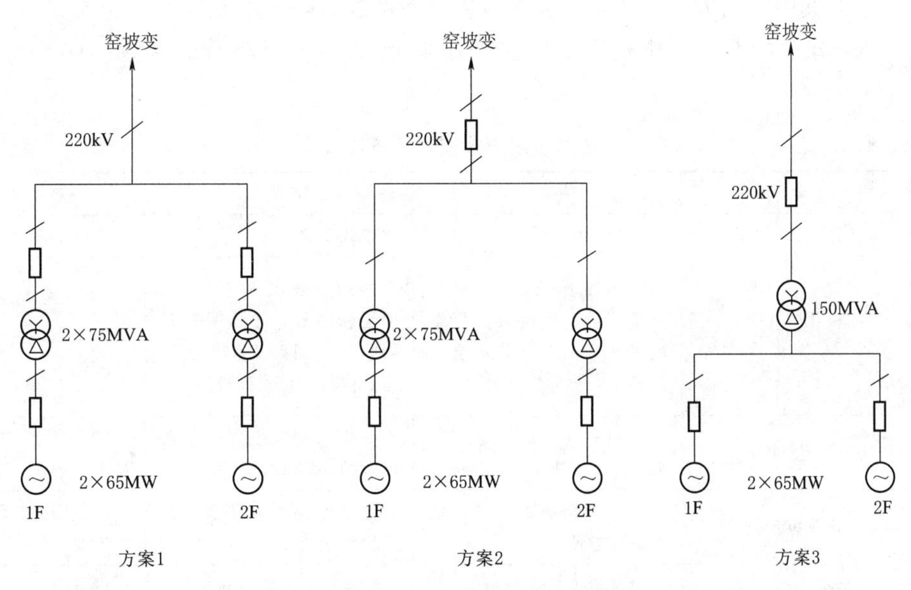

图5.5 电气主接线方案比较图

5.3.2.2 设备配置说明

1. 220kV配电装置的型式

220kV配电装置采用SF_6气体绝缘金属封闭开关设备（GIS），较敞开式电气设备在技术性能上具有明显的优越性。GIS不但具有可靠性高、故障几率少、检修周期长、占地面积小、土建工程量少等优点，还可避免水雾和冰雹对电气设备的损坏。GIS可以布置在主变压器室的顶上（也可布置在厂前平台），场地得到充分利用，而且运行、管理、维护均方便。由于工程本身的特点，采用GIS综合经济指标合理，因此，220kV配电装置采用GIS。

2. 发电机断路器的设置

在3个方案中，对主变压器端不装断路器的联合单元接线（方案2）和变压器线路组的扩大单元接线（方案3），因发电机投切要求，在发电机端必须装设断路器。而对于主变压器端装设断路器的联合单元接线（方案1），则可以不装设，此时投切发电机是通过操作主变压器端的断路器实现的。

对于方案1，若装设发电机断路器，可使机端引接的厂用电源不随机组开停而频繁切换，使厂用电源稳定运行。另外，当变压器内部故障时，发电机断路器能及时快速地切除故障，可以避免事故扩大。且由于发电机断路器的机械寿命一般较高压断路器长，更有利于调峰运行时的频繁操作。但是，主变压器不随机组停机而切除，增加了主变压器的空载运行损耗。经估算，2台变压器增加的年空载损耗约65万kW·h，约为电站年平均发电量的0.20%。

考虑到发电机断路器的作用，电站厂用电源的数量以及10kV发电机断路器的价位水平等因素，对于方案1，考虑设置发电机断路器，以提高厂用电源运行的可靠性。

5.3.2.3 技术经济比较

在3个方案中，当方案1（主变压器端装设断路器的联合单元接线）也装设发电机断路器后，3个方案技术经济比较主要因主变压器和220kV断路器的台数不同有所区别，见表5.18。

表5.18 各种接线方式技术经济比较表

方案		方案1	方案2	方案3
技术性能	接线方式	接线简单	接线简单	接线最简单
	运行可靠性	两台变压器相互独立、互不影响；回路故障不影响另一回路工作，不会全厂停机，可靠性最高	两台变压器相互独立、但无断路器，故障时短时影响另一回路工作，短时全厂停机，可靠性较高	仅一台变压器，故障时全厂停机，可靠性较低
	10kV短路电流	一机一变，短路电流较低，约52.3kA	一机一变，短路电流较低，约52.3kA	二机一变，短路电流大，约96.5kA
	检修维护	主变回路有断路器，倒闸操作方便	主变回路无断路器，倒闸操作不便	仅一回路，倒闸操作方便
	设备数量	设备最多，投资最多	设备较多，投资较多	设备少，投资少
设备投资/万元	220kV变压器	2×500.0	2×500.0	1×850.0
	220kV断路器间隔	2×220.0	1×220.0	1×220.0
	220kV隔离开关间隔	1×80.0	2×80.0	—
	220kV SF_6母线	160×1.5	160×1.5	60×1.5

续表

方　案		方案 1	方案 2	方案 3
设备投资/万元	10kV 共箱母线	60×1.0	60×1.0	75×1.6
	合计	1820	1680	1280
	差价	540	400	0

注　表中仅比较有差别的部分。

5.3.2.4　方案推荐

从表 5.18 可知，方案 1 较方案 2 性能优越，增加投资不多，采用方案 1 较合理。方案 1 与方案 3 比较，投资多 540 万元，但方案 3 的 10kV 短路电流较大，不能采用 63kA 的断路器，需提高主变压器的短路阻抗，要 16.5%，这样主变压器的价格要增加。综合考虑，推荐方案 1。

5.3.2.5　电气主接线确定的方案

根据电站装机台数、容量和接入系统方式，电气主接线设计中，对于发电机与变压器组合方式，考虑了一机一变的单元接线和二机一变的扩大单元接线，并结合 220kV 侧 1 回出线，分析比较了变压器侧装断路器的联合单元接线、线路端装断路器的联合单元接线和变压器线路组的扩大单元接线。经过综合技术经济比较，最终确定的电气主接线为：发电机与主变压器为单元接线，并在发电机出口设发电机断路器；220kV 侧为联合单元接线，并在变压器高压端装设断路器（出线上不设断路器）。

最终的电气主接线满足电站和电力系统的安全稳定运行要求。

5.3.3　接地研究

5.3.3.1　概述

皂市水利枢纽主要由导流洞、大坝、电站引水钢管、上游围堰、消力池、电站厂房及尾水渠等建筑物组成。电站为坝后式明厂房，采用 220kV 接入电力系统。做好电站接地设计，是为了保证电站安全可靠的运行。

电站地处山区，土壤电阻率高，河床较窄，电站接地网面积有限，尤其是水下接地网面积小。电站的单相短路电流较大，要求接地装置的接地电阻较小。应根据工程具体情况，采取合理措施使电站接地电阻符合规范要求，保证电站安全运行。

5.3.3.2　土壤电阻率测量

皂市水利枢纽坝址区域地处相对较对称的横向 U 形河谷处，两岸山体雄厚，谷坡基岩裸露，坡度较大。测量工作由长江勘测技术研究所承担，测量时间为 2001 年 6—7 月。

测试的范围为枢纽内 5 个区域的体电阻率及渫水的水电阻率值。测量的具体部位包括以下几个方面：

（1）整个大坝及尾水护坦在河床部分的区域；

（2）电站进水口区域；

（3）电站引水洞区域；

（4）电站厂房及尾水护坦区域；

（5）导流洞区域。

1. 水电阻率

在清水条件下，在坝址主河道上选择数个测点进行水上电阻率测试，测量值取算术平均值，其测试结果为：渫水水电阻率41.7Ω·m。

2. 土壤电阻率

渫水皂市水利枢纽各区域电阻率测量积分平均值见表5.19。

表5.19　渫水皂市水利枢纽各区域电阻率测量积分平均值

序号	位置	深度/m	体电阻率/(Ω·m)
1	大坝及尾水护坦区域	0～5.6	440
		5.6～347	270
2	导流洞区域	0～8.3	920
		8.3～347	440
3	电站进水口区域	0～5.6	1600
		5.6～24	740
		24～196	2300
4	电站引水洞区域	0～8.3	800
		8.3～42	340
		42～347	1700
5	电站厂房及尾水护坦区域	0～8.3	240
		8.3～162	180
		162～237	480
		237～347	1300

从测量结果可知，渫水水电阻率较低，为41.7Ω·m，而各个区域的体电阻率分布不均衡，电站进水口区域相对较高，5.6m以内已达1600Ω·m，24m以上深度达2300Ω·m，大坝及尾水护坦区域和电站厂房区域相对较低，8.3m以内最高为440Ω·m，最低为180Ω·m。因此，进行皂市接地网设计时，应充分利用大坝及尾水护坦区域设置接地网，并设置水下人工接地装置，这样对降低皂市水利枢纽的接地电阻会有较好的效果。

5.3.3.3　电站接地电阻允许值

根据有关规范的要求，接地装置的允许接地电阻为$R\leqslant 2kV/I$，I为电站接地装置的最大入地短路电流值（kA）。若接地装置电位升高超过2kV时，均压接地网的接触电位差和跨步电位差均满足要求，且没有将电站接地装置的高电位引向站外、或将站外的低电位引向站内等，电站接地装置电位可以放宽，但不宜超过5kV，即$R\leqslant 5kV/I$。

1. 电站单相短路电流值

根据最终接入系统方式及系统等值阻抗值和电站设备参数计算的电站220kV母线单相接地短路电流值结果如下：

(1) 单台机组运行时，单相接地短路电流8.2kA，其中系统提供6.0kA，电站提供2.2kA。

(2) 2台机组运行时，单相接地短路电流9.1kA，其中系统提供5.3kA，电站提供3.8kA。

2. 220kV架空地线分流系数

当220kV系统发生单相接地短路时，一部分短路电流会经220kV架空地线分流。架空地线为光缆及良导体地线，按照有关规范的计算方法，计算的分流系数为：

接地网内短路时分流系数：$K_{f1}=0.518$；接地网外短路时分流系数：$K_{f2}=0.345$。

3. 最大入地短路电流

当接地短路发生在接地网内时，由电站提供的短路电流经接地网直接流回变压器中性点，该电流不入地，不使地电位升高。而在由系统提供的短路电流中，一部分经架空地线分流直接流回系统侧，也不使地电位升高；另一部分经接地网流入地中返回系统侧，使地电位升高，这部分流经接地网的入地电流为：

$$I=(I_{max}-I_z)(1-K_{f1})$$

式中：I_{max}为全部接地短路电流，A；I_z为电站提供的短路电流，A；K_{f1}为网内短路时，架空地线分流系数。

当接地短路发生在接地网外时，由系统提供的短路电流直接流回系统侧，不使地电位升高。而在由电站提供的短路电流中，一部分经与接地网连接的架空地线分流，流回变压器中性点，该电流不入地，也不使地电位升高；另一部分短路电流，经过大地由接地网流回变压器中性点，使地电位升高，这部分流经接地网的入地电流为：

$$I=I_z(1-K_{f2})$$

式中：K_{f2}为网外短路时，架空地线分流系数。

经计算，当接地短路发生在接地网内时，最大入地电流为2.892kA；当接地短路发生在接地网外时，最大入地电流为2.489kA；取较大值2.892kA。

4. 接地电阻允许值

（1）接地网地电位按照2kV控制时，按接地网最大入地短路电流2.892kA计算的接地网接地电阻允许值为0.69Ω。

（2）接地网地电位放宽到5kV时，按接地网最大入地短路电流2.892kA计算的接地网接地电阻允许值为1.73Ω。

5.3.3.4 接地电阻数值计算

1. 数学分析方法

现代计算机和计算技术的飞速发展，促进了各种数值方法深入开发。许多工程计算问题，虽然边界条件复杂、介质特性多样和不均匀，但可用数值方法直接从数学模型获得数值解。尽管只在一些离散点上给出近似数值，但在工程实用上却令人满意。

电磁场的数值解法通常分为区域型和边界型两大类，区域型数值解法主要是有限差分法和有限元法，边界型数值解法主要是边界元法。

有限差分法将区域分割为网络，用差分近似微分，把微分方程变换成差分方程进行求解；有限元法将区域分割为有限大小的小区域（有限单元），根据变分原理把微分方程变换成变分方程进行求解。前者通过数学上的近似，后者通过物理上的近似，都把求解微分方程的问题变换成求解关于节点未知量的代数方程问题。

有限差分法和有限元法都是在计算区域内进行离散的数值方法，因而存在某些固有弱点：由于要把整个区域离散为有限单元或网格单元，因而要求解大型代数方程组；对于无限域问题，域内解法只能划出一定范围来进行离散，不免带来不应有的误差。

正是由于这些原因，实际工作中对于无限域问题和三维问题，或带有奇异性问题，难以用有限元法进行有效的计算。

边界元法也是一种求解偏微分方程的数值方法。它首先将偏微分方程转化为等价的积分方程，然后将计算区域的边界分割成为有限大小的边界单元，通过选取适当的插值函数，把边界积分方程离散成为代数方程。

边界元法有以下几个明显的特点：

(1) 只需把计算区域的边界进行离散和插值，这就使问题的维数降低一维，即使三维问题降为二维，二维问题降为一维。较之域内解法，所得线性代数方程组未知数数目可显著减少。

(2) 处于边界上的奇异解在线性方程组系数矩阵中会有最大的对角性主元。因此代数方程组不会是病态的，可减少计算误差积累。

(3) 离散化误差只发生在边界，对域内函数值和它的导数值是直接用解析公式计算的，函数值和它的导数值计算精度相同。

(4) 边界元法中控制微分方程的基本解可以根据实际问题的特点适当选择，以达到最大限度节约的功效，甚至可以避免直接处理无限边界问题。

(5) 工程中的奇异性问题（如源头集中、应力集中问题），用域内解法必须将奇异点附近的单元划分很密，而边界元法的基本解本身就有奇异性，又不必对域内进行剖分，因此计算方便。

总之，边界元法对于无限域问题、三维问题或带奇异性问题具有明显的优越性。其缺点在于代数方程组系数矩阵是满阵且不对称（介质均匀）或块阵（介质分区均匀）；计算区域包括多种不同性质介质时，要划分为若干分区而增加了各分区交界面上的未知数；当存在域内作用源时，往往还是要把区域部分分割来进行域内数值积分计算。

边界元法可分为直接法和间接法两大类。直接法是利用数学上各种积分等式，通过控制微分方程的基本解直接把边界上的待解边界函数与已知边界条件联系起来而建立积分方程，方程的解即是位置边界值。间接法则是在无限大区域内沿着边界配置某种点源分布函数作为间接的待解未知量。直接法的待解函数具有明确的物理意义，而间接法的待解点源分布往往是虚构的，但其计算效果与直接法完全相同。

在本电站接地设计计算中，采用的数学方法为边界元直接法。

2. 接地电阻计算模型

皂市水电站坝址范围内土壤电阻率较高，为了降低电站接地电阻，接地网的设计应充分利用自然接地体，并尽量加大接地网的面积。按照枢纽主体建筑物的布置，电站接地网将主要包括：

(1) 大坝接地网；

(2) 右岸导流洞接地网；

(3) 消力池接地网；

(4) 右岸电站，包括进水口、厂房、输水隧洞、尾水接地网；

(5) 为了扩大接地网的面积，在上游直至土石围堰范围设水下人工接地网。

以上各部分接地网利用接地干线相互连接，形成整个枢纽的整体接地网，见图5.6。

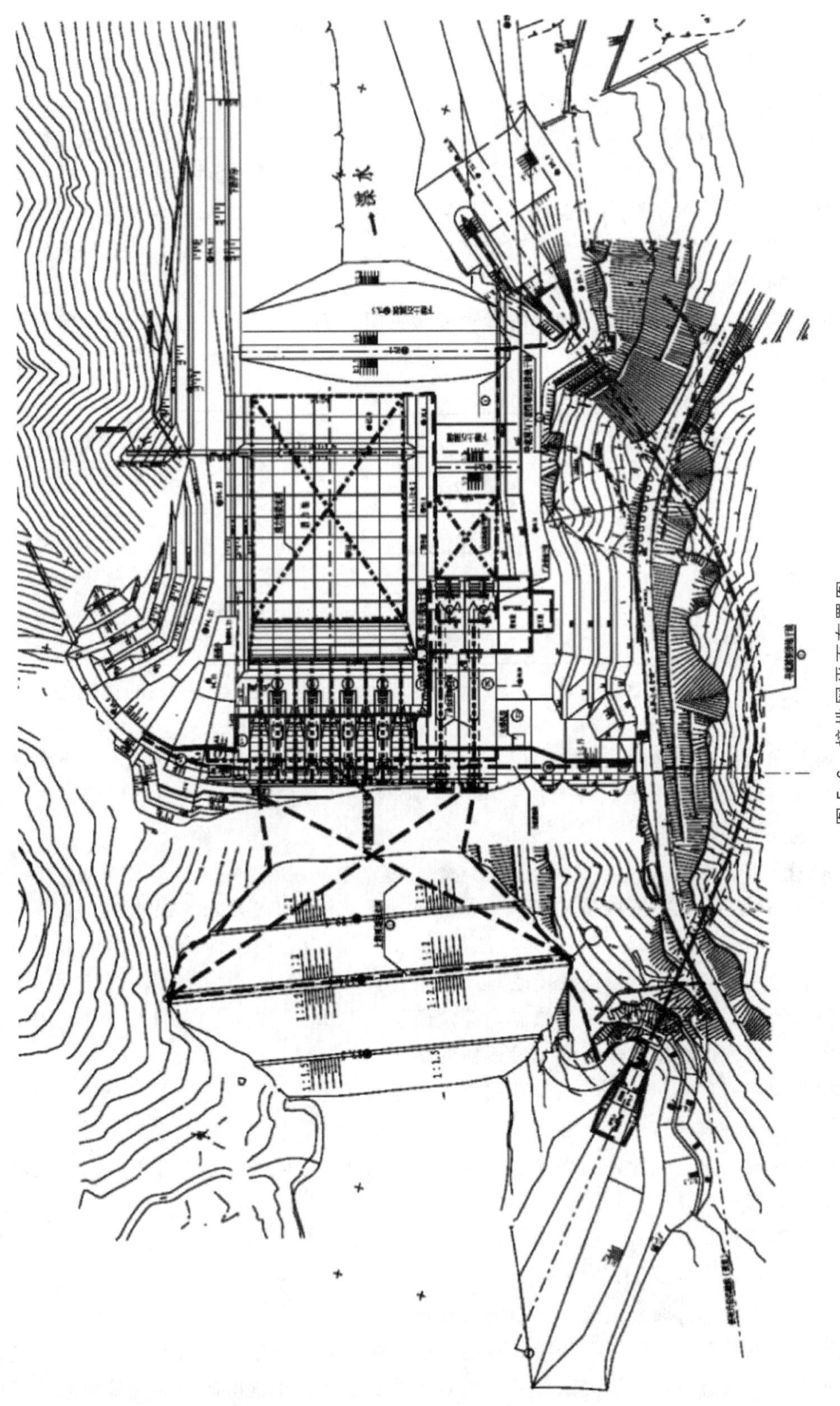

图 5.6 接地网平面布置图

由于水的电阻率较低，电站接地网起主导作用的将是位于大坝区域的水下接地网。电站接地电阻的计算主要为求解大坝地区散流媒质中的三维电流场。由于河床狭窄，水中接地网将是一狭长型有限区域，这样地网深度方向的散流作用明显强于地网宽度方向的散流作用，水中地网的散流作用远大于岸边地网的散流作用。因此，水下地网附近散流媒质深度方向的导电特性对计算参数的影响较大，而宽度方向的导电特性对接地参数影响相对小一些。散流媒质采用水平双层结构比采用均匀或垂直三层结构计算更为合理。

因此，在建立计算模型时按水平双层结构并在此基础上进一步考虑大地深层结构和渫水河床形状的影响比较合理。

针对电站接地网的实际情况建立的计算模型见图 5.7。

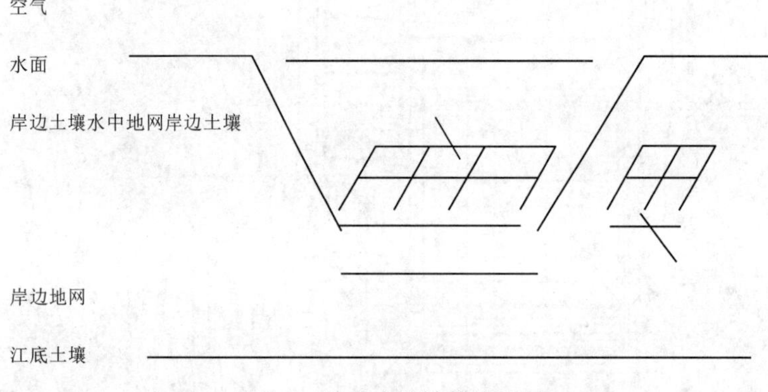

图 5.7 接地电阻计算模型图

此模型中，水中接地网主要由上游土石围堰人工接地网、大坝垂直接地网、下游消力池接地网和右岸尾水渠接地网等组成；岸边接地网主要由右岸电站，包括厂房、输水隧洞、导流洞接地网等组成。

3. 接地电阻计算方案

水下接地网中，上游围堰接地网等效面积为 110m×90m，为人工接地网。下游消力池接地网等效面积为 120m×70m，为自然接地网。下游消力池接地网和右岸尾水渠接地网等效面积为 40m×30m，为自然接地网。

岸边接地网为右岸明厂房和导流洞，等效面积为 120m×260m。它们均充分利用了建筑物的钢筋网，为自然接地体与人工接地体的结合。

按照接地网的布置，接地电阻计算按以上接地网考虑。

4. 电阻率和水深取值

影响接地网接地电阻计算结果除了河床形状参数外，电阻率是最主要的，其次是水下接地网的水深。

(1) 电阻率。

水电阻率：取测量值 41.7Ω·m 计算。

岸边土壤电阻率：取较大值 1700Ω·m 计算。

江底土壤电阻率：江底岩石长期浸泡在水中，电阻率将低于干燥岩石。江底岩石电阻率与江水电阻率具有一定比例关系，一般为 6 倍左右。江底土壤电阻率对接地电阻计算值影响较大，按约10倍水电阻率进行计算考虑，取值440Ω·m计算。

（2）水下接地网水深。皂市水库具有年调节性能，以防洪为主，发电服从防洪。水库从4月初至7月底一般维持防洪限制水位125m运行。水库在8月初开始蓄水，8月10日允许蓄至正常蓄水位140m。供水时在不低于保证出力的前提下水库尽量维持在较高水位运行，库水位超过调度线则加大出力，3月底库水位可降低至死水位112m。

下游水位的校核洪水位（$P=0.02\%$，偏高/偏低）为89m/87.18m，设计洪水位（$P=0.2\%$，偏高/偏低）为88.4m/86.6m，实测最低水位为74.22m。

因此，电站上游水位按可能出现的较低的死水位112m考虑；下游水位按较低的86.6m和74.22m两种深度考虑。

（3）接地电阻计算结果。按照上列方案，2种下游水位，计算了2组数据，计算结果见表5.20。

表5.20　　接地电阻计算结果表

计算方案（接地网布置方案）	江底土壤电阻率/(Ω·m)
	440
下游水位（86.6m）	0.5993
下游水位（74.22m）	0.6891

5.3.3.5　均压网设计

1. 接地网地电位

在发生单相接地短路时，电站的最大入地电流2.89kA，接地电阻按较大的计算值0.6891Ω计，接地网地电位为1.99kV，满足规范规定的不超过2kV的要求。

2. 接触电位差和跨步电位差验算

220kV主变压器布置在副厂房一层地面（90.0m层），GIS设备布置在主变压器上面的GIS室，GIS室屋顶布置出线避雷器等设备。GIS室和GIS室屋顶地面为楼板结构，均有密集的土建结构钢筋网，这些部位接触电位差和跨步电位差很小，不予计算。220kV变压器室前面的厂前平台地面为岩石层，上面铺混凝土路面，敷设了人工均压接地网，均压接地网布置以接触电位差和跨步电位差作为设计的安全标准。

（1）接触、跨步电位差允许值计算。按照有关规范，大接地短路电流系统中，当电网发生单相接地故障时，产生的接触电位差和跨步电位差不应超过下列数值：

$$E_j=\frac{174+0.17\rho_b}{\sqrt{t}},\ E_k=\frac{174+0.7\rho_b}{\sqrt{t}}$$

式中：E_j为接触电位差允许值，V；E_k为跨步电位差允许值，V；ρ_b为人脚站立处地表面的土壤电阻率，Ω·m；t为接地短路故障的持续时间，s。

计算中，人脚站立处地表面的土壤电阻率按较严格条件，户内按干混凝土的500Ω·m，户外按湿混凝土的100Ω·m考虑；220kV系统接地短路故障持续时间取0.6s。

经计算，接触电位差允许值：户内334.4V；户外246.6V。跨步电位差允许值：户内676.5V；户外315.0V。

（2）接触、跨步电位差设计及验算。电站厂前平台的均压网面积约为75m×36m=

$2700m^2$。地面铺混凝土路面，人工均压网敷设在混凝土路面下，埋深0.6～0.8m。均压带按长孔等间距布置，长度方向布置6根，宽度方向按间隔3m布置计算。按照有关规范计算均压网的接触电位差和跨步电位差，并进行验算，见表5.21。

表5.21　接触电位差和跨步电位差设计验算表（均压带间距为3m）

<table>
<tr><th>序号</th><th colspan="3">项　目</th><th>参数值</th></tr>
<tr><td rowspan="3">1</td><td rowspan="3">均压网布置</td><td colspan="2">面积/m²</td><td>2700</td></tr>
<tr><td colspan="2">长度方向均压带根数</td><td>6</td></tr>
<tr><td colspan="2">宽度方向均压带根数</td><td>13</td></tr>
<tr><td rowspan="4">2</td><td rowspan="4">接触、跨步电位差计算值</td><td colspan="2">接触系数</td><td>0.1435</td></tr>
<tr><td colspan="2">跨步系数</td><td>0.0950</td></tr>
<tr><td>接触电位差/V</td><td>地电位2000V</td><td>287.0</td></tr>
<tr><td>跨步电位差/V</td><td>地电位2000V</td><td>190.0</td></tr>
<tr><td rowspan="8">3</td><td rowspan="8">接触、跨步电位差验算</td><td rowspan="2">接触电位差允许值/V</td><td>户内</td><td>334.4</td></tr>
<tr><td>户外</td><td>246.6</td></tr>
<tr><td rowspan="2">跨步电位差允许值/V</td><td>户内</td><td>676.5</td></tr>
<tr><td>户外</td><td>315.0</td></tr>
<tr><td rowspan="2">接触电位差验算（地电位2000V）</td><td>户内</td><td>满足</td></tr>
<tr><td>户外</td><td>不满足</td></tr>
<tr><td rowspan="2">跨步电位差验算（地电位2000V）</td><td>户内</td><td>满足</td></tr>
<tr><td>户外</td><td>满足</td></tr>
</table>

从表5.21可以看出，地电位升高2000V时，接触电位差户内满足要求，户外不满足要求，且超过允许值的16.4%，即40.4V；跨步电位差均满足要求。

（3）设计采用方案。均压带按照3m布置，当地电位升高2000V时，接触电位差户外部位不满足要求。如果要满足要求，需要增加均压带的数量，间距由3m改为2m，这样将增加约450m接地扁钢，材料增加约37.8%。接触电位差允许值与人脚站立处地表面的土壤电阻率直接相关，提高其土壤电阻率的值，就可以提高允许值。考虑到厂前平台区域户外没有设备构架和金属围栏，一般不会发生接触电位差。另一方面，如果有产生接触电位差的部位，也可以在局部采取提高地面土壤电阻率的方法使其满足接触电位差的要求。因此，综合考虑，设计中仍采用均压带3m的布置方案。如果实测值不能满足要求，则采取提高地面土壤电阻率的措施予以解决。

3.10kV阀型避雷器校验

水电站10kV阀型避雷器只有10kV金属氧化物避雷器，避雷器额定电压为17kV，1s工频耐受电压值21.25kV。经核算，要使10kV金属氧化物避雷器在工频暂态电压作用下不动作，接地网接地电阻应小于2.75Ω，接地电阻计算值为0.6891Ω，远小于2.75Ω，因此，10kV阀型避雷器不会发生反击。

4. 转移电位隔离措施

水电站对外通信采用光纤传输。电站无低压配电线路向电站外送电。接地装置区域内的金属管道已与接地装置多点连接，引出接地装置外的金属管道均埋入地中引出，这样，一般将不会造成高地位引外和低电位引内现象。

5.3.3.6 接地电阻测量

水电站蓄水后澧水公司委托相关电力部门对皂市水利枢纽接地网的接地电阻进行了测量，电站接地电阻测量值为 0.263Ω，小于允许值 0.69Ω。

按照电站最大入地电流 2.89kA，接地电阻实测值 0.263Ω 计算，得：

（1）水电站接地网地电位计算值：2.89×0.263=0.760（kV），远小于 2kV 的要求；

（2）水电站接触电位差最大计算值：0.1435×0.760=0.1091（kV），小于户外 0.2466kV 的要求；

（3）水电站跨步电位差最大计算值：0.095×0.760=0.0722（kV），小于户外 0.315kV 的要求。

水电站接地系统设计满足电站安全运行要求。

5.3.4 大型闸门电气同步纠偏技术研究与应用

皂市泄水闸门启闭采取液压启闭的方式，其中表孔弧形闸门采用双缸液压启闭机。在闸门启闭过程中，两缸同步是运行操作的基本要求。但在实践中，影响闸门启闭同步的原因有很多，例如：设计制造误差、油缸制造精度、闸门负载不对称、闸门安装误差、闸门与导轨之间摩擦力不平衡、油缸行程位置检测及控制装置误差等。工程中，为了更好地满足左右两缸运行的同步性，在闸门安装过程中，在闸门两侧设侧向导向装置，弧门的支铰选用圆柱铰或者圆锥角等方式，在工程实践中使用比较广泛，能较大限度地减小由闸门自重带来的偏差。

为了保证闸门平稳运行，要求两套油缸在闸门全行程范围内同步运行误差不大于 10～20mm，这就需要在闸门启闭机过程中采用电气同步纠偏控制系统。

闸门电气同步纠偏控制系统，是由现地控制装置可编程逻辑控制器（PLC）根据检测信号量的变化，控制比例调速阀的开度，达到两侧油缸行程同步的目的。开度仪将测得的油缸行程值反馈给 PLC，对于双缸液压启闭机，配有两个开度仪，即可以测得左右油缸活塞杆的行程，一旦左右油缸活塞杆的行程之差超过设定值，则判定左右油缸出现了偏差，需要进行纠偏，PLC 输出信号控制比例调速阀（或流量阀或压力阀），调整左右油缸的流量，进而调整油缸的活塞杆运动速率，使油缸活塞杆行程保持同步，保持闸门水平启闭。

比例调速阀同步控制分单比例阀和双比例阀两种。单比例阀，即：双侧油缸中的一侧采用整流回路加带温度补偿的手动调速阀，作为整个系统速度调节的基准，另一侧采用整流回路加比例调速阀作同步跟踪。双比例阀采用主、从随动调速同步方式，其中一阀为主导阀并维持其输入电压不变，另一侧为随动阀，及时参照行程差进行跟踪和调整。

比例阀在两缸位移差大于规定值时，由 PLC 控制，调节比例调节阀（随动阀）的输入电压，减小两缸的位移差至允许范围。

5.3.4.1 双缸液压闸门启闭机比例调节阀电气控制参数的调整方法

双缸液压闸门启闭机虽然采用机械同步设计和电气同步纠偏技术，但仍有频繁启动同步纠偏功能，影响了闸门启闭速度，甚至双缸液压启闭机出现油缸行程偏差过大，造成液

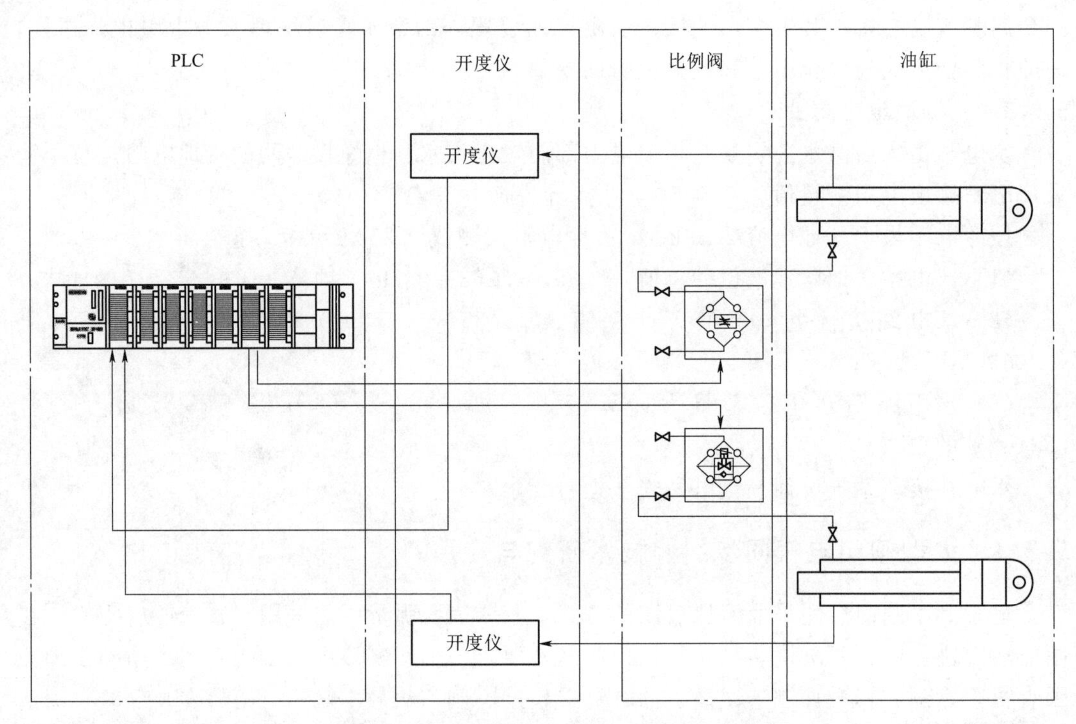

图 5.8 双缸液压启闭机电气控制原理图

压启闭机保护性停机等现象。经常出现由于液压安装管道中有残留杂质、闸门重心偏移等各种故障原因而纠偏不准确造成启闭机保护性停机的情况。

1. *调整方法基本原理*

为了解决由于双缸液压启闭机频繁启动同步纠偏功能容易造成液压启闭机保护性停机的问题，本技术提供一种能快速准确纠偏的双缸液压闸门启闭机比例调节阀电气控制参数的调整方法。

为实现上述目的，所设计的双缸液压闸门启闭机比例调节阀电气控制参数的调整方法，通过双缸液压闸门启闭机的 PLC 控制左右两个油缸的比例调节阀的调节电压值，实现对左右两个油缸活塞杆的行程的控制，并实时采集左右两个油缸活塞杆的行程，当左右两个油缸活塞杆的行程之差 ΔH 大于两缸行程允许偏差阈值 ΔH_1 时，调整两个油缸中任一油缸的比例调节阀，直至左右两个油缸活塞杆的行程之差 ΔH 小于或者等于两缸行程允许偏差阈值 ΔH_1，其特殊之处在于，所述调整两个油缸中任一油缸的比例调节阀的具体步骤包括：

(1) 将比例阀的调节电压值由初始电压值 U_0 调整为一级纠偏电压值 U_1；

(2) 在每个偏差变化率检查周期 Δt 内采集左右两个油缸活塞杆的行程之差 ΔH，若左右两个油缸活塞杆的行程之差 ΔH 逐步减小，即满足 $\frac{\mathrm{d}\Delta H}{\mathrm{d}\Delta t}<0$，则保持比例阀的调节电压值为纠偏电压值 U_1，若左右两个油缸活塞杆的行程之差 ΔH 保持不变，即满足 $0<\frac{\mathrm{d}\Delta H}{\mathrm{d}\Delta t}<1$，则将比例阀的调节电压值设置为二级纠偏电压值 U_2，所述二级纠偏电压值 U_2 大于一级纠偏电压值 U_1，若左右两个油缸活塞杆的行程之差 ΔH 增大，则将比例阀的调

节电压值设置为三级纠偏电压值 U_3，所述三级纠偏电压值 U_3 大于二级纠偏电压值 U_2。

优选地，所述一级纠偏电压值 U_1 的计算公式为

$$U_1 = U_0 + k_1 (U_{max} - U_0) \frac{\Delta H_1}{\Delta H_{max}}$$

式中：U_0 为初始电压值；U_{max} 为电压最大值；ΔH_1 为两缸行程允许偏差阈值；ΔH_{max} 为两缸行程允许偏差最大值；k_1 为一级纠偏比例放大系数，$k_1 = 0$。

优选地，所述二级纠偏电压值 U_2 的计算公式为

$$U_2 = U_0 + k_2 (U_{max} - U_0) \frac{\Delta H_1}{\Delta H_{max}}$$

式中：k_2 为二级纠偏比例放大系数，$k_2 = 1$。

优选地，所述三级纠偏电压值 U_3 的计算公式为

$$U_3 = U_0 + k_3 (U_{max} - U_0) \frac{\Delta H_1}{\Delta H_{max}}$$

式中：k_3 为三级纠偏比例放大系数，k_3 的计算公式为

$$k_3 = f(t, \Delta H) = 2 + 0.2 \left(\frac{t}{\Delta t} \right) \left(\frac{\mathrm{d}\Delta H}{\mathrm{d}\Delta t} \right)$$

最佳地，三级纠偏比例放大系数 $k_3 = 2$。

优选地，当所述左右两个油缸活塞杆的行程之差 ΔH 大于两缸行程允许偏差最大值 ΔH_{max} 时，控制所述启闭机进行保护性停机。

本方法的优点在于：双缸液压闸门启闭机比例调节阀电气控制参数调整方法引入双缸偏差值变化趋势的分析，实时跟踪左右两个油缸活塞杆的行程之差，根据纠偏条件多次调整纠偏电压比例放大系数，根据单位时间内油缸行程偏差差值变化的大小调整纠偏电压值的大小，使得纠偏电压与油缸行程偏差差值关联，并根据纠偏效果的程度分级控制纠偏电压值，其纠偏效果明显，纠偏函数关系式易于 PLC 编程实现，使闸门运行平缓稳定，大幅度降低停机频率，从而保证了闸门可靠运行。

2. 调整方法的实现

双缸液压闸门启闭机比例调节阀电气控制参数的调整方法应用在双缸液压启闭机油缸行程电气同步纠偏控制系统中，该系统主要控制元件包括可编程逻辑控制器（PLC）、油缸行程检测装置、比例调节阀、阀数字放大板、图形触摸屏等。PLC 的输入端连接油缸行程检测装置，采集两缸油缸的行程，行程精度 ± 1mm；PLC 的模拟量输出端与阀数字放大板相连，输出电压 0～10V，输出电压精度不大于 0.01V；阀数字放大板与比例调节阀相连；图形触摸屏作为参数调整的人机接口通过以太网与 PLC 相连（图 5.9）。

双缸液压启闭机比例调节阀电气控制参数的调整方法流程图见图 5.10，包括下列步骤：

(1) 初始参数设定。初设参数包括：油缸设计行程 H，两缸行程允许偏差最大值 ΔH_{max}，两缸行程允许偏差阈值 ΔH_1，比例阀数字放大板的初始电压值 U_0、最大值 U_{max} 和最小值 U_{min}，偏差变化率检查周期 Δt。实例：$\Delta H_{max} = 20$mm，$\Delta H_1 = 5$mm，$U_0 = 5$V，$U_{max} = 9$V，$U_{min} = 1$V，$\Delta t = 2$s。

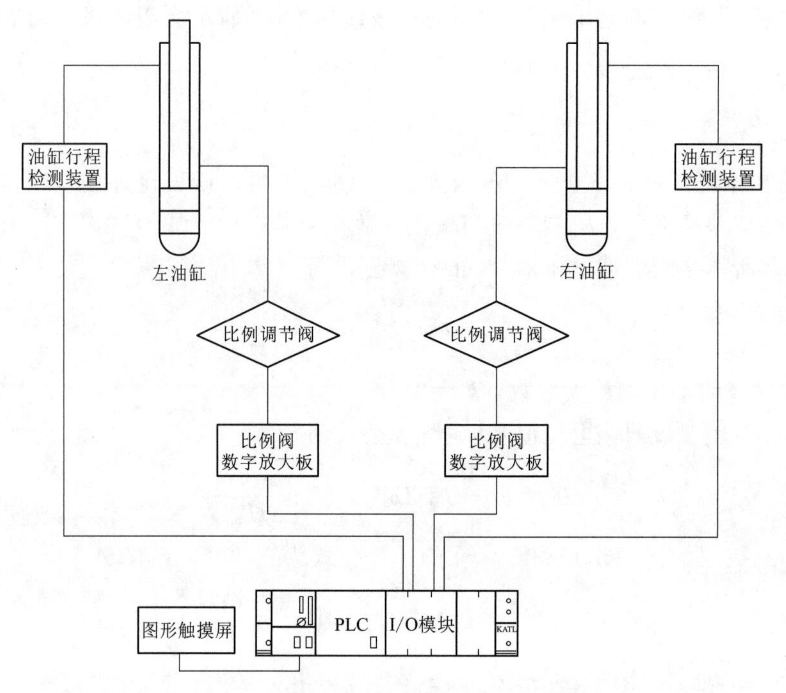

图 5.9　双缸液压闸门启闭机控制系统框图

(2) 在 PLC 相关程序模块中编写纠偏电压 U 与两缸行程偏差 ΔH 的函数关系式 $U=U_0+k\dfrac{\Delta H_1}{H}$，当左油缸活塞杆的行程大于右油缸活塞杆的行程时，即 $H_{左}>H_{右}$，取+，纠偏电压 $U=5\sim9\text{V}$；当左油缸活塞杆的行程小于右油缸活塞杆的行程，即 $H_{左}<H_{右}$，取−，纠偏电压 $U=1\sim5\text{V}$。

(3) 双缸液压启闭机启动，左右两个油缸的活塞杆产生位移，行程检测装置将行程信号转换成电信号，发送至 PLC，行程检测精度±1mm。

(4) PLC 对采集到的行程检测装置电信号进行模数转换、数据格式转换等数据处理，并计算出左右两个油缸活塞杆的行程之差 $\Delta H=|H_{左}-H_{右}|$。

(5) 当左右两个油缸活塞杆的行程之差大于两缸行程允许偏差阈值，即 $\Delta H>\Delta H_1$ 时，启动纠偏功能，PLC 按照一级纠偏公式 $U_1=U_0+k_1(U_{\max}-U_0)\dfrac{\Delta H_1}{\Delta H_{\max}}$，其中一级纠偏比例放大系数 $k_1=0$，计算一级纠偏电压值 U_1，通过将阀数字放大板调整比例阀的调节电压值设置为一级纠偏电压值 U_1，控制左缸活塞杆运行速率的增减。实例：$\Delta H=6\text{mm}$，$H_{左}>H_{右}$，$k_1=0$，$U_1=6\text{V}$，比例阀的调节电压值为一级纠偏电压值 U_1 时与双缸行程偏差时间关系见图 5.11。

(6) 纠偏功能启动后，在每个偏差变化率检查周期 Δt 内采集左右两个油缸活塞杆的行程之差 ΔH，若左右两个油缸活塞杆的行程之差 ΔH 逐步减小，即满足 $\dfrac{\mathrm{d}\Delta H}{\mathrm{d}\Delta t}<0$，则保持比例阀的调节电压值为纠偏电压值 U_1 不变。实例：纠偏功能启动 2s 后，ΔH 值开始逐

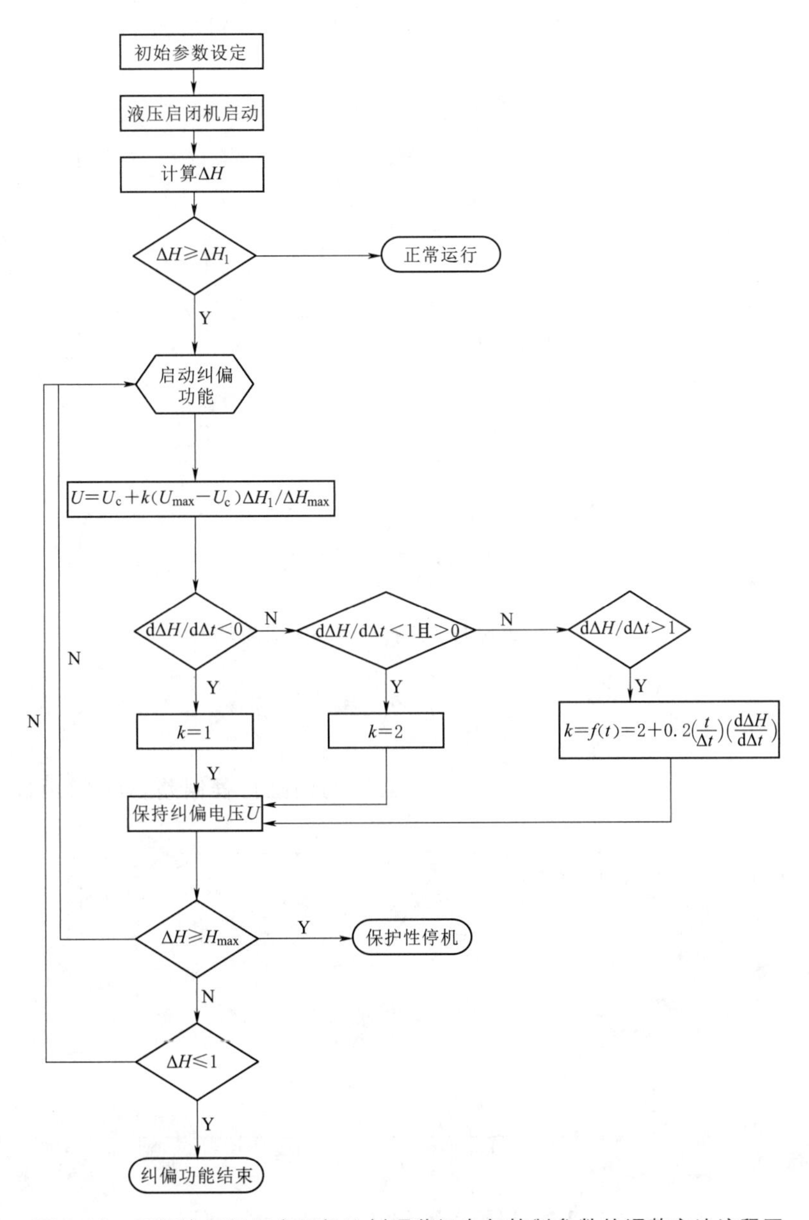

图 5.10　双缸液压闸门启闭机比例调节阀电气控制参数的调整方法流程图

渐减小。

(7) 纠偏功能启动后，在每个偏差变化率检查周期 Δt 内采集左右两个油缸活塞杆的行程之差 ΔH，若左右两个油缸活塞杆的行程之差 ΔH 保持不变，即满足 $0<\dfrac{\mathrm{d}\Delta H}{\mathrm{d}\Delta t}<1$，则将比例阀的调节电压值设置二级纠偏电压值 U_2，二级纠偏电压值 U_2 的计算公式为

$$U_2=U_0+k_2(U_{max}-U_0)\frac{\Delta H_1}{\Delta H_{max}}$$

实例：纠偏功能启动 2s 后，ΔH 在 4～6mm 间变化，二级纠偏比例放大系数 $k_2=1$，

$U_2=7$V，比例阀的调节电压值为二级纠偏电压值 U_2 时与双缸行程偏差时间关系见图 5.12。

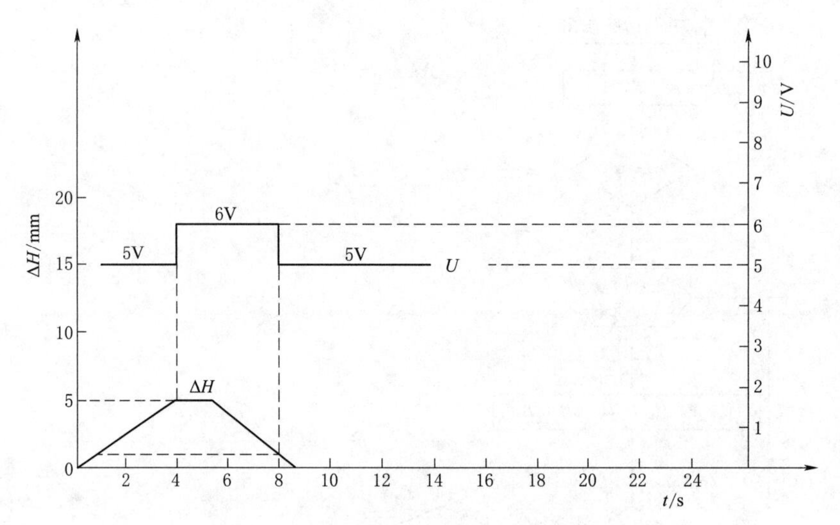

图 5.11 U_1 时与双缸行程偏差时间关系图

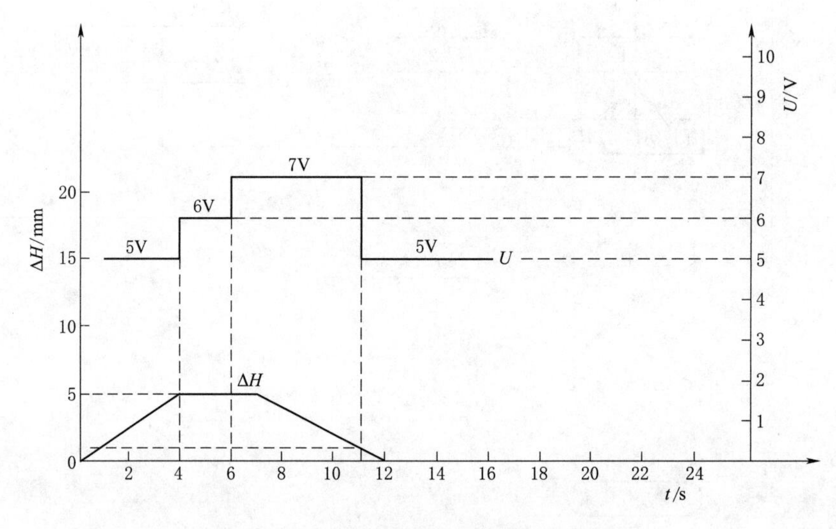

图 5.12 U_2 时与双缸行程偏差时间关系图

（8）纠偏功能启动后，在每个偏差变化率检查周期 Δt 内采集左右两个油缸活塞杆的行程之差 ΔH，若左右两个油缸活塞杆的行程之差 ΔH 逐渐增大，即满足 $\frac{\mathrm{d}\Delta H}{\mathrm{d}\Delta t}>1$；则将比例阀的调节电压值设置三级纠偏电压值 U_3，PLC 按照三级纠偏电压值 U_3 的计算公式 $U_3=U_0+k_3(U_{\max}-U_0)\frac{\Delta H_1}{\Delta H_{\max}}$，计算输出三级纠偏电压 U_3，直到 $U_3=U_{\max}$。一般地，三级纠偏比例放大系数 $k_3=2$，当左右两个油缸活塞杆的行程之差 ΔH 很大，采取进一步增大三级纠偏比例放大系数 k_3 的方法快速调整三级纠偏比例放大系数 k_3 的计算公式为

$$k_3=f(t,\Delta H)=2+0.2\left(\frac{t}{\Delta t}\right)\left(\frac{\mathrm{d}\Delta H}{\mathrm{d}\Delta t}\right)$$

实例：纠偏功能启动后，ΔH 值继续增大，三级纠偏电压 U_3 根据 ΔH 变化率，按照三级纠偏电压 U_3 计算公式，$U=9\mathrm{V}$；结束调整。比例阀的调节电压值为三级纠偏电压值 U_3 时与双缸行程偏差时间关系见图 5.13，图中，两个油缸活塞杆的行程之差的三个阶段 $\Delta H_1'$、$\Delta H_2'$、$\Delta H_3'$分别对应$\frac{\mathrm{d}\Delta H_1}{\mathrm{d}\Delta t}=2$，$\frac{\mathrm{d}\Delta H_2}{\mathrm{d}\Delta t}=3$，$\frac{\mathrm{d}\Delta H_3}{\mathrm{d}\Delta t}=4$ 的情况，分别对应的三级纠偏电压值为 U_1'、U_2'、U_3'。

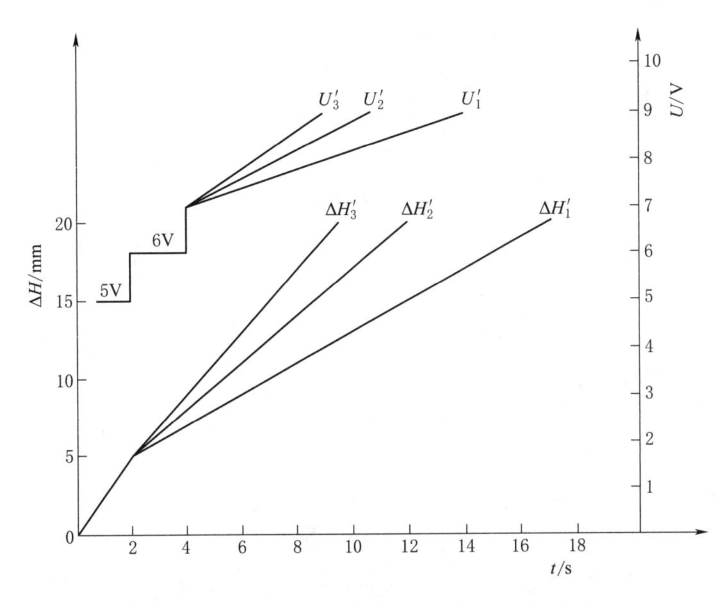

图 5.13　U_3 时与双缸行程偏差时间关系图

(9) 纠偏功能启动后，当检测到两个油缸活塞杆的行程之差 $\Delta H\leqslant 1$ 时，应停止纠偏功能，两个油缸活塞杆会由于惯性达到纠偏效果。

(10) 纠偏功能启动后，当 $\Delta H\geqslant H_{\max}$时，双缸液压启闭机应保护性停机。

双缸液压启闭机比例调节阀电气控制参数的调整方法在实际工程中安装流程如下：在闸门安装期间，双缸液压启闭机带负荷进行机电液联调时，根据启闭机运行状态，确定各参数初始值，并通过人机接口将参数存入 PLC 中；在闸门运行 1～2 年后，由于存在闸门变形等因素，应根据启闭机运行情况，对各参数进行重新标定。

5.3.4.2　基于人工神经网络的双缸液压闸门启闭机油缸行程误差补偿方法

皂市表孔闸门通过电气同步纠偏系统采用对比例调节阀的分级控制，实现了对液压启闭机油缸行程的精确同步控制。但个别闸门出现了油缸行程检测值反映的闸门状态与实际闸门状态不一致，如不进行系统干预，则会出现电气同步纠偏系统越纠越偏的现象。

因此，对反映闸门状态的唯一能检测的油缸行程值进行误差补偿是提高闸门运行精度的主要方法。

1. 误差补偿定义

误差补偿的基本定义是用人为控制误差去抵消或减弱当前成为问题的原始误差，通过分析、统计、归纳及掌握原始误差的特点和规律，建立误差补偿数学模型，使人为控制误差叠加原始误差以减小闸门制造和安装误差，进一步提高闸门运行的精度。

闸门开度检测误差精确数学模型的建立是实现误差补偿的关键。但是由于闸门及启闭机构复杂，难以得到系统精确模型；另外，闸门安装误差随安装条件的变化而变化，误差的补偿量并不等于液压启闭机活塞杆的运动补偿量，且两者并不呈线性关系，因此通过建立精确数学模型对闸门开度误差进行补偿是十分困难的。而神经网络具有良好的非线性函数逼近能力及隐式函数的构造能力，因此可以应用于闸门开度误差补偿。

2. 神经网络基本理论

神经网络（Artificial Neural Network，ANN）是由大量简单的处理单元组成的非线性、自适应、自组织系统，它是在现代神经科学研究成果的基础上，试图通过模拟人类神经系统对信息进行加工、记忆和处理的方式，设计出的一种具有人脑风格的信息处理系统。

理论上，神经网络系统是以人脑的智能功能为研究对象，且以人体神经细胞的信息处理方法为背景的智能计算理论。它具备人体神经系统的基本特征，具体包括以下几个方面：

（1）激励规则，即每一个神经细胞是一个简单的信息处理单元，它可由自身与外部条件决定它的状态，形成一定的输入、输出规则。

（2）神经细胞之间按一定的方式相互连接，构成神经网络系统，并且按一定的规则进行信息传递与存储。

（3）学习规则，在生长过程中，神经网络系统可按已发生的实践积累经验，从而不断修改该系统的网络连接规则与存储数据，它可以保证人类知识经验的积累与修正。

（4）通过学习过程最终能达到正确计算的目标，这种功能被称为训练功能。

神经网络已被广泛地应用到各个领域中，尤其是在智能系统的非线性建模及其控制器的设计、模式分类与模式识别、联想记忆和优化计算等方面更是得到人们极大关注。神经网络系统理论的应用研究主要是在模式识别、经济管理、优化控制等方面；神经网络对非线性函数的逼近能力是最有意义的，因为非线性系统的变化多端是采用常规方法无法建模和控制的基本原因，正适合于解决非线性系统建模与控制器综合中的这些问题。

3. 闸门行程智能补偿原理

闸门行程智能补偿通过油缸行程检测和闸门运行实际状态的判断，建立基于人工神经网络的油缸行程值和闸门运行状态的映射关系，对油缸行程检测值进行误差补偿，调整闸门运行状态，保证了闸门精确运行。

油缸行程误差补偿是通过对闸门运行过程中的误差源分析、建模，实时地计算出油缸行程位置误差，将该误差量反馈到闸门启闭机的控制系统中，通过比例调节阀，改变左右油缸行程偏差关系来实现误差修正，从而提高闸门运行的精度。

神经网络与误差补偿原理如图 5.14 所示，从图 5.14 可以看出，误差补偿是在闸门金属结构、液压系统和电气现地控制系统安装已完成，在机电液联合调试阶段，根据设计技术要求和闸门运行规程，提出闸门全行程在门槽中某些标志点的空间位置误差最佳值，即目标向量。在闸门运行过程中，利用人工或仪器观测到闸门全行程在门槽中某些标志点的空间位置误差，并将它们加入神经网络误差补偿模型的输入端，神经网络误差补偿模型的输出端为油缸行程补偿值，将该误差数值取反后叠加到实测油缸行程值中，生成新的油缸行程值，闸门控制单元生成新的闸门控制参数和指令，使闸门启闭机作出相应动作以达到误差补偿目的。

4. 神经网络辨识

基于神经网络的闸门控制系统辨识是用神经网络来逼近实际的闸门运行状态，辨识过程是：通过所选网络结构确定后，在给定的被辨识闸门控制系统输入/输出数据情况下，网络通过学习不断地调整权值，使得网络性能最优而得到网络，其原理如图 5.15 所示。

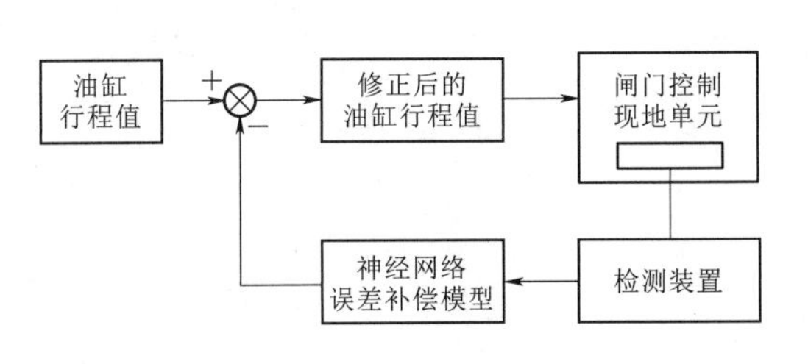

图 5.14 神经网络与误差补偿原理图

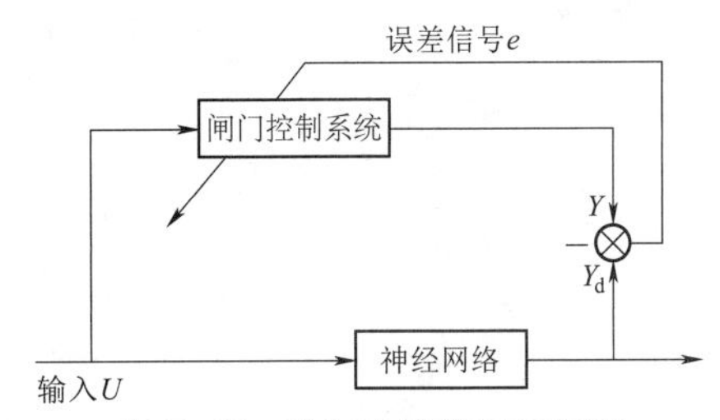

图 5.15 神经网络辨识原理图

U—闸门控制系统的输入值；Y_d—闸门控制系统实际输出值（导师信号），对神经网络进行有指导的学习；Y—监测得到的网络输出信号

神经网络的权值和阈值依据误差信号 $e=Y_d-Y$ 进行调整，当误差信号 e 小到允许的范围之后训练完成，此时就完成了神经网络到闸门控制系统的逼近，得到的神经网络模型输出值就可以作为闸门控制系统的控制参数和命令。

从理论分析知道，一个三层机构的 BP 网络可以完成对任意非线性的逼近，因此可以采用三层结构的神经网络对闸门控制系统进行辨识。神经网络的输入端所加向量为与误差向量相对应的目标向量（x_i，y_i，z_i），输出为实际测得的（x_i'，y_i'，z_i'），即可得网络的输入节点 m 为 3，输出节点 n 也为 3，根据本系统实际工程情况，隐含层节点数为 10，因此，其结构如图 5.16 所示。

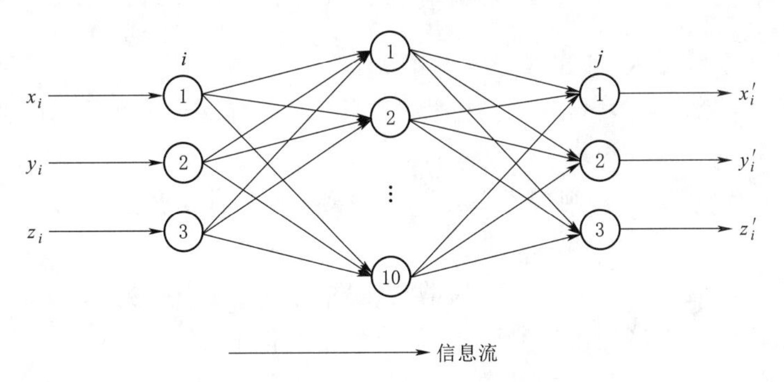

图 5.16 神经网络辨识模型图

神经网络误差补偿模型必须在训练完成后才能建立精确的误差模型。训练时将数控系统神经网络误差辨识模型作为网络的输出层，但不对其进行权值修正，这样网络误差可以

通过反向传播来调整模型各层间的权值。网络的训练是依据输出值和理想输出值之间的误差 e，通过不断地调整网络各层间的连接权值，使网络的输出值等于理想输出值，当误差 e 达到要求后，便完成对网络的训练。训练完成后的网络可以映射闸门状态和油缸行程值之间的关系。

5. 闸门行程智能补偿技术

在对闸门状态分析和油缸行程误差补偿之前，必须先对闸门运行状态进行误差建模。

在实际工程中，我们只能检测到油缸的行程值，通过换算公式可以得到闸门的开度值（Y 轴），实际上，闸门 X 轴和 Z 轴坐标也在发生变化，因受门槽限制，变化量较小，虽然没有检测设备进行变化量的精确测量，但还是可以通过人工观察和辅助仪器进行观察和判断，见图 5.17 和图 5.18。

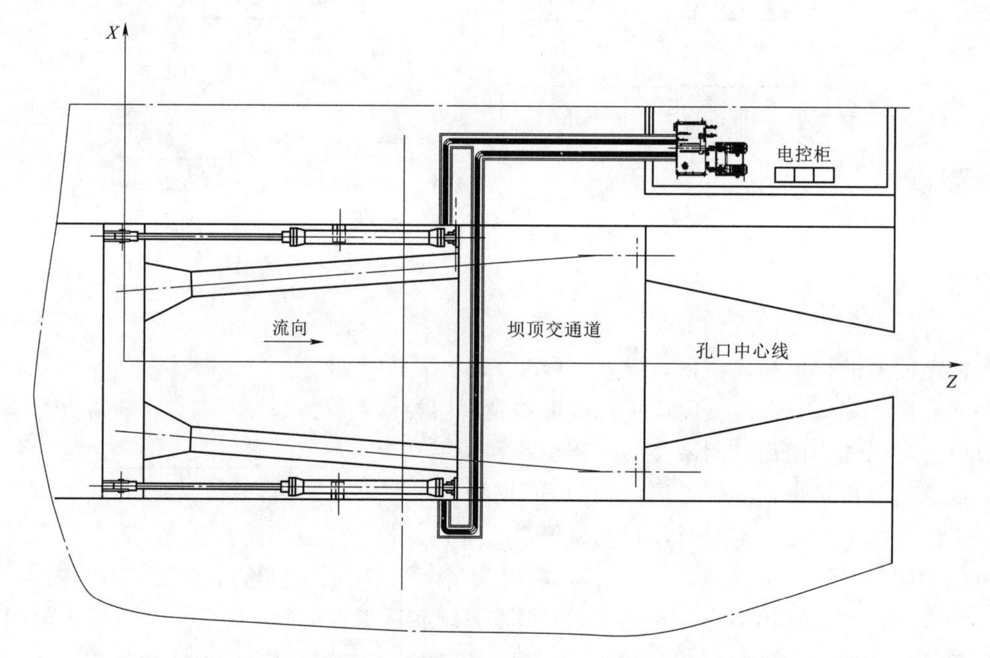

图 5.17 双缸液压启闭机闸门俯视图（$X-Z$ 轴）

（1）智能补偿系统输入/输出变量。

1）油缸行程检测值。HLC：左缸行程值，HRC：右缸行程值，ΔH_C：左右行程偏差值。

2）闸门状态 Y 轴。HL：闸门左开度值，HR：闸门右开度值，ΔH：闸门左右开度偏差值。

3）闸门状态 X 轴。工程中，没有仪器用于测量闸门 X 轴的偏移量，而是采用人工观测闸门门槽顶部的水封挤压度来判断闸门 X 轴的偏移量。

当闸门正常运行时，水封正好嵌在门槽与闸门中间。当闸门左偏时，水封压左侧门槽，右侧门槽与水封脱开，左侧水封橡皮出现变形。当闸门右偏时，水封压右侧门槽，左侧门槽与水封脱开，右侧水封橡皮出现变形；闸门水封状态示意见图 5.19。

通过定义水封挤压度 DL、DR（闸门左右水封挤压度）和设定挤压级别来描述闸门

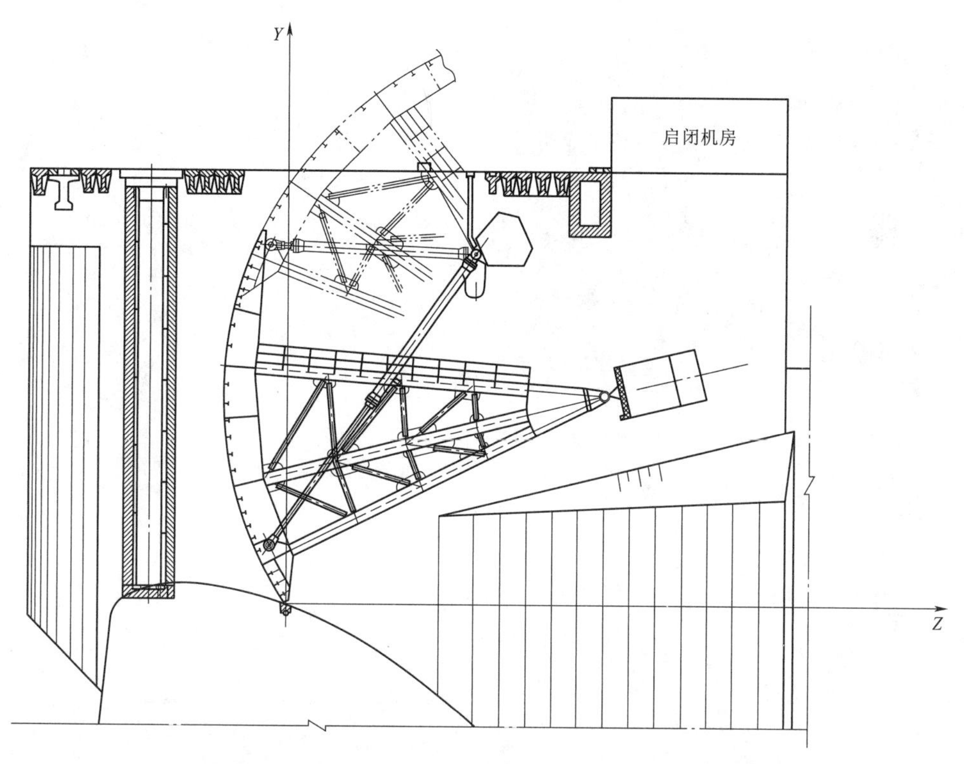

图 5.18 双缸液压启闭机闸门侧视图（$Y-Z$ 轴）

X 轴的偏移量。水封挤压度设置 4 级，0：水封与门槽无接触；1：水封在门槽顶端有轻微挤压，挤压度不大于 5mm；2：水封在门槽顶端有轻微挤压，挤压度不大于 10mm；3：水封在门槽顶端有轻微挤压，挤压度大于 10mm，且水封与门槽完全贴紧。

水封
流向
正常运行时
闸门左偏时
闸门右偏时

图 5.19 闸门水封状态示意图

4）闸门状态 Z 轴。工程中，没有仪器用于测量闸门 Z 轴的偏移量，同时受机械强度限制，闸门 Z 轴偏移量很小，而且人工观测闸门门槽顶部的水封 Z 轴挤压度也困难，因此，忽略闸门 Z 轴偏移误差。采用判断闸门噪声级别和闸门振动级别进一步对闸门运行状态进行判断。

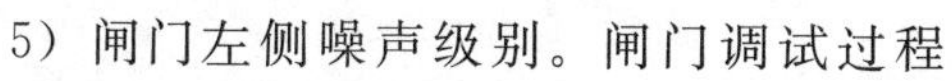

5）闸门左侧噪声级别。闸门调试过程中，通过人工旁站检测闸门左右侧的噪声级别，通过噪声检测仪记录闸门启闭时噪声的分贝，见图 5.20。

通过定义闸门噪声级别 DBL、DBR（闸门左右侧噪声级别）和设定噪声级别来补充描述闸门状态。噪声级别设置 4 级，0：不大于环境噪声分贝 5%；(dB)；1：不大于环境

图 5.20 皂市水利枢纽表孔闸门右侧噪声测量图

噪声分贝 10%；2：不大于环境噪声分贝 20%；3：大于环境噪声分贝 20%如皂市 3 号表孔测量。

6）闸门振动级别（V）。闸门调试过程中，通过闸门振动传感器检测闸门不同部位的振动级别，分别见图 5.21～图 5.25。

（2）最佳误差范围。

1）$\Delta H \leqslant 2$cm，即闸门全行程启闭运行过程中，闸门左右开度偏差不大于 2cm。

2）DL≤1，DL 为闸门左水封挤压度，共4 级。

3）DR≤1，DR 为闸门右水封挤压度，共 4 级。

4）FBL≤1，FBL 为闸门左侧噪声级别，共 4 级。

5）FBR≤1，FBR 为闸门右侧噪声级别，共 4 级。

图 5.21 皂市水利枢纽表孔全开位状态图

图 5.22 闸门支臂振动测量图

图 5.23 闸门门页振动测量图

图 5.24 闸门结构梁筋振动测量图

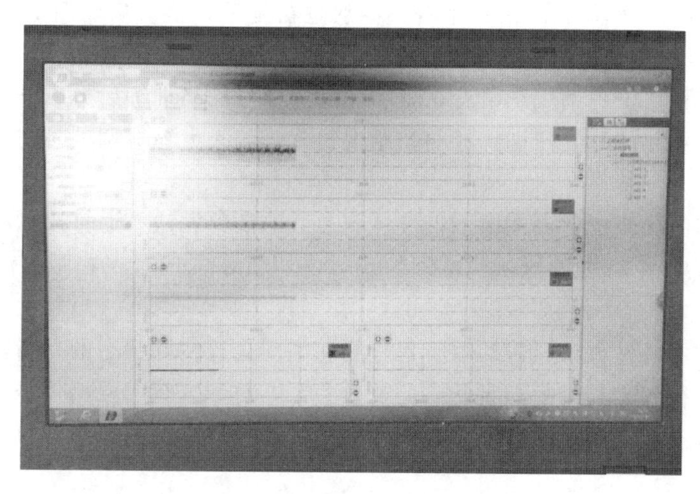

图 5.25　采集数据显示处理终端图

6）V≤1，V 为闸门振动级别，共 4 级。

（3）主要神经元。闸门的状态只能通过液压启闭机油缸的行程及两缸行程的关系来调整，因此，需对闸门各种状态下的特征与油缸行程值建立映射关系。

电气控制系统通过对液压系统中比例调节阀的控制和参数设置来完成闸门状态的调整。在闸门现地控制柜上设置图形触摸屏建立现地站控制参数和命令的人机接口，见图 5.26。

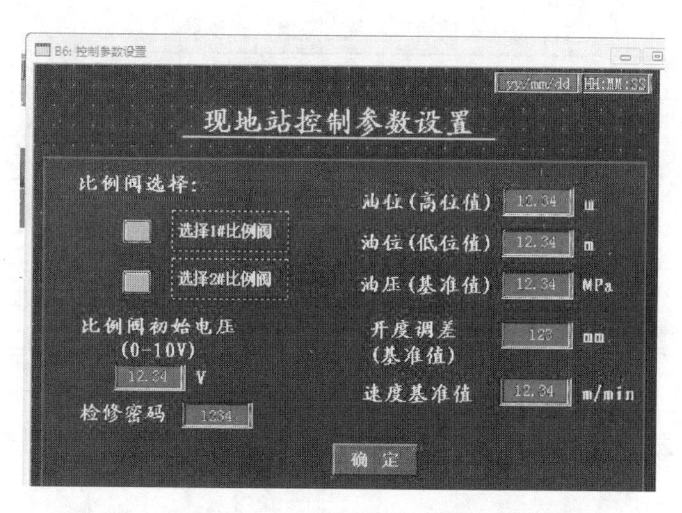

图 5.26　现地站控制柜图形触摸屏电气参数设置界面图

液压系统比例调节阀的主要参数有比例阀纠偏基准电压，控制系统主要参数有油缸行程值补偿值，左右两缸行程偏差最大值，开始纠偏功能行程差阈值。

（4）网络训练。闸门启闭一次即为一次网络训练，闸门启闭一次可以是全行程启闭，也可以是局部启闭。根据闸门运行的状态特征检测，按照最佳误差范围，修改电气控制系统参数，直到闸门运行最佳状态。

由于闸门启闭一次需要 50min 左右，特别是在夏季，多次启闭后，液压系统油温升温迅速，导致系统保护，因此，网络训练也考虑闸门启闭次数限制。

从皂市水利枢纽工程调试结果看，第一孔闸门经过网络训练后形成电气控制系统各参数，可直接作为在其他孔闸门训练时的初始设置，这将大大缩短调试时间。

6. 技术小结

双缸液压闸门启闭机比例调节阀电气控制参数的调整方法，通过双缸液压闸门启闭机的 PLC 控制左右两个油缸的比例调节阀的调节电压值，实现对左右两个油缸活塞杆的行程的精确控制。

闸门行程智能补偿方法通过油缸行程检测和闸门运行实际状态的判断，建立基于人工神经网络的油缸行程值和闸门运行状态的映射关系，对油缸行程检测值进行误差补偿，改变左右两缸行程及偏差关系，进而精确调整闸门状态，保证闸门以最佳轨迹运行。

5.4 金属结构

5.4.1 金属结构设计

5.4.1.1 金属结构的特点

本工程金属结构主要包括泄水建筑物闸门和电站压力钢管等，设备主要设计参数见表 5.22。

表 5.22 金属结构设备主要设计参数表

名　称	单 位	参 数
超蓄洪水位	m	145.5
校核洪水位（P=0.02%）	m	144.56
设计洪水位（P=0.2%）	m	143.5
正常蓄水位	m	140.0
防洪限制水位	m	125.0
死水位	m	112.0
下游水位（P=0.2%）	m	88.4
下游最低水位	m	73.1
尾水检修水位	m	75.8
导流洞下闸封堵水位	m	75.8
导流洞封堵后最高挡水位	m	127.0
下泄流量（P=5%）	m^3/s	7280
下泄流量（P=0.2%）	m^3/s	12500
下泄流量（P=0.02%）	m^3/s	13450
一台机组发电额定流量	m^3/s	136.86
灌溉引用总流量	m^3/s	4.15

续表

名　称		单　位	参　数
多年平均含沙量		kg/m^3	0.58
地震烈度			基本烈度Ⅵ度，按Ⅶ度设防
气象条件	多年平均气温		16.7℃
	极端最高气温		40.9℃
	极端最低气温		−13.0℃
	多年平均风速		2.2m/s
	实测最大风速		18.9m/s

1. 泄水建筑物工作闸门

皂市工程是以防洪为主的水利枢纽，水库为年调节水库，每年4月初到7月底一般维持防洪限制水位125.0m运行，8月初开始蓄水，如果入库流量小于机组保证出力对流量的要求，则动用调节库容，因此每年需要泄水建筑物工作闸门在较长一段时间能多次局部开启运行，这就要求闸门调度机动灵活，并对闸门不同开度下的振动问题进行研究。

设计条件下，表孔孔口尺寸为11.0m×19.5m（宽×高，下同），表孔工作闸门高宽比为1.77，属于高宽比较大的闸门。有关部门在《皂市水利枢纽可行性研究报告》的评估意见中提出："根据防洪规划要求，考虑今后防洪非常运用等一些不可预计的因素，大坝预留2m（坝顶高程由146.0m改为148.0m）超蓄的余地，以增加防汛紧急备用库容，对以防洪为首要任务的皂市水利枢纽的运行和防洪安全有利"，这就要求弧形工作门不仅能够在防洪高水位143.5m挡水条件下安全运行，而且具备145.5m超蓄水位条件下临时挡水功能，为此，表孔工作闸门须增加2m高度，闸门高宽比达到2.1，如设计不当，将产生闸门横向刚度大、竖向刚度小的问题，导致闸门在横、竖两个方向动力响应和应力分布不均，严重情况下影响闸门运行安全，设计中须采取措施予以解决。

2. 电站压力钢管伸缩节

皂市枢纽电站为坝后明厂房布置型式，厂、坝之间设有变形缝，电站运行中，分缝处顺水流向计算最大轴向变形10mm，最大径向变形3mm。为减小厂、坝间变形对引水钢管造成的不利影响，在分缝处须设置双向伸缩节。由于伸缩节直径较大（D=5.6m），设计内水压力较高（0.7MPa），结构也较为复杂，因此设计易于制造、安装和维修的伸缩节，是保证机组安全运行的重要因素。

5.4.1.2 钢材和容许应力选用

工程区多年平均气温16.7℃，极端最低气温−13.0℃，金属结构设备大部分在常温下工作，综合各方面因素，本工程主要承载结构钢材选用Q345B，次要受力结构采用Q235B，结构设计主要容许应力见表5.23。

5.4.1.3 泄水建筑物表孔工作门

1. 表孔工作门的特点

（1）表孔工作门宽11m，高22.7m，高宽比达到2.1，其高度方向刚度较弱。

（2）皂市水库达到超蓄水位145.5m条件下，表孔工作门最大挡水头为22.71m，在

表 5.23 Q345 钢材结构设计主要容许应力表

闸门种类	应力种类	符号	调整系数	容许应力/(N/mm²)
事故检修门	抗拉、抗压、抗弯/抗剪	[σ]/[τ]	0.95	209.0～218.5/123.0～128.2
工作门			0.95	209.0～218.5/123.0～128.2
检修门			1.00	220.0～230.0/130.0～135.0

国内同类工程中少见，闸门整体强度和刚度须采取必要措施予以保证。

(3) 表孔工作门每年需要多次局部开启参与水库调度，由于闸门较高，竖向刚度较弱，在某些开度有可能产生流激振动而激起闸门共振。

2. 表孔工作门设计

国内外已建、在建水利工程的表孔工作门型一般选用平面闸门或弧形闸门。平面闸门可用于无需局部开启进行泄水调节的工程中，使得泄水建筑物顺水流向布置较为紧凑；弧形闸门多用于需要局部开启进行泄水调节的工程中，其门槽水力学、闸门底缘型式及水流引起的闸门振动问题较易解决。综合比较后确定选用弧形闸门。

表孔闸门及启闭机布置见图 5.27。

表孔工作门设计参数见表 5.24。

表 5.24 表孔工作门设计参数

名　称	单　位	参　数
超蓄洪水位（最高挡水位）	m	145.5
设计洪水位（$P=0.2\%$）	m	143.5
正常蓄水位	m	140.0
孔口尺寸（宽×高）	m×m	11.0×19.5
闸门尺寸（宽×高×弧面半径）	m×m×m	11.00×23.01×22.00
堰顶高程	m	124.00
结构主要材料		Q345B
应力调整系数		0.95
动载系数		1.1
单孔最大下泄流量	m³/s	1857
设计洪水位下总水压力	kN	29130
启闭机型式-容量	kN	液压启闭机-2×2200

5 个表孔各设一扇弧形工作门，设计水位 143.5m，校核条件按超蓄工况 145.5m 水位考虑，底槛高程 122.79m，挡水位 143.5m 时总水压力 29130kN。闸门支铰中心高程 135.00m，门宽 11.00m，垂直高度 23.01m，弧面半径 22.00m。

由于闸门竖向高达 23.01m，为加强其竖向强度和刚度，门叶和支臂采用三主横梁配三斜支臂Ⅱ形框架结构，分上、中、下三层框架承受总水压力。门叶布置 3 根主梁，21

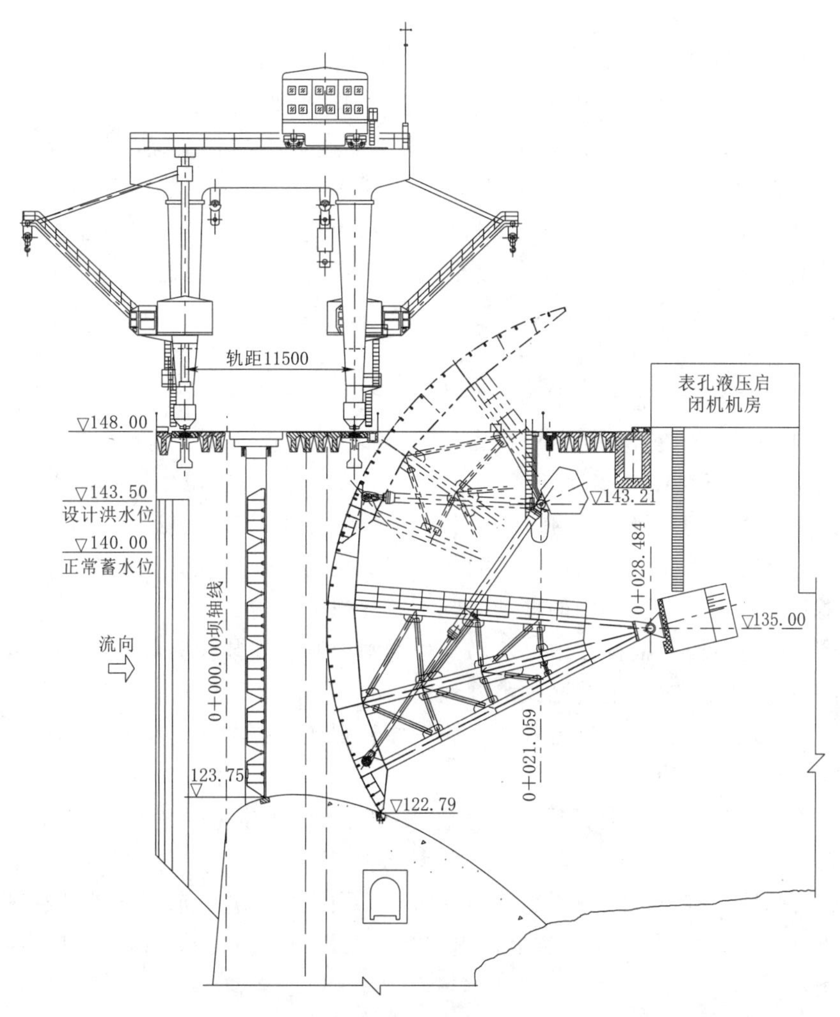

图 5.27 表孔闸门及启闭机布置图

根水平次梁，5 根纵梁，均为“I”字形实腹截面柱；中间主梁以下设置双腹板边柱，中主梁以上为单腹板边柱；作为改善和加强闸门纵向刚度的措施之一，闸门上部门叶悬臂部分两侧各增设一根箱形结构斜撑，一端连接门叶顶部，另一端与上支臂前部相连；三层斜支臂结构均为“I”字形实腹截面柱，其中心线与水流流向夹角为 2.27°，下支臂扭转角为 0.49°，上支臂扭转角为 0.73°，上、中、下支臂之间采用桁架式系杆以保证支臂平面内刚度，支臂前端局部扩大后与主横梁螺栓连接并在横向设置剪力板，可以增加连接刚度。

表孔闸室为堰中分缝，为便于闸门安装，并减小闸孔变形缝两侧不均匀沉降和闸墩竖向变位对弧形门运行的不利影响，支铰轴承采用自润滑球面滑动轴承。支铰轴直径为 450mm，材料为 40Cr 锻钢。

闸门侧止水布置在门叶面板后。采用 P 形空心结构，橡塑复合材料，可以减小闸门在启闭过程中的止水摩阻力，底止水为平板普通橡胶。闸门门叶分 4 节、支臂分 3 个，共

7个运输单元运至现场拼焊成整体。

表孔弧形门操作条件为动水启闭，全开、全闭或局部开启，吊点设在下主梁下部双腹板边柱上，采用容量为2×2200kN的双吊点悬挂式液压启闭机操作。对于高宽比超过2的弧形闸门，以往工程经验表明，即使采用普通液压控制系统，也可以靠闸门的自身刚度实现闸门启闭过程中的同步控制，考虑到皂市枢纽是以防洪为主的工程，工作闸门能否安全、顺利的启闭对调蓄、泄洪任务尤为重要，因此，在液压控制系统中设置技术上较为先进的比例阀，油缸上设带反馈信号的开度传感器及上、下行程限位开关，机房及中控室有弧门开度显示，能分别进行现地或集控操作，使得闸门同步运行的可靠性得以提高。

门槽埋件二期混凝土浇筑，由侧轨板及底槛组成，均采用Q345B钢板和Q235B型钢组合焊接结构，分节制造；侧止水座板为5mm厚不锈钢板，焊于侧轨板外。

3. 表孔工作门原型观测试验

表孔弧形工作门（以下简称弧门）工作挡水水头20.71m，最大挡水水头22.71m，属于高水头下运行的表孔工作闸门。闸门每年多次在局部开启状态下工作，国、内外同类闸门运行实践表明，闸门工作中的振动问题不容忽视。

（1）施工设计阶段，根据《水电水利工程钢闸门制造安装及验收规范》（DL/T 5018）和《水工钢闸门和启闭机安全检测技术规程》（DL/T 835）的要求，设计提出：皂市工程投入运行后，对表、底孔弧门进行静力及振动原型观测，并配合三维有限元计算分析，完成弧门的静、动力特性的安全性评估。

（2）表、底孔弧门投入运行后，湖南澧水流域水利水电开发有限责任公司（工程业主）委托武汉大学工程检测中心联合长江设计公司于2010年11月—2012年6月期间进行了表、底孔弧门三维有限元计算、静力及振动原型观测，并完成了《湖南省皂市水利枢纽工程闸门振动原型观测》《湖南省皂市水利枢纽工程闸门振动原型观测闸门有限元分析》等报告。

（3）试验目的：①检测表、底孔弧门在蓄水过程中及设计洪水位下关门挡水时，主要构件的强度及刚度是否满足设计或规范要求。②检测表、底孔弧门运行的安全可靠性，检测弧门在启闭运行状态下的动力特性和动力响应，确定弧门的振动区和不利开度。③为皂市工程表、底孔弧门验收及安全运行提供技术资料。

（4）试验内容：①通过静应力试验检测表孔弧门结构的主横梁、纵梁、边梁、支臂等主要构件测点在试验水位下的应力，检测结果与设计资料和弧门三维有限元法计算结果进行对比，评估弧门的实际受力状态。②通过弧门结构动态特性试验，检测弧门挡水或无水时的自振频率，进行弧门共振可能性分析。③通过弧门动力响应试验检测表孔弧门结构在不同开度下（开度为1m、2m、3m、…、10m、11m→全开和全开、11m、10m、8m、…、4m、2m→全关）主要测点的加速度、动位移、动应力，确定弧门振动类型。④检测表孔弧门连续启闭运行时各主要构件测点动力响应值，确定弧门振动区和不利开度。

（5）试验工况：①静应力试验选择在3号表孔弧门上进行，2012年6月28日试验开始时库水位135.74m，试验工况见表5.25。②由于试验水位135.74m没有达到正常蓄水位140.0m及设计洪水位143.5m，根据《水工钢闸门和启闭机安全检测技术规程》（DL/

T 835）中的有关条款，这些水位下的应力可根据实测值和相同水位下三维有限元法求得的计算值采用推算的方法获得。③表孔弧门动力试验在3号表孔弧门上进行，试验工况见表5.26。

表5.25　　3号表孔弧门静应力原型观测（库水位135.74m）

序号	弧门启闭	试验方法	检测内容	备注
1	用门机放下表孔事故检修门挡水，提升弧门离底槛0.3m左右，泄掉事故检修门和弧门之间的间隙水	在弧门上布置测点、接线、调仪器	静应力	单独进行
2	放下弧门置于底槛顶，提升事故检修门、在弧门和事故检修门之间充水至135.74m时关闭事故检修门，稳定5min左右采集静应变数据，完成后提升弧门离底槛0.3m左右，泄掉事故检修门和弧门之间的间隙水，再将弧门置于底槛顶	弧门前无水时仪器调零，充水至库水位135.74m时采集静应变数据	静应力	单独进行

注　表孔弧门静力试验进行3次。

表5.26　　3号表孔弧门振动原型观测

序号	试验日期及时间水位	工　况	备　注
1	2012年6月27日15：25 136.31m	1号、3号、5号 表孔敞泄	先分步开3号表孔（见注1）、后连续开1号、5号表孔，再先连续关1号、5号表孔、最后分步关3号表孔（见注2）
2	2012年6月27日17：00 136.18m	表孔泄洪＋底孔敞泄	先连续开4个底孔敞泄，后连续开2号、4号表孔（3m）泄洪，再连续开3号表孔敞泄，最后连续关闭3号表孔

注　1. 分步开3号表孔时开度为1m、2m、3m、…、10m、11m、全开。
2. 分步关3号表孔时开度为10m、8m、6m、…、4m、2m、全关。

（6）试验结果及安全性评估：①表孔弧门试验水位135.74m，试验水头为设计水头的62.5%，试验成果具有代表性。②表孔弧门在试验水位135.74m时下主横梁下翼缘跨中实测最大拉应力为55.6MPa，设计洪水位143.5m的推算应力为95.7MPa；下支臂内翼缘实测最大压应力为31.8MPa，设计洪水位143.5m的推算应力为72.4MPa。左中支臂腹板前端和上主横梁连接处实测最大压应力为44.3MPa，设计洪水位143.5m的推算应力为58.2MPa。③表孔弧门主要构件实测应力值及推算值的结果表明，弧门在挡水工况下主要构件应力水平不高，设计洪水位143.5m下主梁及支臂最大应力均小于主要构件Q345B钢材设计容许应力，并有较大的安全储备，表孔弧门结构主要构件强度满足规范要求。④弧门在动水运行时，参照美国Arkansas河闸门振动位移危害判别标准进行评价。表孔弧门在135.74m水位泄洪时最大动位移为0.384mm，属于中等强度振动范畴，振动位移在允许范围内工作。⑤在135.74m水位泄洪时，表孔弧门最大加速度为0.313g，各测点加速度值没有超过规范规定的允许值0.4g，没有发现闸门产生剧烈振动或"共振"现象，闸门满足抗振设计要求。⑥根据动应力实测结果，在下泄水流脉动压力作用下，表孔弧门下支臂动应力最大值为7.36MPa，动力系数为1.13，实测结果表明，弧门支臂与主梁是产生最大动应力的构件，弧门产生的动应力具有一定的随机性，没有明显的不利开度。⑦表孔弧门液压启闭机左、右活塞杆动应力值大小相接近，最大动应力为4.09MPa和4.19MPa，表孔弧门液压启闭机左、右活塞杆运行时的同步情况较好，受力比较均匀，运行平稳。⑧表孔弧门前五阶频率1.25～7.66Hz。⑨表孔弧门运行的不利开度为1m、10m。

4. 表孔工作门三维有限元计算

(1) 表孔弧门高宽比较大，三主梁配三斜支臂闸门结构布置较为复杂，基于平面计算的强度和刚度计算方法难以对诸如主梁与支臂连接处、吊点处及支臂裤衩处等结构的应力、应变水平进行准确计算，采用三维有限元计算对闸门空间结构进行整体分析，判定复杂结构闸门的应力、应变分布情况，是保证闸门设计质量和运行安全的重要方法。

(2) 有限元计算采用国际通用的有限元程序——ANSYS。计算时选取一个由壳单元、杆单元在空间连接而成的组合有限元模型(图5.28)，单元的划分基本上按闸门结构布置上的特点采用自然离散的方式，将面板、小横梁腹板、小横梁后翼缘、横梁腹板、横梁翼板、纵梁腹板、纵梁翼板、支臂腹板、支臂翼板、支臂隔板、支臂连接杆等构件离散为八节点二次壳单元。

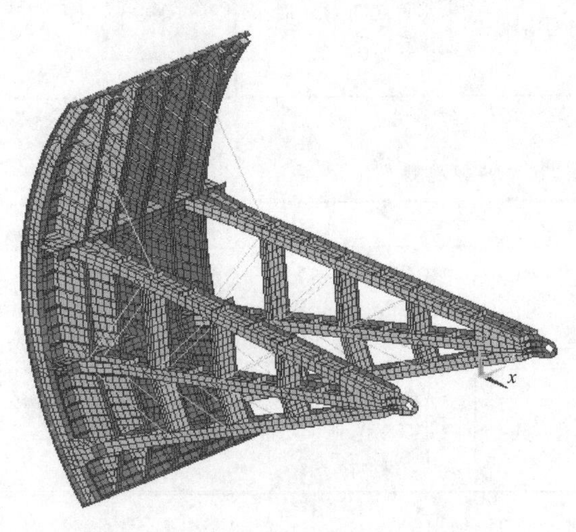

图5.28 表孔弧门三维有限元网格图

板构件用板的中面代替，由于采用二次壳单元，可精确模拟面板的曲面，杆单元用杆的轴线代替。

弧门直角坐标系x、y、z见图5.28，坐标原点在两支铰连线中间，x轴指向下游，y轴沿两支铰连线，z轴向上。

闸门支铰处约束铰轴线的x、y、z向位移，不约束转动。弧门底止水支承，即约束面板底部z向位移。

(3) 静力计算荷载为面板水压力与闸门自重。闸门自重方向向下，由程序自动计算。弧门设计水头为20.71m；135.00m水位下试验水头为12.21m。水压力作用在闸门面板的外表面上，水体密度取$1t/m^3$，水压力按面板法向作用在面板中面上，在每个单元内沿高度方向线性变化。

设计水位143.50m下水压力分布图见图5.29，试验水位135.00m下水压力分布图见图5.30。

(4) 计算结果及分析：①设计水头下闸门主要结构的应力及位移值与平面计算方法计算结果较为吻合，均满足规范要求。②设计水头下，底次梁（连底止水次梁）腹板弯曲应力见图5.31，最大弯曲应力为161.8MPa。从图5.31可见，底次梁与主梁纵隔板相连接处产生了应力集中，但应力集中较大的部位很小，只有一点。产生这种现象的原因是有限元计算模型与实际设计图纸存在局部上的差别，可能使相应部位的局部应力计算结果与实际情况不完全相符。同时由于实际构件连接处焊缝的作用，应力集中现象的范围及量值均不会有图中显示的大。因此，这种局部部位的计算结果可作为计算中的奇异点予以剔除。

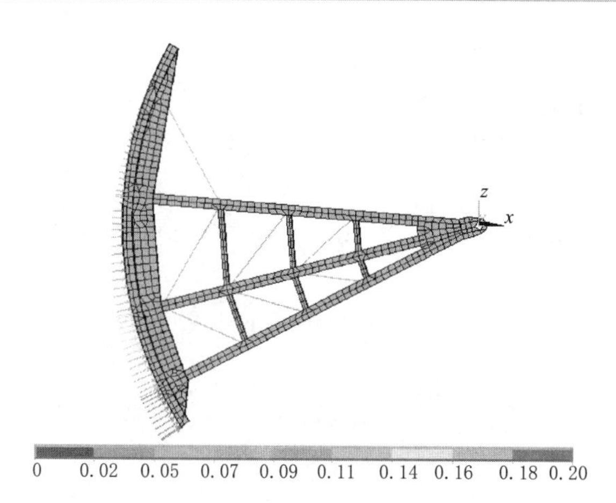

图 5.29　设计水位 143.50m 下水压力分布图（单位：MPa）

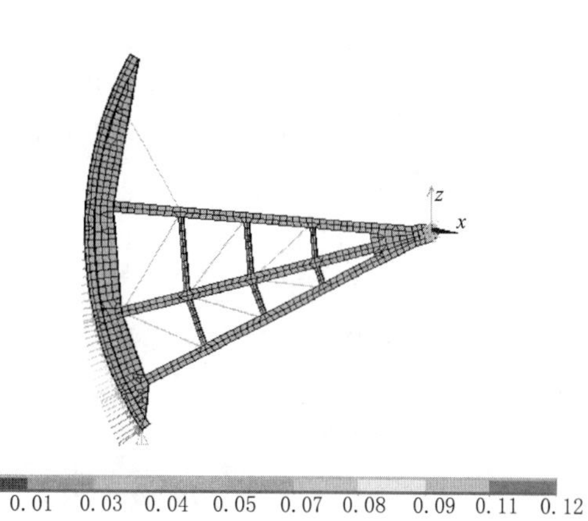

图 5.30　试验水位 135.00m 下水压力分布图（单位：MPa）

③设计水头下，复杂结构裤衩板的 x 向应力见图 5.32，y 向应力见图 5.33，Mises 应力见图 5.34，满足规范要求。④试验水位 135.00m 下，闸门主要结构应力、应变和自由振动频率计算结果与原型观测试验结果比较吻合，相互验证了三维有限元计算和原型观测试验两种方法的有效性。

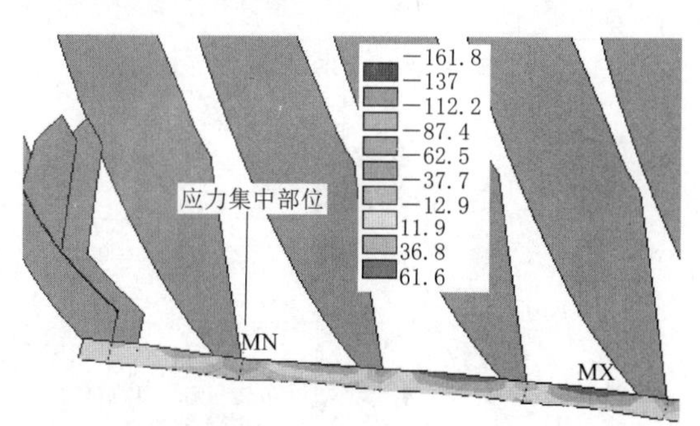

图 5.31　底次梁腹板弯曲应力图（单位：MPa）

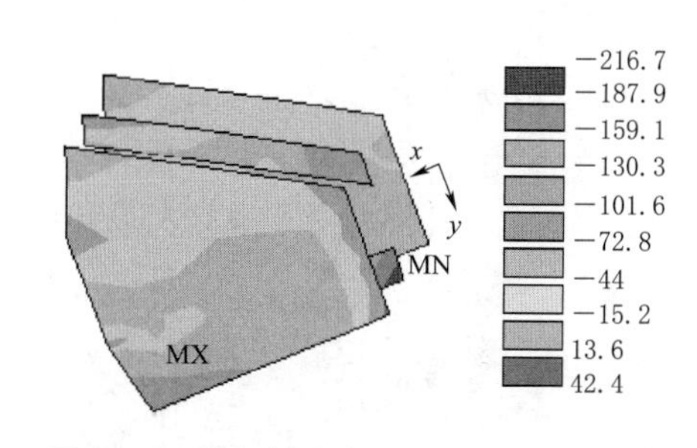

图 5.32　裤衩板应力 σ_x 图（单位：MPa）

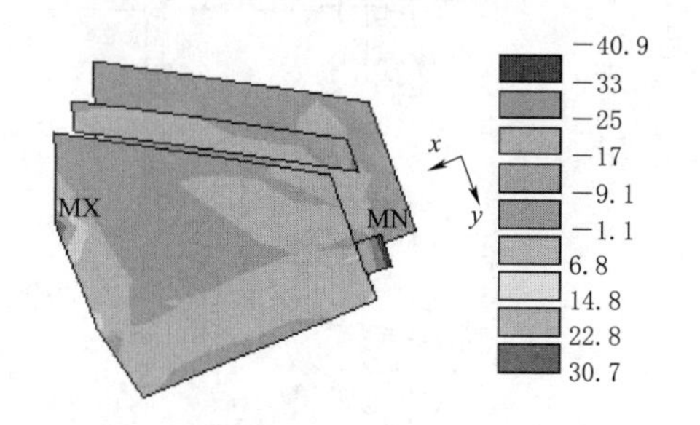

图 5.33　裤衩板应力 σ_y 图（单位：MPa）

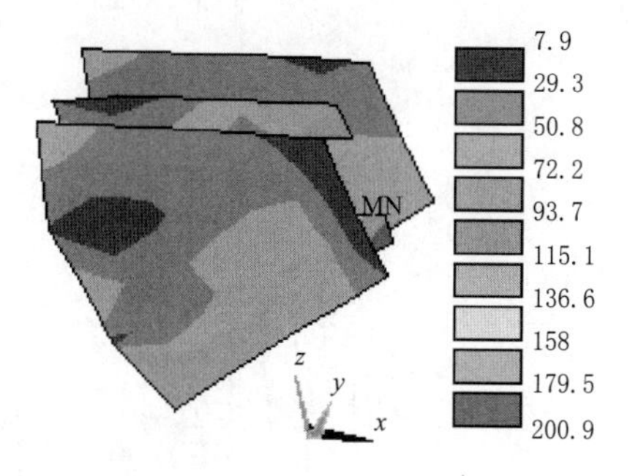

图 5.34　裤衩板 Mises 应力图（单位：MPa）

5.4.1.4　泄水建筑物底孔工作门

1. 底孔工作门的特点

（1）在超蓄洪水位 145.50m 条件下，底孔工作门最大挡水头为 44.48m，属于中、高水头下工作的闸门，在设计中须采取必要措施保证闸门强度和刚度。

(2) 底孔工作门要求具备全开或局部开启调蓄或泄洪功能，每年参与水库调度和泄洪运行比表孔工作门更为频繁，闸门局部开启的某些开度有可能激起闸门共振。

2. 底孔工作门设计

(1) 与表孔工作门选型相似，底孔工作门选用弧形门，比较容易解决门槽水力学、闸门底缘型式及水流引起的闸门振动问题。

(2) 布置及设计参数：底孔闸门及启闭机布置见图 5.35。

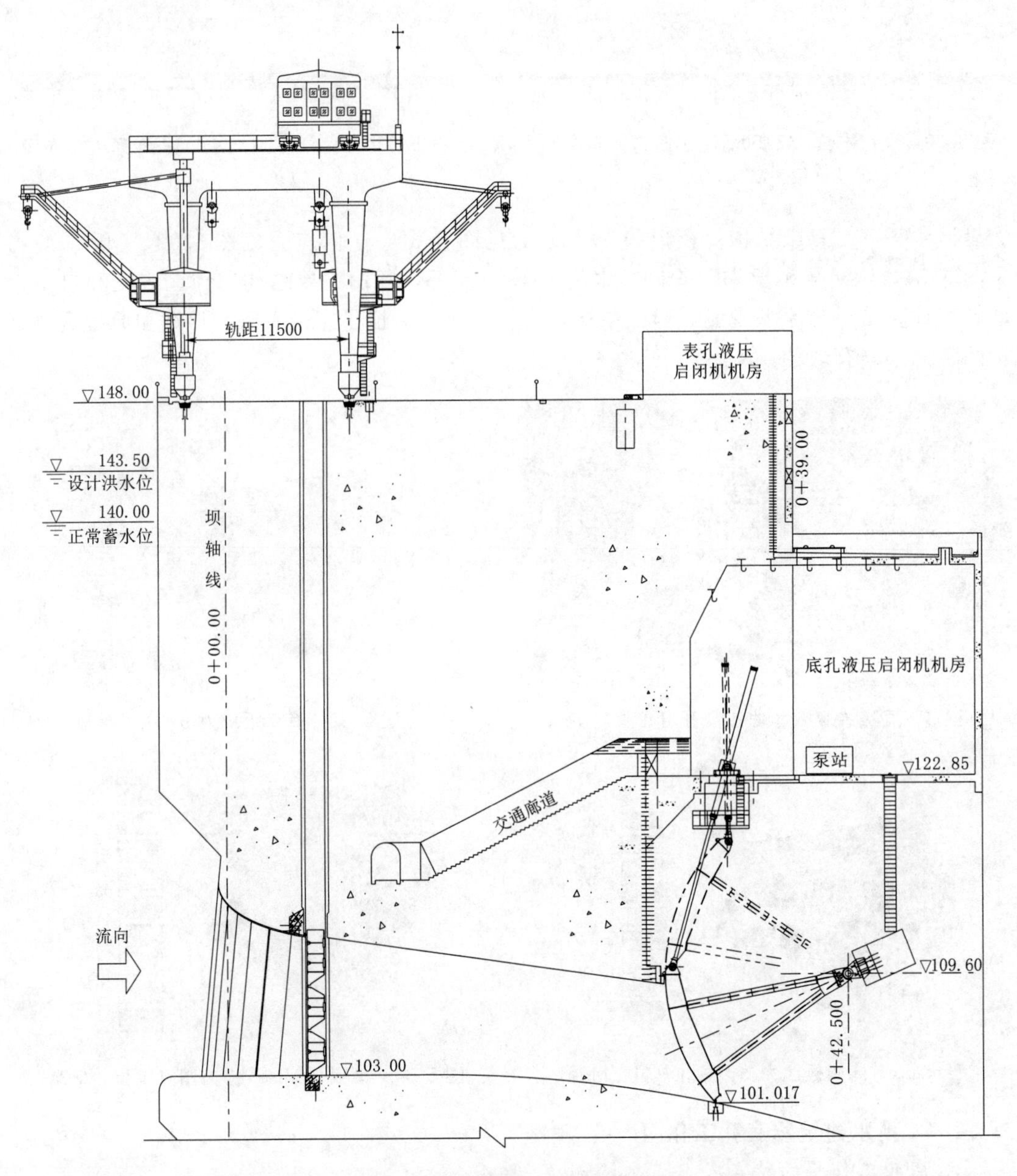

图 5.35　底孔闸门及启闭机布置图

底孔工作门设计参数见表 5.27。

表 5.27　　底孔工作门设计参数表

名　　称	单　位	参　数
超蓄洪水位（最高挡水位）	m	145.5
设计洪水位（P=0.2%）	m	143.5
正常蓄水位	m	140.0
孔口尺寸（宽×高）	m×m	4.5×7.2
闸门尺寸（宽×高×弧面半径）	m×m×m	4.50×9.01×12.50
底槛高程	m	101.02
结构主要材料		Q345B
应力调整系数		0.95
动载系数		1.1
单孔最大下泄流量	m^3/s	829
设计洪水位下总水压力	kN	17600
启闭机型式-容量	kN	液压启闭机-1250

（3）4 个底孔各设一扇弧形工作门，设计水位 143.5m，校核条件按超蓄工况 145.5m 水位考虑，底槛高程 101.02m，挡水位 143.50m 时总水压力 17600kN。闸门支铰中心高程 109.60m，门宽 4.50m，垂直高度 9.01m，弧面半径 12.50m，总水压力作用线与水流流向夹角为 23.08°。

门叶和支臂采用两主横梁配两直支臂 Π 形框架结构，分上、下两层框架承受总水压力。门叶布置 2 根主梁，8 根水平次梁，均为 I 字形实腹截面；3 根 T 形截面纵梁沿闸门宽度方向等间距布置，两侧纵梁兼作边柱与支臂螺栓连接；支臂为实腹工字形焊接结构，支臂上、下、左、右之间采用桁架式系杆连接，构成空间支撑体系。门叶结构分三节、支臂分二部分制造、运输，运至现场焊为整体。闸门支铰轴径为 400mm，材料为 40Cr；支铰轴承为自润滑柱面滑动轴承。

对于底孔工作门这样的潜孔弧形闸门，为保证闸门的封水效果，门顶设两道止水，门叶上部设一道普通橡胶 P 形盖顶止水，当闸门从全关位启门和即将闭门至全关位时用以封拦门顶缝隙射流；门楣埋件上另设置一道与闸门面板紧压式 Ω 形止水，用于闸门关闭后正常封水；侧止水为 P 形方头橡塑复合材料；底止水为平板普通橡胶。

闸门操作方式为动水启闭，可局部开启。单吊点设在闸门顶部，由容量为 1250kN 摆动式单缸液压启闭机操作，每门一机。

门槽埋件由侧轨板、门楣、底槛及锚栓钢构等组成，二期混凝土埋设。结构件均采用 Q345B 钢板及型钢组合焊接结构，分节制造，侧轨板及门楣上贴焊材质 1Cr18Ni9Ti 不锈钢止水座板，为方便闸门水封维修或更换，侧轨板上部设有可拆卸的活动轨板。

3. 底孔工作门原型观测试验

（1）与表孔工作门设计理念相同，对底孔弧门也进行了静力及振动原型观测试验。

（2）底孔工作门试验目的和试验内容可参见表孔工作门相关章节。

(3) 试验工况：①静应力试验选择在3号底孔弧门上进行，2011年7月1日试验开始时库水位126.30m，试验工况见表5.28。②由于试验水位126.30m没有达到正常蓄水位140.00m及设计洪水位143.50m，根据《水工钢闸门和启闭机安全检测技术规程》(DL/T 835) 中的有关条款，这些水位下的应力可根据实测值和相同水位下三维有限元法求得的计算值采用推算的方法获得。③选择在3号底孔弧门上进行单孔控泄试验，在1～4号4个底孔弧门上进行四孔敞泄试验，2011年6月29日静应力试验开始时库水位126.30m。动力试验荷载为弧门泄水时的水流冲击力，试验工况见表5.29。

表5.28　　3号底孔弧门静应力原型观测（库水位126.30m）

序号	弧门启闭	试验方法	检测内容	备注
1	用门机放下底孔事故检修门挡水，提升弧门离底槛0.3m左右，泄掉事故检修门和弧门之间的间隙水	在弧门上布置测点、接线、调仪器	静应力	单独进行
2	放下弧门置于底槛顶，提升事故检修门、在弧门和事故检修门之间充水至126.30m时关闭事故检修门，稳定5min左右采集静应变数据，完成后提升弧门离底槛0.3m左右，泄掉事故检修门和弧门之间的间隙水，再将弧门置于底槛顶	弧门前无水时仪器调零，充水至库水位126.30m时采集静应变数据	静应力	单独进行

注　底孔弧门静力试验进行3次。

表5.29　　3号底孔弧门振动原型观测（库水位126.30m）

序号	弧门启闭	试验方法	检测内容	备注
1	3号底孔弧门控泄	1）3号试验底孔弧门动力特性试验（空门）； 2）3号试验底孔弧门不同开度下动力响应试验（开度为1m、2m、…、6m、7m→全开和全开、7m、6m、…、2m、1m、0.5m→全关）；每个开度停3min左右； 3）3号试验底孔弧门连续开启、关闭过程动力响应试验	3号底孔弧门动应力、加速度、动位移、启门力时程曲线等	单独进行
2	1～4号4个底孔弧门敞泄	1～4号4个底孔弧门全开泄水，检测3号底孔弧门	3号底孔弧门动应力、加速度、动位移等	和水力学试验同步进行

注　底孔弧门动力试验序号1各进行3次，序号2进行1次。

(4) 试验结果及安全性评估：①底孔弧门第一次试验水位126.30m，试验水头为设计水头的57.5%；第二次试验水位135.74m，试验水头为设计水头的80.8%，试验成果具有代表性。②底孔弧门在试验水位135.74m时下主横梁下翼缘跨中实测最大拉应力为65.5MPa，设计洪水位143.50m的推算应力为80.3MPa；下支臂内翼缘实测最大压应力为60.2MPa，设计洪水位143.50m的推算应力为75.6MPa。左上支臂腹板前端和上主横梁连接处实测最大压应力为80.8MPa，设计洪水位143.50m的推算应力为104.5MPa。③底孔弧门主要构件实测应力值及推算值的结果表明，弧门在挡水工况下主要构件应力水平不高，设计洪水位143.50m下主梁及支臂最大应力均小于主要构件Q345B钢材设计容许应力，并有较大的安全储备，底孔弧门结构主要构件强度满足规范要求。④弧门在动水运行时，参照美国 Arkansas 河闸门振动位移危害判别标准进行评价。底孔弧门在 135.74m 库水位泄洪时最大动位移为 0.404mm，属于中等强度振动范畴；底孔弧门在 126.30m 库水位泄洪时最大动位移为 0.128mm，属于微小振动范畴。⑤在 135.74m 水位泄洪时，底孔弧门最大加速度为 0.303g，各测点加速度值没有超过规范规定的允许值 0.4g，没有发现闸门产生剧烈振动或“共振”现象，闸门满足抗振设计要求。⑥根据动应力实测结果，在下泄水流脉动压力作用下，底孔弧门下支臂动应力最大值为 8.04MPa，动力系数为 1.12，实测结果表明，弧门支臂与主梁是产生最大动应力的构件，弧门产生的动应力具有一定的随机性，没有明显的不利开度。⑦底孔弧门启闭机活塞杆实测最大动应力为 4.35MPa，活塞杆受力均匀，运行平稳。⑧底孔弧门前五阶频率 2.53～9.75Hz。⑨底孔弧门运行不利，开度为 1m。

4. 底孔工作门三维有限元计算

（1）计算模型见图 5.36。选取一个由壳单元、梁单元在空间连接而成的组合有限元模型，单元的划分基本上按闸门结构布置上的特点采用自然离散的方式，将面板、小横梁腹板、小横梁后翼缘、横梁腹板、横梁翼板、纵梁腹板、纵梁翼板、支臂腹板、支臂翼板、支臂隔板、支臂连接杆等构件离散为八节点二次壳单元，小横梁前翼缘离散为三节点梁单元。

弧门直角坐标系 xyz 见图 5.36，坐标原点在两支铰连线中间，x 轴指向下游，y 轴沿两支铰连线，z 轴向上。

闸门支铰处约束铰轴线的 x、y、z 向位移，不约束转动。弧门底止水支承，即约束面板底部 z 向位移。

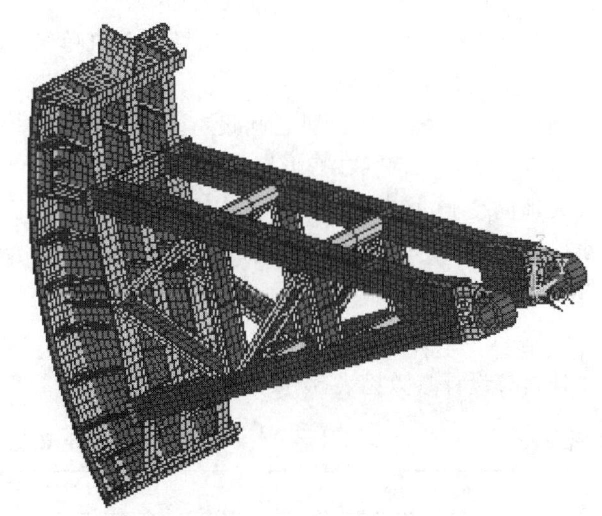

图 5.36　底孔弧门三维有限元网格图

（2）静力计算荷载为面板水压力与闸门自重。闸门自重方向向下，由程序自动计算。弧门设计水头为 42.48m；135.00m 水位下试验水头为 33.98m。水压力作用在闸门面板的外表面上，水体密度取 1t/m^3，水压力按面板法向作用在面板中面上，在每个单元内按高度线性变化。

设计水位 143.50m 下水压力分布图见图 5.37，试验水位 135.00m 下水压力分布图见图 5.38。

（3）计算结果及分析：①设计水头下闸门主要结构的应力及位移值与平面计算方法计算结果较为吻合，均满足规范要求。②设计水头下，复杂结构裤衩板的 Mises 应力见图 5.39，最大 Mises 应力为 134.7MPa，小于允许应力，满足规范要求。③试验水位 135.00m 下，闸门主要结构应力、应变和自由振动频率计算结果与原型观测试验结果比较吻合，相互验证了三维有限元计算和原型观测试验两种方法的有效性。

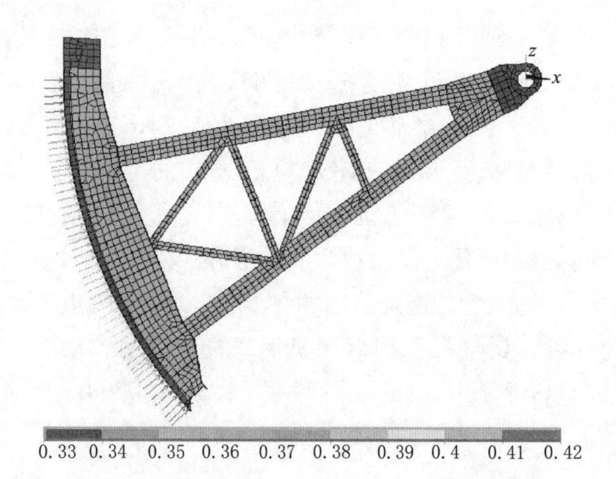

图 5.37 设计水位 143.50m 下水压力分布图（单位：MPa）

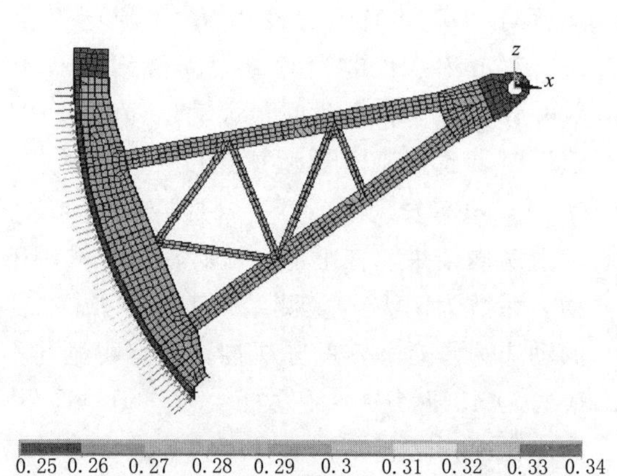

图 5.38 试验水位 135.00m 下水压力分布图（单位：MPa）

5.4.1.5 电站建筑物伸缩节

1. 电站布置特点

电站建筑物紧邻泄水溢流坝段右岸，为坝后式明厂房布置型式，设两台竖轴混流式水轮发电机组，单机容量 60MW，总装机容量 120MW。

机组上游引水管全长设置压力钢管，单机单管引水，两条钢管平行布置。

坝后式明厂房在厂、坝之间设有永久变形缝，电站运行中，要求钢管在变形缝处能够适应顺水流向最大轴向变形 10mm，最大径向变形 3mm，为减小厂、坝间变形对引水钢管造成的不利影响，在分缝处须设置伸缩节。

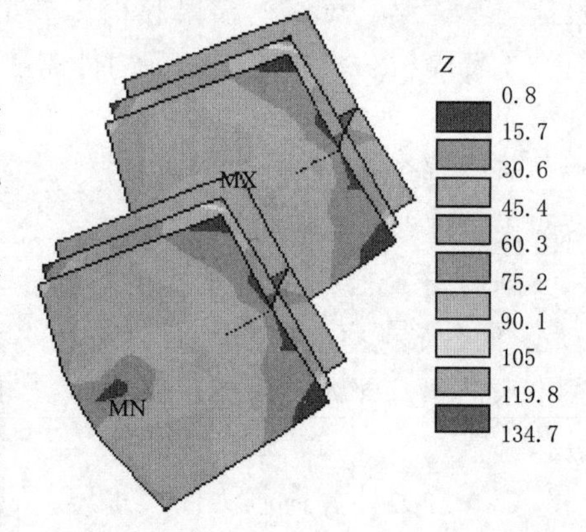

图 5.39 裤衩板 Mises 应力（单位：MPa）

2. 伸缩节设计参数

伸缩节设计参数见表 5.30。

表 5.30 伸缩节设计参数表

名　称	单　位	参　数
最大内水压力	MPa	0.7
顺水流向最大相对位移	mm	10
顺水流向循环相对位移	mm	5
径向最大相对位移	mm	3
径向循环相对位移	mm	2
循环次数		1000
水温变幅	℃	18
气温变幅	℃	25

续表

名　称	单　位	参　数
水流压力脉动频率	Hz	63.12
最大流量	m^3/s	137
最大流速	m/s	5.6
伸缩节直径	m	5.6

3. 存在的技术难点

由表 5.31 可见，伸缩节直径 $D=5.6m$，承受最大内水压力 0.7MPa，并且要求伸缩节适应轴向和径向两个方向的变形，在水电站工程中属大型双向伸缩节，选择和设计不泄漏且易于制造、安装和维修的伸缩节型式，是保证机组安全运行的重要因素，也是摆在设计面前的难题。

4. 解决方案和措施

(1) 设计前首先开展调研工作，对已建水电工程采用的各种大、中型伸缩节型式存在的利弊进行比较、分析。

20 世纪 90 年代末以前，国内外大、中型水电站引水钢管多采用钢板卷制的套筒式伸缩节（图 5.40），这种型式的伸缩节在制造、安装方面已具备较为成熟的经验，但其具有难以克服的两大问题是：①运行一段时间后，内、外套筒之间的水封填料受不均匀荷载压缩或材料老化影响，导致伸缩节水封泄漏，有些工程甚至泄漏严重；②伸缩节结构复杂，难以维修。

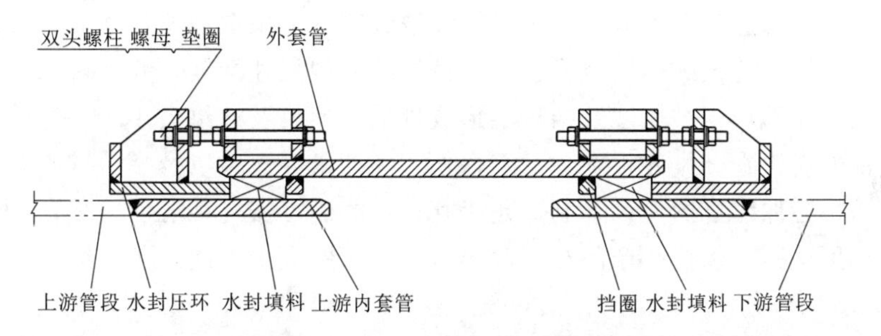

图 5.40　双向套筒式伸缩节示意图

21 世纪初，随着科学技术的发展，为克服传统的套筒式伸缩节水封泄漏、难于维修等问题而研制的大型“套筒附加波纹管式伸缩节”（图 5.41）已成功应用于三峡水电站建设中。三峡水电站双向伸缩节直径 12.4m，最大内水压力 1.4MPa，属超大型伸缩节，选用“套筒附加波纹管式伸缩节”型式即可利用钢制套筒提供伸缩节运行的强度保证，又可借助不锈钢材质的波纹结构使得伸缩节在使用寿命下封水不泄漏，提高了伸缩节的运行可靠性。但是，这种型式的伸缩节对制造、安装工艺要求较高，制造成本也相对较高，因此，在中、大型水电站中使用未必是最佳选择。

近年来，由于计算技术的飞速发展（例如，大型计算机软、硬件的普及使用）和生产设备的升级换代（例如，伸缩节波纹管制作的液压成型机的出现），一种早期由于设计和生产技术限制，仅在较小规模水电站或引水钢管工程使用的波纹管式伸缩节（图 5.42）

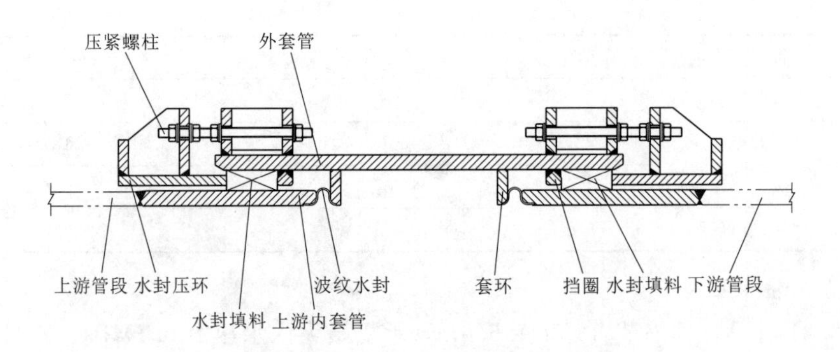

图 5.41 套筒附加波纹管式伸缩节示意图

已成功应用在大、中型水电站引水压力管道中，逐渐取代了传统的套筒式伸缩节。

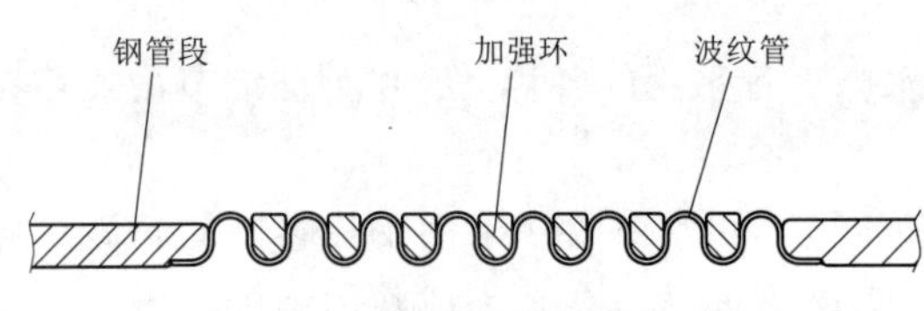

图 5.42 波纹管式伸缩节示意图

(2) 通过对已建水电工程压力管道各种型式的伸缩节进行经济技术综合比较，并吸收伸缩节成功运行的经验后，确定在厂、坝分缝处采用免维护的波纹管式伸缩节。

(3) 为确保伸缩节能够安全运行，从设计、制造等层面采取了后述措施：①设计中配合三维有限元计算，对伸缩节在控制性工况下的各构件、部件的应力、应变、动力特性、稳定性以及疲劳寿命进行分析和评定；②对伸缩节运行状态进行振动分析和评定；③波纹管制造采取液压整体成形方法成形。液压整体成形方法较之传统的模压成形更能保证波纹结构尺寸精度，并且可以克服模压工艺容易造成波纹壁厚不均匀、在波纹结构上形成划痕、擦痕及波纹大小不一等弊病；④对伸缩节进行包括外观检查、尺寸检查、焊缝探伤、煤油渗漏试验以及疲劳试验等项目的型式试验，目的是检验伸缩节的设计、制造是否存在不能满足安全性能的缺陷；⑤伸缩节出厂前进行整体水压试验，以检验产品在试验内水压力下的安全性能。

5. 运行情况

2018 年，在运行管理单位的配合下，设计人员对波纹管伸缩节的运行情况进行了回访，结论是伸缩节运行平稳，无泄漏和渗水情况发生。

5.4.2 金属结构缺陷修复研究与处理

5.4.2.1 表孔安装尺寸超差与处理

1. 安装尺寸超差

2008 年，表孔 4 号弧形工作门门体安装时，现场测量发现门槽埋件两侧轨整体向右偏移 57mm（图 5.43），此时门槽埋件二期混凝土已浇筑完毕并达到龄期。

2. 尺寸超差的处理

发现问题后，工程建设业主致函设计单位要求提出处理方案，设计单位综合考虑施工工期、改造施工难易程度及闸门运行安全等因素的影响，提出以下两种方案：①不动门叶后部结构布置，将面板左侧端部切除57mm，相应改变左侧止水、底止水及侧导轮布置，使得左侧止水和止水座板之间、侧导轮和侧轨导板之间的相对关系不变；②将门叶右侧止水工作面和侧导轮转动中心线通过增加垫板的方式向右侧移动57mm，使得右侧止水和止水座板之间、侧导轮和侧轨导板之间的相对关系不变，即将闸门面板部分整体向右移动57mm。设计针对此方案对闸门结构各主要应力、变形及刚度进行了复核计算，结果满足规范要求。

业主、施工单位、监理单位及设计单位等研究、讨论后认为：上述方案在保证闸门运行安全前提下简单易行，并得以实施。

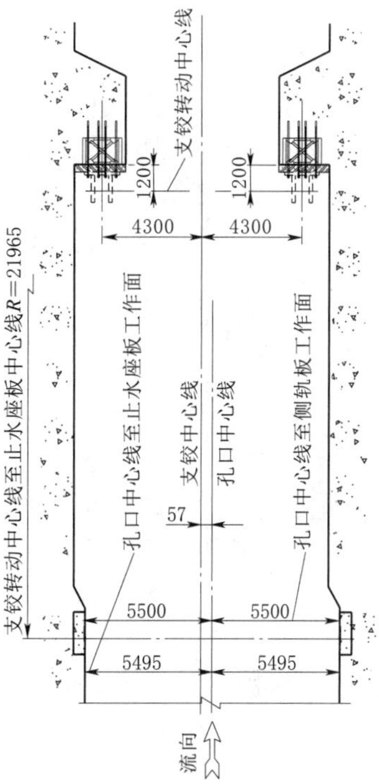

5.4.2.2 表孔弧门运行振动和噪声产生原因分析与处理

1. 产生振动和噪声

2008年年底以后，皂市工程表孔1～5号工作门陆续投入运行。闸门运行一段时间后，表孔2号、4号工作门在全行程启闭操作通过0.4～0.7开度范围内出现较大振动和噪声。

图5.43 安装期测量4号孔侧轨偏移情况图

2. 振动和噪声产生原因分析

受工程建设业主委托，从2016年10月上旬开始，设计对表孔2号、4号工作门振动和噪声产生原因进行了以下分析工作并提出处理设计方案：

(1) 高精度测量。为了找到缺陷产生原因，首先采用三维激光扫描仪对表孔1～5号工作门门槽埋件及门体运行现状进行高精度测量，对2号和4号工作门进行了重点测量，结果显示：①5扇闸门支铰中心高程和对孔口中心线偏差均满足施工图纸和规范要求；②1号、3号和5号闸门两侧轨工作面间中心线对孔口中心线偏差均满足施工图纸和规范要求；③2号闸门两侧轨工作面间中心线对孔口中心线向右偏差11.5mm（图5.44），不满足施工图纸和规范要求；④4号闸门两侧轨工作面间中心线对孔口中心线向右偏差最大，为68.8mm，此值也大于施工期57mm的测量值（图5.45）；5个表孔的侧轨导板工作表面平面度最大公差均为18mm，不满足施工图纸和规范要求。

(2) 现场检查。表孔弧形工作门投入使用后进行过多次全行程启闭操作。2015年以后，2号和4号工作门运行至0.4～0.7开度区间存在较大振动和噪声。现场检查可见：①闸门启闭过程中在0.4～0.7开度区间左、右侧止水均存在较为严重的过压现象，直径60mm的P形止水头部最大压缩量达到30mm；②部分紧固侧止水的外六角螺栓头端面与侧轨板表面也是在该开度区间形成严重的钢对钢摩擦，在侧轨板表面局部形成长条状磨损凹槽；③侧导轮与侧轨板之间的间隙值不满足施工图要求，侧轨板在有些区段已被侧导轮压出较深压痕。

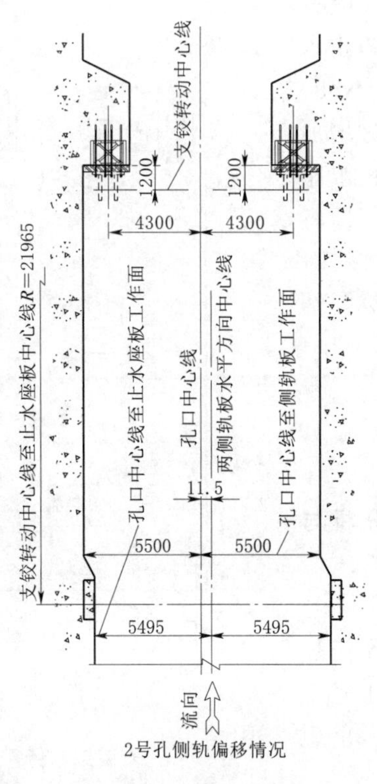

图 5.44　高精度测量图

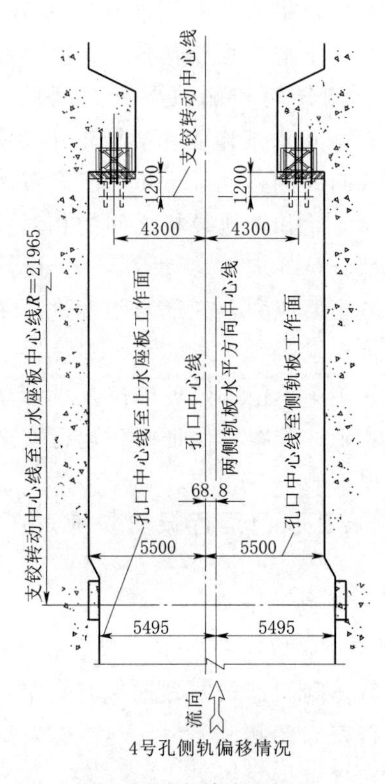

图 5.45　高精度测量图

(3) 原因分析。高精度测量和现场检察结果表明：2 号和 4 号工作门侧轨板制造安装精度超差，特别是 4 号工作门侧止水、侧导轮等部件在安装期改造时施工安装精度严重超差，导致闸门侧止水压缩量时大时小，且侧止水紧固螺栓头端面与侧轨板表面在 0.4～0.7 开度区间形成较为严重的钢对钢摩擦，启闭过程中，这种时大时小的摩擦阻力非常容易引起闸门产生振动和噪声。

3. 缺陷处理设计方案

(1) 三维有限元计算分析。安装期进行过改造，目前又存在较为严重缺陷的 4 号工作门现有状态是：闸门中心线对孔口中心线右偏 68.8mm，造成闸门总水压力水平中心右移，可能影响闸门运行安全，因此对闸门右偏 68.8mm 的状态补充进行三维有限元计算分析，对该闸门安全性进行重新评估。

三维有限元计算主要结果显示：

1) 设计水位下弧门最大位移发生在面板底部，为 15.9mm（正常闸门为 15.8mm）。

2) 设计水位下弧门上横梁跨中挠度为 6－4.7＝1.3(mm)（正常闸门为 1.2mm），中横梁跨中挠度为 7.8－5.6＝2.2(mm)（正常闸门为 2.0mm），下横梁跨中挠度为 10.7－8.0＝2.7mm（正常闸门为 2.6mm），都小于允许挠度 $[f]=l/600=7000/600=11.7$(mm)。主横梁刚度满足规范要求。

3) 设计水位下面板最大 Mises 应力为 249.9MPa（正常闸门为 242.3MPa），小于允许应力，面板应力满足规范要求；次梁腹板最大弯曲应力为 111.3MPa（正常闸门为

107.6MPa)，次梁后翼缘最大弯曲应力为 140.6MPa（正常闸门为 136MPa)，小于允许应力，次梁腹板、后翼缘应力满足规范要求。横梁腹板最大弯曲应力为 92.1MPa（正常闸门为 92.1MPa)，纵梁腹板最大弯曲应力为 90.1MPa（正常闸门为 84.2MPa)，横梁后翼最大弯曲应力为 125.1MPa（正常闸门为 123.3MPa)，纵梁后翼最大弯曲应力为 141.2MPa（正常闸门为 139.8MPa)，都小于允许应力，横、纵梁应力满足规范要求。

4）上支臂腹板最大轴向应力为 149.8MPa（正常闸门为 147.4MPa)，中支臂腹板最大轴向应力为 194.7MPa（正常闸门为 191.6MPa)，小于允许应力 $0.9\times220=198$ (MPa)。下支臂腹板最大轴向应力为 205.1MPa（正常闸门为 201.7MPa)，支臂腹板应力满足规范要求。上支臂翼缘最大轴向应力为 77.5MPa（正常闸门为 76.9MPa)，中支臂翼缘最大轴向应力为 104MPa（正常闸门为 104.1MPa)，下支臂翼缘最大轴向应力为 142.6MPa（正常闸门为 143.4MPa)，支臂翼缘应力满足规范要求。

5）设计水位下支臂连接杆腹板最大 Mises 应力为 55.0MPa（正常闸门为 54MPa)，支臂连接杆腹板应力满足规范要求。支臂连接杆翼缘 Mises 应力为 108.5MPa（正常闸门为 108.5MPa)，支臂连接杆竖杆翼缘应力满足规范要求。支臂连接杆斜杆最大轴向应力为 42.5MPa（正常闸门为 42.2MPa)，支臂连接杆斜杆应力满足规范要求。

评估结论是：闸门偏心后，闸门应力变化很小，增加 1%～3%，满足规范要求，偏心闸门结构是安全的。

(2) 水工结构复核计算。对 4 号工作门闸墩和牛腿水工结构进行复核计算和安全评估。计算结果表明，支座牛腿尺寸、牛腿配置钢筋及闸墩扇形钢筋均满足设计及规范要求。

(3) 增加侧导轮。为使侧导轮在闸门启闭过程中运行平稳、受力均匀，将 2 号、4 号工作门侧导轮由每侧 3 个增加至 6 个，侧导轮工作面与侧导板工作面间隙值由原设计 9mm 减小至 5mm。间隙值的安装、测量基准面取在平面度最大公差值处，可以让闸门在全行程运行过程中侧导轮工作面与侧导板工作面间隙值较为均匀。

(4) 更换止水。更换 2 号和 4 号工作门侧止水和底止水。

(5) 更换止水螺栓。将侧止水外六角头紧固螺栓更换为带榫沉头螺栓，使得螺栓头端面与侧轨板表面间隙值由原设计 19mm 增加至 28mm，可以避免螺栓头端面与侧轨板表面钢对钢接触摩擦。

5.4.2.3　处理措施实施和运行检验情况

2016 年 10 月中旬，设计完成《皂市工程泄水表孔 2 号、4 号弧形工作闸门振动及噪声处理设计方案报告》(以下简称《报告》)，10 月底，业主组织专家对《报告》进行了咨询，咨询意见认可《报告》提出的计算、分析成果和表孔 2 号、4 号弧形工作闸门振动及噪声处理方案。

2017 年上半年，受业主委托，设计完成皂市工程闸门技术改造招标文件技术条款编制，并绘制完成招标文件附图和施工详图。

2017 年下半年，施工单位按设计和合同文件要求完成了表孔 2 号、4 号弧形工作闸门的技术改造，其后，业主会同设计和施工单位对改造后的 2 号、4 号表孔弧形门进行了全行程无水和有水运行试验，运行情况显示：①两侧止水螺栓头与侧轨板表面在全行程运行过程中再未发生接触；②侧导轮在导向过程中与侧轨板表面接触正常，转动平稳；③侧止水与止水座板压缩均匀，未有过压现象发生；④运行过程中，闸门振动和噪声明显改善、减小，闸门运行较为平稳。

5.5 机电工程技术创新与实践

5.5.1 水轮机运行稳定性

5.5.1.1 水轮机实际运行稳定性分析

水轮机的运行稳定性主要表现为水轮机在正常运行范围内各部位的压力脉动、振动、摆度和噪声水平等，以及空载工况下的稳定运行性能。

1. 尾水管压力脉动

水轮机在电站装置空化系数及整个运行范围内，在不补气的条件下，原型水轮机和模型水轮机在各种运行工况下，在尾水管锥管进口的上、下游侧（$+Y$ 和 $-Y$ 轴），距转轮出口 $0.3D_1$（此处 D_1 为转轮进口直径）的尾水管测压孔测得的压力脉动混频双振幅值不得超过表 5.31 限制值。

表 5.31　原型、模型水轮机尾水管压力脉动限制值

水头/m	允许保证功率/%	尾水管压力脉动值（$\Delta H/H$）/%	压力脉动主频率/Hz
68.6	45～70	8	0.6～0.9
	70～100	6	0.6～2.6
55	45～70	10	0.6～0.9
	70～100	7	0.6～2.6
53	45～70	10	0.6～0.9
	70～100	8	0.6～2.6
50	45～70	11	0.6～0.9
	70～100	8	0.6～2.6
36.4	45～70	12	0.6～0.9
	70～100	9	0.6～2.6

注　ΔH 为相应运行水头 H 下的下游侧单测点混频双振幅值。

根据模型试验资料验收报告，除在最小水头 36.4m、个别工况点尾水管压力脉动值高于合同保证值，其余工况的尾水管压力脉动均满足合同要求。

湖南省湘电试验研究院有限公司先后为 1 号机组进行了稳定性试验，水轮机水压脉动测试数据见表 5.32。根据测试数据，1 号水轮机尾水管压力脉动满足合同要求。

表 5.32　　1号机组水压脉动试验测试结果

试验水头/m		40	45	50.48	56
水库水位/m		115.08～115.11	119.93～119.96	125.35	130.36
下游水位/m		75.02～75.09	75.01～75.12	74.87	74.3～74.55
蜗壳进口 ΔH/kPa	空载～27MW	51.81	43.49	35.46	51.45
	27～42MW	21.67	30.66	24.81	48.97
	42MW以上	11.90	14.71	14.89	23.38
尾水管进口 ΔH/kPa	空载～27MW	55.41	66.18	31.60	57.48
	27～42MW	28.82	35.61	24.77	48.07
	42MW以上	8.18	14.07	13.04	22.24
试验日期/(年.月.日)		2009.6.18—7.17	2009.1.5—2.9	2012.1.5—4.9	2010.8.28—29

2. 振动、摆度

湖南省湘电试验研究院有限公司先后为电站1号机组进行了稳定性试验，水轮机顶盖、机组轴承和机架等的振动和摆度测试数据见表5.33。

根据测试单位提供的测试数据，除在一些低部分负荷范围内顶盖振动水平超标外，其余各试验工况点的振动和摆度测试值均合格。总体而言，水轮机运行稳定性和整个水轮发电机组的运行稳定性都较好。

皂市水电站运行水头范围为36.4～68.6m（属中低水头范围），水头变幅超过岩滩和五强溪电站，极限最大水头与最小水头比值达1.88，目前，是国内该水头段运行水头变幅最大的电站。而水轮机则按最优点设计，其适应水头和负荷变化的能力有限。过大运行水头变幅及负荷变化往往会给机组安全稳定运行带来隐患。因此，皂市水电站水轮机运行稳定性自始至终都是设计单位、研究单位、制造单位和业主关注的重点。

通过优化设计及机组设置最大出力专题研究，提出先进合理的设计措施，为确保皂市水电站机组的安全、稳定运行，延长机组的使用寿命以及在防洪任务基础上提高电站的经济运行效益等具有重要的意义。

5.5.1.2 主要研究结论

（1）通过对皂市水电站的动能参数、水库运行调度方式、电站运行特点等方面研究，合理地确定水轮机设计水头、水轮机参数水平、单位参数及稳定性等性能指标，成功地实现了水轮机高效、安全稳定的开发目标。

（2）通过设置水轮发电机组最大出力以扩大机组安全稳定运行区域，并减小对厂房土建工程及其他设备的负面影响。保证了水轮机在高水头段部分负荷的稳定性，提高了机组的运行效率，增加了皂市水电站的调峰效益，增大了电站的调峰容量。

（3）优化设计后极大地改善了皂市水电站机组的安全、稳定运行性能，延长了机组的使用寿命，以及在满足防洪任务基础上提高电站的经济运行效益。

5.5.1.3 技术创新、成果应用及效益

（1）由于混流式水轮机的叶片不可调节，水轮机只能在最优工况的较小范围内为无涡区，在该范围内水轮机尾水管内不会出现涡带且压力脉动较小，当偏离最优工况运行时，

表 5.33　　1 号机组振动和摆度测试数据表　　单位：μm

水头/m		40			45			50.5			56		
日期		2009.6.18—7.17			2009.1.5—2.9			2012.1.5—4.9			2010.8.28—29		
负荷区间/MW		空载～27	27～42	42 以上	空载～27	27～42	42 以上	空载～27	27～42	42 以上	空载～27	27～42	42 以上
振摆部位	标准值												
上导轴承＋X 摆度	375	187.34～208.23	176.26～186.53	170.59	174.71～214.06	161.37～172.18	154.06～157.61	171.42～188.83	168.43～173.22	153.46～163.75	140.85～149.39	147.8～148.83	141.18～145.94
上导轴承＋Y 摆度	375	79.22～108.19	75.56～78.32	73.61	68.82～110.32	66.58～73.26	71.26～76.43	94.05～126.01	90.42～97.94	76.05～85.08	109.79～131.6	135.72～140.33	135.81～147.38
下导轴承＋X 摆度	375	100.53～110.0	98.77～100.43	99.54	93.08～102.92	92.77～96.38	93.49～94.39	154.88～166.55	161.01～172.62	151.82～153.71	103.91～109.74	105.16～109.99	103.08～105.67
下导轴承＋Y 摆度	375	61.49～72.36	66.26～67.38	68.1	60.86～67.99	71.38～76.07	78.39～81.18	83.73～88.51	95.22～106.12	90.84～94.0	80.77～82.53	83.92～90.27	84.2～86.16
水导轴承＋X 摆度	375	115.74～259.46	84.34～161.58	106.33	111.21～152.08	88.36～183.91	89.5～98.01	97.83～121.86	113.82～164.6	84.54～91.85	92.99～125.58	99.02～152.28	74.46～117.65
水导轴承＋Y 摆度	375	117.54～231.92	91.11～147.92	112.93	60.03～138.35	89.12～148.13	51.38～91.95	131.13～150.51	142.95～190.75	121.22～125.17	94.15～122.35	102.57～156.22	77.41～121.88
上机架水平振动	90	7.1～8.61	6.49～6.91	6.85	8.03～10.39	7.64～7.86	7.2～7.61	15.41～16.48	15.17～15.37	14.17～15.02	10.92～12.26	10.25～10.66	9.84～10.19
定子机座水平振动	30	36.64～38.1	34.13～35.79	33.52	36.85～39.8	34.82～36.48	33.27～34.25	27.76～29.76	26.49～27.42	23.5～26.26	17.49～22.84	16.64～21.02	10.47～15.41
下机架水平振动	90	21.5～31.26	19.1～20.11	19.8	24.31～35.7	22.42～25.61	21.8～22.3	26.87～37.72	29.47～34.55	24.08～25.08	30.26～31.75	28.46～29.38	25.9～27.63
下机架垂直振动	70	15.4～23.26	10.48～14.31	10.98	18.15～24.97	11.73～20.01	9.76～10.28	16.77～22.63	14.68～18.63	10.69～11.98	15.26～17.15	15.53～16.09	12.06～14.19
顶盖水平振动	70	38.51～77.22	18.98～25.59	30.47	35.52～84.4	20.14～43.52	22.26～28.99	56.37～110.46	95.49～169.28	30.52～33.79	58.26～110.73	80.88～141.97	26.97～84.8
顶盖垂直振动	90	51.07～114.43	21.14～57.05	37.89	47.85～85.33	23.21～80.54	23.05～30.9	59.76～104.99	73.05～121.22	33.57～44.72	56.28～106.51	63.28～105.5	25.54～69.26

将出现稳定性问题以及空化破坏的潜在危险。通过水轮发电机组的优化设计和机组设置最大出力的专题研究，成功地解决了混流式水轮机难以适应运行水头变幅广和高水头段部分负荷不稳定运行的技术难题。运行实践表明，皂市水电站水轮机运行优良，该设计成果对低水头、大变幅特点水电站的工程具有推广价值，达到了国内先进水平。

（2）设计上通过对皂市水电站的动能参数、水库运行调度方式、电站运行特点等方面研究，在水轮机模型试验研究和原型水轮机设计等过程中，合理选择水轮机参数水平，优化选择水轮机单位参数等性能指标，水轮机成功实现了按高效、稳定并重双重目标开发。同时，在大坝工程、电站土建及机电安装工程招标文件已编制完成并已发售的实际情况下，在不改变机组尺寸和不影响厂房布置等限制条件上，通过对机组开展最大出力专题研究，扩大了水轮机的稳定运行区间，提高了机组的运行效率，增加了水电站的调峰效益，增大了电站的调峰容量。

（3）工程应用推广情况。具有低水头、水头变幅大特点的水轮机稳定性设计技术与实践经验已成功在三里坪水电站、缅甸道耶坎（2）水电站得到推广应用。研究成果还以论文著作、技术交流和技术服务等形式得到广泛推广。

（4）经济效益。在防洪任务基础上提高电站经济运行效益，电站每年增加电量300万kW·h。

5.5.2 闸门电气同步纠偏技术

在对皂市表孔闸门进行调试过程中，通过实践获得了双缸液压闸门启闭机比例调节阀电气控制参数的调整方法和基于人工神经网络的双缸液压闸门启闭机油缸行程误差补偿方法两项发明专利。

5.5.2.1 技术创新

双缸液压闸门启闭机比例调节阀电气控制参数的调整方法，通过双缸液压闸门启闭机的PLC控制左右两个油缸的比例调节阀的调节电压值，实现对左右两个油缸活塞杆的行程的控制，并实时采集左右两个油缸活塞杆的行程，当左右两个油缸活塞杆的行程之差大于两缸行程允许偏差阈值时，调整两个油缸中任一油缸的比例调节阀，并根据在每个偏差变化率检查周期内采集左右两个油缸活塞杆的行程之差的变化情况改变调节电压值，直至左右两个油缸活塞杆的行程之差不大于两缸行程允许偏差阈值。本发明纠偏效果明显，纠偏函数关系式易于PLC编程实现，从而保证了闸门可靠运行。

双缸液压闸门启闭机比例调节阀电气控制参数的调整方法，通过双缸液压闸门启闭机的PLC控制左右两个油缸的比例调节阀的调节电压值，实现对左右两个油缸活塞杆的行程的精确控制。

闸门行程智能补偿方法通过油缸行程检测和闸门运行实际状态的判断，建立基于人工神经网络的油缸行程值和闸门运行状态的映射关系，对油缸行程检测值进行误差补偿，改变左右两缸行程及偏差关系，进而精确调整闸门状态，保证闸门以最佳轨迹运行。

皂市水电站表孔在新技术应用前后的检测数据见表5.34，可以看出，采用新技术能调整闸门运行状态，闸门振动和噪声明显降低，显著提高了闸门同步运行性能和精度。

表 5.34　皂市水电站 5 号表孔采用电气同步纠偏技术运行检测对比表

序号	项目名称	新技术应用前	新技术应用后	结论
1	闸门振动	启门：无振动，正常	启门：8m 至全开闸门有轻微振动	无明显变化
		闭门：15～5m 有爬行现象，11.8～2.5m 有振动现象	闭门：12.5m 至 7m 有轻微振动	明显优化
2	噪声	启门：59dB、环境噪声（测量位置：闸门上游侧右侧）	启门：环境噪声	明显优化
		闭门：11.8～5m 噪声增至 69dB，最大噪声 89dB（测量位置：闸门上游侧右侧）	闭门：基本保持与环境噪声一致	明显优化
3	侧止水	启门：闸门基本居中，止水基本无挤压现象	启门：闸门稍向右侧偏移，止水有挤压现象	闸门状态调整
		闭门：闸门右侧止水有挤压现象	闭门：闸门稍向左侧偏移，止水有挤压现象	闸门状态调整
4	其他情况	启闭门过程中无报警，闸门启闭门正常	启闭门过程中无报警，闸门启闭门正常	无变化

5.5.2.2　与国内外同类技术比较

根据湖北省科技信息研究院查新检索中心查新报告，两项创新技术除我单位获得的专利以外，在国内外均未见相同的文献报道。

国内外大型水利闸门双缸液压闸门启闭机电气同步纠偏技术主要采用开度偏差值触发比例调节阀控制电压，控制电压一般为定值。本项目采用双缸液压闸门启闭机比例调节阀电气控制参数调整新方法，实现两缸行程偏差的精确控制，闸门全行程偏差精度控制在 10mm 以内，优于金属结构专业对电气专业控制的要求，并获得国家发明专利。

在国内外同行业首次提出建立基于人工神经网络的油缸行程值和闸门运行状态的映射关系，对油缸行程检测值进行误差智能补偿，首次提出了通过两缸行程及行程差的控制对闸门进行状态调整，并在工程中成功实践应用，经过检测对比，显著提高了闸门同步运行性能和精度，解决了水利工程大型闸门电气同步纠偏难题。

2016 年 4 月 10 日，湖北省科学技术厅在武汉组织召开了“大型水利枢纽闸门计算机监控系统关键技术研究与实践”成果鉴定会。鉴定委员会一致认为该技术总体上达到国际领先水平。

5.5.2.3　经济社会效益分析

通过采用电气同步纠偏技术等闸门计算机监控系统关键技术研究与成功应用，获得较好的经济效益。本技术主要创造的经济与社会效益详细项目如下。

1. 经济效益

（1）皂市水利枢纽工程年均防洪减灾效益超过 8 亿元和年均抗旱减灾效益 0.4 亿元。按照工程投资额比例测算，本项目的技术贡献率为 4.5%，每年防洪减灾效益为 3780 万元。

（2）皂市水电站自 2008 年 5 月至 2015 年 12 月 31 日，已经累计发电 20.01 亿 kW・h，发电收入 62082.17 万元（不含税），上缴税收 9804.26 万元，在保证防洪效益的前提下充分发挥发电效益。按照工程投资额比例测算，本项目的技术贡献率为 4.5%，累计产生的发电效益累计为 2793.70 万元。

(3) 保证闸门持续精确运行，减小了闸门易损件的磨损，提高了闸门运行使用寿命，本项目每年可以减少易损件和设备折旧的成本约 40 万元。

(4) 闸门运行可靠，操作简单，本项目每年可以减少人员运行维护成本约 30 万元。

2. 社会效益

皂市水利枢纽自 2007 年 10 月下闸蓄水后，皂市水库枢纽已安全度过了 8 个汛期，共拦蓄洪峰 33 次，拦蓄洪水 52.2051 亿 m^3，发挥了防汛削峰、拦洪作用，极大地减轻了下游防洪压力，确保了下游人民生命及财产的安全。

皂市水利枢纽自 2008 年 5 月至 2015 年 12 月 31 日，已经累计发电 20.01 亿 kW·h，按 2008—2015 年湖南地区每千瓦时创造 GDP 计算，社会效益达 176 亿元。

5.5.2.4 推广应用

"精品源于专注"，这是长江勘测规划设计研究院的设计人员近十几年从事水利工程闸门计算机监控系统关键技术研究和实践工作的理念，专注于电气控制技术和计算机技术更好配合金属结构与机械设备，充分发挥系统的整体功能，该技术除在皂市水利枢纽应用外、还在福建九龙江水闸枢纽、水布垭、彭水等大型水利工程应用，经过多年的运行考验，所完成的项目普遍以运行精度高、运行可靠、操作方便而受到用户单位的好评。

6 施工技术

6.1 施工组织设计

工程施工组织设计中主要有以下特点与难点：

(1) 上下游围堰均为土石过水围堰，挡水时段为10月至次年3月，挡水标准为10年一遇洪峰流量1230m³/s，过水保护标准为全年10年一遇洪峰流量6120m³/s，上游围堰堰上水头为5.84m，单宽流量32.21m³/(s·m)，最大流速为14.3m/s，汛期基坑过水时的洪峰流量大，度汛风险高。

(2) 导流隧洞出口为滑坡体坡脚，防冲保护困难，消力池不具备挖深加长的条件；导流隧洞出口明洞软岩段直立边坡开挖成型难度较大。

(3) 大坝混凝土共105.55万m³，其中RCC 45.4万m³，混凝土浇筑强度高峰期平均4.4万m³/月，最高达10.47万m³/月，夏季最高达7.5万m³/月。建有浇筑高峰月能力达8.5万m³和4.0万m³的高低两个混凝土拌和系统，本地区7月、8月最高温度可达40.9℃，混凝土温度控制难度较大。

(4) 金属结构安装工程量总计约0.5万t，程序复杂、精度要求高，安装机械主要利用浇筑混凝土的施工机械，施工干扰大，进度控制受影响。

(5) 本工程库区移民共39857人，涉及的城镇，其中维新、磨市两个镇需在工程蓄水前搬出，相应的道路、桥梁标准需满足要求，投产时间需提前，建设时序须充分兼顾移民工程需要。

6.1.1 施工导流

6.1.1.1 导流方式

根据坝址区地形地质、水文条件，结合枢纽推荐的右岸坝后式厂房布置方案，可采用围堰一次拦断河床隧洞导流和分期明渠导流两种施工导流方式，经过分析比较后围堰选用一次拦断河床右岸隧洞导流的施工导流方式。

6.1.1.2 导流标准

皂市水利枢纽工程规模为大（1）型，工程等别属于Ⅰ等。按《水利水电工程施工组织设计规范》（SDJ 338）规定，保护1级永久建筑物施工的导流建筑物一般为4级建筑物，保护导流建筑物施工的围堰为5级建筑物。

综合考虑导流建筑物的使用时间、围堰高度以及相应的库容，确定皂市水利枢纽各导流建筑物级别分别为：上、下游土石过水围堰、厂房土石围堰和导流隧洞均为4级建筑物，导流隧洞土石围堰为5级建筑物。导流建筑物及施工期坝体度汛洪水设计标准见表6.1。

表6.1　导流建筑物及施工期坝体度汛洪水设计标准表

项目		频率/%	时段	流量/(m^3/s)
截流		10，月平均	10月	155
戗堤		10，最大瞬时	10月	1070
上、下游土石围堰	挡水	10，最大瞬时	10月至次年4月	2400
	过水	10，最大瞬时	全年	6120
厂房围堰		5，最大瞬时	全年	7280
中期导流（大坝临时断面挡水）		1，最大瞬时	全年	9910
导流隧洞封堵	下闸	10，月平均	1月	37.3
	闸门挡水	10，最大瞬时	10月至次年4月	2400
堵头	设计	0.2，最大瞬时	全年	12500
	校核	0.02，最大瞬时	全年	16100
大坝蓄水		85，月平均	1—4月	7.75～61.2
下游供水		1—3月断流，泵站提水$2m^3/s$，4月开始底孔供水		

6.1.1.3 导流程序

根据山区河流流量洪枯比较大，本工程坝高属于中等规模的特点，经过经济技术比较，大坝施工采用了土石围堰枯水期挡水汛期过水方案。导流程序如下：

2001年11月，右岸导流隧洞开始开挖，原河道泄流。

2004年9月底，完成导流隧洞开挖和混凝土衬砌等，导流隧洞具备通水条件；10月上旬截流，河水由导流隧洞下泄；11月中旬完成上、下游围堰闭气并抽水；11月下旬完成上、下游过水围堰填筑及表面防冲保护结构施工（包括上游子堰填筑），同时进行大坝基础开挖。上、下游围堰挡水，导流隧洞过流。

2005年5月，子堰漫水自溃，汛期基坑淹没，汛后11月开始基坑抽水和基坑清理，继续大坝、厂房及消力池的施工。枯水期上、下游围堰挡水，导流隧洞过流；汛期上下游围堰和导流隧洞联合泄流，基坑过水。

2006年3月，河床溢流坝段坝体上升至高程110.0m，坝体超过围堰，由坝体临时断面挡水全年施工。汛前拆除下游土石过水围堰，并填筑厂房全年挡水土石围堰。汛期导流隧洞和大坝溢流坝段联合泄流，厂房基坑继续施工，11月底大坝混凝土浇筑至坝顶高程148.0m。

2007年1月初，导流隧洞下闸。1—4月进行导流隧洞堵头混凝土施工，并填筑厂房小土石围堰，施工被厂房围堰占压的厂房尾水渠及导墙，大坝开始蓄水。

2007年10月底，水库蓄水至发电水位，第一台机组投产发电。

2008年4月，第二台机组投产发电，工程完工。

主要导流建筑物包括上、下游土石过水围堰、厂房全年挡水围堰和一条10m×12m（宽×高）的城门洞形导流隧洞。

6.1.1.4 导流建筑物设计

1. 围堰设计

上游围堰为土石过水围堰，轴线距大坝轴线115m，堰顶轴线长193.56m，顶宽20.0m，堰顶高程92.0m。背水侧以1∶5边坡与高程84.0m消能平台相接，平台宽24.0m，平台以下边坡为1∶2.5，坡脚开挖至基岩后浇筑高6.0m的混凝土镇墩。围堰加子堰后挡水高程为98.0m，子堰高6.0m，顶宽6m，上、下游边坡坡比均为1∶2，为自溃式结构，汛期围堰过流时自行冲毁。

下游围堰挡水时段及标准与上游围堰相同。堰顶轴线长136.87m，围堰顶高程为80.5m。高程78.5～80.5m为2m高的子堰，高程78.5m以下为过水保护部分，过流面采用1m厚钢筋笼装块石保护；坡脚用大块石保护。

上、下游围堰均采用高喷防渗墙进行防渗，高喷施工分别在高程87.5m和78.5m平台上进行。

2. 导流隧洞设计

（1）导流隧洞布置。导流隧洞按单洞单线布置在右岸，全长761.921m，分进口明渠段、出口明渠段和洞身段，隧洞断面尺寸为10m×12m（宽×高）城门洞形。进口明渠段长196.653m，轴线为直线，与河床交角约为50°，进口底板高程74m；出口明渠段长145.327m，轴线为直线，与河床交角约为31°，底板高程72m；洞身段长419.940m，底坡4.763‰，其轴线上、下游为直线段，方向与进出口轴线的方向一致，中部为圆弧段，圆弧半径200m，中心角58.13°。

进口明渠段内布置有喇叭口和进水塔，分别长13.5m和10m。出口明渠段内设有消力池，最大池长35m，池深2.5m。

该布置方案具有洞线较短，开挖方量相对较小，基本上可避开对邓家嘴滑坡体的影响等优点；其缺点是出口明渠与下游围堰右接头衔接条件差，出口明渠较短，水流出洞后的能量不能很好地消散，故导流隧洞出口消能工采用了消力池和差动式消力墩组合形式。

（2）隧洞断面形式。导流隧洞洞身段采用城门洞形，断面尺寸为10m×12m（宽×高），顶拱半径5.774m，中心角120°，边墙高9.113m，净断面积111.61m^2。通过隧洞水力学分析，导流隧洞泄流能力成果见表6.2。

（3）进口明渠与进水塔设计。

1）进口明渠。进口明渠底板高程74m，长196.65m。平面上从进口开始，两侧呈4°角向河岸边扩散，底宽10～50m，断面基本上为梯形，在两侧边坡上，均在高程90m、98m、105m、120m设2m宽的马道。根据地质情况，其开挖边坡从下至上按1∶0.3～1∶1.5逐渐变化。明渠的防护视不同的地质情况和部位，采用混凝土、浆砌块石和喷混

表 6.2　　导流隧洞泄流能力成果表

上游水位/m	流量/(m^3/s)	上游水位/m	流量/(m^3/s)
80	208	100	1267
85	517	105	1434
90	845	110	1583
95	1074	115	1720

凝土支护，地质条件好的部位不支护。

2）进水塔。为满足导流隧洞封堵要求，在导流隧洞进口处设一座进水塔，以供封堵时下闸使用。进水孔为单孔，高 12m，宽 10m。进水塔外框尺寸 10m×16m，塔顶高程 108m。洞顶至高程 98m 为混凝土长方形筒体结构，壁厚 3.0～3.1m，高程 98～105m 为混凝土梁柱结构；闸门启闭设备为卷扬机。

(4) 洞身段设计。导流隧洞衬砌根据不同的运行和不同的围岩条件，采用不同的形式。

分段衬砌形式。导流隧洞进口段（桩号 0+000.0～0+030.0）：进口段岩石为黄家磴组，风化深度较深，强风化深度 5～10m，弱风化深度 10～20m，软弱夹层及裂隙较发育，属Ⅴ类围岩，采用钢筋混凝土封闭式衬砌，底板、侧墙及顶拱均厚 1.5m，双层配筋。系统锚杆采用直径 25mm 的Ⅱ级钢筋，按 2.0m×2.0m 布置，系统锚杆长 4.2m（深入基岩内 4.0m），喷混凝土厚 15cm。

第二段（桩号 0+030.000～0+119.370）：此段绝大部分围岩属Ⅱ类岩石，仅对隧洞的底板及边墙采用钢筋混凝土衬砌，顶拱采用喷锚支护（喷护混凝土厚 10cm）。钢筋混凝土衬砌厚 0.25m，单层构造配筋。顶拱锚杆采用直径 25mm 的Ⅱ级钢筋，间距 3m，排距 3m，打入岩层 4m，对局部裂隙发育部位锚杆加密，间距 2.0m，排距 2.0m，打入岩层 4m。为了提高喷混凝土的抗冲能力，对锚喷段全线挂钢筋网，以增加喷混凝土的整体性。挂网钢筋直径一般为 6mm，局部岩石裂隙发育地段用 8mm，网格间距 15cm×15cm～20cm×20cm，钢筋保护层厚 5cm。钢筋网应伸入两侧边墙，与边墙钢筋焊接成整体。

第三段（桩号 0+119.370～0+217.903）：围岩属Ⅲ类块层状结构岩体，围岩基本稳定。采用全断面封闭式钢筋混凝土衬砌，衬砌厚度均为 80cm，双层配筋。

第四段（桩号 0+217.903～0+389.102）：围岩裂隙发育，其中泥质粉砂岩、页岩岩性软弱，部分页岩软化、泥化成软弱夹层。属Ⅳ类岩体，围岩稳定条件较差。此段采用等厚的全断面钢筋混凝土衬砌，衬砌厚 100cm，双层配筋。

导流隧洞出口段（桩号 0+389.102～0+419.940）：同导流隧洞进口段。

出口明洞段（桩号 0+419.940～0+435.940）：出口明洞段长 16m，上部回填土层厚度 3m 左右，为施工期的主要施工道路之一。采用全断面钢筋混凝土衬砌，顶拱厚 1.5～2.0m，边墙、底板厚 2.0m，双层配筋。

在导流隧洞洞身衬砌的施工过程中，沿衬砌四周应均匀布设排水孔。排水孔按 2m×2m 布置，深入岩石 2m。

对导流隧洞洞身全断面钢筋混凝土衬砌的顶部进行回填灌浆。回填灌浆范围为顶拱中心角120°以内回填灌浆，孔距2m，排距2m，梅花形布置，孔深深入围岩20cm，灌浆压力为0.25MPa，要求衬砌混凝土强度达到70%设计强度后进行施工。

另外，导流隧洞的进口段围岩应进行固结灌浆，以提高围岩的整体强度，固结灌浆孔距3m，排距3m，对称布置，孔深深入围岩不小于5m。灌浆压力为0.3～0.6MPa，一般在回填灌浆结束7d后进行。

(5) 出口明渠与消能设计。出口明渠长145.327m，轴线为直线，与河床交角约31°，出口底板高程72m。

1) 出口明渠开挖，出口明渠右侧边坡系在金家沟崩坡积体下缘开挖形成，为保证开挖边坡稳定，须对开挖坡比进行控制。

a. 开挖坡比控制：微新岩石开挖边坡采用1∶0.3，开挖高程89～100m；弱风化岩体开挖边坡1∶0.5，开挖高程100～115m；强风化岩体开挖边坡1∶0.7，开挖高程115～130m；覆盖层开挖边坡采用1∶1.0～1∶1.5，开挖高程130～160m。在高程100m、115m、130m处均留有2m宽的平台。

b. 开挖设计：出口明渠扩散段开挖底高程70.0m，消力池开挖底高程67.5m，柔性排保护段开挖底高程70.0m，尾水渠段开挖底高程72.0m，左导墙基础最低开挖高程66.0m。

为结合右岸沿江公路的布置，于出口明渠右侧设一宽12.0m的平台，平台高程89.0m。

出口明渠下段位于金家沟崩坡积体前缘，金家沟崩坡积体附近高程89.0m以上开挖边坡采用1∶1.5，并在高程89.0m平台上设置挡土墙支撑。

2) 出口明渠结构设计，导流隧洞出口明渠长145.327m，共分为6段。包括出口明洞段（长16m）、翼墙段（长35.577m）、消力池段（长35m）、消力墩段（长20m）、柔性排段（长22m）和出口河床衔接段（长16.75m）。其下游与邓家嘴护岸工程相接。出口明渠左右侧边坡均以混凝土护坡形式护至高程85～89m，护坡厚度为0.5～2.0m。

明洞段为平底，高程72m，明洞段两侧为垂直边坡，为2m厚钢筋混凝土结构。

翼墙段扩散角为8°，包括25.577m长的平段和与消力池之间长10m、坡度1∶4的斜坡连接段，共长35.577m，底宽由10.0m加宽至20.0m。翼墙顶高程85～89m，为钢筋混凝土护坡，顶宽2.0m，两侧边坡均采用扭面，坡比从1∶0渐变至1∶0.5。隧洞出口明洞及翼墙段，底高程为72.0m，翼墙段底板钢筋混凝土厚2.0m，底板下部设长4m的锚杆，锚杆深入基岩2.9m，外露段与混凝土内的钢筋焊接连接。

消力池段宽20m，池底高程69.5m；左侧高程85～72m，边坡1∶0.5，右侧边坡为扭面，坡比由1∶0.5渐变至1∶1.5，混凝土护坡顶宽2m，底板下部设长4m的锚杆。

消力墩段长20m，在消力池后高程72m渠底设4个差动式消力墩，消力墩顶高程77.5m，顶部连线与消力池轴线夹角为105°，消力墩过水齿坎宽3m，高程自右至左分别为74.5m、74m、73.5m、73m。消力墩厚3m，顶宽1.5m，上游侧为半圆柱形，下游侧以1∶2坡比下降与出口明渠底部相接。

柔性排段长22.0m，宽26m，底高程为70.0m，柔性排分块尺寸4m×4（5）m，厚度2.0m，柔性排间以异型钢筋连接，以使柔性排间可适度变位；柔性排下游与邓家嘴护岸工程相接。

出口明渠左侧为顶宽2m的左导墙，为素混凝土结构，右侧高程85～72m，边坡1：0.5，高程72m至渠底为垂直坡。

（6）邓家嘴滑坡体坡脚处理。为防止导流隧洞出口水流对水阳坪—邓家嘴滑坡前缘形成冲刷，在滑坡前缘河床部位先按导流洞运行要求进行临时保护，并考虑后期永久防护要求，采用了新材料合金钢网石兜、抛石护底，合金钢网石箱和钢筋石笼等综合护岸措施。

6.1.2 施工总布置

根据对外交通条件、场内地形条件、枢纽布置情况和工程施工方案，拟定场内公路规划。坝区内布置左、右岸沿江公路和左、右岸上坝公路4条主干道。即：左岸料场路从左岸上坝公路接至易家坡人工砂石料场，作为施工期人工砂石骨料运输和移民交通等通道。场内施工道路总长11.8km，右岸4.7km，左岸7.1km，其中隧洞二处，桥梁一座，共长约1km。场内施工道路均按期投入使用，满足了工程需要。主体工程施工总布置见图6.1。

6.1.3 料源规划

枢纽工程所需的建筑材料包括天然砂砾石料、人工骨料和土石料等。

工程混凝土总量123.4万m^3，需毛料190万m^3，最大需求强度为18万m^3/月（毛料）；主体工程采用人工砂石骨料。混凝土级配为三级配，最大骨料粒径80mm。砂子的细度模数控制在2.4～2.8范围内。粗骨料按粒径分为以下几种级配：当最大粒径为40mm时，分成5～20mm和20～40mm两级；当最大粒径为80mm时，分成5～20mm、20～40mm和40～80mm三级，并使用连续级配。前期部分采用了天然砂石料，主要用于导流工程、消力池、准备工程和其他零星工程。

工程所需土石方填筑总量60.87万m^3。围堰（除黏土料外）、厂房回填和护岸工程填筑利用开挖料；护岸浆砌石自易家坡石料场开采。

混凝土人工骨料取自易家坡料场，岩层属三叠系嘉陵江组上段（T_{1j}^{3}）、中段（T_{1j}^{2}）地层。料场主要取用中段第四层中厚夹薄层含白云质灰岩、隐晶灰岩及部分含生物碎屑灰岩。料场采用人工砂石料制备工艺，提供人工砂石骨料及浆砌块石等开采料约210万m^3，最大需求强度为18万m^3/月，开采范围纵向200m，横向350m，开采区底部高程260m，顶部高程360m。剥离量约为60万m^3，剥采比约为0.29。

6.1.4 施工总进度

1. 控制性进度

主体工程施工控制性项目主要是溢流坝、厂房。主体工程施工控制性进度为：

2001年11月开始施工准备，2004年10月上旬河床截流，12月进行河床溢流坝基础开挖。2005年2月上旬河床大坝基础开挖基本完成，2月开始大坝碾压混凝土施工，河床建基面最低高程为60m，5月坝体上升至高程86.0m，此后进入汛期，基坑内停工度汛，汛后继续浇筑。2006年3月河床溢流坝段坝体上升至高程110m；11月底大坝全线上升至

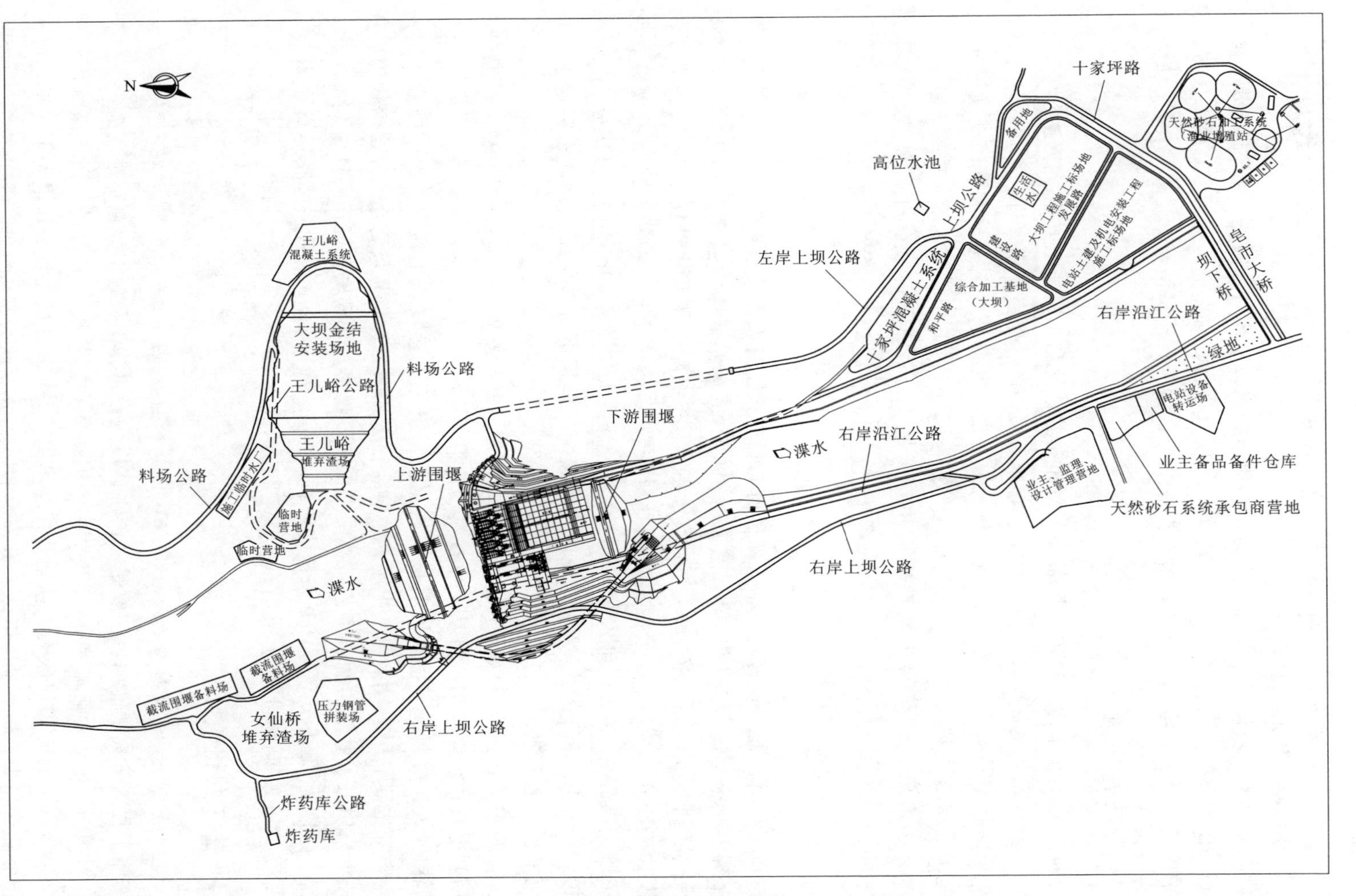

图 6.1 主体工程施工总布置简图

坝顶高程 148.0m。2007 年 1 月初导流洞下闸封堵，4 月底电站厂房封顶，第一台机组开始安装；10 月底水库蓄水至发电水位，第一台机组投产发电，2008 年 4 月第二台机组投产发电，工程完工。施工总工期 4 年半（54 个月）。

2. 大坝工程施工进度

大坝是控制工程工期的关键项目，而河床坝段的开挖、基础处理、碾压混凝土施工、金属结构安装等，直接影响大坝的施工工期。

大坝于 2004 年 11 月下旬开始河床坝基高程 75m 以下开挖（高程 75m 以上边坡开挖已在 2004 年 8 月完成），2005 年 2 月初坝基开挖完成。2 月初大坝开始碾压混凝土施工，5 月溢流坝浇筑到高程 86m，6—9 月汛期受洪水和高温影响，大坝按计划停止碾压混凝土施工，汛后 10 月大坝恢复施工，2006 年 3 月溢流坝和厂房坝段浇筑到高程 110m，5 月两岸非溢流坝浇筑到坝顶设计高程 148m，11 月溢流坝和厂房坝段浇筑到坝顶设计高程 148m。

消能建筑物在 2004 年 10 月至 2005 年 5 月完成高程 75m 以下的土石方开挖，10 月开始浇筑混凝土，2006 年 5 月完成，2007 年 1 月初导流隧洞下闸封堵，1—3 月进行导流隧洞堵头施工，3 月溢流坝底孔、表孔闸门及启闭设备安装完成。

大坝 RCC 混凝土平均月上升高度达 7.8m，2006 年常态混凝土平均月上升高度达 5.4m。混凝土高峰浇筑强度 10.47 万 m^3/月（其中碾压混凝土浇筑强度 8.5 万 m^3/月）。

常态混凝土及碾压混凝土的浇筑强度与上升高度均属于当时国内常规施工水平，施工工期有保障。

3. 电站厂房施工进度

厂房和尾水渠于 2004 年 12 月开始高程 75m 以下边坡开挖，厂房开挖于 2005 年 5 月完成，尾水渠开挖于 2005 年 1 月完成。厂房从 2005 年 10 月开始混凝土浇筑，2006 年汛期洪水由导流隧洞和大坝缺口联合泄流（厂房下游围堰挡水），厂房继续施工，2007 年 4 月厂房封顶，单机混凝土土建进度 19 个月，2007 年 5 月开始 1 号机组安装，10 月底第一台机组发电，2008 年 4 月底第二台机组发电。尾水渠于 2005 年 11 月开始浇筑混凝土，至 2007 年 2 月完成。

主体工程施工总进度见表 6.3。

6.1.5 施工技术

6.1.5.1 大坝施工技术

1. 大坝施工程序

大坝布置紧凑，开挖按自上而下、先岸坡后河床的顺序进行施工。先期进行两岸坝肩开挖，截流前完成两岸枯水位以上部位的岸坡施工，待围堰闭气、基坑抽水后，进行枯水位以下部位的基础开挖。首先抢挖大坝河床坝段基础和厂房基础部分，消能建筑物基础可滞后开挖。工程实施阶段边坡及坝基开挖分为两个阶段、3 个部分：即前期开挖与支护、坝基开挖两个阶段；左岸 80m 高程以上边坡开挖及支护工程、右岸 75m 高程以上边坡开挖及支护工程、大坝工程施工 3 个部分。

大坝混凝土浇筑原则上先河床后两岸进行。大坝两岸坝肩基础存在的地质缺陷，要求在大坝混凝土浇筑前完成处理。

表 6.3　　主体工程施工总进度简表

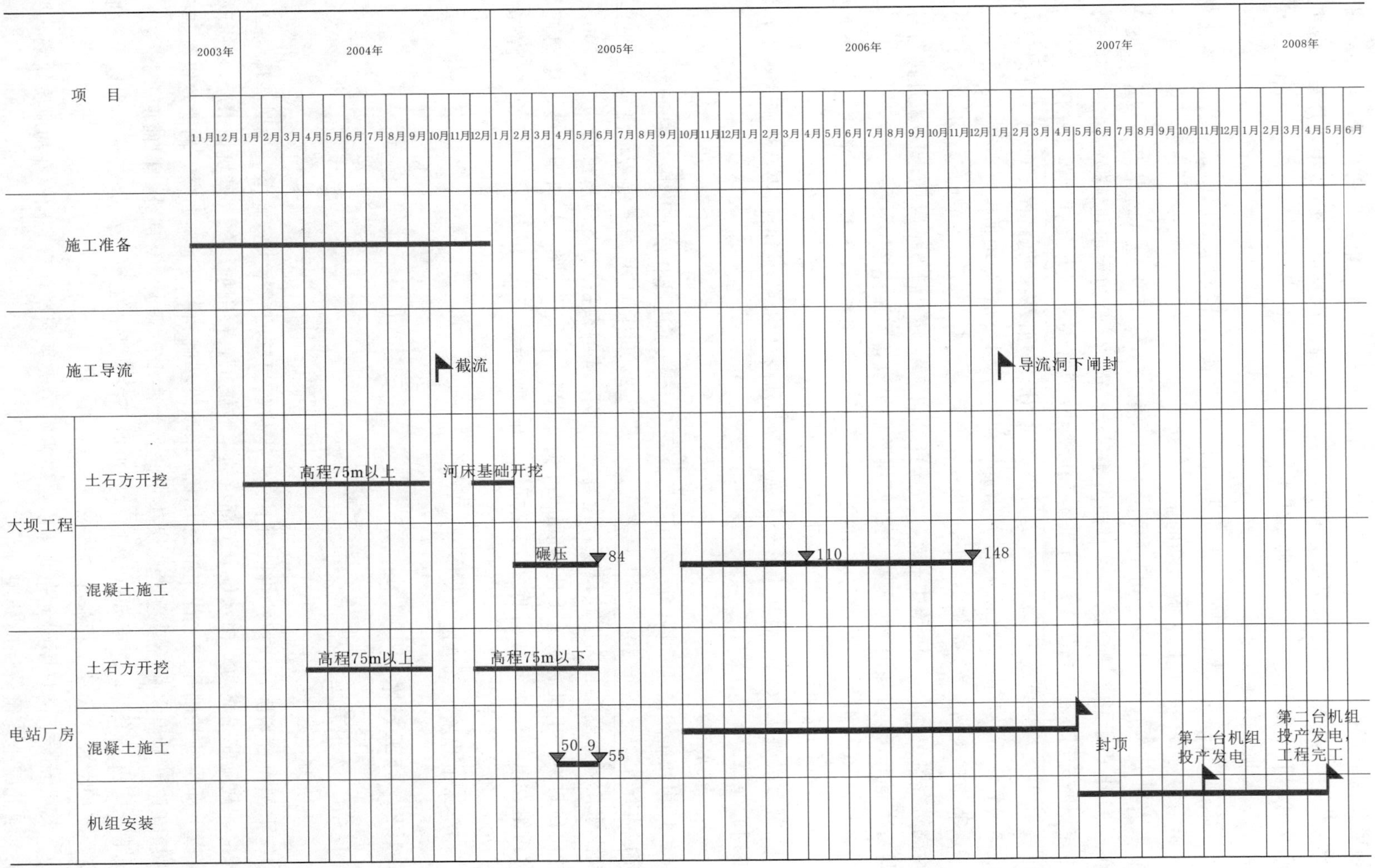

项目		2003年（11月—12月）	2004年（1月—12月）	2005年（1月—12月）	2006年（1月—12月）	2007年（1月—12月）	2008年（1月—6月）
施工准备							
施工导流			截流			导流洞下闸封	
大坝工程	土石方开挖		高程75m以上；河床基础开挖				
	混凝土施工			碾压；84	110；148		
电站厂房	土石方开挖		高程75m以上	高程75m以下			
	混凝土施工			50.9；55		封顶	
	机组安装					第一台机组投产发电	第二台机组投产发电，工程完工

坝基固结灌浆工作要求在浇筑 2.0～3.0m 厚混凝土压重后进行，需占用直线工期，为减少混凝土裂缝力争在混凝土层间允许间歇期内完成。

2. 大坝混凝土施工方案

挡水大坝为碾压混凝土重力坝，大坝轴线长 351m，坝顶高程 148m，最大坝高 88m，最大底宽 70.7m。大坝共分 18 个坝段，从左至右分别布置有左岸非溢流坝段（1～6 号）、河床溢流坝段（7～12 号）、厂房坝段（13、14 号）、右岸非溢流坝段（15～18 号）。

大坝混凝土包括碾压混凝土和常态混凝土，除溢流坝段高程 100.0m 以上、厂房坝段高程 88m 以上及基础垫层采用常态混凝土外，其余均为碾压混凝土。

（1）常态混凝土施工方案。常态混凝土通过比较了缆索起重机和高架门机施工方案后推荐采用高架门机（MQ900 门机）方案。在坝体浇至 100.0m 高程后，2 台门机先期安装在 6 号、12 号坝段上，将 7～11 号坝段浇至 110.0m 高程，待 110.0m 高程墩墙上的门机轨道形成后，将 6 号、12 号坝段上的门机拆装至栈桥上，并加装一台门机，取料平台均设在下游左右岸 90.0m 高程。右岸先架设厂房坝段 112m 栈桥，在栈桥上安装一台高架门机，浇筑溢流坝段 110.0m 以上的常态混凝土，此时高架门机可不占压 12 号坝段。

MQ900 门机平均理论生产率为 17～19 罐/h（51～57m^3/h），平均生产率为 1 万～1.1 万 m^3/台月。大坝常态混凝土月高峰浇筑强度为 3.2 万 m^3/月，平均月上升 5.5m 左右（包括汛期），选用 3 台起重量为 10t 的 MQ900 门机浇筑大坝常态混凝土，基本能满足混凝土施工进度、浇筑强度及备仓要求。溢流坝段混凝土施工方案见图 6.2。

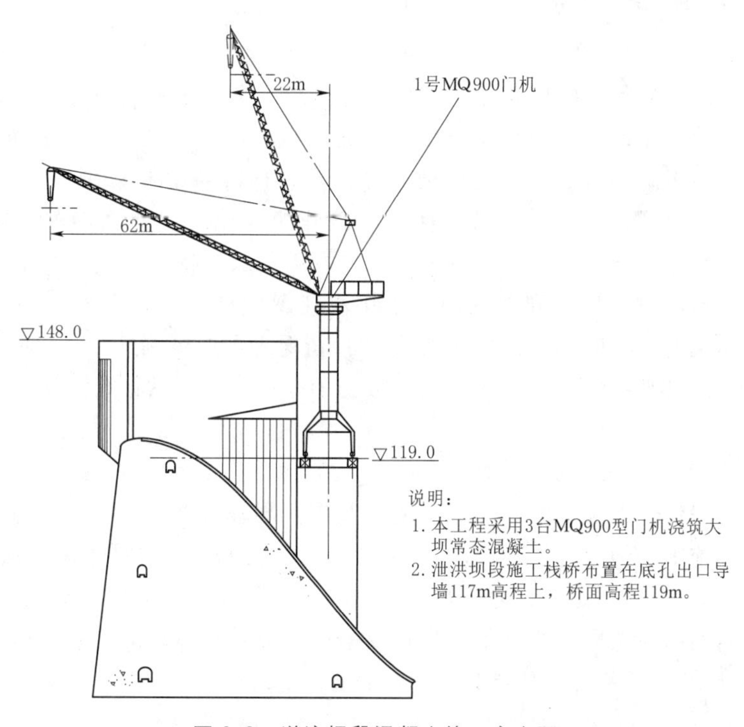

图 6.2　溢流坝段混凝土施工方案图

(2) 碾压混凝土施工方案。坝址处河床狭窄，坡度较陡，碾压混凝土采用自卸汽车直接入仓比较困难，因此采用真空溜槽配自卸汽车仓内转料的方式。

高程 100m 以下的碾压混凝土，由设在 6～7 号坝段的真空溜槽入仓。溜槽长约 50m，俯角 35°。

高程 100m 以上的碾压混凝土，由于溢流坝段和厂房坝段的自然分割，分成左右岸两个施工仓面，分别由设在各自坝肩处高程 148m 的真空溜槽入仓。

碾压混凝土采取薄层、均匀、连续、分层上升的方式施工。坝体下部顺水流向尺寸较长，最长达 70.5m，若全断面上升，仓面较大，施工强度也较大，施工时考虑采用斜层上升方式；也可以采取分仓平层上升的方式，视情况分 2～3 个施工仓面。坝体上部顺水流向尺寸较小，左右岸仓面全断面上升。碾压层厚 30cm，每一升程为 3m。

6.1.5.2 电站厂房施工技术

1. 电站厂房施工特性

电站采用右岸坝后式厂房，主厂房内安装 2 台单机容量 60MW 的水轮发电机组。输水线路采用一机一管的布置形式，由进水口、引水压力钢管、主厂房、尾水渠等组成，电站装机 2×60MW。坝式进水口底板高程为 96.0m，压力钢管直径为 5.6m。

主厂房建基面高程为 55.47m，顺水流向长 44.15m，尾水闸门操作平台高程 90.0m。电站基础岩体主要为 S_{2x}^{2} 地层细砂岩与粉砂岩、页岩互层，局部为 D_{2y}^{1-1} 石英砂岩夹粉砂岩、页岩。厂房边坡岩体上游为云台观组（D_{2y}^{1}）石英细砂岩夹少量粉砂岩（硬岩为主），向下游逐渐过渡为（S_{2x}）小溪组粉砂岩夹细砂岩（软岩为主）。

2. 电站厂房开挖施工方案

厂房右侧岩质边坡高 130m 左右，上部为硬质岩、下部为软质岩，边坡为顺向坡。岩石开挖采用自上而下分层梯段爆破方法进行。梯段高度主要考虑为钻孔、爆破和挖装，创造安全和高效率的作业条件，同时坝址两岸为陡峭山坡，河床宽度小，基坑工作面狭窄，对控制爆破技术提出高要求。为控制爆破规模，深孔梯段高度控制在 5～9m 以内。下部软岩部分（58.0m 高程以下）采用浅孔梯段爆破开挖，梯段高度 1.0～2.0m，以减小爆破对软岩基础的破坏。槽挖和井挖部位采用浅孔爆破分层开挖。开挖过程中，及时做好边坡支护和边坡变形监测。槽挖和井挖部位采用浅孔爆破分层开挖，最后一层是保护层开挖，其他水平和缓坡（坡度小于 1∶1）建基面预留保护层厚度为 3.0m，垂直边坡和坡度陡于 1∶1 的边坡保护层厚度为 3.5m。保护层分为 3 层，手风钻钻孔浅孔爆破开挖，减小对建基面的破坏。

3. 电站厂房混凝土施工方案

右岸电站厂房位于大坝下游，在厂房围堰及厂坝导墙保护下，其施工不受汛期影响。根据枢纽布置和施工场地条件，在厂房上游 119m 高程的栈桥上布置一台 MQ900 高架门机（和大坝施工共用）；在尾水渠底板高程 64.5m，平行于厂房轴线方向布置一台 10t/25t 塔机，与上游高架门机共同承担混凝土浇筑及钢筋、模板、埋件的吊装工作等；混凝土浇筑配 $3m^3$ 卧罐入仓。厂房二期混凝土采用混凝土泵浇筑。

厂房坝段混凝土施工方案见图 6.3。

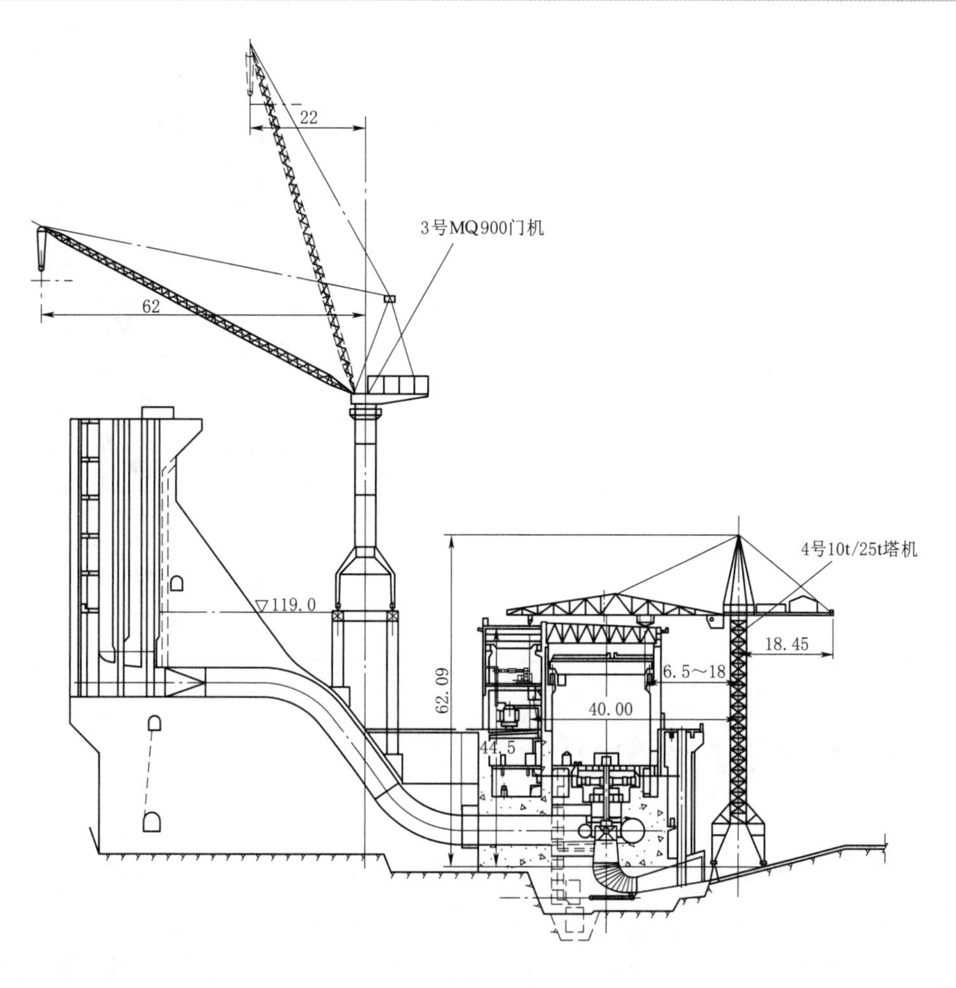

图 6.3　厂房坝段混凝土施工方案图

6.1.5.3　混凝土设计

1. 坝体稳定温度

在典型的溢流坝段和非溢流坝段各取一个横剖面，分别计算稳定温度。大坝按高程分区平均稳定温度见表 6.4。

表 6.4　大坝各部位平均稳定温度表

溢流坝段		非溢流坝段	
起止高程/m	稳定温度/℃	起止高程/m	稳定温度/℃
60～74	15.0	88 以下	15.5
74～88	16.0	88～98	16.5
88～124	16.5	98～115	17.0
		115～148	17.5

2. 温控标准

对于均匀上升的混凝土浇筑块，混凝土最高温度控制标准见表 6.5。

表 6.5　坝体最高温度控制标准表　单位:℃

种类		月份											
		1	2	3	4	5	6	7	8	9	10	11	12
常态	基础约束区	25	25	28	31	32	34	34	34	32	31	28	25
	脱离约束区	25	25	28	34	35	38	38	38	35	32	28	25
碾压	基础约束区	24	24	27	31	32	—	—	—	—	31	27	24
	脱离约束区	24	24	27	31	34	—	—	—	—	31	27	24

电站厂房设计允许最高温度见表 6.6。

表 6.6　电站厂房设计允许最高温度表　单位:℃

部位		12月至次年2月	3月、11月	4月、10月	5月、9月	6—8月
电站厂房	基础约束区	24～26	29	32	32～34	34～35
	脱离基础约束区	24～26	29	32	34	36～38
其他洞室		36	36	38	39～40	41～42
消能建筑物		24～26	29	32～33	35～36	39～40

注　重要部位采用下限值。

6.2　导流隧洞水力学关键技术

6.2.1　进水塔喇叭口体型与闸门井空蚀问题研究

在导流隧洞 1/80 整体模型试验时，导流隧洞单独泄流进口顶部出现-6.8×9.81kPa 负压，且压力分布特性不好，表明进口顶曲线体型有待优化。为观测导流隧洞进口段水流流态、分析进口体型的压力分布特性和评判进口段体型优劣等，开展了导流隧洞进口段水工断面模型试验研究。

进口段水工断面模型试验成果表明，隧洞进口喇叭口段挡水墙顶部高程在 92m 时，在三级试验库水位范围内，进口出现立轴漏斗漩涡，漩涡将空气带入洞内，低水位时洞顶时有脱空现象出现，且漩涡的强度随库水位的升高而降低。

为保证工程的安全运行，采取了以下优化措施：①将进口喇叭口四分之一椭圆曲线的长、短轴由 12m/4m 分别改为 15m/5m；②将喇叭口段挡水墙顶部高程由 92m 抬高至 93m。

隧洞进口体型优化后，改善了顶部的时均压力分布特性，各级水位条件下，模型试验测出顶部时均压力最大负压值为-1.07×9.81kPa，比进口体型优化前大有改善，无不良水力学现象出现。导流隧洞运行期观测表明，进口在各水位特别是刚出现淹没流运行条件下，立轴漩涡尺度较小，不影响隧洞正常运行和泄流能力。

6.2.2　导流隧洞出口消能形式技术创新

1. 出口消能研究缘由

导流隧洞设计下泄流量为 10%频率的全年洪水 6120m^3/s，校核流量为 2%频率的全年洪水 8790m³/s，经调蓄后隧洞的下泄流量分别为 1504m³/s 和 1839.5m³/s。为满足隧洞出口的道路布置要求，在出口段洞顶预留交通道路，因此在隧洞出口接 16m 长的明洞，明洞后为 129.327m 长的隧洞出口明渠，水流出明渠后进入下游河床。

由于水流出洞后流速很大，且明渠出口即为水阳坪—邓家嘴滑坡体，为避免高速水流对明渠和下游河床造成严重的冲刷，影响滑坡体的稳定，在导流隧洞出口明渠内必须采取行之有效的消能方式。

施工详图阶段，出口消能方式为长 35m、深 2.5m 的平底消力池消能，由于水流的单宽流量大，水流的佛汝德数较小，消力池的消能效果不佳，消能率不高，水流出消力池后流速依然很大。简单的解决办法就是加深消力池、增加水垫深度，但由于消力池右侧即为金家沟崩坡积体，其出口下游为水阳坪—邓家嘴滑坡体，消力池继续下挖对滑坡体稳定更为不利。根据补充模型试验研究成果，在消力池后增加了 4 个顶高程均为 77.5m 的钢筋混凝土差动式消力墩，以增加消能效果，改善水流流态。

2. 出口消能模型试验研究简介

由于原设计方案下游水深不足，致使消力池内未能形成充分水跃，出池主流仍贴右岸下行，影响右岸邓家嘴滑坡体基础稳定，进行了四大类型共计 12 种消能工形式的比较研究，详见表 6.7。

表 6.7　各种消能工形式及效果对比表

方案	结构形式	消能效果	备注
Ⅰ-1	连续尾坎，与轴线正交，顶高程 72m，池底高程 69.5m，出池后明渠底高程 72m	消能效果较差	按计算和模型试验要求，池底高程需 59.5m
Ⅰ-2	差动消能墩（方墩头），单墩宽 3m，与轴线正交，顶高程 74.5m，池底高程 69.5m，齿槽底和出池后明渠底高程 72m	小流量消力池内基本能形成水跃，大流量水跃不完整，出池主流贴右岸下行	
Ⅰ-3	其他结构同方案Ⅰ-2，消能墩顶高程抬高至 79.5m	各级流量消力池内均能形成水跃，出池主流贴右岸下行	
Ⅱ-1	差动消能墩（方墩头），单墩宽 3m，与轴线斜交，顶高程 77m，池底高程 69.5m，齿槽底高程从左至右逐渐抬高，依次为 73m、73.5m、74m 和 74.5m，出池后明渠底高程 72m。消能墩下游坡比 1：1.5，左齿槽宽 1.5m，右边墩宽 8.5m	各级流量消力池内基本能形成水跃，出池主流仍贴右岸下行	
Ⅱ-2	基本结构同方案Ⅱ-1，消能墩下游坡比 1：3，左齿槽宽 1.5m，右边墩宽 8.5m	效果同方案Ⅱ-1	
Ⅱ-3	基本结构同方案Ⅱ-2，右边墩加长至 30m，保护右岸边坡	各级流量消力池内基本能形成水跃，出池主流沿明渠中心线下行，下游右岸形成弱回流	
Ⅲ	基本结构同方案Ⅱ-1，在消力池中部增设一排高 5m 的 4 个消能墩	各级流量消力池内均能形成稳定水跃，出池主流仍贴右岸下行，最大流速 9m/s 以上	中间消能墩会空蚀，未做进一步研究

续表

方案	结构形式	消能效果	备注
Ⅳ-1	差动消能墩（圆墩头）向下游平移6m，墩头圆弧半径1.5m，消能墩顶高程从左至右依次为75.5m、76m、76.5m和77m，其他结构同方案Ⅱ-1	各级流量消力池内均能形成水跃，出池主流仍贴右岸下行	
Ⅳ-2	基本结构同方案Ⅳ-1，右边墩加长至26m，保护右岸边坡	效果稍优于方案Ⅱ-3，达到了右岸防护目的	
Ⅳ-3	在方案Ⅳ-2的基础上加高右边墩顶高程至80m，同时将边墩下游端向左偏转15°	效果同方案Ⅳ-2，但右边齿槽过流量极少	
Ⅳ-4	在方案Ⅳ-1的基础上将所有消能墩均向左偏转15°	效果同方案Ⅳ-1基本接近	
Ⅳ-5	在方案Ⅳ-1的基础上将所有消能墩顶高程加高至77.5m	效果基本同方案Ⅳ-1	最终采用方案

通过考虑经济和方便施工等因素，现场实际采用了方案Ⅳ-5，即消力池尾部布置了4个顶部高程相同的钢筋混凝土差动式消力墩，消力墩段长20m，底高程72m，消力墩顶高程77.5m，顶部连线与消力池轴线夹角为105°，消力墩过水齿坎宽3m，底部高程从右至左分别为74.5m、74m、73.5m、73m。每个消力墩厚3m，顶宽1.5m，上游侧为半圆柱形，下游侧以1∶2放坡与出口明渠底部相接，见图6.4。

3. 设置后效果简述

模型试验表明，采用方案Ⅳ-5在各种工况下消力池内均能形成水跃，水流在桩号0+614.517附近与右岸产生出分离现象，水流扩散程度稍好，但出池水流在滑坡体附近，河床中间（11.92m/s）及对冲至左岸（5.02m/s）的流速仍较大，所以该方案应加强右岸滑坡体附近及河床的防冲保护。

导流隧洞运行期观测表明，出口明渠在各级流量运行条件下，水跃均发生在消力池内，消能效果较好，不影响隧洞正常运行和泄流能力。

6.2.3 出口邓家嘴护岸新材料新工艺

水阳坪—邓家嘴滑坡体位于导流隧洞出口下游，其滑坡前缘位于导流隧洞出口明渠下游高程68m的河床中。水阳坪—邓家嘴滑坡体采用了削荷减载、截引地表水、边坡保护的方式进行综合处理。

为避免导流隧洞运行期间出口水流对水阳坪—邓家嘴滑坡体的稳定造成不利影响，须对邓家嘴护岸进行妥善保护，保护措施由河床护底和岸坡护岸组成。

通常像本工程水下深厚覆盖层岸坡的防冲保护大多采用水下抛填大块石等柔性材料，如果能干地施工，也可以采用防冲效果更好的混凝土柔性排进行防护，由于本工程地形、地质条件所限和现场缺乏特大块石等建筑材料的实际情况，根据市场调研和现场生产性试验，邓家嘴护岸防护工程采用了合金钢网石兜和合金钢网石箱等新材料和新工艺。

护底采用厚1m的合金钢网石兜，单个重6～12t，上接出口明渠柔性排，下至护岸工

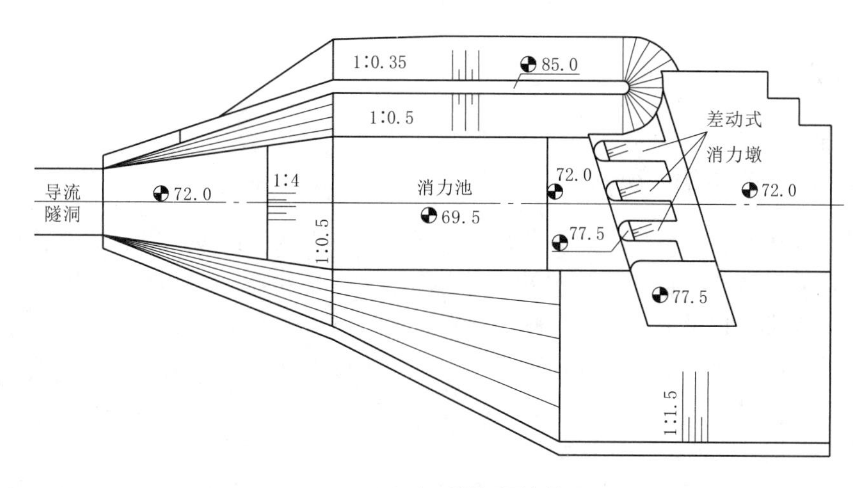

（a）出口消能平面布置

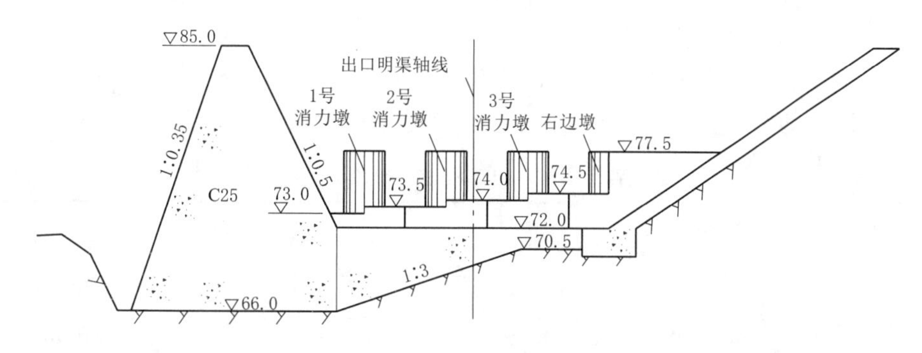

（b）消力墩顺水流向正视图

图 6.4　消力墩平面布置及顺水流向正视图

程末端，桩号 0－017～0＋197。其中桩号 0＋053～0＋189 段流速相对较小，除近岸边 8m 范围内设合金网石兜护脚带、外侧 5m 设网石兜压脚带外，此段其余部分为粒径 0.7～1.0m 的抛大块石护底，厚度为 1m。由于现场缺少大块石料，采用合金钢网石兜可大大降低大块石料备料难度，方便施工，降低水下施工的难度。

护岸工程采用合金钢网石箱和钢筋石笼。高程 85～81m 为钢筋石笼护岸，高程 81m 处为宽 3m 的马道，高程 81～72m 为合金钢网石箱护岸，面层为 30cm 厚的砂石垫层和 30～50cm 厚的混凝土面板，在高程 81m 马道上混凝土面板坡脚设 1m×1.2m（宽×高）的浆砌石脚槽。护岸施工分两期实施：首先在枯水期进行石笼护脚、石兜及抛石护底和箱形石笼护坡施工，待（经过 1～2 年汛期考验）石兜护脚基本沉降稳定后，再进行浆砌石脚槽、砂石垫层及护坡混凝土面板施工。

皂市水利枢纽于 2004 年 9 月 30 日截流后，护岸工程投入运行经历了 2005 年和 2006 年导流隧洞下泄汛期洪水的考验，也经历了导流隧洞封堵后大坝坝身永久泄水建筑物多年下泄全年洪水的考验，导流隧洞出口邓家嘴滑坡体坡脚未发现变形，表明采用柔性新材料合金钢网石兜（箱）护坡效果良好。

6.3 过水围堰关键技术

6.3.1 国内土石过水围堰现状

土石过水围堰在导流建筑物中是一种常见的形式。在山区河流中，当洪枯流量和水位变幅均较大时，为了节省工程投资，宜采用过水围堰。其特点是：过水围堰较之全年挡水围堰，无论在高度或工程量上均有明显减少，特别是当全年挡水围堰工程规模过大，致使在一个枯水期内难以完建时，则宜采用过水围堰。过水围堰在汛期可通过堰体宣泄部分洪水，因此可减小导流泄水建筑物的规模；土石过水围堰可就地取材，施工技术较简单，对地基的适应性强。因此，土石过水围堰在我国应用较为广泛。

过水围堰的缺点是：因汛期基坑淹没而会损失工期，故若过分降低过水围堰的挡水标准，以致汛期频繁过水，会延误工期。因此，过水围堰的挡水、过水标准，必须综合各方面的因素，经经济技术比较论证后合理选定。

我国自上犹江水电站采用土石过水围堰获得成功以后，相继出现了多种过水围堰形式，使过水围堰的结构合理性日趋完善。国内部分工程过水围堰的特性见表6.8。

表6.8　国内若干水利水电工程过水围堰运用状况表

工程名称	堰高/m	护面类型与材料尺寸	过水状况	损坏状况
皂市		混凝土（厚1.5～1.8m）护面	h=0.1，过流一次	完好
上犹江	14.0	混凝土（厚1.5m）护面	q=27.0，v_m=5.0	（设计q=40.0）
柘溪	28.0	混凝土板（厚0.5m）和ϕ1.0m石笼	q=10.0，H=3.08，水跃跃首v_m=14.5	铅石笼有损坏，抗滑差（笼内石料太小）
庙岭	20.3	沥青混凝土护面	q=11.0，v_m=16.0～17.0	表面轻度损坏（糙率由0.0167增至0.0189）
石桥	20.3	沥青混凝土护面	q=12.5	完好
高思	19.4	干砌、浆砌石	q=6.0，h=2.6	
王家园	36.8	混凝土护面	q=24.6	
乌江渡	40.0（上堰）	混凝土护面	q=75，H=16.2，v_m=4.6	正常运用
故县	14.0	混凝土护面	q=11.0	
天生桥	14.7	堰顶混凝土板，护坡为混凝土楔体（3.5m×2m×0.7m）	v_m=9.0，H=5.7	模型上q=40.0、Z=4仍安全（坡面1∶6）
东风	16.5	堰顶混凝土板，护坡为混凝土楔体（厚0.7m）	q=10.5，v_m=11.2，H=8.6，Z=4.0	完好无损（坡面1∶6.5，过坡上水跃）
大化	40.0	块石护坡	q=51.0，H=11.3	汛后完好
流溪河	14.0	混凝土板	q=30.0，H=3.8，v_m=8.0	安全度汛

续表

工程名称	堰高/m	护面类型与材料尺寸	过水状况	损坏状况
岩滩	52.4	碾压混凝土	H=8.6，v_m=11.2	堰体完好（设计 q=105.0，H=10.0）
楠木峡	20.0	混凝土板（厚0.4m），毛石镇墩	q=6.7	正常（下游坡1∶1.5）
普定	13.0	键槽楔形体，互相搭接	q=12.5，Z=5.4	正常（下游坡1∶6）
新丰江	25.0	块石	q=31.0，v_m=15.0	楔体稳定，仅尾部两排楔体上抬10cm

注 q 为实际过水单宽流量，$m^2/(s·m)$；v_m 为实际堰面最大流速，m/s；H、h、Z 为堰上水头、堰面水深和水头，m。

6.3.2 本工程土石过水围堰新技术

皂市水利枢纽大坝上下游土石过水围堰既采用了国内过水围堰的通常防护结构，又提出了在上游过水围堰防护结构面上增加子堰的优化结构，采用增加子堰优化结构关键技术，在保持过水围堰总高度不变的条件下降低了过水围堰防冲保护结构顶面高程，在不缩短枯水时段大坝基坑干地施工时间的条件下，降低了过水围堰的防冲保护难度和减少了工程投资。增加的子堰按自溃式结构由土石材料填筑而成，汛前拆除。

6.3.3 土石过水围堰设计

1. 过水围堰挡水时段

根据水文资料分析，土石过水围堰挡水标准采用10年一遇枯水时段10月至次年4月较为合适，根据坝体施工总进度安排，2006年3月，河床溢流坝段坝体可上升至高程110.0m，此后无需围堰挡水，由大坝临时断面挡水度汛。为了避免子堰冲毁后再次恢复，要求子堰以下堰体结构能拦挡汛前3月洪水，故上游围堰过水防护结构挡水标准采用10年一遇枯水时段11月至次年3月。

2. 围堰设计

上游围堰过水断面保护顶高程为92.0m，相应挡水标准为11月至次年3月10年一遇洪峰流量1230m^3/s，经调蓄后上游水位为90.40m（也可挡10月5年一遇洪水）；上游围堰加子堰后挡水高程为98.0m，相应挡水标准为10月至次年4月10年一遇洪峰流量2400m^3/s，经调蓄后上游水位为96.33m。过水防护结构以上子堰高6.0m，顶宽6m，上、下游边坡坡比均为1∶2，为自溃式结构，汛期围堰过流时自行冲毁。过水防冲保护标准为全年10年一遇洪峰流量6120m^3/s。上游围堰为土石过水围堰，见图6.5，轴线距大坝轴线115m，堰顶轴线长193.56m，顶宽20.0m。背水侧以1∶5边坡与高程84.0m消能平台相接。平台宽24.0m，平台以下边坡为1∶2.5，坡脚开挖至基岩后浇筑高6.0m的混凝土镇墩。

围堰过水防冲保护标准为全年10年一遇洪水流量6120m^3/s。过水保护断面采用面流方式消能，利用背水侧的消能平台，将下泄水流导向下游水流表面，并在平台附近的表面主流与河床之间形成旋滚，将主流与河床隔开，通过旋滚消耗余能，避免主流直接接触河

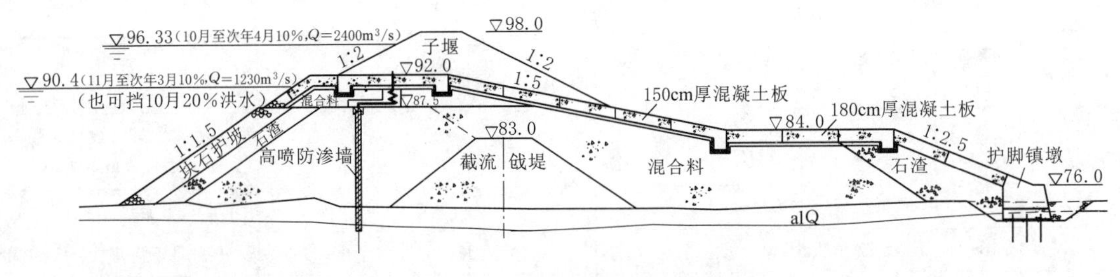

图 6.5 上游土石过水围堰典型剖面图

床，防止堰脚被冲刷破坏。在设计标准过流量时，高程 84.0m 平台收缩断面最大流速为 14.3m/s，采用 1.8m 厚混凝土板重点加以防护，平台以上边坡采用平均厚度 1.5m 的混凝土板防护。消能平台以下边坡采用 1.8m 厚混凝土板防护，坡脚设混凝土镇墩护脚。

6.4 施工技术创新实践

6.4.1 导流隧洞运行情况

导流隧洞于 2004 年 9 月下旬通水过流，经历了 2005 年和 2006 年导流隧洞下泄汛期洪水的考验，运行期观测表明，进口在各水位特别是刚出现淹没流运行条件下，立轴漩涡尺度较小；导流隧洞实际泄流能力比试验值略大；各级流量运行条件下，隧洞出口水跃均发生在消力池内，消能效果较好；出口护岸经历了导流隧洞泄流期和封堵后多年下泄洪水的考验，护岸结构基本稳定，右岸邓家嘴滑坡体坡脚未发现变形。

6.4.2 土石过水围堰过流情况

过水围堰于 2005 年汛期过水一次，过流前人工拆除了加高子堰，此次过流洪峰流量不大，经导流隧洞分流后，围堰堰面过流流量较小，过流时上游最高水位 92.1m，堰面水深 0.1m，过流后围堰堰面防护结构完好，基坑内大坝浇筑体结构完好。

7 征地移民

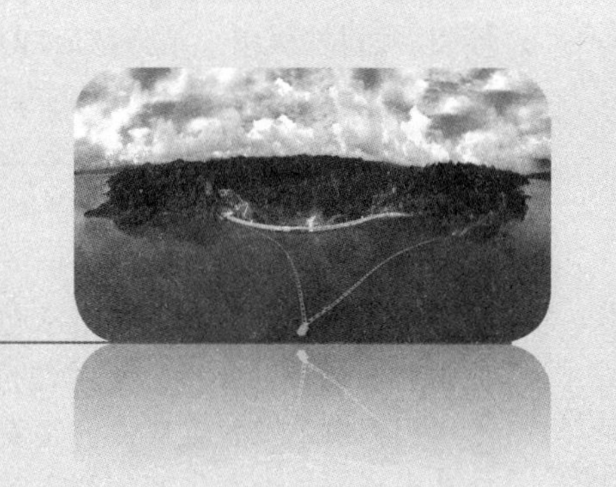

7.1 移民安置规划与实践

皂市水库坝区位于常德市石门县皂市镇。皂市库区由渫水干流和位于渫水左岸的支流仙阳河组成，库区干流回水长度58.6km，支流回水长度15.2km（距河口里程）。

库区主要涉及常德市石门县，另涉及张家界市慈利县少量实物指标。水库淹没涉及9个乡镇，分别是常德市石门县皂市镇、新铺乡、白云乡、维新镇、三圣乡、磨市镇、雁池乡、所街镇和张家界市慈利县国太桥乡。

7.1.1 主要实物指标

皂市水库面积53.99km²，其中淹没陆地面积45.77km²，水域面积8.22km²。淹没及影响耕地和园地38269亩、淹没林地6071亩；坝区征地1.18km²（其中耕地和园地650亩、林地853亩）。库区及坝区涉及搬迁人口43016人，房屋237.65万m²。淹没四级公路55.5km（含慈利县0.75km），等外公路0.52km（慈利县境内），大中型桥梁9座485延米，汽渡2处，引道长300m；输变电线路102.84km；35kV变电站2座，主变容量3600kVA；电信线路142.55km；广播线路107.0杆km；有线电视217.94杆km；水电站一座装机容量480kW，二级泵站（雄磺矿）2座装机容量269kW，水库一座库容232万m³，水渠25km；文物古迹30处。

7.1.2 主要规划成果

总搬迁人口43016人，其中农村移民40635人，集镇居民及单位人口2360人，企业人口21人。复建维新、磨市、阳泉3个新集镇；复建、补偿企业19家；公路等专业项目工程进行了施工图设计或复建规划；移民补偿总投资为206991万元。

7.1.3 农村移民规划与实践

7.1.3.1 “以人为本”确定移民安置去向

皂市库区移民规划和实施中，在坚持以土为本的前提下，充分尊重移民意愿确定安置去向。安置区主要为石门县内安置区和下游受益区县（主要包括澧县、临澧县、鼎城区等），规划过程中，地方政府和规划人员及库区移民村组干部、移民群众代表到安置区村组进行实地考察对接，实施中，安置区村组到库区宣传接收安置意愿和安置条件，进一步对接，实现了移民和安置区居民的双向选择。实施中，安置村组接收安置移民需所在村组大多数（2/3以上）群众签字同意，并须达到土地安置容量要求、明确可调整安置移民的土地数量。

安置区村组农民调整出承包地安置皂市库区农村移民后，国家取消农业税政策并实行种田补贴政策，农村土地内在价值得到大幅度提升，安置调整土地得到的补偿相对偏低了，但因皂市移民安置去向是安置区群众与移民双方自愿选择的，因此仍然相处融洽，社会和谐稳定，取得了很好的安置效果。

7.1.3.2 “大分散、小集中”的移民安置形式

皂市库区农村移民安置形式，初步设计阶段集中安置占较大比例。对农村搬迁人口38589人，规划集中居民点177个（其中石门县内居民点129个，外迁安置区居民点48个），建房人口14979人，占38.8%。

实施阶段结合安置区实际情况，调整为“大分散、小集中”，规划集中居民点10个，安置794人，仅占农村搬迁安置人口的2.2%。这一调整，适应了安置区生产安置用地分散调整的实际情况，降低了安置村组土地环境容量的压力，降低了安置区社会稳定性风险，实施中取得了良好效果。

7.1.3.3 “买房安置”实现多赢

皂市库区移民安置实施时间处于我国城镇化不断推进的过程中，澧县、临澧县、鼎城区等安置区已有部分农村居民在城镇实现稳定就业、居住，使其原来在农村的住房因此闲置，承包地也没有亲自耕种（多为临时流转给其他村民耕种，甚至部分抛荒）。同时，皂市移民安置需要住房、需要承包地。安置区政府和移民管理机构结合这一实际，创新安置方式，制定政策，允许并引导实行“买房安置”，即引导移民购买安置区居民闲置房屋，并承接其承包地。移民管理机构收集闲置房屋、可调整承包地信息并向移民提供，由移民与原居民双方协商，购买原居民闲置房屋并受让其承包地，实现搬迁及生产安置。因有闲置住房的原居民是分散分布的，此方法尤其适合分散安置的移民。实际工作中，常德市实施移民买房安置5828户（房屋面积84.2万m^2），约占皂市库区农村搬迁安置移民的53%。

这一结合实际的创新安置方式，实现了多赢，具体表现在以下几个方面：

(1) 对移民而言，购买闲置房屋比较便宜，与新建房屋相比更划算，节约了建房资金，可实现快速居住安置，缩短了过渡期；即使部分闲置房屋较老旧需要拆除重建，其现成的宅基地也可利用，且道路、供水、供电等基础设施接入也是现成的，仍旧比新找宅基地建房划算；同时移民有现成配套的承包地可耕种。

(2) 对原居民而言，出让闲置房屋，实现了闲置资产的变现，出让原承包地的承包经营权也可得到一定补偿，经济效益明显。

(3) 移民利用原居民房屋安置，不需要新划宅基地，节约了大量土地资源和建设用地指标。经测算，实施买房安置5828户节约了宅基地1748亩。

(4) 对安置村组而言，原居民闲置房屋和其承包地的分户打包出让，不需要另安排土地给移民作宅基地，不需要打乱其他村民的承包地，简化了工作，有利于社会稳定。

7.1.4 集镇规划与实践

皂市库区淹没涉及维新、袁公渡、阳泉、磨市及渡水集镇5个集镇。5个集镇的规划设计经过了详细规划阶段和施工详图阶段，但随着认识的不断深入，对规划设计方案提出了更高的要求。

7.1.4.1 初步设计集镇规划

初步设计阶段，长江设计院会同地方政府和有关单位于2001年进行了维新、渡水、袁公渡、磨市、阳泉集镇的选址勘察和论证，确定维新集镇迁至九间铺村和含水坪村的葫芦堡一带，渡水集镇迁至重阳树村的蜘蛛凸，袁公渡集镇迁至鱼儿溪村九道拐，磨市集镇迁至官丈坪村丁家台，阳泉集镇迁至皂市镇相邻的皂市村。各集镇新址均得到石门县人民政府批准，并经初步设计审查通过。

7.1.4.2 实施规划阶段维新镇“三镇合一”选址方案优化

实施规划阶段，2004年2月，石门县人民政府根据石门县集镇布局、交通复建规划、水库淹没搬迁状况、区域人口分布及社会经济发展预测，提出了将袁公渡集镇、渡水集镇、维新集镇三镇合并建设，将新的维新镇建设成一个规模较大，功能较全的中心镇，带动维新镇社会经济全面协调发展，并将集镇新址变更为贾家村金马台。设计单位结合地方意见综合分析认为，贾家村金马台新址比原选址更具优势，有利于维新镇乃至库区社会经济全面协调发展，在实施规划报告中对集镇选址方案进行优化，改按“三镇合一”并选址在贾家村金马台进行规划设计。

贾家村金马台新址主要优势为：一是处于维新镇地理中心，部分移民外迁安置后贾家村金马台成为维新镇新的人口分布中心；二是交通方便，陆路交通发达，贾家村金马台地处北线公路、维三线、黄太线三条公路交汇处；三是便于更好地服务周边群众，带动周边农村的发展，贾家村金马台周边是渡水乡优质纽荷尔脐橙的主产区，新镇建在此，有利于镇政府扶持发展脐橙产业，便于脐橙生产和销售；四是有利于发展旅游业，贾家村金马台旅游资源较丰富，距热水溪温泉1km，距有“小三峡”美称的峡峪河6km，周边的金猫鼠鼻凸、杨家凸、藏虎峪、周家峪等森林稠密，古木参天，雄奇险峻，皂市水库蓄水后回水至仙阳河，形成宽阔湖面，新镇选址贾家村金马台，可充分利用该地的旅游资源发展旅游业，带动维新镇经济发展；五是占地拆迁量较少，贾家村金马台新址占用耕地较少，与含水坪村葫芦包相比征地拆迁少；六是有发展用地的空间，近期移民迁建用地选址在贾家村金马台，远期发展主轴可沿北线公路向北发展，即跨母潭溪大桥向北发展。

2004年4月22日，湖南省移民局主持召开各方参加的库区移民安置实施规划专题会议认为：“在完善当地有关部门的认证手续后，实施规划可按此方案进行工作，成果完成后由省移民局组织审定”。根据“三镇合一”的要求，长江设计院重新提出了维新镇详细规划，将维新、袁公渡、渡水三镇合并成一个镇建设，集镇迁建占地人口规模3124人，迁建用地规模19.13hm^2。维新镇新址位于渫水支流仙阳河右岸维新镇贾家村，镇区依托过境公路—皂磨北线公路进行布置，主街道由皂磨北线公路拓宽改造而成，镇竖向规划需以皂磨北线公路的建设高程为基准，尽量做到建筑、街道与原始地形接合。2004 年 9 月 8—9 日，湖南省移民局在石门县主持召开了《湖南澧水皂市水利枢纽库区石门县维新镇迁建详细规划说明书》审查会。2005 年 8 月 8 日，批复同意将袁公渡、渡水二集镇合并至维新镇，三镇合并建设，同意维新镇新址选在贾家村金马台。

2008 年，维新镇基础设施建设完成，移民建房搬迁入住。维新镇地理位置优越，本镇西北与磨市镇、雁池乡相邻，东北毗邻太平镇、三圣乡，东南连皂市镇、白云乡，属石门县西北山区重镇。境内交通运输方便，公路纵横交错，形成星罗棋布的运输网络，是石门中部山区的重要交通枢纽。维新镇定位为旅游贸易型乡镇，主导产业为旅游业、商贸业和农产品加工业，是维新镇的政治、经济、文化的中心，是石门县中部地区的中心镇和主要物资集散地，是休闲观光、旅游度假的山水园林式小城镇。

“三镇合一”成功实施，具有前瞻性和可操作性，尊重了移民群众意愿，体现了以人为本的科学发展观，有利于维新镇乃至库区社会经济全面协调发展，辐射范围更大，受到移民群众欢迎，促进了移民就业和安稳致富。

7.1.5 公路复建规划与实践

7.1.5.1 公路淹没影响及规划方案

皂市水利枢纽建成蓄水后，库区皂阳线、老皂阳线、阳燕线等公路都成为断头路；由于阳解线的全淹，使百丈坑、三望坡、黄姑洞和覆罗山四个村的群众出村交通被中断；王磺线和热磨线被淹成 3～4 段，个别路段虽未受淹，也废弃无用。全库淹没四级公路 55.5km（含慈利县 0.75km），等外公路 0.52km（慈利县境内），大中型桥梁 9 座 485 延米，汽渡 2 处，引道长 300m（浆砌石路面，宽约 8m 左右）。

初步设计阶段，全库公路复建改建长度为 71.81km，其中四级公路 71.19km，等外公路 0.62km，大中型桥梁 13 座 1002 延米，详见表 7.1。

表 7.1 初步设计阶段公路复建规划情况表

线路名称	起止地点	淹没长度/km	公路			桥梁		
			等级	复建起止地点	复建长度/km	名称	结构	桥长/延米
王磺线	王家厂—磺厂	22.70	四级	杜家岗—三岔溪大桥	46.43	洞湾大桥	石拱	60
						俞草峪大桥	石拱	103.5
						常家峪中桥	石拱	43
						小河口中桥	石拱	52
						杜家岗大桥	石拱	114
	小计	22.70			46.43			373
热磨线	磨市—热水溪	16.70	四级	磨市—铜鼓峪	8.49	三岔滩大桥	石拱	128
			四级	热水溪—汤溪峪	7.59	黄龙峪大桥	石拱	60
						田家溪大桥	石拱	62
						利济桥大桥	石拱	80

续表

线路名称	起止地点	淹没长度/km	公路			桥梁		
			等级	复建起止地点	复建长度/km	名称	结构	桥长/延米
热磨线						母潭溪大桥	石拱	99
						庄子峪大桥	石拱	60
	小计	16.70			16.08			489
阳解公路	阳泉—解放	7.00	四级	阳泉—解放				
阳燕公路	阳泉—燕子山	2.00	四级	三岔溪大桥北岸向东	2.00			
皂阳公路	皂市大桥—阳泉	3.00	四级	料场—三岔溪大桥	3.00	三岔溪大桥	石拱	140
老皂阳线	皂市—阳泉	3.00	四级	料场—螺蛳坝	2.36			
雁杨公路	雁池—杨柳	0.35	四级	雁池—杨柳	0.42			
石清公路		0.75	四级		0.90	国太大桥	石拱	60
四级小计		55.50			71.19			1062
国太桥路	大泉洞桥—国太桥煤矿	0.52	等外	大泉洞桥—国太桥煤矿	0.62			
合计		56.02			71.81	13座		1062

7.1.5.2 王磺公路规划方案调整

皂市库区需要复建的公路中最重要的是王磺公路。

王磺公路复建规划第一方案（南线方案）：路线起点为雄磺矿厂，自南向北沿黄水河左岸山坡地面高程145m左右展线，复建袁公渡渡口，经汽渡1.96km至对岸鱼儿溪，然后沿原王磺公路向北展线，经芭蕉湾、母潭溪大桥、洞湾、俞草峪、常家峪、小河口，终点于杜家岗乡政府附近接原王磺公路（简称“南线方案”），路线等级为四级，全长28.43km。

王磺公路复建规划第二方案（北线方案）：由于复建第一方案需跨越1.96km的渫水河，河面较宽且水位波动频繁，汽渡将成为交通瓶颈，随着库区居民生产生活繁荣，将严重制约地方经济的后续发展。故地方建议取消南线方案的磺厂至九个拐段（含沿市汽渡），路线起点改由三岔溪大桥右岸展线，沿渫水北岸经梅家湾、万仞洞、青鱼脑、十里长滩、北回、跨越仙阳河接王磺线至维新方向，终点于杜家岗乡政府附近接原王磺公路。第二方案线路复建长度46.43km，路线等级为四级，比南线方案投资多2150万元。

2002年10月下旬，水利水电规划设计总院在审查会上，鉴于常德市和石门县政府关于将第一方案调整为第二方案的要求，基本同意按第二方案复建。本着“三原”的原则，按四级公路标准进行复建，工程投资包干使用，不足资金由地方政府负责自筹。

选定的王磺公路第二方案（北线方案），虽比南线方案投资多，但根据实际结合了地方交通规划，避免了汽渡转运，符合库区群众意愿，有利于库区经济社会发展。

7.1.6 移民安置实施

移民安置实施工作由湖南省人民政府统一领导，省移民局具体指导、监管，常德市人民政府、张家界市人民政府包干实施，常德市石门县、澧县、临澧县、鼎城区、武陵区、津市市、柳叶湖管理区、常德经济开发区及张家界市慈利县等县（区）人民政府负责本县（区）移民工作，各淹没及安置乡镇人民政府负责本乡镇移民工作，层层负责，共同努力完成皂市移民工作任务。

1. 农村移民安置

为满足工程施工进度要求，坝区移民从2001年即正式开始搬迁安置，至2003年已基本完成。坝区搬迁安置170户554人，生产安置596人。其中皂市村9～12组，移民209人生产用地不足，采取逐年货币补偿方式安置。

库区移民从2003年7月开始搬迁安置和实施，至2013年完成。库区搬迁安置40034人；生产安置38199人，其中种植业安置34263人，调整土地48558亩，人均生产用地1.42亩（表7.2）。

表7.2　农村移民生产安置用地调整完成情况表

序号	县、区	种植业安置人口/人	生产用地调整情况/亩				人均生产用地/亩
			小计	水田	旱地	林地	
1	石门县	11566	14412	10391	2190	1831	1.25
2	临澧县	10184	15528	13029	1401	1098	1.52
3	澧县	7815	10577	9000	1133	4448	1.35
4	鼎城区	3478	6366	4682	741	943	1.83
5	武陵区	149	150	33	31	86	1.01
6	柳叶湖管理区	397	555	441	61	53	1.4
7	常德经济开发区	461	646	544	55	47	1.4
8	津市	213	324	195	129		1.52
	合计	34263	48558	38316	5741	4501	1.42

2. 集镇迁建

淹没涉及5个集镇，规划复建为3个集镇，分别是维新镇（原维新集镇、渡水集镇、袁公渡集镇合并复建）、磨市镇、阳泉镇（合并到皂市镇）。2009年3个集镇迁建工作全部完成，迁建单位116个，单位人口1685人，建房184042m^2；迁建居民181户534人，建房38457m^2。

3. 工业企业处理

库区淹没影响19家工业企业，石门县在实施中充分征求企业意见，对18家实行关停产处理，进行一次性补偿，一家转产合并。

4. 专项设施迁复建或处理

（1）交通工程。复建公路61.30km（含桥梁17座，其中：三级公路29.18km、四级公路31.67km、等外公路0.45km）。

（2）电信工程。共复建电信杆路105km。移动、联通基站由相应部门自行承建。

（3）广播电视工程。复建广播线路205km，搬迁广播站（室）54个；复建有线电视线路170km、有线电视站31个。

（4）输变电工程。复建10kV线路18条、长度107.835km，复建35kV线路雁维线7.815km，雁磨线6.075km，维岗线5.06km，雁罗线26.67km。复建杜家岗、罗坪2座变电站。

（5）水利水电工程设施。三岔溪水库［小（1）型］及25km渠道、480kW芷洪滩水电站进行一次性补偿。芷洪滩水轮泵站因其承担着灌溉任务，调整为电灌站复建。复建雄磺矿水厂。

（6）文物发掘保护。文物发掘保护工作于2006年10月全部完成。

7.2 农村移民安置规划设计创新

皂市水库主要淹没对象为农村，库区农村搬迁安置达40034人，生产安置达38199人。

7.2.1 土地质量差异分析新方法及应用

7.2.1.1 基本情况

皂市库区位于武陵山地向洞庭平原的过渡地带，水库河段多呈U形槽谷和V形峡谷，河谷两岸一级阶地发育，宽100～500m，二级阶地只有零星分布，阶地后缘一般为陡峻山体。淹没区土地沿渫水及其支流两岸一级阶地分布，水田淹没比重大，线上剩余的土地多为坡地和望天田，淹没线上、线下土地质量差异较大（图7.1）。

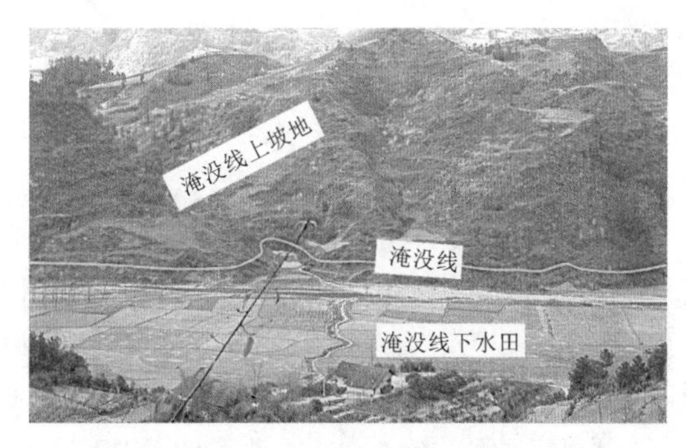

图7.1 部分淹没村组淹没线上、线下土地质量差异示例

库区全部土地（或耕园地）被淹没的村组较少，多为部分土地（或耕园地）被淹没的村组，这些村组淹没线上剩余部分土地，有一定土地环境容量，但淹没线上剩余土地质量差、农业生产道路及灌溉等基础设施条件差，不少人强烈要求作为移民进行出村安置。

如何正确分析淹没线上剩余土地环境容量、合理确定这些村组需要生产安置的人口，关键在如何科学、合理、定量地确定淹没线上、线下土地质量差异。

2005年11—12月，由常德市移民局、长江设计院、业主单位、移民监理单位、石门县移民安置指挥部、石门县移民局以及半淹村组涉及镇政府及移民站的人员组成联合调查组，对半淹村组的淹没线上土地数量和质量进行调查分析。

设计人员经分析发现，各村组的农业税收丘块册亩产量数据，可反映不同地块土地质量差异，是农民在生产实践中应用并认可的数据，因此决定利用农业税收丘块册亩产量数据来分析确定土地质量差异。按此方法，依据已搬迁户剩余耕园地资源和未搬迁户淹没损失土地资源，按同等产值的原则进行资源平衡，并以恢复当地居民原有生产生活条件为前提，拟定土地环境容量调查复核及有关问题的处理意见。以陡坡地（25°以上）和退耕还林地不作为土地容量为条件，分析半淹村组土地容量并解决移民安置问题。

2006年3月，长江设计院依据调查线上土地资源分析结果，编制完成《湖南澧水皂市水利枢纽库区半淹没村组环境容量调查复核及相关问题处理专题报告》，经水利部水利水电规划设计总院专题审查后，进一步修改完善，于2006年12月完成报告，此后应用于移民安置实施工作中。

7.2.1.2 土地容量复核

由于部分淹没村组，淹没线下耕地大部分为水田；线上耕地基本为旱坡地，质量较线下差，且大部分村组交通不便，经济落后。库区居民历来视水田为第一生产资料，即使个别村组人均水田不足0.013hm^2，但是水田仍为农村居民主要生活来源。

在初步设计阶段计算部分淹没村组生产安置人口时，主要依据土地详查资料和实际调查的淹没耕园地，对其线上留下的土地质量并未做全面调查、研究，而是参照其他库区经验，对其线上土地进行了折算处理，折算系数的取值缺乏科学根据。

由于以上几点原因，库区部分淹没村组未规划外迁居民反映线上土地质量差、容量不足等问题，强烈要求外迁。为了维护社会稳定，保障移民合法权益，兼顾国家、集体和个人利益，因此对库区部分淹没村组进行土地容量的复核、线上土地质量进行科学评价是很有必要的。

针对皂市水库具体情况，制定了以下土地容量复核方法：

(1) 对于土地容量复核的部分淹没村组，线上土地调查的基本依据为“村组界线及水库淹没土地界桩”。

(2) 根据淹没涉及户的土地承包册实地划分线上、线下土地丘块，调查丘块的现状利用情况，分基础设施建房占地、水毁、旱改果园、抛荒等，对旱地注明旱平地（0°～6°）、缓坡地（6°～25°）、陡坡地（25°以上）及旱梯地。

(3) 根据土地利用现状对“农业税收丘块册”，逐地块、分户核对；对于农户线上的自留地和开荒地（未列入“农业税收丘块册”），进行实地丈量；对于曾为耕园地后抛荒的土地，分户、分丘块、分地类登记。

(4) 完成现场复核调查后，参与复核的相关单位的人员对分组调查成果共同签字认可。

(5) 结合可开垦地、宅基地改造、相邻村组可利用土地，后靠建房、修路等基础设施建设占地和现有线上复核土地，分析线上土地资源存量。

(6) 对可开垦地、宅基地改造、相邻村组可利用土地，进行水利设施配套规划。

(7) 依据“农业税收丘块册”产量，分析线上、线下土地质量，并作出评价。

(8) 结合线上剩余人口，分村土地容量平衡计算后，对容量不足的村，按照淹没土地的比重并参照实施规划报告中的搬迁原则，确定外迁安置人口的推荐对象。

7.2.1.3 土地容量分析方法

1. 分析方法

对于淹没涉及村组，随机抽取总户数的25%作为样本。对于样本所涉及户的农业税收丘块册中的土地进行分门别类的整理，分为线下水田和线上水田、旱平地、缓坡地、旱梯地、陡坡地、果园（区分大于25°坡地及小于25°土地），统计出其对应的农业税收丘块册中的数量和产量，然后以线下水田的亩均产值为标准，分组求出线上各类土地亩均产值与线下水田亩均产值的比值，即为线上耕地相应的面积折算率。

本方法的数学模型简述如下：若某村有 $i(i=1、2、\cdots、n)$ 个淹没涉及小组，其中 i 组对应的线下水田亩均产值为 A_i，折算率为 f_{Ai}，其余相应的系数定义详见表7.3。

表7.3 线上土地折算系数定义表

项目	线下水田	线上土地					
		水田	旱平地	缓坡地	旱梯地	25°以下果园	25°以上果园
亩均产值	A_i	Ua_i	Ub_i	Uc_i	Ud_i	Um_i	Un_i
折算率	f_{Ai}	f_{Uai}	f_{Ubi}	f_{Uci}	f_{Udi}	f_{Umi}	f_{Uni}

现取1亩线下水田为1亩标准耕园地面积，即 $f_{Ai}=1$。

折算率定义为对应项的亩均产值和线下水田的亩均产值之比（如 $f_{Uci}=Uc_i/A_i$）。对应村的折算率取其各个淹没涉及组折算率的平均值，即

$$f_{Ux}=\frac{1}{n}\sum_{i=1}^{n}f_{Uxi}\quad(x=a、b、c、d、m、n)$$

另外，果园的产值参考国内同类库区的相应折算系数综合取定，取 $f_{Umi}=1$，$f_{Uni}=0.8$。

按照土地承包册中的线下水田亩产值为基准，将线上耕地折算成等产值的线下水田（标准耕地），并对部分淹没村组采用未外迁户淹没损失标准耕地与已规划出村安置户淹没线上剩余标准耕地进行平衡，其差值即为平衡需补足的标准耕地面积，进而计算出需增加生产安置人口。

2. 分析结果

本次土地容量复核涉及库区3个乡镇共31个，部分淹没村258个组，涉及农业人口19071人（2002年年底人口），其中规划生产安置人口12701人。

按类别分，复核部分淹没村组涉及耕园地总面积1117.8hm²，其中有水田788.7hm²、旱地238.4hm²、菜地25.5hm²、果园65.2hm²。

部分淹没村组淹没线下耕园地总面积654.7hm²（承包册面积），其中水田626.5hm²，占总淹没耕地面积的95.7%；旱地28.2hm²，占总淹没耕地面积的4.3%。淹没线上剩余耕园地总面积463.1hm²，其中有水田162.3hm²、旱地210.2hm²、菜地25.5hm²、果园65.2hm²。

部分淹没村组淹没涉及土地而未外迁户人口共5303人，复核其淹没的承包耕园地134.7hm²，其中水田129.9hm²、旱地4.8hm²；考虑质量系数，折算为标准耕地面积132.9hm²。原已规划生产安置人口共12701人，全部作为外迁或自谋职业安置，其线上留余的耕园地共132.7hm²，其中水田35.6hm²、旱地66.2hm²（不含陡坡地83.3hm²），园地30.9hm²，折算标准耕地面积为96.3hm²。

经测算，若以镇为分析单元统计，复核部分淹没村组需补足耕园地13.5hm²，考虑质量因素，则需补足标准耕地35.7hm²；若以村为分析单元平衡，需补足耕园地面积

39.9hm²，若考虑质量因素则需补足标准耕地 52.9hm²；若以组为分析单元平衡，需补足耕园地面积 60.9hm²，若考虑质量因素则需补足标准耕地 70.3hm²。

7.2.1.4 规划方案调整

针对皂市水库具体问题，根据部分淹没村组线上土地容量复核结果，在实施规划设计报告的基础上，提出了外迁与土地补偿结合的方案。

根据“三原”原则，并依据目前库区土地现状做到“淹地补地，产值持平，无地外迁”。对实施规划阶段留下的淹地未外迁户，首先考虑补折算为标准耕地的线上土地，做到补耕地和淹没耕地的常年产值相等；然后对于不足的淹没耕地补充计算外迁生产安置人口。

对线上可利用的补偿耕地，只计算已经在实施规划阶段确定为外迁安置的人口在线上留下的耕园地，未考虑其他因素。

经计算，未规划搬迁户的淹没折算耕园地面积 132.9hm²，已规划外迁安置户在线上留下的折算耕园地面积 96.3hm²，以村为分析单元平衡出村外迁生产安置人口 1184 人，即新增生产安置人口 1184 人，约为初设报告生产安置人口的 9.3%。

以上利用农业税收丘块册亩产量数据定量分析土地质量差异的方法，分析了库区部分淹没村组线上土地容量，分析结果比较准确地反映了库区部分淹没村组线上、线下耕地质量差异的实际情况，为科学确定部分淹没村组生产安置人口数量和剩余土地环境容量提供了有力证据，应用于移民安置实施工作中，解决了部分淹没村组剩余土地环境容量不足的问题，得到当地居民及地方政府的广泛认同。此方法提出了评价淹没线上和线下耕地质量级差的一种新思路，为水库部分淹没村组生产安置人口的合理确定提供了一种新方法。

7.2.2 分年综合物价指数测定新方法

2011 年 5 月下旬，为顺利完成剩余的移民搬迁安置任务，合理考虑移民补偿的价差，做好项目调增资金发放，常德市皂市水库移民安置领导小组办公室委托长江设计公司承担皂市水库移民个人补偿费分年综合物价指数测算工作。测算涉及补偿项目包括：房屋补偿费、搬迁费（除意外伤害保险费外）、零星果木补偿费、地上附着物及林木补偿费、特困户建房补助费。在初步设计报告及移民补偿投资概算调整报告基础上，根据原单价分析方法和移民个人补偿费构成，按照各年工程造价信息，分别测算了 2003—2008 年、2011 年移民个人补偿费综合物价指数（表 7.4）。经常德市审查批准后，于 2011 年付诸实施。

表 7.4 移民个人补偿费分年综合物价指数表

项目	分年综合物价指数							
	2002 年上半年	2003 年	2004 年	2005 年	2006 年	2007 年	2008 年	2011 年
综合物价指数	1.0000	1.1792	1.1849	1.3074	1.4156	1.5998	1.7857	1.8980

移民个人补偿费综合物价指数的编制，科学反映了实施期间逐年物价变化情况，量化了移民的合法权益，为已搬迁移民得到合理补偿提供了关键参数，移民群众普遍认可接受，得到了顺利实施。

7.3 磨市镇台地渗水治理

在集镇复建设计工作中，对磨市镇台地渗水问题进行了合理处理，且取得了较好效果。

磨市镇新址迁建用地区位于商溪河一级阶地、高漫滩。新址场地施工接近完成时，在挖方台地多处出现渗水现象，台地表土层被渗水泡软，给建设造成困难。

挖方台地渗水主要有地形、地质及工程破坏等方面的原因。

地形原因：新址地势北高南低，以公路为界，公路东北侧有3条冲沟，冲沟的泉水流量较大，西北侧有水库。

地质原因：地下水主要赋存于第四系冲积物的松散孔隙或基岩裂隙中，地下水埋藏深度1～3m。第四系全新统冲积堆积，具二元结构，上层为黏土、粉质黏土，渗透系数在10^{-5}～10^{-7}之间；下层为含黏土砾卵石、漂石。下伏基岩为龙马溪组粉砂岩、泥质粉砂岩，基岩中的风化裂隙呈不规则延伸，泥质粉砂岩卸荷后容易崩解，细小颗粒被带走，形成裂隙承压水；河床砂卵石形成孔隙承压水，新址区存在承压水生存的条件。

工程原因：新址竖向设计采用小台地法，台地为半挖半填的场地。集镇建设开挖致使含水层出露地表，或隔水层厚度变薄，场地出现渗水。由于集镇公路内侧的排水沟堵塞，雨水通过公路漫流至新址。

为了有效处理场地渗水和结合集镇建设，采用打引渗井和排水盲沟相结合的方法来降低地下水位。沿新址区内侧和道路一侧各布置排水盲沟，再根据出水点加密盲沟，排水盲沟高度不小于1.8m；沿盲沟每30m布置渗井，排水盲沟为管式渗沟，底部设置透水排水软管。

上述降水方案已完建，观测显示挖方台地的渗水现象消失了，说明该方案效果明显，达到了目的。

7.4 库区北岸线公路崩塌堆积体治理

皂市库区北岸线公路复建工程第五标段，路基开挖至K24＋900～K25＋300段时，发现该段为一较大崩塌堆积体（图7.2），在开挖过程中公路内侧高边坡发生变形破坏，变形体沿公路轴线长约95m，宽40m。为保证公路运行和施工安全，需对该崩塌堆积体进行治理。

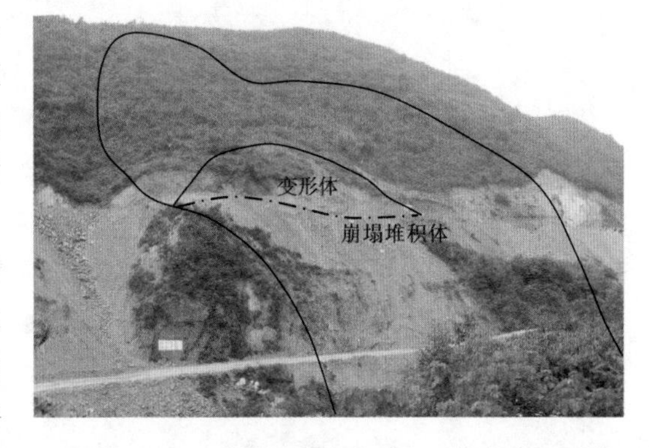

图7.2 崩塌堆积体及变形体全貌

根据崩滑体稳定分析计算结果，崩滑体现状处于稳定状况。但皂市水库蓄水后，崩滑体整体稳定安全系数不足，有整体失稳的危险。同时，崩滑体新、老公路间边坡在水库蓄水后，安全系数不足，存在边坡失稳，从而牵引崩滑体整体有失稳的可能。

综合考虑各种治理方案的优缺点，本崩滑体治理工程采用“削方减载＋坡面锚固护坡＋地表截排水”的治理方案（图7.3）。在保证边坡整体稳定的基础上，采用多种防护形式相结合的思路，在下边坡采用浆砌石防护，上边坡卸载清方后，让植被后期自然生长，达到与环境的协调。

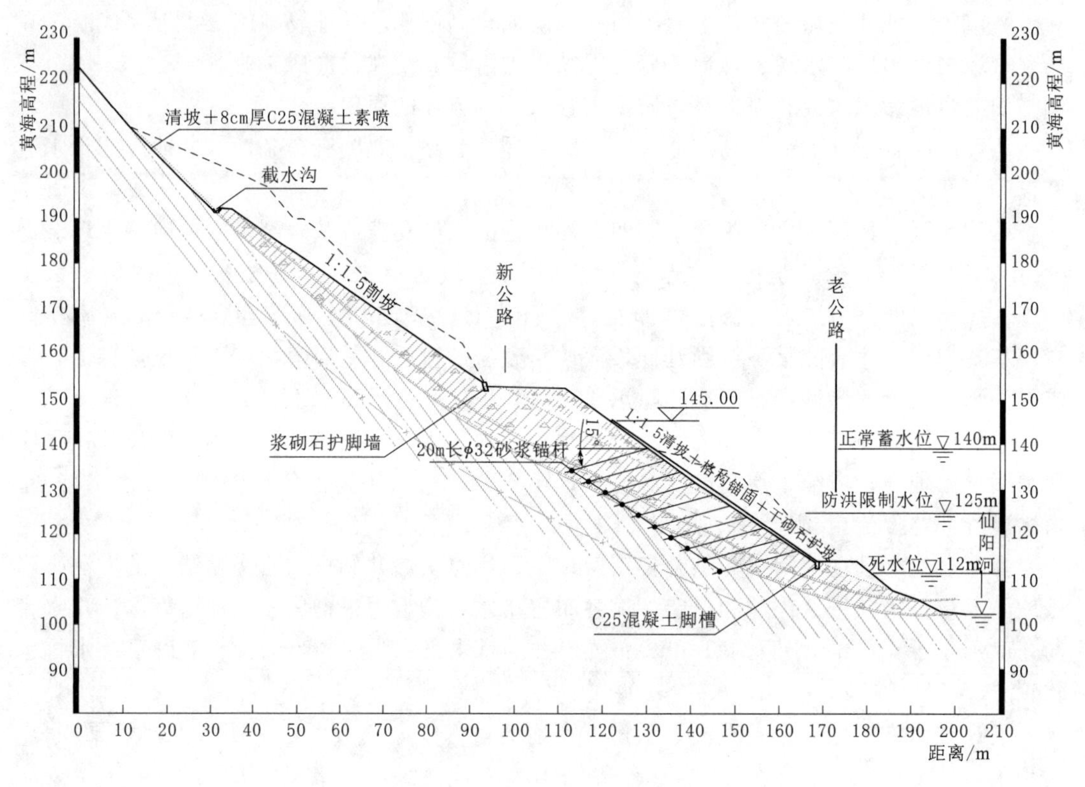

图7.3　工程治理剖面图

8 主要技术问题与科学试验研究

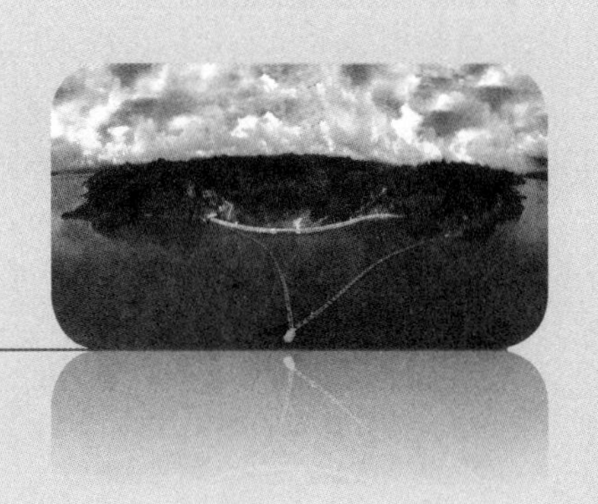

8.1 主要技术问题与难点

皂市水利枢纽是澧水流域防洪体系的重要环节，是《澧水流域规划报告》中三个防洪控制性水库之一，是澧水一级支流渫水上的控制性工程。皂市工程的主要任务是防洪，如何通过皂市工程的调度运用，配合澧水流域其他防洪工程最大限度地发挥本工程对澧水流域的防洪功能并确保工程自身的防洪安全，是本工程主要技术问题及难点之一。

皂市工程坝址一带两岸山体陡峻，右岸较平顺，左岸鹰嘴岩上、下游均有冲沟切割，地形变化较大。坝址出露岩层从上游到下游依次为二叠系薄层灰岩、泥盆系石英砂岩、志留系页岩。泥盆系石英砂岩出露厚度大、强度较高、构造相对简单，是本工程较好的筑坝基础。坝基岩层倾向上游偏左岸，走向与河流交角约75°。由于地层走向与河流流向不垂直，两岸山体出露地层不对称，加之两岸地形也不对称，对采用怎样的坝轴线形式使大坝基础较好利用 D_{2y}^{2-2}、D_{2y}^{2-1}、D_{2y}^{1-2}、D_{2y}^{1-1} 石英砂岩，也是本工程需要重点考虑的问题之一。本工程大坝建基岩体为泥盆系石英砂岩，该地层岩体具有单轴抗压强度很高，而变形模量低。岩体在未扰动情况下，整体强度较高，但一经扰动，岩体的完整性便大幅度下降，是典型的“硬、脆、碎”岩体。尤其在左岸 F_1、河床 F_2 等断层的扰动下，建基面力学参数偏低。如何解决大坝抗滑稳定问题，尤其是左岸5号、6号两个弧形坝段的抗滑稳定问题，是本工程需重点解决的又一技术难题。

皂市工程主要任务是防洪，泄洪消能建筑物是枢纽布置中需优先考虑的主要技术问题之一。按规划要求，在防洪限制水位枢纽需有较大的预泄能力，在防洪高水位枢纽需能下泄设计洪峰流量。由于本工程河床相对较窄，下游基岩抗冲能力较弱，采用怎样的泄水建筑物型式、布置方式以及消能方案是本工程需要重点解决的问题。

皂市厂房右岸高边坡“上硬下软”岩层视顺向，边坡稳定问题十分突出，采用何种支护措施，确保边坡安全是厂房及边坡设计中需重点关注的难点问题。

水阳坪—邓家嘴滑坡位于皂市水利枢纽下游右岸480m处，是由水阳坪滑坡及邓家嘴滑坡组成的滑坡群体，其上为水阳坪，下为邓家嘴，水阳坪后缘为胡家台平地，整体上成三平两陡的地势地貌。根据枢纽布置，导流洞出口明渠从滑坡前缘上游侧通过，右岸上坝公路及沿江公路分别从水阳坪前缘及邓家嘴前缘通过。滑坡一旦失稳，无论在施工期还是运行期，都将影响工程的建设及运行。因此，水阳坪—邓家嘴滑坡治理工程不同于一般的地质灾害治理工程，而是一个较为复杂的系统工程，治理措施既要确保滑坡自身安全，又要满足右岸施工导流隧洞、交通公路等建筑物布置的要求，是本工程又一技术难题。

皂市水电站运行水头范围为36.4～68.6m（属中低水头范围），电站水头变幅巨大，极限最大水头与最小水头的比值达1.88，是国内目前该水头段混流式水轮机运行水头变幅最大的电站。为适应皂市水电站过大的运行水头变幅，同时在该水头段可供选用的基础优秀转轮少的限制条件下，合理地确定水轮机设计水头（水轮机最优工况对应的水头），最大水头与水轮机设计水头的比值改善水轮机稳定运行是水轮机设计的主要难题。

皂市水利枢纽采用围堰一次拦断河床，枯水期隧洞导流，采取汛期基坑过水、围堰和导流隧洞联合泄流的导流方式。导流隧洞按单洞单线布置在右岸，洞身段长419.94m，进、出口均设明渠段，其中进口明渠内布置喇叭口和进水塔，出口明渠段内为消力池。由于导流隧洞消力池段右侧即为金家沟崩坡积体、出口右岸下游为水阳坪—邓家嘴滑坡体，隧洞泄流时水流贴右岸下行，高速水流对滑坡体稳定和下游护岸的影响始终是设计重点关注的问题。

8.2 右岸高边坡重大技术问题专题研究

右岸高边坡设计范围包括大坝右岸坝肩边坡、厂房边坡及尾水渠右侧崩坡积体，边坡最高坡口位于207m高程，施工期最大开挖高度约150m，运行期最大坡高约120m。边坡为典型上硬下软的地质结构类型，并具有岩层视顺向等特点。边坡内构造较多，F_3断层在右坝肩处斜穿上坝公路后沿公路内侧边坡向下游延伸；F_{40}、F_{41}和F_{43}断层带分布在坡脚部位。边坡裂隙发育，主要为NE、NW两组，倾角60°～80°，与岩体内各类构造易组合成不稳定块体。

上坝公路以上部分边坡先期完成施工，其内侧边坡局部坡段受施工及F_3断层破碎带影响和不利结构面的切割，局部出现变形，多处出现变形裂缝；同时在坝轴线的下游侧120m左右分布有一崩坡积体，该崩坡积体前缘局部曾在1954年5月中旬雨季以碎石流形式失稳；此外厂房边坡坡脚部位有F_{40}、F_{41}和F_{43}断层分布，给边坡稳定带来不利影响。

鉴于影响边坡稳定性的这些主要地质问题，且该边坡是否稳定直接影响工程是否安全运行，因此皂市右岸高边坡设计成为本工程重要技术问题之一。为确保皂市右岸高边坡及电站建筑物的安全，深入分析边坡的整体稳定、局部稳定及边坡变形特点和规律，提出合理的处理措施，对皂市右岸高边坡列专题进行研究。

8.2.1 地质条件

1. 边坡形态

边坡整体走向160°左右，山脊高程300～340m，坡脚高程70～75m，坡面形态从上游向下游略呈弧面，凸向河谷。自然坡度由上游D_{2y}地层分布区向下游S_{2x}地层分布区逐渐变缓，由45°左右逐渐变为30°～35°。坝轴线下游约120m为一崩坡积体，长约190m，宽约80m，地形略显凹槽形，在平面上，后缘宽度较大，向前缘逐渐缩小，坡积体所处部位基岩顶面形态在横向上呈凹槽形。

2. 岩性组合及边坡结构

边坡所处的区域主构造线方向呈近东西向，为单斜岩层，岩层走向与边坡走向交角较大，岩层视倾角倾向坡外，构成斜向坡。边坡岩体上部为泥盆系云台观组D_{2y}石英砂岩（硬岩），下部为志留系小溪组S_{2x}粉砂岩（软岩），为典型上硬下软的地质结构类型。

3. 结构面及其组合特征

右岸边坡主要存在层面（夹层）、断层、节理三类结构面。边坡一岩层走向90°～100°，倾向上游，倾角40°～60°；出露断层多为NNE向，倾向山里，倾角35°～50°；云台观组石英砂岩中含有软弱夹层，小溪组地层中含有较多层间挤压错动带，常成为边坡变形及楔形块体失稳的控制性界面；右岸边坡裂隙较发育，以剪性为主，主要有两组，最发育的一组走向NE30°～40°，倾向SE，倾角60°～75°；另一组走向NW300°～315°，倾向SW，倾角以45°左右为主。

4. 岩体风化及卸荷特征

根据岩体的不同风化特征及工程性质，将岩体划分为强风化、弱风化及微风化三个带。强风化岩体少，厚度小于5m；弱风化带厚度较大，厚度一般15～40m；微风化岩体较新鲜，基本未见风化迹象。软弱夹层上下与硬质岩石接触界面受构造错动，加之地下水作用，风化加深。岩体卸荷作用的程度由坡表部向深部逐渐减弱。由于岩性、地形不同，卸荷作用的强烈程度及影响深度也呈现一定的差异性，在D_{2y}石英砂岩中卸荷作用相对较强烈，卸荷裂隙发育；在S_{2x}粉砂岩、泥质粉砂岩坡段，卸荷作用相对较弱，裂隙张开不明显，一般都在数毫米以内。

5. 水文地质特征

由于坡度陡且地形单一，地表集水域面积不大，地表水主要以面流的形式向溇水排泄，少部分向地下入渗。地下水主要为基岩裂隙水，由于岩性不同而表现为不均匀性。地下水主要赋存于泥盆系的石英砂岩中，埋深一般20m左右，局部45m。因此，云台观组地层中的软弱夹层相对隔水。

8.2.2 边坡布置

根据本工程地质条件及边坡开挖、支护施工、运行期维护、检修需要，并参照其他工程经验，单级坡高定为15m，146m公路以下马道宽为3.0m，马道高程分别为90m、105m、120m、135m；146m公路以上马道宽为2.0m，马道高程分别为161m、176m、191m。

为充分发挥边坡自稳能力，减缓边坡坡度和坡高，对建筑物布置做如下调整和优化：对溢流坝段及其墩墙宽度进行适当调整，将溢流坝段总宽减少5.5m，使厂房向河床移动5.5m；优化厂内布置，厂房及安装场总长较初步设计修订方案减少4.4m，安Ⅰ段建基面高程由71.7m提高至87.5m，安Ⅱ段建基面高程由53.0m提高至55.0m；优化厂房尾水渠、厂前区和进厂公路布置，减少对下游崩坡积体的扰动。

边坡坡比根据建筑物布置要求、边坡地质条件、岩体及结构面的力学特性，类比其他边坡工程实际经验，并经稳定分析，反复调整确定：公路下部主要为较软的志留系细砂岩与粉砂岩、页岩互层，单级开挖坡比为 1∶0.5，最上一级为 1∶0.65。公路以上从上到下开挖坡比依次为 1∶0.5、1∶0.4、1∶0.35。

8.2.3 先期施工边坡的变形情况

右岸上坝公路于高程 146m 对右岸自然斜坡进行切削开挖，使上坝公路以上形成人工开挖边坡。该部分边坡先期完成施工，最高坡口位于 207m 高程处。F_3 断层斜穿开挖边坡，且在开挖坡面上出露宽度达 10m，采取了长锚杆和挂网锚喷支护措施，根据边坡施工期变形资料显示，2001 年 8 月锚喷支护施工后，边坡变形基本趋于稳定。

受下部边坡开挖施工及 F_3 断层破碎带影响，经 2002 年 3—5 月暴雨后，监测资料显示，右坝肩上坝公路以上边坡产生了新的变形。2002 年 5 月初的巡视发现：边坡高程 176m 马道内侧出现贯穿整个马道的变形裂缝（裂缝走向近平行于公路，范围在 K1+110～K1+160 段），裂缝张开宽度 8～15mm；高程 191m 马道也出现一条贯穿整个马道的变形裂缝（裂缝走向近平行于公路，范围在 K1+80～K1+100 段），裂缝张开宽度 2～7mm；高程 146～161m 斜坡面沿岩层面出现一条宽度约 2mm 裂缝（范围在 K1+125～K1+140 段）；高程 161～176m 斜坡面沿岩层面出现一条宽度约 2mm 裂缝（范围在 K1+150～K1+161 段）。边坡裂缝分布见图 8.1，2002 年 4 月至 2003 年 3 月各监测点变形曲线见图 8.2。

上述边坡裂缝若继续发展，极有可能导致边坡失稳，并中断右岸过坝公路的交通。

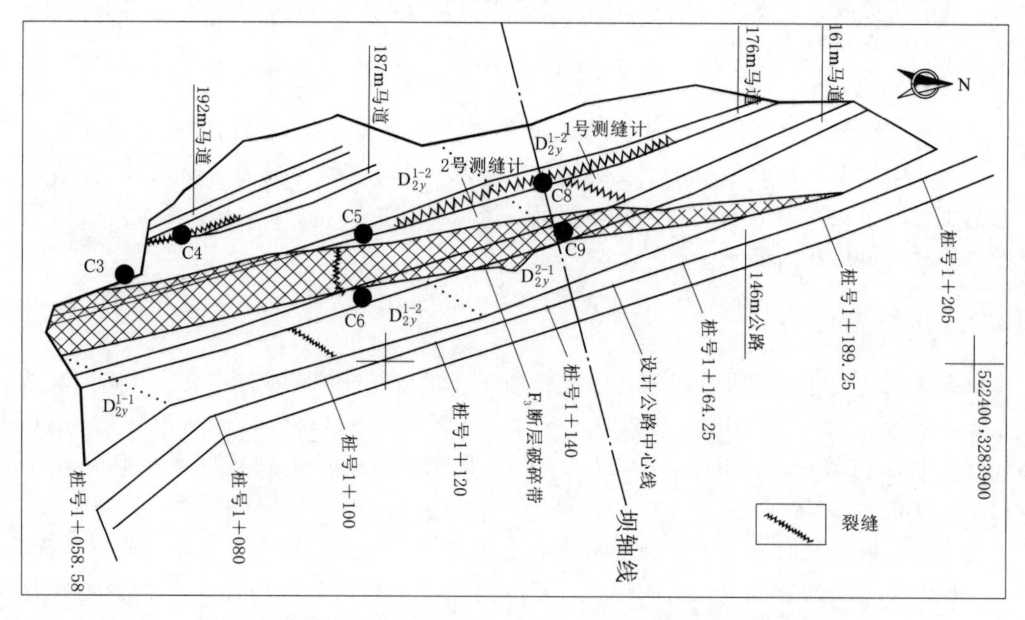

图 8.1 右岸上坝公路 K1+070～K1+200 工程地质平面示意图

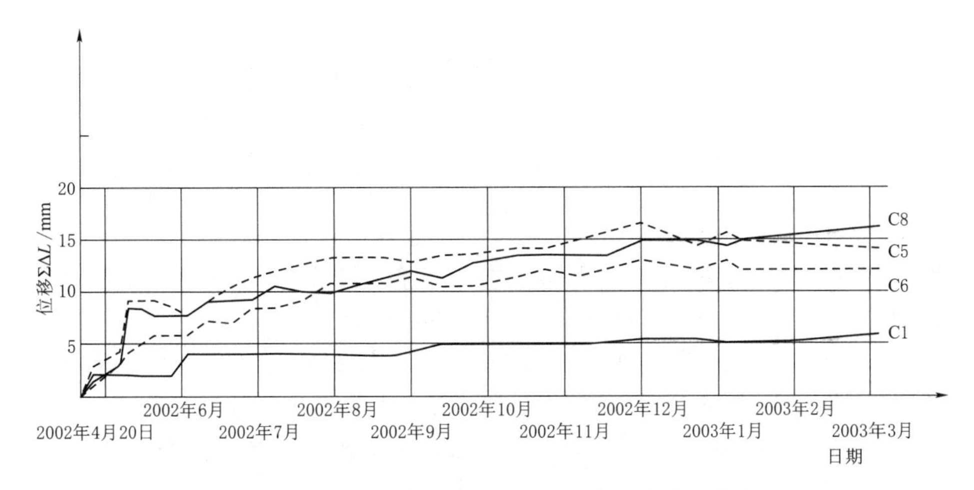

图 8.2　2002 年 4 月至 2003 年 3 月各监测点变形曲线图

8.2.4　边坡稳定分析

1. 边坡渗流场分析

针对皂市右岸山体的实测钻孔水位及枯水期河床水位，建立三维稳定渗流数学模型，模拟实际山体中的渗流场。计算模型模拟了边坡内主要的软弱夹层，并且在计算中考虑了大坝防渗帷幕的影响。排水措施主要模拟了山体内 3 条排水洞、洞间排水幕以及坡面部分排水孔。

通过对边坡渗流场的分析，得出以下成果和结论：

（1）设置排水洞后，边坡中自由水面线在排水洞处有明显的跌落，水头值比加排水洞之前可降低 10～20m；布置排水洞对降低边坡地下水压力效果明显。

（2）右岸边坡渗透坡降主要出现在边坡中排水设施、防渗帷幕及渗流溢出部位；而且有排水设施的情况下边坡中渗流场的最大渗透坡降明显小于无排水设施的最大渗透坡降，可见排水设施排水效果显著，有利于边坡的稳定。

（3）蓄水后渗流场的计算结果表明，基础帷幕灌浆的阻渗效果明显，帷幕附近的排水孔进一步强化了阻渗效应。

综上所述，采用地下排水和地表截、防排水结合的综合排水措施，对降低地下水对边坡产生的渗透压力，减小边坡岩体内渗透坡降效果显著，有利于边坡的稳定。

针对边坡的失稳模式，分别进行边坡整体和局部稳定分析计算。

2. 边坡整体稳定分析

为全面反映边坡整体性稳定，选择合理支护方案，分别采用极限平衡法和弹塑性有限元法进行边坡稳定分析。

（1）极限平衡法分析。根据地质条件，提出边坡整体滑移模式，以软弱夹层为滑动面，滑面后缘切割面为断层或随机卸荷裂隙，滑体上游切割面为 NE 裂隙或随机卸荷裂隙，滑动面随机分布，计算时考虑后缘裂隙面缝水压力，滑动面渗压力呈三角形分布，出逸处为零。计算中分别考虑裂隙连通率 60%和 100%。计算结果表明，若考虑裂隙完全连通和排水部分失效的情况，边坡稳定安全系数为1.0，整体稳定性较差，而考虑裂隙部分连通情况，边坡稳定安全系数为1.89，整体稳定较好。由于边坡为斜向坡，裂隙完全连通的概率较小，且整体排水失效的可能性很小，因此边坡整体大规模沿软弱夹层滑移的可能性不大。

（2）弹塑性有限元分析。采用平面和三维弹塑性有限元法计算分析，得出以下结论：

1）边坡开挖引起的最大水平位移主要出现在边坡下部志留系小溪组较软的岩石内，最大值为9.5mm，采取系统锚杆和预应力锚索支护措施以后减小为6.5mm，减少最大水平位移达30%，说明该支护措施对边坡位移变形改善明显。

2）边坡开挖以后，边坡拉应力区增大，拉应力区主要分布在坝轴线附近F_3断层和夹层交错的位置以及边坡下部夹层出露部位，拉应力最大约为0.5MPa，拉应力区深度5～10m。采用系统锚杆和预应力锚索支护后，深度有明显减小，为3～4m，减小约50%，说明该支护措施对减小边坡拉应力区的深度有明显作用。

3）边坡开挖后，塑性区加大，塑性区深度最大约20m，塑性变形最大出现在碎石夹层和泥化夹层上，说明边坡内块体有沿夹层滑动的趋势，但由于夹层部位上部的岩石并未出现较大的拉应力区，所以夹层内的塑性区对边坡整体稳定影响不大；另外出现在志留系小溪组下段的塑性区虽然应力状态进入了屈服，但产生塑性变形很小，对整体稳定性影响很小。

3. 边坡局部稳定分析

（1）边坡块体稳定分析。边坡NE向两组裂隙与软弱夹层组合成不利稳定的块体，块体交线倾向坡外，倾向NE，倾角32.7°。此类稳定计算模式为双滑面模式：滑面由NE裂隙和软弱夹层组成，后缘切割面为随机裂隙面，计算考虑渗水作用。块体为随机块体，其规模和大小不等，小则数方，大则上千方，因此分别考虑块体切穿多级马道（大块体）和出露单级马道（小块体）两种情况进行计算。

对于块体切穿多级马道（大块体）计算情况，若不加支护措施，考虑50%全水头作用的情况下，块体稳定安全系数为1.27，因此对于较大的块体而言，即使不考虑加固和排水措施，稳定也可满足要求。

对于块体出露单级马道（小块体）计算情况，不考虑渗水作用，块体稳定系数为0.57。因此坡面块体只要切割条件成立便会失稳，需要进行支护。计算中首先进行加固支护前稳定分析，根据分析结果，试算支护方案，经反复比较，确定支护参数为：公路下部采用2000kN预应力锚索，锚索间排距7.5m。加固后，考虑50%全水头作用的情况下，块体稳定安全系数为1.15，不考虑渗水作用，则块体稳定系数达2.30。采取加固措施后，边坡满足设计要求。

（2）第四系崩坡积体稳定分析。皂市厂房右侧下游第四系崩坡积体位于坝轴线下游120m左右，崩坡积体后缘高程约260m，前缘出露于90m高程公路内侧，长约190m，宽约80m。钻探及物探资料显示，堆积体所处部位基岩顶面形态在横向上呈凹槽形，纵向上呈向渫水倾斜的圆弧形，覆盖层厚度2～18m，厚度最大处在高程180m左右。崩坡积体前缘局部曾在1954年5月中旬雨季以碎石流的形式失稳。

根据地质条件和堆积体透水性，设计初期主要采用平面模式对崩坡积体天然状态进行整体稳定分析。计算以第四系与基岩的接触面为潜在滑动面，选取覆盖层最厚的纵剖面作为计算断面，考虑滑体形状，计算中考虑一定的侧向影响。计算参数采用地质推荐值 $\varphi=27°$，$c=15$kPa。计算所得滑体现状安全系数为 0.81。从平面分布上看，崩坡积体前缘窄后部宽，侧向约束一定程度上限制了崩坡积体的失稳，再加上崩坡积体透水性好，地下水径流通畅，初步判断，天然情况下处于基本稳定状态。

为进一步评价皂市右岸下游堆积体在不同工况下的安全性，提出合理的处理措施。施工阶段，根据边坡的空间状态及地质条件，采用三维有限差分法对崩坡积体的稳定性、可能失稳模式进行了分析和研究。堆积体与基岩接触面力学参数通过边坡的稳定现状反演分析论证并经地质复核，φ、c 值分别采用 34°、10kPa 和 27°、20kPa。计算结果表明，边坡在天然状态、施工开挖（无支护措施）及降雨工况下的安全系数分别为 1.12、1.12、1.06；可能的失稳模式均为沿基岩接触面产生整体推移式破坏。边坡现状处于基本稳定状态，但若遇扰动、后缘加载以及强降雨工况边坡排水不畅等条件，可能引起局部失稳或基岩界面滑移。

（3）F_{40}组断层对边坡稳定影响分析。厂房边坡坡脚部位有 F_{40}、F_{41} 和 F_{43} 断层分布，F_{40}断层横穿厂房基础，且断层带强度较低，对右岸高边坡以及厂房整体稳定会带来一定影响，因此针对 F_{40}组断层进行了计算及分析。计算采用有限元计算软件 ANSYS，按平面有限元进行分析，计算结果表明，F_{40}断层带对边坡拉应力区以及塑性区影响主要局限于断层所在的坡脚附近。厂房高边坡的应力是以开挖后应力为主，位移主要是开挖回弹引起的变形，F_{40}断层带对边坡的影响是局部性的，对整体稳定无较大影响。鉴于断层横穿厂房基础部位，因此仍需对断层带进行处理以提高厂房基础承载力以及边坡的整体稳定安全度。

4. 先期施工边坡的稳定分析

开挖过程中，坡顶和 F_3 断层与夹层交汇处产生新的卸荷裂隙，采用极限平衡法和有限元法进行分析。

（1）极限平衡分析。整体稳定采用平面模型进行分析，取垂直于公路的剖面为典型计算剖面进行计算，采用中国水利水电科学研究院开发的能量法程序搜索最不利滑面。整体稳定计算模型及计算结果见图 8.3～图 8.6。考虑马道裂缝影响的分析模型（简称裂缝模型）：假定高程 176m 马道里侧裂缝向下垂直延伸 10m，且缝中充满水的不利工况组成的边坡滑体见图 8.7，并考虑表层岩体受爆破松动的影响，滑面抗剪强度适当降低。

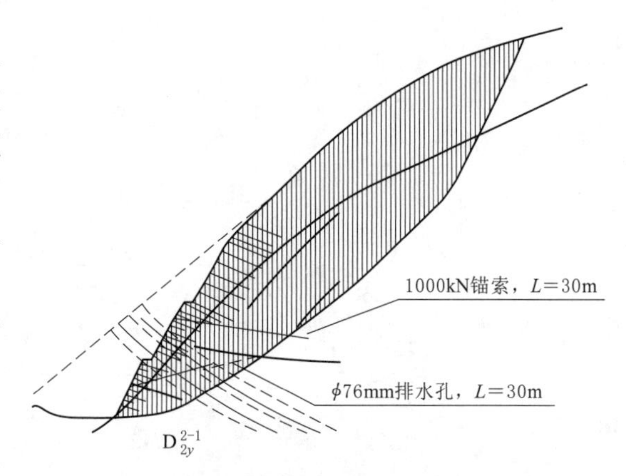

图 8.3 整体开挖后高程 146m 以上弱风化底部坡体稳定分析模型图

计算主要考虑的工况及抗滑稳定安全系数见表 8.1。

计算结果显示：

1）高程 146m 公路以上滑面位于弱风化下部岩体的边坡稳定安全系数为 2.67。

表 8.1　　　　各工况稳定安全系数表

滑体范围	荷载条件	f	C /MPa	稳定安全系数	备注
整体开挖后高程 146m 以上坡体	自重	1.0	0.80	3.18	滑面在弱风化底线，模型见图 8.3
	自重＋地下水位	1.0	0.80	2.67	
整体开挖后高程 146m 以上坡体	自重＋地下水位	0.8	0.4	2.06	滑面在弱风化上部，地下水提高到弱风化以上，模型见图 8.5
	自重＋地下水位＋锚固措施	0.8	0.4	2.13	
10m 深垂直裂缝组成的边坡滑体	自重＋地下水	0.8	0.1	1.36	滑面在弱风化上部，10m 缝及底滑面均按全水头，模型见图 8.7
	自重＋地下水＋锚固措施	0.8	0.1	1.69	

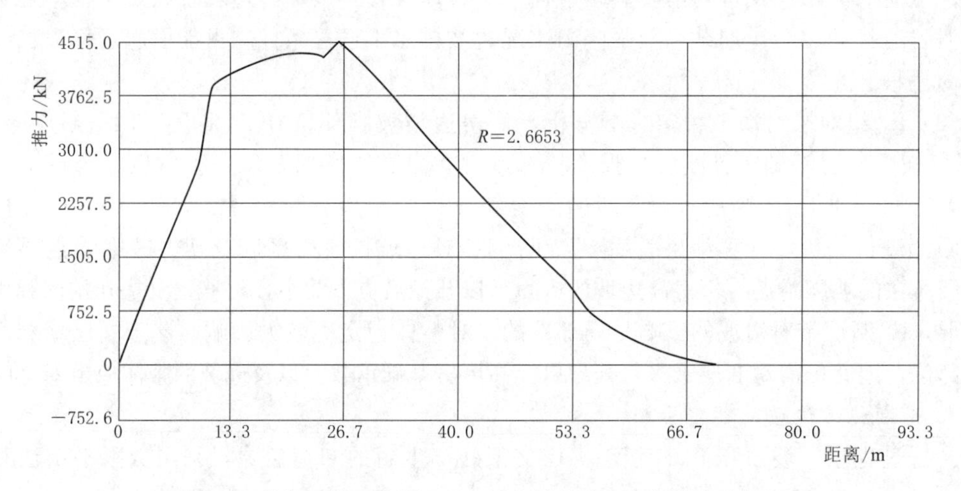

图 8.4　整体开挖后高程 146m 以上坡体稳定分析推力曲线图

2）高程 146m 公路以上滑面位于弱风化上部岩体边坡稳定安全系数为 2.06。

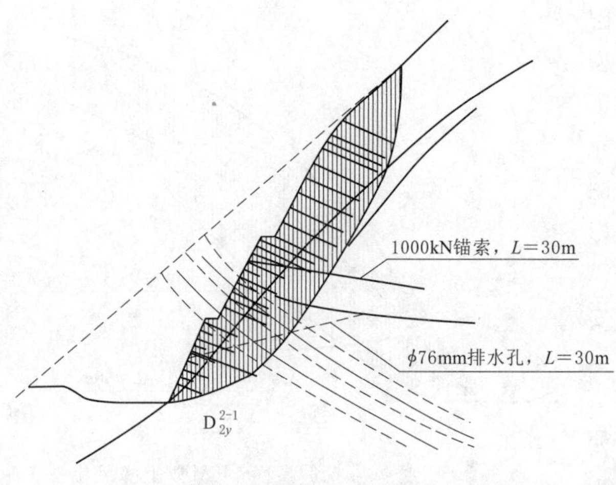

图 8.5　整体开挖后高程 146m 以上弱风化上部坡体稳定分析模型图

3）10m 深垂直裂隙与弱风化上部滑面组合的边坡稳定安全系数为 1.36。

4）块体稳定。高程 146m 公路以上边坡潜在块体，滑动面由夹层及 NE 组裂隙组成，而 NE 组裂隙并未完全连通，其抗剪强度由结构面本身和岩桥加权平均得出，结构面连通率考虑 50%。针对右坝肩边坡，考虑以马道为上边界，在 15m 高的边坡范围内出露的块体，方量为 300m^3，不加支护的稳定安全系数为 1.66。

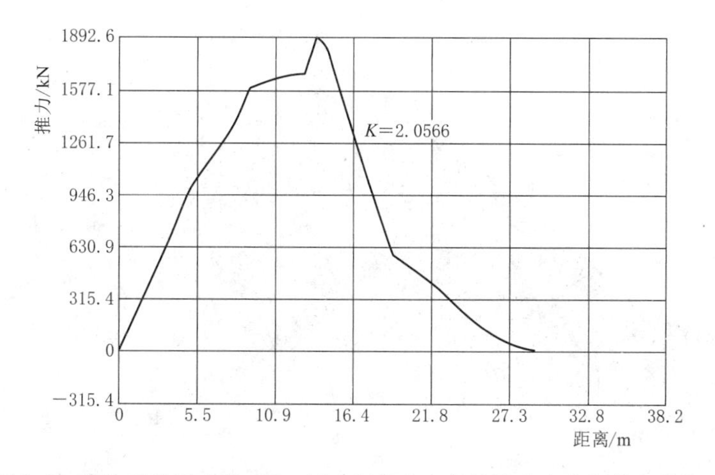

图 8.6 整体开挖后高程 146m 以上弱风化上部坡体稳定分析推力曲线图

(2) 有限元分析。为了更进一步了解开挖削坡对右岸高边坡的稳定和变形的影响，对坝轴线剖面采用二维有限元软件 Phase2 对边坡开挖过程进行了仿真分析，每 10～20m 为一个开挖台阶，共划分了 12 个开挖步，计算网格模型见图 8.8。

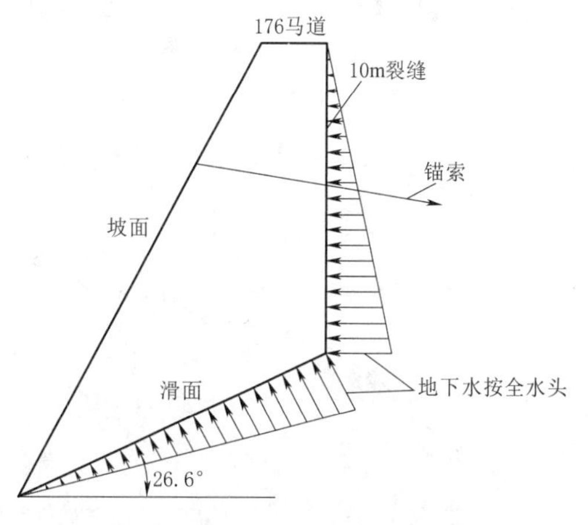

图 8.7 10m 深垂直裂缝组成的边坡滑体稳定分析模型图

弹塑性有限元分析结果显示，公路以上开挖边坡的位移主要由公路以上削坡产生，公路以下削坡对上部位移影响较小（图 8.9、图 8.10），塑性区和拉应力区略有增加，但范围较小，且在锚杆支护范围内。

稳定分析结果表明，右岸公路坝肩段边坡整体稳定性较好，稳定安全系数均大于 1.5。但边坡裂缝和爆破松动使边坡表层裂缝部位稳定安全度不够，同时为了防止边坡裂缝进一步扩展，减小公路下部开挖产生的不利影响，并增强边坡整体稳定性，需采取适当的锚固措施和排水措施控制裂缝变形。

8.2.5 边坡加固支护措施

综合分析边坡整体和局部稳定计算结论，对皂市右岸高边坡采用排水、喷锚支护、支挡等措施。

1. 排水措施

边坡稳定分析表明，地下水是影响该边坡稳定的主要因素之一，排水减压对提高边坡稳定性效果显著。本工程采用地下排水和地表截、防排水结合的综合排水措施，以减少渗水压力，提高边坡稳定性。

(1) 地表截、防、排系统。在边坡开挖线后缘处设置周边截水沟，以拦截边坡外围坡面漫流；结合边坡支护处理，将周边截水沟以内土层表面回填黏性土并植草，岩层天然地

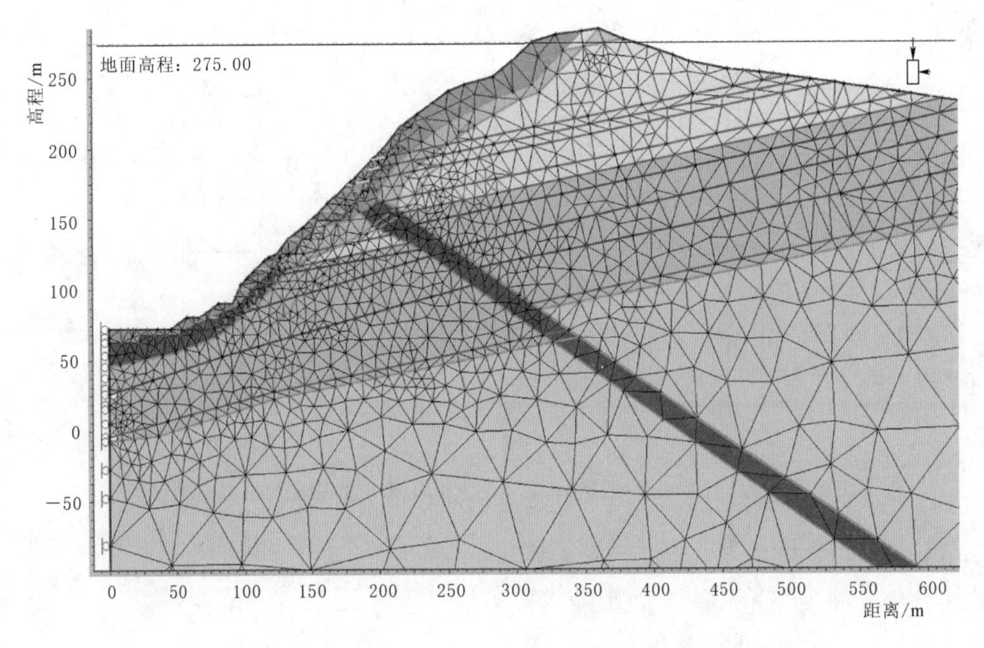

图 8.8 计算模型示意图（图中不同的颜色代表不同力学参数取值）

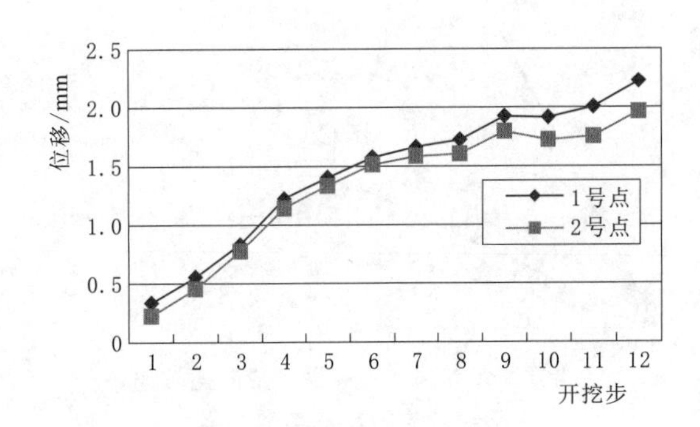

图 8.9 坡顶 1 号、2 号点随开挖步下延的位移变化曲线图

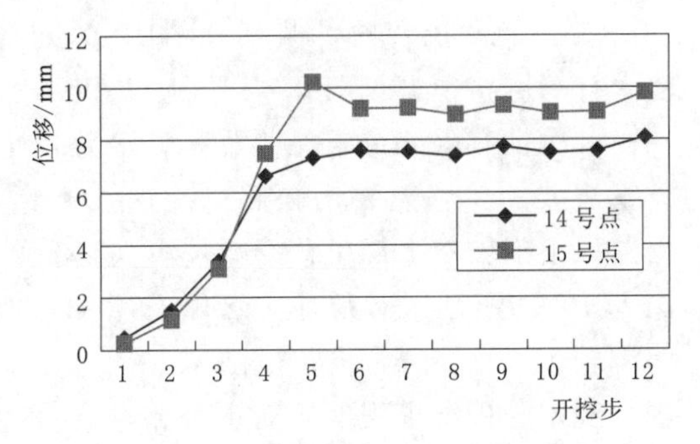

图 8.10 公路两侧的 14 号、15 号点随开挖步下延的位移变化曲线图

表及开挖坡面全部采用喷混凝土保护，以防止坡体范围内地表水下渗；在坡底、公路内侧设纵向排水沟以拦截边坡坡面排水孔排出渗水和坡面来水；各坡段内设坡面排水孔用以疏干近坡地下水，降低边坡表层结构面孔隙水及裂隙水压力。

（2）地下排水系统。坡内距坡面约 30m 处设置三道纵向排水洞，排水洞出口分别设在相同高程的边坡马道附近。洞顶部钻设向上排水孔，排水孔上下层衔接形成一道完整的排水幕，截断远方地下水向坡体渗流。此外，在 170m 高程处设一深水平排水孔，以拦截坡顶渗水，与排水洞形成封闭排水系统。

2. 加固支护措施

（1）浅层支护措施。通过挂网喷混凝土、系统锚杆、随机锚杆等浅层支护措施，增强边坡表层岩体的整体性，加固边坡随机不稳定块体以及控制裂缝开展。支护参数的确定主要考虑坡面风化程度、完整度、边坡岩性和裂隙分布情况、爆破开挖松弛深度及应力、位移情况等。喷层厚10cm，系统锚杆长5m，直径25mm，每级坡段顶部布设2排长12m，直径28mm的锁口锚杆，锚杆间排距2.5～3m。

（2）预应力锚索。通过预应力锚索控制塑性区范围及变位，限制坡内卸荷裂隙和裂缝发展，同时对坡内较大块体进行加固。锚索长度要求穿透塑性区，取30～40m。根据块体分析，采用2000kN级、7.5m间排距预应力锚索，可以满足较大块体稳定要求，并能较好控制塑性区和变形。为便于布置及施工，每级开挖边坡下部布置一排锚索，锚索水平间距采用4m。

（3）支护措施动态调整。由于边坡地质条件不同，稳定状态各异，支护措施在施工过程中根据开挖揭露的情况进行动态调整：

1）边坡下游段较大范围分布志留系较软岩，表层岩石属弱风化上部，承载力较低，故将该区域中高程135.00m以下边坡预应力锚索的设计吨位由2000kN改为1000kN，并由原每级一排改为两排，增设的一排锚索距坡顶2m；对高程135.00～146.00m部位锚索吨位和根数也进行了局部调整，但边坡总预应力施加吨位基本保持不变。

2）对于下部粉砂岩、泥质粉砂岩等软岩区，增加表层混凝土面板保护，混凝土面板与深层预应力锚索共同作用，可以更好地改善边坡应力状态，控制坡脚的破坏范围；对于上部硬岩边坡，为加强锚索效果，在岩石破碎地段增加水平混凝土地梁。

3. F_{40}组断层处理方案

虽然F_{40}断层组横穿厂房基础，但经有限元分析，基础整体稳定性较好，对右岸边坡整体稳定无大影响，原设计采用分段分序槽挖进行混凝土置换来加强地基承载力，置换深度6～8m。从施工揭露情况看，F_{40}规模比预想小，性状比预想好，对原深层大规模置换方案进行优化，仅进行局部混凝土塞处理，处理深度调整为3m。

4. 第四系崩坡积体处理

由于第四系崩坡积体处于基本稳定状态，根据专家咨询意见，尽可能避免该坡积体扰动。主要通过优化开挖坡型、上坝公路下缘设置铁丝笼砌石挡墙支挡、坡面采用格构梁（坡面植草）加固等扰动性小的措施，并加强排水。考虑到后期枢纽运行时的雾化现象可能会对该崩坡积体稳定带来影响，对高程146m上坝公路以上预留了孔径较大的排水孔、预应力锚索、混凝土格构梁及锚桩加固措施，将根据监测数据的变化情况择机实施。

5. 先期施工边坡的治理方案

对右岸上坝公路以上变形部位边坡采取分步实施原则，分两步实施边坡加固措施：采用嵌缝防渗、排水、锚索加固等措施，在较短的时间内控制边坡裂缝变形的发展；根据监测数据的变化对边坡采取加强处理措施，保证运行期边坡安全。

第一步处理措施如下：

（1）对上坝公路高程146m以上边坡马道裂缝进行钻孔水泥充填灌浆，并对表面进行嵌缝防渗处理。

（2）在开裂马道下部4m处施加一排1000kN无黏结预应力锚索，锚索间距4m，长30～35m。

（3）鉴于边坡开裂变形主要发生在暴雨季节，为减小地下水对边坡的不利影响，在边坡高程154m增加一排深排水孔。

（4）在高程 161m 马道以下 3m 处增加一排长锁口锚杆，锚杆直径 32mm，长 12m，间距 3m。

（5）布置边坡位移观测，对边坡位移开展长期观测。

第二步处理措施如下：

（1）加强排水。在右岸高程 148m 帷幕灌浆平硐顶拱处增设部分竖直排水孔，孔深 5～30m（穿过 F_3 断层）；同时在钻设竖直排水孔部位的上、下游洞壁方向分别钻设深 30m、20m 的斜仰孔。排水孔距 2.5m，孔径 91mm。

（2）增设安全监测点，加强边坡位移观测。在右岸坝肩边坡高程 161m 马道新增两个地表位移测点，在高程 176m 马道上新增两个地表位移测点和一个测斜孔。

（3）在边坡高程 162.5m、高程 177.5m 上分别增设一排 1000kN 无黏结预应力锚索，锚索间距 4m，长 35m。

（4）在边坡高程 156.0m 上增设一排长锁口锚杆，锚杆直径 32mm，长 12m，间距 4m。

（5）在边坡高程 169.0m 上增设一排深排水孔，排水孔间距 4m，孔深 35m（穿过 F_3 断层）。

（6）为提高岩体的整体性，对边坡表面进行嵌缝防渗处理。

（7）将原右岸边坡 3 号排水洞向上游延长 30m，并沿延长段在洞顶拱处增设竖直排水孔，孔深 9m；同时在钻设竖直排水孔部位的靠山体侧方向钻设深 30m 的斜仰孔。排水孔孔距 2.0m，孔径 91mm。

8.2.6 边坡治理效果

右岸坝肩边坡各地表变形测点总的变形趋势表现为：向上游和向左岸方向位移，这与岩层走向、与自然坡向近正交、倾向上游有关。大坝轴线监测断面 3 个地表位移测点在 2011 年 4—11 月间位移量较大，其中 Y 方向向左岸方向的变形最为明显。2011 年之后至 2015 年 12 月，右岸边坡各测点的变形测值基本稳定，见图 8.11～图 8.13。大坝轴线监测断面测斜孔较稳定，测斜孔位移与深度曲线见图 8.14、图 8.15。多点位移计在 2012 年 7 月 18 日之后位移量没有继续增大，见图 8.16。

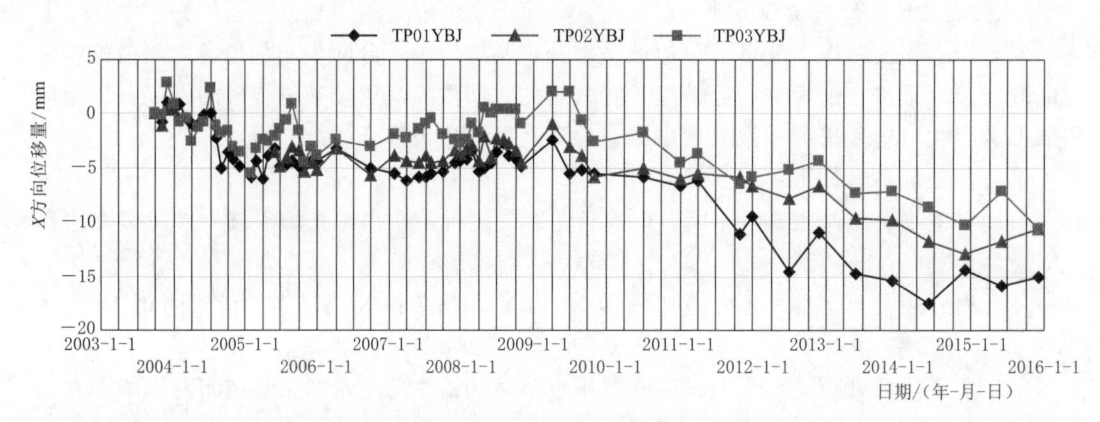

图 8.11 高程 146m 以上边坡坝轴线断面测点位移过程线图（X 方向）

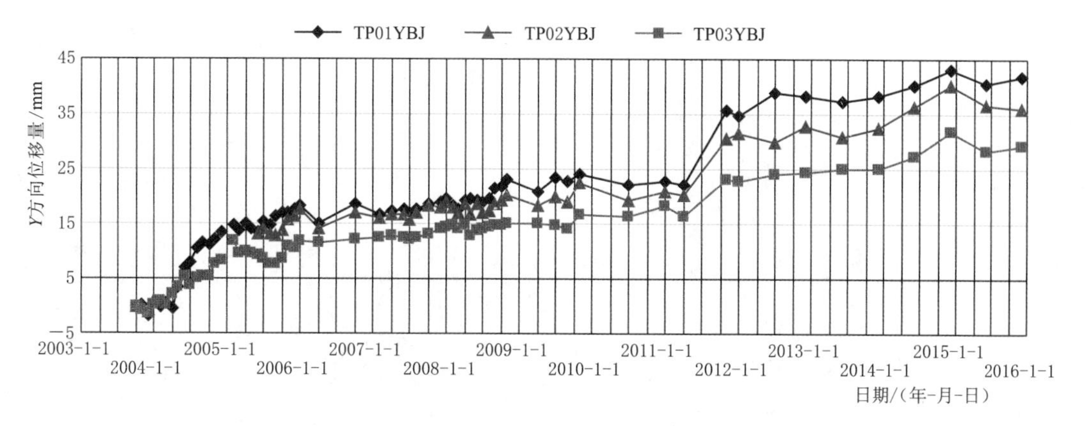

图 8.12　高程 146m 以上边坡坝轴线断面测点位移过程线图（Y 方向）

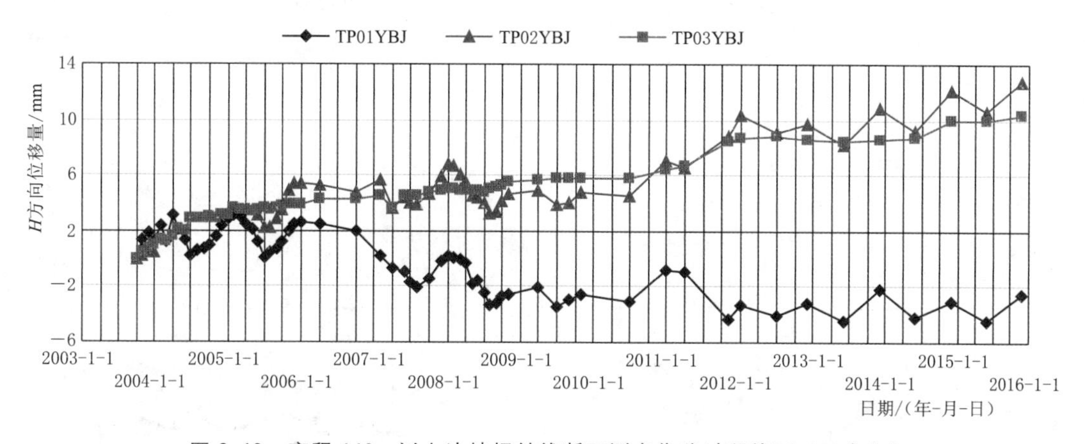

图 8.13　高程 146m 以上边坡坝轴线断面测点位移过程线图（H 方向）

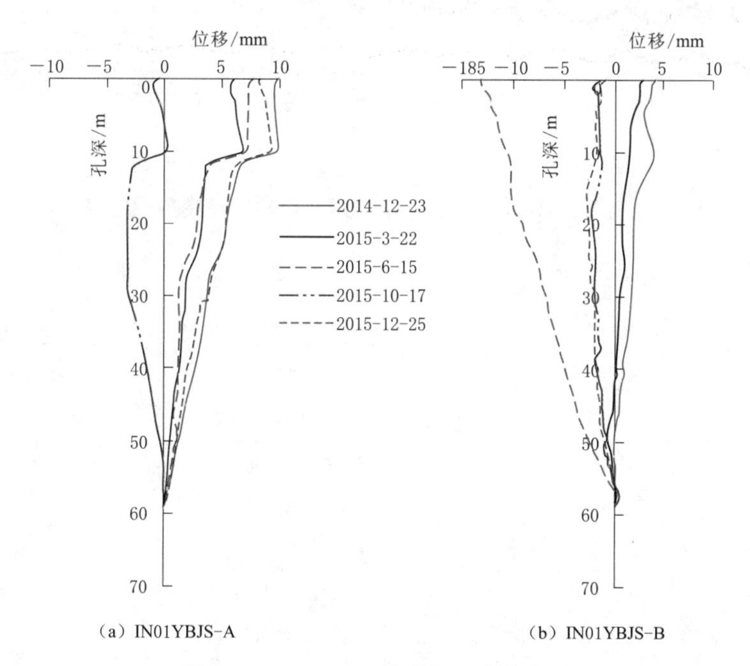

图 8.14　IN01YBJS 位移与深度曲线图

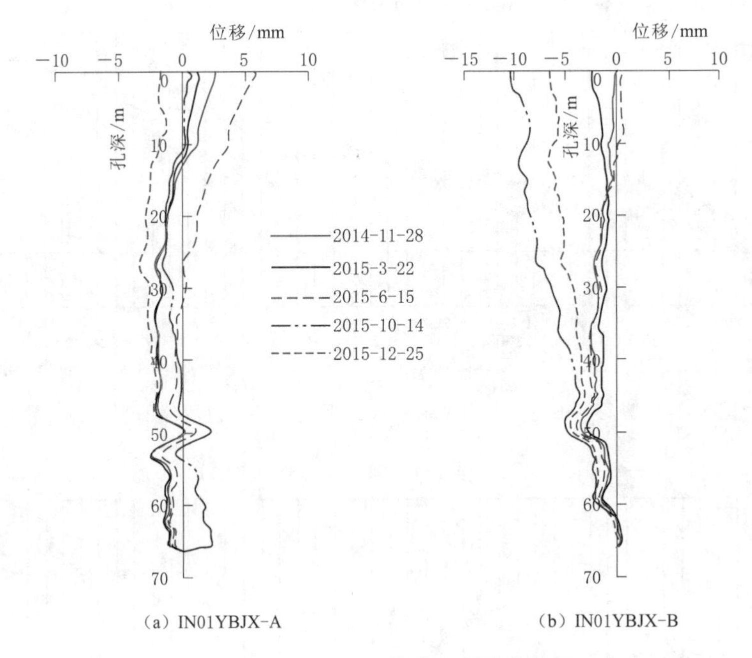

图 8.15 IN01YBJX 位移与深度曲线图

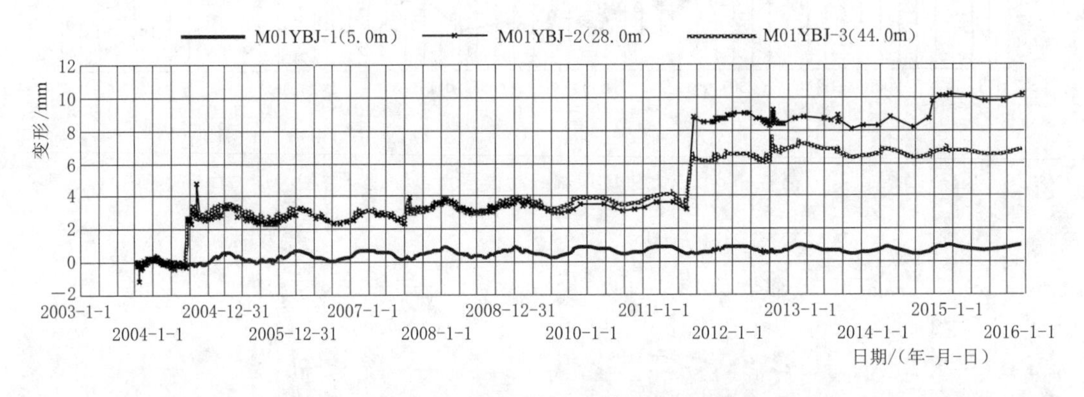

图 8.16 M01YBJ 多点位移计位移过程线图

8.2.7 技术小结

右岸高边坡设计范围包括大坝右岸坝肩边坡、厂房边坡及尾水渠右侧崩坡积体，边坡为典型“上硬下软”的地质结构类型，并具有岩层视顺向等特点。主要采取以下措施：优化溢流坝段、厂房及厂区布置，减小边坡整体开挖高度和规模；采用表层混凝土面板和深层预应力锚索相结合的边坡支护方法，并辅以排水等措施，解决“上硬下软”特殊高边坡稳定问题；对于下游侧崩坡积体，适当支护，尽可能避免扰动，并加强排水和观测，后期将根据观测成果择机实施加固措施。

右岸高边坡处理后的各测点数据基本收敛，边坡处于整体稳定状态；电站尾水渠右岸146m 高程以上崩坡积体变形无明显变化，处于基本稳定状态；边坡处理方案是合适的。

8.3 基础灌浆试验研究

8.3.1 坝基固结灌浆试验研究

针对皂市坝基存在软弱夹层的主要工程地质问题，在工程前期开展了现场固结灌浆试验研究。在进行现场灌浆试验之前，开展了大量浆材研究，特别是对干磨细水泥浆材开展了较为深入的研究工作。

1. 浆材试验研究

选择市场上几个知名水泥品牌的干磨细水泥产品进行细度分析，成果见表 8.2。其中湖南“霸道”干磨细水泥的细度分布最好，$D_{50}=10.01\mu m$、$D_{95}=19.64\mu m$，粒径分布主要集中在 5～20μm 区间，无 2μm 以下细颗粒，浆液流变特性易控制，适合岩石微细裂隙灌浆，且“霸道”水泥厂离皂市坝区仅几公里，因此，选择“霸道”水泥进行灌浆试验。灌浆需要的 32.5 和 42.5 级普通硅酸盐水泥也选用同厂产品，减水剂选用 UNF－5S 系列。

表 8.2 沉降法水泥粒度分布累计 %

粒径/μm	2	5	10	20	30	40
葛洲坝细水泥	14.6	25.4	71.5	83.2	94.1	98.6
华新细水泥	15	27.9	72.6	93.8	95.1	98.7
霸道细水泥	—	10.3	50.34	96.6	99.9	100
霸道普通水泥	9.1	15.6	29.3	53.7	72.6	83.3

对不同水泥、水灰比、外加剂掺量进行浆材优选试验结果表明：①当温度较低时（10℃），水灰比 0.5∶1 的普通水泥浆液需掺 0.8%减水剂，水灰比 1∶1 和 2∶1 的浆液可不掺减水剂，且灌浆时间应控制在 4h 以内。②干磨细水泥浆液比普通水泥浆液黏度大，采用 0.6∶1 的水灰比须掺加 1.5%减水剂，1∶1 的水灰比需掺 1%的减水剂，2∶1 的水灰比不必使用减水剂，且随着低速搅拌时间的延长，浆液黏度增长速度较快，因此弃浆时间应控制在 2h 以内。

2. 固结灌浆试验研究

（1）研究总体思路。

1）针对软弱夹层岩体，研究适合该岩体固结灌浆的材料、施工工艺、施工方法，确定灌浆孔、排距、灌浆压力等技术参数，并论证灌浆效果。

2）研究河床左岸风化深槽含软弱夹层部位（D_{2y}^{1-2}）岩体，通过固结灌浆处理后岩体物理力学性能的提高和改善的程度。

3）利用物探、抬动变形自动观测、灌浆自动记录、常规压水、冲洗试验、钻孔弹模测试等手段，取得试验数据资料，研究分析适合工程特点，满足坝基固结灌浆要求的灌浆工艺、灌浆参数及控制措施。

（2）试验场地地质条件。

1）地层岩性。试验场地地表为第四系冲积物、坡积物，覆盖层厚度为5～10m，基岩主要为D_{2y}^{1-2}层岩体，上游侧有少量D_{2y}^{2-1}层岩体。D_{2y}^{2-1}：灰白色厚层至巨厚层石英砂岩夹少量页岩及粉砂岩夹层。D_{2y}^{1-2}：紫红色中厚层至厚层中细粒石英砂岩夹页岩、粉砂岩夹层。

2）地质构造。岩体中裂隙较发育，最发育的一组走向NE35°左右，倾向SE，倾角一般60°～80°；其次为走向NW345°左右，倾向SW，倾角50°～70°。裂隙以剪性为主，多呈闭合状，裂面一般平直稍粗，多被铁锰质浸染，少量沿裂面蚀变。裂隙多呈闭合—微张状，偶见张开裂隙，张开宽度为0～0.2cm。共统计15个钻孔：裂隙平均线密度一般为4.04～6.04条/m，局部钻孔可达7.6～9.4条/m。裂隙从上至下由张开渐变为闭合状，且数量逐渐减少。

3）软弱夹层。软弱夹层主要位于D_{2y}^{1-2}层，性状较差，密度0.98～1.25条/m。规模较大、延伸稳定的软弱夹层有Ⅲ212、Ⅲ209、Ⅲ205、Ⅱ1203等。

物探孔及检查钻孔揭示夹层多为Ⅰ类夹层，夹层岩性为粉砂岩及页岩，夹层铅直厚度一般为0.05～0.3m，局部铅直厚度为3.3～5.8m，该类原岩夹层顶、底面偶见泥化，泥化厚度为0.5～1cm，局部受构造影响为17cm。

（3）孔位布置。固结灌浆共布置13个孔，梅花形布孔，采用逐步加密方式模拟3m和2.1m两种孔排距，见图8.17；主要研究大坝设计建基面60m高程上下一定范围岩体的灌浆效果。场平地面高程约为78m，起灌63m高程，利用上部约15m厚岩体作为盖重，分2段灌浆，第一段段长3m，第二段段长6m。另外，G-1-14～G-1-16孔研究干磨细水泥灌浆效果，GJ-1～GJ-4孔研究升压灌浆效果。

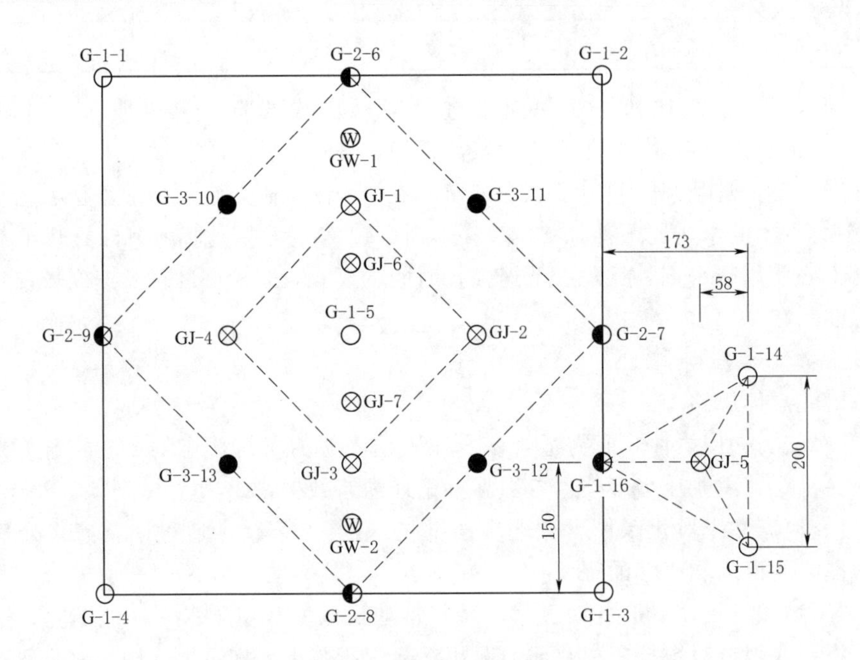

图8.17　固结灌浆布孔图（单位：m）

（4）灌浆主要设计参数。

1）灌浆压力：Ⅰ、Ⅱ序灌浆孔压力分别为0.2MPa、0.3MPa，自上而下分段灌浆。G-1-14～G-1-16孔灌浆压力为0.4MPa，GJ-1～GJ-4孔灌浆压力上段0.5MPa，下段0.7MPa。

2）灌浆结束标准：在设计灌浆压力下，灌浆孔段单孔注入率不大于0.4L/min，延续灌注30min后结束灌浆作业。

3）灌浆检查：通过灌前和灌后的压水试验、声波测试、钻孔弹模测试等综合评价灌浆效果。

4）固结灌浆压水检查合格标准为透水率小于5Lu。

5）固结灌浆采用三参数灌浆自动记录仪，对灌浆压力（包括压水压力）、灌入量和水灰比进行全过程监控；并用相配套的灌浆成果整理软件及时对成果进行分析。

（5）灌浆效果检查及测试成果。

1）Ⅰ、Ⅱ、Ⅲ序孔灌前平均透水率分别为9.41Lu、6.67Lu、7.18Lu，平均单位灌入量分别为11.67kg/m、13.76kg/m、7.13kg/m。3m和2.1m孔距灌后均未达到小于5Lu标准，但2.1m孔距灌后透水率最大值仅有6.6Lu，与5Lu较接近，即加密孔距有效果。

2）由于2.1m孔距灌后未能达到设计要求，在固结灌浆试验区的一侧增加了一组2.0m孔距的干磨细水泥固灌试验。其Ⅰ、Ⅱ序孔灌前平均透水率分别为10.9Lu、4.23Lu，平均单位灌入量分别为12.12kg/m、7.1kg/m，检查孔第一段透水率为0，第二段透水率为8.22Lu，仍未达到小于5.0Lu的标准；说明固结灌浆采用干磨细水泥效果不明显。

3）在加密孔距，改变浆材细度均未达到设计要求的情况下，利用四个检查孔作补灌孔进行了升压灌浆试验，灌浆压力第一段升至0.5MPa，第二段升至0.7MPa。之后2个检查孔4段压水值均小于5.0Lu，说明提高灌浆压力，是该地层固结灌浆的关键。

4）固结灌浆前，基岩单孔及跨孔声波波速值均在2818～4762m/s之间，平均波速在3800m/s左右波动，岩体声波值不高。固结灌浆后，单孔声波值提高6.7%～13.5%，双孔声波值提高2.4%～3.7%。跨孔声波值提高率比单孔声波小，符合一般规律。

5）固结灌浆单孔声波最小值由灌前的2818m/s提高到3220m/s，提高14.3%，跨孔声波最小值由灌前的3723m/s提高到3851m/s，提高3.4%，说明固结灌浆能有效提高岩体的力学性能。

6）固结灌浆试验对物探测试孔灌浆前、后及检查孔GJ-6、GJ-7进行了钻孔弹模测试，岩体灌前岩体弹性模量在5.0GPa左右，经过固结灌浆后岩体的弹性模量可提高至8.4GPa左右，提高率达60%，可见固结灌浆对岩体的整体性、抗变形能力改善显著。

（6）固结灌浆试验关键技术小结。含软弱夹层较多的D_{2y}^{1-2}地层，提高固结灌浆压力是关键，其次是孔距。普通水泥和干磨超细水泥，对灌浆效果影响不大。大坝固结灌浆施工过程中为提高灌浆压力，可采用自上而下分段阻塞钻灌，阻塞器位置可阻塞在建基面与混凝土的结合部位。根据开挖后的地质情况，固结灌浆的孔排距采用2.0m×2.0m，分两段灌浆。

8.3.2 帷幕灌浆试验研究

针对由断层和软弱夹层构成的基岩渗漏与渗透变形问题，在工程前期进行了现场帷幕灌浆试验研究。

1. 研究思路

(1) 研究普通水泥浆材单排高压灌浆帷幕在皂市石英砂岩地基中应用的可行性及相应的措施，研究合适的施工工艺、压力、孔排距、浆材配比（包括外加剂的掺量）以及记录设备等，并论证灌浆效果。

(2) 研究地质缺陷部位（顺河向 F_1、F_2 断层）帷幕采用干磨细水泥浆材灌浆的施工工艺、浆材配比（包括外加剂的掺量），并分析相应效果。

(3) 利用灌前和灌后的压水试验、物探测试、钻孔取芯、疲劳压水等手段，取得试验数据资料，研究分析适合帷幕灌浆要求的灌浆工艺、灌浆参数及控制措施。

2. 现场帷幕灌浆试验研究

(1) 试验场地地质条件。第一组帷幕灌浆试验场地位于固结灌浆试验区上游，地质条件同固结灌浆试验场地条件相同。第二组帷幕灌浆试验位于左岸岩板峪冲沟沟口附近，（图 8.18），处于 5 号坝段坝踵一带，研究 F_1 断层破碎带及其影响带会对这组帷幕灌浆试验带来的影响。地质条件如下：

图 8.18 灌浆试验场地

1) 地层岩性。试验场地基岩主要为泥盆系上统黄家磴组下段（D_{3h}^1）与泥盆系中统上段（D_{2y}^2）岩体。

2) 地质构造。F_1 断层地表出露于场地西侧，在场地中深部将被揭露，其平面上小角度斜交岸坡近顺河向延伸，深部纵贯 5～6 号坝块基础，倾山内侧，倾角 54°～72°，为正—平移断层，地层水平错距 6～10.2m，垂直断距大于 10m，破碎带宽 0.5～2.7m，局部铅直厚度达 6.3m。上、下影响带最宽分别为 7.4m 与 12m，由构造角砾岩、碎裂岩构成。硅质、钙质及泥质胶结，沿断层带风化强烈。断层上、下影响带岩体透水性较强，上盘岩体渗水湿润，常年不干，断层带透水性相对较弱。在 F_1 断层下盘较大范围内（5～6 号坝块）岩体中裂隙发育，多处形成裂隙密集带、风化加剧。

基岩裂隙较发育—发育，最发育的一组走向 NE35°左右，倾向 SE，倾角一般 60°～80°；其次为走向 NW345°左右，倾向 SW，倾角 50°～70°。裂隙以剪性为主，多呈闭合状，裂面一般平直稍粗，多被铁锰质浸染，地表少数裂隙被泥质或碎石充填。

(2) 试验方案。

1) 灌浆孔布置。第一组帷幕灌浆试验，主要研究软弱夹层 D_{2y}^{1-2} 地层帷幕灌浆。布 10 孔，为双排孔，分别模拟单排及双排灌浆帷幕，孔深 53m，起灌 60m 高程，上部覆盖层及岩体盖重约 18m。双排孔排距 1.0m，孔距 2.0m。先施工下游排，先灌排布置 2 个灌后检查孔，2 排全部施工完后再在 2 排中间布置 2 个检查孔，各孔的布置见图 8.19。

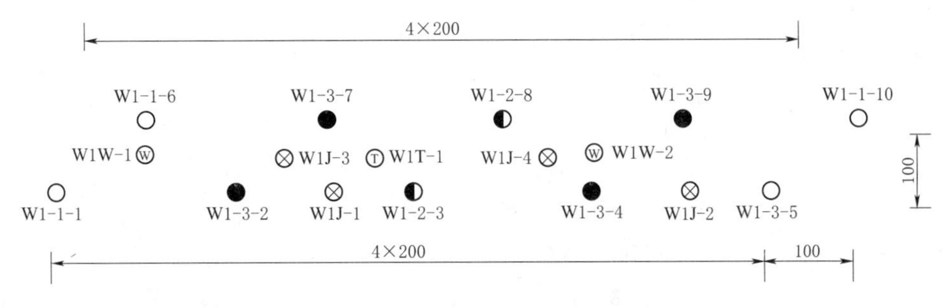

图 8.19　第一组帷幕灌浆布孔图（单位：m）

第二组帷幕灌浆试验，主要研究 F_1 断层破碎带、影响带及 D_{2y}^{2-1} 地层帷幕灌浆。共布 10 孔，分 B1、B2 区，每区 5 个孔，均按双排布孔，排距 1.0m，孔距 2.0m，见图 8.20。其中 B2 区孔深为 53.5m，起灌均为 75m 高程，上部岩石盖重 18.5m；B1 区孔深 43.5m，起灌均 85m 高程，上部岩石盖重约 8.5m。B1 区采用 42.5 普硅水泥，B2 区采用干磨细水泥。B1、B2 区各布 1 个灌后检查孔。

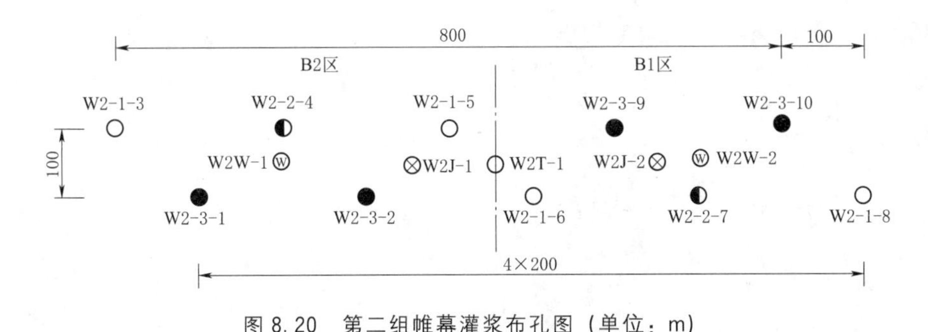

图 8.20　第二组帷幕灌浆布孔图（单位：m）

2）灌浆方法和压力控制。帷幕灌浆采用小口径钻孔、孔内循环、高压灌浆、自上而下分段灌浆方法。第一段长 2m、第二段长 3m，以下各段 5m。第一段钻孔孔径 76mm，以下各段 56mm。第一段灌浆压力 0.8～1.2MPa，第二段 1.8～2.0MPa，以下各段 3.0MPa。

（3）试验效果检测方法。通过灌前和灌后的压水试验、物探测试、钻孔取样、疲劳压水等措施检查和验证灌浆效果。帷幕灌浆压水检查合格标准为透水率小于 3Lu。

1）压水试验：压水试验压力采用灌浆压力的 80%，若大于 1.0MPa 则采用 1.0MPa，自上而下分段进行。

2）疲劳压水试验：将选取有代表性的常规检查孔进行疲劳压水试验，压水压力采用 1.8MPa，连续压水 72h，测试灌浆帷幕的耐久性及其衰减系数；疲劳压水试验孔 2 个。

3）物探测试：每组帷幕试验分别打 2 个钻孔，分别测试灌前、灌后单孔和跨孔声波。

4）钻孔取样检查：根据灌前钻孔取样揭示的地质条件和灌浆资料分析，选取重点部位布置检查孔取样，直观检查浆液充填效果，进行地质素描。

（4）灌浆试验成果分析。

1）第一组帷幕 D_{2y}^{1-2} 地层单排孔试验。D_{2y}^{1-2} 地层单排孔帷幕由第一组先灌排模拟。先灌排试验成果显示，Ⅰ、Ⅱ、Ⅲ序孔灌前平均透水率分别为 8.6Lu、8.3Lu、2.7Lu，平均单位灌入量分别为 116.71kg/m、90.6kg/m、87.2kg/m；先灌排的 2 个压水检查孔的 15 段压水有 4 段压水值大于 3Lu，且在第 1、2、5 段。通过分析试验成果可以看出，帷幕灌浆总的效果较好，深部采用单排帷幕就可达到设计要求的防渗标准，但上部透水率较大的部位，单排孔帷幕达不到要求。

2）第一组帷幕 D_{2y}^{1-2} 地层双排孔试验。第一组双排试验成果显示，Ⅰ、Ⅱ、Ⅲ序孔灌前平均透水率分别为 3.6Lu、2.3Lu、1.6Lu，平均单位灌入量分别为 119.8kg/m、51.8kg/m、55.8kg/m；布置在 2 排中间的 2 个检查孔 16 段压水值均小于 3Lu。即采用双排孔灌浆后，上部透水率较大的部位帷幕可达到设计要求的防渗标准。

3）升压试验。D_{2y}^{1-2} 地层在 0.7MPa 灌浆压力以下灌浆，单位灌入量仅为 10kg/m 左右，升压试验显示，当灌浆压力小于 1.8MPa 时单位灌入量较小，当压力超过 1.8～3.0MPa 后，该地层夹层及裂隙达到微张，灌入量突然增大，可达到 100kg/m 左右。

4）第一组帷幕灌浆效果检测。对帷幕灌浆试验效果除了进行灌后压水检查之外，还进行了取芯、声波检试和疲劳压水试验等。4 个灌后检查孔取芯显示，共见充填水泥结石或水泥膜 45 处，水泥结石充填厚度一般为 0.05～0.2cm，最厚为 0.3cm（图 8.21）；声波检测显示，灌前、灌后单孔声波值分别平均增加 5.1%和 17.7%，双孔声波值平均增加 3.3%；疲劳压水试验显示，压力 1.2MPa 的 72h 疲劳压水，流量能稳定保持在 1.7L/min（段长 8.3m）。综合分析认为，D_{2y}^{1-2} 地层帷幕灌浆可灌性较好，随孔序和排序增加灌前透水率和灌入量均明显减小，并能达到防渗标准要求，符合一般灌浆规律要求，且幕体具有较好耐久性。由此说明，试验拟定的灌浆工艺、方法合理。

图 8.21　第一组帷幕灌浆检查孔水泥结石样图

5）第二组帷幕 D_{2y}^{2-2}、D_{2y}^{2-1} 地层灌浆效果分析。第二组帷幕灌浆区 F_1 断层破碎带及其影响带下部为 D_{2y}^{2-2}、D_{2y}^{2-1} 地层，其试验成果显示，当先灌排（Ⅰ、Ⅱ序孔）完成灌浆后，其后灌排（Ⅲ序孔）灌前压水值：B2 区全部小于 3Lu；B1 区仅有 4 段大于 3Lu，在3.1～3.9 之间。根据 D_{2y}^{2-2}、D_{2y}^{2-1} 岩层厚度相对 D_{2y}^{1-2} 要大，夹层要少的特点，分析认为，D_{2y}^{2-2}、D_{2y}^{2-1} 地层的部分地段帷幕可采用单排孔灌浆。

6）第二组帷幕 F_1 断层及其影响带灌浆效果分析。第二组帷幕灌浆区 F_1 断层破碎带分布孔深为 8.40～23.50m，灌前压水值为 10.88～16.94Lu，属中等透水。试验成果显示：当先灌排（Ⅰ、Ⅱ序孔）完成灌浆后，后灌排（Ⅲ序孔）灌前压水值，B1 区为 4～8.4Lu，B2 区为 5.68～16.94Lu；双排孔灌浆后检查孔的压水值在 0.96～2.08Lu 之间。说明断层部位单排孔帷幕难以达到透水率不大于 3Lu 的防渗要求，需要采用双排孔帷幕。

7）第二组帷幕灌浆效果分析。第二组帷幕灌浆试验成果显示：①场地 B 的 D_{2y}^{2-1} 和 D_{2y}^{2-2} 地层岩层较厚，灌前平均压水值 4.0～4.5Lu，明显比 D_{2y}^{1-2} 地层小，F_1 断层破碎带及其影响带透水率明显高于围岩，达 10.88～16.94Lu。②Ⅰ、Ⅱ序孔灌前压水值和单位灌入量均随着孔序增加，呈递减规律。Ⅲ序孔位于第 2 排，与Ⅰ、Ⅱ序孔的排距为 1m，与Ⅱ序孔灌前压水值和单位灌入量差不多，符合一般规律。③B1 区单位灌入量为 88.4kg/m，B2 区为 41.2kg/m，低于 B1 区，其原因是：虽然 F_1 断层破碎带及其影响带灌前透水率高于围岩，因其裂隙充泥，可灌性低于围岩。B2 区平均单位灌入量Ⅰ序孔为 34.0kg/m，Ⅱ序孔为 29.9kg/m，Ⅲ序孔为 54.4kg/m，Ⅲ序孔较Ⅱ序孔大，即先灌排比后灌排小，与该区 F_1 断层走向、倾向及构造有关。④B1 区和 B2 区的两个灌后压水检查孔 W2J－1、W2J－2 及灌后物探孔 W2W1、W2W2 的压水值均小于 3Lu，说明对 D_{2y}^{2-2}、D_{2y}^{2-1} 地层和 F_1 断层破碎带及其影响带采用普通与干磨细水泥进行灌浆均能达到设计要求。⑤岩体声波检测结果显示，单孔声波灌后比灌前平均提高 5.6%，双孔声波平均提高 17.6%。1.25MPa 疲劳压水试验流量能稳定保持在 2.8L/min 左右（段长 20m），说明幕体耐久性好。

（5）帷幕灌浆试验关键技术小结。

1）帷幕灌浆采用小孔径（56mm）、孔口封闭，高压（3.0MPa 压力）灌浆方法，灌浆效果较好；其中 D_{2y}^{2-2} 和 D_{2y}^{2-1} 部分地层及 D_{2y}^{1-2} 地层下部可采用单排孔灌浆，D_{2y}^{1-2} 地层上部（透水率大于 5Lu 部位）和 F_1 断层及其影响带需要采用双排孔灌浆；帷幕孔排距 0.5～1.0m，孔距：双排孔 2.5m，单排孔 2.0m。

2）针对软弱夹层构成的灌浆效果差的问题，通过提高灌浆压力来增强软弱夹泥层的可灌性。为防止过高的灌浆压力造成击穿和外漏，通过控制灌浆压力和注入量关系能有效地解决这一问题。

3）水泥细度检测显示，普硅 32.5 号水泥比表面积大于 3000cm²/g，42.5 号水泥大于 3500cm²/g，干磨超细水泥大于 6000cm²/g。对局部细微裂隙发育，普通水泥难以满足的部位采用干磨超细水泥灌浆。

4）干磨超细水泥用于灌浆的难点在于浆液黏度太大，国内的改性灌浆水泥虽然解决了该问题，但价格比普通水泥贵 5～7 倍。“霸道”普通硅酸盐干磨超细水泥掺适量的 UNF－S5 减水剂，并通过控制灌浆时间限制，成功应用地质缺陷部位，而价格不到普通水泥的 2 倍。

8.4 大坝与消力池泄洪消能水工模型试验研究

8.4.1 皂市水利枢纽水工模型试验

皂市水利枢纽水工模型试验从枢纽布置专题研究、可行性研究和初步设计阶段，到后期重新论证的项目建议书、可行性研究和初步设计工作。先后进行了皂市水利枢纽 1/60 断面、1/80 整体水工模型试验、1/51.25 断面及 1/100 水工模型优化和补充试验报告，以及 1/60 导流洞改泄洪洞（龙抬头）和 1/40 导流洞改建旋流竖井式泄洪洞模型试验研究等，提出试验报告十余份，参加研究论证的科研单位有长江科学院和中国水利水电科学研究院水力学所，试验成果解决了泄洪消能建筑物设计方案论证过程中的许多技术难题，为设计方案决策提供宝贵意见，最终方案成功运用于工程实践中，并经历了多年实际运行的考验。

8.4.2 皂市水利枢纽调度试验

皂市水利枢纽防洪标准按500年一遇洪水设计，下泄流量12500m³/s，相应库水位143.5m；5000年一遇洪水校核，下泄流量13449m³/s，相应库水位144.56m；消力池设计标准为100年一遇洪水，下泄流量9910m³/s，相应库水位143.5m。水力学模型试验研究该枢纽建成后的水力参数及其泄洪调度方式，为设计及运行管理单位编制闸门操作规程提供试验依据。

8.4.2.1 泄洪建筑物运行的基本要求及试验目的

1. 泄洪建筑物运行的基本要求

泄洪建筑物运行的基本要求如下：

（1）泄洪流量需与下游水位相适应，保证在任何工况下水跃均发生在消力池内，且应避免水流直冲消力池边墙或跃头撞击弧门底缘现象发生。

（2）消力池内水流均匀平顺，避免产生集中水流、折冲水流、回流、漩涡等不正常流态。

（3）消力池内水跃发展完整，尾坎后流态衔接较好，无较大水面落差。

（4）闸门局部开启时，应尽量避免停留在较小或较大开度区域泄水，当闸门处于共振工况时，应立即调整闸门开度。

（5）工作闸门启闭时，应尽量采用同时均匀逐渐加大或减小开度的平稳操作方式，严禁采取突然开启或关闭的操作方式。

2. 试验目的

通过水工整体模型试验研究枢纽在不同来流量的情况下，需要开启的孔数、顺序、开度等较优的组合情况，以满足工程防洪、下游消能防冲及闸门操作方便迅捷的要求。

8.4.2.2 试验条件及研究内容

1. 试验条件

调洪演算成果列于表8.3中，下游水位、流量关系列于表8.4中。在泄洪调度试验中，上游水位按正常蓄水位140m考虑，发电引用流量274m³/s。

表8.3　调洪演算成果表

试验组次	洪水频率 P/%	库水位/m	下泄流量/（m³/s）				下游水位/m	运用工况
			表孔+底孔	表孔	底孔	电站		
1	0.02	144.56	13449	—	—	0	87.18	表、底敞泄
2	0.2	143.50	12500	—	—	274	86.73	表、底敞泄
3	1	143.50	9910	—	—	274	85.15	表控底敞
4	—	143.50	9600	9600	0	274	84.96	表孔敞泄
5	2	143.50	8790	—	—	274	84.45	表控底敞

续表

试验组次	洪水频率 P/%	库水位/m	下泄流量/(m³/s)				下游水位/m	运用工况
			表孔+底孔	表孔	底孔	电站		
6	20	143.50	4930	—	—	274	81.50	表控底敞
7	—	143.50	3140	0	3140	274	79.81	底孔敞泄
8	防限水位	125.00	2110	0	2110	274	78.65	底孔敞泄

表 8.4　　皂市水利枢纽下游水位、流量关系表

水位/m	74.88	75.56	78.83	78.94	79.97	83.37
流量/(m³/s)	244	494	2534	2622	3562	7524
水位/m	84.75	85.14	85.67	86.60	86.75	87.18
流量/(m³/s)	9544	10154	11000	12500	12740	13450

2. 研究内容

模型试验研究的主要内容如下：

(1) 表孔、底孔单泄（含控泄）及联泄的泄流能力；

(2) 各试验工况下的流态及下游消力池导墙处水面线；

(3) 消力池底板、左右导墙、尾坎、防冲板的时均压力及脉动压力；

(4) 尾坎及下游河床的流速；

(5) 下游河床的冲刷状况；

(6) 各级流量下确定表、底孔单泄及联泄时闸门宜于启闭的方式（孔数、开启关闭顺序、开度）。

8.4.2.3 终结方案研究成果

1. 终结方案简介

皂市水利枢纽泄洪消能采用“五表四底+消力池”的布置形式，5表孔、4底孔集中坝身相间布置，溢流前缘宽度为112.5m。底孔体型采用有压管形式，有压段长29.9m，其出口控制尺寸为4.5m×7.2m（宽×高），底孔进口底高程103m。进口底缘曲线为R=1m的1/4圆弧，为改善进口水流条件，进口上游面为1∶0.1的斜面，顶缘曲线后为事故检修门槽，其后为1∶6.871的压坡段，在压坡段后为明流，其泄槽底部采用抛物线形式，方程为$Y=0.0623893X^2$；泄槽出口两侧采用扩散方式，在桩号0+039处以R=169.25m的圆弧扩散，在底孔出口0+052处，底孔出口宽度为5.5m，出口高程为96.18m。

表孔堰顶高程124.0m，其孔口尺寸为11m×19.5m（宽×高），右边墩厚10m，左、中墩厚9.5m，溢流坝面采用WES曲线。堰顶下游面由WES堰面曲线、斜面及反弧段组成，WES曲线方程为$Y=0.04405X^{1.85}$，斜面坡度为1∶0.75，反弧段半径为R=40m，中心角为53.1°，表孔采用“消力池+宽尾墩”进行消能，宽尾墩呈“Y”字形式，中间表孔采用对称宽尾墩（即左、右均收缩4.0m），收缩比为0.273，为避免泄洪时边表孔裂散水体冲击厂闸导墙，边表孔采用不对称宽尾墩（即厂闸导墙侧扩散4.0m，另一侧扩散

3.5m)，消力池底板高程58m，宽89m，中间水平段长95.5m，末端设差动式尾坎，高坎迎水面直立，顶高程71.6m，宽2m，下游坡比1∶2，低坎上游以1∶2的坡与池底相连，下游与护坦相连，护坦高程65.3m，宽18.4m，护坦下游左岸防护，范围为0+213.5～0+693.8。

2. 试验研究成果

(1) 泄流能力。

1) 敞泄泄流能力。模型试验测试了表、底孔单泄及其联合泄流的泄流能力。试验研究成果见表8.5。

表8.5 敞泄泄流能力表

底孔单泄	流量/(m^3/s)	1792	2160	2509.2	2793	3127.8	3323	3398
	库水位/m	118.91	123.35	128.52	133.21	139.51	143.50	145.15
	流量系数μ	0.991	0.991	0.989	0.989	0.986	0.985	0.984
表孔单泄	流量/(m^3/s)	1101	2119	3633	5645	7634	9632	10588
	库水位/m	128.86	131.38	134.44	137.81	140.75	143.50	144.72
	流量系数μ	0.423	0.433	0.442	0.452	0.457	0.459	0.461
联合泄流	流量/(m^3/s)	2664	4966	6506	8587	10929	13449	14081
	库水位/m	126.17	131.69	134.50	137.7	141.03	143.96	144.72

a. 底孔单泄。底孔单泄的泄流能力试验成果见表8.5。当库水位从118.91m上升至145.15m，相应的底孔泄量从1792m^3/s增加至3398m^3/s，流量系数从0.991逐渐降至0.984。试验成果表明，底孔的流量系数随着流量的增大、水位的升高而减小。在大坝设计洪水位143.50m时，设计泄量为3140m^3/s，模型试验值为3323m^3/s，模型值较设计值大5.8%。流量系数按式(8.1)计算：

$$\mu=\frac{Q}{A\sqrt{2g(H_{上}-\nabla_{顶})}} \tag{8.1}$$

式中：μ为流量系数；Q为4个底孔的总泄量，m^3/s；A为底孔出口断面面积(4m×4.5m×7.2m)；$H_{上}$为库水位；g为重力加速度；$\nabla_{顶}$为底孔有压段末端高程(108.97m)。

b. 表孔单泄。表孔单泄的泄流能力试验成果见表8.5。当库水位从128.86m上升至144.72m，表孔泄量由1101m^3/s增加至10588m^3/s，流量系数则由0.423增至0.461。试验成果表明，表孔的流量系数随着流量的增大、上游水位的升高而增加。在大坝设计洪水位143.50m时，设计泄量为9600m^3/s，模型试验值为9632m^3/s，模型值与设计值基本相当。流量系数按式(8.2)计算：

$$m=\frac{Q}{nB\sqrt{2g}H^{1.5}} \tag{8.2}$$

式中：m为计入侧收缩影响在内的流量系数；Q为5个表孔的总泄量，m^3/s；n为表孔孔数，$n=5$；B为每个表孔在堰顶处的净宽(11m)；H为堰顶以上的作用水头，m；g为重力加速度。

c. 表、底孔联泄。表、底孔联泄的泄流能力试验成果见表 8.5。在上游水位为 126.17～144.72m 时，表孔和底孔联合泄流的泄量为 2664～14081m^3/s。在大坝设计库水位 143.5m 和校核库水位 144.56m 时，设计泄量分别为 12500m^3/s 和 13450m^3/s，模型试验值分别为 13043m^3/s 和 14060m^3/s，模型值较设计值分别大 4.3% 和 4.5%，枢纽泄流能力满足设计要求。

2）控泄泄流能力。模型试验测试了表、底孔均匀控泄时的泄流能力，试验成果见表 8.6 和表 8.7。试验成果表明，同一开度（表孔开度定义为开启闸门的底缘高程与堰顶高程之差、底孔开度定义为开启闸门的底缘高程和闸门落点堰面高程之差）下，泄流能力随着库水位的升高而增大；在同一库水位时，泄流能力随着闸门开度的增大而增大。

表 8.6 底孔控泄泄流能力表

e=1m	库水位/m	123.97	129.18	137.16	144.70
	流量/(m^3/s)	280.2	314.4	357.2	397.8
e=2m	库水位/m	118.09	125.10	133.50	145.41
	流量/(m^3/s)	433.0	517.55	619.0	725.0
e=3m	库水位/m	122.18	129.54	135.64	142.89
	流量/(m^3/s)	705.8	831.4	924.0	1026.4
e=4m	库水位/m	125.40	132.42	137.07	144.32
	流量/(m^3/s)	980.0	1135.0	1220.0	1347.0
e=5m	库水位/m	125.14	128.58	137.68	144.39
	流量/(m^3/s)	1198.0	1296.2	1531.6	1683.8
e=6m	库水位/m	124.91	133.91	139.24	144.51
	流量/(m^3/s)	1465.8	1778.0	1933.0	2077.4

表 8.7 表孔控泄泄流能力表

e=0.5m	库水位/m	130.27	137.24	140.60	145.22
	流量/(m^3/s)	567.9	832.2	932.0	1049.4
e=1m	库水位/m	130.24	138.48	141.98	144.73
	流量/(m^3/s)	741.0	1159.8	1298.0	1395.0
e=2m	库水位/m	130.03	136.47	140.39	144.89
	流量/(m^3/s)	1007.6	1538.4	1788.6	2041.0
e=3m	库水位/m	130.46	137.63	142.17	145.08
	流量/(m^3/s)	1286.0	2030.5	2395.9	2609.2
e=4m	库水位/m	131.63	137.19	140.73	144.17
	流量/(m^3/s)	1775.0	2492.4	2872.0	3203.0
e=5m	库水位/m	133.82	137.72	140.41	144.07
	流量/(m^3/s)	2422.0	3014.0	3375.4	3802.4

续表

$e=6$m	库水位/m	135.57	138.64	140.95	145.1
	流量/(m^3/s)	3070.0	3589.0	3954.2	4527.6
$e=7$m	库水位/m	137.32	139.65	141.98	144.32
	流量/(m^3/s)	3789.5	4206.0	4638.0	5012.5
$e=8$m	库水位/m	138.84	140.63	142.29	144.12
	流量/(m^3/s)	4596.6	4942.0	5261.6	5608.0
$e=9$m	库水位/m	139.96	141.28	172.92	144.44
	流量/(m^3/s)	5295.2	5573.0	5942.0	6236.3
$e=10$m	库水位/m	141.72	142.33	144.17	144.92
	流量/(m^3/s)	6205.7	6582.0	6754.9	6929.8

（2）流态与水面线。

1）流态。底孔单泄时，库区水面平静。底孔进口未观察到漩涡，其出口因两侧边墙扩散，致使出口水舌呈中部远、两侧近的扇形状入水，各孔水流在入消力池前未见明显水面搭接。在 $Q=3414\text{m}^3/\text{s}$（含电站过流 $274\text{m}^3/\text{s}$），$H_{下}=79.81$m 时，底孔挑射水流入水点内缘为 0+065，其入水点外缘为 0+083，入水宽度约为 80m，1 号（顺水流方向，从左到右依次为 1 号、2 号、3 号孔和 4 号孔，表孔编号顺序同底孔）和 4 号底孔水舌距相应边墙距离为 13m，水舌未直接冲击消力池边墙。消力池内水跃完整，主流出消力池后有水面跌落，坎前后水面落差为 3.5m，在近电站尾水平台 0+213.5～0+293.5 区域形成回流。

表孔单泄时，库区水面平静，中间 2 号、3 号、4 号表孔进流顺畅，1 号和 5 号表孔进口有绕流现象，水流进闸室后，水面沿程下降，在宽尾墩前水流呈中间高、两侧低的流态，进入宽尾墩后虽因过流面逐渐收缩，水面壅高，但水面未触及弧门支铰。在 $Q=9874\text{m}^3/\text{s}$（含电站过流 $274\text{m}^3/\text{s}$），$H_{下}=84.96$m 时，水流出尾坎后纵向拉开掺气充分，水舌外缘呈抛物线落入池中，其水舌入水点外缘为 0+089，入水水面宽度为 95m，水流入消力池后，水面隆起，水流呈乳白色泡沫状，消力池内无明显回流，水跃完整，消能充分，坎前后水面落差为 2.5m，水流衔接尚平顺，在电站尾水平台 0+213.5～0+290 区域形成回流。

表、底孔联合泄流时，除表孔闸门局部开启时，闸前水面略有波动，检修门槽内有浅表层漩涡外，其他工况下上游水面均较平静。水流进表孔闸室后，水面迅速下降，虽宽尾墩后过流面积沿程收缩，但在各种工况均未观察到水面触及弧门支铰现象，出宽尾墩后，表孔水流纵向拉开掺气明显，其外缘呈抛物线跌落消力池中，底孔水流呈中部远、两侧近的扇形入水，表、底孔水流相间入池，未见明显水流搭接现象。在 $Q=12774\text{m}^3/\text{s}$（含电站过流 $274\text{m}^3/\text{s}$），$H_{下}=86.73$m 时，水舌入水宽度为 97m，边表孔水舌距相应边墙距离为 3.5m，各工况下水舌入水特征值详见表 8.8。消力池内掺气充分，紊动剧烈，坎后水面落差达 5m，下游水流湍急，在电站尾水平台 0+210～0+280 区域形成回流。各工况下电站口门区流态参数见表 8.9。

表 8.8 水舌入水特征值表

流量/(m^3/s)	上游水位/m	下游水位/m	表孔水舌入水点桩号	底孔水舌入水点桩号/m	
				内缘	外缘
13449	143.56	87.18	0+097	0+070	0+086
12774	143.50	86.73	0+095.5	0+067	0+086
10184	143.50	85.15	0+094	0+066	0+090
9874	143.50	84.45	0+092	—	—
9064	143.50	81.50	0+093	0+068	0+088
5204	143.50	84.96	0+068	0+070	0+088
3414	143.50	79.81	—	0+072	0+091
2384	125.00	78.00	—	0+068	0+083

表 8.9 电站口门区流态参数表

工　况	电站口门区水面高程/m	波动幅度/m	回流范围
Q=13449m^3/s，$H_下$=87.18m	89.3～90.5	1.2	0+213.5～0+283.5
Q=12774m^3/s，$H_下$=87.18m	88.8～89.9	1.1	0+210.0～0+280.0
Q=10184m^3/s，$H_下$=85.15m	86.7～87.8	1.1	0+213.5～0+293.5
Q=9064m^3/s，$H_下$=84.45m	86.0～87.0	1.0	0+213.5～0+298.5
Q=5204m^3/s，$H_下$=81.50m	82.6～83.5	0.9	0+213.5～0+288.5
Q=9874m^3/s，$H_下$=84.96m	86.8～87.8	1.0	0+213.5～0+290
Q=3414m^3/s，$H_下$=79.81m	80.5～81.4	0.9	0+213.5～0+293.5
Q=2384m^3/s，$H_下$=78.65m	79.2～79.8	0.6	无回流

2）水面线。试验中量测了各工况下消力池内左、中、右边墙水面线，试验成果见表8.10。各试验工况下，消力池内水面高程随着泄量的增大而增大，未观察到池内水体超过边墙现象，但原型中在模型实测水面线成果基础上需计及水体掺气影响。

表 8.10 消力池沿程水面高程表

工况	桩号	消力池水面高程/m			尾坎水面高程/m
		左	中	右	
Q=13449m^3/s，$H_下$=87.18m	0+097.0	—	89.0	—	93.6～95.1
	0+139.0	92.0	95.5	94.5	
	0+181.5	93.6	95.1	94.6	
	0+213.5	93.3	92.3	92.8	
Q=12774m^3/s，$H_下$=87.18m	0+095.5	—	88.0	—	94.1～94.6
	0+139.0	92.5	95.0	95.0	
	0+181.5	94.1	94.6	94.6	
	0+213.5	92.3	92.0	92.3	

续表

工况	桩号	消力池水面高程/m			尾坎水面高程/m
		左	中	右	
$Q=10184m^3/s$，$H_下=85.15m$	0+094	—	84.0	—	90.1～91.6
	0+139.0	89.0	92.0	91.5	
	0+181.5	90.1	91.1	91.6	
	0+213.5	89.8	89.3	89.8	
$Q=9064m^3/s$，$H_下=84.45m$	0+093	—	83.5	—	88.6～89.6
	0+139.0	89.0	91.0	89.0	
	0+181.5	88.6	89.1	89.6	
	0+213.5	89.3	88.8	88.8	
$Q=5204m^3/s$，$H_下=81.50m$	0+139.0	75.0	75.5	75.0	85.1～86.1
	0+181.5	85.1	86.1	85.6	
	0+213.5	84.8	85.3	84.8	
$Q=9874m^3/s$，$H_下=84.96m$	0+092	—	88.0	—	90.1
	0+139.0	90.0	91.5	92.0	
	0+181.5	90.1	90.1	90.1	
	0+213.5	90.8	89.8	91.3	
$Q=3414m^3/s$，$H_下=79.81m$	0+139.0	82.5	84.0	82.5	82.6～83.6
	0+181.5	82.6	83.6	83.1	
	0+213.5	83.3	83.3	83.3	
$Q=2384m^3/s$，$H_下=78.65m$	0+139.0	80.5	81.5	81.0	80.6
	0+181.5	80.6	80.6	80.6	
	0+213.5	80.8	80.2	80.8	

（3）压力分布。

1）表孔时均压力。沿表孔坝面、闸墩及宽尾墩侧墙共布置33个压力测点，试验成果见表8.11。

试验成果表明：各种试验（表孔过流）工况下，表孔溢流面均未产生负压，最低值在1∶0.75斜坡上14号测点，其值为0.11×9.81kPa；闸门槽最小压力为4.14×9.81kPa（23号测点，$Q=9910m^3/s$，$H_上=143.5m$）；堰面反弧段受离心力影响，压力随表孔泄量的增加而增大，最高达35.34×9.81kPa（17号测点，$Q=13449m^3/s$，$H_上=144.56m$）。表孔溢流面均为正压，且无较大的压力梯度，表明表孔体型是合理的。

2）底孔时均压力。沿底孔中心线的顶、底及侧墙共布置45个压力测点，压力成果见表8.12。成果表明，各工况下除压坡段末有较小负压外，其他均为正压，无较大压力梯度，表明底孔体型是合理的。

3）消力池时均压力。在消力池底板沿泄洪中心线（3号表孔中心线）、底孔（2号）

表 8.11　　表孔溢流坝面及闸墩压力表　　单位：m 水柱

测点位置	编号	桩号	高程/m	$Q=9600m^3/s$，$H_上=143.5m$（表孔单泄）	$Q=9910m^3/s$，$H_上=143.5m$（$P=1\%$）	$Q=8790m^3/s$，$H_上=143.5m$（$P=2\%$）	$Q=4930m^3/s$，$H_上=143.5m$（$P=20\%$）	$Q=12500m^3/s$，$H_上=143.5m$（$P=0.2\%$）	$Q=13449m^3/s$，$H_上=144.56m$（$P=0.02\%$）
表孔坝面	1	0+000	122.00	13.78	18.08	19.16	21.57	15.06	15.67
	2	0+000.5	122.92	4.40	10.19	15.32	19.06	5.94	6.45
	3	0+001.5	123.49	4.85	6.96	16.49	16.51	5.21	5.20
	4	0+002.2	123.72	3.60	9.65	11.80	19.23	4.62	4.73
	5	0+003	123.89	2.92	6.25	10.76	18.80	3.58	3.94
	6	0+004.5	124.00	2.81	5.88	8.55	17.26	3.16	3.32
	7	0+006.5	123.84	3.12	4.04	6.19	15.93	3.38	3.84
	8	0+009	123.29	3.77	3.16	3.26	7.36	3.77	4.54
	9	0+013	121.69	—	—	—	—	—	—
	10	0+017	119.29	9.00	2.90	1.62	0.60	8.95	10.39
	11	0+019	117.81	10.53	4.13	2.33	0.80	10.59	12.02
	12	0+031.3	104.69	14.69	12.64	11.35	—	14.58	15.20
	13	0+039	94.42	6.87	8.31	11.84	7.74	7.28	9.84
	14	0+047	83.76	0.11	0.06	—	0.11	0.10	—
	15	0+054.3	74.00	5.00	4.23	2.23	3.61	4.74	5.46
	16	0+068.4	62.22	21.65	21.14	22.16	16.37	23.03	25.34
	17	0+085.7	58.01	29.45	28.01	25.09	21.55	30.62	35.34

续表

测点位置	编号	桩号	高程/m	$Q=9600m^3/s$，$H_上=143.5m$（表孔单泄）	$Q=9910m^3/s$，$H_上=143.5m$（$P=1\%$）	$Q=8790m^3/s$，$H_上=143.5m$（$P=2\%$）	$Q=4930m^3/s$，$H_上=143.5m$（$P=20\%$）	$Q=12500m^3/s$，$H_上=143.5m$（$P=0.2\%$）	$Q=13449m^3/s$，$H_上=144.56m$（$P=0.02\%$）
闸墩	18	0－004.6	126.00	16.80	17.46	17.36	17.72	17.05	17.98
	19	0－002.2	126.00	11.57	10.80	15.31	17.72	11.98	12.44
	20	0＋000	126.00	—	—	—	—	—	—
	21	0＋001.4	126.00	7.47	8.13	12.49	17.05	8.24	8.85
	22	0＋003	126.00	9.01	5.42	—	—	9.16	10.29
	23	0＋003.5	126.00	6.03	4.14	—	—	6.44	6.96
	24	0＋004.2	126.00	9.52	12.08	—	—	9.67	9.77
宽尾墩	25	0＋019.8	119.00	11.65	13.60	14.37	10.68	11.75	12.06
	26	0＋029	119.00	9.86	6.52	4.73	4.47	9.60	11.04
	27	0＋038.2	119.00	5.24	2.68	4.22	4.22	5.24	5.40
	28	0＋029	115.00	13.19	6.58	3.71	—	13.19	14.27
	29	0＋038.2	115.00	5.40	8.22	0.02	—	5.40	5.66
	30	0＋029	109.00	14.99	10.89	8.17	—	14.99	15.91
	31	0＋038.2	109.00	—	—	—	—	—	—
	32	0＋038.2	102.00	8.82	12.61	12.76	—	8.71	8.92
	33	0＋038.2	97.00	—	—	—	—	—	—

表 8.12　　底孔溢流坝面及边壁压力表　　单位：m 水柱

测点位置	编号	桩号	高程/m	Q=2110m³/s，$H_上$=125m（底孔单泄）	Q=3140m³/s，$H_上$=143.5m（底孔单泄）	Q=13449m³/s，$H_上$=144.56m（表底联泄）
底孔顶	1	0−000.5	115.26	8.06	23.48	26.25
	2	0+000.5	114.08	6.26	18.41	20.92
	3	0+002	113.24	3.67	12.18	13.82
	4	0+003.5	112.72	2.19	8.44	9.57
	5	0+004.8	112.43	2.43	8.52	9.61
	6	0+007.5	112.23	2.32	8.37	9.45
	7	0+014	111.28	1.84	—	6.09
	8	0+021	110.26	0.14	0.96	0.60
	9	0+029.5	109.03	−0.05	−0.54	−0.46
底孔边壁	10	0−001	105.00	13.70	24.77	25.59
	11	0+000	105.00	13.09	23.29	24.01
	12	0+001	105.00	12.42	21.85	22.57
	13	0+003.5	105.00	11.91	20.52	21.39
	14	0+005.2	105.00	11.45	19.14	20.11
	15	0+007	105.00	10.74	18.27	19.35
	16	0+008.5	105.00	10.12	16.79	17.61
	17	0+014	105.00	7.66	11.56	12.12
	18	0+019	104.87	5.59	6.72	7.08
	19	0+026.5	104.18	3.97	2.03	1.92
	20	0+030.5	103.57	4.33	2.89	2.89
	21	0+034.5	102.79	4.03	2.14	1.88
	22	0+038.5	101.82	4.28	2.49	2.23
	23	0+042.5	100.75	4.33	3.05	2.79
	24	0+046.5	99.67	4.23	3.56	3.41
	25	0+051.5	98.32	2.81	2.81	2.86
底孔中心	26	0−004.8	102.43	21.10	37.04	38.83
	27	0−004.4	102.86	19.54	34.92	35.38
	28	0−003.9	103.00	19.71	35.24	36.37
	29	0−002.5	103.00	19.76	35.24	36.37

续表

测点位置	编号	桩号	高程/m	$Q=2110m^3/s$，$H_上=125m$（底孔单泄）	$Q=3140m^3/s$，$H_上=143.5m$（底孔单泄）	$Q=13449m^3/s$，$H_上=144.56m$（表底联泄）
底孔中心	30	0－001	103.00	18.22	31.96	32.42
	31	0＋001	103.00	15.61	26.42	27.35
	32	0＋003.5	103.00	14.12	23.09	23.96
	33	0＋005.2	103.00	13.41	21.55	22.37
	34	0＋007	103.00	12.79	19.97	20.68
	35	0＋008.5	103.00	12.28	18.89	19.76
	36	0＋014	103.00	9.66	13.3	13.92
	37	0＋019	102.87	6.87	8.1	8.41
	38	0＋022.5	102.62	6.30	5.53	5.79
	39	0＋026.5	102.18	5.71	3.98	3.96
	40	0＋030.5	101.57	5.56	3.61	3.46
	41	0＋034.5	100.79	5.57	3.52	3.37
	42	0＋038.5	99.82	5.67	3.62	3.47
	43	0＋042.5	98.74	6.08	4.80	4.69
	44	0＋046.5	97.67	5.92	5.15	5.21
	45	0＋051.5	96.32	3.02	2.87	2.61

中心线布置 27 个压力测点，在消力池边坡、尾坎及海漫布置了 20 个测点。压力成果见表 8.13。试验成果表明，压力峰值均出现在消力池前半段，为 0＋085～0＋115 范围内，略滞后于水舌落点位置。总体而言，底板压力分布均匀，冲击压力不大，最大冲击压力出现在表孔单泄（$Q=9600m^3/s$）工况，其值为 8.27×9.81kPa，各工况下计算最大冲击动压见表 8.14。

其中动水冲击压力 ΔP 定义如下：

$$\Delta P = P - H_{下} \tag{8.3}$$

式中：ΔP 为某测点的动水冲击压力；P 为某测点的时均压力；$H_下$ 为下游水深。

4）脉动压力分布。在消力池底板、尾坎、护坦和消力池边墙分别布设了 14 个脉动压力测点，对四种试验工况（底孔单泄工况、表孔单泄工况、百年一遇工况及大坝设计工况）下各测点的脉动压力进行了测量分析，相关试验结果见表 8.15。

对实测脉动压力的统计分析表明：在消力池底板，3 号和 4 号脉动压力标准差最大，最大达 17.7kPa（$Q=9874m^3/s$，$H_下=84.96m$，表孔单泄，3 号测点），其后测点脉动幅值沿程降低；在消力池尾坎和护坦，脉动压力标准差随泄流量的增加未见明显增加；在

表 8.13　　消力池底板压力表　　单位：m 水柱

测点位置	编号	桩号	高程/m	$Q=2110m^3/s$，$H_{上}=125m$（底孔单泄）	$Q=3140m^3/s$，$H_{上}=143.5m$（底孔单泄）	$Q=4930m^3/s$，$H_{上}=143.5m$（表控底敞 20%）	$Q=8790m^3/s$，$H_{上}=143.5m$（表控底敞 2%）	$Q=9910m^3/s$，$H_{上}=143.5m$（表控底敞 1%）	$Q=9600m^3/s$，$H_{上}=143.5m$（表孔单泄）	$Q=12500m^3/s$，$H_{上}=143.5m$（表底联泄 0.2%）	$Q=13449m^3/s$，$H_{上}=144.56m$（表底联泄 0.02%）
泄洪中心	1	0+089	58.0	19.33	19.53	22.33	27.33	29.53	35.23	34.33	35.33
	2	0+096.93	58.0	22.23	19.33	23.43	24.23	24.53	27.73	30.13	30.53
	3	0+101.33	58.0	21.53	20.73	23.53	23.93	24.03	25.93	28.23	28.93
	4	0+106.13	58.0	20.53	22.73	22.83	24.43	24.83	26.23	27.23	28.93
	5	0+111.53	58.0	19.93	21.83	21.93	24.73	25.23	26.33	27.03	28.93
	6	0+116.43	58.0	19.73	20.63	21.23	24.83	25.33	26.53	26.43	28.33
	7	0+121.23	58.0	20.23	20.04	21.83	25.63	26.33	27.33	27.13	29.23
	8	0+126.13	58.0	19.93	18.93	21.33	25.53	26.23	27.53	26.43	28.33
	9	0+131.23	58.0	20.33	19.23	22.03	26.23	26.83	27.83	27.03	29.23
	10	0+136.23	58.0	20.63	19.63	22.43	26.53	27.23	28.23	27.73	29.43
	11	0+141.13	58.0	20.83	20.33	22.93	27.23	27.73	28.63	28.43	30.23
	12	0+151.13	58.0	21.23	20.93	23.83	27.53	28.23	29.03	29.33	30.83
	13	0+161.13	58.0	21.33	22.23	24.63	27.73	28.33	29.53	30.73	31.83
	14	0+171.23	58.0	21.63	23.13	25.23	28.03	28.83	29.73	32.23	32.33
底孔中心	15	0+096.93	58.0	24.53	19.03	23.13	23.93	25.03	26.23	28.73	29.53
	16	0+101.33	58.0	22.73	21.23	23.73	24.73	25.83	26.13	28.73	29.83
	17	0+106.13	58.0	19.53	24.93	23.73	24.33	25.43	25.73	27.93	29.03
	18	0+111.53	58.0	19.43	23.93	23.13	24.53	25.43	26.53	28.23	29.73
	19	0+116.43	58.0	18.83	19.53	21.53	24.23	25.03	26.33	27.53	29.23
	20	0+121.23	58.0	19.23	18.03	21.03	24.43	25.03	26.63	27.43	29.23
	21	0+126.13	58.0	19.73	18.04	21.13	24.83	25.33	27.03	27.73	29.33
	22	0+131.23	58.0	20.03	18.73	21.73	25.13	25.93	27.43	27.93	29.43
	23	0+136.23	58.0	20.33	18.93	22.03	26.23	26.43	27.23	28.43	29.73

续表

测点位置	编号	桩号	高程/m	$Q=2110m^3/s$，$H_上=125m$（底孔单泄）	$Q=3140m^3/s$，$H_上=143.5m$（底孔单泄）	$Q=4930m^3/s$，$H_上=143.5m$（表控底敞20%）	$Q=8790m^3/s$，$H_上=143.5m$（表控底敞2%）	$Q=9910m^3/s$，$H_上=143.5m$（表控底敞1%）	$Q=9600m^3/s$，$H_上=143.5m$（表孔单泄）	$Q=12500m^3/s$，$H_上=143.5m$（表底联泄0.2%）	$Q=13449m^3/s$，$H_上=144.56m$（表底联泄0.02%）
底孔中心	24	0+141.13	58.0	20.73	19.93	22.93	26.83	26.53	27.93	29.03	30.43
	25	0+151.13	58.0	21.13	21.43	24.33	27.53	28.13	28.33	30.23	31.33
	26	0+161.13	58.0	21.23	22.33	24.83	27.73	28.23	28.73	31.13	32.03
	27	0+171.23	58.0	21.53	23.23	25.43	28.03	28.73	29.43	32.43	33.33
左边坡	28	0+90	60	18.13	17.93	20.23	22.33	22.83	24.73	24.73	25.83
	29	0+90	68	10.23	10.03	12.33	15.83	16.63	17.53	18.03	19.23
	30	0+90	70	8.23	7.93	10.63	13.73	14.43	15.43	16.13	17.23
	31	0+90	80	—	—	1.33	4.33	5.13	5.93	6.73	7.53
	32	0+90	83	—	—	0.73	2.03	2.43	3.23	4.83	5.53
尾坎	33	0+180.5	60	20.23	23.03	24.43	26.53	27.73	29.23	31.93	34.33
	34	0+180.5	65	15.53	18.73	20.03	21.83	22.93	24.93	27.43	30.43
	35	0+180.5	69.5	10.95	13.33	14.83	17.53	18.53	19.93	22.03	24.83
	36	0+181.5	71.6	7.63	8.33	10.73	13.43	13.93	13.73	15.23	15.13
海漫	37	0+202.5	65.3	14.43	15.93	18.03	20.93	21.53	21.43	23.83	24.23
	38	0+202.5	65.3	14.33	15.93	18.03	20.93	22.03	21.73	23.83	24.23
	39	0+202.5	65.3	14.43	15.83	18.03	21.33	21.53	21.73	23.93	24.33
	40	0+209.5	65.3	14.63	16.13	17.93	21.53	22.03	21.53	24.03	24.33
	41	0+209.5	65.3	14.43	15.93	18.03	21.43	22.03	21.73	24.03	24.43
	42	0+209.5	65.3	14.43	15.93	18.03	21.43	22.03	21.73	23.93	24.43
右边坡	43	0+90	60	18.53	18.53	20.23	23.23	23.93	25.43	25.73	26.93
	44	0+90	68	10.13	9.83	12.43	15.83	16.43	17.53	18.73	19.03
	45	0+90	70	8.23	8.13	10.83	14.33	14.33	15.53	17.03	17.03
	46	0+90	80	—	—	1.63	5.03	5.33	6.73	7.73	7.93
	47	0+90	83	—	—	0.53	2.33	2.73	4.03	4.73	5.83

表 8.14　　各工况下底板、尾坎动水冲击压力成果表　　单位：m 水柱

测点位置	编号	桩号	高程/m	Q=3140m³/s，$H_上$=143.5m		Q=9600m³/s，$H_上$=143.5m		Q=12500m³/s，$H_上$=143.5m		Q=13449m³/s，$H_上$=144.56m	
				P	ΔP	P	ΔP	P	ΔP	P	ΔP
泄洪中心线	1	0+089	58	19.53	−2.28	35.23	8.27	34.33	5.60	35.33	6.15
	2	0+096.93	58	19.33	−2.48	27.73	0.77	30.13	1.40	30.53	1.35
	12	0+151.13	58	20.93	−0.88	29.03	2.07	29.33	0.60	30.83	1.65
	14	0+171.23	58	23.13	1.32	29.73	2.77	32.23	3.50	32.33	3.15
底孔中心线	15	0+096.93	58	19.03	−2.78	26.23	−0.73	28.73	0	29.53	0.35
	21	0+126.13	58	18.04	−3.77	27.03	0.07	27.73	−1.00	29.33	0.15
	25	0+151.13	58	21.43	−0.38	28.33	1.37	30.23	1.50	31.33	2.15
	27	0+171.23	58	23.23	1.42	29.43	1.58	32.43	3.70	33.33	4.15
尾坎	33	0+180.50	60	23.03	3.22	29.23	4.27	31.93	5.20	34.33	7.15
	34	0+180.50	65	18.73	3.92	24.93	4.97	27.43	5.70	30.43	8.25
	35	0+180.50	69.5	13.33	3.02	19.93	4.47	22.03	4.80	24.83	7.15
	36	0+180.50	71.6	8.33	0.12	13.73	0.37	15.23	0.10	15.13	0

表 8.15　　消力池底板、护坦及边坡脉动压力幅值特性表

试验工况	试验条件	测点	桩号	高程/m	σ/kPa	Fr_{max}/Hz	试验工况	试验条件	测点	桩号	高程/m	σ/kPa	Fr_{max}/Hz
底孔单泄	流量：3140m³/s；上游水位：143.5m；下游水位：79.81m	1	0+089	58	0.8	0.024	表孔单泄	流量：9600m³/s；上游水位：143.5m；下游水位：84.76m	1	0+089	58	7.4	0.049
		2	0+101.3	58	6.2	0.073			2	0+101.3	58	10.6	0.049
		3	0+121.2	58	14.6	0.024			3	0+121.2	58	17.7	0.024
		4	0+141.1	58	13.6	1.099			4	0+141.1	58	8.9	0.781
		5	0+161.1	58	8.9	1.367			5	0+161.1	58	4.6	0.024
		6	0+180.5	69.5	5.4	0.122			6	0+180.5	69.5	4.4	0.024
		7	0+204.5	65.3	1.4	0.586			7	0+204.5	65.3	1.1	0.073
		8	0+072	64.2	1.6	0.122			8	0+072	64.2	28.0	0.049
		9	0+072	62	5.9	0.122			9	0+072	62	77.2	0.049
		10	0+075	62	3.2	0.439			10	0+075	62	34.6	0.049
		11	0+078	62	6.6	0.513			11	0+078	62	37.5	0.049
		12	0+115.0	62	18.6	0.024			12	0+115.0	62	35.6	1.733
		13	0+136.5	67	9.6	0.488			13	0+136.5	67	11.9	0.977
		14	0+161.1	67	2.0	0.122			14	0+161.1	67	3.2	0.049

续表

试验工况	试验条件	测点	桩号	高程/m	σ/kPa	Fr_{max}/Hz	试验工况	试验条件	测点	桩号	高程/m	σ/kPa	Fr_{max}/Hz
百年一遇工况	流量：9910m³/s；上游水位：143.5m；下游水位：85.15m	1	0+089	58	2.4	0.097	大坝设计工况	流量：12500m³/s；上游水位：143.5m；下游水位：86.73m	1	0+089	58	6.6	0.146
		2	0+101.3	58	5.2	0.024			2	0+101.3	58	7.4	3.467
		3	0+121.2	58	12.9	0.024			3	0+121.2	58	16.1	4.224
		4	0+141.1	58	4.6	0.439			4	0+141.1	58	7.2	1.611
		5	0+161.1	58	7.4	0.122			5	0+161.1	58	6.5	0.562
		6	0+180.5	69.5	7.8	0.537			6	0+180.5	69.5	8.0	0.610
		7	0+204.5	65.3	2.0	0.513			7	0+204.5	65.3	1.9	0.928
		8	0+072	64.2	6.0	0.049			8	0+072	64.2	6.2	0.024
		9	0+072	62	44.5	0.024			9	0+072	62	48.3	0.073
		10	0+075	62	21.2	0.464			10	0+075	62	22.7	0.146
		11	0+078	62	38.2	0.098			11	0+078	62	43.7	0.146
		12	0+115.0	62	24.9	0.098			12	0+115.0	62	28.5	0.586
		13	0+136.5	67	14.7	0.659			13	0+136.5	67	16.1	1.318
		14	0+161.1	67	2.7	0.195			14	0+161.1	67	3.0	0.269

消力池边墙，脉动压力幅值基本沿程降低，以表孔单泄工况时 9 号脉动测点压力最大，达 77.2kPa。

对脉动压力的功率谱分析表明，消力池底板及边墙的动水压力脉动能量分布在 10Hz 以下，主频在 5Hz 以下。

（4）流速分布。为了解消力池的消能效果及消力池后河床的沿程流速分布，在消力池尾坎及下游河床共布置 7 个测流断面：0+181.5、0+213.5、0+263.5、0+313.5、0+413.5、0+513.5、0+613.5（为叙述方便，依次称为 1～7 号）。流速测量成果见表 8.16。

试验成果表明，1～7 号各断面流速随着流量的增大而增大，各测流断面左岸流速最大，其次是中部流速和右岸流速，断面测点流速分布基本呈“面大底小”状。在 $Q=12747m^3/s$，$H_{下}=86.73m$ 时，在 2 号测流断面，其左岸近岸流速 $V_{表}=5.17m/s$，$V_{中}=2.91m/s$，$V_{底}=2.80m/s$，测点垂线平均流速 $V_{平均}=3.63m/s$；中间测点流速 $V_{表}=11.36m/s$，$V_{中}=7.24m/s$，$V_{底}=4.97m/s$，测点垂线平均流速 $V_{平均}=7.86m/s$；右岸近岸流速 $V_{表}=7.33m/s$，$V_{中}=5.57m/s$，$V_{底}=3.85m/s$，测点的垂线平均流速 $V_{平均}=5.58m/s$；在 5 号测流断面，其左岸近岸流速 $V_{表}=5.93m/s$，$V_{中}=5.87m/s$，$V_{底}=4.53m/s$，垂线平均流速 $V_{平均}=5.44m/s$，中间测点流速 $V_{表}=5.45m/s$，$V_{中}=4.21m/s$，$V_{底}=3.72m/s$，垂线平均流速 $V_{平均}=4.46m/s$，右岸近岸流速 $V_{表}=4.82m/s$，$V_{中}=5.18m/s$，$V_{底}=4.65m/s$，垂线平均流速 $V_{平均}=4.88m/s$。各工况详细流速成果可参见相应的图表。

（5）下游冲刷。模型动床中铺设白麻石的中值粒径由式（8.4）计算所得：

$$V=K\sqrt{\frac{\gamma'-\gamma}{\gamma}2gd} \tag{8.4}$$

表 8.16 流速分布表

单位：m/s

测点桩号	测点位置	$Q=9910m^3/s$，$H_下=85.15m$				$Q=9600m^3/s$，$H_下=84.96m$				$Q=12500m^3/s$，$H_下=86.75m$				$Q=13449m^3/s$，$H_下=87.18m$			
		表	中	底	平均	表	中	底	平均	表	中	底	平均	表	中	底	平均
0+181.5 尾坎顶	左	5.30	2.28	1.15	2.91	2.94	2.08	1.13	2.05	6.77	4.13	2.99	4.63	6.54	2.78	1.52	3.61
	中	10.01	8.90	8.16	9.02	7.37	6.88	6.07	6.77	8.07	9.05	8.99	8.70	9.88	11.25	11.41	10.85
	右	6.16	2.97	2.46	3.86	4.44	4.25	3.32	4.00	6.20	3.48	2.26	3.98	5.92	2.97	2.36	3.75
0+181.5 尾坎槽	左	5.67	1.85	1.60	3.04	6.04	1.39	1.49	2.97	7.76	6.79	2.55	5.70	7.79	2.57	2.07	4.14
	中	10.74	8.30	6.03	8.36	8.00	7.21	2.61	7.61	7.50	5.82	6.09	6.47	9.74	8.77	8.10	8.87
	右	6.18	1.74	0.78	2.90	5.87	3.04	1.14	3.35	7.63	2.29	1.78	3.90	6.69	1.92	1.60	3.40
0+213.5	左	5.38	1.69	1.23	2.77	5.86	2.83	1.58	3.42	5.17	2.91	2.80	3.63	5.33	4.33	2.62	4.09
	中	10.85	5.05	3.70	6.53	8.14	4.29	3.24	5.22	11.36	7.24	4.97	7.86	11.85	6.19	3.75	7.26
	右	6.69	4.45	4.55	5.23	6.00	5.40	4.64	5.35	7.33	5.57	3.85	5.58	7.36	4.71	3.37	5.15
	电厂左	0.72	0.95	0.99	0.89	0.92	0.91	0.89	0.91	0.89	0.80	0.86	0.85	1.05	1.11	1.27	1.14
	电厂右	—	—	—	−0.40	—	—	—	−0.32	—	—	—	−0.32	—	—	—	−0.46
0+263.5	左	6.10	4.41	3.77	4.76	5.99	5.06	4.65	5.23	7.25	4.92	5.41	5.86	9.27	6.44	6.39	7.37
	中	8.30	3.58	2.69	4.86	6.34	3.86	2.22	4.14	9.45	4.77	3.28	5.83	9.55	4.67	3.29	5.84
	右	6.79	4.36	4.10	5.08	6.27	4.35	4.19	4.94	8.09	5.38	4.39	5.95	7.36	4.39	2.97	4.91
	电厂左	2.26	3.24	2.45	2.65	1.41	2.15	2.04	1.87	2.08	1.68	1.66	1.81	1.92	1.31	0.59	1.27
	电厂右	—	—	—	−1.75	—	—	—	−0.63	—	—	—	−1.23	—	—	—	−1.86
0+313.5	左	6.17	5.29	4.97	5.48	5.39	5.11	5.6	5.37	6.85	6.81	6.4	6.69	8.49	8.06	7.96	8.17
	中	6.13	3.93	2.35	4.14	5.43	4.11	3.51	4.35	7.16	4.63	2.95	4.91	7.38	3.85	2.48	4.57
	右	5.99	4.13	3.12	4.41	5.50	3.63	1.98	3.7	6.63	5.26	3.64	5.18	6.43	4.40	3.42	4.75
	堤头	4.19	4.29	2.78	3.75	3.14	3.12	1.49	2.58	4.77	4.4	4.63	4.6	4.43	3.96	2.81	3.73

续表

测点桩号	测点位置	$Q=9910m^3/s$，$H_下=85.15m$				$Q=9600m^3/s$，$H_下=84.96m$				$Q=12500m^3/s$，$H_下=86.75m$				$Q=13449m^3/s$，$H_下=87.18m$			
		表	中	底	平均	表	中	底	平均	表	中	底	平均	表	中	底	平均
0+413.5	左	6.24	6.24	6.26	6.25	6.29	6.61	6.24	6.38	5.93	5.87	4.53	5.44	5.89	6.48	3.74	4.03
	中	5.45	5.38	4.66	5.16	5.72	5.29	4.70	5.24	5.45	4.21	3.72	4.46	5.13	3.85	3.64	4.21
	右	5.31	5.19	4.53	5.01	4.97	5.27	4.76	5.00	4.82	5.18	4.65	4.88	4.36	3.96	2.97	3.76
0+513.5	左	7.39	7.58	6.54	7.17	5.85	6.79	6.61	6.42	6.99	7.3	6.97	7.09	8.00	7.43	6.49	7.31
	中	6.20	6.72	6.64	6.52	6.37	6.37	5.73	6.16	6.59	6.13	5.68	6.13	6.43	6.5	7.06	6.66
	右	7.29	7.13	7.07	7.16	6.28	6.64	6.35	6.42	7.33	7.18	7.36	7.29	5.94	6.35	6.71	6.33
0+613.5	左	6.99	—	6.38	6.69	6.29	—	6.68	6.48	7.71	—	7.56	7.64	9.00	—	8.14	8.57
	中	6.25	6.62	5.55	6.14	6.17	5.29	5.38	5.78	6.96	6.76	6.66	6.79	7.01	—	6.73	6.87
	右	5.21	—	4.88	5.05	5.48	—	5.27	5.37	6.29	—	5.82	6.05	5.84	—	6.58	6.21
0+181.5 尾坎顶	左	0.87	—	0.70	0.79	2.07	—	0.86	1.47	1.62	—	1.83	1.72	4.39	1.53	1.37	2.43
	中	3.23	—	3.40	3.32	3.58	—	2.34	2.96	4.16	—	4.16	4.16	9.28	8.27	6.83	8.13
	右	0.57	—	0.77	0.67	0.88	—	1.08	0.98	2.40	—	2.06	2.23	5.27	1.29	1.40	2.65
0+181.5 尾坎槽	左	1.34	0.61	0.52	0.82	1.91	0.76	0.57	1.08	2.06	2.62	2.19	2.29	3.33	1.36	1.41	2.03
	中	3.30	4.28	3.72	3.77	4.03	5.55	6.34	5.31	3.86	3.35	3.66	3.62	10.48	8.77	5.81	8.35
	右	1.39	0.66	0.57	0.87	1.96	1.38	0.87	1.40	2.73	1.94	2.19	2.29	5.27	1.29	1.40	2.65
0+213.5	左	1.33	0.77	0.73	0.94	3.29	1.09	1.11	1.83	3.62	1.65	1.46	2.24	5.31	1.98	0.81	2.70
	中	3.12	2.07	1.12	2.10	4.04	2.68	1.20	2.64	4.09	3.26	1.99	3.11	9.63	5.68	4.10	6.47
	右	1.05	0.94	0.63	0.87	1.87	1.33	1.28	1.49	3.07	2.40	2.07	2.51	5.49	4.09	4.13	4.57
	电厂左	0.79	—	0.71	0.75	0.73	—	0.76	0.74	0.84	—	0.78	0.81	1.48	1.47	1.29	1.41
	电厂右	0.59	—	0.41	0.50	—	—	—	−0.54	—	—	—	−0.32	—	—	—	−0.36

续表

测点桩号	测点位置	$Q=9910m^3/s$, $H_下=85.15m$				$Q=9600m^3/s$, $H_下=84.96m$				$Q=12500m^3/s$, $H_下=86.75m$				$Q=13449m^3/s$, $H_下=87.18m$			
		表	中	底	平均	表	中	底	平均	表	中	底	平均	表	中	底	平均
0+263.5	左	1.32	1.47	1.36	1.38	2.07	1.80	2.04	1.97	3.31	2.52	2.16	2.66	4.94	3.15	3.26	3.78
	中	2.49	1.76	1.30	1.85	2.94	2.11	1.70	2.25	3.77	2.68	2.11	2.85	6.84	3.83	2.24	4.30
	右	1.75	1.33	0.95	1.34	1.77	1.47	1.21	1.48	3.05	2.51	2.33	2.63	6.48	3.82	3.88	4.73
	电厂左	0.83	—	0.64	0.74	1.29	—	0.82	1.05	1.16	—	0.91	1.03	2.46	3.00	2.55	2.67
	电厂右	0.44	—	0.38	0.41	—	—	—	−0.44	—	—	—	−0.34	—	—	—	−1.91
0+313.5	左	2.05	1.81	1.81	1.89	2.20	1.88	2.54	2.21	3.30	2.75	2.67	2.91	4.69	4.42	4.16	4.42
	中	2.06	1.83	1.62	1.84	3.02	2.31	2.16	2.49	3.42	2.62	2.62	2.89	5.43	3.60	2.00	3.67
	右	1.97	1.82	1.65	1.81	1.80	1.91	1.73	1.81	3.12	2.87	2.36	2.78	4.87	4.27	2.90	4.01
	堤头	1.46	—	1.32	1.39	1.53	—	1.52	1.53	2.38	—	1.56	1.97	4.67	4.12	3.44	4.08
0+413.5	左	3.15	—	2.96	3.05	3.84	—	3.58	3.71	4.46	—	4.15	4.31	5.83	6.43	6.40	6.22
	中	3.10	—	2.57	2.84	3.55	—	3.00	3.28	4.42	—	4.00	4.21	5.20	5.05	4.73	4.99
	右	2.47	—	2.22	2.35	2.76	—	2.39	2.57	3.64	—	3.19	3.41	4.77	5.21	4.88	4.95
0+513.5	左	3.39	—	2.22	2.80	4.02	—	3.54	3.78	4.84	—	4.97	4.90	6.62	6.46	6.23	6.44
	中	3.67	—	2.67	3.17	4.05	—	3.35	3.70	5.11	—	4.53	4.82	6.10	6.17	5.47	5.91
	右	3.62	—	2.92	3.27	3.96	—	2.83	3.39	5.21	—	4.78	5.00	6.26	6.60	6.44	6.43
0+613.5	左	3.64	—	3.39	3.52	3.76	—	3.81	3.78	4.75	—	4.93	4.84	6.85	—	6.45	6.65
	中	3.53	—	2.89	3.21	4.09	—	3.39	3.74	4.91	—	3.78	4.38	6.14	5.87	5.2	5.73
	右	2.90	—	2.76	2.83	3.47	—	3.18	3.32	4.45	—	4.33	4.39	5.81	—	5.74	5.78

式中：V 为抗冲流速，m/s；K 为冲刷系数（取 $K=1.2$）；γ'为白麻石的比重（$\gamma'=2.5\text{kN/m}^3$）；γ 为水的比重（$\gamma=1.0\text{kN/m}^3$）；g 为当地重力加速度，$g=9.81\text{m/s}^2$；d 为白麻石的中值粒径，m。

基岩抗冲流速为 3.5m/s，模型动床根据上式计算采用中值粒径为 3mm 的白麻石，护坦后 500m 范围河床作为动床，其铺沙高程为 65m，冲刷历时为 3h，相当于原型洪峰历时 30h。

模型试验研究成果见表 8.17。试验成果表明：在各泄洪工况下（底孔单泄除外，下游基本不冲），在接近护坦处，河床左右两边均形成冲坑，冲坑形状基本一致，呈马鞍状，中部则略有淤积；另在左岸护固段的下游河床，也形成一个冲坑，冲坑范围较大；在电站导墙末端，有动床沙淤积，淤积范围较小，电站尾水渠处未见淤积。在 $Q=10184\text{m}^3/\text{s}$（含电站过流 $274\text{m}^3/\text{s}$），$H_{下}=85.15\text{m}$ 时，护坦尾段左侧冲深为 2.5m，最深点距护坦约为 5.0m，其后坡比为 1∶2.0，右侧冲深为 9.1m，最深点距护坦为 13m，后坡比为 1∶1.43；左岸护固段末冲坑深为 9.7m，最深点距左岸护底末端 131m，后坡比为 1∶13.5；电厂导墙末端淤积体高 76m。

表 8.17　　下游冲淤特征值表

工况	冲坑最深点位置	距海漫末端/m	最深点高程/m	冲深/m	后坡比	电站口门区冲淤情况
0.02%	0+227.5（5号表孔下）	14.0	56.3	9.0	1∶1.56	堆丘高程 76m，距导流堤头 60m 处 回流区域：0+255～0+265
	0+227.5（3号表孔下）	14.0	59.3	6.0	1∶2.33	
	0+387.5（1号表孔下）	169.0	48.8	16.5	1∶10.2	
0.2%	0+231.5（5号表孔下）	18.0	55.3	10.0	1∶1.80	堆丘高程 76m，最高点桩号 0+276.5 回流区域：0+258～0+280
	0+221.5（3号表孔下）	8.0	61.8	3.5	1∶2.29	
	0+366.5（1号表孔下）	153.0	50.1	15.2	1∶10.0	
1%	0+226.5（5号表孔下）	13.0	56.2	9.1	1∶1.43	堆丘高程 77.6m，最高点桩号 0+268.5 无回流
	0+218.5（3号表孔下）	5.0	62.8	2.5	1∶2.0	
	0+344.5（1号表孔下）	131.0	55.6	9.7	1∶13.5	
2%	0+228.5（5号表孔下）	15.0	58.0	7.3	1∶2.05	堆丘高程 76m，最高点桩号 0+278.5 无回流
	0+218.5（3号表孔下）	5.0	62.7	2.6	1∶1.92	
	0+329.5（1号表孔下）	116.0	60.5	4.8	1∶24.2	
20%	0+218.5（5号表孔下）	5.0	64.0	1.3	1∶3.84	无堆丘
	0+219.5（3号表孔下）	6.0	64.0	1.3	1∶4.62	
	左岸护底末端	无冲刷				
表孔单泄	0+231.5（5号表孔下）	18.0	57.8	7.5	1∶2.40	堆丘高程 76.5，最高点桩号 0+273.5 回流：0+253.5～0+293.5
	0+219.5（3号表孔下）	6.0	63.3	2.0	1∶3.0	
	左岸护底末端	118.0	59.2	6.1	1∶19.3	
底孔单泄	0+217.0（5号表孔下）	3.5	64.7	0.5	1∶7.0	无堆丘
	0+219.5（3号表孔下）	6.0	64.0	1.3	1∶4.62	
	左岸护底末端	无冲刷				
防限水位			下游无冲刷			

8.4.2.4　调度试验

泄洪调度指在防洪限制水位 125m 至正常蓄水位 140m 范围内枢纽下泄中小流量情况下表、底孔启闭的孔数、顺序和开度等。考虑到枢纽下游消能防冲的设计标准（$P=1\%$，$H_{上}=143.5$m，$Q=9910\text{m}^3/\text{s}$）所对应的上、下游水头差、泄洪功率、单宽流量和入池弗氏数等水力指标均高于泄洪调度时相应的水力指标，所以泄洪调度试验仅观测在 $H_{上}=140$m 时中小流量下消力池内、外流态，并以此作为指标研究中、小流量下闸门启闭的孔数、顺序、开度等较优组合，以满足工程防洪和下游消能防冲及闸门操作方便、迅捷的要求。当 $H_{上}<140$m 时，同样遵循 $H_{上}=140$m 时的泄洪调度原则。

1. 底孔单独泄流

（1）$H_{上}=140$m 底孔单独泄洪时的最大泄量为 $3140\text{m}^3/\text{s}$，相应的下游水位 $H_{下}=79.5$m，即使计及电站满发时引用流量 $274\text{m}^3/\text{s}$，其相应的下游水位为 $H_{下}=79.81$m，而底孔关闭时其底缘高程为 101.06m，即表明在底孔单泄（此时弧门开启）任何流量下均不会发生水跃漩滚撞击弧门底缘情况。

（2）$H_{上}=140$m 底孔敞泄并计及电站满发引用流量 $274\text{m}^3/\text{s}$ 时，消力池内未出现回复底流流态。

（3）$H_{上}=140$m 四底孔均匀泄洪时（为安全考虑，不计及电站流量），未出现水跃远驱现象，消力池内水跃完整，掺气消能充分，出池水流与下游衔接较好，即表明在设计的消力池形式下，四底孔均匀开启的泄量与下游水位是相适应的，保证在四底孔均匀开启的任何工况下，水跃均发生在消力池内，为适宜开启工况。

（4）$H_{上}=140$m 底孔均匀开启三孔（1 号+2 号+4 号或 1 号+3 号+4 号）时，消力池内无明显回流，水跃在消力池内，漩滚完整，掺气较充分，消能较好，与下游水力衔接平顺，因此为适宜开启工况；$H_{上}=140$m 底孔单独均匀开启三孔（1 号+2 号+3 号或 2 号+3 号+4 号）时，因过流宽度小于实际出流宽度，出流集中于消力池一侧，在消力池另一侧产生回流，进而挤压主流造成主流集中，消力池内水跃漩滚不完整，与下游水力衔接较差，因此为不宜开启工况。

（5）$H_{上}=140$m 底孔均匀开启两孔（1 号+3 号或 2 号+4 号、2 号+3 号）时，消力池内水跃完整，消能充分，未见明显回流，出池水流与下游水力衔接平顺，因此为适宜开启工况；在底孔单独均匀开启两孔（1 号+2 号或 3 号+4 号、1 号+4 号）时，即集中开启一侧底孔边或开启两个边底孔时，消力池内形成明显回流，池内水跃不完整，在尾坎后形成二级水跃，因此为不宜开启工况。

（6）$H_{上}=140$m 底孔开启一孔泄流时，均在消力池内产生强度不一的明显回流，因此为不宜开启工况。

2. 表孔单独泄流

（1）$H_{上}=140$m 表孔均匀开启五孔时，计及或不计及电站满发引用流量时，均未出现远驱水跃或回复底流的流态，消力池内水跃完整，漩滚强烈，掺气明显，消能较充分，出池水流与下游衔接平顺，因此为适宜开启工况。

（2）$H_{上}=140$m 表孔均匀开启四孔（1 号+2 号+3 号+5 号或 1 号+3 号+4 号+5 号、1 号+2 号+4 号+5 号）时，消力池内未见明显回流，水跃完整，掺气充分消能较好，出池水流与下游衔接平顺，因此为适宜开启工况；$H_{上}$=140m 表孔均匀开启四孔（1号+2号+3号+4号或2号+3号+4号+5号）时，消力池内形成明显回流，在尾坎后产生二级水跃，因此为不宜开启工况。

（3）$H_{上}$=140m 表孔均匀开启三孔（1号+2号+4号、1号+3号+4号、1号+3号+5号和2号+3号+4号）时，消力池内水跃发展完整，消能较充分，出池水流与下游衔接较好，因此为适宜开启工况；在其他开启组合（1号+2号+3号、1号+2号+5号）时，消力池内形成明显回流，可能会磨蚀池底板，因此为不宜开启工况。

（4）$H_{上}$=140m 表孔均匀开启两孔或一孔时，均在消力池内产生强度不一的明显回流，因此为不宜开启工况。

3. 表底联泄

上述表、底孔单独泄流的适宜开启组合同样适合于表底联合泄流，但应根据表底联泄的泄流能力曲线，确定各闸门开度，以满足枢纽泄洪的要求。

8.4.2.5 结论及建议

（1）在大坝设计库水位143.5m和校核库水位144.56m时，设计泄量分别为12500m^3/s和13450m^3/s，模型试验值分别为13043m^3/s和14060m^3/s，模型值较设计值分别大4.3%和4.5%，枢纽泄流能力可以满足要求。

（2）在各种试验工况下，表、中孔堰面段无明显的压力峰值点，压力分布基本正常，堰面体型基本合理，但因整体模型比尺较小其体型问题仅供参考。在消力池泄洪消能设计工况（Q=9910m^3/s，$H_{下}$=85.15m）时，消力池底板最大冲击压力为82.7kPa，各级工况下，消力池底板冲击压力均小于15×9.81kPa。

（3）在各种试验工况下，护坦末端河床形成两个冲坑，呈马鞍状，中部略有淤积，左岸山体护固段也形成冲刷，冲坑较大，在电站导墙末端略有淤积，电站尾水渠沿程则均无淤积。在Q=10184m^3/s，$H_{下}$=85.15m时，在5号表孔下0+228.5处，冲刷坑深度为9.1m，其到护坦末端的后坡比为1∶1.46，在3号表孔下0+218.5处，冲刷坑深度为2.5m，其到护坦末端的后坡比为1∶2.0，在1号表孔下护固段0+329.5处，冲刷坑深度为9.7m，其到护坦末端的后坡比为1∶13.5，在电站导墙处形成淤积，淤积点高程为77.6m。

（4）调度试验表明，底孔适宜开启的方式依次为：四孔均匀开启、三孔均匀开启（1号+2号+4号）、两孔均匀开启（1号+3号、2号+3号），其他工况不宜开启；表孔适宜开启的方式依次为：五孔均匀开启、四孔均匀开启（1号+2号+3号+5号、1号+2号+4号+5号）、三孔均匀开启（1号+2号+4号、1号+3号+4号、1号+3号+5号和2号+3号+4号），其他工况不宜开启；表、底孔单独泄流的适宜开启组合也适合于表底联合泄流，但应根据表底联泄的泄流能力曲线，确定各闸门开度，以满足枢纽泄洪的要求；若泄流过程中出现闸门振动现象，应及时调整闸门开度，关闭闸门则反之。

9 工程运行管理与安全监测

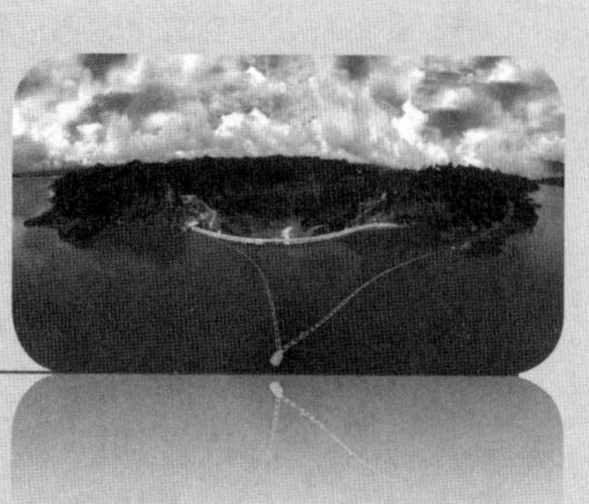

9.1 工程运行管理

2007年10月25日，皂市水利枢纽工程正式下闸蓄水，2008年4月23日、5月3日两台机组相继投入商业运营，自蓄水发电至今，运行10余年以来，工程已发挥出巨大的社会、经济与生态效益，积累了丰富的运行管理经验。

9.1.1 防洪调度经验与效益

皂市水利枢纽工程主要任务为防洪，兼顾发电、灌溉和航运等综合利用，工程以防洪为第一要务。

1. 调度规程

皂市工程蓄水发电运行后，工程运行管理单位根据规程规范要求编制了《皂市水库调度规程》，同时严格按照湖南省防汛办、湖南省电力调度中心的要求，编制水库年度调度和控制运用方案，并严格按照方案运行。每年对每场洪水都进行总结分析，对年度调度工作开展总结，并及时上报资料，年末按照水文规范要求，对当年水文资料进行整编和归档处理，完善调度规程。

经过10余年的调度运行，运行管理单位不断总结完善《皂市水库调度规程》。2016年6月，湖南省水利厅于对《湖南省皂市水利枢纽工程水库调度规程》给予了批复。

2. 防洪经验

澧水及其重要一级支流渫水、溇水的上游为我国著名的长江中游五峰、鹤峰暴雨中心，上游山高坡陡、谷深流急、汇流迅猛，中下游为松澧平原和西洞庭湖圩垸，流域灾害性天气频繁，防洪问题十分突出，其中1935年澧水全流域性特大洪水的灾害尤为惨烈。

皂市水利枢纽工程因其特殊地理位置，在澧水流域具有十分突出的防洪作用，建设皂市工程是党和国家的英明决策，是重大民生诉求和福祉，调度运行好皂市工程更能体现出当代水利人的智慧。

自工程蓄水运行以来，截至2020年12月31日已安全度过了14个汛期，通过联合科学调度，发挥了巨大的防洪作用。如2008年、2010年、2011年等年度，澧水干流均发生了超警戒水位洪水，但通过江垭、皂市水库的错峰削峰调峰调度，特别是皂市工程的防汛削峰、拦洪调度，极大地减轻了下游的防洪压力，避免和减少了洪涝灾害损失。

3. 防洪效益

据初步统计，通过已建成的江垭、皂市水库的联合调度，澧水流域中下游地区年均减少洪灾损失超过8亿元。尤以2010年“7·10”洪水和2011年“6·18”洪水效益最为显著。

典型年1：在2010年7月10日洪水中，皂市库区平均降雨量达271mm，江垭水库出现4710m^3/s的最大洪峰，皂市水库出现3286m^3/s的最大洪峰。在此次洪水过程中，通过江垭、皂市水库的联合调度，为澧水干流主要控制站石门站削峰7600m^3/s，拦蓄洪水10.57亿m^3。若无江垭和皂市水库的拦洪削峰，石门站将出现18800m^3/s的洪水，接近1998年大洪水19000m^3/s的洪峰流量，通过两库联合调度基本避免了与1998年类似的大水造成的损失。根据皂市初步设计关于1998年澧水流域松澧地区的洪灾统计，按规范规定的每年3%递增折算到2010年，两库联合调度减少洪灾损失40亿元以上。

典型年2：在2011年“6·18”洪水中，皂市库区2日平均降雨量达187.7mm，皂市水库出现自1952年有实测资料以来最大洪水，洪峰流量达8623m^3/s，重现期约为50年一遇。皂市水库充分利用防洪库容调蓄洪水，仅以2000m^3/s的流量短暂泄洪；同期，江垭库区2日平均降雨量达187.7mm，江垭水库出现5075m^3/s的入库洪峰，全程保持发电流量下泄，洪水资源利用率达100%；两库联合运行、科学调控，削减石门站洪峰流量9300m^3/s，降低石门站洪峰水位4.3m。若无两库联合调度削峰，石门站水位将达到61.64m，接近1998年大水水位62.66m。根据皂市初步设计关于1998年澧水流域松澧地区的洪灾统计，按规范规定的每年3%递增折算到2011年，两库联合调度减少洪灾损失30亿元以上。

自工程蓄水运行以来，截至2020年12月31日，皂市水库下闸蓄水后历年最大洪水情况见表9.1，皂市水利枢纽工程投运以来防洪抗旱效益估算见表9.2。

表9.1 皂市水库下闸蓄水后历年最大洪水情况表（截至2020年12月31日）

洪水号	洪峰/(m^3/s)	拦洪量/亿m^3	降低三江口水位/m
20080830	4321	2.3000	0.86
20090630	3842	2.9400	0.77
20100710	3286	4.4993	0.66
20110618	8623	3.6700	1.72
20120718	2813	0.7295	0.56
20130606	5011	1.8882	1
20141029	3269	2.3376	0.65
20150617	2769	0.8027	0.55
20160620	4222	2.679	0.83
20170612	1432	1.4675	0.6
20180926	1948	2.0221	1.98

续表

洪 水 号	洪峰/(m^3/s)	拦洪量/亿 m^3	降低三江口水位/m
20190621	1688	2.6791	1.53
20200702	5313	2.3196	2.76

注 三江口安全泄量 12000m^3/s。

表 9.2 **皂市水利枢纽工程投运以来防洪抗旱效益估算表** 单位：亿元

年 份	防洪效益	抗旱效益	备 注
2008	3	0.3	据皂市初步设计 1998 年的澧水流域松澧地区洪灾统计，按规范规定的每年 3%递增折算
2009	3	0.3	
2010	10	0.2	
2011	10	0.2	
2012	4	0.2	
2013	5	0.2	
2014	5	0.2	
2015	4	0.3	
2016	10	0.3	
2017	3	0.3	
2018	3	0.2	
2019	3	0.2	
2020	10	0.3	
合计	73	3.2	

9.1.2 电站调度经验与效益

1. 电站调度

为规范电站综合管理、安全生产及技术管理等工作，电站制定了较为完善的制度体系，共制定了 174 项工程运行管理制度和规程，其中：综合管理制度 13 项、安全管理制度 37 项、水工管理制度 12 项、运行检修管理制度 32 项、水工规程 13 项、运行操作规程 12 项、检修规程 55 项，各项制度得到较好的落实，获得国家能源局颁发的“电力安全生产标准化二级企业”证书，多年被湖南省电力公司调度通信局评定为水库调度先进单位，电站运行管理达到先进水平。

皂市水库历年调度运行情况统计见表 9.3。

表 9.3 **皂市水库历年调度运行情况统计表（截至 2016 年 12 月 31 日）**

年份	年最高库水位/m	年最低库水位/m	年平均库水位/m	年入库水量/亿 m^3	年出库水量/亿 m^3	年平均入库流量/(m^3/s)	年发电耗水量/亿 m^3	年弃水量/亿 m^3	年发电量/(亿 kW·h)
2008	130.38	101.65	116.92	31.9972	28.0820	101.5	24.2634	3.8186	2.7397
2009	126.22	113.49	119.62	23.6100	20.638	74.7	20.6380	0	2.2792

续表

年份	年最高库水位/m	年最低库水位/m	年平均库水位/m	年入库水量/亿 m^3	年出库水量/亿 m^3	年平均入库流量/(m^3/s)	年发电耗水量/亿 m^3	年弃水量/亿 m^3	年发电量/(亿 kW·h)
2010	131.32	112.74	121.19	28.1071	27.7093	89.1	22.1358	0.3922	2.5354
2011	133.96	112.72	121.63	20.4617	17.8335	64.9	13.7643	0.1883	1.5929
2012	138.27	111.91	126.56	28.5916	29.5400	90.4	22.8791	1.8424	2.9125
2013	137.43	120.11	125.68	24.2605	24.6702	76.9	20.2361	0.3249	2.4428
2014	137.01	121.08	127.79	27.1866	25.3372	86.2	21.5181	0	2.7737
2015	133.38	119.77	127.76	25.5387	25.6010	81.0	21.9362	0.4868	2.7180
2016	131.91	115.08	126.61	34.9016	34.1722	110.4	26.8501	3.4196	3.2239
多年平均值	133.69	115.86	124.61	26.5822	25.6877	84.2	21.2447	0.8318	2.5598

注 2008年为投产年，数据未纳入多年平均统计。

电站采用少人值守、无人值班模式进行规范化管理，设备自动化程度达到国内先进水平，运行值班人员在中控室进行一键开停机操作，全站各类设备信号全部可靠送入监控系统，值班人员可以足不出中控室便能掌握全站设备运行情况。电站管理人员可通过电力生产管理系统掌握员工运行值班和工作情况，大大提高了信息传递效率。

2. 发电效益

皂市水电站承担湖南电网湘西北地区系统调峰任务，对改善电网运行条件、提高电能质量起到了一定作用，至2017年8月底累计发电量为25.42亿kW·h，发电收入8.88亿元，上缴税收1.49亿元，在保证防洪效益的前提下充分发挥发电效益，为地区经济社会发展作出了贡献。

9.1.3 生态效益

皂市工程建成运行以来，库区已形成新的水生态环境，湿地环境显现，下游地区生态基流有保障，生态环境持续向好。

1. 抗旱效益

皂市水库建成后，通过防洪对石门、澧县、津市及松澧地区的生态进行了有效的保护，同时发挥了较好的抗旱减灾作用。如：2013年6—8月，澧水流域出现严重干旱，皂市水库按照湖南省防汛抗旱指挥部办公室的调度指令，加大出库流量，为澧水干流下游地区提供农业、工业和居民生活用水1.9亿 m^3。在经常发生的春旱、伏旱过程中，皂市水库服从省防汛抗旱指挥部的调度，降低运行库水位，加大出库流量，保证下游抗旱，有力地支持了下游常德地区人民的抗旱工作，年均减少旱灾损失0.4亿元以上。

2. 水土保持

皂市工程实施了护坡工程、拦挡工程、排水措施、施工迹地恢复、植被恢复等措施，水土保持治理工程共完成土石方开挖1.87万 m^3、土石方回填62.06万 m^3（借用工程开挖弃方）、表土剥离0.54万 m^3、混凝土1.25万 m^3、浆砌石0.36万 m^3；实施植物措施面积14.61hm^2，栽植乔木2.13万株，灌木8.44万株，竹245株，种草9.43hm^2。通过治理，水土流失防治6项指标均达到了标准要求，分别达到了：扰动土地整治率95.0%，水土流失总治理度92.0%，土壤流失控制比1.0，拦渣率98.0%，林草植被恢复率97.7%，林草覆盖率47.3%。各项水土保持设施运行正常，发挥了较好的水土保持功能。

现在的皂市水库山光水色，秀丽宜人，湖面微波荡漾，野鸭戏水，白鹭飞掠，溢满勃勃生机，湖中有大小几十个半岛或岛屿，水库四周群山环抱，森林茂密，是一个山水相映、岛屿棋布、峡谷幽长、环境优美的“千岛湖”，皂市水利风景区已然成为生态旅游、休闲度假胜地，皂市水利枢纽实景照片见图9.1和见图9.2。

图9.1 皂市水利枢纽上游全貌

图9.2 皂市水利枢纽下游全貌

9.1.4 经济及社会效益

皂市水利枢纽既是澧水流域整体规划的重要组成部分之一，也是长江流域总体防洪规划中区域分蓄洪工程的重要工程之一。工程建成后将在防洪、发电、灌溉和航运方面发挥重大作用，直接或间接取得显著的经济、环境和社会效益。

经济效益：①防洪效果和效益。皂市水库预留防洪库容7.83亿m^3（补偿方式），与江垭水库（固定泄量）联合调度，可将澧水下游尾间地区防洪标准由4～7年一遇提高到20年一遇；与江垭、宜冲桥（固定泄量）三库联合调度时，可提高到30～50年一遇，且可使澧水下游尾间三江口遇100年一遇设计洪水时，削减成灾水量约18.31亿m^3，遇1935年（280年一遇）特大洪水时，将洪峰流量值由30300m^3/s削减到15100m^3/s，从而避免发生毁灭性灾害。经调查及测算，皂市与江垭联合防洪调度后，将共同减少因洪水淹没的农村耕地约4.09万亩，其中皂市水库因防洪作用产生的多年平均防洪经济效益为3.23亿元（2001水平年），若考虑3%价格上涨指数，防洪效益折合到2012年为4.47亿元。②发电效益。皂市水电站装机容量120MW，多年平均发电量3.33亿kW·h，具备年调节能力。工程建成投产湖南省电网，可较大缓解湘西北地区张家界市、常德市能源缺乏和供电严重不足状况，参照近期湖南省火电上网标杆电价（扣税后）计算，皂市直接发电经济效益近1.16亿元；电站在参与电网的调峰运行时，还可提高电网的电能质量和运行的经济性、安全性，将来若按峰、谷阶梯电价考虑，发电经济效益还有较大提高。③灌溉效益。皂市灌溉工程设计两条干渠和21处提灌工程，水库向灌区提供的年供水量为1876万m^3，灌区面积5.4万亩。灌溉工程渠系配套完成后，可使水库下游石门县5个乡镇、62个村、712个村小组的灌区受益，缓解地区雨量分配不均及农田干旱灾害问题，提高耕地质量和农业防灾减灾能力。④航运效益。皂市通航建筑物目前以预留形式置右岸坝肩处，通航过坝船只吨位按50t级设计。将来随渫水规划梯级方案的实现，可渠化渫水上游泥市到下游三江口航道137km水路，打通连接渫水和澧水并形成与长江干流相连的水运网。

环境效益：皂市水电站产生的水力是清洁和可再生能源，工程建成后，可替代火电机组容量和电量分别为126MW和3.42亿kW·h，相当于每年可节省标煤约11万t，减排二氧化碳约26万t、减排氮氧化合物752t、二氧化硫814t，且避免了火电站在运行过程中的烟尘、废水、废热等污染问题，减少酸雨出现频率。

社会效益：皂市水利枢纽工程建设将直接和间接拉动建筑、建材、机械、机电及其上游相关产业的总产值增长，促进区域基础设施建设和产业经济发展；可带动坝区、库区周边城市和农村地区社会经济发展，促进当地居民就业、提高居民收入和生活水平，改善工程影响区人居环境，推进社会主义新农村建设；工程开发符合国家低碳经济发展模式，符合我国能源可持续发展，对区域整体规划布局和社会经济发展具有重大的社会效益。

9.2 安全监测

9.2.1 重点监测内容

1. 主要监测项目和内容

在皂市工程初步设计阶段就明确了安全监测设计必须针对皂市工程基础和建筑物方面的关键技术问题提出监测方案。安全监测系统包括混凝土重力坝、泄水消能建筑物、坝后式电站厂房、左右岸边坡、水阳坪滑坡体、金家沟崩坡积体等部位的监测，监测项目包括变形、渗流、应力应变及温度、水力学等，其中变形和渗流是本工程的重点监测项目。

各监测项目的主要监测内容包括以下几个方面：

（1）变形监测：大坝坝基岩体为石英砂岩夹少量薄层页岩、粉砂岩，岩层倾向上游，倾角在50°左右。坝基岩体强度高，完整性较好，是良好的建坝岩体。影响坝基岩体变形的主要因素是软弱夹层及左岸的F_1断层。坝体的水平位移和基础的不均匀沉降是大坝变形监测的重点。另外，大坝左、右岸边坡、大坝下游右岸的水阳坪—邓家嘴滑坡及金家沟崩坡积体的变形稳定情况也是监测的重点。

（2）渗流监测：皂市水利枢纽不存在水库渗漏问题，坝基岩体具有良好的隔水性能。坝基采用垂直帷幕防渗，帷幕的防渗和排水孔的降压效果以及大坝左、右岸边坡等地下水水位的变化是渗流监测的重点。

（3）应力应变及温度监测：主要监测大坝典型断面混凝土温度的分布及变化，为碾压混凝土的浇筑提供参数。另外，对坝体局部结构的受力情况进行了监测。

（4）水力学监测：本枢纽采用表孔和底孔联合底流消能的泄洪方式，水头较高，单宽流量较大。为检验消能工的实际运用情况，需对泄洪时的水力学特性、消能效果进行原型监测。监测内容包括水流流态、水面线、脉动压力、流速等。

2. 大坝主要监测设施布置

大坝监测设施包括变形、渗流渗压、应力应变及温度、水力学等。

(1) 变形监测主要了解大坝坝基和坝顶变形情况，水平位移主要采用引张线，正、倒垂线观测，引张线分坝基和坝顶布设，正、倒垂线布设在引张线的两端；垂直位移采用精密水准标点、静力水准仪、双金属标、竖直传高仪等观测，精密水准标点也是分坝基和坝顶布设。垂直位移以布设在基础廊道的双金属标为工作基点，按《国家一、二等水准测量规范》中一等水准测量精度要求施测，通过竖直传高实现基础和坝顶的高程传递。

(2) 渗流监测包括坝基扬压力、坝体渗压力、渗漏量等监测，其中帷幕的防渗及排水孔的降压效果是本工程渗流监测的重点。坝基扬压力共布设2个纵向监测断面和3个横向监测断面，以了解坝基扬压力分布。纵向监测断面布设在基础廊道主排水幕线上和大坝下游纵向排水廊道，具体是在基础廊道主排水幕每个坝段布置1支测压管，下游纵向排水廊道每个坝段布置1支测压管。另外，在消力池左、右侧横向封闭排水廊道布置了测压管，在消力池中部基础布置了渗压计。皂市工程大坝上游面采用“变态混凝土”加强防渗，并采用全断面碾压混凝土方案。从国内外已建碾压混凝土坝看，碾压混凝土层面是防渗的薄弱环节，因此，在左岸5号非溢流坝段和9号溢流坝段各选择2个水平施工浇筑层面顺流向布置渗压计，以监测施工层面的渗压情况。坝基渗漏量在施工期利用排水孔采用容积法进行单孔量测，运行期采用量水堰监测。

(3) 应力应变及温度监测则根据建筑物的特点和基础地质条件，在非溢流坝段和溢流坝段各选择一个具有代表性的坝段为重要监测部位，主要监测坝段基岩深部变形、坝踵和坝趾处混凝土应力应变、坝基基岩温度及坝体碾压混凝土温度、孔口结构钢筋应力等。

(4) 水力学监测主要选择消力池泄洪中心线布设压力传感器、流速仪，并在护岸混凝土表面布置水尺。

2012年4月监测资料表明，大坝9号坝段上游基础廊道帷幕后测压管水位较高，其扬压力系折减系数大于设计值0.25，且测压管水位随库水位变化。后经现场查勘和监测资料分析判断，对局部缺陷部位采取了增补帷幕和排水的处理措施，处理后该部位扬压力系折减系数低于设计值。

3. 电站厂房主要监测设施布置

电站厂房位于右岸，采用坝后式厂房布置，装有2台60MW发电机组。输水线路采用一机一洞的布置形式，其主要建筑物包括进水口、引水钢管、厂房、尾水渠等。主要监测蜗壳和尾水管扩散段结构应力应变、接缝等内容。

4. 边坡及滑坡主要监测设施

边坡工程包括左岸坝肩边坡、右岸坝肩边坡和导流洞出口右侧边坡；滑坡体包括坝址下游右岸的水阳坪—邓家嘴滑坡体和金家沟崩坡积体。边坡及滑坡在施工期和运行期是否稳定直接关系到工程施工期和运行期的安全。监测项目主要为表面和岩体深部变形、地下水位及锚固结构受力等内容。

2004年4月实测资料表明，金家沟崩坡积体处有2座表面位移监测点变形量突然增大，并在巡视检查中发现：金家沟边坡高程 180m 马道上方，185～185.6m 高程处坡面发现明显裂缝。在高程 160m、170m、180m 各级马道均可见沉降或裂缝，原有裂缝处填补的沥青已被拉裂，在格子梁等处发现了新的裂缝。针对出现的问题，及时对金家沟崩坡积体做了加固处理，处理后表面监测点变形值也趋于收敛，且至今未发现新的裂缝和沉陷。

9.2.2 主要结论

1. 大坝

皂市水利枢纽大坝各项监测资料的系统分析表明，大坝变形测值符合重力坝的变形规律，坝基渗压、坝体渗压均在设计允许范围内，其他测值也是正常的，主要监测成果如下：

(1) 大坝变形监测。垂线观测的基础廊道附近的向下游水平位移最大值为 4.83mm，位移主要发生在 2008 年 9 月之前水库蓄水阶段库水位从 85m 上升至 130m 的过程中，之后位移变化较小。坝顶的向下游水平位移最大值 15.63mm，高程 118m 处的向下游水平位移最大值为 14.75mm；坝顶位移随温度和库水位而变化。

高程 90m 引张线实测最大向下游位移约为 6.83mm。坝顶高程 148m 引张线实测最大向下游位移为 7.47mm。坝顶向下游位移主要随温度和库水位变化，变化规律与坝顶垂线观测资料一致。

大坝基础廊道处的最大沉降量为 12.62mm（10 号坝段）。沉降主要发生在水库蓄水过程中和蓄水初期。从各坝段基础沉降量的分布看，河床中部坝段较大，两岸岸坡坝段渐小，符合重力坝基础沉降的分布规律。坝顶与门机轨道梁的精密水准点的沉降与温度相关，夏季观测时，坝顶表现为上升，冬季观测时，坝顶表现为下沉。从各坝段坝顶沉降的分布看，河床部位的 7～12 号坝段坝顶的变化量相对较大，坝顶沉降符合重力坝的变形规律。

5 号和 12 号坝段坝基基岩变形计的变化量在－0.44～0.17mm 之间，坝基基岩在水库蓄水后没有明显的变形，基岩整体强度较高。

(2) 大坝渗流监测。帷幕前的测压管水位随库水位变化，但测压管水位均低于库水位。坝基横向廊道及下游排水廊道的测压管水位均在其孔口高程（廊道底板高程）附近或低于孔口。

蓄水后坝基总渗漏量减少与坝前淤积和渗漏裂隙淤堵有关，渗漏量主要集中在河床部位的 7～12 号坝段，7 号坝段最大，渗漏量在 29.0～67.7L/min 之间。

(3) 大坝应力、应变及温度监测。实测底孔钢筋应力在－67～77MPa 之间，钢筋应力变化与温度呈负相关。

坝体混凝土应力蓄水后均为压应力，且应力主要随温度变化，受库水位变化的影响不明显。

坝基基岩温度稳定在 15℃左右；库水水温在 9～30℃之间，库水水温的年变幅底部至上部逐渐增大；坝体混凝土温度表现为坝体表面变幅大，中间变幅小。

2. 电站厂房

(1) 变形监测。电站厂房安Ⅰ～安Ⅱ部位和 2 号机组上游基岩处测缝计开合度较小且测值稳定，混凝土与基岩均结合良好。

蜗壳与外包混凝土间隙开度监测显示：腰部开度变化最大，充水运行时腰部垫层的最大压缩量为 1.77mm，泄水后的测缝计最大开度为 1.03mm。

（2）渗流监测。安Ⅰ部位个别测点最大渗压水头为 6.63m，其余各部位渗压计实测渗压水头均在 1.2m 以内，各测点处没有明显的渗压。

（3）应力应变监测。尾水管扩散段钢筋应力较小，蜗壳外包混凝土钢筋应力、蜗壳钢板应力及间隙开度均在正常范围内。

3. 边坡及滑坡

（1）左岸边坡。

1）变形监测。左岸边坡表面位移测点实测向上游累计位移量最大为 17.94mm，位于 1—1 断面高程 180m 处（TP/BM07ZBP）；向右岸临空面方向累计位移最大为 24.29mm，位于 2—2 断面顶部高程 195m 处（TP/BM15ZBP）；累计沉降量最大为 11.13mm，位于 2—2 断面高程 148m 处（TP/BM12ZBP）；位移主要发生在 2008 年 11 月之前，之后各测点位移基本稳定。左岸边坡深部无明显变形迹象，处于稳定状态。

2）渗流监测。边坡地下水位测压管测值可以看出，在排水洞开挖支护未完时水位变化较大，之后最高水位在孔口以下 38～55m 处，表明边坡地下水水位较低。

（2）右岸边坡。

1）变形监测。右岸岩质边坡表面水平位移最大的测点为 TP/BM01YBJ，位于边坡坝轴线高程 161m 处，其向上游累计位移最大为 14.13mm，向临空面左岸累计位移最大为 39.39mm。右岸岩质边坡在 2011 年之后各测点变形测值均基本稳定，边坡是稳定的。

右岸坎肩下游崩坡积体向左岸位移在 25mm 以内，向上游位移在 10mm 以内，除一个测点外，沉降量均在 10mm 以内，除个别测点外，2009 年之后各测点变形测值均是稳定的，崩坡积体总体是稳定的。

2）渗流监测。位于 1 号、2 号排水洞上游端的测压管水位低于库水位，资料显示右岸地下水位较低，基本在排水洞洞底高程以下，测压管水位均是安全的。

3）应力应变监测。右岸坝肩边坡各锚索测力计安装至今测值均是稳定的。

（3）导流洞出口边坡。导流洞出口边坡地表位移测点，向上游累计位移最大为 9.52mm，向左岸累计位移最大为 34.01mm，沉降量最大为 33.87mm。该部位 2 组多点位移计孔深范围内的相对位移均在 11mm 左右，2009 年之后变形没有趋势性变化，边坡是稳定的。

（4）金家沟崩坡积体。

1）变形监测。金家沟崩坡积体位于右岸导流隧洞出口明渠靠右侧的山坡上，表面位移各测点向上游累计位移最大为 52.05mm，向左岸累计位移最大为 120.89mm，沉降量最大为 49.11mm。位于抗滑桩下部高程 160m 马道的测斜孔在距孔口 3.5m 左右深处的错动位移仍缓慢增大。地表变形和深部变形的变形趋势基本一致。资料监测显示，抗滑桩下部至上坝公路间仍有向临空面和下沉方向的变形迹象，但变形没有突变。近几年的现场巡视检查没有发现明显裂缝，该部位的安全监测工作仍需加强。

2）渗流监测。金家沟排水洞的排水效果较好，在雨季时的渗流量较大，枯水期的渗流量较小，呈明显的季节性变化。

（5）水阳坪—邓家嘴滑坡体。水阳坪—邓家嘴滑坡体各地表位移测点向下游累计位移最大为34.37mm，向左岸累计位移最大为44.45mm，累计沉降量最大为55.23mm；深部位移测斜孔监测成果表明，深部没有发现明显相对错动现象，变形均基本稳定。

附录　皂市水利枢纽工程建设大事记

序号	日期	事　件	简　述
		一、前期论证及施工准备工程阶段	
1	20世纪50年代末	澧水流域规划简要报告	
2	1991年	澧水流域规划报告	国家计委计国地〔1992〕440号文
3	1957年	皂市梯级规划	
4	1958年	皂市水库工程初设要点报告	
5	1959年	皂市水利枢纽初步设计	
6	1964年	修编的皂市水利枢纽初步设计	
7	1993年8月1日	正常蓄水位比较专题报告	水利水规总院水规水〔1994〕0022号文
8	1995年6月30日	湖南渫水皂市水利枢纽可行性研究投资报告	长江水利委员会编制
9	1995年7月1日	皂市水利枢纽灌溉规划报告	
10	1998年9月1日	皂市水利枢纽工程项目建议书	水利部水规总院组织审查，1999年8月国家发展计划委员会和中国国际工程咨询公司
11	1998年11月29日	皂市水库筹建处正式挂牌成立	
12	1998年11月29日	皂市水库前期工作协调会在石门举行	会议研究决定了土地征用手续、施工用电、税费减免及外部环境等有关问题。省政府、省直各委办厅局、长江委、常德市及石门县等有关单位出席挂牌并参加会议
13	1998年11月30日	工程坝区移民协商讨论会在石门召开	长江委、省水利厅、省移民局、澧水公司、常德市、石门县等有关单位参加会议
14	1999年8月29日	《皂市水利枢纽工程项目建议书》通过由中国国际工程咨询公司组织的评估	
15	1999年9月30日	湖南渫水皂市水利枢纽可行性研究报告 湖南渫水皂市水利枢纽三库联调专题研究报告（可行性研究报告附件五）	由长江水利委员会编制
16	2000年1月31日	湖南渫水皂市水利枢纽可行性研究报告规划补充部分	长江水利委员会编制
17	2000年6月13—15日	《皂市水利枢纽工程水土保持方案》通过了水利部水规总院预审	
18	2000年9月1日	原国家发展计划委员会下发《印发国家计委关于审批湖南皂市水利枢纽工程项目建议书的请示的通知》（计农经〔2000〕1497号）	项目建议书业经国务院批准，皂市工程正式立项

续表

序号	日期	事　　件	简　　述
19	2000年11月10—11日	水利部水利水电规划设计总院组织并通过了《皂市水库坝区征地移民安置规划报告》和《皂市水库库区初设阶段淹没处理移民安置规划报告大纲》审查	
20	2000年11月30日	湖南渫水皂市水利枢纽可行性研究报告经济评价补充部分	长江委长江设计院编制
21	2000年12月31日	湖南渫水皂市水利枢纽利用外资方案报告	长江委长江设计院编制
22	2001年3月18日	皂市水库工程项目部正式挂牌成立	
23	2001年4月3日	皂市水利枢纽初步设计阶段水库淹没处理及移民安置规划设计动员大会在石门县召开	相关单位和部门共约120人参加了会议，会议明确了初步设计阶段移民安置规划的任务，并组织有关乡镇、县直单位学习了《调查细则》《规划设计细则》
24	2001年4月3—10日	受国家计划发展委员会委托，中国国际工程咨询公司组织专家组对《湖南渫水皂市水利枢纽可行性研究报告》进行了评估。长江委、省政府、省计委、省财政厅、省审计厅、省水利厅、省农业银行、省移民局、省重点办、澧水公司以及常德市、石门县等有关单位的代表参加了会议	评估认为：可研报告中有关工程建设项目必要性的论述，工程任务和规模的确定，枢纽工程的水文、地质等工程基础资料，水库淹没处理和移民安置，洪水预报调度系统等内容满足可研报告深度的要求。会议要求，有关方面应尽快补充报送枢纽工程设计及施工组织设计、利用外资的可行性研究、工程投资估算和经济评价等补充报告及主要附图，中咨公司再行组织讨论，提出评估补充意见
25	2001年5月24—26日	中咨公司再次邀请长江委、湖南省计委、湖南省水利厅、澧水公司等各单位原专家组有关成员，对《湖南渫水皂市水利枢纽可行性研究补充报告》和《湖南渫水皂市水利枢纽工程利用外资可行性研究报告》进行了评估	评估认为：设计单位认真研究了评估意见，深入分析了已有工程水文、地质勘探和水工模型试验成果资料，优化了工程设计，节省了投资，可研报告达到了可研阶段的深度要求
26	2001年5月31日	湖南渫水皂市水利枢纽利用外资可行性研究报告	长江委长江设计院编制
27	2001年9月1日	湖南渫水皂市水利枢纽初步设计报告	长江水利委员会编制
28	2001年11月19日	皂市水库导流洞等工程开工	
29	2002年10月31日	湖南渫水皂市水利枢纽初步设计报告	长江设计院编制
30	2002年11月19日	原国家计划委员会下发《印发国家计委关于审批湖南省皂市水利枢纽工程可行性研究报告的请示的通知》（计农经〔2002〕2508号）	可行性研究报告业经国务院批准
31	2003年5月28—30日	澧水公司邀请谭靖夷院士等10位专家，就“工程枢纽布置优化及主体建筑物两岸边坡（75m高程以上）开挖设计”开展了技术咨询	

续表

序号	日期	事　件	简　述
32	2003年7月31日	水利部向国家发展和改革委员会（以下简称国家发改委）报送了《关于报送湖南澧水皂市水利枢纽初步设计核定概算的函》（水总〔2003〕346号）	
33	2003年12月10日	国家发展和改革委员会以《国家发展改革委关于核定湖南省皂市水利枢纽工程初步设计概算的通知》（发改投资〔2003〕2158号）文件批准了皂市水利枢纽工程初步设计概算	
34	2003年12月18日	水利部下发《关于湖南澧水皂市水利枢纽初步设计报告的批复》（水规计〔2003〕626号）	初步设计报告业经水利部批复
35	2004年1月13日	国家发展和改革委员会关于下达2004年第一批新开工固定资产投资大中型项目计划的通知（发改投资〔2004〕75号）	批准皂市工程开工
36	2007年9月1日	湖南澧水皂市水利枢纽蓄水前阶段验收补充报告	长江设计院编制
		二、主体工程建设阶段	
1	2004年2月8日	皂市水利枢纽工程正式开工	
2	2004年4月16日	大坝工程、电站土建及机电安装工程施工合同签订	承包人分别为辽宁省水利水电工程局、中国安能建设总公司
3	2004年6月3日	大坝工程正式开工	
4	2004年6月16日	厂房工程正式开工	
5	2004年9月10—11日	皂市水利枢纽工程截流前阶段通过验收	水利部长江水利委员会会同湖南省水利厅主持
6	2004年9月30日	工程截流成功	
7	2004年10月1日	《皂市水利枢纽工程坝区占地补偿及库区淹没处理移民安置规划设计合同》签订	长江勘测规划设计研究院承担
8	2004年11月1日	《皂市水利枢纽勘测设计科研合同》签订	长江勘测规划设计研究院承担
9	2004年12月2日	湖南省电力公司《关于皂市水电站接入系统的复函》	同意将皂市水电站出线由原2回110kV变更为1回220kV接入湖南省电网
10	2004年12月10日	大坝工程第一仓垫层混凝土开仓浇筑	
11	2004年12月31日	厂坝导墙混凝土开仓浇筑	
12	2005年1月1日	大坝基础固结灌浆施工开工	
13	2005年2月7日	大坝工程（13号坝段）首仓碾压混凝土开仓浇筑	
14	2005年10月18日至11月7日	皂市水利枢纽项目预算投资评审	财政部投资评审中心分别在皂市和长沙进行

续表

序号	日期	事　　件	简　　述
15	2006年3月17—20日	水利部水利建设与管理总站张严明主任组织水利工程质量监督巡查组，对皂市水利枢纽工程施工质量进行了监督检查	通过检查，巡查组认为皂市工程施工质量处于受控状态，工程质量总体良好，同时也指出了有关施工质量问题，要求发包人组织督促监理、承包人及时整改
16	2006年5月29日	水利部水利工程建设稽察办派出以王寿昌特派员为组长的稽察小组对皂市工程进行为期八天的项目稽察	稽察的主要内容包括项目的前期工作和设计工作、建设管理、计划下达和执行、资金使用和管理、工程质量管理等方面
17	2006年6月13日至8月3日	受国家审计署委托，湖南省审计厅审计组进驻皂市工程建设部，对皂市水利枢纽工程建设、管理情况和常德市及有关县区政府所承担的库区移民资金管理、使用情况进行就地审计，并对部分合同段（项目经理部）及材料供应商进行审计调查	
18	2006年7月20—22日	水利部水利建设与管理总站组织有关专家就“大坝高温季节混凝土施工技术与初步设计概算调整方案”开展了技术咨询	
19	2006年9月26日	由国家八部委组成的水利工程建设安全生产专项整治联合督查小组在水利部建管司副司长祖雷鸣的带领下对皂市水利枢纽工程建设安全生产专项整治工作情况进行了联合检查	督查小组对皂市工程的安全生产情况给予了肯定
20	2006年10月24日	全国水利建设与管理工作会议在无锡召开	澧水公司获得了“全国水利建设与管理先进集体”称号，皂市水利枢纽工程获得“2006年度全国水利系统文明建设工地”称号
21	2006年12月1—12日	水利部水利水电规划设计总院组织专家组开展了皂市水利枢纽下闸蓄水安全鉴定	对工程防洪与度汛、各水工建筑物及基础处理、金属结构、安全监测等工程进行现场评价，提出了下闸蓄水安全鉴定报告（初稿），并于2007年1月15日提交了下闸蓄水安全鉴定报告
22	2007年2月3—9日	水利部建管司组织专家组开展了皂市水利枢纽蓄水前阶段验收技术预验收。	
23	2007年9月26—28日	由水利部水库移民开发局主持召开并通过了工程下闸蓄水阶段库底清理及移民安置验收。	
24	2007年10月3日	大坝全线浇筑至坝顶设计高程（148.0m）	
25	2007年10月20—22日	水利部主持召开皂市大坝下闸蓄水阶段验收会	验收委员会认为皂市水利枢纽工程已具备蓄水条件，同意通过蓄水验收，可以根据实际情况适时下闸蓄水
26	2007年10月25日	工程正式下闸蓄水	

续表

序号	日期	事　　件	简　　述
27	2008年4月12—16日	长江委建设与管理局成立首台机组启动阶段预验收专家检查组，对皂市水利枢纽工程进行首台机组启动阶段预验收	
28	2008年4月18日	常德市公安消防支队对皂市工程进行了消防验收	
29	2008年4月23日	1号水轮发电机组结束72h试运行，正式投入商业运营	
30	2008年5月3日	2号水轮发电机组结束72h试运行，正式投入商业运营	
31	2008年5月21日	湖南省防汛抗旱指挥部下发《关于下达皂市水库2008年汛期控制运用方案的通知》（湘防〔2008〕47号），明确了皂市水库当年主汛期的汛限水位。皂市水库正式开始承担澧水流域的防洪任务	
32	2008年5月26—27日	长江委建设与管理局主持召开皂市水利枢纽机组启动验收会	电站1号、2号机组顺利通过启动验收
33	2008年6月30日至7月9日	国家发展和改革委员会重大项目稽察办对皂市水利枢纽工程进行稽察	
34	2009年8月27—29日	电站土建及机电安装工程通过合同工程完工验收	
35	2009年12月28日	国家发展和改革委员会办公厅以《国家发展改革委办公厅关于湖南省皂市水利枢纽工程建设征地移民补偿投资概算调整有关问题的复函》（发改办投资〔2009〕2771号），同意由中央预算内投资定额补助30000万元，其余资金由湖南省负责筹措	
36	2009年12月31日	主体工程全部完工并正式向运行管理单位移交工作面	
37	2010年12月17日	湖南省人民政府会议决定筹措皂市水利枢纽征地移民补偿费25000万元	
三、工程验收、检验与竣工阶段			
1	2006年12月1日	皂市水利枢纽工程下闸蓄水计划报告	长江设计院编制
2	2010年8月12—13日	通过水利部主持的皂市工程档案专项验收	
3	2010年8月20日	通过水利部主持的皂市工程水土保持设施专项验收	
4	2011年1月15—16日	通过国家环境保护部主持的皂市工程环境保护专项验收	

续表

序号	日期	事　　件	简　　述
5	2013年8月2日	皂市水电站通过并网安全性评价	
6	2013年9月28日	皂市大坝泄流集控参数校订试验完成	
7	2014年12月16日	工程土地征用手续全面完成	
8	2015年10月19日	水利部水利水电规划设计总院提交《湖南澧水皂市水利枢纽工程竣工验收技术鉴定报告》	皂市工程竣工验收技术鉴定工作完成
9	2015年11月22—27日	通过水利部水库移民开发局会同湖南省水库移民开发管理局共同主持的皂市工程移民安置专项验收	
10	2016年5月1日	水利部水利工程质量监督总站皂市项目站提交《湖南澧水皂市水利枢纽工程施工质量监督报告》	
11	2016年7月1日	湖南省澧水皂市水利枢纽竣工验收设计工作总结报告	长江设计院编制
12	2016年7月7日	通过了水利部水利水电规划设计总院组织的竣工技术预验收	
13	2016年7月9日	通过水利部会同湖南省人民政府共同主持的皂市工程竣工验收	工程竣工

致　谢

本书是在杨启贵设计大师的悉心教诲和鼎力支持下完成的。

感谢杨启贵设计大师，他严谨的技术作风、悉心的关怀指导，是我们完成本技术专著的动力，专著从开篇到定稿都渗透着他的心血。

感谢徐麟祥设计大师，他在水利水电工程技术上造诣颇深，他对本书的编撰指导和工作支持，使我们受益匪浅。

感谢陈德基、徐宇明、徐福兴、刘丹雅、欧阳崇云、沙文彬、管浩清等专家学者，他们不仅教授了我们知识，还教授了我们许多做人的道理。

感谢文柏海、王新友、王志宏、骆诗栋、黄智勇、田玉华、黄鹤鸣、张京生、高润德等领导和同事，他们的无私帮助和支持，成就了这部专著。

感谢所有编撰者的家人，他们为我们完成本书编写，默默无闻地付出了辛勤劳动。

对在本书编撰过程中所有关心、支持和指导过我们的人们，在此一并表达深深的谢意！

汪庆元

2021 年 12 月于武汉